JN330108

粉体粉末冶金便覧

(社)粉体粉末冶金協会 編

内田老鶴圃

本書の全部あるいは一部を断わりなく転載または
複写(コピー)することは，著作権および出版権の
侵害となる場合がありますのでご注意下さい．

序

　粉末冶金（Powder Metallurgy：以下 P/M と略記する）は，焼結（金属やセラミックスなどの粉末から特異な性質を引き出すために高温（融点以下の温度）にて粒子同士を接合するもので，成分系によっては液相を介する焼結もある）という現象を利用した材料加工法であり，高度工業社会における素材や製品の製造法の1つとして重要な役割を果たしている．

　P/M の最大の魅力は粉末を成形・焼結することによって直接最終製品形状に成形（Near Net あるいは Net Shaping）できることであり，材料特性，組成，熱処理および微細組織においてかなりの自由度を持っていることから，溶製法では発現し得ない特性が得られるとともに経済的に量産できることも利点であり，国内外における P/M 技術の発展は著しいものがある．

　（社）粉体粉末冶金協会（1958 年創立）では，昭和 42 年（1967 年）に「焼結機械部材の設計要覧」と題して，焼結機械部品の特性を十分に発揮させるための設計に関する書を技術書院より刊行している．当時，成長期に入ったばかりの焼結機械部品に関する業界および学界から，有益な書としての高い評価を得ていたが，読者から再版の要請がかなりあったにもかかわらず，改訂，増補の機会なく絶版となっていた．そこで本協会では，創立 50 周年（2008 年）という半世紀を記念する事業の一環として，焼結機械部品のみならず，セラミックスや超硬合金等のサーメット類，さらに新機能性材まで対象とした幅広い粉末冶金の種々の技術的側面を理解するために必要な基礎的事柄を取り扱うとともに，P/M 関連分野における豊富な応用例も納めた，初の「粉体粉末冶金便覧」を世に送り出すものである．

　本書は内外の多くの著書や論文の引用，さらには日本粉末冶金工業会からの多大なる協力のもと，2 年余をかけての編集委員各位ならびに執筆して頂いた方々総勢 100 名余の皆様のご尽力の賜物であり，深く感謝を申し上げる．本書が粉体粉末冶金関係の技術者，研究者はもとより，機械，電機，化学などを含めた幅広い工業技術において，粉末・焼結材料を扱う方々の座右の書として広く活用され，愛用されることを心より願っている次第である．最後に，本書を出版するに当って御尽力願った(株)内田老鶴圃に対し厚く御礼申し上げる．

　平成 22 年 10 月吉日

編集委員長　三浦　秀士

粉体粉末冶金便覧 編集委員

委員長：三浦　秀士（九州大学）

幹　事：

川崎　亮（東北大学）
池ヶ谷明彦（住友電気工業株式会社）
河合　伸泰（福井工業大学）
松原　秀彰（(財)ファインセラミックスセンター）
湯浅　栄二（元：東京都市大学）
島田　登（ポーライト株式会社）
新井　和則（日本粉末冶金工業会）

委　員：

清水　透（(独)産業技術総合研究所）
石井　啓（日立粉末冶金株式会社）
伊藤　孝至（名古屋大学）
京極　秀樹（近畿大学）
藤川　隆男（金属技研株式会社）
巻野勇喜雄（元：大阪大学）
林　宏爾（元：東京大学）
渡辺　龍三（元：青森職業能力開発短期大学校）

粉体粉末冶金便覧 執筆者
（50 音順，＊は章担当者）

浅見　淳一（(独)中小企業基盤整備機構）
＊阿部　正紀（東京工業大学）
＊新井　和則（日本粉末冶金工業会）
新見　義朗（福田金属箔粉工業株式会社）
＊池ヶ谷明彦（住友電気工業株式会社）
池川　正之（株式会社ファインシンター）
＊石井　啓（日立粉末冶金株式会社）
石川　洋三（コータキ精機株式会社）
石原　慶一（京都大学）
＊一ノ瀬　昇（早稲田大学）
伊藤　孝至（名古屋大学）
井上　明久（東北大学）
岩津　修（元：福田金属箔粉工業株式会社）
浦島　和浩（日本特殊陶業株式会社）
大槻　主税（名古屋大学）
＊大場　毅（日立粉末冶金株式会社）
大森　賢次（元：住友金属鉱山株式会社）
長田　晃（三菱マテリアル株式会社）
甲斐　安直（日本タングステン株式会社）
鍛治　俊彦（住友電工焼結合金株式会社）
勝山　茂（大阪大学）

門村　剛志（エプソンアトミックス株式会社）
＊河合　伸泰（福井工業大学）
＊川崎　亮（東北大学）
川瀬　欣也（株式会社ダイヤメット）
北村　幸三（元：株式会社タンガロイ）
京極　秀樹（近畿大学）
久保　裕（日立ツール株式会社）
久保田和幸（日立ツール株式会社）
黒木　英憲（元：広島大学）
黒田　育夫（株式会社ダイヤメット）
越　正夫（株式会社不二越）
近藤　勝義（大阪大学）
近藤　幸一（NECトーキン株式会社）
近藤　幹夫（株式会社豊田中央研究所）
＊坂口　茂也（日本タングステン株式会社）
佐々木敏行（株式会社ファインシンター）
品川　一成（香川大学）
島田　登（ポーライト株式会社）
白崎　志朗（元：株式会社ヨシツカ精機）
菅長　和彦（住友電工焼結合金株式会社）
角谷　均（住友電気工業株式会社）

関　三平（ポーライト株式会社）	松田　哲志（(財)ファインセラミックス
＊仙名　保（テクノファーム・アクセス株式会社）	センター）
園部　秋夫（JFEスチール株式会社）	＊松原　秀彰（(財)ファインセラミックス
＊髙木　研一（東京都市大学）	センター）
高野　幹夫（京都大学）	松本　政秋（株式会社タンガロイ）
高橋　一民（三菱マテリアルテクノ株式会社）	松本　寧（株式会社アライドマテリアル）
武田　保雄（三重大学）	＊三浦　秀士（九州大学）
武田　義信（ヘガネスジャパン株式会社）	皆川　和己（(独)物質・材料研究機構）
千葉　龍矢（NECトーキン株式会社）	峰岸　俊幸（JFEテクノリサーチ株式会社）
辻岡　正憲（日本アイ・ティ・エフ株式会社）	宮下　泰秀（株式会社神戸製鋼所）
津守不二夫（九州大学）	宮本　欽生（大阪大学）
寺田　修（冨士ダイス株式会社）	本岡　直樹（元：住友電工焼結合金株式会社）
寺田　利昭（株式会社デンソー）	森田　進（日本新金属株式会社）
長井　淳夫（パナソニックエレクトロニック	山崎　裕司（東洋鋼鈑株式会社）
デバイスジャパン株式会社）	山田　直仁（日本ガイシ株式会社）
永野　光芳（日本タングステン株式会社）	山本　勉（ダイジェット工業株式会社）
野村　武史（TDK株式会社）	＊湯浅　栄二（元：東京都市大学）
広沢　哲（日立金属株式会社）	横井　等（日本特殊陶業株式会社）
深谷　朋弘（住友電工ハードメタル株式会社）	吉沢　克仁（日立金属株式会社）
福西　利夫（元：株式会社アライドマテリアル）	渡邉　克充（株式会社神戸製鋼所）
＊藤木　章（芝浦工業大学）	渡辺　龍三（元：青森職業能力開発短期大学校）
藤根　学（トヨタ自動車株式会社）	綿貫　裕介（日本粉末冶金工業会）
巻野勇喜雄（元：大阪大学）	鰐部　吉基（大同大学）
松尾　明（日本タングステン株式会社）	

目 次

序 ·· i
粉体粉末冶金便覧 編集委員 ··· iii
粉体粉末冶金便覧 執筆者 ·· iii

I 基 礎 編

第1章 序 論 ·· 3
1・1 粉末冶金の歴史 ·· 3
1・2 粉末冶金の定義 ·· 4
1・3 粉末冶金の現状と将来 ··· 6
 1・3・1 鉄系 6
 1・3・2 超硬工具 8
 1・3・3 磁性材料 11
第1章 文献 ··· 12

第2章 粉末の製造 ·· 13
2・1 粉末製造の概要と分類 ·· 13
2・2 溶湯粉化による粉末製造法 ·· 15
 2・2・1 ガスアトマイズ法 16
 2・2・2 水アトマイズ法 19
 2・2・3 回転電極法 20
 2・2・4 急冷凝固法(非晶質・非平衡組織粉末) 21
 2・2・5 その他の溶湯粉化法 22
2・3 機械的粉砕による粉末製造法 ·· 24
 2・3・1 スタンプミル法 24
 2・3・2 ボールミル法 25
 2・3・3 渦流ミル法 26
 2・3・4 アトリッションミル法 26
 2・3・5 メカニカルアロイング法 27
2・4 物理・化学的手法による粉末製造法 ··· 29
 2・4・1 電解法 29
 2・4・2 ガス還元法 31
 2・4・3 熱炭素法 32
 2・4・4 熱分解法,カルボニル法 34
 2・4・5 蒸着・凝着法 34
 2・4・6 その他の物理・化学的製造法 36

2・5　特殊粉末の製造法　………………………………………………………………… 37
　　2・5・1　超微粉　37
　　2・5・2　高純度粉末　38
　　2・5・3　ウィスカ　38
　　2・5・4　アモルファス金属粉末　38
　　2・5・5　カーボンナノチューブ　39
　　2・5・6　C60 フラーレン　40
　　2・5・7　カーボンブラック　41
第2章 文献 ………………………………………………………………………………… 41

第3章　粉末の特性と評価法 ……………………………………………………… 44

3・1　はじめに ……………………………………………………………………………… 44
　　3・1・1　単一粒子と粒子集合体　44
　　3・1・2　理想固体と単一粒子の特性　44
　　3・1・3　単一粒子の大きさと形　46
　　3・1・4　粒子集合体への視点　46
　　3・1・5　粒子集合体の流動と変形　47
　　3・1・6　まとめ　47
3・2　粒度分布と評価法 ………………………………………………………………… 47
　　3・2・1　粒子径　47
　　3・2・2　Cauchy の定理　48
　　3・2・3　粒度分布　48
3・3　粒子形状と測定法 ………………………………………………………………… 50
　　3・3・1　粒子形状を表現するための用語　50
　　3・3・2　形状係数　50
　　3・3・3　形状指数　51
　　3・3・4　粒子形状の分布　53
　　3・3・5　フラクタル次元　54
3・4　粉末の比表面積と測定法 ………………………………………………………… 55
　　3・4・1　吸着法　55
　　3・4・2　透過法　56
　　3・4・3　応用上の注意　56
3・5　粒子間摩擦と測定法 ……………………………………………………………… 56
　　3・5・1　安息角　57
　　3・5・2　流動度(流れ度)　57
　　3・5・3　流動度の測定　57
　　3・5・4　金属粉末の圧縮成形　58
3・6　粉末集合組織と特性測定 ………………………………………………………… 59
　　3・6・1　粉末集合組織と成形体　59
　　3・6・2　成形体の密度　59

3・6・3　成形体の空孔構造　60
  3・6・4　成形体の硬さと強度　62
  3・6・5　ラトラ試験　63
  3・6・6　多孔質マテリアルの多様性への追究　64
第3章 文献 …………………………………………………………………………… 65

第4章　粉末の圧縮成形 …………………………………………………………… 68
 4・1　粉末の混合・造粒と充塡 …………………………………………………… 68
  4・1・1　混合と分離偏析　68
  4・1・2　混合機の種類と混合機構　70
  4・1・3　造粒粉末　71
  4・1・4　粉末の充塡　73
 4・2　圧 縮 成 形 ………………………………………………………………… 75
  4・2・1　圧縮成形の概念　75
  4・2・2　潤滑剤とその役割　78
  4・2・3　圧縮成形法　79
 4・3　圧縮成形特性 ………………………………………………………………… 81
  4・3・1　圧縮成形特性とその評価法　81
  4・3・2　圧縮成形のシミュレーション　83
 4・4　圧縮成形技術 ………………………………………………………………… 86
  4・4・1　粉末成形プレス　86
  4・4・2　各種プレスの比較　89
  4・4・3　特殊プレス　93
  4・4・4　ツールホルダおよび金型の基本構成　94
  4・4・5　金型圧縮成形作業　95
  4・4・6　特殊な金型の構成および作動　97
  4・4・7　成形の補助作動　98
  4・4・8　給粉装置　100
  4・4・9　稼働率向上の手段　102
  4・4・10　機械の保守，点検　103
 4・5　射 出 成 形 ………………………………………………………………… 104
  4・5・1　射出成形の概念　104
  4・5・2　射出成形工程　105
  4・5・3　射出成形法の特徴　108
 4・6　特殊な成形技術 ……………………………………………………………… 109
  4・6・1　冷間静水圧成形法または冷間等方圧加圧法　109
  4・6・2　ゴム等圧成形法またはゴム型等方圧加圧法　110
  4・6・3　溶射法　110
  4・6・4　スプレーフォーミング　110
  4・6・5　塑性加工　110

第4章　文献 ………………………………………………………………………………… 111

第5章　焼　　結 …………………………………………………………………… 114

5・1　焼結の基礎 ……………………………………………………………………… 114
5・2　焼　結　機　構 …………………………………………………………………… 116
5・2・1　焼結理論　116
5・2・2　焼結収縮変形のシミュレーション　120
5・2・3　焼結組織形成のシミュレーション　121
5・3　固　相　焼　結 …………………………………………………………………… 127
5・3・1　単相系の固相焼結　127
5・3・2　合金系の固相焼結　128
5・4　活性化焼結 ……………………………………………………………………… 129
5・5　液　相　焼　結 …………………………………………………………………… 132
5・5・1　はじめに　132
5・5・2　液相焼結の特徴と種類　132
5・5・3　液相焼結と応用　133
5・6　反応焼結(自己燃焼焼結) …………………………………………………… 135
5・6・1　はじめに　135
5・6・2　反応焼結法　135
5・6・3　自己燃焼焼結法　135
5・7　加　圧　焼　結 …………………………………………………………………… 136
5・7・1　加圧焼結プロセス　136
5・7・2　HIP　137
5・7・3　シンターHIP　139
5・7・4　ホットプレス　139
5・8　焼結雰囲気 ……………………………………………………………………… 141
5・8・1　雰囲気による分類　141
5・9　焼　結　設　備 …………………………………………………………………… 142
5・9・1　メッシュベルト炉　143
5・9・2　プッシャ炉　144
5・9・3　ウォーキングビーム炉　144
5・9・4　真空炉　145
5・10　新しい焼結技術 ………………………………………………………………… 145
5・10・1　通電焼結　145
5・10・2　電磁波焼結　148
5・10・3　レーザ焼結　151
5・11　その他の焼結技術 ……………………………………………………………… 153
5・11・1　焼結鍛造　153
5・11・2　銅溶浸　154
5・11・3　焼結拡散接合　156

第 5 章 文献 …………………………………………………………………………… *157*

第 6 章　焼結体の後加工 …………………………………………………… *163*

　6・1　再 圧 縮 ……………………………………………………………………… *163*
　　　6・1・1　はじめに　163
　　　6・1・2　サイジング法　163
　　　6・1・3　サイジングプレス　164
　　　6・1・4　再圧縮時の潤滑　165
　6・2　機 械 加 工 …………………………………………………………………… *166*
　　　6・2・1　切削加工　166
　　　6・2・2　研削加工　169
　6・3　熱　処　理 …………………………………………………………………… *169*
　　　6・3・1　焼入れ焼戻し　169
　　　6・3・2　高周波焼入れ　171
　　　6・3・3　シンターハードニング　171
　6・4　含 浸 処 理 …………………………………………………………………… *172*
　　　6・4・1　含油処理　172
　　　6・4・2　樹脂含浸処理　173
　6・5　表 面 処 理 …………………………………………………………………… *173*
　　　6・5・1　水蒸気処理　173
　　　6・5・2　リン酸塩被膜処理　174
　　　6・5・3　窒化処理　175
　　　6・5・4　めっき, 塗装処理　175
　　　6・5・5　バレル加工　175
　　　6・5・6　ショットブラスト　176
　　第 6 章 文献 …………………………………………………………………………… *177*

第 7 章　焼結体の評価と試験 …………………………………………… *178*

　7・1　密度, 気孔率と通気性 ………………………………………………………… *178*
　　　7・1・1　密度　178
　　　7・1・2　気孔率　178
　　　7・1・3　通気性　178
　7・2　焼結体の評価と試験 …………………………………………………………… *179*
　　　7・2・1　引張強さと伸び　179
　　　7・2・2　圧環強さ　182
　　　7・2・3　衝撃値　183
　　　7・2・4　曲げ強さ　185
　　　7・2・5　硬さ　185
　　　7・2・6　疲れ強さ　189
　　　7・2・7　破壊靱性　190

7・3　表面粗さ ……………………………………………………………………… 193
第7章　文献 ……………………………………………………………………… 194

II　応 用 編

第8章　焼結機械部品の設計 …………………………………………………… 199

8・1　設 計 基 準 ………………………………………………………………… 199
 8・1・1　製品設計までの手順　199
 8・1・2　製品設計上の諸条件　202
 8・1・3　金型設計方法　224

8・2　焼結材料の特性 …………………………………………………………… 236
 8・2・1　鉄系焼結材料の機械的特性　236
 8・2・2　ステンレス鋼系材料の機械的特性　238
 8・2・3　非鉄系焼結材料の機械的特性　239

第8章　文献 ……………………………………………………………………… 241

第9章　自動車部品材料 ………………………………………………………… 243

9・1　機 械 部 材 ………………………………………………………………… 243
 9・1・1　はじめに　243
 9・1・2　最近の技術動向　243
 9・1・3　最近の工法の開発事例　247
 9・1・4　将来展望　247

9・2　耐 熱 部 材 ………………………………………………………………… 248

9・3　電 装 部 品 ………………………………………………………………… 249
 9・3・1　自動車電装部品への焼結材料の適用状況　250
 9・3・2　最新技術トピックスと電装部品への適用事例　251
 9・3・3　今後の動向　252

9・4　センサ部品 ………………………………………………………………… 253
 9・4・1　はじめに　253
 9・4・2　酸素センサ　253
 9・4・3　温度センサ　255
 9・4・4　ノックセンサ　256

9・5　排気系部品 ………………………………………………………………… 257
 9・5・1　はじめに　257
 9・5・2　特徴　258
 9・5・3　製法　259
 9・5・4　応用　260
 9・5・5　将来展望　260

第9章　文献 ……………………………………………………………………… 260

第10章　焼結含油軸受・摩擦材部品・多孔質部品　262

10·1　焼結含油軸受　262
10·1·1　製造工程　262
10·1·2　軸受の動作原理と含油孔　263
10·1·3　軸受特性　264
10·1·4　焼結含油軸受の特徴　267
10·1·5　材質の選定　268
10·1·6　潤滑油の選定　269
10·1·7　形状寸法の決定　270
10·1·8　組立法　271
10·1·9　寸法精度と公差の決定　272
10·1·10　設計例　272

10·2　焼結金属摩擦材料　274
10·2·1　特徴　274
10·2·2　代表的な成分　274
10·2·3　製造法　274
10·2·4　特性　275
10·2·5　実用例　276

10·3　多孔質部品　276
10·3·1　焼結金属フィルタ　276

第10章　文献　277

第11章　工具材料　278

11·1　切削工具　278
11·1·1　超硬合金　278
11·1·2　CVD超硬合金　282
11·1·3　PVD超硬合金　287
11·1·4　サーメット　291
11·1·5　セラミックス　295
11·1·6　ダイヤモンド・cBN工具　300

11·2　耐摩耗工具　305
11·2·1　超硬合金の製品　305
11·2·2　超硬合金の特性　309
11·2·3　セラミックス，バインダレス超硬合金　312
11·2·4　ホウ化物系サーメット　315

11·3　研削工具　317
11·3·1　ダイヤモンド/cBN研削工具　317

11·4　その他の工具　322
11·4·1　ハイス　322

目次

  11・4・2　ダイヤモンドコーティング　326
  11・4・3　DLC コーティング工具　330
 第 11 章 文献　334

第 12 章　磁性材料　338

 12・1　軟磁性材料　338
  12・1・1　フェライト軟磁性材料　338
  12・1・2　金属系軟磁性材料　343
 12・2　永久磁石材料　350
  12・2・1　フェライト系磁石材料　350
  12・2・2　金属系磁石材料　358
  12・2・3　ボンド磁石材料　364
 第 12 章 文献　370

第 13 章　高融点金属材料　374

 13・1　タングステン・モリブデン材料　374
  13・1・1　タングステン　374
  13・1・2　モリブデン　375
  13・1・3　ヘビーアロイ　376
 13・2　応用事例　376
  13・2・1　照明用線・棒　376
  13・2・2　耐熱部材　377
  13・2・3　その他タングステン線　377
  13・2・4　ウェイト材・遮蔽材　378
 第 13 章 文献　378

第 14 章　電気材料　380

 14・1　電気材料に用いられる合金　380
  14・1・1　電気接点用材料　380
  14・1・2　集電材料　381
 14・2　応用事例　382
  14・2・1　電気接点　383
  14・2・2　集電用すり板　383
  14・2・3　電気機械用ブラシ　385
  14・2・4　その他電極等　385
 第 14 章 文献　385

第 15 章　光・電子通信材料　386

 15・1　焼結半導体　386
  15・1・1　はじめに　386

15・1・2　サーミスタ材料　386

15・2　焼結コンデンサ　389
　　15・2・1　はじめに　389
　　15・2・2　積層セラミックコンデンサの製造工程　389
　　15・2・3　誘電体材料設計　390
　　15・2・4　まとめ　391

15・3　光触媒　391
　　15・3・1　はじめに　391
　　15・3・2　光触媒反応の原理　391
　　15・3・3　TiO_2光触媒の最近の研究開発動向　392
　　15・3・4　おわりに　393

第15章　文献　393

第16章　高機能性材料　395

16・1　超電導材料　395
　　16・1・1　はじめに　395
　　16・1・2　高温超電導　395
　　16・1・3　超電導の利用　396
　　16・1・4　材料比較　397

16・2　金属ガラス　397
　　16・2・1　金属ガラスの開発の経緯　397
　　16・2・2　バルク金属ガラス合金系と成分の特徴　398
　　16・2・3　バルク金属ガラス構造の特徴　398
　　16・2・4　バルク金属ガラスの特性と応用　399

16・3　ファインセラミックス　403

16・4　合成ダイヤモンド　407
　　16・4・1　合成ダイヤモンドの製造方法　407
　　16・4・2　粉末状合成ダイヤモンド　407
　　16・4・3　焼結ダイヤモンド　408
　　16・4・4　大型単結晶ダイヤモンド　409
　　16・4・5　直接変換合成ダイヤモンド　410
　　16・4・6　気相合成(CVD)ダイヤモンド　410

16・5　生体材料　411
　　16・5・1　生体に埋植される材料に求められる性能　411
　　16・5・2　材料に対する生体の挙動に基づく応用例　413

第16章　文献　414

第17章　熱・エネルギー関連材料　416

17・1　原子炉材料　416
　　17・1・1　原子力発電の現状　416

17・1・2　主要構成材料　416
　　　17・1・3　核燃料　416
　　　17・1・4　その他の材料　418
　17・2　電　　池……………………………………………………………………………………418
　17・3　ヒートシンク………………………………………………………………………………420
　　　17・3・1　はじめに　420
　　　17・3・2　ヒートシンクの基本構造　420
　　　17・3・3　ヒートシンクの発展型　421
　17・4　熱電変換材料………………………………………………………………………………422
　　　17・4・1　はじめに　422
　　　17・4・2　代表的な熱電変換材料　422
　　　17・4・3　熱電変換システム　423
　第17章 文献………………………………………………………………………………………423

第18章　粉末冶金に関連する規格（2008年9月現在）……………………………425
　18・1　共通する規格………………………………………………………………………………425
　　　18・1・1　粉末や(冶)金用語　425
　　　18・1・2　MIM用語　425
　　　18・1・3　プレス用語　426
　　　18・1・4　焼結金属摩擦材料用語　426
　18・2　原料粉関係の規格…………………………………………………………………………426
　　　18・2・1　サンプリング　426
　　　18・2・2　粒度，平均粒径　426
　　　18・2・3　成分分析　427
　　　18・2・4　粉末特性　428
　　　18・2・5　見掛密度，流動度，タップ密度　429
　　　18・2・6　圧縮性　430
　　　18・2・7　非金属成分含有量　430
　　　18・2・8　圧粉体強さ，先端安定性　430
　　　18・2・9　寸法変化　431
　　　18・2・10　抜出力　431
　18・3　材料・製品関係規格………………………………………………………………………431
　　　18・3・1　含油軸受・機械部品　431
　　　18・3・2　密度，含油率，開放気孔率　432
　　　18・3・3　気孔寸法，通気度　433
　　　18・3・4　金属組織　433
　　　18・3・5　試験片　433
　　　18・3・6　カーボン含有量測定サンプルの調整　434
　　　18・3・7　単軸圧縮試験片の調整　434
　　　18・3・8　回転曲げ疲れ　434

- 18・3・9 三球式転動疲れ　435
- 18・3・10 抗折力　435
- 18・3・11 ヤング率　435
- 18・3・12 圧環強さ　435
- 18・3・13 見掛硬さ・微小硬さ　436
- 18・3・14 有効硬化層深さ　436
- 18・3・15 表面粗さ　436
- 18・3・16 耐食性　436
- 18・3・17 圧縮降伏強さ　437
- 18・3・18 その他　437

18・4 規格の入手先 ………………………………………………………………………… 437
18・5 日本工業規格 粉末や(冶)金用語 …………………………………………………… 437
第18章 文献 ……………………………………………………………………………… 451

参考資料—機械部品に関する設計事例集 …………………………………………… 453

欧字先頭語索引 ……………………………………………………………………………… 465
和文索引 ……………………………………………………………………………………… 467

基礎編

I

第 1 章 序 論

1・1 粉末冶金の歴史

　金属粉末の初期の利用については，人類史上でもかなり古い話になり，その起源はペルシャともアジアともされているが，一般には，エジプト人が紀元前 3000 年頃に酸化鉄粉を炭火の中で加熱して海綿状の還元鉄粉を作り，それを鍛錬して利用したのが始まりといわれている．

　そして，紀元 300 年頃にはインドのデリーの鉄柱（Iron pillar of Delhi）[*1] に象徴される，相当な量の還元鉄が作られている．この鉄柱は，約 6.5 トンの還元鉄粉で作られたものであるが，本格的な粉末冶金技術の利用は，1800 年代に始まったとされている．

　Knight は白金製の実験器具を作るため，化学的沈殿法（chemical precipitation method）[*2] による粉末を用いて，溶解を必要としない新しい固化技術（焼結）の発達をもたらした．このような研究はロシアおよび英国で競って行われ，特に Wollaston は化学的沈殿粉末を微粉化，純化，そして熱間加工することに成功し，これまでのような白金を高温に加熱し鋳造するという技術の必要性はなくなった．これと時を同じくして 1830 年には Osaan により，銅，銀および鉛等の粉末を圧粉，焼結することで貨幣も製造されるようになった．そして，1800 年後半には今日の焼結含油軸受（sintered oil-impregnation bearing）の基礎となる，Gwynn による軸受材の開発や，Spring による素粉末からの強圧を利用した黄銅やウッドメタル等の合金開発が行われた．

　しかし，現代流の粉末冶金は，Edison による白熱電球のために，1910 年 Coolidge が開発した耐久性のあるタングステンでのフィラメントの製造によって，その端緒が開かれたということができる．フィラメントの材料開発に関しては，オスミウムやタンタル，ジルコニウム，バナジウム等のフィラメントも研究開発されたが，いずれも靭性に欠けることからタングステンのフィラメントが最適とされ，ここに，その製法である粉末冶金が工業としての第 1 歩を印すことになった．

　それに引き続き，超硬合金（WC-Co），多孔質の青銅軸受，および銅-黒鉛の電気接点やフェライト磁石等，粉末冶金ならではの画期的な材料が 1930 年代に開発された．そして，1940 年代までに粉末冶金は，新しいタングステン重合金や自動車用としての鉄系構造用合金部材，および耐熱金属の製造に拡張していった．

　初期の粉末冶金においては，材料基盤を広げ，新しい低コストの技術により銅や鉄のような一般的な金属を作ることで成長してきたが，1940 年代以降は，耐熱金属（Nb，W，Mo，Zr，Ti および Re）およびその合金といった特殊な材料も，粉末より作られるようになった．さらに，粉末より作られる構造用部材は自動車産業とともに大きな成長を遂げており，その大部分は鉄系であるが，原子力，航空，電気および磁性材料用に開発された，いくつかの特殊な組成のものも粉末冶金によって作られている．

　当初の粉末冶金製品は低コスト，あるいは製造困難な特殊材料の成形という理由で選ばれたが，最近に

[*1] アショーカ王の柱の一種で，インドのデリー市郊外にある世界遺産のクトゥブ・ミナールに設置されている．
[*2] 第 2 章 2・5 節参照．化学・物理的製造法の粉末製造法の一種，過飽和溶液から粒子を析出する方法．

なって粉末冶金的手法を選ぶ基準は，コストおよび生産性の魅力とともに，品質の向上，均一性あるいは特性を考慮するようになってきた．高温で使用されるニッケル基超合金，高い比強度を有する航空機用アルミニウム合金，および熱膨張係数を制御したアルミニウム基複合材料などは後者のよい例である．これらの材料は，粉末冶金により材料の節約ができるばかりでなく，組成や微細組織の制御という利点も得られるために，新しく改良された組成を有する材料が次々に開発されつつある．

以上では，どちらかといえば，粉末冶金の材料開発史的なものをあげてきたが，製造技術史的な発展についても，従来からの粉末を金型に充填しプレスにより常温で加圧成形後，焼結するという手法から加圧と加熱を同時に行うホットプレスの登場等，今日まで様々な成形・焼結方法が研究開発されている．

特に1950年以降の技術開発には著しいものがあり，50年代に米国での熱間等方圧成形法（Hot Isostatic Pressing：HIP）の登場に始まり，60年代ではやはり米国で粉末鍛造法（powder forming）が現れ，70年代に至ってはメカニカルアロイング法（mechanical alloying, 米国）や噴霧成形法（spray forming, 英国）が開発された．さらに80年代ではバインダを用いた金属粉末射出成形法（metal powder injection molding, 米国）や急冷凝固粉末真密度固化成形法（rapid solidification powder full density processing, 米国），そして90年代ではパルス通電加圧焼結法（pulse current pressure sintering, 日本），温間成形（warm compaction, 日本）やレーザ焼結法（laser sintering, 米国）等，あげたら枚挙にいとまがないほど斬新で効果的な成形・焼結法が生まれている．いずれにせよ，このような新しい粉末冶金技術が，高品質の材料および特殊な特性が必要とされる材料分野へと利用され，今後もさらなる展開への機会が開けるものと期待される．

1・2 粉末冶金の定義

粉末冶金の話を進める前に，理解しておかなければならない用語がいくつかある．

まず粉末（powder）は，最大寸法が1mm以下の固体粒子の集合体と定義される．粉末は，セラミックスあるいはポリマーのような他の物質と複合化されている場合も多々あるが，一般的には金属が主流である．粉末の重要な特徴は，体積に比較して表面積がかなり大きいことである．これらの粒子は固体と液体の中間の挙動を示す．粉末は重力下での流動により容器あるいは型の空隙を満たし，この意味では液体のように振る舞う．そして，粉末は気体のように圧縮可能である．しかしながら，粉末の圧縮は本質的には，金属の塑性変形と同じように不可逆的である．このように，金属粉末は容易に成形され，処理後は固体形状として望ましい挙動をとるようになる．

さて，粉末冶金（powder metallurgy）の定義は，JISZ2500にも規定されているように，「金属粉の製造および金属粉の圧縮と焼結による金属製品の製造についての技術．広義には同様の技術による酸化物磁性体，サーメット等の製造技術を含む」とある．

すなわち，金属粉あるいは合金粉の製造に始まり，これらの粉末を型に入れて加圧成形（compacting, 射出成形のように加圧しない場合もある）したのち，融点以下の温度（混合粉の場合，一部の粉末が融解することもある）で焼き固め（焼結（sintering）），金属製品とする技術のことである．加圧と加熱を同時に行う緻密化技術も発達しており，金属粉末のみならず，金属間化合物，フェライト，セラミックス，サーメット等の粉末も対象となり，粉末冶金の範疇に組み込まれている．このことから，種々の金属加工技術の中で粉末冶金は，最も対象範囲の広い製造方法であるといえよう．

粉末冶金の大きな魅力は，高品質で複雑な部品を，寸法精度よく経済的に製造可能なことである．つまり粉末冶金は，大きさ，形状および充填状態等の特定の性質を有する金属粉末から出発し，これを強固で寸法

1・2 粉末冶金の定義

表 1・2-1 金属粉末の適用例

産業分野	用途
研磨材	金属研磨用砥石,研削砥粒
農業	種子の被覆,芝生および庭園用機具
航空宇宙	ジェットエンジン,熱遮蔽,ロケットノズル
自動車	バルブインサート,ブッシング,ギヤ,コネクティングロッド
化学製品	着色剤,フィルタ,触媒
被覆	塗料,硬質肉盛,溶射障壁
建設	アスファルト屋根,水漏れ防止
電気関係	接点,ワイヤクランプ,ろう材,コネクタ
電子関係	ヒートシンク,インク,集積回路
金属製品	錠前,レンチ,切削工具
熱処理	炉,熱電対,コンベヤ用トレイ
機械加工	吸音材料,切削工具,耐摩工具,ダイヤモンドの結合
接合	はんだ,電極,溶接棒
潤滑	グリース,研磨シール
磁気	リレー,磁石,磁心
プレス加工	型,工具,軸受,表面硬化
医療/歯科	腰骨用インプラント,アマルガム,紺子
冶金	金属回収,合金化
原子力	遮蔽,フィルタ,反射材
事務機器	複写機,カム,ギヤ,静電印刷用トナー
兵器	起爆装置,弾薬,弾頭(ペネトレイター)
身の回り品	ビタミン,化粧品,石鹸,ボールペン
石油化学	触媒,掘削ビット
プラスチック	工具,型,フィルタ,接合剤,耐摩耗表面
印刷	インク,コーティング,積層板
花火製造	爆薬,閃光,燃料,着色材

精度がよく,高性能を有する形状のものに変える技術である.

　主要な工程は,粉末の形状付与あるいは成形,およびそれに続く焼結による粒子の熱的結合である.このプロセスは,エネルギー消費量が相対的に少なく,材料歩留まりもよく,設備投資の少ない自動生産システムを有効に利用することができる.粉末冶金のこれらの特徴は,生産性,エネルギーおよび材料歩留まりの向上に関する最近の要求を非常によく満たしている.その結果,本分野は従来の金属加工技術の代替技術として成長を遂げつつある.さらに粉末冶金は,広範囲に新しい材料,組織および特性を生み出す可能性をもった自由度の大きい生産プロセスであり,たとえば耐摩耗複合材料に代表されるような粉末冶金特有の適用例が生み出されている.

　粉末冶金が利用できる分野は非常に広い.その多様性を示す例として,切削工具,タングステン電球のフィラメント,歯科用修復材,無潤滑油軸受,自動車用変速器のギヤ,装甲板貫通砲弾,磁石,電気接点,

原子力発電用燃料素子，整形外科用生体材料，事務機器部品，高温用フィルタ，航空機用ブレーキパッド，充電可能電池，およびジェットエンジン部品の製造における金属粉末の利用があげられる．さらに金属粉末は，塗料用顔料，プリント配線基板，濃縮粉末食品，爆薬，溶接用電極，ロケット燃料，印刷用インク，ろう付け用コンパウンドおよび触媒等の多様な製品に利用されている．

表1・2-1は，金属粉末が一般的に利用されているものを産業別にまとめた製品例を示す．この多様性は発展の一助となる一方，粉末冶金の研究に技術的な難しさを残す要因ともなっている．

最後に粉末冶金学とは，金属粉末の製造，キャラクタリゼーション，工業的に有益な部材への転換に至る金属粉末の処理工程を研究する学問である．一連の処理工程は，熱，仕事および変形の基本原理の応用である．それは粉末の形状や特性および組織を最終製品へと変えることであり，巻末に粉末冶金に関連する広範な用語の定義を示しておく．

また，粉末冶金体系の重要な3つの段階を図1・2-1に示す．第1段階では，粉末そのものに関する領域であり，粉末の製造から，分級，キャラクタリゼーションであり，粉末の寸法および形状に関する調査は，粉末技術の領域において一般的かつ重要な項目である．第2段階では，粉末の固化成形方法と焼結法との関係である．この段階における関心事は粉末の成形および緻密化である．第3段階は，製品の微細組織とともに，最終の特性に重点が置かれる．これら3つの段階は独立しているものではなく，粉末の種類や製造方法の違いが，成形や焼結のしやすさに影響を及ぼす．同様に粉末に適用される固化成形過程の違いも，最終的な焼結体の特性に影響を与えるばかりでなく，特定の目標とする特性によっては，粉末，処理工程および組成に注意を払う必要があり，それぞれが大いに関係しあっている．

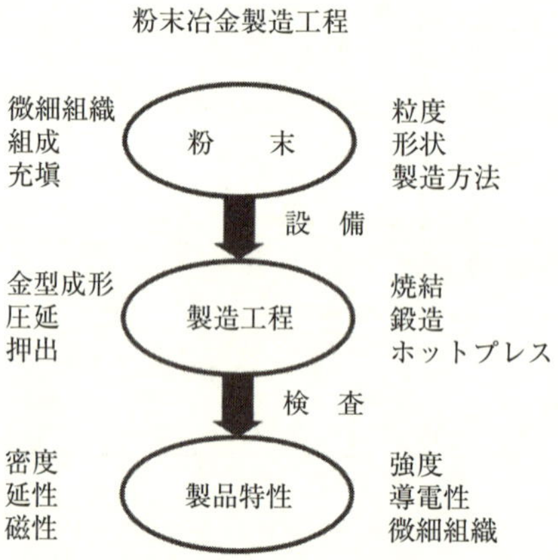

図1・2-1 粉末から製造工程を経て最終製品に至るまでの粉末冶金の概念的流れ

1・3 粉末冶金の現状と将来

1・3・1 鉄 系

粉末冶金製品が，機械部品として本格的に一般産業へ採用され始めたのは1950年代からで，産業機械，家電品，複写機等のOA機器部品，二輪車，自動車部品へとその時代の主力製品に採用されると共に，それ自体，主に複雑形状化，高強度化を目指して変遷，需要を伸ばしてきた（図1・3・1-1）．

1·3 粉末冶金の現状と将来

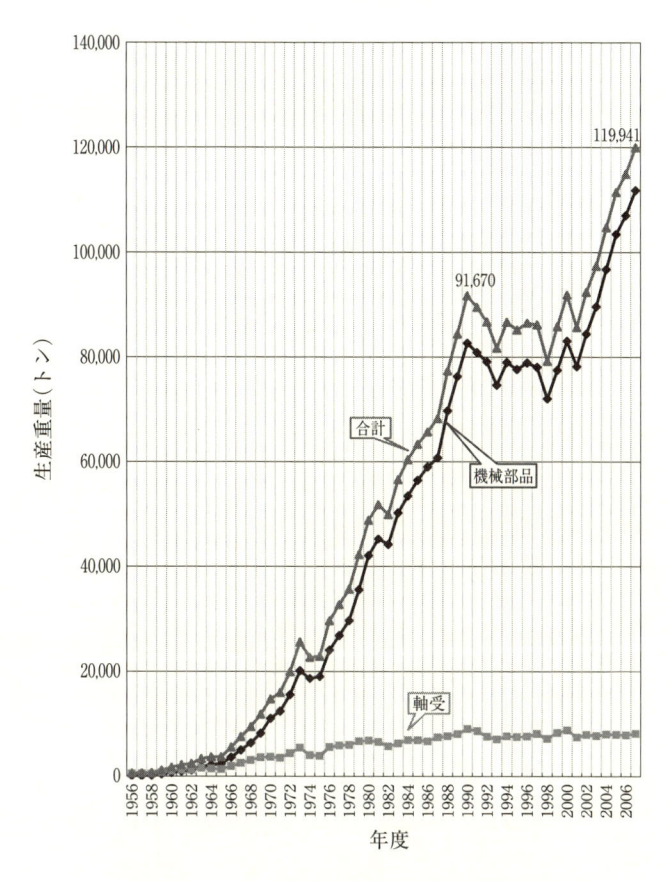

図1·3·1-1 粉末冶金製品の国内生産実績推移

　1990年代では家電品，複写機等のOA機器は価格面から樹脂化が進み，同時に海外への生産移管，現地調達が進行し，二輪車も大型車以外は東南アジアでの現地生産化が盛んとなった．自動車に使用される粉末冶金製品で最も多く採用されている部位は，エンジン周辺およびミッション関係部品である．エンジン内部のバルブシート，バルブガイドをはじめ，動力伝達部のプーリやスプロケット，加えて最近では燃費，効率向上のためのVVT, VTC等のエンジンの制御部品が新たに加わり，その他使用されている部位を含めると全粉末冶金製品の90％以上が自動車部品で占められている．

　最近の粉末冶金における機械部品の伸長を，バブル期以後の1995年から2007年までの13年間を生産量推移で確認すると，1998年と2001年に生産が若干落ちるものの，全体的に順調に増加しており，2007年までには146％の伸びを示してきた（図1·3·1-2）．

　この伸びは業種別に見ると自動車の好調による輸送機械が押し上げており，150％と大幅な伸長となっている．近年の自動車に対する特化現象に拍車がかかっているといえる．

　一方，産業機械は一般建設機械，汎用エンジン等，一部の業種に伸長が見られたものの，全体では横這いか微減傾向にある．電気機械は依然として下げ止まりが見られず年々減少が続いている．特に電気機械のうちでも扇風機，洗濯機，電動工具はほぼ下げ止まりで下方安定傾向にあったが，10年前には主役だったエアコン部品は需要が下げ止まらず依然減少傾向が続いている．このことは，国内で大量生産していた電気機械用の粉末冶金製品のニーズがほとんど消えかけていることを示しているものと推察される．

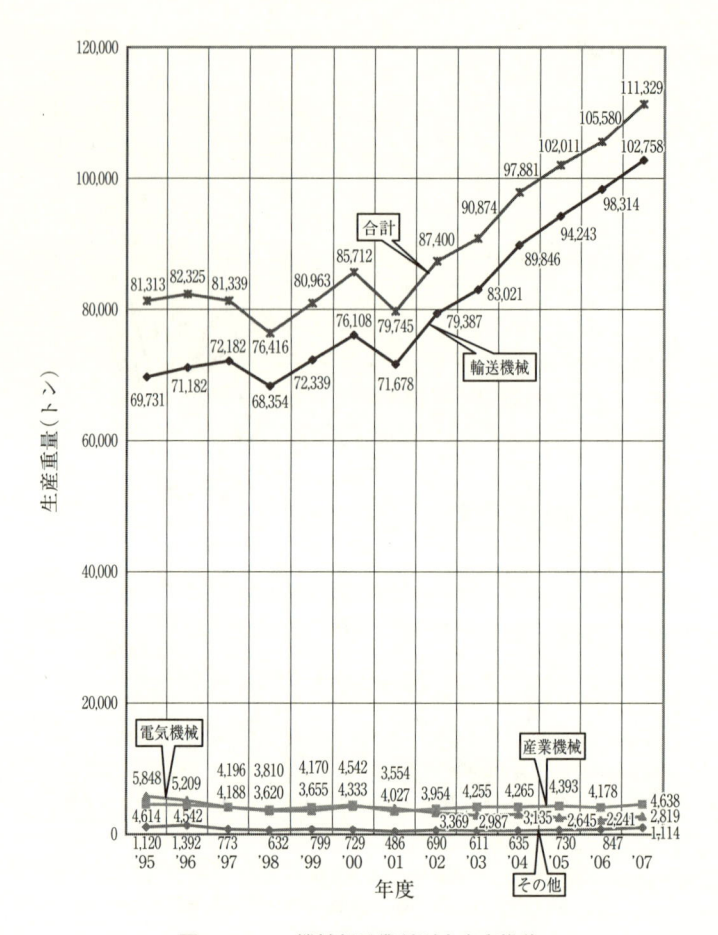

図1・3・1-2 機械部品業種別生産高推移

そのほかにはカメラ等のレジャー部品があるが，2001年頃から微増傾向にあるものの，それらの需要は機械部品全体の0.8％にすぎず，今後のマーケティング，材料開発，用途開発が鍵になるものと考えられる（図1・3・1-3）．

昨今の粉末冶金製品の主力先である自動車はガソリンの高騰や環境問題に伴い，従来のガソリンエンジン車からハイブリッド車，電気自動車への移行機運が急激に高まりつつある．先に述べたように，これまでの粉末冶金製品はガソリンエンジン周辺部品が主力であり，将来における対象製品の減少が容易に推察されることからも，次世代製品の発掘に早急に傾注しなければならない．

いずれにしても，自動車，産業機械，電気機械であれ，将来粉末冶金製品を拡大させるには，製法の特徴と利点を活かした付加価値がどのようにつけられるか，他製法と差別化した商品が提供できるかであり，改めてユーザに対するニーズ，シーズの発掘が一層重要なものとなるであろう．

1・3・2 超硬工具

超硬工具と呼ばれる製品分類に含まれる材料種は，超硬合金，サーメット，コーテッド超硬合金，セラミックス，ダイヤモンド，cBN（立方晶窒化ホウ素）等である．図1・3・2-1には，わが国のメーカにおける1989～2007年度の超硬工具の生産量と出荷額の推移を示す．生産量・出荷額は年々順調に増加の傾向にあ

1・3 粉末冶金の現状と将来

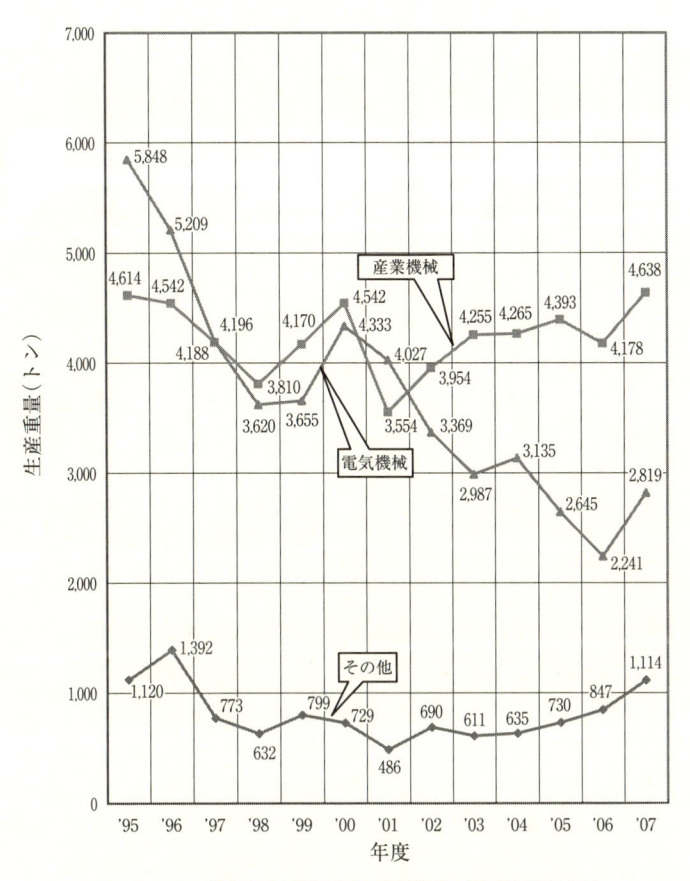

図1・3・1-3 機械部品業種別生産高推移（輸送機械以外）

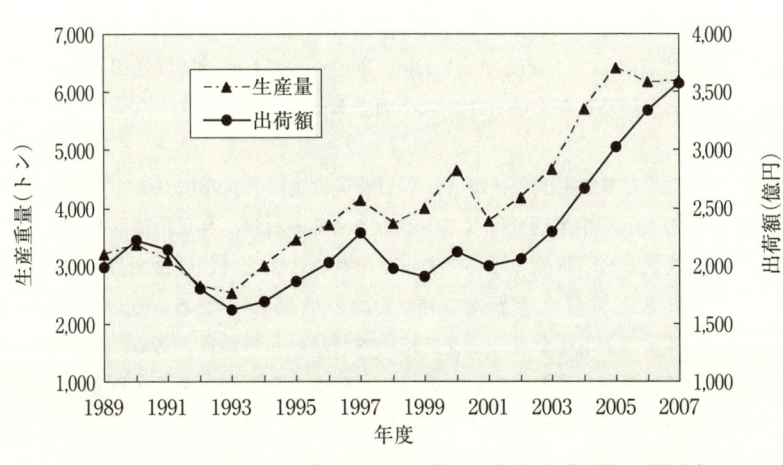

図1・3・2-1 超硬工具の生産量と出荷額の年度推移（超硬工具協会）

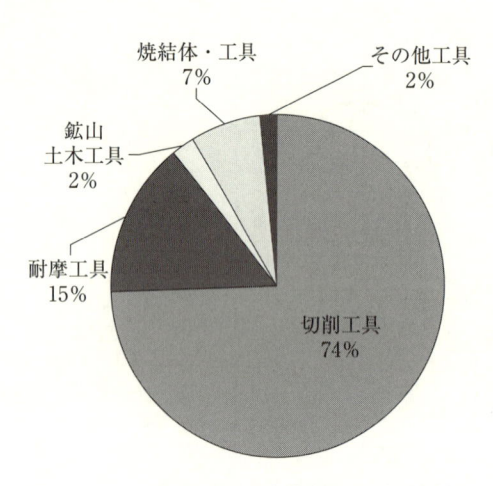

図1・3・2-2 超硬工具の出荷額の用途別割合，2007年度（超硬工具協会）

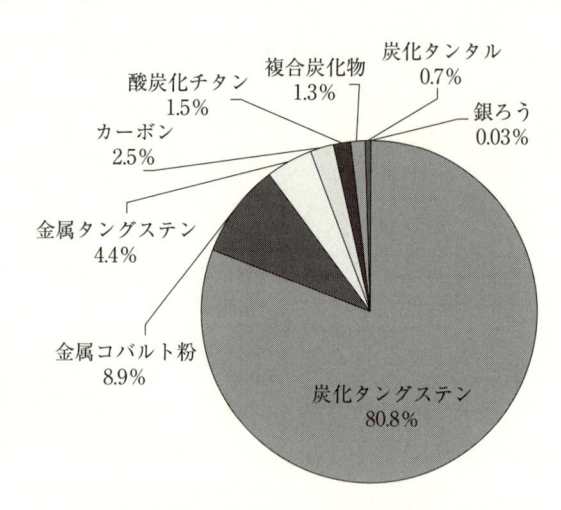

図1・3・2-3 超硬工具の主要原料の使用量割合，2007年度（超硬工具協会）

り，出荷額で1989年度に約2000億円であったものが，2007年度には約3600億円に達している．

図1・3・2-2に超硬工具の出荷額の用途別割合を示すように，切削工具が最も多く，次いで耐摩工具となっている．図1・3・2-3には，超硬工具に使用される主な原料粉末の使用量の割合を示すように，超硬合金の原料となる炭化タングステンが最も多く（約5000トン），次いでコバルト（約500トン）となっている．わが国のタングステン使用総量は約6000トンといわれており，その大半が超硬工具に使われていることになる．タングステンは最も代表的な稀少金属の1つであり，世界中のタングステン資源の約60％が中国に偏在するといわれている．わが国の超硬工具の分野においては，タングステンのリサイクル技術や代替材料（サーメット等）の開発が急務である．

ここで，便覧における本項の主旨からやや脱線するが，超硬合金，超硬工具の名前の由来を述べてみたい．超硬合金の原語は，ドイツ語のHartmetalle，英語のhard metal，cemented carbidesである．それら原語を直訳すれば，硬質金属とか焼結炭化物などとなり，超硬合金という和名はちょっと奇異である．たとえば，超硬合金をそのまま英訳して，super hard alloy等といっても海外では通用しない．わが国において誰がはじめに「超硬合金」という言葉を使ったかは不明であるが，以下のような歴史を垣間見ることができる[1]．

戦前（1939年頃），わが国の主な生産会社が「日本超硬質合金協会」を設立し，当時の重要な軍需物質であったタングステン鉱石の入手配給規制を行っている．考えてみれば，発足当時からタングステンは稀少金属であったわけである．終戦直後，従来の呼称であった超硬質合金を「超硬合金」と改め，超硬質合金工具は超硬工具と略され，「超硬工具協会」が新たに発足したのが1946年であるらしい．WC-Co系超硬合金は，硬質材料の中ではダイヤモンドやセラミックスに比べればむしろ軟質である．超硬合金あるいは超硬という呼称は，日本人の間では普通に使われているのは，そのような歴史があるからである．当時の最も普及していた鋼系の工具（工具鋼）等に比べて，著しく硬い，超硬いというのが，そういう呼び名を定着させたのかもしれない．なお，超硬「金属」といわずに，「合金」といったのは，この材料の中味をよく分かっていた人がつけたのではないか，という推測も成り立つ．

1·3·3 磁性材料

　まわりの状況にすぐなびく軟派と，たやすくは動かされない硬派の人間に分かれるように，磁性材料も外磁界によって磁化状態が容易に変わる軟(質)磁性材料と，ほとんど変わらない硬(質)磁性材料に分類される．軟磁性材料では，外部磁界で大きく磁化状態が変わる現象を利用して様々な機能を発現させる．コイルやトランスのコア，電磁波遮蔽・吸収体，磁気ヘッド，磁気センサ等，色々な磁気デバイスに応用されている．硬磁性材料は，着磁後ほぼ永久に磁束を発生するので永久磁石と呼ばれる．

　ところで，軟磁性および硬磁性と分類されても，これらの磁性材料はすべて"強磁性体"である．強磁性体とは，磁性の担い手である電子のスピンが，外磁界をかけなくても熱擾乱に打ち勝って一方向に整列している物体をさす．しかし実際には，様々な方向を向いた微小な磁石ともいうべき"磁区"に分かれるため，強磁性体の全体の磁化は外磁界に対してヒステリシス（履歴）曲線を描く．軟磁性材料では，ヒステリシスが小さく，弱い外磁界 H によって大きく全体の磁化 M が変化する．つまり，透磁率（$\fallingdotseq dM/dH$）が大きいのでこれを利用する．硬磁性材料（永久磁石材料）は角型比の大きなヒステリシスを示し，一度強い外磁界をかけて磁化を飽和させた後ゼロ磁界にしても強い磁化を保つので，それから発する磁界を利用する．

　強磁性材料は，酸化物（スピネルフェライト，六方晶フェライト等）と金属（Fe, Co, Ni, Sm-Co 等）および B や N 等の非金属を含む金属間化合物（Nd-Fe-B, Sm-Fe-N 等）に分類される．ただし，これらの金属間化合物磁性体は，金属的電気伝導を示すことから金属強磁性材料に含めることが多く，本書の応用編（第 12 章）でもこれに従い，軟磁性および硬磁性材料のそれぞれをフェライト（酸化物）と金属に分類した．

　近年急速に行われている，情報通信機器の高速・高周波化，小型・高密度化，省電力化に対応するために，軟磁性材料に関して，①高透磁率化と，②低損失化を，③高い周波領域で達成すること，が求められている．

　高い電気抵抗率をもつ（交流磁界で駆動しても渦電流損失を生じない）フェライト軟磁性材料は，スイッチング電源トランスや電磁ノイズ抑制体等の高周波応用に供されてきたが，①電気抵抗率をさらに高めて渦電流損失を低減するとともに透磁率の限界周波数を高める，②磁歪や結晶磁気異方性を低減してさらに透磁率を向上させる，③チップインダクタ等の小型磁性デバイスの構造を最適化して特性を向上させる，等の様々な工夫がなされている．

　また，高密度化された電子機器に使用する"低背形"インダクタやシールド材を作製するために，100 μm 程度の非常に薄いフェライト膜を切削加工なしで直接作製する技術も開発されている．さらに"フェライトめっき"という水溶液プロセスで電磁ノイズ抑制用のフェライト膜が作製されている．

　飽和磁束密度が高いが，きわめて電気抵抗率が低い金属軟磁性材料は，板(箔)状，もしくは粉末状にして絶縁体を介して積層化または複合化することによって渦電流損失を抑えて，商用電源のトランスや低周波で駆動するモータ用のコアに使用されてきた．

　とりわけ，高い透磁率をもつ電磁鋼鈑（ケイ素鋼鈑）が，電力用トランスやモータ等の鉄心材料として広く用いられてきた．この分野でも，昨今の省エネルギー化の要求に応えるために高周波化が必要とされ，Si 量を増大させて，磁歪がほぼゼロで高抵抗の無配向電磁鋼鈑が開発されている．さらに，高い飽和磁束密度と，できるだけ高い周波領域で大きな透磁率を得るために，Fe-Si-Al 系合金（センダスト），Fe-Cr 系合金（軟磁性材料ステンレス鋼），Fe-Co 系合金（パーメンジュール）等の合金軟磁性材料，および Fe 基アモルファス合金材料やナノ結晶軟磁性合金材料が開発されている．

　粉末冶金分野では，これらの優れた軟磁性材料の粉末を，①そのまま圧縮成形した圧紛磁心，②焼結した

磁心，③バインダ中に分散させた複合磁性膜等にすることによって特性向上を図った製品が作製されている．

世界規模で環境保全とエネルギー資源の確保が緊急課題となっている今日，永久磁石の高性能化によってモータの効率を向上させて電気・電子機器（エアコン，エレベータ，ハードディスク等）の電力消費を抑えたり，ハイブリッド車や電気自動車の実用化を促進しようとする機運が高まっている．

ところで，永久磁石材料の開発の歴史では，日本が世界をリードしてきた．すなわち，KS（NKS）磁石鋼（本多光太郎）とMK磁石鋼（三島徳七）の開発がアルニコ磁石の原点となり，OP磁石（武井武，加藤与五郎）の発明がフェライト磁石の基礎を築き，Nd-Fe-B磁石（佐川眞人）の発明が永久磁石の性能を飛躍的に向上させた．これらの磁性材料は今日でも最強磁石の地位を保っている．さらに，ボンド磁石として最高の性能をもつNd-Fe-Bボンド磁石も日本で開発された．

現在，世界で生産されている磁石の総生産重量のうち70％が焼結フェライト磁石（その95％がM型Sr，Ba系フェライト）であり，次いで25％がボンド磁石で，4％が希土類磁石（その95％が，Nd-Fe-B磁石，残りがSm-Co磁石），残りがアルニコ磁石等である．

最高性能を誇るNd-Fe-B磁石は，環境・エネルギー問題を追い風としてその生産量は今後も増大すると考えられる．ただし，温度特性を改善するために添加しているDyの鉱床が，現在ほとんど中国に限られていることから起こる問題を解決するために，新たな希土類資源の開発，あるいはDyを用いないNd-Fe-B磁石の開発が望まれている．さらに，ほとんどすべての磁性材料について国内生産から中国生産に転移し，また中国の新規企業が生産を行っているので，日本の磁性材料業界が今後も発展し続けるためには，独自の技術革新を達成しながら新たな市場を開拓していくことが必須であろう．

第1章 文献

1・3・2 の文献
1) 東芝タンガロイ：タンガロイ50年の歩み，東芝タンガロイ社（1985）．

第2章

粉末の製造

2·1 粉末製造の概要と分類

　1·3項「粉末冶金の現状と将来」で述べたように，粉末を原料とした工業材料は機械材料，工具材料，各種機能材料等多岐にわたっており，利用分野から見ても，機械工学から電子工学，化学工学まで広い分野にわたっている．表2·1-1に各種金属系粉末の製造法とその特徴を示した．機械的粉砕法，溶湯粉化法，物理・化学的粉化法に大別されているが，溶湯粉化法は水やガスを粉化媒体として用い溶融金属を粉砕する方法であるので，定義としては機械的粉砕法に含まれるが，ここでは別分類として扱うことにする．また，遠心力や真空で粉化する方法もあるが，特殊な用途向けの粉末製造法である．機械的粉砕法ではスタンプミル，ボールミル，ハンマーミル等が使用される．物理・化学的粉化法の1つに電気分解法がある．これは陰極に金属を析出させる方法であり，その析出状態に応じて機械的粉砕法を組み合わせる．その他，物理・化学的粉化法にはガス還元法やカルボニル法等がある．基本的にはどのような純金属，合金でもこれらのうちのいずれかの方法を用いれば製造することができる．製造法によって粉末特性が変化し，また，金属の物理的，化学的な性質や製造量等の条件に合った方法が選択される必要がある．たとえば電解法や化学的な方法で作られた粉末は一般的に高純度であり，機械的粉砕法は延性の大きな金属の粉砕にはあまり適していな

表2·1-1　各種金属系粉末の製造法と特徴[1]

製造法		金属粉末	粒度（μm）	特徴	備考
機械的粉砕	スタンプミル法	Fe, Cu, Cr, Mn, フェロアロイ, 金属間化合物	1～1000	材質により形状変化	硬質材料—角状，軟質材料—片状
	ボールミル法	Fe, Cu, Cr, Mn, フェロアロイ, 金属間化合物	1～1000		硬質材料—角状，軟質材料—片状
	ハンマーミル法	Fe, Cu, Cr, Mn, フェロアロイ, 金属間化合物	数十～数 mm		粗粉砕
溶湯粉化	高圧水噴霧法	Fe, Cu, SUS, 各種合金	20～300	粒状	
	超高圧水噴霧法	Fe, Cu, SUS, 各種合金	数～20	クラスター状	
	ガス噴霧法	Fe, Cu, SUS, 各種合金	20～1000	球状	サテライトあり，広い粒度分布
	回転電極法	Fe, Cu, SUS, 各種合金	数十～1000	球状	狭い粒度分布
	回転ディスク法	Fe, Cu, SUS, 各種合金	数十～1000	球状	狭い粒度分布
	真空噴霧法	Fe, Cu, SUS, 各種合金	10～200	球状	サテライトあり，広い粒度分布
物理・化学的粉化	電気分解法	Fe, Cu, Ni, Cr, Mn, Zn, Sn	数～300		粉砕法，材質により変化
	ガス還元法	W, Mo, Fe, Ni, Co, Cu	0.5～20	海綿状	
	固体還元法	Ta, Nb, Cr, V, Ti, Zr, U	1～100	海綿状	
	カルボニル法	Fe, Ni	0.2～10		
	水素化物分解法	Ti, Zr, Ta, U, 希土類磁石	0.5～30		
	蒸発凝縮法	Zn, Cd, Mg	0.1～1		
	アマルガム法	Fe, Ni, Mn, Cr, Co			

い．この機械的粉砕法は単独の製造法としても用いられるが，還元粉，アトマイズ粉，電解粉の二次粉砕法としてもよく用いられる．また，メカニカルアロイング法のように固相状態で非平衡合金を作製する方法もこれに含まれる．

具体的には焼結機械部品，含油軸受，摩擦材料，集電材料等の主原料である鉄粉，銅粉の製造法としては，アトマイズ法，鉱石の還元法，電気分解法が主に用いられている．電気接点，管球材料，超硬合金の原料である W，Mo，Ni，Co 等の粉末は酸化物の還元法あるいはカルボニル法等の化学的方法で製造されている．

(1) 溶湯粉化法

溶湯粉化法（molten metal atomization）は主に噴霧法（atomization process）あるいはアトマイズ法とも呼ばれ，溶融金属から直接粉末を製造する方法で，溶湯細流を高圧の水やガスで吹き飛ばして粉末を作る方法が一般的である．遠心力や機械的衝撃を与えて粉化する方法もアトマイズ法の一種である．鉄系機械部品の原料に使用される水噴霧鉄粉の平均粒径は通常 60〜70 μm，HIP 成形に用いられるガス噴霧粉は 100〜150 μm，射出成形に用いられる粉末は 20 μm 以下の微粉である．粒子形状は水噴霧粉がやや丸みを帯びた不規則状で，細かくなるほど球状に近づく．ガス噴霧粉は球形である．MIM（金属射出成形）用粉末はサブミクロンから 20 μm までである．

(2) 機械的粉砕法

機械的な粉砕や解粒は噴霧法，還元法や電気分解法等で製造された粉末の二次工程にも組み込まれているが，粉末製造法の分類上，固体の金属塊の機械的粉砕を主工程とするものを機械的粉砕法（mechanical pulverizing or milling process）と呼んでいる．鉄，銅，クロム，マンガン等の金属間化合物を粉砕する工程もこの方法で行われる．粉砕機はスタンプミル（stamp mill），ボールミル（ball mill），渦流ミル（eddy mill），アトリッションミル（attrition mill），振動ミル（vibratory mill）等であり，硬くて脆い金属やセラミック粉末は角張った粒子形状となり，延性に富む金属では扁平形状となりやすい．凝集防止剤，酸化防止剤を添加して粉砕することが多い．

(3) 物理・化学的粉化法

電気分解法（electrolysis process）は電解析出法（electrolytic precipitation process）とも呼ばれ，溶融塩あるいは水溶液に陽極，陰極を浸漬し，溶液濃度，電流密度等のパラメータを変化させて目的に合う最適な形状，たとえば板状，樹枝状，海綿状に金属を陰極板上に析出させる方法である．銅粉を例にとると，硫酸銅水溶液を電解液として電解条件を最適条件に選定すると，陰極上に樹枝状粉末の銅が析出する．この形状は圧縮成形に適するため，粉末冶金用銅粉として多量に使用されている．

ガスや固体による還元法（reduction process）は Fe，Ni，Co，W，Mo 等，多くの粉末の製造に利用されているが，生産量として最も多いのは焼結機械部品等に用いられる鉄粉である．鉱石や鋼材の熱間圧延時に発生するミルスケールをコークスで粗還元し，続いて分解アンモニアあるいは水素で仕上還元する．製造された粉末は多孔質で複雑な外形をしている．

鉄，ニッケルと一酸化炭素を高温高圧で反応させるとカルボニル化合物となり，これを熱分解すると微細な鉄粉やニッケル粉が製造できる．カルボニル法（carbonyl method）と呼ばれる．

(a) 機械的粉砕ステライト粉[2]　　(b) 水アトマイズ鉄粉[3]

(c) 窒素ガスアトマイズ工具鋼粉[4]　　(d) 鉱石還元鉄粉[5]

(e) 樹枝状電解銅粉[6]　　(f) カルボニルニッケル粉[7]

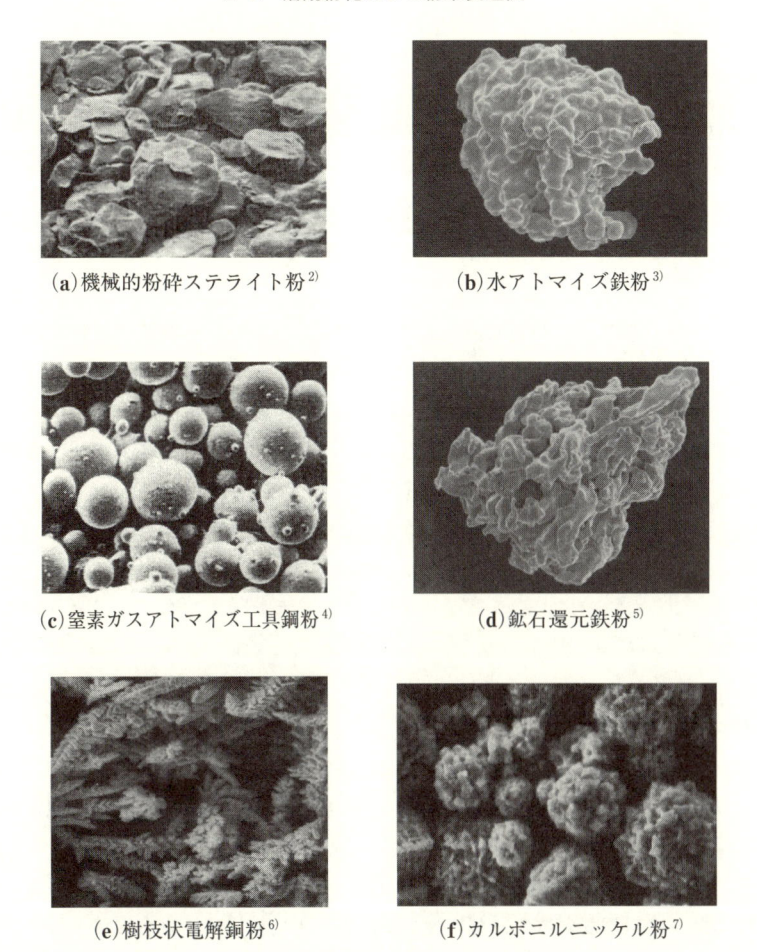

図 2・1-1　各種製造法による粒子形状

（4）　製造法による粉末性状

各種の製造法で得られた粉末性状は表 2・1-1 に概略説明しているが，代表的な粉末粒子の形状を，図 2・1-1 に示す．製造法によって粒子形状は著しく異なることが分かる．また，断面を見ると，（ c ）の窒素ガスアトマイズ工具鋼の粗粉内部にはアトマイズガスを包含した気泡が見られることがある．（ d ）の鉱石還元鉄粉の内部には多くの気孔が存在している．

2・2　溶湯粉化による粉末製造法

溶湯粉化法には噴霧媒体として窒素，アルゴン等のガス，水等の流体の運動エネルギーを用いる場合，ガスの気化による膨張エネルギーを用いる場合，さらに遠心力を用いる場合等がある．以下にはまずガスアトマイズ法（gas atomization method），水アトマイズ法（water atomization method），回転電極法（rotating electrode process），急冷凝固法（rapidly solidification method），両者を組み合わせたハイブリッド法（hybrid method）について述べる．

2·2·1 ガスアトマイズ法

　ガスアトマイズ法は溶融金属の流れに，空気，窒素，アルゴン等の圧縮ガスから形成された高速ガスジェットを衝突させ，粉化させる方法をいう．溶融金属のアトマイズ（噴霧）は噴霧ガスの運動エネルギーを溶融金属にぶつけることによって起こる．不活性ガスアトマイズと呼ばれるのは噴霧ガスと溶融金属が全くまたはほとんど反応を起こさない，すなわち，窒素，アルゴン，ヘリウム等のガスで噴霧する方法である．

　不活性ガスアトマイズ法はすでに確立された技術で，30 年以上前から工業化されている．この方法が応用されている分野では，HIP 成形用の高速度鋼粉末や工具鋼粉末，HIP 成形用の耐熱超合金粉末，MIM 用ステンレス鋼粉末，PTA（Plasma Transferred Arc）溶接用，溶射粉末用，分散強化合金用各粉末，HIP 成形用ステンレス鋼粉末等がある．最近は次の理由により不活性ガスアトマイズ微粉末を高歩留まりに製造する技術に関心が集まっている[1]．

①平均粒径 10〜15 μm の粉末の市場拡大，たとえば MIM のような用途．
②噴霧ガスが高価であるため，ガス消費量低減の必要性．
③レーザや電子線を使った焼結によるラピッドツーリングやラピッドプロトタイピング等における微粉末の必要性．

（1）　亜音速および超音速ガスアトマイズ

　高速のガスジェットを，タンディッシュから流出した溶融金属流に衝突させて，微粒化，急冷して粉末を製造する方法であり，ガスジェットのノズル型式，ガスの種類，ジェットの速度や溶融金属流とガスジェットの位置関係等によって得られる粉末の特性が変わる．ガスジェットのノズル型式には円錐形，V 形，ペンシル形等がある．また，ガスの種類には N_2，Ar，He，空気等が用いられ，その種類によって生成粉の形状，平均粒径，酸素量，冷却速度やコストが影響を受ける．平均粒径は溶融金属流とガスジェットの位置関係によっても影響を受けるが，両者の衝突点でのジェット速度によって，亜音速では平均粒径が数 10 μm 以上，超音速では 10〜20 μm の粉末が生成する．

a. 自由落下型ガスアトマイズノズル

　工業的生産に使用されているタンディッシュからの溶融金属の流出は自由落下型である．図 2·2·1-1(a) に概略図を示す．ガス圧力は 0.5〜4 MPa で，ガスジェット速度はマッハ 1〜3（340〜1020 m/s）である．しかし，この方式でガスジェットが溶融金属に衝突する部分では，ガスノズルデザインによるが，ジェット

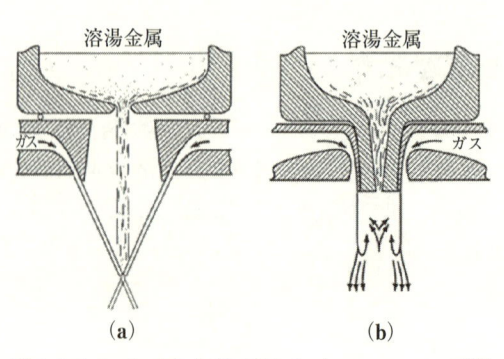

図 2·2·1-1　（a）自由落下型と（b）コンファイン型[10]

速度が 50～150 m/s に低下してしまうことが多い．

下記の自由落下型での Lubanska[2]の実験式では，平均粒径は合金成分（溶湯の動粘度や表面張力等），ガスと金属流の速度と流量比等に影響されることが分かる．一般的に 20～300 μm の粒度範囲に入る．

$$d_\mathrm{m}=Kd_\mathrm{ms}\left[\frac{v_\mathrm{m}}{v_\mathrm{g}}\frac{1}{W}\left(1+\frac{M}{A}\right)\right]^{1/2} \qquad 式(2\cdot2\text{-}1)$$

ここで，d_m：平均粒径（メディアン径），d_ms：溶湯粒径，v_m：溶湯動粘度，v_g：ガス動粘度，W：ウェーバー数（$W=\rho V^2 d_\mathrm{ms}/\sigma$），$\rho$：ガス密度，$V$：ガス速度，$\sigma$：溶湯表面張力，$M$：溶湯質量流量，$A$：ガス流量，$K$：定数である．

b. コンファイン型ノズル

コンファイン型ノズルでは，ガスと溶湯流の衝突部でガス速度とガス密度が最大になり，微粉末の歩留まりが向上する．アトマイズ後の冷却塔の高さも自由落下型に比べて低くなる．

コンファイン型ノズルを図 2・2・1-1（b）に示す．溶湯は耐火物チューブを通って流下するが，このチューブは金属製ガスノズルに差し込まれているので，チューブとガスノズルの間の間隔は小さく，溶湯の出口で高速のガスジェットと衝突する．コンファイン型アトマイズは，現在，実験室や溶湯量が 5～20 kg 程度の小規模装置に利用されている．

コンファイン型アトマイズの欠点はガスと溶湯ノズルが接近しているため，溶湯ノズルが冷却され，溶湯が凝固しやすいことである．

c. "Nanoval"（ラバール型）ノズル[3~6]

ラバールノズルとはスロート部を有する絞り型ノズルのことであり，この形式をノズルデザインに応用した "Nanoval" ノズルでは音速あるいは超音速の板状ガス流によって溶湯流が粉化される．溶湯ノズルはラバールガスノズルの亜音速領域に位置する．溶湯は耐火物ノズルから流下するが，ラバールノズル内の層状のガス流により取り巻かれている．これも一種のコンファイン型アトマイズである．溶湯は加速され，溶湯半径はワイヤのように細くなり，最終的には微細な液滴まで粉砕される．スロート部を有するラバールノズルであるため，ガス流が急速に加速される．ガスが超音速になると溶湯流を効果的に粉砕し，急冷凝固して微粉末を得ることになる．窒素やアルゴンガスを用いれば平均粒径が約 10 μm，ヘリウムガスを用いれば 5 μm 程度までの平均粒径の微粉末が 2 MPa という中程度の圧力で達成可能である．粒子径のばらつき（標準偏差）も非常に小さい．粒子形状は球形である．ガス消費量はコンファイン型の 1/3，自由落下型の 1/7 である．

d. "WIDEFLOW" ノズル[7~9]

ドイツで開発された "WIDEFLOW" システムは，"Nanoval" ノズルと同様にラバール型ノズルと同じ流体力学モデルに基づいたものである．異なる点は "WIDEFLOW" の溶湯は丸型ではなく直線型であり，薄いシート状の溶湯を使用する．溶湯や溶湯ノズルは高圧容器中に入っている．溶湯膜は大きな比表面積をもち，粉化には有利である．"WIDEFLOW" システムでは約 10 μm ぐらいの非常に細かいステンレス鋼粉末が 2～2.5 MPa の窒素やアルゴンガス圧力で製造できるといわれている．円錐型の "Nanoval" ノズルの 1/3 のガス量を必要とするにすぎないともいわれている[1]．

e. 超音波ガスノズル[10]

超音波ガスアトマイズはコンファイン型アトマイズの一種で，Hartmann 型ノズル[10]として知られている．この方法では超音速を生成するのに絞りノズルを使う．ガスジェットはチャンバの開放端で衝突し，衝撃波のパターン内に超音波振動を作り出す．ガスノズル出口ではマッハ 2～2.5 で，100,000 Hz の振動数が得られる．

f. 高温ガスアトマイズ法[11,12]

この方法では不活性ガスを300～600℃に予熱して噴霧する．理論的にはある粒度分布の粉末を得るための必要なガス量は絶対温度に逆比例する．このことは，300℃にガスを予熱すればガス量を50％削減できることを意味する．他方，予熱したガスでは室温換算で同じ流量とすればガス速度と衝突力が2倍になる．ある粒径（メディアン径（median diameter），d_{50}）の粉末を得るためのガスの絶対温度Tとの関係は，式(2・2-2)[11]で表せる．

$$d_{50} = K/T^{0.25} \qquad 式(2・2-2)$$

MIMでは一般に粒径の上限が20～22μm程度といわれており，通常のガスアトマイズ法では22μmの収率は56％であるのに対して，高温ガスアトマイズ法ではそれが78％となる[12]．

g. タンデムアトマイズ法[13～15]

この方法は別名Soluble Gasアトマイズ法とも呼ばれているものである．Homogeneous Metal Inc.の開発した真空アトマイズ法もタンデムアトマイズの一種である．

米国のUltra Fine Powder Technology, Inc.とスウェーデンのCarpenter Powder Productの2社は溶湯とガスを混合して超微粉末を製造するプロセス開発を行っている[13～15]．タンデムアトマイズ法は微粉末を製造するポテンシャルはもっているが，色々難しい点があり，工業的にはPratt and Whitney航空機エンジン用粉末をHomogeneous Metal Inc.社が工業的に製造している程度であり，あまり使用されていない．

h. Bohler-Uddeholm 粉末技術[16]

Bohler-Uddeholmグループの一員であるこの会社はHIPによる粉末高速度鋼（粉末ハイス）や工具鋼の製造メーカで，オーストリアのKapfenbergにある工場は世界でも最も近代的である．この工場のガスアトマイズ法はC. Tornbergにより開発された3ステップアトマイズを用いていることが特徴である[17]．その構成は自由落下型で，溶湯の粉化を3つのノズルで3段階に行うことである．これによって通常の1ノズルの自由落下型に比べて非常に細かい粉末が得られる．平均粒径は通常の自由落下型（100μm）の半分（50μm）である．

i. その他

最近ではTi合金や金属間化合物等の活性金属のガスアトマイズ技術が開発されている．これらの活性金属の溶湯は溶解炉やタンディッシュに使用される耐火物と容易に反応して耐火物成分を還元するため，溶湯の成分変化が起こったり，酸素が溶湯に溶け込み粘性を上げたりするために清浄な粉末の製造が難しく，また，アトマイズの作業性も悪い等の問題があった．そのため耐火物を使用せずに，アーク溶解した金属溶湯を直接アトマイズノズルに送って粉化する方法，水冷銅るつぼを用いて溶解した溶湯をCaO等の安定酸化物からなる溶湯ノズルから流下させる方法等[18,19]が発表されている．

(2) 粉化機構

粉化機構については各種のノズルごとに解析されている．一般的にガスアトマイズ法では粉化が第1ステージと第2ステージに分けて起こるといわれている．コンファイン型ではこの第1ステージはガスジェットが溶湯流に最初に出会う場所で起こるが，機構は十分には解明されていない．Alの例では500μm程度までの液滴が生成するといわれている．この液滴がガスとともに加速され，第2ステージではBag breakupまたはStripping breakupにより微粉末に粉化される．通常，金属のガスアトマイズではウェーバー数Wが大きく，後者のStripping breakupの機構で粉化されるといわれている[20]．この機構では一次粉砕された液滴がガス流に対して凸状に変形し，皿状の縁部で薄膜となり，紐状から微粉末へと粉化が起こる（図2・2・1-2）．

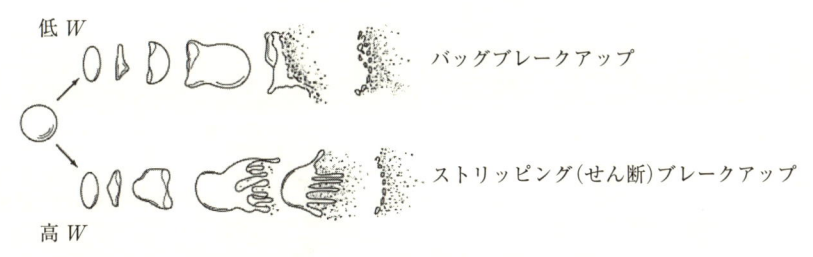

図 2·2·1-2　粉化の第2ステージでの液滴形状の変化（W：ウェーバー数）[20]

2·2·2　水アトマイズ法[1]

　水アトマイズ法は，金属の溶湯を細孔から落下させて，その溶湯流に高圧の水流を当てて粉化する方法である．水は気体に比較して，高粘度で熱伝導度が高いため，高圧水流で粉砕された液体金属は，表面張力で球形化する以前に凝固し，粒子形状は一般的に非球状の不定形である．水アトマイズ後の粉末表面は，水との接触により酸化被膜が形成される．また，急冷されるため粒内組織は微細組織となる．圧縮成形が必須となる粉末冶金用途では，通常表面酸化被膜を除去し，さらに焼鈍を行う目的で，一般に水素中で仕上げ還元を行う．図2·2·2-1に水アトマイズ鉄粉の製造工程の一例[2]を示す．電気炉等で溶解した金属を噴霧設備において細流として流出させ，これに10～15 MPaの高圧水を吹き付けて粉化する．その後脱水，乾燥等を経て還元雰囲気中，800～1000℃の温度で仕上げ還元する．易酸化性成分を含む合金鋼粉については，真空中での仕上げ還元処理が実用化されている[3]．

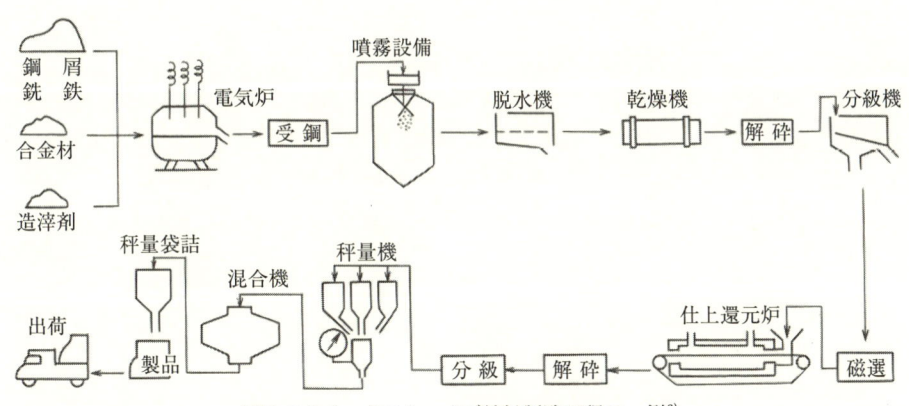

図 2·2·2-1　水アトマイズ鉄粉製造工程の一例[2]

　水アトマイズ装置の模式図を図2·2·2-2[2]に示す．この方法によって得られる粉末の特性に及ぼす製造因子には，水流の圧力，流量，溶湯流の径および溶湯の温度，粘性，表面張力等が考えられる．また，これらの他に水流を形成するノズルの形式も重要な製造因子である．現在までにV形，ペンシル形，逆円錐形等，種々の方法が開発されている[4]．
　図2·2·2-3は，仕上げ還元後の水アトマイズ鉄粉粒子断面の顕微鏡写真である．粒子内部が稠密で表面の凹凸が小さい．液体金属原料の精製により高純度化でき，内部が稠密な粉末であるため，比較的高密度の焼結部品製造に使用される．
　噴霧媒体の噴出圧力を上げれば，粒子径を微細化することができ，水圧100～200 MPaでの高圧水アトマ

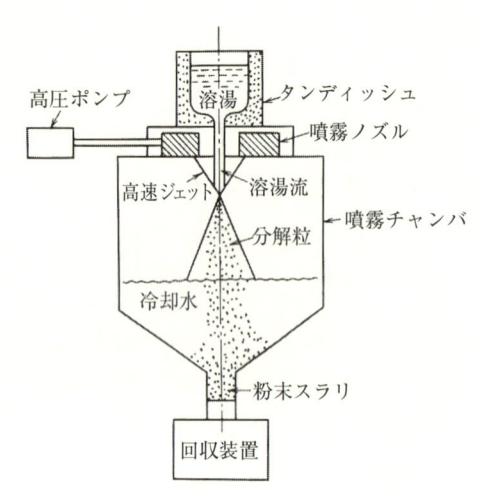

図 2·2·2-2 水アトマイズ装置の模式図[2]

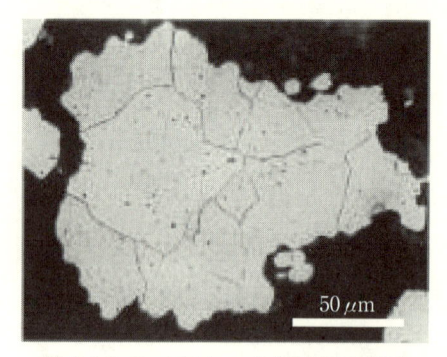

図 2·2·2-3 水アトマイズ鉄粉粒子断面

イズにより，金属粉末射出成形用の微細粉末が工業的に製造されている[5]．

2·2·3 回転電極法[1]

　回転電極法（rotating electrode process）は，高速で回転するディスク上に溶湯金属を連続的に落下させ，遠心力により飛散させて微細粉を作る遠心アトマイズ法[2]の変形である．ジルコニウム，チタン，およびニッケル基超合金のような高合金あるいは活性金属の粉末製造に用いられる．1960年初期にタングステン電極による電弧法が開発されたが，1970年初期にプラズマ法に改良されている．回転電極法の概念図を図2·2·3-1に示す．装置は所定の材料で作られた消耗電極からなる．その電極の一端は，固定タングステン電極またはプラズマアークにより溶解される．消耗電極は陽極であり，1分間に50,000回（rpm）に達する速度で回転する．電極は外部モータにより回転し，溶解するにつれ外部機構により容器内に供給される．粉末は陽極から飛散された溶湯から形成され，真空あるいは不活性雰囲気中で凝固する．

　回転基板上における粒子の形成過程を示したのが図2·2·3-2である．液相は回転体（陽極）の縁より広

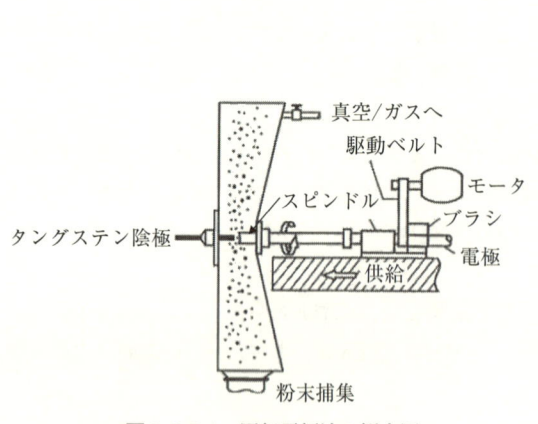

図 2·2·3-1 回転電極法の概念図

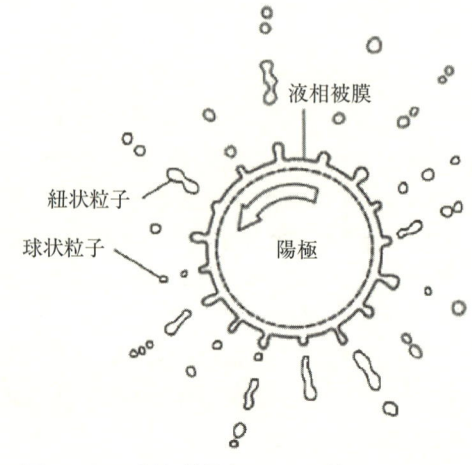

図 2·2·3-2 回転基板上における粒子の形成過程

がって薄膜を形成し，突起および紐状の粒子がせん断および表面張力により形成される．回転速度や溶解速度が遅い場合は，粒子は陽極の縁から直接形成されるが，溶解速度が速い場合は，液相はまず紐状になり，その後液滴状になる．液滴状の粒子は最終的には球になるが，加熱が不十分な場合は球状化する以前に紐状粒子のままで凝固する．

回転電極法の利点は，粉末が清浄であり，球形のため充填密度が高く，流動性がよいことである．また，粒度が均一で坩堝材料による汚染がない．一方で不利な点は，生産性が低く，装置および操業コストが高く，粒度が粗いことである．さらにタングステン陰極を用いた場合，粉末中にタングステンによる汚染が生じるので，プラズマ溶解の方が望まれる．

2·2·4 急冷凝固法[1]（非晶質・非平衡組織粉末）

急冷凝固法は RSP（Rapid Solidification Processing）と表記される．急冷凝固により製造された粉末は，平衡条件下で凝固した材料とは非常に異なった組織を示し，組織が微細で非平衡組成であるとともに，偏析の少ない新しい相を含むことが可能である．

急冷凝固粉末の製造法として種々の方法が提案されているが，主にアトマイズ法を用いる方法と，それ以外の方法に分類できる．アトマイズ法を用いる方法で特に冷却速度が大きく，非晶質相が得られる方法としては，高速のガス波動（マッハ2.5以上）を溶融金属流に衝突させる超音波ガスアトマイズ法[1]や遠心アトマイズ法の一形態で回転円盤アトマイズ法[2]等がある．回転円盤アトマイズ法の1つであるRSR[1]（Rapid Solidification Rate）の概略を図2·2·4-1に示す．この方法では，高速回転する円盤上へ溶融金属を連続的に噴出させ，回転によって生じる遠心力によって溶湯を微細な液滴状に噴霧し，飛散中に冷却ガスにより急冷凝固して粉末を得る．本方法で得られる粉末の冷却速度は，粉末粒径が 50～100 μm 程度の場合，10^4～10^5 ℃/s である．

アトマイズ法以外の方法としては，スプラットクエンチング，メルトスピニング，ロールクエンチング等がある．図2·2·4-2に示すようにメルトスピニング法[3]は溶融金属流を高速回転する（20,000 rpm）銅製の円盤上に直接注ぐ．溶湯は円盤上で凝固し，その後遠心力により剥離し，25～100 μm の厚さのリボンを形成する．急冷凝固されたリボンは機械的に粉砕され角張った粉末になる．

図2·2·4-3にアトマイズ法と単ロール法を組み合わせたスプラットクエンチング法[4]の一例を示す．るつ

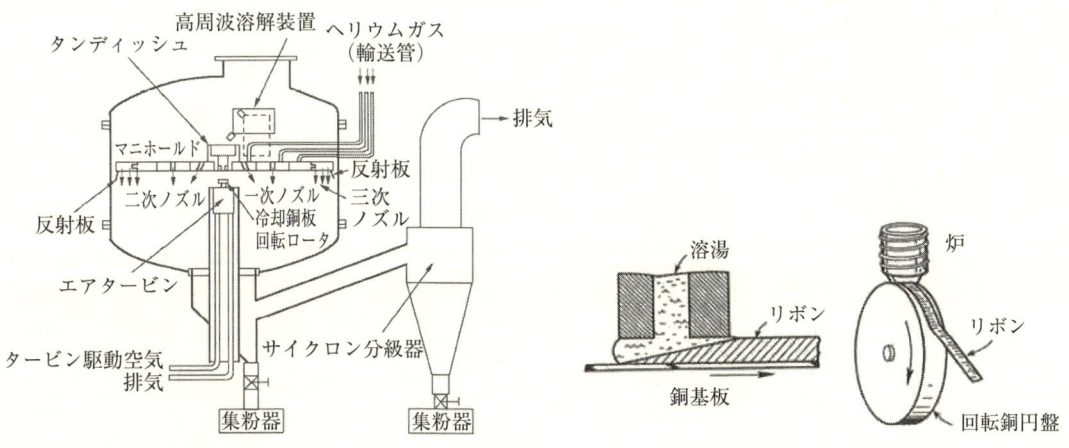

図 2·2·4-1 RSR 概略図（R. R. Holiday and R. J. Patterson II：U. S. Pat. 4078873）

図 2·2·4-2 メルトスピニング法

図2・2・4-3 スプラットクエンチング法

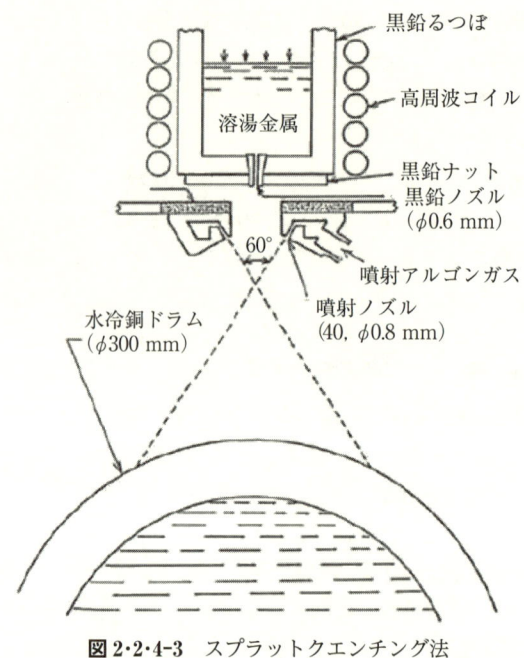

ぼ内圧力を高めることにより，溶湯はノズルより流出する．流出した溶湯は，ノズル直下に設けたアトマイズノズルから放出する Ar ガスによって噴霧される．小さな液滴となった溶湯は加速され，回転する銅製の水冷ドラム上へ叩きつけられて急速に凝固する．凝固したフレークは，ドラムの下方に取り付けられたスクレーパーによってドラム表面より取り除かれる．

急冷凝固粉末を利用する理由としては，磁気，放射，電気，機械，摩耗，および腐食等の各特性の改善があげられる．たとえば，非晶質相中の原子の周囲の電子状態の違いは原子の短範囲規則度を変化させ，キュリー温度を高くし磁気ヒステリシスの損失を減少させる．非晶質金属の強度はきわめて高く，降伏強さは弾性率の2％に達し得る．また結晶粒界がないため，腐食性を100倍も改善する．

2・2・5 その他の溶湯粉化法

(1) ハイブリッド噴霧法

a. ハイブリッド噴霧法の概念

ハイブリッド噴霧法は遠心力による液滴の分裂形態に着目して開発された新たな粉末製造法である．この液滴の分裂形態は，溶融金属，水溶液や有機溶液等を用いた基礎的な実験値・総説に基づくと，図2・2・5-1に示すように，4つの分裂形態[1〜6]に分けられる．溶融金属の場合，図2・2・5-1(a),(b)の膜状分裂と柱状分裂しか形成されない．このことは溶融金属がもつ高密度，低粘性という性質[6]に起因する．しかし，水溶液や有機溶液等では溶液の物性値を容易に制御することが可能であるため，図2・2・5-1(c),(d)の滴状分裂あるいは紐状分裂が形成可能となる．そこで，溶融金属を水溶液や有機溶液等の液滴の分裂形態に遷移することが可能であれば，現状での溶融金属粉末の粒径より飛躍的な微細化と粒度分布を制御することができる．

このような観点から，水溶液や有機溶液でのみ形成可能な分裂形態が起こり得るハイブリッド噴霧法[7]が考案された．この方法は流体ジェットに基づく分裂法と融体の自己不安定分裂法の両者の長所を取り入れた

2·2　溶湯粉化による粉末製造法

溶融金属の場合　　　　　有機溶液や水溶液等の場合

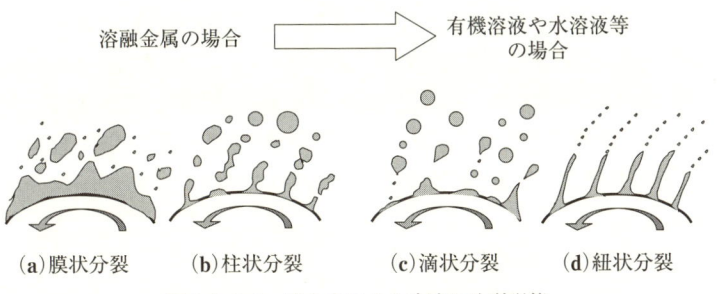

(a) 膜状分裂　　(b) 柱状分裂　　(c) 滴状分裂　　(d) 紐状分裂

図 2·2·5-1　遠心力による液滴の分裂形態

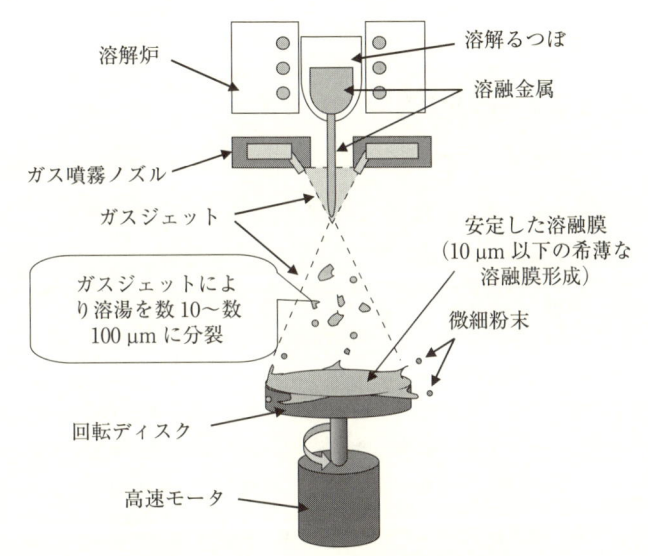

図 2·2·5-2　ハイブリッド噴霧法の概念図

Sn-Zn 合金	Sn-Ag 合金	Sn-Ag-Cu 合金
20 μm	20 μm	20 μm
溶解温度：470 ℃	溶解温度：630 ℃	溶解温度：630 ℃
回転数：30000 rpm	回転数：30000 rpm	回転数：30000 rpm
平均粒子径：12.4 μm (−25 μm)	平均粒子径：10.8 μm (−25 μm)	平均粒子径：12.4 μm (−25 μm)
25 μm 以下の収率：43.0 %	25 μm 以下の収率：45.5 %	25 μm 以下の収率：52.1 %
45 μm 以下の収率：78.9 %	45 μm 以下の収率：84.1 %	45 μm 以下の収率：87.7 %

図 2·2·5-3　ハイブリッド噴霧法により製造された各種 Sn 合金微細球状粉末の SEM 写真

ものである．すなわち，図 2・2・5-2 に示すようにガス噴霧により金属溶湯を数 10～数 100 μm に分裂させ，下部に設置してある回転盤上全面にガス噴霧流により満遍なく均一に吹き付け，10 μm 以下の均一な溶融膜を形成させながら回転盤を高速回転させることで，回転盤先端から微細溶滴を飛散させて製造する方法である．この方法では従来の溶融金属の分裂形態から水溶液や有機溶液でのみ形成可能であった滴状分裂を形成[8]することができ，回転盤上での溶融膜の物性値（密度・表面張力・粘性）を制御し，回転盤の速度を増大させることで粉末の微細化が促進され，なおかつ，粒度分布の幅を狭くすることが可能である．

b. ハイブリッド噴霧法で製造された微細球状粉末

図 2・2・5-3 にハイブリッド噴霧法により製造された Sn 合金微細球状粉末の一例を紹介する．製造された粉末の表面は凹凸がなく平滑で球状を呈しており，粒度のそろった粉末が得られる．これらの酸素含有量は 200～350 ppm と非常に低い値を示す．

2・3 機械的粉砕による粉末製造法

粉末冶金の原料粉に用いられる金属粉末は機械的粉砕法によって古くから作られているが，それを大別すると，スタンプミル法，ボールミル法，渦流ミル法，アトリッションミル法があげられる．ここではこれらの製造方法，装置について概説する．

機械的粉砕法は粉末製造の工程で重要な役割を担っているが，本方法・操作の工学的な解析はあまり進んでおらず，経験や現場実験によってほとんどの問題が処理されている．この技術が古くから実用されているにもかかわらず，今なおこのように経験的に行われているのは，原料の特性と粉砕機の解析に多くの影響因子が関与し，単純な理論が適用されにくいのが第一の理由である．近年，メカニカルアロイング法によるアモルファス合金や準結晶合金・ナノ組織材料等の非平衡合金の作製技術の進展に伴い，この粉砕技術への関心が高まっている．

機械的粉砕法の欠点は，粒子の表面が酸化する，粉砕機や粉砕媒体の摩耗のために生じた不純物が粉末中に混入すること等であるが，前者は非酸化性雰囲気中または液中で行うことである程度改善される．後者は粉砕機の内面ならびに粉砕媒体に特殊耐摩材料を使用することにより軽減することができる．

粉砕前後における平均粒径の比を粉砕比（milling ratio）と呼び，粉砕比が極端に大きくなる場合，つまり大きい材料を微粉まで一段で粉砕するような特定の粉砕機を選定することは困難で，不経済なものである．粗粉砕，中粉砕，微粉砕と階段的粉砕をそれぞれ適応した粉砕法で実施するのが好ましい．また原料の処理量によって，適当な機種を選定すべきである．

2・3・1 スタンプミル法

この方法の装置は臼と杵状の衝撃棒から構成され，杵はモータにより垂直軸の周りに自動的に回転しながら落下し，臼と杵の間で原料を粉砕する方法である．本装置は簡易的で低コストであるが，粉砕効率は低い．硬質材の小規模粉砕，顔料等の粉砕に使用されている．図 2・3・1-1 に数本の杵が回転するロータリタイプのスタンプミルを示す[1]．このタイプは原料投入，粉砕，製品の吸引が連続的に行われる装置で生産性がよい．

スタンプミルによる粉末はたとえば銅の場合，粉砕操作により粒子径を小さくすることは可能なものの，延性に富むことからフレーク状の粉末になりやすい特徴がある．銅系原料粉で平均粒径 3～100 μm，厚み 0.15～0.9 μm 程度と幅広い粒度の粉末が製造されていて，これらは主に印刷用顔料として使用されているが，焼結含油軸受や焼結ブラシ等の原料にも用いられている．この製造においては，粉砕効率を高めるため

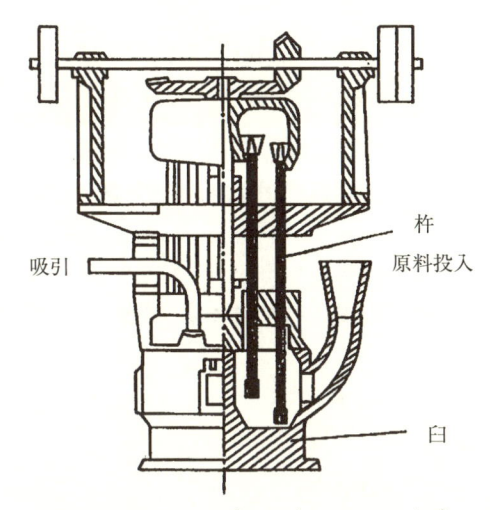

図 2·3·1-1 スタンプミル（ロータリタイプ）

ステアリン酸やパルチミン酸等の飽和脂肪酸が粉砕助材として使用され，添加量，添加時期が品質および生産性に大きく影響する[2]．

2·3·2 ボールミル法

　古くから色々な分野で最も広く使用されている粉砕法の1つであり，転動ボールミル（tumbling ball mill）とも呼ばれている．乾式と湿式，回分式と連続式が選択でき，また中粉砕から超微粉砕まで幅広い対応が可能である．原料と粉砕媒体とを円筒形あるいは円錐形の鋼製容器に仕込み，容器自体を転動させてボールの落下する衝撃力と摩擦力によって粉砕する方法である．容器の円柱方向が長い装置を特にチューブミル（tube mill）と呼ぶ．粉砕媒体として数mm～100 mm程度の超硬ボール，スチールボールやセラミックボールが使用される．回転数は臨界回転速度の60～80％で運転され，この速度付近で粉砕能力が最大となり，かつ衝撃圧縮粉砕が最も有効に行われる．連続粉砕の場合は，入口側のボール径を大きくとり，出口側には小さいものを配列することがあり，その装置を図2·3·2-1に示す．

　単純で安価な粉砕機であるが，反応速度が遅く粉砕物の均一性も悪いという欠点がある．ボールの運動がきわめて複雑なため，ボールの衝撃速度，衝撃力，衝撃エネルギー，衝撃頻度等の衝撃作用を検討するうえ

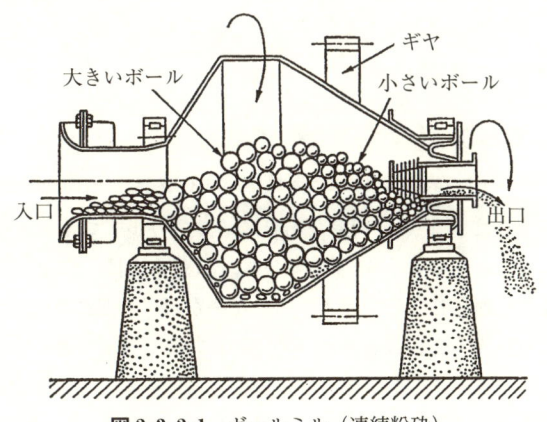

図 2·3·2-1 ボールミル（連続粉砕）

で必要な要因を得るのが難しく，粉砕機構を解析するのは困難である．そこでボールの運動に関するモデルシミュレーションの試みが行われている[1]．

2・3・3 渦流ミル法

渦流ミル法は図2・3・3-1に示すような構造の装置を用い，主に粘い金属を粉砕するのに適した方法である[1]．この装置は，のこ刃状のスクリューカッタが互いに逆方向に高等速回転し，これにより微粉砕される．原料は2つのスクリューカッタの中央部で上部に上昇，両端に落ち，また下部で中央部に集まって，互いに激しく衝突する．カッタの刃は粗粉に対しては切断および衝撃破壊の機能をもち，微粉に対しては攪拌の機能をもつ[2]．

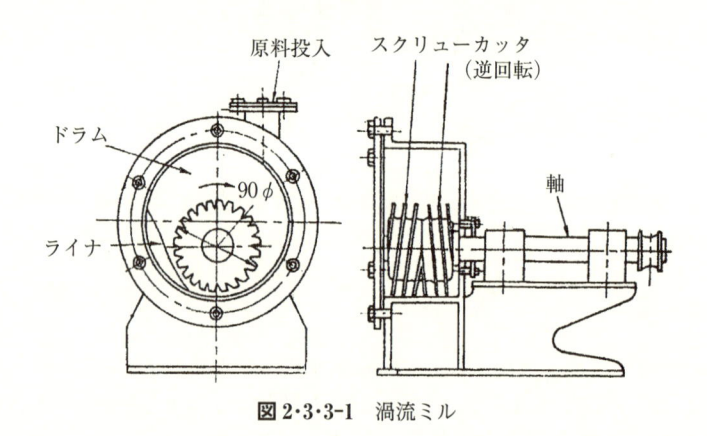

図2・3・3-1 渦流ミル

この装置の原理的，代表的なものとしてドイツで開発されたハメターグ・ミル（Hametag mill）が知られている．1944年ドイツでFe粉が3500 t/月生産されたが，その85％がハメターグ法で作られたものである．このミルの主要部は，枠内にねじれ方が反対になっている2つのファンが相対して取り付けられている．これらのファンは高速かつ異なる速度で回転するように作られていることから，ファンの回転によって互いに向きあった方向に気体の激しい流れが起こり，原料はこれによって互いに激しく衝突して微粉化される[1]．

軟質材で他の粉砕方法では角がとれ，丸く摩耗して微粉砕が困難な場合，渦流ミル法が効果的である．この方法では靭性に富むアルミニウム，銅，銀，ニッケル等でも粉砕可能であるが，片状または扁平状の粉末となる．成形性，焼結性の点で難点があり，また不純物が混入する可能性があり，粉末冶金用原料としては必ずしも好適とはいえない[3]．

2・3・4 アトリッションミル法

この方法は媒体攪拌ミルの一種で乾式・湿式での粉砕が可能である．粉砕効率は転動ボールミルの数10倍と大きく，設置スペースも小さくてすむ利点があり，メカニカルアロイングにも使用可能である．アジテータ（攪拌・粉砕アーム）はボール（粉砕メディア）に遠心力，回転力，上下運動を与え，すべてのボールが衝突や回転を起こしながら運動し，その運動エネルギーがボール間に挟撃された原料を効率よく粉砕する．図2・3・4-1には容器内上部に分級装置を備え，連続的に粉砕できる装置を示した[1]．

粉砕の因子は衝突，せん断，圧縮，摩擦の単独および複合作用であって，特にせん断と摩擦の複合作用である摩砕は超微粉を得るのに非常に効果的に作用するので，高い粉砕能力と動力効率をもつと共にシャープ

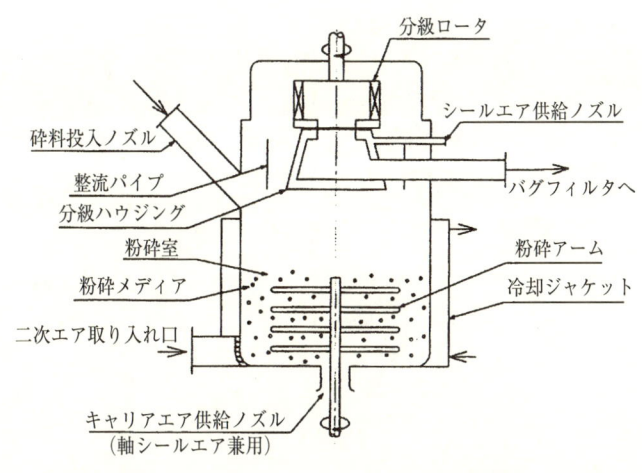

図 2·3·4-1　アトリッションミル（連続粉砕）

な粒度分布を得ることができる．また，ボールの摩耗が微量で，不純物混入の懸念も少ない．

2·3·5　メカニカルアロイング法

（1）　メカニカルアロイング法の特徴

　J. S. Benjamin は 1970 年に高エネルギー型ボールミルを用いて金属粉末と酸化物粉末を混合粉砕することにより ODS（酸化物分散型強化）合金の開発を行い，そのプロセスをメカニカルアロイング（mechanical alloying）と名付けた[1]．さらに，Benjamin はメカニカルアロイングのメカニズムを考察し，微粉化と複合化が同時に起こるということを示し，多くの可能性を秘めていることを示した．その後，1980 年になって固体状態で非晶質化が起こるということで，アモルファス金属（金属ガラス）の作製手段としてメカニカルアロイング法が用いられ多くの研究がなされた．さらに，ナノ材料や非平衡材料の創製手法として多くの研究がなされており，機能的な粉末合成法として注目される技術である．

　メカニカルアロイングという用語は狭義には 2 種以上の異なる粉末間あるいは粉末と気相，液相との反応により合金化が生じるときに用いられ，それに対して，合金化が生じないときにメカニカルグラインディングという用語も用いられる．また，それらの総称としてメカニカルミリングという用語もよく用いられる．一方，化学関連ではメカノケミストリーという用語もあり，必ずしも明確に区別して用いられてはいないので注意を要する．ここではこれらの総称としてメカニカルアロイングという用語を用いることにする．

　メカニカルアロイングに用いられる装置としては，粉砕に用いられるボールミルが一般的であるが，雰囲気制御や温度制御等をそなえたもの，あるいは不純物混入を少なくしたもの等，メカニカルアロイング用に設計された装置もある．メカニカルアロイングの問題としてはミリング中にボールや容器に粉末が固着することが知られているが，それを防ぐためにアルコール等の有機物をミリング助剤として加えることもある．しかし，これが不純物の原因となることに注意をする必要がある．さらに，ミリング中に酸素や窒素と反応して酸化や窒化が起こることもある[2]．

（2）　メカニカルアロイングの原理

　メカニカルアロイングが単純なプロセスにもかかわらず種々の材料創製に重要な役割を果たす理由は，メカニカルアロイングの原理にある．メカニカルアロイング法は通常ボールミル装置を用いて行われている．

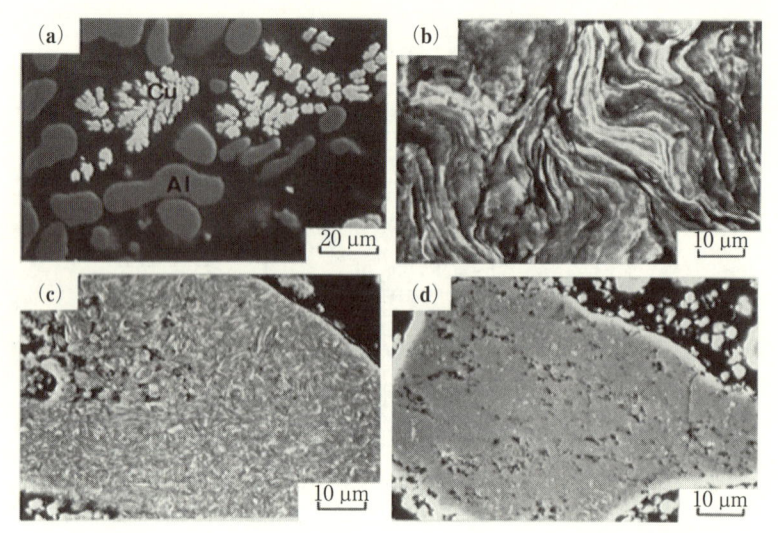

図 2・3・5-1 Al-20 %Cu 系におけるメカニカルアロイング中の組織変化
各ミリング時間は，（a）0 h，（b）10 h，（c）25 h，（d）100 h．ボールミルは転動式，3 mass% のメタノールを固着防止剤として使用

ボールとボールの間に材料が挟まったとき，材料が引き伸ばされ，それがさらに折りたたまれるので，延展性のある金属材料等ではその初期の段階で層状構造となる．この過程が繰り返されることで，ついには原子レベルまで微細な構造をとることが原理的に可能であり，多彩な相が形成する．ボールミルではなく圧延等でこの原理を忠実に行う実験もなされており，これらを総称してディターミニスティックメカニカルアロイング（deterministic mechanical alloying）と呼ぶこともある．図 2・3・5-1 に Al-Cu 系のメカニカルアロイングの様子を示す．延展性を有する金属材料においてはこのように明確な層状組織が見られるが，酸化物等の場合は必ずしもそうではない．しかし，原理的に微細混合組織を作ることには違いなく，延展性のない物質であっても容易に合金化し，均一な組織を作製することができる．

（3） メカニカルアロイング研究の展望

メカニカルアロイングに関する研究論文数（Web of Science による調査）は図 2・3・5-2 に示すように増加の一途をたどっている．日本における研究発表数は 2003 年まで第 1 位であったが，近年，中国の研究発表数の増加が著しい．主な研究内容としては，基礎研究として，従来では作製が不可能であった合金（たとえば鉄と銅の合金）を固相反応により作製することが可能となり，その物質の物性研究があげられる．応用研究としては，非常に活性な粉末を作製することができるので，触媒の合成，化学反応促進物質の合成等に用いられる他，切削屑の利用等，リサイクルを目指した研究もなされている．また，高機能な粉末を固化成形しバルク材の作製も試みられている．しかし，Suryanarayana[3)]が指摘するように現実には 3 C 問題（価格（cost），不純物（contamination），バルク化（consolidation））があり，研究や実用の障害となっている．これらの障害を取り除く研究も多くなされており，今後さらに実用化に向けた躍進が期待される．研究発表の場としては，第 1 回のメカニカルアロイング国際シンポジウム（ISMA）が粉体粉末冶金協会の主催で 1991 年に開かれた後，メカニカルアロイングおよびナノ材料国際シンポジウム（ISMANAM）が毎年開催されている．

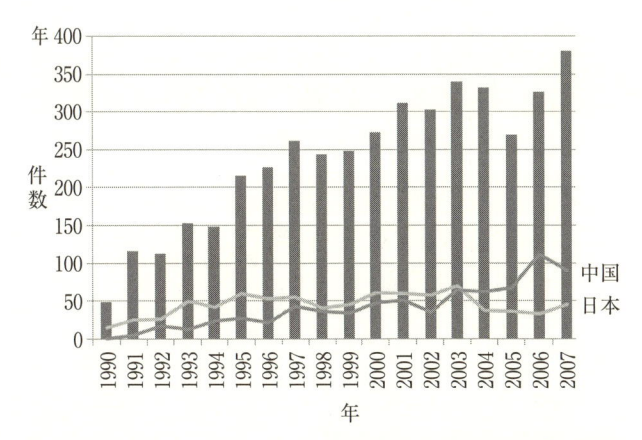

図 2·3·5-2　メカニカルアロイングに関連する研究論文数の推移
2003年までは日本が第1位であったが近年は中国が発表数第1位になっている

2·4　物理・化学的手法による粉末製造法

　化学的および物理的製造法は，固体あるいは液体状の原料から化学的反応あるいは析出等の物理的現象を利用して粉末を得る．粉末の形状は製造法によって異なるが，粉末の成分や純度は製造条件の選択によって制御が可能である．気体状の原料からは，冷却基板表面上で結晶化し，製造法や製造条件により種々の結晶構造の粉末が得られる．

2·4·1　電　解　法

　電解法（electrolytic process）による金属粉の製造方法には，水溶液電解法と溶解塩電解法とがあり，水溶液電解法には，電解析出した金属を機械的に粉砕する方法と，電気分解で陰極に直接，樹枝状，または海綿状の粉末を析出させる方法とがある．現在，工業的に広く行われているのは後者の方法である．製品の代表例は，銅粉であり，主として粉末冶金用の原料粉として多く使用されている．溶融塩電解法ではタンタル，ウラン，トリウム等，種々の金属粉が得られる[1]．ここでは実用されている水溶液電解法で直接粉末状の銅粉を作る製造工程およびその特徴について記述する．

（1）製造工程

　この方法は，硫酸銅水溶液の電解液中に電気銅を陽極として，銅板あるいは鉛板を陰極として直流電流を陰極に流すことにより，電気分解を行わせて，陽極の電気銅を陰極上に直接電解銅粉として析出させるものである．電解銅粉の製造条件としては，銅めっきの場合に比べて銅イオン濃度を低くして，比較的電流密度を高くし，遊離硫酸濃度を高くする等，適当な条件のもとで行う[2]．

　これら電解条件について，たとえば，陰極電流密度，液温，硫酸銅濃度等の条件を調整することによって，粗いものから45μm以下の細かいものまで，粒形や粒度の違ったものを製造することができ，生成する粉末の特性，たとえば，見掛密度を図2·4·1-1に示すように，種々変化させることができる[3]．また，表2·4·1-1に電解条件の一例[4]を示すが，これらの条件を調整することによって生成する粉末の諸特性を変えられる．さらに，粉末を電極からかき落とす間隔，電解液の流速，電解液中の不純物の種類や量等が，電解銅粉の特性に微妙に関係するために，これらの条件についても厳しく管理されて生産が行われている．

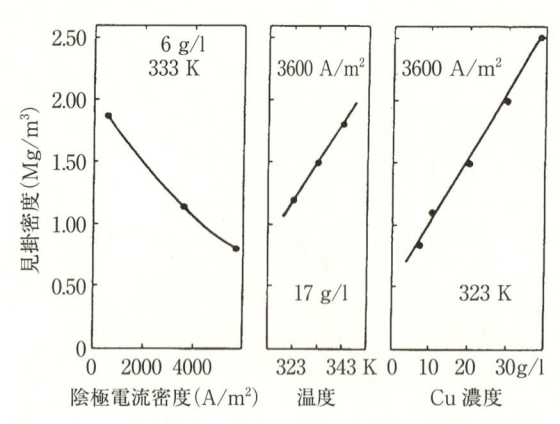

図 2·4·1-1　電解銅粉の見掛密度に及ぼす電解条件の影響

表 2·4·1-1　電解条件（一例）

液　組　成	CuSO₄・5H₂O	5～10 kg/m³
	H₂SO₄	50～150 kg/m³
電 流 密 度	陰極	5～50 A/dm²
	陽極	5～10 A/dm²
液　　温		293～333 K
液 循 環 量	1槽当たり	(3～50)×10⁻⁵ m³/s
電 解 電 圧	1槽当たり	1～3 V
陰極電流効率		60～95%

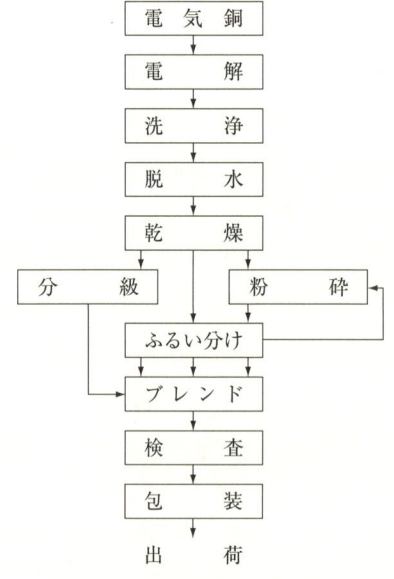

図 2·4·1-2　電解銅粉の製造工程

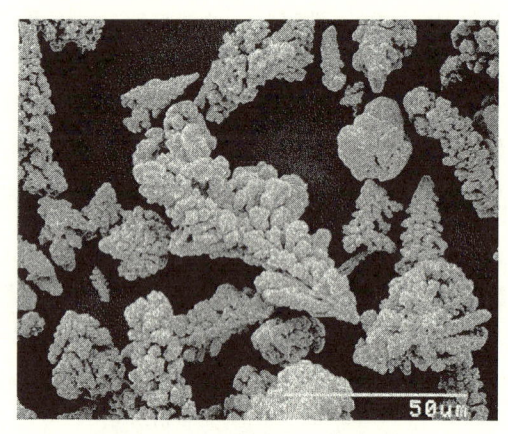

図 2·4·1-3　電解銅粉の粒形写真

　実操業において，析出した銅粉の粒子は，時間とともに大きい粒子に成長するので，間欠的に電解槽の底部にかき落とす等して連続的に採集する．これら陰極の形状は電流分布が均一になり，また析出した粉末の採集が容易にできるように種々考案されている[5]．

　採集された粉末は一般に活性であり，多量の電解液を含んでいるので十分に洗浄しなければならない．粉末中に電解液がわずかでも存在すると酸化作用が促進されるからである．洗浄後は薄い苛性ソーダ溶液を添加して中和した後乾燥される．乾燥工程はできるだけ酸化が進行しない状態で行う必要があるため，還元雰囲気中等で行われることもある．その後，ふるいで分級した粉末を種々の品種の特性に合致するようにブレンドされる．図 2·4·1-2[6]に電解銅粉の製造工程を，また図 2·4·1-3 に代表的な電解銅粉の粒形写真を示す．

　また電解銅粉の流動性の改良や，酸化量を非常に少なくするために，還元，焼なまし処理を施す場合もある．これは水素，分解アンモニアガス等の還元ガス雰囲気中で，スチールベルト式の電気炉を用いて，粉末を加熱することにより行われる処理で，焼なまし後は電解銅粉がケーキ状となるので機械的に粉砕される[7]．

（2） 電解銅粉の特徴

電解銅粉は次のような特徴をもっている．
- 高純度である．
- 粒形は樹枝状を呈し，粒度，形状を大幅に調整することができる．
- 樹枝状なので圧縮性，成形性がよく，比表面積も大きいため焼結性に優れる．
- 電気伝導度が高い．

この中で成形性に優れている特性は，成形性の悪い黒鉛粉等を主成分の電解銅粉に混合して作られる摩擦材料や集電材料等を製造する場合，その成形において非常に好適である．また一般に粗い電解銅粉は含油軸受等の銅系焼結部品の主成分に，細かいものは鉄系焼結材料の添加粉として用いられている．

2・4・2　ガス還元法（gas reduction method）

ほとんどの固体状粉末原料は金属酸化物となっている．原料鉱石から精錬する場合も金属酸化物の粉末として取り出すかあるいは酸化処理して粉末原料としている．この原料を水素やその他還元ガス雰囲気中で，融点以下の温度で加熱することで還元することにより，金属粉末が得られる．たとえばニッケル粉の場合，硫酸ニッケル（$NiSO_4$）水溶液とし，炭酸ソーダと反応させ，乾燥後，焼成して酸化ニッケルとなる．これを500～900℃で水素還元してニッケル粉末が得られる．硫酸塩ニッケル（Ni_2HSO_4）水溶液では，アンモニア（NH_3）を加え，水素還元してニッケルを析出させる．この場合の水素還元反応は

$$Ni(NH_3)_2 + H_2 \rightarrow Ni + 2NH_4$$

であり，約3000 kPa（30気圧）の圧力下で約200℃に加熱して行われる．

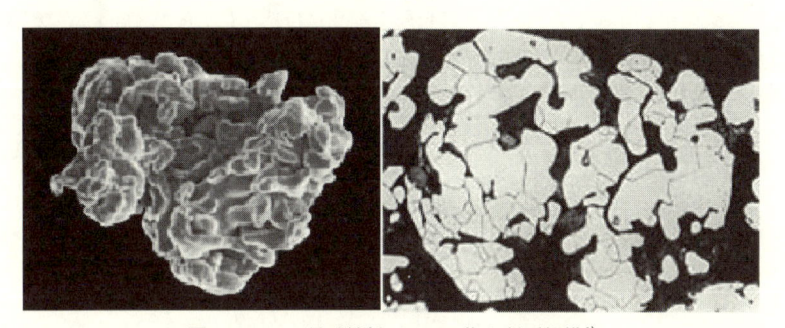

図2・4・2-1　還元鉄粉のSEM像と断面組織[1]

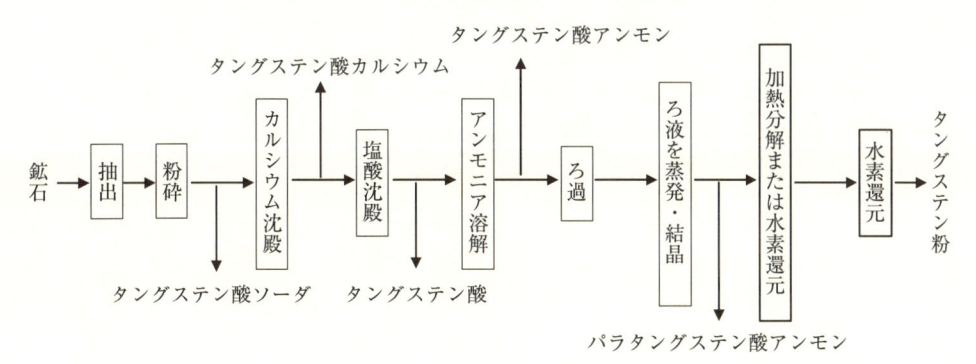

図2・4・2-2　タングステン粉の製造工程

ガス還元法によって鉄粉を製造する場合は，鉄鉱石粉とコークスおよび石灰石の混合粉末を1000～1200℃に加熱し，残留コークスを分離してから，仕上げの水素還元処理を行って鉄粉末とする．図2·4·2-1は還元鉄粉のSEM像と断面組織写真[1]を示す．粉末粒子内部には脱ガス後の空洞が残存する．

タングステン粉は古くから行われている水素還元法で製造され，まず，鉱石を粉砕して，塩酸水溶液中で酸化タングステン粉を沈殿させ採集する．これをアンモニアで溶解してタングステン酸アンモンとしてから水素還元して製造する．図2·4·2-2はその製造工程[2]を示す．

2·4·3 熱炭素法 (reduction and carburizing process)

(1) はじめに

4～6族遷移金属のカーバイドは，高融点，高硬度を有し，タングステンカーバイド（WC）やチタンカーバイド（TiC）は超硬合金やサーメット等の硬質材料や表面硬装材の主原料として広く利用されている[1]．これらカーバイドの製法としては金属粉と炭素の反応，固体あるいは気体金属化合物の還元炭化，溶融金属浴からの析出等が実用化されている[2,3]．昨今の機械加工技術の微細・高精度化に伴い，粉末冶金法にて製造される切削工具や硬質金型の特性改良には素原料の微粒化が求められており，その工業的製法としては金属酸化物を炭素で還元と同時に炭化する熱炭素法（化学的置換法）が主に利用されている[4]．本稿では熱炭素法による合成プロセス，合成されたカーバイドの特徴について述べる．

(2) カーバイドの合成プロセス

図2·4·3-1にTiC粉の合成フローシートを示す．出発原料の酸化チタンにはルチルやアナターゼが，還元炭化剤としてはグラファイト，ならびにカーボンブラックが利用できる．均質微細なカーバイド合成には，出発原料として微粒粉が有利であり，鉄系の金属不純物は反応中にカーバイド粒子の焼結現象や溶解析出による粒子成長の原因となるため，高純度原料が適している．また固相反応を均一に進行させるには原料と還元炭化剤の均一な混合が不可欠である．高速せん断混合機や媒体ミルが利用できるが，混合中の機材からの汚染防止対策が必要である．混合後の原料は熱伝導性向上の目的や熱処理炉の仕様に応じて造粒または

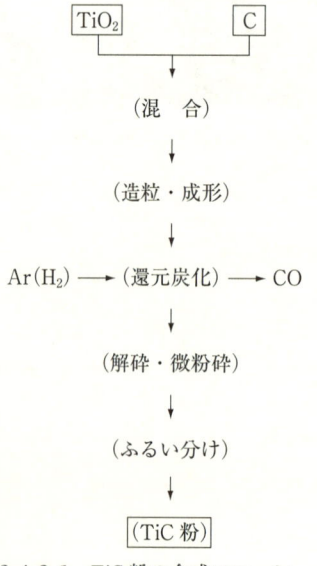

TiO_2 ── C
↓
（混　合）
↓
（造粒・成形）
↓
$Ar(H_2)$ ── （還元炭化） ── CO
↓
（解砕・微粉砕）
↓
（ふるい分け）
↓
（TiC粉）

図2·4·3-1 TiC粉の合成フローシート

成形される.

式(2·4·3-1), 式(2·4·3-2)は酸化物を出発とした TiC ならびに WC の生成反応式である. いずれも吸熱反応であり, 大気圧下における反応温度は TiC で 1500℃以上, WC の場合には 1000℃以上とされる. 反応炉は熱容量, 発生する一酸化炭素分圧コントロールを考慮した雰囲気制御を要す. 反応過程では低級酸化物やオキシカーバイドが生成する場合もあり, これらの物性を考慮した熱処理パターンが検討される. 4 族金属のカーバイドは酸素や窒素を相互固溶しやすく, 純粋なカーバイドを得るためにはガス成分の制御が課題となる. ガス成分や遊離炭素を低減するには, 最終的な反応を真空下で行い固溶炭素量を増加させる手法も効果的である.

$$TiO_2 + 3C = TiC + 2CO(g) \quad \Delta G_T^0 = 120{,}458 - 80.5T \quad \text{式}(2\cdot4\cdot3\text{-}1)$$
$$WO_3 + 4C = WC + 3CO(g) \quad \Delta G_T^0 = 85{,}700 + 10.2T \log T - 171.5T \quad \text{式}(2\cdot4\cdot3\text{-}2)$$

合成反応後のカーバイドは用途に応じて解砕, 微粉砕される. 熱炭素法による合成工程においてカーバイドの一次粒子サイズは主に出発原料の物性, 熱処理パラメータによりコントロールされる. 硬質材の微粉砕には機器の摩耗による汚染が顕著となるため, 原料混合工程以上に粉砕機の材質, 粉砕条件に汚染防止対策の工夫を要する. 粉砕後は異物の除去や分級等の品質保証を目的としたふるい分けが行われる. カーバイド微粒子は活性であり, 特に 4 属金属カーバイドの微粒チタンカーバイド(TiC)やジルコニウムカーバイド(ZrC)のハンドリングには着火や粉塵爆発の防止対策が不可欠である.

(3) 熱炭素法カーバイドの特徴

図 2·4·3-2 に熱炭素法で合成した超微粒の TiC と WC 粉の粒形写真を, 表 2·4·3-1 にはこれらカーバイドの分析例を示す. 比表面積から算出した粒度はそれぞれ 0.18, 0.12 μm と非常に微細であり, SEM 写真の一次粒子径とよく一致している. ガス成分については TiC の場合酸素が 1% 近く含有されており, 吸着ならびに固溶酸素量が若干高い傾向を示す. いずれのカーバイドも微粒酸化物を出発原料として超微粒化を目的として工程パラメータを最適化した結果, 微粉砕工程を必要としないため Fe の汚染は 20 ppm 程度に制御されている. これら超微粒カーバイドを素原料とした合金, セラミックスはミクロンオーダの素原料使用に比べ硬度, 強度等の機械的特性が飛躍的に向上する.

(4) おわりに

超硬合金の主要原料である WC の国内需要は, 平成 19 年度実績で 4933 トンであり, また TiC やタンタルカーバイド (TaC), その他複合カーバイドの消費量は 211 トンといずれも平成 16 年度以降高い水準で推移している. 冒頭でも述べたように粉末冶金工具は高効率, 高精度加工を目指しており, これら素原料である各種カーバイドの組成, 物性改良が重要課題であり, サブミクロンからさらにナノメータの超微粒粉開発

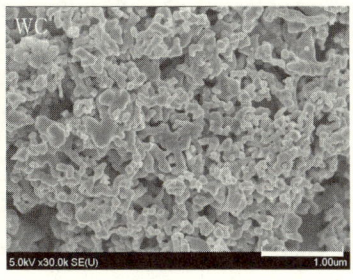

図 2·4·3-2 超微粒 TiC, WC 粉の粒形写真

表 2·4·3-1　超微粒 TiC，WC 粉の分析例(* T.C：全炭素量，F.C：遊離炭素量)

品種	BET		T.C*	F.C*	O	N	Fe
	m²/g	μm	%				ppm
TiC	6.92	0.18	19.66	0.61	0.93	0.18	21
WC	3.30	0.12	6.19	0.29	0.14	0.20	16

も活発である．また稀少金属の観点から使用済み工具からのリサイクルや代替材料の開発についても積極的に取り組まれており[5]，さらに新規用途として燃料電池用触媒としての研究も進められている．粉末冶金をはじめ各種工業界の発展のためには素原料となる高機能カーバイドのイノベーションが期待される．

2·4·4　熱分解法（pyrolytic method），カルボニル法（carbonyl method）

金属カルボニル（metal carbonyl）を一酸化炭素で熱分解して粉末を得る方法で，特に，鉄粉およびニッケル粉の製造に用いられる．鉄鋼塊を粉砕し，これを 200～250 ℃で約 500 kPa（5 atm）の圧力の CO ガス中で反応させると，鉄カルボニル（$Fe(CO)_5$）が生成する．これを 50 ℃以下の温度に冷却すると液状化する．$Fe(CO)_5$ と CO ガスは温度による可逆反応であり，さらに 240 ℃まで加熱し気化すると

$$Fe(CO)_5 \rightarrow Fe + 5CO \qquad 式(2·4·4-1)$$

の反応によって鉄粉が得られる．しかし得られた粉末には C が 1 mass% ほど含有するので，水素中で約 400 ℃に加熱する脱炭処理が必要である．

ニッケルカルボニル（$Ni(CO)_4$）も同様な反応によって熱分解する．

$$Ni + 4CO \leftrightarrow Ni(CO)_4 \qquad 式(2·4·4-2)$$

この反応は可逆的で→は大気圧中の 40～100 ℃で生じ，←の反応は 150～300 ℃で生じて，一酸化炭素含有量の低い高純度のニッケル粉が得られる．図 2·4·4-1 はカルボニル法で作製した鉄粉とニッケル粉の SEM 像を示す．この方法で得られる粉末は，形状が球状で平均粒径が約 10 μm 以下の微粉末であり，不純物の混入が少ない．

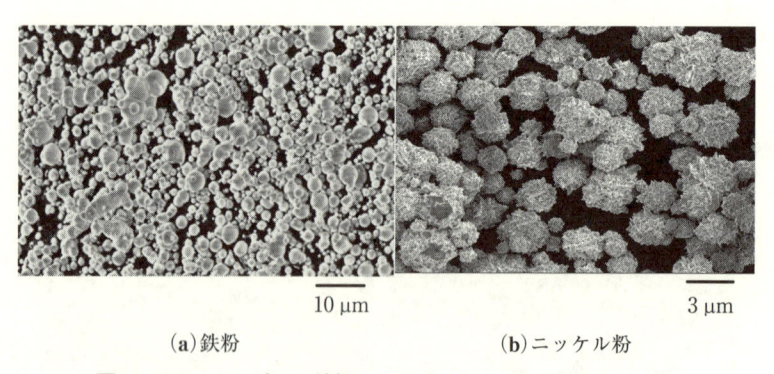

(a)鉄粉　　　　　　　(b)ニッケル粉

図 2·4·4-1　カルボニル鉄粉とカルボニルニッケル粉の SEM 像

2·4·5　蒸着・凝着法（vapor deposition method）

ガスや溶液の化学反応あるいは物理的作用等によって気化した物質を冷却基板上に蒸着・凝着させる方法

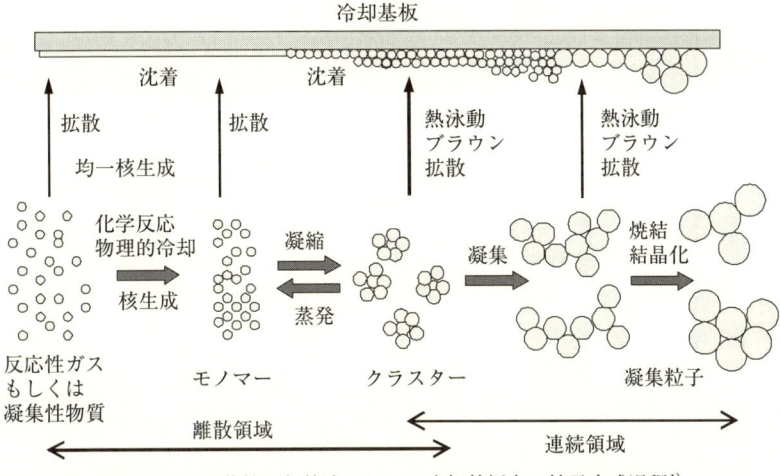

図 2・4・5-1 蒸着・凝着法における冷却基板上の粒子生成過程[1]

で，冷却過程で核生成・成長して粒子を生成する．その生成過程は，図 2・4・5-1 に示すように，凝着物質が過冷され，クラスターを生成し，物理的凝縮あるいは表面・体積エネルギーの減少によって成長して，結晶粒子を形成する．さらに結晶成長と焼結が生じ，凝縮後，冷却基板から剝離して粉末を得る．蒸着・凝着法は気化方式により，化学蒸着（CVD : Chemical Vapor Deposition）法と物理蒸着（PVD : Physical Vapor Deposition）法に大別される．

CVD 法は反応分子の気体あるいは不活性分子との混合気体を加熱し，自己分解や加水分解，光分解等の化学反応によって基板上に粒子を生成する．粒子の生成は用いる熱源によって火炎，プラズマ，レーザ，電気炉加熱プロセスに分類され[2]，それぞれの加熱プロセスによって表 2・4・5-1 に示すような特徴がある．

PVD 法は溶融金属の真空気化あるいはスパッタリングのような高エネルギー粒子の衝突で固体表面から直接気化する物理現象を利用した方法である．図 2・4・5-2 は，PVD 法の種々の加熱方式において，気化のために照射される粒子の運動エネルギーと真空度の関係[3]を示す．

表 2・4・5-1 CVD 法による粉末製造法とその特徴[2]

プロセス種別	製造法	長所	短所
火炎プロセス	燃焼反応法 熱分解法	・単一の金属・合金粒子が得られる ・簡単な装置で低コスト ・粒子径の制御が可能 ・炭化物・酸化物粉末の製造に適する	・粒子が凝集しやすい ・粒径分布が広い ・混合プロセスにより粒子性状が変化する
プラズマプロセス	高周波プラズマ法 アークプラズマ法 プラズマガス法	・高融点金属に適用が可能 ・冷却速度が高く，均一な結晶相が可能	・固体原料を完全に気化できない ・プロセスが複雑 ・高エネルギーが必要
レーザプロセス	CO_2 レーザ法	・セラミックス粉末にも適用可能 ・高純度粉末が得られる	・装置が複雑で高価
電気炉加熱プロセス	熱分解法 蒸気反応法 ガス還元法	・装置が簡単 ・適用原料種類が広い ・超微粒子から数 μm の粒径まで製造可能	・気体濃度が高いと凝集しやすい ・高エネルギーが必要

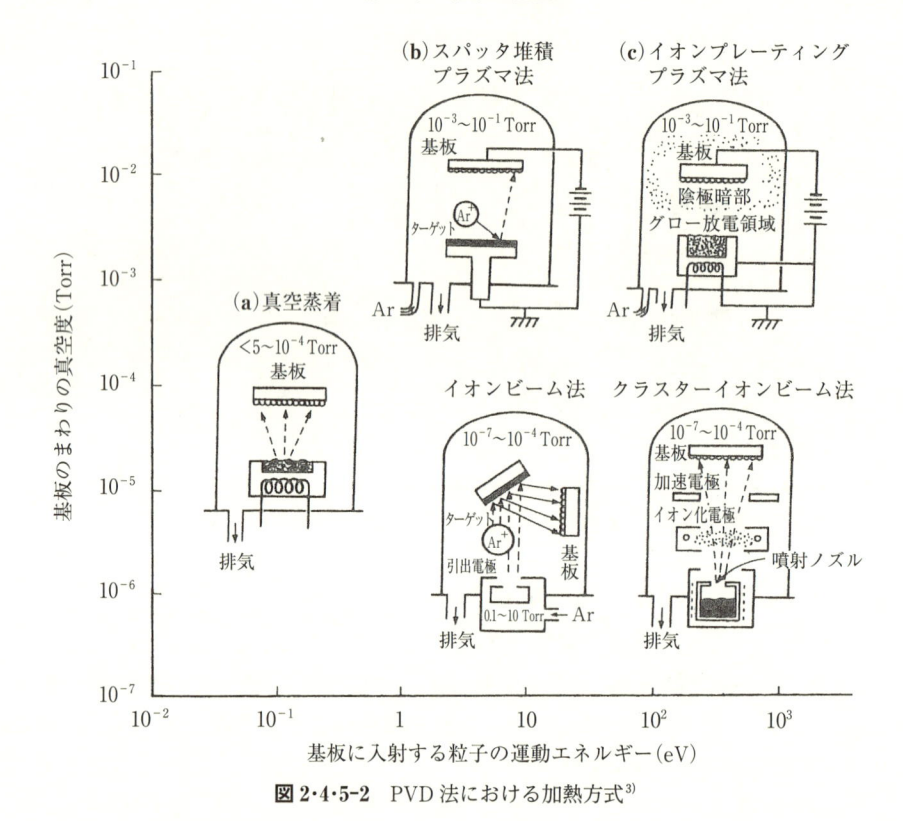

図 2・4・5-2　PVD 法における加熱方式[3]

2・4・6　その他の物理・化学的製造法

（1）　粒界腐食法（intergranular corrosion method）

化学薬品を用い，合金の結晶粒界を腐食して分離し，1つの結晶粒を1粒子とする製造法で，特に，ステンレス鋼粉末の製造に用いられる．18-8 ステンレス鋼を 500～750℃に加熱し炭化熱処理すると結晶粒界に Cr 炭化物が析出する．この Cr 炭化物の周辺は Fe 高濃度層となり，腐食しやすくなるので，$CuSO_4$-H_2SO_4 水溶液で煮沸すると，結晶粒界で分離し粉末が得られる．この方法は Ti, Co, Mn 等を含有する合金鋼や S を多く含むニッケル基合金にも適用できる．

（2）　水素化脱水素化法（hydrogenation-decomposition-desorption method）

多くの金属は水素化物になると脆化する．これを粉砕し粉末状にしてから真空加熱し，脱水素化して金属粉末とする．チタンのような延性金属では機械的粉砕が困難なため，いったん，水素を吸収させ脆化すると粉砕が容易となり，ニオブ等にも適用される．得られる粉末形状は脆性材料の機械的粉砕法と同様な角張った形となる．

（3）　アマルガム法（amalgamation method）

アマルガム（amalgam）は水銀と他の金属との合金で，歯科用修復材料として古くから用いられ，銀-スズアマルガムや銅アマルガム等がある．銀-スズアマルガムは Ag-Sn 合金に銅や亜鉛粉末を添加して水銀を加え，反応させると，合金粉末の表面に Hg が拡散した層を形成する．その反応式（非平衡）は次のよう

な過程を経る．

$$Ag_3Sn(\gamma) + Hg \rightarrow Ag_2Hg(\gamma_1) + Sn_xHg(\gamma_2) + Ag_3Sn(\gamma_3)$$

合金粒子の中心には未反応の部分が残り，歯科治療で歯形欠損部に埋め込むと，反応層が硬化するとともに膨張して患部を修復する．色彩が金属色（銀灰色）のため修復部が目立たないが，水銀が溶出することがあるので，現在ではほとんど用いられていない．

2・5 特殊粉末の製造法

2・5・1 超 微 粉

超微粉（ultrafine powder）は数 100 nm 以下の粒径の粉末であり，一粒子は約 10^6 個の原子を含む集合体である．したがって超微粒粉が空間に分散したとき，ブラウン運動や乱流による拡散が支配的となり，重力沈降する粉末とはハンドリング技術が異なってくる．製造法は基本的には通常の粉末と同様であり，機械粉砕法であれば，空間に浮遊する粒子を収集することで得られる．特に，金属超微粒粉を製造するには，ガス中蒸着法（gas evaporation method）が適する．数 10 kPa 以下のアルゴンガス，ヘリウムガス中で金属を加熱・蒸発させると，蒸発原子はガス分子と衝突を繰り返す過程で冷却され，微粒子となる．粒子径の制御が容易であり，高純度の微粒粉が得られるが，生産効率は低い．加熱方法には抵抗加熱法，プラズマジェット加熱法，誘導加熱法，電子ビーム加熱法，アークプラズマ・スパッタリング法等がある．抵抗加熱法は高融点金属には不適であるが，電子ビーム法やアークプラズマ法を用いれば，耐熱合金の超微粒粉の製造も可能である．図 2・5・1-1 はアークプラズマ蒸着法（arc plasma deposition method）で作製した種々の金属超

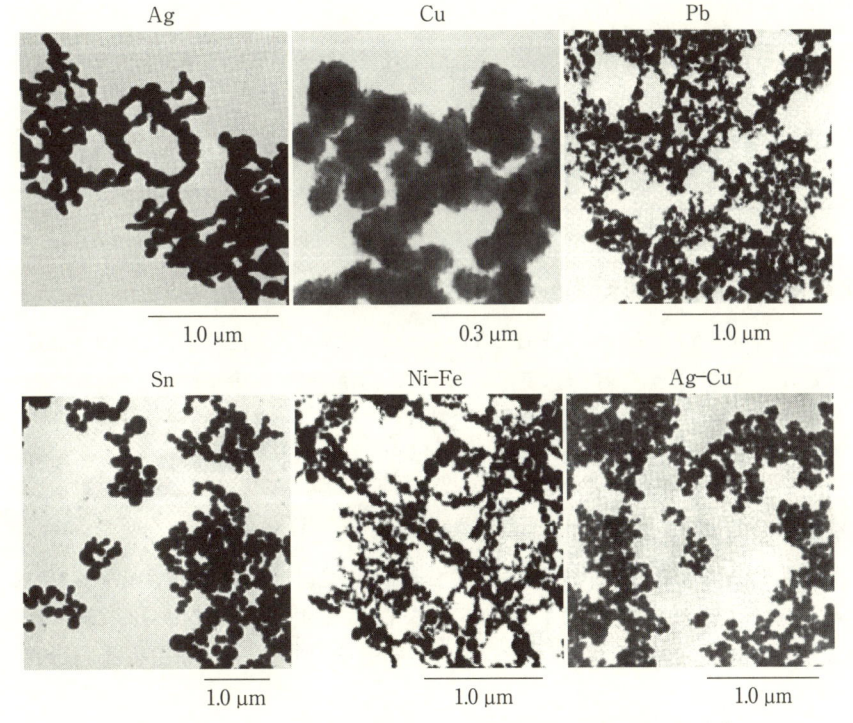

図 2・5・1-1 アークプラズマ蒸着法で作製した超微粒子金属・合金粉

微粒子粉の TEM 写真を示す．いずれも粒径は 0.02～0.1 μm で，ほぼ球に近い緻密な粒子となっている．

2・5・2 高純度粉末

品質保証が求められる焼結合金では不純物の限りなく少ない高純度粉末（high purity powder）が必要となる．いずれの粉末製造法においても，粉末の純度は使用する原料に依存するので，高周波誘導溶解炉により，繰り返し溶解・精錬した原料を用いることで高純度粉末が得られる．特に，アトマイズ法であれば，回転電極法が適する．蒸着・凝着法では適正な製造条件を選択することによっても高純度粉末が得られるが量産化は困難である．

2・5・3 ウィスカ

ウィスカ（whisker）は，当初，電話機のコンデンサ極板上にめっきされたスズおよびカドニウムが繊維状金属単結晶として生成していたことで発見された素材である．その結晶構造は転位等の格子欠陥がきわめて少ないので，強度が理論強度（せん断強さが剛性率の約 1/6）に近く，形状は直径が数 μm でアスペクト比（長さ/直径）が数 100 の短繊維である．製造法は表 2・5・3-1 に示すように分類されるが，工業的には CVD 法が広く利用されている．主なウィスカの強度特性を表 2・5・3-2 に示す．粉末冶金分野では金属基複合材料の分散強化材として用いられる．

表 2・5・3-1 ウィスカの製造法と生成物質

製造法	主な生成物質
（1）固体からの自然成長	Ag, Al, Au, Cd, Co, Cu, Cu-Zn, Fe, Mg, Mo, Nb, Ni, Sn, Ta, Ti, W, Zn, Zr 等
（2）蒸気の凝縮	Ag, Al, Au, Be, C, Cd, Cu, Cr, Diamond, Fe, Si, Ti, V, Zr 等
（3）化学反応	Ag, Au, B, Co, Cu, Fe, β-Mn, Ni, Pt, Ti, W, Al_2O_3, SiC, BN, Si_3N_4 等
（4）共晶の一方向凝固	MnAl, Fe_3C, Cu_6Sn_5, Al_3Ni, Ta_2C, Nb_2C, Fe, Co, Sb, Ni_3Al, SiC 等
（5）電着	Ag, Cu, Pb 等

表 2・5・3-2 各種ウィスカの強度特性

	物質	弾性率（GPa）	引張強さ（MPa）
金属	Cr	250	9000
	Cu	125	3000
	Fe	200	13000
	Ni	220	3900
非金属	Al_2O_3	430	21000
	B_4C	490	14000
	SiC	490	21000
	Graphite	715	20000

2・5・4 アモルファス金属粉末（amorphous metal powder）

アモルファス（amorphous）とは「形をもたない」という意味で，長距離で規則的原子配列をもたない固体物質と定義される．したがって，アモルファス金属は，同種の結晶性金属とは異なった特性をもち，①高強度・高靭性，②高耐食性，③高透磁性・高電気抵抗性がアモルファス金属の三大特性とされている．アモルファス金属の製造は種々の方法があり，大別すると，以下のようなものがある．

（1） 液体急冷法（rapid quenching method）

溶融状態から急冷凝固することで，核生成・成長を抑制し，結晶化しないまま固化する方法で，水アトマイズ法や回転する水冷板に滴下する方法がある．図 2・5・4-1 に示すような回転ロールに滴下し，リボン状のアモルファス金属を粉砕して粉末にする．

2·5 特殊粉末の製造法

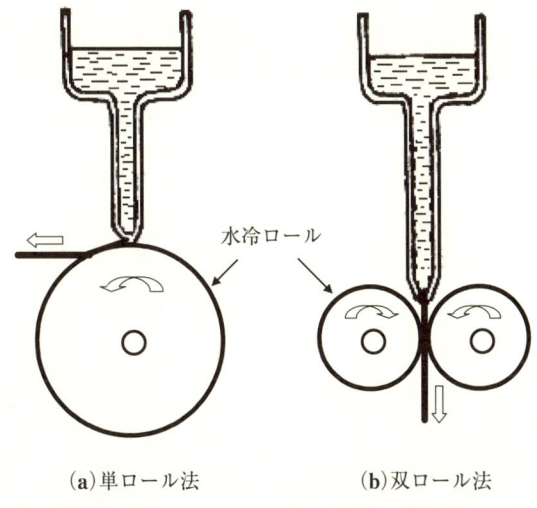

(a)単ロール法　　(b)双ロール法
図2·5·4-1　水冷ロールを用いた液体急冷法

(2) 気相蒸着法（gas vapor deposition method）
真空中にイオン分子として放出し，冷却板上に凝集・凝固させる方法でPVD法とCVD法がある．

(3) 固相反応法（solid reaction method）
混合粉末へ高エネルギーの塑性変形を繰り返し導入し，粒子間で合金化するとともに，粒子を極度の格子欠陥状態にして非晶質とするメカニカルアロイング法がある．

2·5·5　カーボンナノチューブ

天然素材として存在する炭素構造粉末には，図2·5·5-1(a)，(b)に示すように，三次元的な原子配列をするダイヤモンドと二次元的な黒鉛とがあり，人造黒鉛や人造ダイヤモンドはCを高温，高圧処理することで製造される．しかしCを他の構造に組み替えることで特殊な機能をもつ素材となる．カーボンナノチューブ（CNT：Carbon Nanotube）の構造は，図2·5·5-1(c)に示すように，グラファイトのシート状炭素層（グラフェン）が円筒形となっていて，1層のものを単層CNT，数層から形成しているものを多層CNTといい，らせん状やカップ状に積層したものがある．その合成法は種々あるが，主な方法として，次の方法がある．

(1) アーク放電法（arc discharge process）
炭素棒をアーク放電用陽極とし，陰極間と放電させてチェンバ内に生成した煤中から取り出す．

(2) レーザ蒸発法（laser evaporation process）
不活性ガス流中に金属触媒と炭素の複合材を置き，約1200℃に加熱して可視パルスレーザ光を当てて昇華する．そしてガスの下流に置いた冷却トラップ中に煤とともに生成させる．

(3) 化学気相蒸発法（CVD process）
炭化水素ガスの熱分解による合成法で，高温で鉄カルボニルを分解・凝集して生成した微粉末を触媒に用

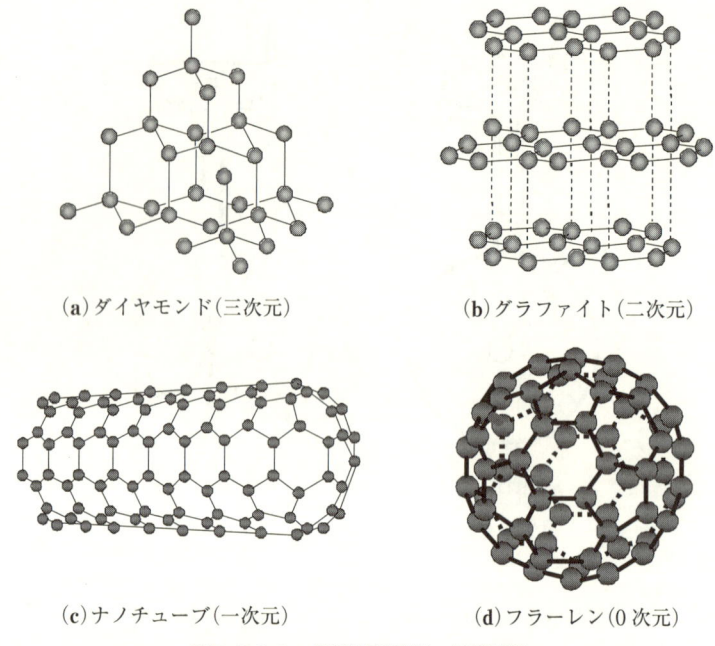

(a) ダイヤモンド(三次元)　　(b) グラファイト(二次元)

(c) ナノチューブ(一次元)　　(d) フラーレン(0 次元)

図 2・5・5-1　各種炭素材料の結晶構造

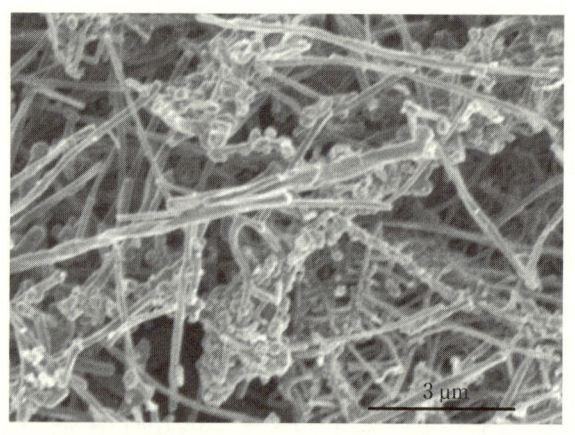

図 2・5・5-2　スーパーグロース法で合成した単層カーボンナノチューブの SEM 像

い，一酸化炭素から合成する HiPco（high CO disproportionation）法，酸化マグネシウム，アルミナ，ゼオライト等の細孔のある材料を触媒に用い CCV 法で合成する CCVD（catalyst-supported CVD）法等がある．特に，CVD 法で合成する際に，微量の水分を添加することで触媒活性と触媒寿命が飛躍的の向上するスーパーグロース法（super growth CVD process）（水添加 CVD 法）では，実用化・量産化が可能な方法である．図 2・5・5-2 はスーパーグロース法で合成した単層 CNT の SEM 像を示す．

2・5・6　C60 フラーレン

　C60 フラーレン（fullerene）は，図 2・5・5-1（d）に示すように，60 個の炭素原子が正六角形と正五角形に配列して組み合わさり，サッカーボールのような形の球状粒子構造を有する物質で，きわめて安定な構造で

あることから高強度であるとともに，超電導特性をもつ新素材とされている．また，カーボンナノチューブの芯部にも合成される．その製造法には主に CVD 法が用いられているが，ベンゼンのような炭化水素化合物を蒸し焼きにして分解することで安価で多量に製造することができる．

2・5・7 カーボンブラック

カーボンブラック（carbon black）は 95 %C 以上の無定形炭素からなるサブミクロンの微粒子で，ゴムタイヤの原料として多用されている．その製造法は天然ガスやアセチレンに過剰の空気を導入して完全燃焼させ，原料油を連続的に噴霧し熱分解する方法と鉱物油，植物油，芳香族炭化水素油等を不完全燃焼（蒸し焼き）する方法がある．

第 2 章 文献

2・1 の文献

1) 河合伸泰：微粒子工学大系 第Ⅱ巻，柳田博明監修，フジテクノシステム（2002）351.
2) ASM International Handbook Committee : ASM Handbook, vol. 7, Powder Metal Technologies and Applications (1998) 58.
3) Hoeganaes Handbook for Sintered Components, vol. 6（1999）123.
4) ASM International Handbook Committee : ASM Handbook, Vol. 7, Powder Metal Technologies and Applications (1998) 37.
5) Hoeganaes Handbook for Sintered Components, Vol. 6（1999）97.
6) R. M. German：粉末冶金の科学，三浦秀士・髙木研一共訳，内田老鶴圃（1996）91.
7) R. M. German：粉末冶金の科学，三浦秀士・髙木研一共訳，内田老鶴圃（1996）97.

2・2・1 の文献

1) O. Grinder : Private letter to N. Kawai.
2) H. Lubanska : "Correlation of Spray Ring Data for Gas Atomization of Liquid Metals", J. Metals, **22**［2］（1970）45-49.
3) G. Schulz : Economic Production of Fine, Prealloyed MIM Powders by the Nanoval Gas Atomization Process, Advances in Powder Metallurgy and Particulate Materials, **1**（1996）35-41.
4) G. Schulz : Laminar Sonic and Supersonic Gas Flow Atomization-the Nanoval Process, Advances in Powder Metallurgy and Particulate Materials, **1**（1996）43-54.
5) J. J. Dunkley : Gas Atomization—a Review of the Current State of the Art, Advances in Powder Metallurgy and Particulate Materials, **1**（1999）3-12.
6) M. Stobik : Nanoval Atomization—Superior Flow Design for Finer Powder, Proc. Conf. on Spray Forming and Melt Atomozation, 26-28, June（2000），Bremen, 511-520.
7) F. Diesch and G. Schulz : Gas Atomization of Preallyed MIM Powders in bulk Quantities, Advances in Powder Metallurgy and Particulate Materials, **1**（1999）49-56.
8) F. Diesch and G. Schulz : Princilpes of Melt Film Atomization, Advances in Powder Metallurgy and Particulate Materials, **1**（1999）69-77.
9) G. Schulz : WIDEFLOW Atomization—a Technique for Gas Atomization and Spray Forming, Proc. Conf. on Spray Forming and Melt Atomization, 26-28, June（2000），Bremenp. 521-530.
10) ASM International Handbook Committee : ASM Handbook, vol. 7, Powder Metal Technologies and Applications (1998) 43.
11) J. J. Dunkley : Hot Gas Atomization—Economic and Engineering Aspect, Advances in Powder Metallurgy and Particulate Materials, **2**（2005）25-31.
12) W. G. Hopkins : Hot Gas Atomization, Proc. PM Conf., Nice, Oct. **4**（2001）194-200.
13) J. M. Wentzell : US Patent 4,610,719（1986）.
14) C. P. Ashdown, J. G. Bewley and G. B. Kenney : The Tandem Atomization Process for Ultrafine Metal Powder Production, Modern Developments in Powder Metallurgy, **20**（1988）169-179.

15) "Ultrafine Metal Powders by the Tandem Atomization Process", Metal Powder Report, January 18 (1989).
16) A. Foelzer and C. Tornberg : Advances in Processing Technology for Powder-Metallurgical Tool Steels and High Speed Steels Giving Excellent Cleanliness and Homogeneity, Materials Science Forum, vols. 426-432 (2003) 4167-4172.
17) C. Tornberg : US Patent 6,334,884 B1 (2002).
18) R. E. Anderson : The Application of Powder Metallurgy Techniques to Ti Alloy Development, P/M in Aerospace and Defence Technologies Conference, Seattle, WA, Nov. 2 (1989).
19) C. F. Yolton : Gas Atomized Titanium and Titanium Aluminide Alloys, P/M in Aerospace and Defence Technologies Conference, Seattle, WA, Nov. 2 (1989).
20) ASM International Handbook Committee : ASM Handbook, vol. 7, Powder Metal Technologies and Applications, (1998) 152.

2·2·2 の文献

1) S. Okamoto, T. Sawayama and Y. Seki : "Kobe Steel Advances Water Atomized Powders", Metal Powder Report, 51 (3) (1996) 28-33.
2) 日本粉末冶金工業会：焼結機械部品—その設計と製造—，技術書院（1987）24.
3) 小倉邦明："KIP 鉄粉の歴史と最近の進歩"，川崎製鉄技法，**31**（1999）125-129.
4) 日本粉末冶金工業会：焼結機械部品—その設計と製造—，技術書院（1987）25.
5) 鈴木喜代志，近藤鉄也，清水孝純："球状微粉水噴霧技術とその粉末特性"，電気製鋼，**69**（1998）137-140.

2·2·3 の文献

1) S. A. Miller : Proceedings of the Advanced Particulate Materials & Processes, West Palm Beach, FL (1997) 457-464.
2) R. M. German：粉末冶金の科学，三浦秀士・髙木研一共訳，内田老鶴圃（1984）115.

2·2·4 の文献

1) S. J. Savage and F. H. Froes : "Production of Rapidly Solidified Metals and Alloys", J. Met., **36** [4] (1984) 20-33.
2) 草加勝司，清水孝純，洞田亮，中村清，大河内敬雄："遠心噴霧法によるはんだ粉末の製造に関する研究"，電気製鋼，**62**（1991）89-96.
3) R. M. German：粉末冶金の科学，三浦秀士・髙木研一共訳，内田老鶴圃（1984）142.
4) 菅又信，礒村裕臣，金子純一，堀内良："アルミニウム—遷移金属合金の急冷凝固フレークの製造と性質"，軽金属，**37**（1987）366-374. "遠心噴霧法によるはんだ粉末の製造に関する研究"，電気製鋼，**62**（1991）89-96.

2·2·5 の文献

1) 棚沢泰，本野春榮，森豊："回転盤による液体の微粒化に就て（第１報　微粒化機構）"，機械学会論文集，**7** [26]（1941）5-11.
2) 紙屋保："回転盤による微細化"，化学工学，**36**（1972）10-15.
3) 松本史朗，高島洋一："均一液滴の生成およびその応用"，化学工学，**47**（1983）540-543.
4) 北村吉郎，岩本勉，高橋照男："回転円板による液の微細化（ヒモからの滴生成）"，化学工学論文集，**25**（1976）471-475.
5) 棚沢泰，宮坂芳喜，梅原正彦："回転円盤による液体の繊維化について（第２報，粘い液体と粘くない液体のちがい）"，日本機械学会論文集，**25** [156]（1959）888-896.
6) 原田幸明，菅広雄："遠心噴霧による金属粉化条件の理論的検討"，粉体および粉末冶金，**37**（1990）492-499.
7) 皆川和己，原田幸明：「金属微細粉末の製造法」，特許第 3511082 号.
8) Y. Liu, K. Minagawa, H. Kakisawa and K. Halada : "Hybrid Atomization Processing Parameters and Disintegration Modes", The International Journal of Powder Metallurgy, **39** [2] (2003) 29-36.

2·3·1 の文献

1) 今村秀哉：粉砕 改訂版，化学工業社（1969）185.
2) 吉武正義：ブロンズ粉，福田技報，**12**（1992）2.

2·3·2 の文献

1) 橋本等，阿部利彦："回転ボールミル内のボールの運動の３次元モデルシミュレーション"，粉体および粉末冶金，**45**（1998）986-989.

2・3・3 の文献

1) 松山芳治, 三谷裕康, 鈴木寿：総説粉末冶金 2 版, 日刊工業新聞社（1974）20.
2) 橋口隆吉：金属工学講座 7 加工編Ⅲ粉末冶金・溶接 初版, 朝倉書店（1959）6.
3) 椙山正孝, 鈴木寿：粉末冶金とその応用, オーム社（1959）5.

2・3・4 の文献

1) 日本粉体工業技術協会編：先端粉砕技術と応用, エヌジーティー社（2005）198.

2・3・5 の文献

1) J. S. Benjamin："Mechanical Alloying", Scientific American, **234**（1976）40-49.
2) C. Suryanarayana："Mechanical alloying and milling", Progress in Materials Science, **46**（2001）1-184.
3) C. Suryanarayana："Recent Developments in Mechanical Alloying", Reviews on Advanced Materials Science, **18**（2008）203-211.

2・4・1 の文献

1) 榛葉久吉：粉末冶金学, コロナ社（1960）23.
2) 今村秀哉：粉末冶金法による機械部品の応用設計の実際と課題, 日刊工業新聞社（1986）13.
3) E. Peissker："Production and Properties of Electrolytic Copper Powder", Inter. J. of P/M & P/T, **20**（1984）87-101.
4) 田村暁司：第 6 回粉末冶入門講座テキスト, 粉体粉末冶金協会（1974）22.
5) 奥谷温："電解法による金属粉末の製造技術", 実務表面技術, **75**（1975）281-288.
6) 新宮良彦：第 2 回最新の粉末冶金講座, 粉体粉末冶金協会（1984）1-5.
7) 新宮良彦："粉末製造法―銅粉", 特殊鋼, **29**（1980）17-20.

2・4・2 の文献

1) JFE スチール㈱ HP//www. jfe-steel. co. jp/products/tetpun/about. html.
2) 庄司啓一郎, 永井宏, 秋山敏彦：粉末冶金概論, 共立出版（1984）6-9.

2・4・3 の文献

1) 鈴木　壽：超硬合金と焼結硬質材料, 丸善（1986）249-255.
2) P. Schwarzkopf and R. Kieffer：Refractory Hard Metals, The Macmillan Company（1953）47-66.
3) 日本セラミックス協会編：セラミック工学ハンドブック第 2 版, 技報堂出版（2002）123-126.
4) E. Lassner and W. D. Schubert：Tungsten, Kluwer Academic/Plenum Publishers（1999）321-344.
5) S. Morita, T. Ohtsuka and O. Maeda："Production of Tungsten at Japan New Metals Co., Ltd.", Journal of MMIJ, **123**（2007）707-710.

2・4・5 の文献

1) 粉体工学会編：粉体の生成, 日刊工業新聞社（2005）68-76.
2) 奥山喜久夫, 益田弘昭, 諸岡成治：微粒子工学, オーム社（1992）77-158.
3) 粉体粉末冶金協会編：粉体粉末冶金用語事典, 日刊工業新聞社（2001）480.

第3章
粉末の特性と評価法

3・1 はじめに

3・1・1 単一粒子と粒子集合体

　粉末冶金の技術を磨くためには，粉末の特性を十分に知りぬく必要がある．粉末は以下に詳述するように，細かい固体の集合体であり，したがってその性質は単一の固体粒子の性質と，それらが集合するゆえに発生する集合体としての性質とに大別される．粉末冶金技術にとっては，その双方を適切に分析・統合することが重要である．個々の項目の詳細はそれぞれ別章に譲ることとし，本章では粉末の概念として必要な基礎的な項目を列挙することに重点をおく．

3・1・2 理想固体と単一粒子の特性

　固体は岩石，礫や砂利として，または単結晶として用いられる場合を例外として，ほとんどの場合，粉末の状態で扱われる．その構成要素である単一粒子の特性を知るには，単一粒子が，無限大で欠陥が全くない完全結晶としての固体，すなわち「理想固体」の要素・条件が，粒子として存在するときに，どのように満たされなくなったかを理解する必要がある（表3・1・2-1）．理想固体は，与えられた温度において，固体としての自由エネルギーが最小の状態にあり，最も安定である．したがって，何らかの理由で理想性が失われると，その固体の自由エネルギーは増大し，その分だけ不安定になると同時に，同じ分だけ活性になる．
　固体の大きさが有限であること自体から，理想固体の条件は失われる．よく知られているように，固体の表面に存在する化学種（原子，イオンまたは分子）は，それらが規則正しく配列した結晶においては，隣接する同種または異種の化学種の数（配位数）が決まっている．たとえば，銅やアルミニウムのような典型的な金属は面心立方（fcc）構造を有し，個々の格子点にある化学種の配位数は固体内部では12であるが，表面では9となる．固体表面の存在自体，理想固体からのずれの一因であり，したがって，理想気体同様，厳密な意味での理想固体は現実には決して存在しない．
　化学種の配位数が理想固体の値より低い状態を低配位状態と呼ぶ．低配位状態では，隣接する化学種との相互作用に伴う安定化の度合いが，失われた隣接化学種の数と共に低下する．表面の生成によって，低配位状態の化学種が生成し，そのために発生するのが「表面エネルギー」である．この定義は，界面化学で定義される表面エネルギー，すなわち「単位表面積の新しい表面を生成させるのに必要な自由エネルギー変化」と同一である．固体が微細になり，体積当たりの表面積すなわち比表面積が増大すると，固体中の全表面エネルギーが増大する．したがって，固体粒子はそのサイズが減少するほど，不安定となり，より高い活性を示す．結晶表面が接触する稜では配位数は7，頂点ではさらに4まで減少する．これら特殊な状態にある化学種の比率は，微細化によって増大し，粒子微細化に伴う活性化のさらなる増大をもたらす．
　結晶固体の表面はミクロに観察すると，どこでも一定というわけではない．図3・1・2-1に示すように，連続固体をどこで切断するかによって，失われた1原子当たりの隣接化学種の数は変化する．したがって，表

3・1 はじめに

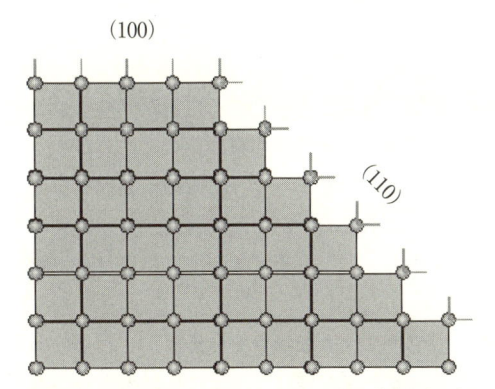

図 3・1・2-1 結晶の方位によって表面化学種1個当たりの切断結合数や面積当たりの個数が異なる。したがって，結晶固体の表面エネルギーには結晶方位依存性がある

表 3・1・2-1 理想固体からのずれの5つの要因．実在粒子ではこれらの要因が重複して現れる場合が多い

	表面	内部
存在そのもの	1	該当なし
マクロな形状	2	4
ミクロな形状	3	5

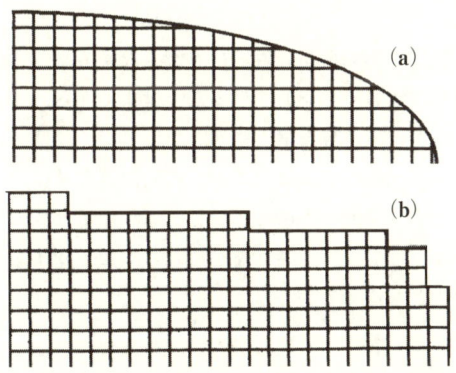

図 3・1・2-2 マクロに曲がった単一粒子結晶は，ミクロに見ると原子レベルのステップの集合体であり，したがって，低配位状態の化学種の濃度が高い

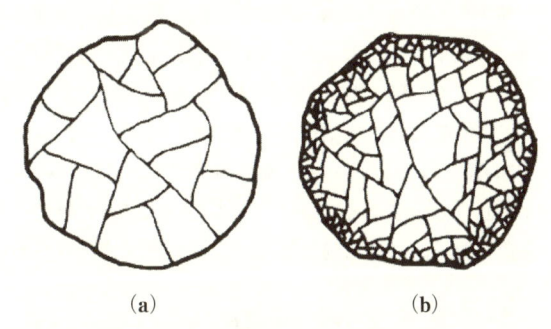

図 3・1・2-3 粒子内の結晶の状態は，(a)のように表面から内部まで均一なことはまれであり，(b)のように表面近傍に活性な部分が集中することが多い．ボールミル等によって調製された粒子ではこの傾向が著しい

面エネルギーは，結晶面ごとに定義される．通常，物性値のように扱われる，結晶面のミラー指数を定義していないハンドブックデータは，色々な結晶面に関する値の平均値である．マクロには見かけ上，曲面であるような結晶固体の表面は，ミクロに見ると図3・1・2-2に示すように格子の単位で階段状になっている．さらに，いかによく研磨された鏡面な平面であっても，ミクロに観察すると原子単位の凹凸がある．これらは，表面における格子欠陥(lattice defect)，もしくは格子不整と呼ばれる．欠陥や不整の存在は，さらに低配位化学種の数を増大させる．

固体粒子を調製する古典的な方法に粉砕がある．粉砕によって生成された粒子表面は，上述したような固体の非理想性とは異なる種類の異常が観察される．これは図3・1・2-3に模式的に示すような，最外表面から内部に原子単位で数層もしくは数十層に及ぶ「表面近傍層」があり，その部分の結晶格子の不規則性は，非晶質に近いものまで多岐にわたる．これらは特に固体の反応や焼結の初期に重要な役割を果たす．以上で述べた理想固体からのずれ条件を表3・1・2-1にまとめて示す．このように，固体は微細になるに従って，その基本的な物性を変化させる．

3・1・3 単一粒子の大きさと形

前節で述べた内容は，主として固体化学的な側面である．粉末を扱う場合，対象とする材料がサラサラと流れるかどうか，容易に固まるかどうか等の物理的性質は，次節で述べる集合体の性質に負うところが大きいが，物理現象に対する単一粒子の性質として不可欠なのは，サイズと形状であろう．粉末の流動性を支配する基本的な因子は慣性力を支配する体積要素と，表面力を支配する面積要素である．前者は代表サイズの3乗，後者は2乗に比例する．粒子が微細になるほど流れにくくなるのは，代表サイズが小さいほど，相対的に面積要素の比率が増大するために他ならない．

単一粒子の形状もしくは異方性の問題は，まず粉末の流動性や成形性に大きな影響を与える．これらはいずれも単一粒子の位置交換の繰り返しによって生じる現象である．球状粒子が棒状粒子より位置の交換が容易であることは，誰もが経験上知っている．この点に関しては，3・1・4節でさらに言及する．また，単一粒子の異方性の度合が大きくなるほど，一定容積に空間に充填できる粒子の正味体積もしくは充填率が減少する．これは成形時に技術者が遭遇する最大の問題の1つである．他方，異方性粒子を適切に配向させ，方位をそろえることができれば，粉末の充填密度は格段に増大する．のみならず，加熱後に得られる焼結体の強度や機能にも，多くの場合プラスの影響を与える．

粒子の大きさや形は，流動性や成形性以外の物理的性質の代表である電磁気特性等にも大きな影響を与える．微粒子の多くの特性，特に強磁性や強誘電性が粒子の異方性に大きく依存していることはよく知られている．また，粒子サイズの減少は，3・1・2節に示した表面エネルギーの寄与を増大させるだけでなく，サイズそのものによって物性が変化することが，特に近年の材料の微粒子化，ナノサイエンスの発展等と共によく知られるようになった．強磁性体における超常磁性の発生はその典型的なものの1つである．粒子サイズがさらに減少すると，電子エネルギーのバンド幅等，固体の基本物性をも変化させる．これらは量子サイズ効果，量子閉じ込め効果等も包含し，ナノ構造材料の魅力の原点ともなっている．

3・1・4 粒子集合体への視点

粒子の集合体の性質は，多くの場合，単一粒子の性質を粒子の個数倍したものとはかけ離れている．そうした物性の非線形性は，すべて構成要素間の相互作用に起因する．相互作用はきわめて多岐にわたり，色々な分類方法がある．

①物理的・化学的
②静的・動的
③二粒子間・多粒子間
④純固体間・第三物質存在下

等が典型的なものであろう．このうち④の末尾に示した「第三物質」とは，粒子表面に吸着層や不純物層を意味する場合もあるが，より典型的には，液体中や気体等の連続相中に分散した固体粒子のような分散系を指すことの方が多い．後者の系の科学と技術は，コロイド・界面科学やレオロジーの分野に属し，本章では扱わない．

それぞれの要因によって生成する集合状態に対する物性にも，色々な角度からの定義がある．たとえば，凝集粒子の大きさ・形状や成形体の見掛密度，空隙構造等である．また，多数の要素からなる集合体を扱う以上，統計的な概念，すなわち上述した単一粒子の諸特性の平均値や変動係数等の概念もまた不可欠である．統計的な概念は，粒子の大きさに関するもの，すなわち粒度分布を唯一の例外として，諸値のばらつきの問題がプロセス管理上きわめて重要であるにもかかわらず，数値化や測定方法の双方に未解決な問題が多

3・1・5　粒子集合体の流動と変形

　粒子集合体である粉末がよく流動するかどうかは，粉末冶金を始め，粉末が関与するほとんどすべてのプロセスできわめて重要である．貯蔵していた粉末が底部の排出孔を開いても閉塞して流動しないのは，粒子同士が突っ張りあってアーチ構造を形成するからである．また，粉末冶金の基本的なプロセスの1つである成形は，型に入れた粉末を圧密して緻密な成形体を得る操作であり，この場合には，粒子間に強固な付着が起こることが期待されている．これらの現象の支配因子を追究するためには，3・1・2 節に述べた慣性力と表面力のバランスのうち，後者を支配する粒子間引力や付着力，粒子の相対運動に伴って発生する粒子間の摩擦抵抗等の理解が必要である．成形の前段階で頻用される造粒や，望ましくない粒子の凝集等もまた，粒子間の付着力がその原動力である．

　粒子間引力を造粒に関与する付着力という観点から分類した Rumpf の分類[1]は粉末を扱うテクノロジーのバイブル的存在である．その分類の大要は以下のようである．

①van der Waals 力：原子間に働く London の分散力であり，これを固体表面間に拡張解釈した基本因子．
②Coulomb 力：固体表面間に働く静電力．ただし，同一環境にある同一物質では反発力になる．
③液架橋：表面に吸着した水蒸気が凝縮して生じる毛管力から，結合剤として添加した高分子間の相互作用によるものまで，その定義はきわめて広い．
④固体架橋：焼結に伴うネック成長から，沈殿の乾燥時に液側に残留していた可溶性成分の析出によるものまで，固体架橋の定義もまたきわめて広い．

3・1・6　ま　と　め

　以上概説したように，粉末の概念は，単一粒子と集合体，物理的因子と化学的因子，統計的扱い等，因子がきわめて多岐にわたっている．プロセス設計や技術的問題の解決に当たって，これら多様な因子のどれとどれが問題を支配しているのかを見極めることが肝要である．

3・2　粒度分布と評価法[1]

3・2・1　粒　子　径

　細分化された固体である粉末粒子においては，粒度（粒子径（particle diameter））がまず第一の識別要素となる基本特性である．粉末粒度の正確な表現には，測定法と表示法を規定することが必要である．粉末を構成する粒子の大きさは，粉末を性質や挙動を特徴づけるきわめて重要なキャラクター要因であるので，粒度（粒子径）の測定値を定量的に活用するためには，少なくとも測定の原理と基準やその際に仮定した粒子の形状を明確にし，後述の粒度分布に関する情報も把握することが必要である．

　以下に，粒度の主な表示法を分類して簡単にまとめる．

①相当球径：測定で定めた物理量を等しくする球の径を用いた一次元表示．具体的には，等体積相当球径，等表面積相当球径，比表面積相当球径，等沈降速度相当球径等．
②三軸径：最小体積直方体（外接直方体）の三軸を用いた三次元表示．
③投影径（または断面径）：三次元物体を二次元に還元した像に基づく一次元表示．径としては，最大コード径．

④定方向径または統計的平均径：粒子配列に偏向性がない，統計的にランダムな配位が前提条件である．たとえば，液体に分散させると粒子の配列に方向性が生じるので注意を要する．

⑤Feret 径（Green 径）：定方向の最大移動（投影図の平行外接線間）距離で，周辺に凹みのない図形ならば，周長を π で割った値（後述の Cauchy の定理 2）に等しく，周長との関連に応用する．

⑥Martin 径：定方向で投影面積を 2 分する線分の長さ．

⑦定方向最大径，Krummbein 径：定方向で最大幅の箇所の径で，Feret 径よりやや小さい値になる．

⑧投影円相当径，Heywood 径：投影面積に等しい円の直径を用いて定義する．凸面体のランダム配列ならば後述の Cauchy の定理 1 $(S=4\bar{A})$ が成立するが，偏向配列になると，Cauchy factor の 4 は 3.1～3.4 と小さくなる．

⑨等周長円相当径：投影図上でその周長が等しい直径とする．

物理的な意味で，Feret 径 ＞ 投影円相当径 ＞ Martin 径となり，長短径の比が大きくなるほどその差は著しい．

3・2・2　Cauchy の定理

粒子の表面積 S とその投影面積の平均 $\bar{A}$ や，投影（切断）像の周長 l と最大コード径の平均 $\bar{D}$ との関係を表す Cauchy の定理は，粉末を構成する粒子の大きさを測定する際にしばしば用いられる．表面に凹のない（粒子の表面と任意の直線との交点が 2 つの）場合，定理は証明されている．

$$[定理 1] \quad S=4\bar{A} \quad \text{式}(3\cdot2\cdot2\text{-}1)$$

$$[定理 2] \quad \bar{D}=\frac{l}{\pi} \quad \text{式}(3\cdot2\cdot2\text{-}2)$$

3・2・3　粒度分布

粉末は粒子集合体である．集合体は，確率統計的特性を備え，粒度分布（particle size distribution）をもつ．集合体である粉末の粒度（粒径）や形状（粒形）にはばらつきがあり，その分布状態も粉末を区別するための重要な識別要素である．分布がある特定の規則に従う物理的な根拠がない場合も，それをある統計上の分布関数で近似できれば，関数特有の母数を用いて集合体の分布を明解に表現できるので，集合体の性質や挙動を相互に比較することも容易である．したがって，種々の分布関数が提案されている．

（1）分布関数と密度関数

統計上の分布関数 $F(x)$ は，不規則変数 X の事象出現率 $P(X \leq x)$ に基づいて

$$F(x)=P(X \leq x) \quad \text{式}(3\cdot2\cdot3\text{-}1)$$

と定義する．関数が連続ならば，密度関数 $f(x)$ は

$$f(x)=\frac{dF(x)}{dx} \quad \text{式}(3\cdot2\cdot3\text{-}2)$$

と定める．たとえば，無作為の誤差から導入された正規（Gauss，誤差）分布 $N(\mu, \sigma^2)$ では，分布関数は

$$F(x) \equiv \frac{1}{\sigma\sqrt{2\pi}} \int_{-\infty}^{x} \exp\left\{-\frac{(\xi-\mu)^2}{2\sigma^2}\right\} d\xi, \quad \text{式}(3\cdot2\cdot3\text{-}3)$$

密度関数は

$$f(x) \equiv \frac{1}{\sigma\sqrt{2\pi}} \exp\left\{-\frac{(x-\mu)^2}{2\sigma^2}\right\} dx \quad \text{式}(3\cdot2\cdot3\text{-}4)$$

となる．ただし，μ＝平均値，σ＝標準偏差である．

(2) 粒度測定の基準と分布関数の相互変換

粉粒体の粒度分布は，個数基準や質量基準で表示される．通常は質量基準で測定される例が多いが，分布の特性（たとえば各種代表径等）を算出したり，分布の効果や応用（たとえばランダム充塡構造等）を理論的に取り扱う場合には，対応した個数基準の表示を必要とする．基準の相互変換には，粒子個々の体積形状係数を用いるので，粒子形状が相似（体積形状係数が一定）であると仮定できる場合には，解析解を得ることもある．

(3) 粒度の対数正規分布表示

正規分布は負の定義領域を含む．負の粒子径はあり得ないし，粒子の径を目盛る横軸を算術目盛から対数目盛にすると，近似的に正規分布になることを多く経験する．溶液からの析出粒子の分布を対数正規で近似した例は多い．粒度分布の測定には質量基準が簡便であるが，分布の特性や効果を取り扱う場合に，対応した個数基準の表示を必要とする．相似粒子群の対数正規分布においては，これら両基準における分布関数の母数間に相互変換式があるので，理論的な研究面で多用されている．

正規分布の表示に，粒径 D_p の対数を変数 $x(x=\ln D_p)$ とし，

幾何平均径 $D_g \left(\mu = \dfrac{\sum \ln D_i}{n} = \ln(\sqrt[n]{\Pi D_p}) = \ln D_g \right)$ 式(3・2・3-5)

と

幾何標準偏差 $\sigma_g \left(\sigma = \sqrt{\dfrac{\sum (\ln D_i - \ln D_g)^2}{n}} = \ln \sigma_g \right)$ 式(3・2・3-6)

を用いると，個数基準における粒度の対数正規分布関数

$$F(\ln D_p) = \dfrac{1}{\ln \sigma_g \sqrt{2\pi}} \int_{-\infty}^{\ln D_p} \exp\left\{ -\dfrac{(\ln D_p - \ln D_g)^2}{2(\ln \sigma_g)^2} \right\} d(\ln D_p) \quad 式(3・2・3-7)$$

と対数正規密度関数

$$f(\ln D_p) = \dfrac{1}{\ln \sigma_g \sqrt{2\pi}} \exp\left\{ -\dfrac{(\ln D_p - \ln D_g)^2}{2(\ln \sigma_g)^2} \right\} \quad 式(3・2・3-8)$$

となる．個数基準分布と質量基準分布間には Hatch の式があり，後者（質量基準）の母数に ′ をつけて表せば，

$$\ln D_g' = \ln D_g + 3(\ln \sigma_g)^2, \quad \ln \sigma_g' = \ln \sigma_g \quad 式(3・2・3-9)$$

となる．

(4) Rosin-Rammler 分布

石炭の粉砕物の粒度分布表示に提案された質量基準分布式で，粉砕生成物や粉塵のように粒度分布範囲の広い場合に適合する．統計学等で Weibull 分布と称せられるものと数学的には全く同じである．粒度 D_p に対応するふるい上の積算質量 $R(D_p)$ が，

$$R(D_p) = \exp\left\{ -\left(\dfrac{D_p}{D_e} \right)^m \right\} \quad 式(3・2・3-10)$$

と定義され，m は均等数，D_e は粒度特性数と呼ばれる．したがって，質量基準の分布関数 $G(D_p)$ は

$$G(D_p) = 1 - R(D_p), \quad 式(3・2・3-11)$$

密度関数 $g(D_p)$ は

$$g(D_p) \equiv -\frac{dR}{dD_p} = \frac{m}{D_e}\left(\frac{D_p}{D_e}\right)^{m-1}\exp\left\{-\left(\frac{D_p}{D_e}\right)^m\right\} = mD_e^{-m}D_p^{m-1}\exp\left\{-\left(\frac{D_p}{D_e}\right)^m\right\} \qquad 式(3\cdot2\cdot3\text{-}12)$$

である．モード径 $D_{p,mode}$ は，$m>1$ で

$$D_{p,mode} = D_e\sqrt[m]{\frac{m-1}{m}} \qquad 式(3\cdot2\cdot3\text{-}13)$$

算術平均径 $D_{p,am}$ は

$$D_{p,am} = D_e\varGamma\left(\frac{1}{m}+1\right) = D_e\varPi\left(\frac{1}{m}\right), \qquad 式(3\cdot2\cdot3\text{-}14)$$

中央径は $D_{p,med}$ は

$$D_{p,med} = D_e\sqrt[m]{0.6935} \qquad 式(3\cdot2\cdot3\text{-}15)$$

と解析的に得ることができる．ただし，元来が質量基準のため，個数基準への変換には，困難（または近似）が伴う欠点がある[1~3]．

（5） 推奨すべき粒度分布表示

分布がある特定の規則に従う物理的な根拠がない場合も多く，後述の形状分布を考慮すると，数個の対数正規分布を重ね合わせた表示法が望まれる．その理由は，統計数学上の厳密なアプローチや豊富な成果，たとえば，多元正規分布の応用が期待できること，また，粉末粒子の生成工程に異なった機構が複数重畳していると考えられる場合や異相の混合粉末を得る場合には，その個々の割合や分布等を推測する手がかりを得ることができること等を挙げておくことができる[4]．

近年，断面像の測定で，定量組織学に基づく粒子形状を考慮した解析で，粒子径や粒度分布を決定する試みもなされている[5~7]．

3・3　粒子形状と測定法

金属粒子の形状（particle shape）は，その製造法や製造条件によって球形のものから複雑形状なものまで様々な形を呈する．粒子形状を定性的に表現し分類するために，様々な用語による表示や分類が行われてきた．近年においては，画像処理技術の発展に伴って粒子画像の情報や幾何学的特徴を定量的に求めることが可能になり，多くの粒子形状の数値化手法が提案されている．

3・3・1　粒子形状を表現するための用語

一般的に使用されている粒子形状を表す用語の一例[1]を，表 3・3・1-1 に示す．これらの用語は，定性的で視覚的イメージを容易に与えることができて便利であるが，用語間の明確な区別は難しく，観察者の主観的・視覚的判断に依存するところが大きい．

また，金属粒子においては，Greenwood の表現に基づいて表 3・3・1-2 に示すように 7 種類に分類され，製法に由来する形状を呈する場合が多い[2]．

3・3・2　形状係数

形状係数（shape factor）は，粒子形状そのものを定量的に表現することを目的とした数値ではなく，粒子の性質や現象を示す関数関係において粒子の形状に関連する因子を 1 つの係数として扱ったものである．

表 3·3·1-1　粒子形状を表す用語

球　　　状（spherical）	繊 維 状（fibrous）
立方体状（cubic）	樹 枝 状（dendritic）
粒　　　状（granular）	海 綿 状（spongy）
塊　　　状（blocky）	角　　　状（angular）
板　　　状（platy）	圭 角 状（sharp-edged, sharp-cornered）
薄 片 状（flaky）	丸 み 状（modular, rounded）
柱　　　状（prismoidal）	不規則状（irregular）
棒　　　状（rod-like）	結 晶 状（crystalline）
針　　　状（acicular, needle-like）	

表 3·3·1-2　金属粉粒形の分類

形状	金属粉例
均一球状 (uniform spherical)	カルボニル粉（Fe, Ni）
亜 球 状（spheroidal, nearspherical, droplet-like）	ガスアトマイズ粉 (Cu, Zn, Sn, Al)
不規則状 (irregular, spongy)	水アトマイズ粉（Fe, Ni）， 還元粉（Cu, Fe, W）
樹 枝 状 (dendritic, mossy)	電解粉（Cu, Fe, Ag）
角　　　状（angular）	粉砕粉（Fe, Cr, Sn）
楕円板状 (round, oval platy)	エッジミル粉（Fe, Cu）
薄 片 状 (flaky, leave-like)	スタンプミル粉（Al, Cu）

たとえば，何らかの方法で粒子の代表粒子径 D_p が求められている場合，その粒子の表面積 S や体積 V とすると，次の関係が成り立つ．

$$S = \phi_s \cdot D_p^2$$
$$V = \phi_v \cdot D_p^3$$

式(3·3·2-1)

これらの関係における係数 ϕ_s と ϕ_v が表面積形状係数（surface shape factor）と体積形状係数（volume shape factor）である．たとえば，粒子が球形で代表粒子径 D_p を粒子直径とした場合 $\phi_s = \pi$，$\phi_v = \pi/6$ となり，粒子が立方体で代表粒子径 D_p を立方体の辺長とした場合 $\phi_s = 6$，$\phi_v = 1$ となる．この他に，比表面積に関係する形状係数として比表面積形状係数（specific surface shape factor）ϕ（$\equiv \phi_s/\phi_v$）やカーマンの形状係数（Carman's shape factor）ϕ_c（$= 6/\phi$）等がある．

3·3·3　形 状 指 数

　形状指数（shape index）は，粒子の形状そのものを種々の定義に基づいて定量的に表した数値で，粒子形状の相違や影響の比較に使用される．形状指数として何を用いるかは，指数を利用する目的によって決まり，理想とする基準形状を選択し，その形状との関係を指数化することによって求められる．代表的な形状指数の定義を表 3·3·3-1 に示す．三軸径は，図 3·3·3-1 に示すように水平面に安定な状態で静止した粒子に外接する直方体の辺長（l：長軸径，b：短軸径，t：厚さ）である．長短度は三軸径のうち短軸径に対する

表 3·3·3-1 代表的な形状指数とその定義

名　称	定　義	基準形状	備　考
長短度（elongation）	$\equiv \dfrac{l}{b} \geq 1$	円 正方形	$l, b, t\,(l>b>t)$：三軸径 A：粒子投影面積
扁平度（flakiness）	$\equiv \dfrac{b}{t} \geq 1$	円 正方形	D_p：投影面積相当径 P：粒子周長
体積充足度 （space-filling factor）	$\equiv \dfrac{lbt}{V} \geq 1$	直方体	V：粒子体積 D_v：等体積球相当径
円形度（circularity）	$\equiv \dfrac{\pi D_\mathrm{p}}{P} = \dfrac{\sqrt{4\pi A}}{P} \leq 1$	円	S：粒子表面積 a, b：最小面積外接矩形の長辺，短辺
表面指数（surface index）	$\equiv \dfrac{P}{\sqrt{4\pi A}} = \dfrac{1}{\text{円形度}} \geq 1$	円	D_c：粒子投影像の外接最小円の直径 r_i：粒子輪郭上の i 番目角の曲率半径
面積充足度 （area-filling factor）	$\equiv \dfrac{ab}{A} \geq 1$	矩形	N：粒子の輪郭上の角の全数 R：最大内接円半径
かさ指数 （bulkiness factor）	$\equiv \dfrac{A}{ab} = \dfrac{1}{\text{面積充足度}} \leq 1$	矩形	
球形度（sphericity）	$\equiv \dfrac{\pi D_\mathrm{v}^{2}}{6S} = \dfrac{\sqrt[3]{36\pi V^{2}}}{S} \leq 1$	球	
実用球形度 （working sphericity）	$\equiv \dfrac{D_\mathrm{p}}{D_\mathrm{c}} = \dfrac{\sqrt{4\pi A}}{\pi D_\mathrm{c}} \leq 1$	円	
丸み度（roundness）	$\equiv \dfrac{\sum r_\mathrm{i}}{RN} \leq 1$	円	

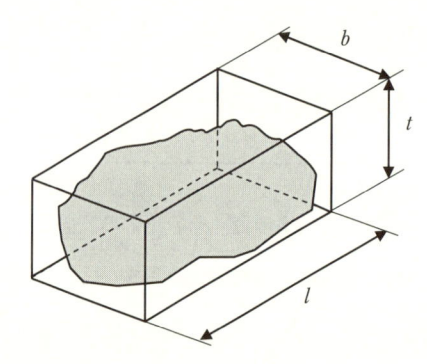

図 3·3·3-1 三軸径についての説明図

長軸径の比，扁平度は厚さに対する短軸径の比である．体積充足度は粒子に外接する直方体の体積に対する粒子体積の比を意味する．円形度はバーデルの円形度（Wadell's circularity）[1]とも呼ばれ，粒子の投影像における実際の周長に対する等面積円の周長の比で表され，表面指数はその逆数に相当する．面積充足度は粒子投影面積に対する粒子投影像の最小面積外接矩形の面積を意味し，かさ指数はその逆数である．

球形度はバーデルによって定義された球形度（Wadell's sphericity）[1]で，粒子表面積に対する等体積球の表面積の比を意味する．球形度は粒子の立体的な形状を反映した数値であるが，不規則形状の粒子ではその計測は困難である．図 3·3·3-2 に示す粒子の投影像から決定できる実用球形度が提案されている[2]．丸み度はバーデルによって定義された丸み度（Wadell's roundness）[3]で，図 3·3·3-3 に示すように粒子の最大内接円半径 R に対する投影像輪郭の凸部の曲率半径の平均の比を意味する．円形度，面積充足度，かさ指数，実用球形度，丸み度は，粒子の投影像を二値化・画像解析を行うことにより比較的容易に数値を求めることができる．ハウスナー（Hausner）[4]が提案した表面指数（surface index）およびかさ指数（bulkiness fac-

図3・3・3-2 実用球形度についての説明図

図3・3・3-3 丸み度についての説明図

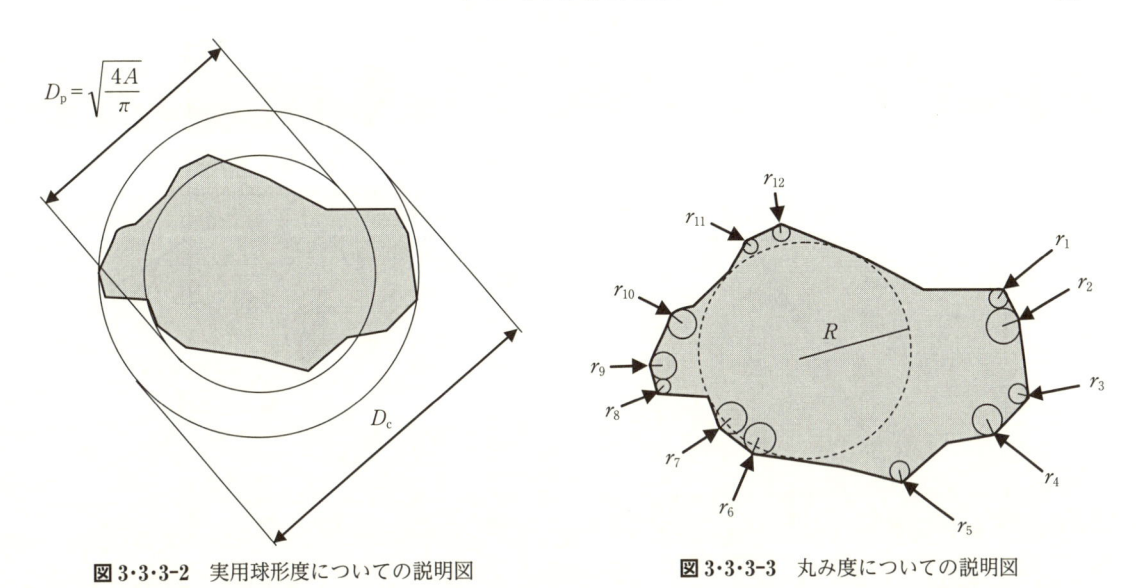

tor）は，粉末冶金分野で用いられている．

3・3・4 粒子形状の分布

　粒子形状も粒度と同様に確率・統計的な特性を有するため，粒子の集合体である粉体において分布が存在する．粒子形状に基づいて粉体を同定・識別する際に粒子形状（形状指数）の分布が重要となる．形状指数の分布に関する研究報告がある[1,2]．円形度分布の一例を図3・3・4-1に示す．これは水アトマイズ鉄粉の円形度の積算分布（cumulative frequency）である．この図では，円形度 $\varPsi_c$ を $S=\ln\{\varPsi_c/(1-\varPsi_c)\}$ で変換して，上の横軸は変換パラメータ S の数値で，下の横軸はそれに対応する円形度 $\varPsi_c$ の数値でそれぞれ表し，その積算分布を正規確率紙上にプロットしたものである．円形度 $\varPsi_c$ の変域は $0<\varPsi_c\leqq 1$ であるのに対して，正規分布（normal distribution）の変数 x の変域は $-\infty<x<\infty$ であり，$\varPsi_c$ を変換パラメータ S で変換することで正規分布の変域を満足した[2]．この粉末の場合，変換パラメータ S で変換を施した積算分布が正規確率紙上で直線的であることから正規分布に近い分布であることを示している．このような形状指数の分布は，粉体中の個々の粒子の投影像から画像解析により形状指数を数値化して，粉体全体で統計的に処理することで容易に求めることができる．

　さらに，画像解析の際に個々の粒子のサイズと形状（形状指数）を同時に数値化できることを利用すれば，統計処理で粒度と形状の間の分散状態を粒度-形状分散図（size-shape dispersion diagram）[2,3]として表すことが可能となる．粒度と形状との間の分散状態は，その粉末固有のもので粉末製造の履歴を反映する．粒度-形状分散図の一例として，水アトマイズ鉄粉の分散図を図3・3・4-2に示す．横軸は粒度として投影面積円相当径 D_p を対数スケールで表示し，縦軸は円形度分布の際に示した変換パラメータで示すスケールでそれに対応する円形度 $\varPsi_c$ で表示している．粒度と形状の間の分散状態を等確率密度曲線で表し，上端および右端にそれぞれ粒度および円形度の分布を頻度分布（frequency distribution）として表している．粒度と形状の間の分散状態を表現することによって，この粉末が粒度の大きい粒子ほど複雑な形状を有する傾向にあること等，粉末形態に関するより多くの情報を得ることができる．このような粒度-形状分散図上の分散状態に二次元正規分布関数（two-dimensional normal distribution function）を適用して，個数基準の分散状態と質量基準のそれとの基準相互の変換に関する理論的な考察が行われ，粒度分布が対数正規分布に従う

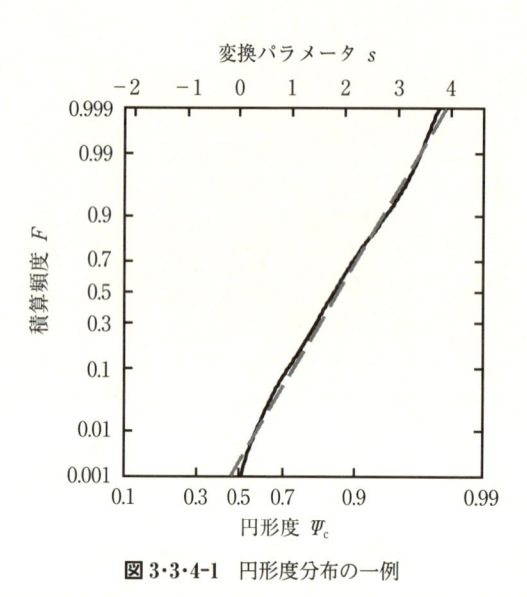

図3・3・4-1 円形度分布の一例

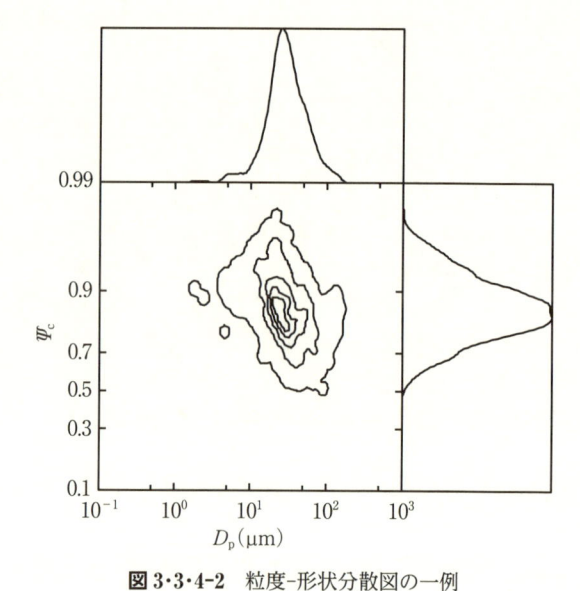

図3・3・4-2 粒度-形状分散図の一例

場合の変換式であるハッチの式(Hatch's equations)[4]を拡張した変換式[3,5]が導出されている.

3・3・5 フラクタル次元

フラクタル次元(fractal dimension)は,海岸線やひび割れの形,樹木の枝分かれ等に見られる複雑な図形を数学的に理論化する際に用いられる実数値をとる次元のことで[1],粒子形状表現にも用いられる.フラクタル次元を粒子形状表現に用いる場合は通常ディバイダ法(divider method)を用いて,次の手順で行われる.

図3・3・5-1に示すように粒子の投影像の輪郭線を長さr'の線分(ruler)で折れ線的に区切って,輪郭線

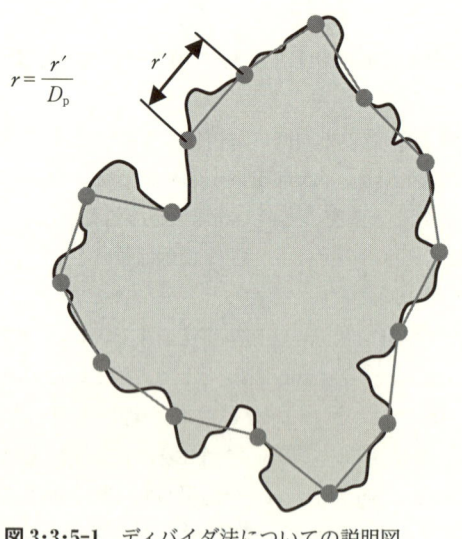

$r = \dfrac{r'}{D_p}$

図3・3・5-1 ディバイダ法についての説明図

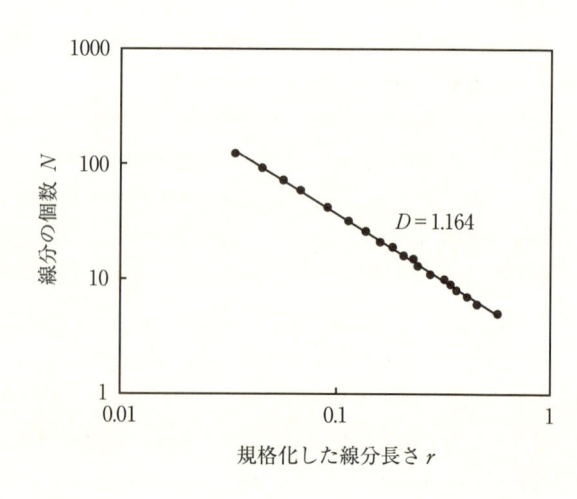

図3・3・5-2 ディバイダ法によるフラクタル次元の算出例

一周の間に区切れる線分の個数 N を求める．この図の粒子の投影像は水アトマイズ鉄粉の実際の粒子のものである．種々の長さ r' の線分について繰り返し，線分長さ r' を投影面積円相当径 D_p で規格化した線分長さ r と線分の個数 N との間の関係を両対数プロット（図3・3・5-2）して，両者が直線関係を示せば $N \propto r^{-D}$ の関係からフラクタル次元 D を直線の傾きより求める[2]．フラクタル次元 D は，表面が滑らかな粒子では1に近い数値となり，表面に凹凸がある粒子では1を超える数値となり，$1<D<2$ の範囲に数値は存在する．したがって，粒子投影像のフラクタル次元 D は粒子表面の凹凸状態を定量的に表現するものである．その他に，フラクタル次元は粒子の表面構造や凝集体の構造を定量的に表現する場合に用いられる[3,4]．

3・4 粉末の比表面積と測定法[1]

粒度分布における質量基準表示と個数基準表示を相互変換したり，粉体粒子表面に関連した種々の現象（摩擦，付着，凝集等）や物理反応（粒子成長等），化学反応（触媒，粉塵爆発等）を定量的に扱うには，粒子の集合体である粉末の表面積を知ることは必須である．粉末の表面積として物理量'比表面積'を2種定義する．実用的には単位質量当たりの比表面積が簡便で便利でもあるが，異種材料間の広範な比較検討等による包括的な一般化原理等の探求には単位体積当たりの比表面積を求める．たとえば，材料の如何にかかわらず球状粒子であれば，明解な'後者の単位体積当たりの比表面積が粒子径に反比例する'という結論に導く．粉末の表面積の測定には，種々の方法が工夫されているが，それぞれに問題点と限界があるので，応用には個々の専門書を参照することが推奨される．一般的には，粒子表面への気体の物理吸着現象を用いた装置が主流である．

3・4・1 吸 着 法

（1） 吸着等温式

Langumuir は，吸着気体の原子や分子が相互作用なくして吸着する点（席）を固体表面に仮定して，全吸着点が覆われたとき単分子（原子）層の吸着は完了するとの考えで，平衡吸着点の表面被覆率 θ と気体の圧力 p との間に

$$\theta = \frac{bp}{1+bp} \qquad \text{式}(3\cdot4\cdot1\text{-}1)$$

である吸着等温式を導いた．ここで b は表面への吸着熱と関連する定数である．

通常の表面積測定装置で多用される BET 吸着等温式は，上記単分子吸着層上にさらに液化熱に関連した吸着を考える多分子層吸着に基づいて，全吸着量 v として

$$v = \frac{v_m c x}{(1-x)(1-x+cx)}, \qquad x = \frac{p}{p_0}, \qquad \text{式}(3\cdot4\cdot1\text{-}2)$$

を得る．ここで，v_m は単分子吸着層の完成に要する気体体積，p_0 は測定温度における飽和蒸気圧，c は定数である．気体の圧力が，吸着温度における飽和蒸気圧になれば凝縮が起こるので，吸着量は無限大になる．したがって，狭い圧力範囲（$0.05<x<0.35$）に適用が限られる．

（2） BET 吸着等温式における単分子層吸着量の決定

多分子層吸着に基づいて単分子吸着量 v_m を決定するのには，測定値に基づいて，BET 吸着等温式を書き直した

$$\frac{x}{v(1-x)} = \frac{1}{v_\mathrm{m}c} + \frac{c-1}{v_\mathrm{m}c}x \qquad 式(3 \cdot 4 \cdot 1\text{-}3)$$

の関係を表す図における切片と勾配から，または

$$\frac{1}{v(1-x)} = \frac{1}{v_\mathrm{m}} + \frac{1}{v_\mathrm{m}c}\left(\frac{1-x}{x}\right) \qquad 式(3 \cdot 4 \cdot 1\text{-}4)$$

における切片から求める[1]．

（3） 吸着分子1個が被覆する面積

気体の吸着量から表面積を算出するためには，吸着分子1個が固体表面を被覆する面積と単分子層を形成するのに必要な吸着分子の数を必要とする．後者はBET法で得ることができるので，残るのは前者である．吸着分子は球形として，表面上では細密充填面ではないが，面心立方の細密充填をすると仮定して，算出する．分子1個が占める面積 s は

$$s = 2\sqrt{3}\left(\frac{M}{4\sqrt{2}Nd}\right)^{2/3} \qquad 式(3 \cdot 4 \cdot 1\text{-}5)$$

と算出される．ここで，M は分子量，N は Avogadoro 数，d は密度である．

3・4・2 透 過 法

粉体層中で流体の流量と圧力降下量を測定して，水力半径を介してその壁に沿った層流を想定して導入したKozeny-Carmanの式から，単位体積の粉体粒子のもつ表面積 S_v は，空隙率を ε として

$$S_\mathrm{v} = \sqrt{\frac{g\Delta P A t}{k\eta L Q}\frac{\varepsilon^2}{(1-\varepsilon)^2}} \qquad 式(3 \cdot 4 \cdot 2\text{-}1)$$

と表される．ここで，Q は t 秒間に流れた流量，ΔP は圧力降下，A は流れに直角な断面積，η は流体の粘性係数，L は粉体層の厚み，g は重力加速度，k は Kozeny 定数である．最後の Kozeny 定数は，5と定められているが，形状にも依存し，球では4.5，円柱では3.0（平行方向）および6.0（垂直方向）とされている[1]．また，層流以外に拡散の流れを考慮しなければ誤差を生じる場合もある[2]．

3・4・3 応用上の注意

粉末の表面積を測定する種々の方法は，粉末プロセスの製品である多孔質体における表面積を測定する場合にも応用できる．ただし，粉体に比べて多孔質体は，表面積の絶対量が少ないので，測定方法個々に工夫と検討が必要である．相対的な応用を超えて，表面積の真値を追求して応用するためには，さらに，その測定原理を踏まえた測定値間の相互比較で考察と検討を必要とする[1〜3]．

3・5 粒子間摩擦と測定法[1]

固体であるが粒子の集合体である粉体は，レオロジー（'流れ'や'変形'に関する学問）における性質や挙動で固体や液体のそれらと大いに異なる場合を生じる．粒子間摩擦に起因する粉末の種々の特性や挙動があり，粉末を「鋳型」に流入させて「圧粉成形」して「焼結」させる工業生産粉末冶金プロセスにおいては，その特性や挙動が重要な作業因子となる．粒子間摩擦に関連する現象は多々あるが，個々の詳細はそれぞれについての文献や参考図書で，測定を含めた各論で是非や関連を検討しなければならない．ここでは，粉末冶金の反応やプロセスの理解するうえの最も基本的な考え方で新たに試行された成果について，以下に

3·5·1 安息角

　落下する粉末が堆積して生じる角，すなわち，粒子群が流動状態から静止状態に変化した際に生じる摩擦角を示す物理量であるが，種々の測定方法があり，方法に依存した安息角を得るために，粉末特性の相対比較における指標にとどまっている．安息角（angle of repose）という物理量が粉末粒子の個々の形態（大きさと形）とその分布（分散）状況に関連することは，十分推測できる．たとえば，15種の金属（合金）粉を用いて排出法で測定した個々の安息角 ϕ_d をそれらの平均値 $\bar{\phi}_d$ で除した相対比を求め，それぞれの粉末の形態を粒度形状分散図を作成して算出した分布形態の特性との関連を，最小自乗法を用いてまとめると[1]，

$$\frac{\phi_d}{\bar{\phi}_d}=M_{D_p}(0.0175M_{D_p}-0.0121W_{D_p}-0.0915M_{\Psi_c}+0.0062W_{\Psi_c})+1.3752 \quad \text{式}(3\cdot5\cdot1\text{-}1)$$

を得る．ここで，M_{D_p} は平均粒度，W_{D_p} は粒度分布幅，M_{Ψ_c} は平均形状，W_{Ψ_c} は形状分布幅である．上式の右辺第1項の括弧内で第3項の絶対値が際立っている．したがって，安息角は，粉末の平均径と平均形状の積によって主に規制されている．

3·5·2 流動度（流れ度）

　粉末冶金では，実用上，粉末の流動性（flowability）がきわめて重要で，製造効率を左右し，製品品質に影響を与える．そのため，流動度（flow rate）の測定法をJIS Z2502に定めて，結果を秒/50gの単位で評価している．ただし，この測定法においては，流動が生ぜずに測定できない金属（合金）粉もある．全21種の内6種は流れなかった例（主にカルボニル粉等の微細粉や機械的な粉砕で板状の粉末等）がある．異種材料粉末間でも流れの比較を可能にするために，'流れ度' として体積速度 $Q\,\mathrm{cm}^3/\mathrm{s}$ を用い，上記の排出法による安息角 ϕ_d と流れ度との数値回帰分析をすると，

$$\phi_d=57.22\exp(-1.516Q) \quad \text{式}(3\cdot5\cdot2\text{-}1)$$

を得る．
　流れ度という物理量が粉末粒子の個々の形態とその分布状況に関連することも，十分推測できる．全21種の粉末で粒子形態と分布を解析して，その平均粒度 M_{D_p} と平均形状 M_{Ψ_c} を用いて作図してみると，JISでの測定の可否を判断できる経験指標

$$M_{D_p}\cdot M_{\Psi_c}=2 \quad \text{式}(3\cdot5\cdot2\text{-}2)$$

を得る．すなわち，平均粒度と平均形状のプロットがこの指標式より下方になる粉末では，JIS法では流動が停止して測定できない．
　安息角 ϕ_d についてまとめた同様の手法で，流れ度と粉末形態と分布を整理すると，

$$\frac{Q}{\bar{Q}}=M_{D_p}(-0.0210M_{D_p}-0.0184W_{D_p}+0.1997M_{\Psi_c}+0.0209W_{\Psi_c})+0.1841 \quad \text{式}(3\cdot5\cdot2\text{-}3)$$

を得る．右辺第1項の括弧内で第3項の絶対値が一桁大きいので，流れ度も粉末の平均径と平均形状の積に依存する．この知見も上述の経験指標に対応している．
　さらに，形態特性に基づく安息角と流れ度について回帰曲線を求めると，JISによる測定の可否を決める境界を推定できる．

3·5·3 流動度の測定

　流動度は粉末の流動性を定量的に表す1つの指標で，前述したように，その測定法は日本工業規格JIS Z

2502-2000「金属粉-流動性試験方法」(Metallic powders-Determination of flowability by means of a calibrated funnel (Hall flowmeter))に定められており，図3·5·3-1に示す流動計を用いて行われる．なお，同様な金属粉末の流動度に関する測定方法は，国際規格 ISO 4490 にも規定されている．JIS における流動計の仕様では，頂角 60°± 30′ の円錐形で口径（2.63±0.02 mm），長さ（3.2±0.15 mm）のオリフィスが頂点にあるろう斗をろう斗支持器に固定して使用する．ろう斗支持器は支持棒の周りを水平に回転しかつ止め金によって上下に調節できるものである．その他に準備するものは，精度 ±0.2 秒のストップウォッチ，秤量 50 g 以上で感量 50 mg の天秤，器内温度が 105±5℃ に保持できる乾燥器，デシケータである．

測定手順は以下の通りである．

①粉末試料を少なくとも 200 g 準備する．

②粉末試料を乾燥器に入れて 105±5℃ で 1 時間保持し，その後デシケータ中で室温になるまで冷却し，粉末試料の取り出しは測定直前とする（受け入れたままの状態で測定が必要な場合は，乾燥処理を省略する）．

③粉末試料を 3 分割し，各々から 50±0.1 g の測定試料を秤量し，ろう斗底部のオリフィスをふさいでろう斗に測定試料を移す．このときオリフィスの部分に粉末が十分に詰まっている状態にする．

④測定は，オリフィスを開いた瞬間にストップウォッチを作動させて最後の粉末がオリフィスを通過して離れた瞬間にストップウォッチを止めてその時間を 0.2 秒の単位で読み取る．

⑤測定は 3 分割した測定試料について各々 1 回ずつ実施した後，得られた 3 個の測定値の算術平均を算出し使用ろう斗によって決められている補正係数を乗じて 1 の位を丸めて（JIS Z 8401 に定めた数値の丸め方に従う），秒/50 g の単位の流動度を求める．

ただし，この測定は規定されているオリフィスから自然に流れ出る粉末に対してだけ適当される．

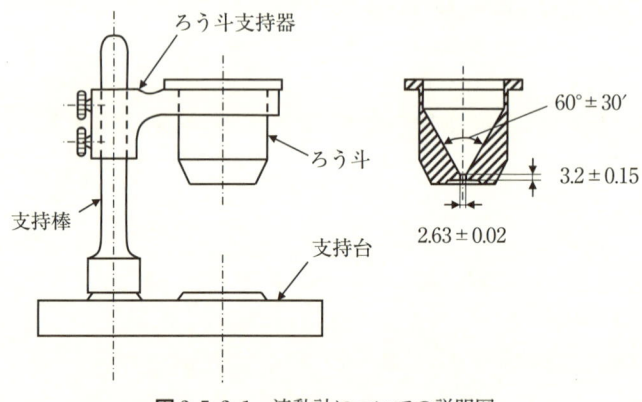

図 3·5·3-1 流動計についての説明図

3·5·4 金属粉末の圧縮成形

粉末の圧縮成形には，静的圧縮（鋳型成形，等方圧成形等）と衝撃圧縮（爆発成形，鍛造成形等）がある．粉体に圧力を加えた場合の力学的挙動は複雑で，気体や液体または固体のいずれとも異なり，①個々の粒子のすべりや回転で生じる再配列や，②塑性変形または破砕等の現象を生じる．圧力と容積変化を表す式ですら，粉粒体の不連続性から生じる境界条件等，難問が多く，一概に包括的な理論で処理することが困難である．それゆえ，各種実験（経験）式が多数提案されている．

最近，圧力による変形の初期に生じる現象である粒子再配列挙動に，粉末粒子の個々の形態とその分布状況に関連することは十分推測できるため，圧力（P）と体積（V_p，ただし V_0 と V_∞ はそれぞれ初期体積と理論体積）に関する挙動を22種の金属（合金）粉で調べ，再配列と塑性変形機構を想定した合成実験式のCooper-Eaton の式

$$\frac{V_0-V_\mathrm{p}}{V_0-V_\infty}=a_1\cdot\exp\left(-\frac{k_1}{P}\right)+a_2\cdot\exp\left(-\frac{k_2}{P}\right) \qquad 式(3\cdot5\cdot4\text{-}1)$$

を用いて機構の寄与割合（a_1 と a_2；$a_1+a_2=1$）と圧力係数（k_1 と k_2）を非線型最小自乗法で推定すると，再配列機構の寄与率 a_1 とその圧力係数 k_1 がいずれも，個々の粉末粒子の形態解析とその分布で得た特性の線型式でよく再現できている[1]．

3・6 粉末集合組織と特性測定

3・6・1 粉末集合組織と成形体

3・1 に述べたとおり，粉末は単一粒子の集合体であり，これを限られた空間の中に閉じ込めると集合組織が得られる．また，そうした集合体に応力を印加し，圧密すると形と硬さをもった集合組織，すなわち成形体が得られる．成形体は，粉末冶金はもとより，セラミックスや固形薬剤の製造プロセス等における中間状態としてもきわめて重要である．同プロセスの基盤は，与えられた空間への粒子の充填，粒子間の相対位置の交換，移動に伴う粒子の変形と破壊，隣接する粒子間の相互作用に大別される．また，得られる成形体評価の尺度としては，密度，硬さ，均一性等が代表的なものであるが，集合組織そのものを定量的に記述しようとする試みも少なくない．これらの各項目に関して特性測定に重点をおき，基本事項と最近の進展等に関して以下に概説する．

3・6・2 成形体の密度

連続固体の密度は，結晶内の原子の充填状態によって決まり，したがって，結晶系と温度のみで決まる物性値として真密度（true density）と呼ばれる．その値は，単結晶の寸法と質量から，あるいはX線回折データと原子量から求められる．しかし，粉末粒子は，特に微細になるほど格子欠陥を多く含み，欠陥の量や分布は同一純度の同一物質であっても，粉末の製造法やハンドリングの履歴によって変化する．また，粒子内に種々の空孔が多様に存在する多孔性粒子も少なくない．このため，粒子の密度は固体物性としての真密度とは一致しなくなる．特に多孔性の粒子の密度は，そのつど実験によって求めなくてはならない．

一方，粉体の密度とは通常，与えられた体積内に充填された粒子と粒子間の空間からなる系の密度，すなわち，かさ密度（bulk density）（ρ_b）を指す．かさ密度と固体の密度（ρ_p，慣用的には真密度と呼ばれる）および成形体中の隙間の割合すなわち空隙率（ε）との間には，

$$\varepsilon=\frac{\rho_\mathrm{p}-\rho_\mathrm{b}}{\rho_\mathrm{p}}=1-\frac{M}{\rho_\mathrm{p}V} \qquad 式(3\cdot6\cdot2\text{-}1)$$

のような関係がある．ここで，M，V はそれぞれ成形体の質量および体積である．円筒や角柱等，マクロにしっかりした形状を維持できている成形体のかさ密度は，幾何学的な体積と質量とから容易に求められる．不規則な形状の成形体もしくはルーズな凝集体では，アルキメデスの原理を用い，固体によって排除されたマトリックス液体の量からその正しい体積を求める．多孔質の粉末も同様である．

かさ密度を求めるのに必要な値のうち，質量だけは，つねに容易に高精度で求めることができる．これに

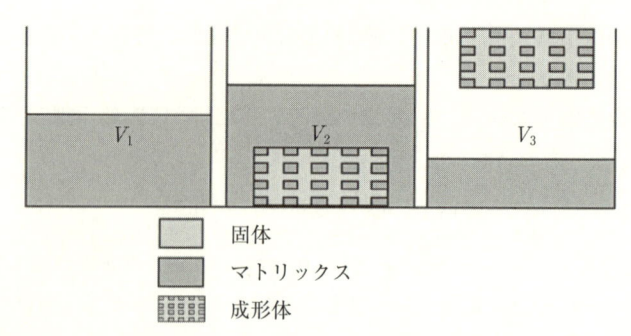

図3・6・2-1 成形体のかさ密度測定原理．詳細は本文と式(3・6・2-2)参照

対して，種々の隙間を含んだ粒子や成形体の体積を精密に測定することは容易ではない．実際には，粒子またはその集合体において，図3・6・2-1に示すように，粒子間に存在する空隙を連続流体（マトリックス）で埋めつくしたときに起こる体積の変化から，固体とマトリックスの比率として定義される空隙率εを求める．すなわち，

$$\varepsilon = \frac{V_1 - V_3}{V_2 - V_3} \qquad \text{式(3・6・2-2)}$$

ここで，V_1，V_2およびV_3はそれぞれ，図3・6・2-1におけるマトリックスのみの体積，マトリックス＋成形体の体積，および成形体の見掛体積である．

技術的な最大の問題は，粒子間空隙をマトリックスできっちり埋める技術である．成形体を密度の分かった液体中に浸漬しても粒子間の空隙に存在する気体（通常は空気）をマトリックスで完全に置換することはできない．成形体中の固体部分の体積を求めるにはピクノメトリという方法がよく用いられる．マトリックスは液体，気体に大別される．液体ピクノメータ（pycnometer）の形状は色々あるが，いずれのタイプにおいても，標線までの体積を正確に較正したのちマトリックスのみを入れたときと，マトリックスに固体を浸漬したときとの質量を測定することによって体積を求める．操作として重要なのは，上述した粒子間の気体を排除することである．空隙がある程度以上の大きさで，かつマトリックス流体の粘度がそれほど大きくない場合には，加熱によって気体を排除することも可能である．しかし，微細な空隙が多量に存在するような場合には，あらかじめ真空に排気してからマトリックス液体を導入する．マトリックス液体の揮発性が低い場合には，浸漬後に排気する方法でもよい．

熟練を要する液体ピクノメトリは，多くの粉体特性測定の例にもれず，自動化の容易な気体ピクノメトリとって代わられようとしている．マトリックスに気体を用いる場合，吸着の影響を最小限に抑制することが重要であり，その理由からヘリウムが好んで用いられる[1,2]．

3・6・3 成形体の空孔構造

粉体の集合組織を測定する方法も色々考案されている．たとえ空隙率もしくはかさ密度が満足できる精度で測定できたとしても，粒子内および粒子間の空隙がどのような分布をしているかによって，成形体もしくはその先にある焼結体の特性は幅広く変化するからである．空孔分布を測定するクラシックな方法は，水銀圧入法である[1]．ほとんどの物資を濡らさない水銀を空孔に浸入させるためには，加圧する必要がある．そのときの圧力pと空孔の開口部の半径rの間には，

$$r = -\frac{2\gamma\cos\theta}{p} \qquad \text{式(3・6・3-1)}$$

のような関係がある．ここで，γ は水銀の表面張力で通常は $480\,\mathrm{mN/m}$．θ は水銀と固体細孔内壁との接触角で，通常 $140°$ という値が用いられている．

水銀圧入法の利点は，多くの固体に対する接触角が大きいこと，水銀の導電性を活かして圧入した水銀の量を精密に測定できる点等にある．欠点は，使用する水銀が有毒であることと，ほとんどの金属と合金（アマルガム）を形成するため，金属材料の空孔分析には使用できないことである．このため，水銀の代わりに，多くの固体を濡らしにくいパラフィンオイル等を用いることもあるが，精度の上で問題も少なくない．

原理は全く異なるが，窒素等，物理吸着する気体を用いて，空孔サイズの分布を求める方法も確立されている．すなわち，多孔性の試料に関して，気体の吸着と脱着を行うと，吸・脱着に対応する2本の曲線は一致せず，図 3·6·3-1 に示すようにヒステレシスを示す．その理由は，空孔内では，開かれた平面とは異なり，吸着した気体分子が図 3·6·3-2 に示すように凝縮して液体状に変化することによる[2]．半径 r_p の空孔から図 3·6·3-2（c）のような多分子層吸着の平均厚み t の分を引き去った値として定義される Kelvin 半径 r_k は，吸着気体が液化したときのモル体積 V_m，接触角 θ および気体の相対圧 x の関数として，

$$r_\mathrm{k}=r_\mathrm{p}-t=-\frac{2\gamma V_\mathrm{m}\cos\theta}{RT\ln x} \qquad 式(3·6·3\text{-}2)$$

のように表される．一方，平均厚み t の値は，吸着量を単層吸着量で除した値に単分子層の厚さ（たとえば窒素の場合 $0.354\,\mathrm{nm}$）を掛けて得られる．ヒステレシスが観察されるのは，空孔内で吸着質が凝縮するときと蒸発するときとで，液体が示すメニスカスの曲率半径が異なるためである．このことを利用して，ヒステレシスの形と空孔，すなわち成形体内での単一粒子の充塡・配向状態を推測することもできる[3]．Saravanapavan らは気体吸着法を精密に行ったうえで，水銀圧入法との比較を行い，$5\sim30\,\mathrm{nm}$ の範囲で両者が良好に一致することを示している[4]．

空孔分布と成形体密度とを関係付ける試みは古くから行われている[5]．その際，流体が成形体や多孔質体を通過する際の抵抗を定量的に扱った Kozeny-Carman の式を根拠とすることが多い．同式は，粉末の集合組織を毛管の束と仮定して，流体が集合組織を透過する際の圧損 Δp と比表面積基準粒径 d_ps および空隙率 ε との関係を表したもので，通常，

$$\frac{\Delta p}{L}=\frac{180\,\mu u(1-\varepsilon)^2}{\varepsilon^2 d_\mathrm{ps}^2} \qquad 式(3·6·3\text{-}3)$$

のように表される．ここで，L は成形体の厚さ，μ は流体の粘度，u は流体の線速度である．実際には，成

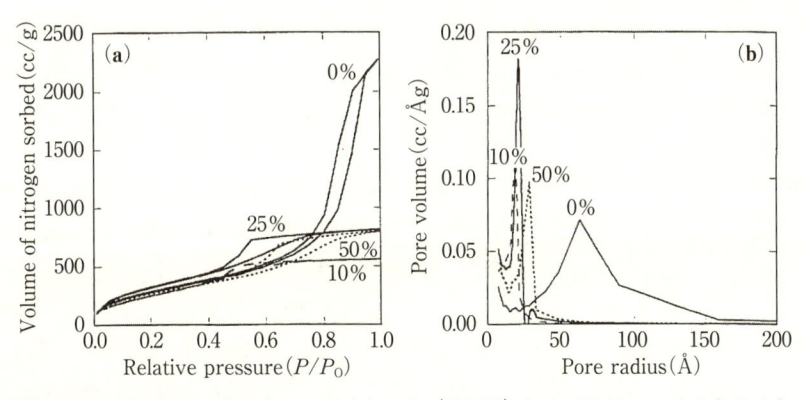

図 3·6·3-1 テトラエチルオルソシリケート（TEOS）に $0\sim50\,\%$ のエチルトリメトキシシランを添加して得たシリカゲルの N_2 吸着等温線のヒステレシス（a）と，その解析から得られた細孔分布曲線（b）[2]

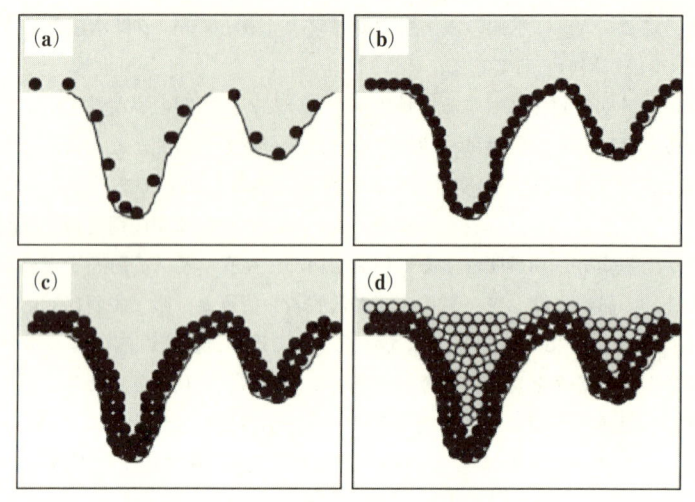

図3・6・3-2 多孔質表面への気体吸着と毛管凝縮のモデル図
(a)単分子吸着以下，(b)単分子吸着，(c)多分子吸着，(d)毛管凝縮[1]

形体の空気透過法による評価方法としていろいろな装置が市販されている[6].

粉末冶金では金属粉末が用いられるため，金属の導電性に着目した集合組織の評価方法が提唱されている．Lauenbergerら[7]は，この方法を用いて，成形体全体の平均密度のみでなく，局所的な密度の分布の評価も試みている．かさ密度の分布や勾配に関しては，その他にも多くの研究例がある[8,9]. 密度の分布に関するデータを標準偏差や変動係数として統計的に処理すれば，それは成形体の均一性の情報となり，成形プロセスの比較等にとって意味が深い．以上のように，粉体の集合組織の評価方法は多岐にわたっているが，それらを比較した論文[10]は，方法の選択に有用であろう．

3・6・4 成形体の硬さと強度

成形体の硬さや強度は，基本的には粒子間の接着によって維持される．接着強度は粒子間界面で生じる原子間相互作用の積分値によって決まる．多数の粒子からなる成形体については，単位体積当たりの粒子間接点の数，1接点当たりの接触面積，単位接触面積当たりの原子間相互作用の強さによって決まる．今日では，原子間力顕微鏡（AFM）等によって，ミクロな接着強度の測定も可能になったが，上述の要素をそれぞれ個別に測定することは，事実上不可能である．したがって，実際には成形体の引張りや圧縮による破壊強度や圧痕法による硬度を尺度に用いる．よく定義されたユニバーサルな方法では，得られた値そのものが絶対値として意味をもつが，多くの場合，信頼性の高いのは同一方法による相対比較である．以下に代表的な測定方法とその特徴を概説する．

粉末の集合組織を含めた固体の硬さは通常，決まった形状の硬い物質（圧子）をよく定義された荷重を与えることによってサンプルに圧入させ，その圧痕の大きさから判定することが多い[1]．その典型的な例はVickers硬度であろう．こうした圧痕法は簡便ではあるが，変形の弾性／塑性比は，圧痕サイズと粒径との関係等，複雑な要素も多く，したがって，硬度だけから強度を推測することは必ずしも妥当とはいえない．

成形体の強度は，成形体を固定し，引張りまたは圧縮応力を加えて破断時の応力を読み取るのが一般的な方法である．最も一般的な方法は，円板型の試料を半径方向に圧縮して破壊強度を調べる圧裂破壊法（diametral compression test）である．同法では通常，図3・6・4-1(a)に示すように応力-変位曲線の解析によっては破壊強度を検出する．すなわち，変位の領域(1)～(5)のうち，(1), (2)は弾性変形，(3)は安定な

3·6 粉末集合組織と特性測定

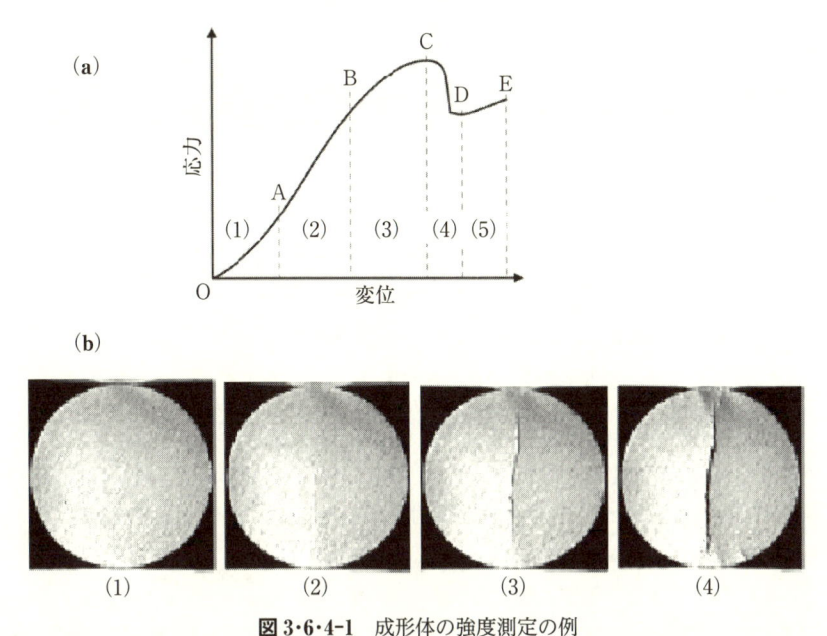

図 3·6·4-1 成形体の強度測定の例
圧裂破壊法．（a）応力-変位曲線，（b）各段階における亀裂の生成．詳細は本文参照[4]

クラックの伸長，(4)は不安定なクラックの伸長，(5)は2個の半円形サンプルへの応力印加，と解釈する[2]．図3·6·4-1(b)では，(2)(3)(4)が，それぞれ図3·6·4-1(a)のB, C, Eに対応する．図3·6·4-1(b)より明らかなように，成形体のクラックは直径方向に入るため，操作は圧縮であるが，得られる物性は圧縮方向と直角方向への引張強さと解釈されている．また，図3·6·4-1(a)で，原点OとD点を直接で結んだとき，曲線と直線ODで囲まれる面積は，破壊に必要なエネルギーと解釈されている．

材料や製品が微細化し，よりミクロな材料特性が求められる昨今，粉末成形体に関しても，微細領域の特性や，単一粒子特性と成形体特性との関連等の解析の要求が多くなっている．こうしたニーズに対応して，ビッカース硬度計は，マイクロビッカースからナノサイズ対応へと進化している[3]．この場合は，圧痕の解析より，浸入深さの応力や時間依存性を解析することにより，ミクロな領域の変形特性を評価することに重点がおかれることが多い．

成形体の硬さ等の特性に，単一粒子の硬さがどのような影響を与えるかは，単一粒子の硬度の測定法が確立していないため，系統的な研究例に乏しい．ただ，固体の応力-変位挙動そのものにサイズ依存性があることは，古くからミクロ塑性変形という概念を通じてよく知られている．この概念は，近年，成形体もしくは多結晶焼結体のミクロ構造との関連での変形挙動へとその意味が変化しつつある[4,5]．

3·6·5 ラトラ試験

圧粉体（green compact）において，圧縮性（compressibility），成形性（compactability），圧粉体強さ（green strength）が重要な特性である．そのうち，成形性の1つの評価方法としてラトラ試験（rattler test）が現場では多く用いられている．この試験方法は，粉体粉末冶金協会のJSPM標準4-69「金属圧粉体のラトラ試験法」および日本粉末冶金工業会のJPMA P 11-1992「金属圧粉体のラトラ値測定方法」に規定されている．図3·6·5-1に示すような試験機のステンレス製の金網が張られたシリンダ内に1枚の障害板を取り付けた回転子の中に複数の圧粉体試料を入れて，所定の回転数で所定の時間回転させると，圧粉体同

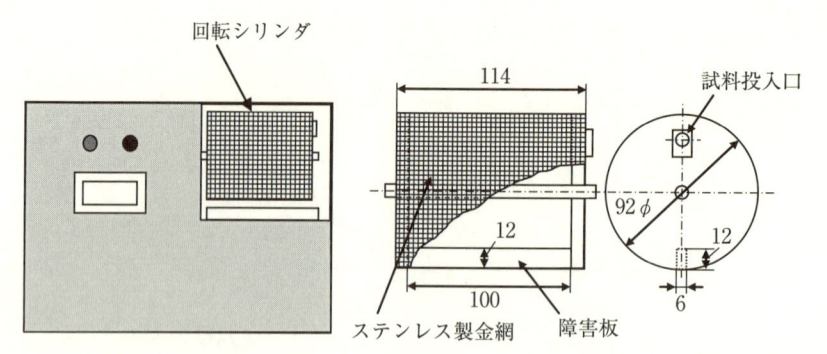

図3・6・5-1 ラトラ試験機についての説明図

士や金網や障害板との衝突や摩擦によって圧粉体はすり減ってその質量が減少する．その際の重量減少率がラトラ値（rattler value）と呼ばれ，成形性の定量的な指標となる．なお，ステンレス製の金網（目開：1180 μm）のものを使用し，シリンダの寸法は直径92 mm，長さ114 mm で，障害板の寸法は高さ12 mm，厚さ6 mm，長さ100 mm である．試験手順は，次の通りである．

(1) 押型内壁に潤滑剤を十分に塗布して乾燥させた後に所要量の粉末を充塡して，浮型方式で所要の圧力を加えて圧粉し，加圧断面積 1 ± 0.01 cm^2 で高さと直径がほぼ同寸法の円柱形状の試料を作製する．その際の圧力の精度は ±1 % 以内である．
(2) 試料は1回の試験用に5個作製しその寸法のばらつきを高さで ±2 % 以内にする．
(3) 作製した5個の試料を 0.01 g の精度で秤量した後，まとめて試験器の金網シリンダ内に入れて，回転数 87 ± 10 rpm，回転回数 1000 回で試験を行う．
(4) 試料を試験機から取り出して，各試料を再度秤量してラトラ値（重量減少率）を次式で算出する．

$$f_\mathrm{w} = \frac{W_\mathrm{i} - W_\mathrm{f}}{W_\mathrm{i}} \times 100 \quad (\%) \qquad 式(3 \cdot 6 \cdot 5\text{-}1)$$

ここで，f_w：ラトラ値，W_i：試料の初期重量（g），W_f：試験後の試料重量（g）である．ラトラ値が小さいほど成形性に優れていることを意味する．

3・6・6 多孔質マテリアルの多様性への追究

粒子集合体の特性は，堤防の決壊防止や鉱物資源の野積の安全性等から，薬物錠剤，ナノ構造マテリアルの設計まで，広い技術範囲で長年にわたって研究が積み重ねられてきた．その中で，本便覧の主体である粉末冶金の視点からは，堅牢で高密度なグリーン成形体の調製が興味の中心となっているように思われる．しかし，研究トレンドの変遷は，多孔質マテリアルの研究が粉末冶金やセラミックスから再生治療用のスカフォルド等に広がっており，多分野から学ぶことの重要性が増している．本章の記述もそのような現状をふまえて，題材をあえて狭義の粉末冶金に限定しなかった．インターネット情報も含めたできるだけ最新の情報を引用したが，原理を記した原典的な文献は，近年の総説においても，特に緒言の引用文献として触れてあるので，興味ある向きはそれらを参照されたい．

第3章 文献

3・1・5 の文献
1) H. Rumpf : Particle Adhesion, Proc. 2. Int. Symp. Agglomeration (1977) 97.

3・2 の文献
1) Y. Wanibe and T. Itoh : New Quantitative Approach to Powder Technology, John Wiley & Sons (1998) 7.

3・2・3 の文献
1) 伊藤孝至,鰐部吉基,坂尾弘:"粒度分布を表わす修正 Rosin-Rammler 式とその質量基準と個数基準との相互関係",日本金属学会誌,**49** (1985) 670-677.
2) 伊藤孝至,鰐部吉基,坂尾弘:"個数基準の新しい Rosin-Rammler 分布と各種平均粒径の算出",日本金属学会誌,**51** (1987) 956-964.
3) T. Itoh and Y. Wanibe : "Derivation of Number Based Size Distribution from Modified Mass Based Rosin-Rammler Distribution and Estimation of the Various Mean Particle Diameters of Powder", Trans. Jpn Inst. Metals, **29** (1988) 674-684.
4) Y. Wanibe, T. Itoh, K. Umezawa, H. Nagahama and Y. Nuri : "Application of new techniques for characterization on non-metallic inclusions in steel", Steel Research, **95** (1995) 172-177.
5) Y. Wanibe, T. Itoh, Y. Terada and T. Ohara : "Shape functions of Non-Spherical Particles for the Determination of the Size Distributions from Measurements Made on the Random plane Sections", 粉体および粉末冶金, **40** (1993) 1109-1112.
6) Y. Wanibe, T. Itoh, Y. Terada and T. Ohara : "Size Distributions Determined on Random Plane Sections of Non-Spherical Particles", 粉体および粉末冶金, **40** (1993) 1113-1116.
7) Y. Wanibe, T. Itoh, Y. Terada and T. Ohara : "Comparison Between the Size Distributions Determined on Random Plane Sections and Projected Shadows on Non-Spherical Particles", 粉体および粉末冶金, **40** (1993) 1117-1120.

3・3・1 の文献
1) 粉体工学会編:粉体の基礎物性,粉体工学叢書 第1巻,日刊工業新聞社 (2005) 34.
2) 松山芳治,三谷裕康,鈴木寿:総説粉末冶金学,日刊工業新聞社 (1972) 29.

3・3・3 の文献
1) H. Wadell : "Sphericity and Roundness of Rock Particles", J. Geol., **41** (1933) 310-331.
2) H. Wadell : "Volume, Shape, and Roundness of Quartz Particles", J. Geol., **43** (1935) 250-280.
3) H. Wadell : "Volume, Shape, and Roundness of Rock Particles", J. Geol., **40** (1932) 443-451.
4) H. H. Hausner : "Characterization of the Powder Particle Shape", Planseeber. Pulvermetall., **14** (1966) 75-84.

3・3・4 の文献
1) J. Tsubaki and G. Jimbo : "The Identification of Particles Using Diagrams and Distributions of shape Indices", Powder Technol., **22** (1979) 171-178.
2) T. Itoh and Y. Wanibe : "Particle Shape Distribution and Particle Size-Shape Dispersion Diagram", Powder Metall., **34** (1991) 126-134.
3) Y. Wanibe and T. Itoh : New Quantitative Approach to Powder Technology, John Wiley & Sons (1998) 63-80.
4) T. Hatch and S. P. Choate : "Statistical Description of the Size Properties of Non-Uniform Particulate Substances", J. Franklin Inst., **207** (1929) 369-387.
5) T. Itoh and Y. Wanibe : "Mutual Relation between Distributions Based on Number and Mass in The Particle Size-Shape Dispersion Diagram", 粉体および粉末冶金, **45** (1998) 574-580.

3・3・5 の文献
1) B. B. Mandelbrot : Fractal Geometry of Nature, W. H. Freeman & Co. (1982).
2) M. Suzuki, et al. : "Fractal Dimension of Particle Projected Shapes", Advanced Powder Technol., **1** (1990) 115-123.
3) L. C. Y. Chan and N. W. Page : "Boundary Farctal Dimension from Section of a Particle Profile", Part. Part. Syst. Charact., **14** (1997) 67-72.

4) P. Meakin : "The Void-Sutherland and Eden Models of Cluster Formation", J. Colloid and Interface Sci., **96** (1983) 415-424.

3・4 の文献
1) Y. Wanibe and T. Itoh : New Quantitative Approach to Powder Technology, John Wiley & Sons (1998) 227.

3・4・1 の文献
1) 横山誠二，鰐部吉基，坂尾弘："Al$_2$O$_3$-SiO$_2$ 系れんがの通気率と気孔内表面積の測定法による差異"，鉄と鋼，**73**（1987）305-312.

3・4・2 の文献
1) J. L. Fowlen and K. L. Herter : "Flow of a Gas through Porous Media", J. Appl. Phys., **11**（1940）496-502
2) 横山誠二，鰐部吉基，坂尾弘："Al$_2$O$_3$-SiO$_2$ 系れんがの通気率と気孔内表面積の測定法による差異"，鉄と鋼，**73**（1987）305-312.

3・4・3 の文献
1) 横山誠二，鰐部吉基，坂尾弘："Al$_2$O$_3$-SiO$_2$ 系れんがの通気率と気孔内表面積の測定法による差異"，鉄と鋼，**73**（1987）305-312.
2) 横山誠二，鰐部吉基，坂尾弘："水銀圧入法による Al$_2$O$_3$-SiO$_2$ 系れんがにおける気孔径の測定とその分布"，鉄と鋼，**73**（1987）297-304.
3) 鰐部吉基，横山誠二，伊藤孝至，藤澤敏治，坂尾弘："Al$_2$O$_3$-SiO$_2$ 系れんがにおける気孔内への溶融 FeO-SiO$_2$ スラグによる滓化反応を伴う浸透"，鉄と鋼，**73**（1987）491-497.

3・5 の文献
1) Y. Wanibe and T. Itoh : New Quantitative Approach to Powder Technology, John Wiley & Sons (1998) 227.

3・5・1 の文献
1) T. Itoh and Y. Wanibe : "Effect of Particle Characteristics on Fluidity of Metallic Powders"，粉体および粉末冶金，**41**（1994）1111-1116.

3・5・4 の文献
1) T. Itoh and Y. Wanibe : "Relationship between Compacting Behaviors and Morphological Characteristics for Metallic powders"，粉体および粉末冶金，**46**（1999）16-21.

3・6・2 の文献
1) S. T. Ho and D. W. Hutmacher : "A Comparison of Micro CT with Other Techniques used in the Characterization of Scaffolds", Biomater., **27**（2006）1362-1376.
2) http://www.micromeritics.com/

3・6・3 の文献
1) S. H. Kim and C. C. Chu : "Pore Structure Analysis of Swollen Dextran-Methacrylate Hydrogels by SEM and Mercury Intrusion Porosimetry", J. Biomed. Mater. Res., **53**（2000）258-266.
2) K. Kaneko : "Determination of Pore Size and Pore Size Distribution 1. Adsorbents and Catalysts", J. Membrane Sci., **96**（1994）59-89.
3) C. G. V. Burgess, D. H. Everett and S. Nuttall : "Adsorption Hysteresis in Porous Materials", Pure Appl. Chem., **61**（1989）1845-1852.
4) P. Saravanapavan and L. L. Hench : "Mesoporous Calcium Silicate Glasses, II. Textural characterisation", J. Non-Cryst. Solids, **318**（2003）14-26.
5) S. M. Sweeney and M. J. Mayo : "Relation of Pore Size to Green Density : The Kozeny Equation", J. Am. Ceram. Soc., **82**（1999）1931-1933.
6) M. Schwartz : "A Method of Extending the Range of the Fisher Sub-Sieve Sizer" Instrum. Sci. Technol., **11**（1981）251-263.
7) G. L. Leuenberger and A. D. Reinhold : "Electrostatic Density Predictions in Green-State Powder Metallurgy Compacts", Adv. Powder Metallurgy Particulate Materi., **11**（2004）8-22.
8) M. Guillot, H. Chtourou and S. Parent : "Local Density Measurements in Green and Sintered 3161, Stainless Steel Powder Compacts", Adv. Powder Metallurgy Particulate Materi., **3**（1995）31-47.

9) K. G. Ewsuk, J. G. Arguello and D. H. Zeuch : "Characterizing and Predicting Density Gradients in Particulate Ceramic Bodies Formed by Powder Pressing", Fortschrittsber. Dtsch. Keramischen Gesell., **16** (2001) 169-177.
10) A. Jena and K. Gupta : "Pore Structure Characterization Techniques", Am. Ceram. Soc. Bull., **84** (2005) 28-30.

3·6·4 の文献
1) E. S. Bono, A. Casagranda and K. E. Carr : "Comparison of Green Density Measurement Techniques". Adv. Powder Metallurgy Particulate Materi., **3** (1998) 117-131.
2) Y. T. Cheng and C. M. Cheng : "Scaling, Dimentional Anlysis, and Indentation Measurements", Mater. Sci. Eng., **R44** (2004) 91-149.
3) P. Jonsen, H. A. Haggeblad and K. Sommer : "Tensile Strength and Fracture Energy of Pressed Metal Powder by Diametral Compression Test", Powder Technol., **126** (2007) 148-155.
4) N. Q. Chinh, G. Horvath, S. Kovacs, A. Juhaasz, G. Berces and J. Lendvai : "Kinematic and Dynamic Characterization of Plastic Instabilities Occurring in Nano-and Microindentation Tests", Mater. Sci. Eng., **A409** (2005) 100-107.
5) H. Jiang, F. A. Garcia-Pastor, D. Hua, X. Wua, M. H. Loretto, M. Preuss and P. J. Withers : "Characterization of Microplasticity in TiAl-based Alloys", Acta Materialia (2009) in press (doi : 10.1016/j. actamat. 2008.11.029)

第4章 粉末の圧縮成形

4・1 粉末の混合・造粒と充填

4・1・1 混合と分離偏析

(1) 同種混合と異種混合

混合とは2種以上の粉末を混ぜ合わせ,均質化する操作をいう.この際,同一組成の粉末同士を混合する操作を同種混合 (blending),組成の異なる2種以上の粉末を混合する操作を異種混合 (mixing) と呼ぶ.同種混合の目的は製造工程中で発生する様々な粉末特性のばらつきをなくし,製品ロット全体を均質化すること,あるいは見掛密度や粒度等の粉末特性が異なる2種以上の粉末を配合し,混合することで目標とする見掛密度あるいは粒度の粉末を調製することにある.一方,異種混合の目的は組成の異なる2種以上の粉末の均質な混合物を調製することにある.

(2) 混合度

混合物の均質性の度合を混合度 (degree of mixing) M と称す.混合度については従来から数多くの定義式が提案されているが,基本的には,混合物中における構成粒子の組成やその他の物性の確率分布が正規分布していることを前提として,標準偏差 (standard deviation) σ もしくは σ^2 で構成されている.同種混合の場合,混合度は見掛密度や粒度の均一性等でしか推し計れないが,異種混合の場合には構成成分を分析できるため,これら分析値から導き出された σ^2 を用いて表示される場合が多い.

今,A,B 2種類の粉末粒子が完全に不規則な混合状態(完全混合)になっていると仮定すると,このときの母分散 σ_r^2 は次式で与えられる.

$$\sigma_r^2 = \bar{x}_c(1-\bar{x}_c)/n \qquad 式(4\cdot1\cdot1\text{-}1)$$

ここで,$\bar{x}_c$ は混合物全体に占める A または B の比率であり,n はサンプルの大きさ,すなわち1つのサンプルに含まれる粉末粒子の個数である.

一方,混合前,すなわち混合物が完全に分離した状態にあると仮定すると,採取されたサンプルはすべて A または B の粒子からなっていることになる.このような完全分離の状態では分散 σ_0^2 は次式で与えられる.

$$\sigma_0^2 = \bar{x}_c(1-\bar{x}_c) \qquad 式(4\cdot1\cdot1\text{-}2)$$

完全混合の場合でも σ_r^2 は $\bar{x}_c$ の二次関数であるが,式 (4・1・1-1) から分かるように,σ_r^2 は混合比率やサンプルの大きさ n によって変わってくる.そこで,これらの影響をできるだけ小さくするために表4・1・1-1[1,2]に示すような,様々に規格化された混合度の表示法が提案されている.中でも,式 (4・1・1-3) で示される Lacey[3] の提案した混合度 M は混合比率やサンプルの大きさの影響が小さくなるように考慮されており,一般によく用いられている.

表 4·1·1-1　混合度の表示法

分類			混合度 M の表現	分離状態 M_0	完全混合 M_r
混合の度合を表すもの	I	1	$(\sigma_0^2-\sigma^2)/(\sigma_0^2-\sigma_r^2)$	0	1
		2	$1-\sigma/\sigma_0$	0	1
	II		$(\sigma_0^2-\sigma^2)/(\sigma^2-\sigma_r^2)$	1	∞
	III		σ_r/σ	σ_r/σ_0	1
未混合の度合を表すもの	IV	1	σ/σ_0	1	σ_r/σ_0
		2	$(\sigma^2-\sigma_r^2)/(\sigma_0^2-\sigma_r^2)$	1	0
	V		$\sigma^2-\sigma_r^2$	$\sigma_0^2-\sigma_r^2$	0
	VI	1	σ^2	σ_0^2	σ_r^2
		2	σ	σ_0	σ_r

$$M=\frac{\sigma_0^2-\sigma^2}{\sigma_0^2-\sigma_r^2} \qquad 式(4·1·1-3)$$

この場合，M は完全混合では 1，完全分離では 0 になる．実際に混合度 M を知るためにはサンプルの組成を分析する必要がある．サンプルの組成分析には試料を直接化学分析する方法が一般的であるが，混合の度合によって混合物の色調や誘電率，磁性等が変化する場合には種々のプローブを用いて光の反射率や静電容量あるいはインダクタンス等を測定することで，間接的に組成を決定する方法も多く用いられている[2]．

(3) 分離偏析

同種混合あるいは異種混合のための処理においても，粉末の見掛密度や粒度等の違いにより粉末は分離偏析（demixing and segregation）を起こす．分離偏析の度合，あるいはその現れ方は混合機の種類によっても異なるが，たとえば水平円筒形混合機の場合，小粒子あるいは見掛密度の大きい粒子群が大粒子あるいは見掛密度の小さい粒子群の間隙を通過する浸透効果により，小粒子や見掛密度の大きい粒子群が混合粉体の中心部に塊状集団を形成し，分離偏析する傾向が見られる[4]．このような場合には重力と遠心力がバランスするような回転数を選ぶことで分離偏析を軽減できるが，上述のように分離偏析の度合，あるいはその現れ方は混合機の種類によっても異なるため，後述の 4·1·2 項で示すように適切な混合機を選ぶことが大切である．混合される粉末の混合比率が極端に異なる微量混合の場合も最終混合度が悪くなる傾向がある．このような場合には死空間の少ない混合機を選ぶとともに，一度に混合せず低倍率の希釈を繰り返す方法が好ましい[5]．また，微粉末の場合は付着，凝集する傾向が強い．このため微粉末の混合には粉末粒子間でせん断効果を発揮する攪拌翼を備えた混合機が有効である[5]．

上述のように，粉末（あるいは粉体）は見掛密度や粒径等の差により流動中に分離，偏析する傾向が見られる．したがって，混合中はもちろんのこと，たとえ混合機内で均一に混合されたとしても，混合機からの排出時，あるいは輸送時に再び分離偏析を起こす．排出時あるいは輸送時における粉末（あるいは粉体）の分離偏析の挙動ならびに抑制方法については文献[6]を参照されたい．

このような分離偏析を粉末の側から抑制する手法も種々試みられており，低粘度の液状有機物（たとえばスピンドル油等）をごく少量添加して混合する方法[7]や，粉末表面にあらかじめ分離偏析しやすい構成粉末を付着させたマスタ・ミックス粉を作り，これを主構成粉末と混合する方法[8]等が実用化されている．

4・1・2 混合機の種類と混合機構[1~3]

(1) 混 合 機

混合機には，水平回転円筒型，偏芯回転円筒型，これらの箱型，ダブルコーン型，ピラミッド型，S型，V型，Y型等，種々の形式がある[1]．これらはいずれも混合が短時間でしかも均一に行われることはもちろん，粉末が混合中に自由落下することのないように，また粉末粒子が圧縮変形を起こしたり，添加した混合潤滑剤（mixed lubricant）が溶融しないように考慮されている．

わが国では，金属粉末の場合，一般にダブルコーン型混合機（double cone mixer），およびV型混合機（V-type mixer）が広く使用され，これらは粉末の装入，取り出し操作が簡単で清掃も容易である．超硬合金やセラミックスのような硬質粉末の場合はボールミルを用いることがある．図4・1・2-1および図4・1・2-2にそれぞれの概略図を示す．前者では，粉末は2つの円錐内を交互に落下し斜流，および上下運動を起こして混合される．回転数は20 rpm前後で，容量は混合する粉末のかさ密度によって大きく異なるが，200~3000 kg程度である．後者のV型はV字形に突き合わされた円筒内で粉末を落下させ，2分割と合流を繰り返して粉末を混合する形式で，通常回転数は10~25 rpm，容量は50~1000 kg程度である．なお，V型混合機では，混合効率を上げるために，回転軸に直角な方向に粉末を強制的にかき混ぜる棒を付けている場合がある．

最近では，逆円錐状の容器内でスクリューを自転と公転させて混合を行うナウターミキサー（Nauta mixer），円筒状の容器の底部で攪拌羽根を回転させて混合を行うヘンシェルミキサー（Henshel mixer），また，混合容器の下部が特殊なゴム製で攪拌羽根を用いないオムニミキサー（Omni mixer）という設備を用いる例もある．

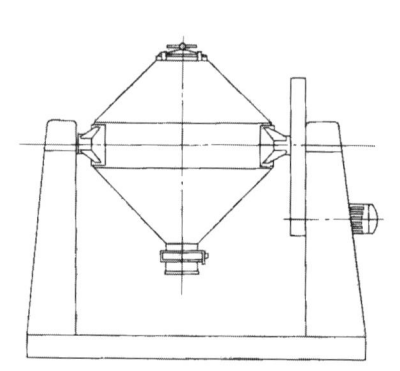

図4・1・2-1 ダブルコーン型混合機

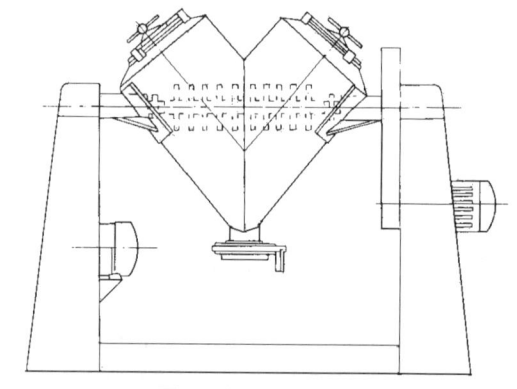

図4・1・2-2 V型混合機

(2) 混 合 方 法

混合方法については，装置および条件が一定であっても，主成分金属粉，添加成分の金属または非金属粉あるいは混合潤滑剤等の種類によって種々異なり，一様には定まっていない．均一に混合が行われるように経験に基づいて行われているのが現状である．ここでは，粉末冶金用混合粉を製造するときに一般に配慮されていることについて述べる．

たとえば，鉄粉と黒鉛粉を混合するときには，それらに大きな比重差があるために粉末の分離が起こりやすい．この場合には混合潤滑剤として低粘度の有機物液体（たとえばスピンドル油）等を少量加えることが

ある.また銅粉に細かいスズ粉等を混ぜるときのように,粒度に極度な差があるときには偏析が起こりやすい.この場合にも同様に,混合潤滑剤として有機物液体を少量加えることでこれを防止することが行われる.さらに,微粉が凝集体のままで残留することのないように,少量の主成分粉に対して添加成分粉をあらかじめ混合した後に,あらためて目標の配合組成になるよう主成分粉を加えて混合する母合金混合法(master alloy mixing method)を採用することもある.

(3) 混合条件
混合の因子には以下のように種々の項目がある[4].
 a. 混合機の型式, b. 混合機の内容積,材質,内面仕上げ,
 c. 粉末容積と混合機の内容積との比, d. 混合機の回転速度, e. 混合時間,
 f. 雰囲気,温度および湿度, g. 混合潤滑剤および分散媒体

これらの因子について系統的に詳しく検討した結果はほとんど見当たらない[5].混合時間については通常20〜60分くらい行われているが,長時間混合すると粒子の表面が摩耗を受けたり,粉砕されることも起こり得る.混合処理の問題点として,微細化,凝集等の粒度分布の変化,酸化等の粒子表面の変化,不純物の混入,混合粉の飛散等があり,これらについて適切な対策を講じて混合処理を行わなければならない.

4・1・3 造粒粉末

(1) 造　粒

造粒(granulation)とは攪拌等によって粉を凝集,結着させて製粒する操作で,顆粒(granule)の製造のことをいう.造粒に用いる粉末には,単一の成分,粒度の粉末を造粒するものと,複数の成分および粒度の粉末を均一に混合しながら造粒するものとがある.特に,造粒が行われる原料粉末に制限はないが,通常数 µm 程度の微粉末である.微粉末は,凝集しやすく流動性が悪いため金型への充塡性も悪く,成形密度が不均一になりやすい等の問題点があり,プレス成形・焼結用の原料としては適していない.そのため微粉末を造粒することにより,粉体の流動性を改善し見掛密度を安定させ,かつ成形体強度を向上させて[1~3],プレス成形・焼結用の原料として適した形態に特性を合わせることができる.さらに難加工性の粉末でも,プレス成形・焼結が可能となり,難加工材の部品形状の自由度が向上する.また,複数の成分および粒度を混合した粉末においては,混合時は均一な分布となっていてもハンドリングおよび金型充塡時に成分偏析,粒度偏析が起こってしまう.そのため,主成分となる粉末に対して副成分の粉末を均一に造粒することにより,粉末の分離を防ぎ,ハンドリングおよび金型への充塡時の成分偏析,粒度偏析を防止し,均一な焼結部品が製造できる.

(2) 微粉末の造粒プロセス

微粉末をプレス成形・焼結用に対して用いるのは,拡散焼結の速さを利用した低温度焼結,微細な結晶粒および高い焼結密度による高強度化,焼結体表面の面粗度の改善,狭小部分への粉末の充塡が可能になることによる部品の小型化等があげられる.ただし前述のように微粉末には問題点もあるため,造粒して成形・焼結部品用の原料としなければならない.微粉末における造粒粉末の製造方法は図4・1・3-1のフローチャートに示すように,原料粉末に対して結合剤,分散剤,可塑剤等を含んだバインダの溶液もしくは粉末を混合,攪拌することにより粒成長させ顆粒化し乾燥する湿式造粒(wet granulation)と,原料粉末に強制的に外力や熱を加えて顆粒化する乾式造粒(dry granulation)に大別することができる[4].微粉末の造粒においては,湿式造粒が多く用いられている.図4・1・3-2に湿式造粒の模式図を示す.湿式造粒では,バイン

図4・1・3-1 造粒工程

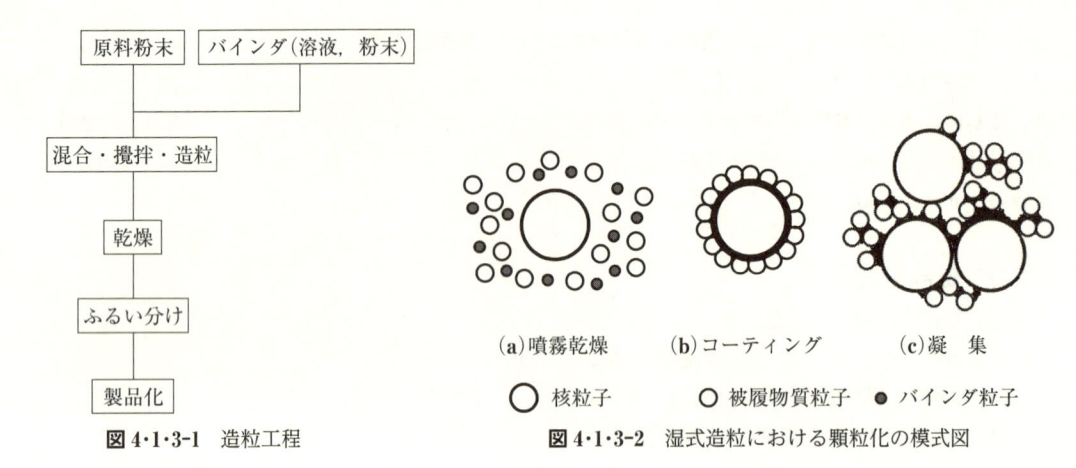

図4・1・3-2 湿式造粒における顆粒化の模式図
(a) 噴霧乾燥　(b) コーティング　(c) 凝集
○ 核粒子　○ 被履物質粒子　● バインダ粒子

ダおよび溶媒の付着力により核となる粒が生成され，その核に周辺の粉末が付着し顆粒となる．この顆粒を乾燥，ふるい分けして目標粒度の造粒粉末を製造する工程が共通となる．このときバインダおよび溶媒の付着力が，造粒粉末の粒度分布，強度，見掛密度，成形体の保形性等に大きく関わっており，その付着力は結合剤，分散剤，可塑剤等の種類，濃度，添加率，溶液温度，水分量により変えることができる．また，造粒中は付着力と分離力が働きそれぞれ粒子径および水分量と相関関係がある．粒子径が小さいときには付着力が分離力より小となり造粒が進行するが，粒子径が大きくなると付着力より分離力が大となるので造粒は進行しない．これらのことから，造粒粉末の粒度を制御するときは，適正な水分量，付着力と粒子径の関係を把握する必要がある．ちなみに，連続的に水分測定を行い，造粒を制御する方法も行われている[1,5]．

（3）要求される特性

造粒に求められる特性は，

a. 粉　　末
・流動性があること
・ハンドリング中に崩壊しない強度がありながら加圧したときに顆粒が崩壊すること
・金型に均一に充填すること
・粒度分布が均一であること
・見掛密度が安定していること

b. 成　形　体
・金型から容易に排出できること
・ハンドリング時に崩壊しない保形性があること

c. 最終焼結部品
・高密度であること
・高強度であること
・面粗度がよいこと

等があげられる．これらの特性を決める因子は，原料粉末の粒度，形状，結合剤，分散剤，可塑剤等を含むバインダの種類，濃度，添加率，造粒方法および操作条件があり，コストと得られる造粒粉末の特性によりこれら諸条件を決定する．表4・1・3-1に造粒方法と得られる造粒粉末の特徴をまとめたものを示す．

合金粉末の造粒については，まだ研究・開発途中であるが，WC-Coの超硬合金の切削用工具の焼結部

表 4·1·3-1 造粒方法による造粒粉末の特徴

造粒形式		名称	造粒法概要	製品特性	備考
粗大化	湿式	攪拌造粒	粉末を高速混合しながら，水を添加して凝集造粒する	不定形，粒度分布が広い，微細顆粒に適する	小-大量生産
		転動造粒	回転ドラム，振動板等で粉体を運動させながら，水をスプレーして凝集造粒する	不定形-球形，粒度大，分布も広い，比較的軟質顆粒	種々の方式あり，大量生産向き
		流動造粒	1. 粉体層を空気で流動させ，その中にスプレーして凝集造粒する	多孔質，不定形，比容積大，微細顆粒に適する	回分式が多い
			2. 粉体を気流中に分散させ，その中にスプレーし，凝集造粒する	同上	連続大量生産向き
		噴霧造粒	噴霧乾燥時に造粒を行わせる	球形，微細顆粒，中空，粒度分布は比較的狭い	スラリー液からの造粒
		押出造粒	粉体を混練加湿し，この湿潤体をスクリーンあるいはダイスにより押出しして造粒する	円柱形の形のそろった粒子，硬質顆粒，粒径大に適する	造粒時摩擦熱あり
微細化	乾式	破砕造粒	1. 湿潤体を解砕機に通して造粒する	不定形，軟質顆粒，微細顆粒に適する	
			2. 粉末をローラまたは打錠機で圧縮成形したものを解砕する	不定形，粒度分布は広い	

品[6]やセラミックスの成形・焼結部品[7]，フェライト等の磁性材料[8]において実用されている．

4·1·4 粉末の充塡

（1） 粉末の充塡

図 4·1·4-1 に成形工程における金型への原料粉末の基本的な充塡方法（compaction process）を示す．充塡方法は，フィーダボックス（feeder box）から金型キャビティ内に粉末を落とし込む方法が主流である．製品によって充塡範囲は $\phi1$ mm 程度から $\phi200$ mm を超える大きさにわたり，充塡深さ（depth of fill）は 5 mm 程度から 200 mm 程度までである．充塡密度は成形工程後の品質に影響を与えるため，ストロークごとの充塡密度のばらつきおよび部位による充塡密度の差異を低減することが重要である．そのためにフィーダボックス形状・充塡速度・充塡振り回数の最適化，流動性のよい粉末の使用，空圧を使用しての均一充塡等が行われている．

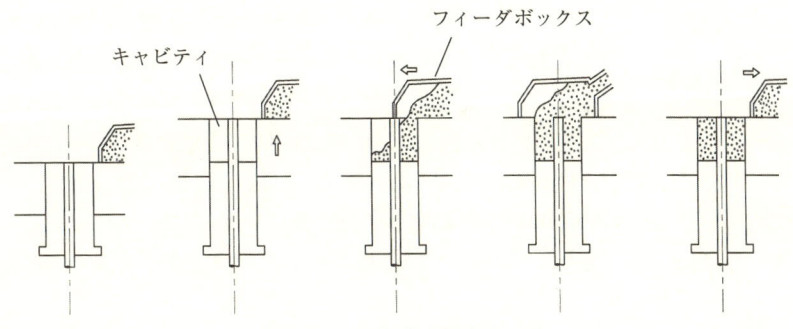

図 4·1·4-1 粉末充塡方法の例

(2) 見掛密度およびタップ密度

見掛密度 (apparent density) は充填密度とも呼ばれ JIS Z 2504 に規格化されていて，その測定方法・測定装置については 3・6・2 項で述べてある．見掛密度は，工業的には自動粉末成形を行うとき，粉末を金型に自然落下充填して行うので，その値が金型の設計にも関係し，きわめて重要な値である．また，金型キャビティへ自然落下充填に対し，ある条件で振動を与えた後で測定された値はタップ密度 (tap density) であるが，これらは粒度および粒度分布にも影響される．一般に球状粉ではそれらの値が高く，不規則性が増すに従い低くなる．

(3) 流 動 度

この値は，3・5・2 項で述べたように，粉末の流れやすさを示し，一定量の粉末が定められたオリフィス径のろう斗を通して流れ出す時間で表される．したがって，流動度 (flow rate) は粒度および粒度分布，粒形，粒子表面状況および見掛密度に大いに関係がある．工業的な自動プレス作業では生産性を上げるため流れやすい粉末が要求されるので，流動性のよい粉末が必要とされる．一般に微粉になるときわめて流れにくくなるため，熱処理等の手段で造粒を行って，流動性を改善することが行われている．

(4) 圧粉体の高さ寸法と充填深さ

圧粉体の高さ寸法を h (mm)，圧粉体密度を ρ (g/cm^3)，混合粉の見掛密度を ρ_a (g/cm^3) とすると，充填深さ f (mm) は次式で求められる．

$$f = \rho/\rho_a \times h \qquad 式(4\cdot2\cdot2\text{-}1)$$

ここで ρ/ρ_a は充填比 (fill factor) という．したがって，圧粉体の高さ寸法と圧粉体密度が与えられた場合には，混合粉の見掛密度によって充填深さが決まり，充填比が小さいほど充填深さは少なくてよい．

焼結機械部品に使われる代表的な組成の混合粉の見掛密度の例を表 4・1・4-1 に示す．主原料の鉄粉に還元鉄粉を用いた場合と噴霧鉄粉を用いた場合の見掛密度を示しているが，噴霧鉄粉を用いた方が見掛密度は大きい．またそれぞれの組成の混合粉とも 0.2 (g/cm^3) 程度の幅があるが，潤滑剤の種類と量，混合機の種類と混合時間等によって見掛密度は変化する．また，粉末充填時，フィーダに揺動運動を与えたりすることで，実際の金型内での見掛密度は若干高くなる．また，金型キャビティの形状や粉末の充填方法によって実際の金型内での見掛密度が低くなる場合もある．図 4・1・4-2 に Fe-Cu-C 系の混合粉の圧粉体密度と充填比の関係を示したが，圧縮性や成形性との関連から，一般に高密度域では噴霧鉄粉が，また中密度域では還元鉄粉が比較的多く使われる．

(5) 粉末成形プレスの充填深さ

圧粉体の最大高さ寸法は，式(4・2・2-1)から分かるように，混合粉の見掛密度と粉末成形プレスの最大充填深さによって決まる．表 4・1・4-2 に標準的な機械プレスの最大充填深さを示したが，加圧能力が 150～5000 kN のプレスで，最大充填深さは 100～150 mm 程度である．加圧能力が小さいプレスでも軸受等，比較的細長い形状のものが，また，加圧能力の大きなプレスでは歯車等，比較的扁平形状のものが成形の対象となることがあるので，加圧能力と最大充填深さとは比例しない．また，バルブガイド等，特に高さの大きな圧粉体を成形する場合には，特別仕様の粉末成形プレスが必要になる．また，油圧プレスの場合も機械プレスの最大充填深さとほぼ同じであるが，ユーザ要求仕様によってプレスを設計することが，比較的多いようである．

表4・1・4-1 混合粉末の見掛密度(g/cm³)

配合組成	鉄粉の種類	
	還元鉄粉	噴霧鉄粉
Fe-0.6C	2.60~2.80	3.10~3.30
Fe-2Cu-0.6C	2.65~2.85	3.15~3.35
Fe-2Ni-0.6C	2.67~2.87	3.17~3.37

表4・1・4-2 粉末成形プレス最大充填深さの例(機械プレスの場合)

プレス加圧能力 (kN)	最大充填深さ (mm)
150	100
400	120
1000	120~150
2000	150
5000	110~150

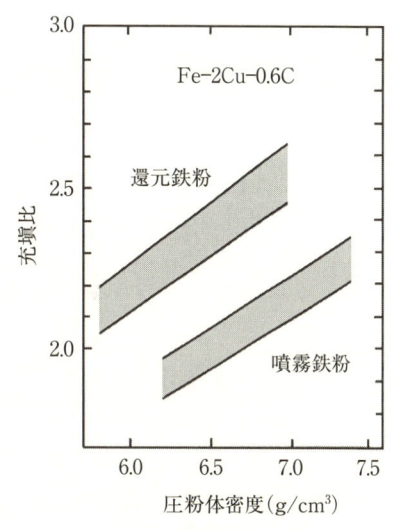

図4・1・4-2 Fe-Cu-C系混合粉末における圧粉体密度と充填比の関係

(6) 成形体の最大高さ寸法

粉末成形プレスの最大充填深さを f_{max} (mm) とした場合，圧粉体の高さ寸法 h (mm) は式(4・2・2-1)によって求められるが，通常，充填深さは 10 mm 程度の余裕をみる必要があるので，実際には次式によって求める必要がある．

$$h \leq \rho_a/\rho \times (f_{max} - 10) \text{ (mm)} \qquad 式(4・2・2-2)$$

ここで，ρ_a (g/cm³) は混合粉の見掛密度，ρ は圧粉体密度 (g/cm³) である．

たとえば，2000 kN の機械プレスで，Fe-0.6C という組成の混合粉を用いて，圧粉体密度 6.4 (g/cm³) の圧粉体を成形する場合，圧粉体の最大高さ寸法は，表4・1・4-1 と表4・1・4-2 から

$$h \leq 2.6/6.4 \times (150-10) \text{(mm)} \leq 57 \text{(mm)}$$

となる．

4・2 圧縮成形

4・2・1 圧縮成形の概念

粉末に所定の形状および寸法を与える作業を総称して，圧縮成形 (compacting, pressing, forming, molding) あるいは単に成形と呼ばれている．粉末を単一軸に沿った加圧力で成形することを単軸成形 (uniaxial pressing) という．

(1) 金型による粉末の加圧成形

混合された粉末を金型に充填して上下から圧縮すると，型の中で粉末粒子が移動し，粒子そのものの弾性変形や塑性変形が起きる．圧力が高くなると粒子は変形，破断して，小さな粒子に分かれるものもあり，粒子間の接触も増してくる．粒子破断の際，粒子表面の酸化膜が剥がされることもある．このような場合，粉末は高い密度をもち固化するが強度は低い．実際には，圧縮の力は金型壁面と粒子との摩擦や，粒子が受け

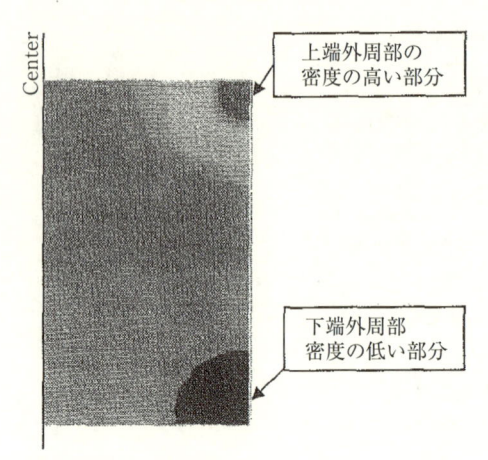

図4・2・1-1　円柱圧粉体の密度分布例（g/cm³）

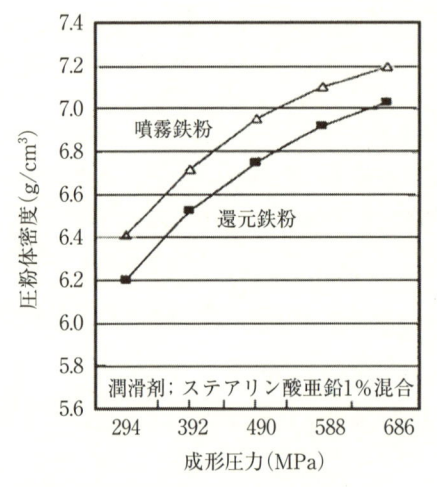

図4・2・1-2　成形圧力と圧粉体密度の関係

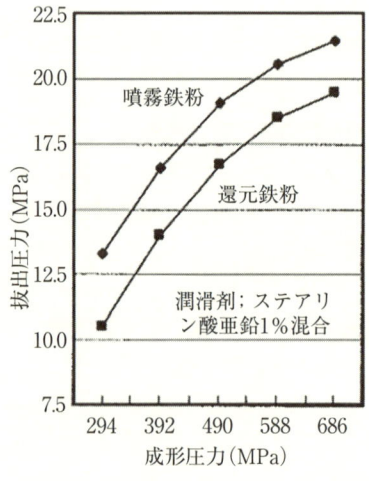

図4・2・1-3　成形圧力と抜出圧力の関係

る弾性，塑性変形のエネルギーとして消費される．このため，金型内で粉末の密度は図4・2・1-1に示すように不均一であり，粉末と壁面との摩擦は，粒子同士の摩擦より大きく，壁面近くの密度は低くなっている．このようなことから，金型内では粉末を圧縮すると，壁面に大きな加圧力がかかる．そして圧縮圧力をなしとしても圧粉体には応力が残り，圧粉体を型から抜出すとき相当の圧力を必要とする．また，抜出された圧粉体の寸法は金型寸法より大となる．このことをスプリングバック（spring back）と呼んでいる．各種鉄粉について，圧縮圧力によって圧粉体密度が飽和していく状態，および抜出圧力への影響についてそれぞれ図4・2・1-2と図4・2・1-3に示した．

（2）　成形潤滑剤

金型の壁面と粉末との摩擦を減らす方法には色々ある．壁面にワックスを塗るのが最もよいとされているが，作業能率が悪いので，粉末に潤滑剤を混合添加する方法が実用されている．圧縮成形ではステアリン酸，ワックス系等が用いられる．いずれも1％程度添加され，400℃前後で揮発するものであるが詳細については4・2・2項で述べる．

4·2 圧縮成形

（3） 金型の基本構成と各部の圧縮比

円筒形の軸受けを例にとると，金型は図4·2·1-4に示すように外形を決めるダイ，内径を決めるコアロッド，上から押す上パンチ，下から押す下パンチからなり，これが金型の基本的な構成である．

圧縮方向（上下方向）に段差をつけたいときに，各部の粉末を圧縮する場合，圧縮比（compression ratio）を同一にしなければ，部分的に密度の差が生じるだけでなく，金型を構成するパンチ等が折損する場合もある．

圧縮比 f は，高さ h の圧粉体を得るのに要する金型内の粉末の高さを h_0，圧粉体の密度を ρ，粉末の見掛密度を ρ_0 とすれば，次式のように表す．

$$f=\frac{h_0}{h}=\frac{\rho}{\rho_0} \qquad 式(4·2·1-1)$$

図4·2·1-5に示すような段付き材の場合，圧縮後の段差を d とすると，パンチⅠをあらかじめ x だけ上げておいて，Ⅰ，Ⅱを同時に上から押し下げて均等に加圧するとよい．このときの粉末充填高さを各部で hf，$(h+d)f$ とすると，$x=df-d=d\cdot(f-1)$ である．

（4） 金型とプレスおよびツールセット

複雑な形状のものでは，プレス自体でなし得る動作に限界があるので，プレスに連結して補助的ないくつかの動作を付加する装置が必要となる．そこで，型と補助作動機構を一体にしてツールセット（tool set）と称し，このセットをプレスに装着して圧縮成形することが多い．図4·2·1-6に成形用金型例を示す．

図4·2·1-4 金型の基本構成

図4·2·1-5 段付き材の圧縮

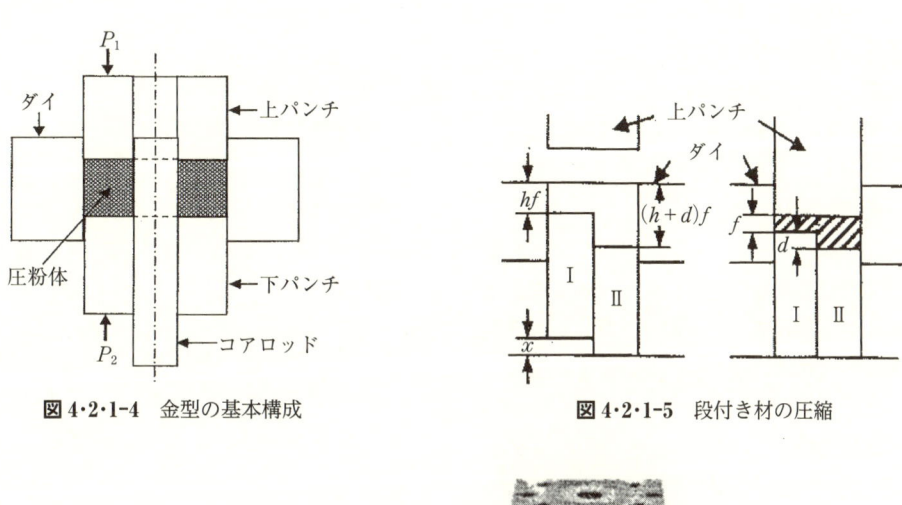

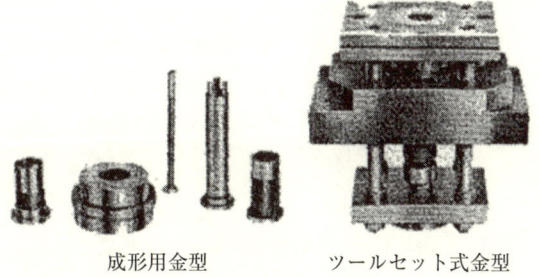

図4·2·1-6 金型例

4・2・2 潤滑剤とその役割

粉末冶金用潤滑剤（lubricant）は，粉末を金型成形するときの圧縮時と抜出時に，粉末と金型の間，成形体と金型および粉末粒子同士間の潤滑（lubrication）を目的として使用される．粉末冶金は金属粉末を高圧で圧縮成形するため，金属間の凝着が発生しやすく，特に粒子がせん断塑性変形を起こすと，活性な金属新生表面が出るため，容易に金型との凝着に結びつく．このような現象を防止して，金属粉末を成形するために潤滑剤が使われる．金型と成形体表面に実際どの程度潤滑剤が付着しているのかをX線光電子分光法で調査した結果では，金型表面には5 nm以下，成形体表面には10 nm以上付着していた[1]．潤滑効果のためには，潤滑剤は一定量以上添加する必要があるが，比重の小さな潤滑剤量が増えれば，混合粉末の理論密度が低下するため，得られる成形体密度が低くなる．鉄系混合粉末の理論密度 D_m は鉄の比重を D_{Fe}，潤滑剤の比重を D_L，添加量を w_L %とすると次式で与えられる．

$$D_m = 100/(w_L/D_L + (100-w_L)/D_{Fe}) \qquad 式(4・2・2-1)$$

たとえば，ステアリン酸亜鉛を0.8％とすると，高圧縮性アトマイズ純鉄粉の場合，理論密度は7.85から7.45まで低下する．したがって，高密度を得ようとする場合，添加量は，必要かつ最少の量に留めなければならず，標準的には0.6～0.8％添加するが，最近では0.4～0.5％程度で使用できる潤滑剤もある．

潤滑剤の役割としての機能には以下の5項目があげられる．

（1） 潤 滑 性
・所定の温度範囲（常温から連続成形時の金型到達温度である70～80℃程度，あるいは温間成形温度）で安定した潤滑性を有すること
・圧縮時，抜出時両方において，十分な潤滑性を有すること
・混合時あるいは保管中の吸湿や高温等によって著しい変質や凝集を起こさないこと

（2） 粉 末 特 性
・混合粉末にした場合，所定の見掛密度と流動性を安定して有すること
・できるだけ少量添加でも，所定の潤滑性が得られ，高密度が得られること
・容易に均一混合でき，なおかつ凝集や偏析が起こりにくいこと
・金型への充填性に優れていること

（3） 成形体特性
・充填後粉末移動が容易にできること
・良好な成形体強さが得られること
・内部・外部にクラック，ラミネーションを生じないこと
・成形体外部に欠損，焼き付き，巻き込み等を生じないこと

（4） 脱ろう特性
・蒸発，熱分解および酸化により，容易に潤滑剤成分を除去できること
・酸化物や炭素残渣がないこと
・炉内に蒸発成分からなる析出物等を生じないこと

(5) 焼結特性
・残渣カーボン等の影響がないこと
・肌荒れやシミを生じないこと

これらの必要機能を満たす潤滑剤として，次のような有機物をあげることができる．
a. 金属石鹸：ステアリン酸亜鉛 $C_{36}H_{70}O_4Zn$，ステアリン酸カルシウム，ステアリン酸リチウム等の脂肪酸塩
b. アミドワックス：EBS（Ethylene Bis Stearamide） $C_{38}H_{76}N_2O_2$
c. その他：ステアリン酸，ステアリン酸アミド，オレイン酸アミド，ポリエチレン，酸化ポリエチレン，酸化ポリエチレンワックス，パラフィン，植物性ワックス，ポリプロピレン，鉱物油，植物油，合成油，石油系ワックス，石油系樹脂，合成樹脂，蜜蠟，シリコーンオイル，シリコーンワックス，ポリブテン，オレフィン系合成炭化水素等

ただし，これらを単体で用いることはまれで，複数の成分を組み合わせて使用する．

潤滑剤の主たる機能である，潤滑性を評価する指標としては，成形後の抜出時の抵抗を，抜き抵抗力（ピーク値）と抜きエネルギー（トータルエネルギー）の2つの値を指針とすることが望ましい[2]．

鉄系の粉末冶金で使用されるのは，ステアリン酸亜鉛が主流であったが，分解して蒸発した亜鉛が酸化物となって炉内低温部に析出堆積することがある．このような弊害を避けるため，EBS等のワックス系が用いられている．ステンレスや真鍮等の場合にはステアリン酸リチウムが使用されている．リチウムも蒸気圧が高い元素であり，分解して発生したリチウムが酸化物を形成する．このとき，より酸化物生成エネルギーの小さな元素の酸化物を置換還元するため，粉末表面の活性化に寄与できるが，脱ろう処理や焼結の際の炉の構造材料によっては内壁の耐火物とも反応する可能性がある．

添加した潤滑剤は，脱ろう工程で除去しなければならないが，このときには複雑な物理化学現象を伴う．ワックス系潤滑剤あるいはステアリン酸亜鉛は融点が120～130℃で，融解して粒子間空孔の毛細管現象により成形体表面まで吸い出され，沸騰現象を伴いながら蒸発を始め350℃以上で炭化水素成分ガスがガス質量分析計で検出される[3]．その後600℃以上で，ろう剤が分解して酸化し，COガスが検出される．この発生したCOガスがC，O，Hの化学平衡条件下で，スーティング現象により煤（C）を発生する．そのCが鉄表面に析出して，炭素過剰となって肌荒れを起こしたり[4]，寸法膨張を招いたりする[5]ことがある．このような問題を回避するには，第一に炉内ガスが十分な流速と流量の層流状態で成形体表面に接触し，分解発生ガスを掃き出すことが有効である．第二には酸素分圧の上昇を空燃比の調整や水蒸気の適度な添加等により行い，スーティング現象が発生しない平衡条件に制御することが有効である．なお，脱ろう時に発生するガスは，COガスだけでなく，分解途中の様々な炭化水素ガスを含んでいるため，物理的な重量変化，発熱吸熱，膨張収縮等の詳細な化学反応を解明する必要がある[3]．

一方，潤滑剤の特殊な効果により焼結を促進させることも行われており，たとえば黄銅等ではステアリン酸リチウムを0.5％以下で使うことにより，焼結中に表面が清浄化され強度も伸びも著しく改善されるが，焼結体表面に強度には影響がない程度の点状のしみが発生することがある[6]．

4・2・3　圧縮成形法[1]

単軸成形において，充塡高さを成形品高さまで圧縮する場合，そのまま加圧しても，金型壁と粉末間，粉末と粉末間にそれぞれの摩擦が生じ，加圧力の均一な伝達を妨げる．このため圧粉体密度の均一性が阻害される．できるだけ均一密度の圧粉体を得るために様々な工夫がなされており，下記に代表的な成形法を述

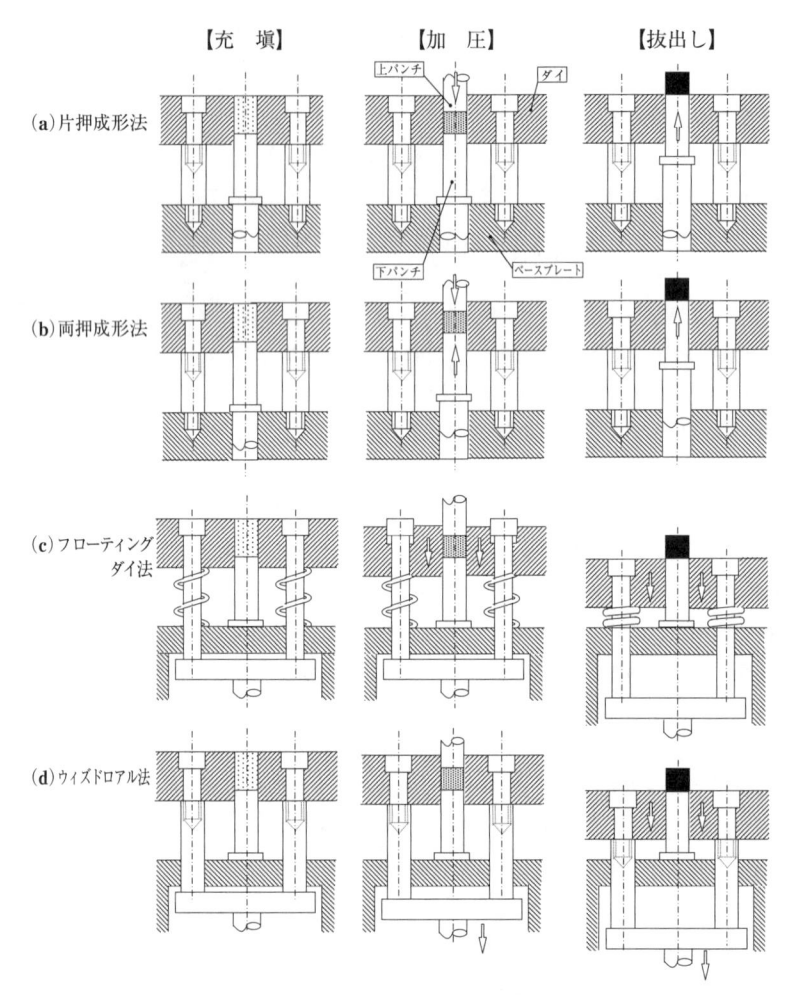

図4·2·3-1 単軸成形の代表的成形法

べ，図4·2·3-1に単軸成形の代表的成形法の充填，加圧，抜出しの過程の模式図を示す．
 a. 片押成形法（single-action pressing）
 一方向から加圧する成形法．加圧中はダイと下パンチを固定し，上パンチで加圧する．圧粉体の抜出しは，下パンチの上昇により行うことが多い．この方法では，上パンチの加圧力がダイと粉末間の摩擦力に費やされ，対向側の下パンチに伝わる力は低減する．そのため圧粉体密度は上パンチ側が高く，下パンチ側が低い傾向にある．ワッシャ等，扁平なものの成形に利用される．
 b. 両押成形法（double-action pressing）
 向い合う二方向から加圧する成形法．ダイを固定し，上パンチと下パンチ両方向から加圧する．ただし，必ずしも両パンチが同時に作動しなくてもよい．圧粉体の抜出しは下パンチの上昇により行うことが多い．この方法では，圧粉体の上下の密度バランスをとることができる．
 c. フローティングダイ法（floating die pressing）
 下パンチを固定し，ダイをバネ，空気圧または液圧で支え，上パンチの加圧によって生じるダイと粉末間の摩擦力によって，ダイを降下させながら行う両押成形の1つの方法．上パンチによる加圧工程の前半は圧

粉体密度が低く，ダイと粉末間の摩擦力が小さいためダイは降下しない．加圧工程の後半になると，ダイと粉末間の摩擦力がダイを支える力より大きくなり，ダイが降下する．このため，加圧工程前半が上加圧，後半が下加圧の非同時加圧となる．ダイを支える力を適切に設定することにより，圧粉体の上下の密度バランスを自由に制御することができる．

d. ウィズドロアル法（withdrawal pressing）[*1]

下パンチを固定し，ダイを強制的に下降させて行う両押成形法の1つで，上パンチが所定の距離だけ加圧すると，ダイが一緒に下降を始め，加圧成形が終了すると同時に上パンチが上昇し，ダイをさらに引き下げることにより圧粉体の抜出しを行う．なお，加圧工程で，上パンチとダイの下降速度が同じ場合，非同時加圧となり，ダイの下降速度を半分にすると同時加圧となる．また，下加圧は，ダイの引き下げ量により調整することができる．この方法は，色々な治具を取り付けることにより，複雑な形状のものを成形するのに適し，広く採用されている．

4・3 圧縮成形特性

4・3・1 圧縮成形特性とその評価法

粉末冶金工程においては，原料の粉末に所定の形状を付与する必要がある．特に焼結機械部品では，通常冷間で，この形状付与が可能かどうかで製品化の採用が決まることが多い．高強度化および複雑形状化が進んでいる状況では金型成形において，いかに高密度で健全な圧粉体を作るかが課題となる．そこで圧粉体の特性評価が重要であり，機械部品の評価の目安ともなる．近年，高密度化成形のための温間成形法が開発されているが，ここでは冷間成形について述べる．

最終製品である焼結体の強度は，内在する気孔の量に比例する．すなわち，圧粉体密度と焼結体密度および焼結体強度は，成形圧力の増加に対して，ほぼ同じ傾向で向上する．図4・3・1-1[1)]には，焼結機械部品に使用される原料粉およびそれらの混合粉の例で，還元鉄粉，電解銅粉，天然黒鉛粉を用いて金型潤滑における成形圧力と圧粉体密度の関係を示す．いずれも同じような傾向で，成形圧力700 MPa付近まで直線的な密度上昇が見られ，高圧側で，わずかに飽和傾向となる．電解銅粉の場合は別として，還元鉄粉では添加元素による大きな差はなく，Cu添加を増加するか，あるいは黒鉛を添加すると，圧粉体密度はわずかに減少する．

同様の粉末に対して，成形圧力と圧粉体の先端安定性の指標となるラトラ値（rattla value）の関係を図4・3・1-2[1)]に示す．各粉末の成形特性として，電解銅粉では成形圧力100 MPaでも圧粉体が破壊せずに測定が可能であり，還元鉄粉およびFe-3Cu粉末では成形圧力200 MPaまで測定可能である．これらは成形圧力400 MPa以上であれば高圧縮力では収束し，ラトラ値は一定となる．炭素源としての黒鉛を添加すると成形性は極端に低下する．

圧粉体の絶対強度である圧環強さについて，成形圧力との関係を図4・3・1-3[1)]に示す．ラトラ値の場合とは大きく異なり，成形圧力100 MPaの低圧縮力から700 MPaまで，いずれも，ほぼ直線的に圧環強さは増加する．また，黒鉛の添加により，強度が低下し，高成形圧力になるほど，黒鉛添加の影響が顕著となる．これは，同じ圧粉体の強度を示す指標でも，ラトラ値では絶対強度である圧環強さ，あるいは，曲げ試験な

[*1] 日本工業規格 JIS Z 2500「粉末冶金用語」では，ウィズドロアル法とは，『圧粉体を解放するまで，固定された下パンチを越えてダイが下降する方法』と定義されている．

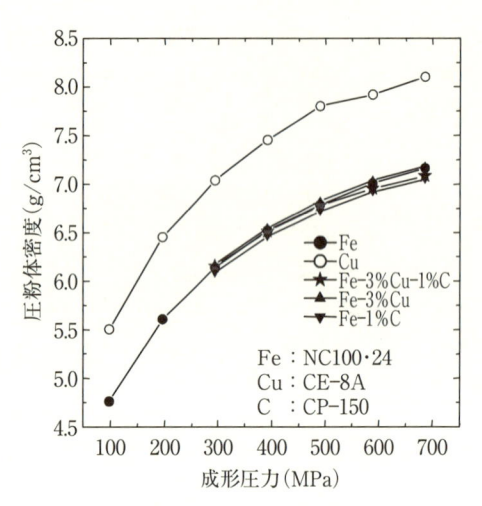

図4・3・1-1 各種粉末における成形圧力と圧粉体密度の関係[1]

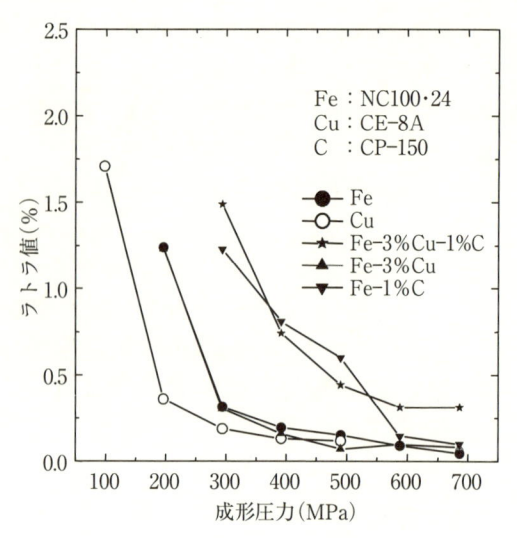

図4・3・1-2 各種粉末における成形圧力とラトラ値の関係[1]

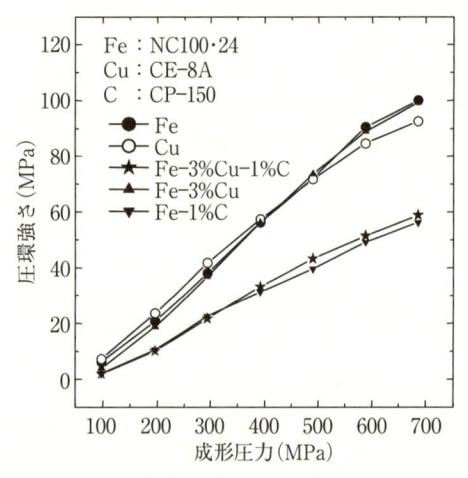

図4・3・1-3 各種粉末における成形圧力と圧粉体の圧環強さの関係[1]

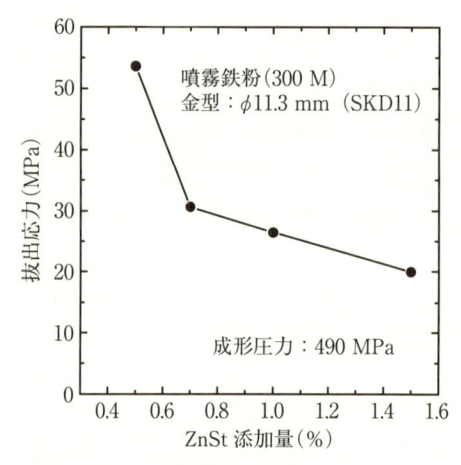

図4・3・1-4 噴霧鉄粉におけるステアリン酸亜鉛添加量と抜出応力の関係[1]

どで評価する抗折強さとは成形圧力に対する傾向が大きく異なる．

　圧粉体の評価に大きな影響を与えるものとしては，金型成形時に必要な潤滑材がある．図4・3・1-1～図4・3・1-3に示した結果では，金型壁面へ潤滑剤の塗布を行っている．しかし，工業的には，充填前に潤滑剤を添加した混合粉末とすることが，量産性を前提とする成形プロセスで圧粉体の割れや金型の損耗等を防ぐ等の目的で必要となる．現在，ワックス系の新しい潤滑材等も開発されているが，汎用されている潤滑材には4・2・2項で述べたように，ステアリン酸亜鉛（ZnSt）がある．図4・3・1-4[1]には，噴霧鉄粉に対するステアリン酸亜鉛の添加量と圧縮成形後に圧粉体を金型から抜出す応力，すなわち抜出し能力（ejection capacity）の関係を示す．添加量0.7%まで，大きく抜出応力は軽減し，その後は漸減することから，この程度の添加量が効果的である．一般に添加潤滑材は金属粉末に対して比重に大きな差があること，およびコストとの関

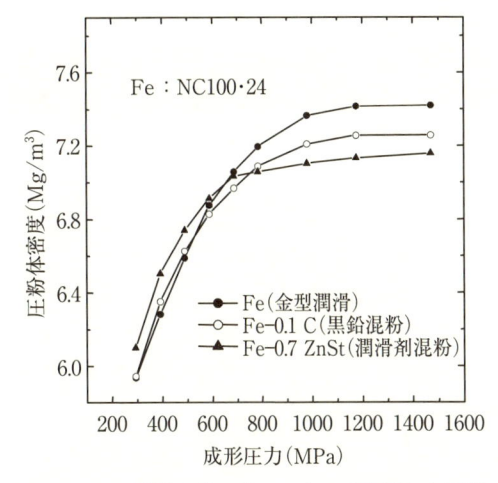

図 4・3・1-5 潤滑方法の違いによる成形圧力と圧粉体密度の変化[1]

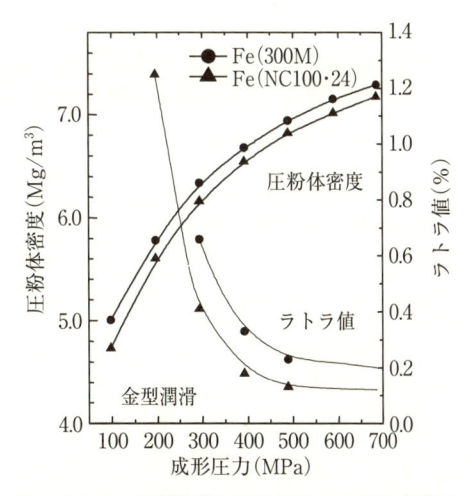

図 4・3・1-6 噴霧鉄粉と還元鉄粉における成形圧力の変化と圧粉体密度およびラトラ値の関係[1]

係から，必要最小限としている．

一方，焼結機械部品の高強度化，すなわち圧粉体の高密度化に対して，潤滑材の添加が阻害因子となることがある．図 4・3・1-5[1]に鉄粉について，金型壁面に潤滑を施した場合と，潤滑性のある黒鉛を 0.1 % 添加および 0.7 %ZnSt 添加した場合の成形圧力と圧粉体密度の関係を比較して示す．0.7 %ZnSt 添加の場合，成形圧力 600 MPa 位で金型潤滑と同程度の圧粉体密度になり，それ以上の成形圧力で密度は飽和する．すなわち，いずれの場合も低成形圧側では混合された潤滑材は粉末同士の摩擦に影響し，圧粉体密度を上昇できるが，高圧成形側では抑止効果となる[2]．

さらに，圧粉体特性には，使用する粉末の性質も関係する．図 4・3・1-6[1]に還元鉄粉と噴霧鉄粉について，成形圧力に対する圧粉体密度およびラトラ値の関係を比較して示す．この範囲の成形圧力において，圧粉体密度は，明らかに噴霧鉄粉の方が，約 0.2 Mg/m^3 ほど密度が高い．一方，ラトラ値については，還元鉄粉の方が良好である．噴霧鉄粉では，ラトラ値も高く，成形圧力 300 MPa 位以下で圧粉体の破壊によって，測定が不可能となる．また，成形圧力 500 MPa 以上では，いずれも一定のラトラ値となる．したがって，焼結部品製造の成形に際しては，その形状や強度への要求等により，製法の異なる 2 種類の鉄粉を混ぜる，ブレンディング（blending）が適している．

以上の圧粉体評価に関する規格としては，ISO，JIS および日本粉末冶金工業会団体規格（JPMA）があり，圧縮性（JIS Z 2508，ISO 3927），ラトラ値（JPMA P 11），圧環強さ（JIS Z 2507，ISO 2739），抗折力（JIS Z 2511，ISO 3995），抜出力（JPMA P 13）等である．ただし，ラトラ試験に関しては，圧粉体の先端安定性の試験として，JPMA のみの規格となっている．

4・3・2　圧縮成形のシミュレーション

初期充塡状態では，原料粉末の粒子間には多くの空間が存在するが，ある程度密度が高まるまでに，粉末粒子はその相互位置関係を変化させつつ移動する．その後は大きな配置の変化は起こさず，加圧により粒子間距離が近づいていくことにより高密度化が行われる．このように加圧プロセスにおいて，粉末は充塡プロセスから加圧プロセス初期段階においては流動的な挙動を示すが，中期以降の加圧プロセスでは粒子相互の大きな位置関係の変化は起こさず，どちらかといえば固体的な挙動を示すことになる．粉末の力学的な取り

扱いにはミクロ的とマクロ的との相互のつながりを意識しつつ流体と固体の遷移という独特な状態を考慮することが必要である．金型内部での流れおよび圧力伝達，さらには密度の変化といった考慮すべき状態を考えると，非常に難しい問題であるといえる．しかし，実際に現場において，成形体の密度不均一や応力集中部での割れといった問題が発生しており，経験的・試行的なプロセス条件の設定から，解析的な手法へとシフトしていくことを考えなければならない．

粉末成形に関し考慮すべきパラメータは非常に多い．粉末材料と呼ばれるものも単純にすべてをひとくくりにできるわけではなく，その材質や粒子サイズ・形状等により，集合的に見た粉末の力学的挙動が大きく変化するということを意識することが必要である．さらにいうと，現状ではこれらの材料パラメータは取り扱いが複雑であり，個々のパラメータを指定しただけでは成形プロセス時の粉体の状態の履歴を正確に予測できるだけの手法を確立することができない．しかし，粉末の加圧成形に関しては非常に広い分野で利用されており，経験的なプロセス設計から理論・解析に則った基盤を固める必要がある．

このような粉末材料の解析技術は大きく分けると2種類のアプローチに分けられる．1つは連続体力学的なアプローチであり，もう1つは個別要素法的なアプローチである．前者は粉末材料をマクロから見たものであり，粉末自体を一様な材料として捉えるものである．後者は粉末粒子をミクロから考えるもので，粉末を構成する粒子1つ1つの挙動を追跡することにより，全体の挙動を評価するものである．以下に両手法について紹介する．

（1） 連続体力学的解析

この手法では粉末材料を集合的に捕らえる．具体的には塑性加工で広く利用される変形解析理論を応用している．連続体力学的解析法（continuum solid dynamics analysis）は，有限要素解析（FEM：Finite Element Method）により粉末成形体内部の密度分布や応力分布を予測することができるため広く利用されている．バルク材料の塑性加工解析，たとえば剛塑性モデル解析（rigid plasticity method）との大きな違いは，粉末材料が圧縮性を有することである．そのため応力とひずみ関係を記述する構成関係部分を，体積変化が可能なように適切に変化させていくことが必要である．

Drucker-Pragerの降伏条件が材料の圧縮性および加工硬化を取り扱うことができるということで古くより用いられている．Drucker-Pragerの圧粉モデルにおける降伏条件では，応力の二次不変量だけでなく，一次不変量が含まれている．このことより，材料の静水圧応力への関わり，すなわち体積変化が考慮されている．この式は土砂の挙動等の解析のために土木工学分野で利用されてきたものである．また，Shimaら[1]は粉末材料の圧縮試験により，降伏条件を導出している．以下はShima-Oyaneの式として成形応力Fを求める式で知られている．

$$F=\frac{1}{2}\{(\sigma_r-\sigma_\theta)^2+(\sigma_\theta-\sigma_z)^2+(\sigma_z-\sigma_\theta)^2+6\tau^2_{zr}\}+\left(\frac{\sigma_m}{f}\right)^2-(\bar{\sigma}\rho^n)^2 \qquad 式(4\cdot3\cdot2\text{-}1)$$

ここで，σ_mは平均応力，$\bar{\sigma}$は相当応力である．

なお，パラメータのfは次式によって与えられる．

$$f=\frac{1}{a(1-\rho)^m} \qquad 式(4\cdot3\cdot2\text{-}2)$$

ここで，ρは粉末の密度であり，a, m, nは材料により決まる定数である．

このような降伏条件式を利用するためには，使用する粉末の材料試験により，いくつかの材料パラメータを抽出することが必要となる．材料試験としては多軸応力状態下での材料試験を行うことが重要であり，たとえばShimaらは図4・3・2-1に示したような三軸圧縮試験装置を用いた粉末の材料試験を行っている[2]．正

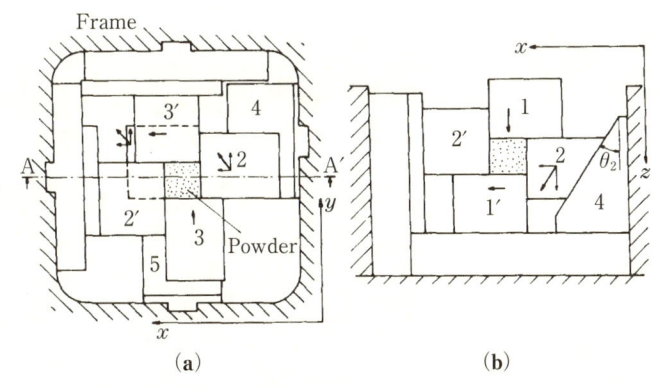

図 4・3・2-1 三軸圧縮試験装置模式図[2]．（a）平面図，（b）立面図

確な挙動を得るためには，このような三軸試験を行うことがもっとも効果的であるが，一軸加圧および側圧の測定による簡易的なパラメータの特定だけでも十分に精度の高い解析を行うことができる場合もある．

このようなパラメータは粉末材料の材質に加え，粒子サイズや粒径分布，粒子形状，内部潤滑材料等の特性をすべて丸め込んだ形で与えられ，同じ材質を用いる場合においては，実際のプロセスにおける粉末状態と近い状態を再現することができる．そのため，製造現場での成形シミュレーションとしても，これらの手法が主に利用されている．しかし，いくつかの問題もある．低密度状態である初期段階においては正確な解が得られにくいこと，また，流動や圧縮により発生する粉末の配向による異方性についても取り扱うためには工夫が必要である．

低密度状態での粒子の流れや配向については，粒子自体が構成する微細構造自体の評価を行う必要があり，このような現象については次に述べる離散要素モデルを用いて解析する必要がある．

（2） 離散要素モデル

離散要素モデルは個別要素法として知られ，DEM（Distinct Element Method もしくは Discrete Element Method）とも呼ばれる．この DEM は粉末を構成する個々の粒子すべてに関し，加わる力や衝突時の相互作用の効果を考慮する解析手法である．粉末を構成するすべての粒子の運動方程式を解くことで，粒子群全体の挙動を把握することが可能となる．この解析法も土砂を取り扱う土木の分野で考案され[3]，計算機の発達と共にその計算規模を拡大してきた．特徴としては，粉末を構成する粒子の特徴をそのままパラメータとして解析に導入できることである．粒子個々の微細な特徴を扱うことができ，混相流のように別の媒体との作用を取り扱う場合にも有利である．

DEM 解析の多くが粒子として球状粒子を用いている．これは粒子同士の接触判定が非常に容易となるからである．これらの粒子同士の接触による力として，法線方向には弾性反発力および粘性的なダンパの項が，せん断方向には摩擦の項が加えられる．これが DEM の基本形であり，ほぼすべての DEM 解析はこの形式を基本としている（図 4・3・2-2）．

近年では回転楕円体の利用や複数の球を組み合わせた粒子集合体（super particle），さらには多角形近似までが取り扱われている[4]．図 4・3・2-3 は粒子集合体を使用した解析例である．複数の球状要素がひとまとまりとなり 1 つの粒子を構成している．

このように離散要素モデルでは粒子の個別的な取り扱いができ，粒子の形状についても考慮が可能なことが示される．個別要素法のメリットは他にもあり，たとえば他の物理作用を比較的容易に解析に取り込むこ

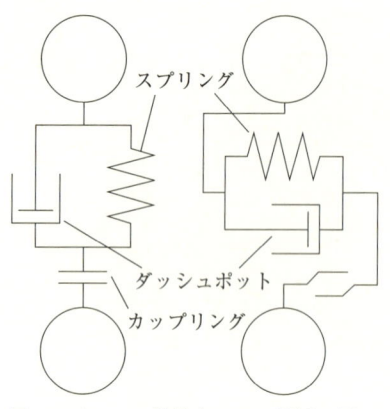

図4・3・2-2 一般的なDEM解析で用いられる粒子間相互作用

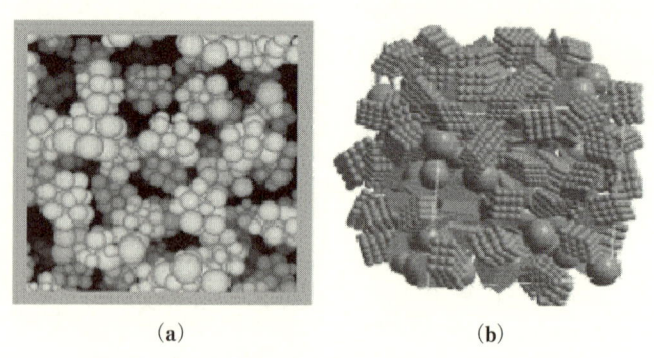

図4・3・2-3 粒子集合体による異形粒子取り扱い例[4]

とができること等があげられる.

近年,非常に強力な焼結磁石が開発され幅広く利用されているが,このような強力な磁石を作製するために,磁場中での圧粉成形が行われている.磁場解析については上記の相互作用に加え,個々の粒子要素に磁場によりどのような力が働くかを考慮した解析を行う必要がある.磁場中では磁性体粒子個々それぞれに力が働くが,この力を正確に解析に導入するのに個別要素法は適している.

個別要素法を用いることにより,微細構造に関係する粉末特性をすべて評価することができる.しかし,大きな問題も存在する.第一に計算量である.特に微粒子を取り扱う場合には,一般の製品部品として用いられる粒子の個数は当然,数億のオーダを越え,それらの相互作用の計算量は莫大なものとなる.この問題については,近年の計算機の発展とアルゴリズムの進化により,徐々に解決されるであろう.もう一点の大きな課題は正確な相互作用の評価である.多数の要素の影響を取り扱うため,個々の相互作用の誤差が微妙であったとしても,最終的な結果に大きな影響を与える可能性がある.近年,原子間力顕微鏡(atomic force microscopy, AFM)等の利用により,相互作用についてもミクロ・ナノレベルでの評価がなされつつあるが,課題はまだ多く残されている.

4・4 圧縮成形技術

4・4・1 粉末成形プレス

粉末圧縮成形品の品質は粉末の性質によって左右される.粉末には,流動性・圧縮性・成形性の3つの重要な要素があり,それぞれがよくないとよい成形品は得られないが,どの程度よければという物差しなるものは存在しない.したがって,理論的に解明しにくい所がほとんどで,経験則から導かれることが多い.

プレス機械とは,2個以上の対をなす工具(金型部品)を用い,それらの工具間に加工材を置いて,工具に関係運動を行わせ,工具により加工材に強い力を加えることにより成形加工を行う機械で,かつ工具間に発生させる力の反力を機械自体で支えるように設計されている機械である.粉末成形プレスの場合は,最低3個以上の金型部品を使用して,ダイス(雌型)の中に粉末材料を均一に充填し,加圧,抜出しの工程を経て,所定の形状に圧縮成形する機械である.粉末成形プレスには大きく分けて機械式と油圧式があり,次のように分類することもできる.

4・4 圧縮成形技術

```
粉末成形プレス ─┬─ 機械式 ─┬─ 機械式
                │          ├─ 全CNC式（サーボモータ駆動式）
                │          └─ ハイブリッド式 ＝ 機械式 ＋ CNC式
                └─ 油圧式 ─┬─ 油圧式
                           ├─ 全CNC式（油圧サーボ駆動式）
                           └─ ハイブリッド式 ＝ CNC式 ＋ 機械式加圧ストッパ
```

（1） 機械プレス

機械プレス（mechanical press）では，主軸が一回転する間に，原料粉の充填，圧縮，圧粉体の抜出しをすることになる．図4・4・1-1にクランク式機械プレスの構造図を示す．フレームとラムに動きを与えるためのトグル，クランク，カム等の機構および電気制御操作盤から構成されていて，ラムの上下作動で成形する構造となっている．主軸の回転をラムの上下運動に変える機構として，主にクランク機構とナックルジョイントが用いられている．図4・4・1-2と図4・4・1-3にクランクプレス（crank press）とナックルプレス（knuckle joint press）の動きと作動線図を示す．

クランク式では，粉末の充填時間は十分とれるが加圧時間が短くなる．ナックル式のトグル運動（toggle motion）では，充填角度が小さく，高速回転すると充填時間が十分とれない．これは，機構上の特徴であるが，クランク機構に非円形ギヤを組み合わせる等の工夫により充填角度がとれて，しかも，加圧角度のとれる理想的な作動曲線が開発されており，粉末に含まれる空気の除去および高速運転時の充填時間不足の問題改善に有効である．

（2） 液圧プレス

液圧プレス（oil-hydraulic press）は，油圧，水圧等の液圧により駆動するプレスの総称であり，現在では油圧を使用する油圧プレスが広く用いられている．油圧プレスの特徴は，機械プレスに比べ，機構が簡単で大きな加圧能力を引き出せ，油圧の一大特徴である動力の変換をフレキシブルに行えるため，成形動作の自由度が高い．また，種々の粉体，成形形状への対応範囲が広いことも特徴の1つとしてあげられる．

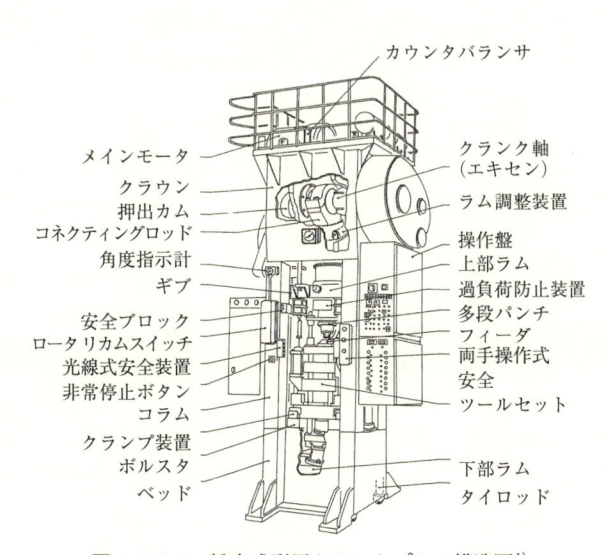

図4・4・1-1 粉末成形用クランクプレス構造図[1]

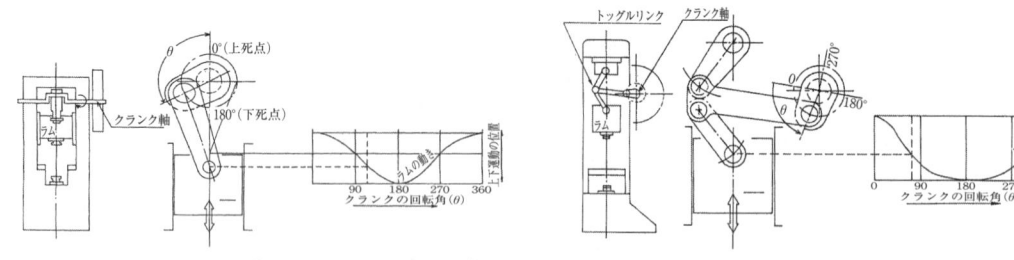

図4・4・1-2 クランクプレスの動きと作動線図[1]

図4・4・1-3 ナックルプレスの動きと作動線図[1]

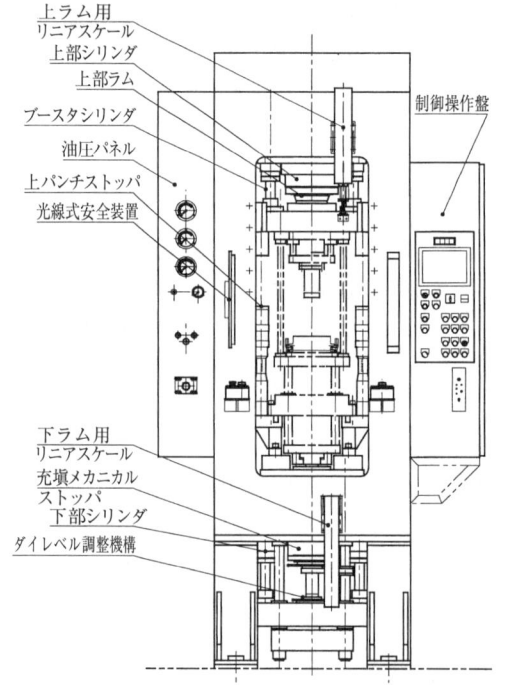

図4・4・1-4 油圧プレスの構造図[2]

一般的なフローティングダイ（floating die）方式の油圧式粉末冶金用成形プレスの構造は，上パンチ駆動用の上部シリンダおよびダイ駆動用の下部シリンダを配したプレス本体，油圧ポンプ，油圧バルブおよび油槽からなる油圧ユニット，電気制御操作盤等から構成されている．このプレス本体にツールセット，給粉装置等を組み込み，粉末成形を行う．図4・4・1-4に油圧プレスの構造説明図を示す．特に，最近では高精度のプレス制御の要求により，油圧サーボを用いたコンピュータ数値制御式（CNC：Computerized Numerical Control system）油圧プレス等が利用されてきている．

（3）　CNC式粉末成形プレス

CNC式粉末成形プレスは，基本的にはサーボモータ制御式，油圧サーボ制御式の2種がある．いずれも，プレス本体の3つの動き（上部ラム，下部ラム，フィーダ）とツールホルダ内の動作する各パンチの動きがすべてクローズドループで制御されていて，かつ，成形終了時の保持力が適宜に大きく，各粉末成形工程

4·4 圧縮成形技術

表 4·4·1-1 CNC式粉末成形プレスの特徴[3]

	成形に求められる事項	成形品に反映される特徴その他
1	多段成形品	上3〜4段,下5段
2	動きの自在性	(1) 粉末移動(トランスファ)時と加圧時の作動が,上下パンチ・ダイス・コアすべて上から下,下から上へと自由自在に動くため,単なる段数の比較以上に複雑な成形品が成形可能 (2) 縦2層成形も可能 (3) アンダーカット品も可能
3	動きの正確性	各パンチ・ダイス・コアが,理想通りの動きをするため,密度均一に成形される.しかも,安定継続作動のため成形品重量のばらつきが少ない
4	加圧位置停止精度	サーボの停止精度(3〜5 μm)
5	加圧終了位置の調整	CNC(加圧終了位置に限らずすべて数値入力による)で簡単調整
6	クラック防止対策	比例成形作動(比例加圧,比例圧抜き等)によるクラックレス
7	良品を得るまでの時間	同じく比例成形作動により,短時間で良品が得られる.しかも無駄打ち(成形)が少なくてすむ

表 4·4·1-2 ハイブリッド式粉末成形プレスの特徴[3]

	成形に求められる事項	ハイブリッドプレスの機能,その他
1	多段成形性	上4段,下4〜5段
2	動きの自在性	機械式と同様で,粉末移動(トランスファ)から加圧の作動は上から下への動きのみ.より複雑な成形品の成形は無理
3	動きの正確性	CNC式とは同等ではない.制御できるのは加圧の途中までで,後は加圧力に支配される(すべりクラックの心配あり)
4	加圧位置停止精度	機械式ストッパによる.機械式プレスと同じ
5	加圧終了位置の調整	機械式ストッパの高さ調整
6	クラック防止対策	圧抜き時(たわみ補正)の防止対策はあるが,調整に時間を要する 加圧時のすべりクラックが発生する可能性あり
7	良品を得るまでの時間	はじめての成形品の成形には時間を要する.次回からは比較的容易である

(充填,トランスファ,加圧,圧抜き,抜出し)を指令信号に対し忠実,正確に動作する.したがって,加圧時の機械的なストッパは不要である.動きに自由(自在)性があり,つまり粉末成形動作として最良と思われる動きを創生することが可能である.CNC式粉末成形プレスの特徴を表4·4·1-1に示す.

(4) ハイブリッド式粉末成形プレス

ハイブリッド式プレス(hybrid type press)は,機械式,油圧式,CNC式プレスの特徴を組み合わせた中間的なプレスであり,プレス本体はCNCプレス,ツールホルダが機械式+油圧サーボ駆動式,フィーダ(油圧サーボ駆動)等,現在種々の組み合わせのものが使用されている.表4·4·1-2にその特徴を示す.

4·4·2 各種プレスの比較

機械式,油圧式とCNCプレスを使用する際に,その特徴を具体的な製品例をあげて比較すると,

（1） 動きの自在性について

例1：ハブとドライブプーリの成形の場合

　機械式，油圧式粉末成形プレスは，上パンチとダイスおよび不可動パンチはすべてトランスファ（粉末移動）および加圧工程にて上から下方向にしか動けない．したがって図4・4・2-1に示すようなクラッチハブは成形できるが，図4・4・2-2のドライブプーリは成形できない．それに対して機械式受圧装置のないCNC式粉末成形プレスであれば上下パンチ，ダイ，コアのすべてが，粉末移動から加圧にかけて上下方向自在に動けるため，ドライブプーリも成形できる．つまりCNC式粉末成形プレスが機械式，油圧式よりも，より複雑な形状を成形できることを意味する．

例2：3D成形の場合

　CNC式プレスを用いて成形する場合，図4・4・2-3に示すような工程で行われる．まず，①原料粉充填で必要量を1回で充填し，②最終成形密度に至らない程度の一次加圧を行う．③次に，横溝部成形パンチにて

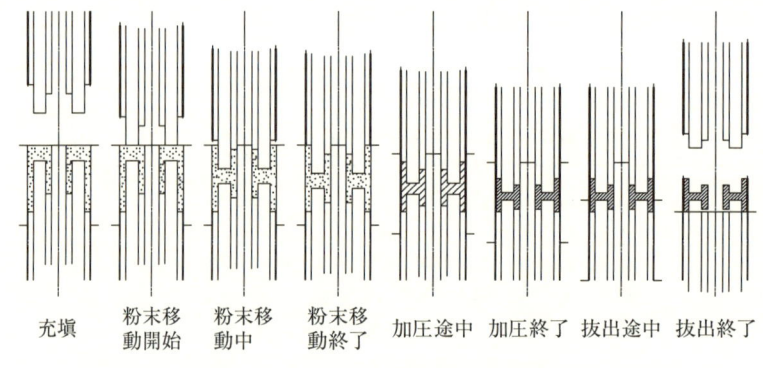

図4・4・2-1　クラッチハブの成形順序[3]

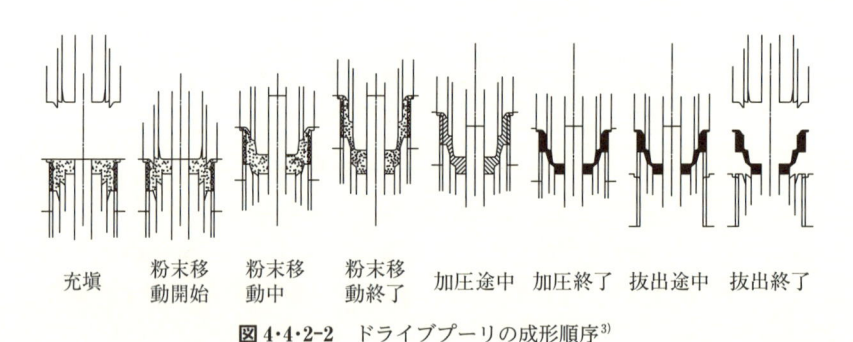

図4・4・2-2　ドライブプーリの成形順序[3]

図4・4・2-3　3D成形品の工程図[4]

図4・4・2-4 上1段, 下2段の成形品

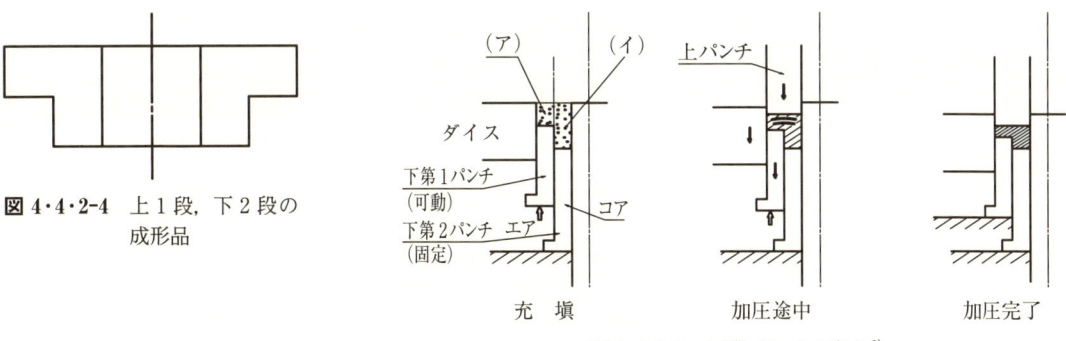

図4・4・2-5 可動パンチの動き[3]

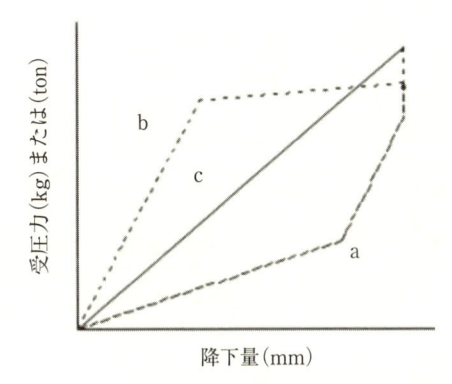

図4・4・2-6 下第1パンチの動きと受圧力の関係[3]

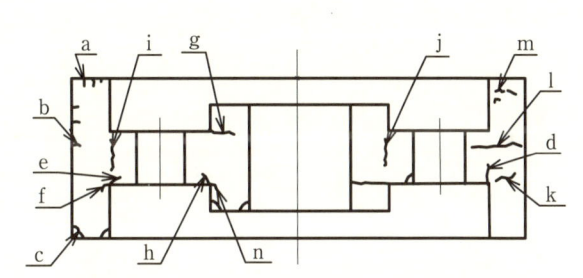

図4・4・2-7 クラッチハブのクラック発生箇所[5]

原料粉を成形金型外へ搬送した後, 最終加圧する. ④成形金型外へ搬送された原料粉を成形体内部に再び戻し, ⑤戻された原料粉を横溝部の抜出し抵抗に対する"支え"とし, 成形体と共に抜出しを行う.

(2) 動きの正確性について

図4・4・2-4に示すような上1段, 下2段の成形品では, 各部（フランジ部とボス部）は同じ密度に成形されることが望まれる. 機械式, 油圧式粉末成形プレスでは, 可動パンチは圧縮空気力または油圧力で, 下から上に支える力を与えて充填している（図4・4・2-5）. 上パンチが下降して加圧するが, このとき支える力が弱い場合は図4・4・2-6に示すaの動きとなり, 図4・4・2-5のイ部からア部に粉末が流れ込み, 結果的にア部の密度が高くなる. 密度が高くなればそのパンチ（下第1パンチ）のひずみ量も大きくなり, 首部でのクラック発生のおそれがある. さらに支える力が強いときには図4・4・2-6のbの動きとなり, 密度不均一となりやすい. それに対して, CNC式粉末成形プレスはcの動き（比例成形作動[*2]）であり, 加圧の始めから終了まで理想の動きで, 粉末の流れ込みがなく, 各部の密度が均一となる. したがって, CNC式と機械, 油圧式では動きの正確性で大きな差が生じる.

(3) クラックについて

機械式あるいは油圧式粉末成形プレスで成形すると, 一般的に図4・4・2-7に示すような箇所にクラックが

[*2] 比例成形作動とは, 各軸のトランスファ, 加圧, 圧抜き工程の各作動の開始と終了が同時となるよう制御された作動. 比例成形作動と共に成形体各部の圧抜き時における荷重が監視できることも時間短縮の要因.

表 4・4・2-1 主なクラックの発生原因と対策[5]

	クラック発生箇所と方向	主なクラック発生原因	対策方法
a	水平な表面に垂直方向	アンバランスな抜出し，金型摩耗，不適切な弾性解除	作動方法検討，潤滑改善 金型交換，修正
b	垂直な表面に水平方向	ダイス，パンチ形状のテーパ	金型形状適正化
c	周端部の欠け	フィーダの抜出しタイミングが不適切	フィーダ制御適正化
d	コーナ端部から垂直方向	非同時圧縮成形による部分的成形粉末の他の部分への移動，金型の抜出し順序のコントロール方法が不適切	金型の作動方法を粉末が同時圧縮するように改善
e	コーナ端部から内側上方向	金型の面粗さ悪く凝着，焼付き ダイのリバウンド	金型面粗さ修正，潤滑改善，ダイの剛性を上げる
f	コーナ端部から外側下方向	不十分なまたは過剰な粉末へのカウンタ圧力	パンチのカウンタの調整
g	コーナ端部から水平方向	金型の変形，移動	金型の変形対策 クリアランス適正化
h	コーナ端部から上側外方向	段付パンチ，ダイの使用	分割パンチ化
i	内部垂直方向	粉末移動不足，パンチの非同期作動	十分な粉末移動の確保 金型作動方法改善
j	中央部垂直方向	粉末移動不足	十分な粉末移動の確保
k	中央部水平方向	粉末移動不足	十分な粉末移動の確保 金型作動方法改善
l	内側から水平方向	ダイの太鼓形摩耗，潤滑不足	ダイ修正，潤滑改善
m	不規則に出る	過剰な潤滑剤，エア，不均一な混合，不純物	潤滑剤量適正化，プレミックス粉の使用，清掃
n	コーナ端部から下方向内側	下パンチの不十分なカウンタ圧力	カウンタ圧力の制御

発生しやすく，最も多いのが圧抜き時のクラックである．表 4・4・2-1 はクラック発生の主な原因，対策方法についてまとめた．圧抜き時に発生するクラックは，加圧時に弾性変形した各パンチ（金型とホルダ）が戻るときのスプリングバック量に起因するものである．それに対して，CNC 式粉末成形プレスの場合，比例圧抜き作動をさせれば，圧抜きの上下自由にパンチを逃がすことができ，かつ，ひずみ量の多いパンチは速く，ひずみ量の少ないパンチは遅くすることにより簡単に対処できる．すべりクラック（slipping crack）は粉末がある程度固まった状態から雪崩が起きるように，すべりながら加圧されて起こる．機械，油圧式での完全なる防止対策はないのに対し，CNC 式粉末成形プレスであれば，加圧終了まで完全に制御できるので，すべりクラックは防止できる．

（4） CNC 式粉末成形プレスの経済性
a．後加工の削除もしくは減少
機械，油圧式粉末成形プレスでは，成形できる段数の限界と，クラック防止目的で厚肉形状にせざるを得ない成形品は，後加工が必要となる．それに対し CNC 式粉末成形プレスでは，ネットシェイプ[*3]もしくは

[*3] 型を介して製品形状の付与を行い，かつ，その成形品が最終形状製品精度を維持されていることをいう．⇔ニアネットシェイプ．

ニアネットシェイプ*4 で成形できるため，大幅に加工費が節減できる．

b. 加圧力の減少

機械，油圧式粉末成形プレスでは，成形品によってはクラック防止のために，部分的に必要以上に密度を上げねばならないものもあるが，CNC式粉末成形プレスで成形すると，成形品各部すべて均一密度とすることが可能となり，成形荷重の見直しによる設備費用の減額や金型の摩耗が減少し，金型寿命が長くなる．

c. その他の利点

良品を得るまでの時間短縮，無駄打ちの減少，熟練作業員が不要等があげられるが，設備費用が高額である，エネルギーコストが高くつく等の欠点もある．

4・4・3 特殊プレス

(1) ロータリプレス

機械プレスの成形数は，数個/min から数 10 個/min と高速運転が可能であるが，さらに生産数の多い製品には，数本から数 10 本のダイとパンチを円盤上に配置し，これを回転させながら成形するロータリプレ

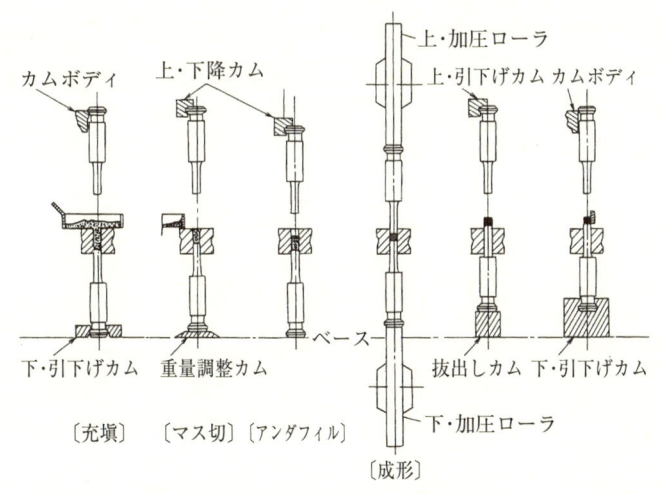

図 4・4・3-1 ロータリプレス成形法[5]

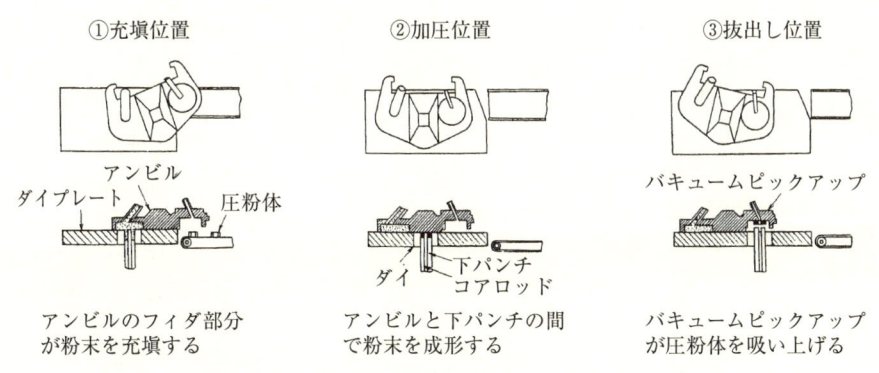

図 4・4・3-2 アンビル型プレス（ペントロニクス社）[5]

---

*4 最終製品にほぼ近い形状に加工された成形品．⇔ネットシェイプ．

ス（rotary press）も粉末冶金用に実用化されており，通常の機械プレスに比べて5倍から10倍の生産能力がある．図4･4･3-1はロータリプレスにおける作動工程を示す．

（2）　アンビル方式プレス

小物，薄物成形用のアンビル方式プレス（anvil type press）がある．このプレスは，ダイの表面をスライドするアンビルと下パンチの間で粉末を圧縮成形する（図4･4･3-2）．上パンチの機構がないので，特に小物薄物成形に適し，粉末充塡深さが19 mmくらいの成形で100ストローク/minの高速，高精度の成形が可能である．

4･4･4　ツールホルダおよび金型の基本構成

（1）　ツールホルダ

ツールホルダ（tool holder）とはツールセットの一部で，金型をアダプタで保持させ，適切に作動させる機構をもった工具の総称をいう．これに対し，ツールセット（tool set）とは成形または再圧縮の際に用いられる工具の総称で，金型，ツールホルダおよびアダプタから構成されている．これらの粉末冶金用プレス用語は日本粉末冶金工業会規格JPMA G 01「粉末冶金用プレス用語」に規定されている．

（2）　金型の基本構成

図4･4･4-1はフランジ形状を有する製品の成形ツールセットの構成図を示す．上1段，下2段の構成の金型の組立状態を示している．金型は，図中の部品名称が入ったパンチ，ダイ，コアの一式より構成される．金型は，図中の部品名称が入ったパンチ，ダイ，コアの一式より構成される．

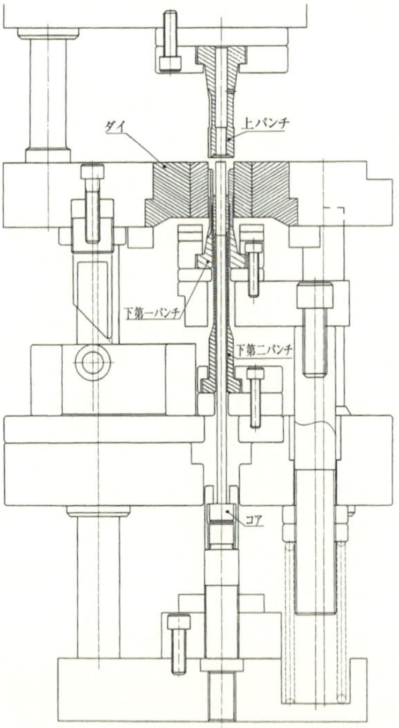

図4･4･4-1　成形ツールセットと金型の構成[5)]

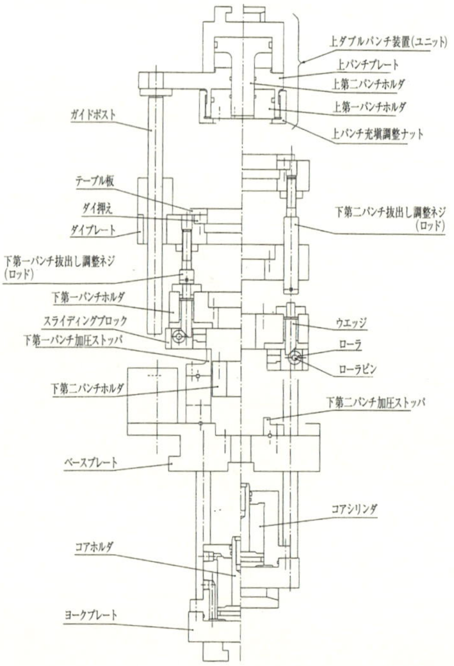

図4･4･4-2　ツールホルダの概略図面および基本構成部品名称[5)]

4・4 圧縮成形技術

(3) ツールホルダの基本構成
図4・4・4-2に，上2段，下3段構成の作動方式のツールホルダの概略図および基本構成部品名称を示す．

4・4・5 金型圧縮成形作業

(1) 作動線図
粉末を充填してから成形が完了するまでのプレスの1サイクルにおける主要作動は作動線図 (cycle diagram) で表せる．図4・4・5-1は，液圧プレスにおける一般的なウィズドロアル法 (Withdrawal process)[*5]の場合の作動線図を示す．

(2) 金型の作動
成形方式として，ダイ固定式，フローティングダイ方式，ウィズドロアル法等があるが，焼結機械部品の成形に最も一般的に用いられるウィズドロアル法の場合の段付金型作動は，段数により以下のような手順で行われる．

a. パターンA（上1段，下1段成形）

ダイ，コアロッドおよび上下各1本のパンチで構成される場合で，その例を図4・4・5-2に示す．ダイ，コアロッドおよび下パンチによって形成されるキャビティ内に，圧粉体高さに充填比を乗じた深さの粉末を充填し，下パンチを固定したまま上パンチによって圧縮する．上パンチが下降し，粉末の圧縮を開始した時点で，上パンチとともにダイとコアロッドを下降させ，所定の位置で圧縮を完了する．次に上パンチを上昇させると共に，ダイの上面と下パンチの上面が同一面になるまでダイを下降させて抜出しを完了する．圧縮の過程でダイを下降させるのは，粉末に下方向からの圧縮を加え両押し成形するためである．

b. パターンB（上1段，下2段成形）

ダイ，コアロッド，1本の上パンチおよび2本の下パンチで構成される場合で，その例を図4・4・5-3に示す．下パンチは，外側から下第一パンチ，下第二パンチと呼ぶ．固定された下第二パンチに対し，所定の充填深さになるように，ダイ，コアロッドと下第一パンチを上昇させて粉末を充填する．次に，上パンチを下降させ，上パンチが粉末の圧縮を開始したところで，ダイ，コアロッドと下第一パンチを下降させ，下第一パンチがスライディングブロックに接して加圧を受け，上パンチが下死点に達した時点で圧縮を完了する．上パンチ上昇後，ダイ上面，コアロッド上面，下パンチが同一位置になるまで，ダイ，コアロッド，下第一パンチを下降させて抜出しを完了する．

c. パターンC（上2段，下2段成形）

ダイ，コアロッド，2本の上パンチ，2本の下パンチで構成される場合を図4・4・5-4に示す．上パンチは，外側から上第一パンチ，上第二パンチと呼ぶ．この場合，上下とも内フランジ形状であるが，粉末圧縮の前に下パンチ側の粉末を上パンチ側に移動させる必要がある．固定された下第一パンチに対し，所定の充填深さになるように，ダイ，コアロッドと下第二パンチを上昇させて粉末を充填，次に，上パンチを下降させ，上第二パンチが金型内の粉末内に下降すると共に下第二パンチを下降させ，上第一パンチがダイ上面位置まで下降し，粉末の移動を終了する．粉末の圧縮および圧粉体の抜出しについては，基本的にパターンBの場合と同じである．

d. パターンD（上1段，下3段成形）

ダイ，コアロッド，1本の上パンチ，3本の下パンチで構成される場合で，図4・4・5-5にその例を示す．

[*5] 下パンチを固定し，ダイを強制的に下降させて行う両押し成形の1つの方法．

第4章 粉末の圧縮成形

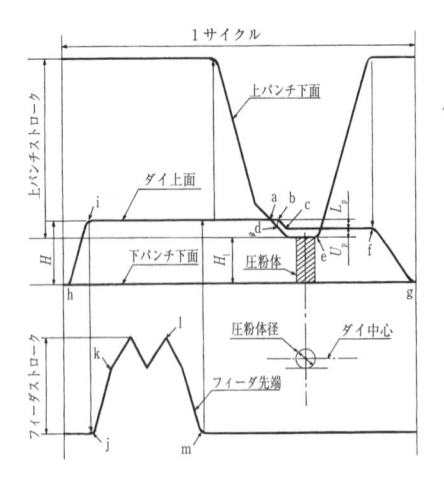

H：充填深さ
H_1：圧粉体高さ
U_p：上加圧
L_p：下加圧

作動の説明
 a 点で上パンチ加圧開始
 d 点で上加圧完了

 b 点でウィズドロアルにより
   下パンチ加圧開始
 c 点で下加圧完了
 e 点で上パンチ上昇開始

 f 点で抜出し開始
 g 点で抜出し完了

 h 点で充填開始(ダイ上昇)
 i 点で充填深さにダイ復帰完了

 j 点でフィーダ前進開始
 k 点で圧粉体払出し開始
 l 点で払出し完了
 k-l 間で充填
 m 点でフィーダ後退完了

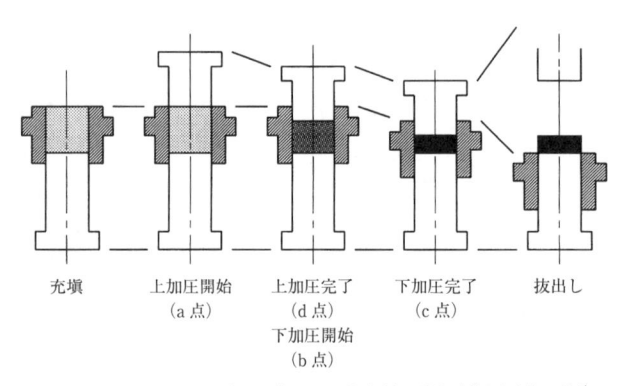

図4・4・5-1 液圧プレスの作動線図例（非同時加圧）[5]

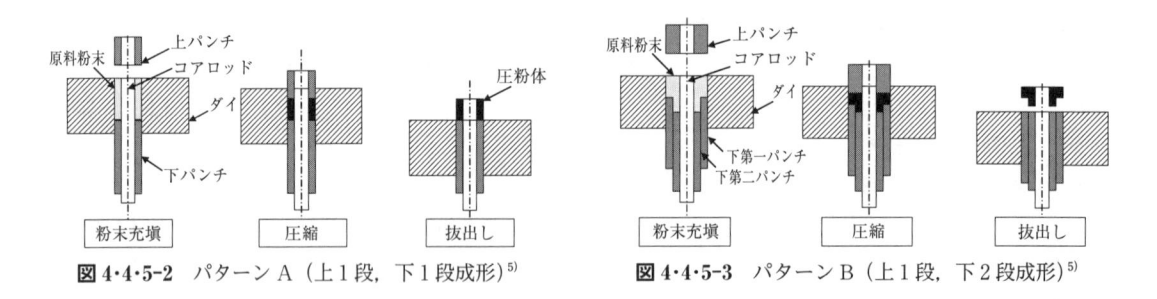

図4・4・5-2 パターンA（上1段，下1段成形）[5]

図4・4・5-3 パターンB（上1段，下2段成形）[5]

下パンチは，外側から下第一パンチ，下第二パンチ，下第三パンチと呼ぶ．固定された下第三パンチに対し，所定の充填深さになるようにダイ，コアロッド，下第一パンチ，下第二パンチを上昇させ，粉末充填を行った後に粉末の圧縮を行う．粉末の圧縮は，上パンチが下降し粉末の圧縮を開始したところで，ダイ，コアロッド，下第一パンチ，下第二パンチが下降，下第一パンチおよび下第二パンチがそれぞれスライディングブロックに接して加圧を受け，上パンチが下死点に達したところで圧縮を完了する．上パンチが上昇を開始した後，抜出しの位置になるまで，ダイ，コアロッド，下第一パンチ，下第二パンチを下降させ，抜出しを完了する．

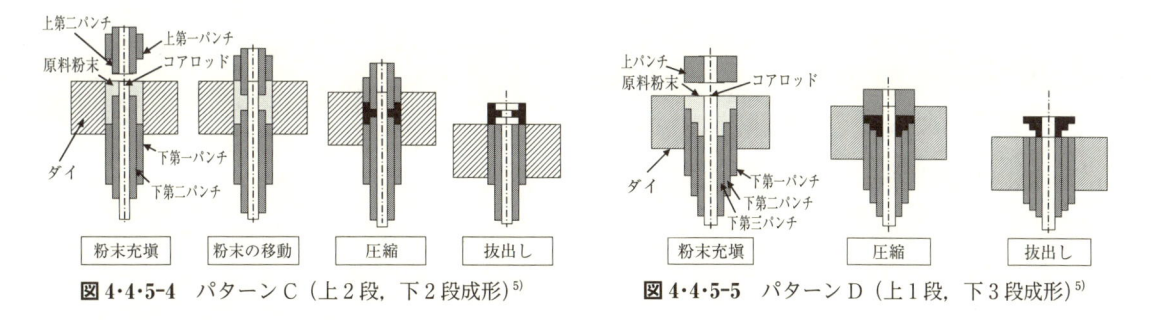

図 4・4・5-4 パターンC（上2段，下2段成形）[5]

図 4・4・5-5 パターンD（上1段，下3段成形）[5]

4・4・6 特殊な金型の構成および作動

（1） ダイ段付き成形

図 4・4・6-1 に示すように，外周に段の付いた形状の圧粉体を成形する場合に，ダイに段を付けて成形することができ，段の幅が小さいときや外周角部のエッジ形状を嫌うとき等に用いる．この場合には，下パンチ側が4段形状の成形が可能になる．なお，ダイ段付き成形を行う場合には，ダイストップ機構が必要である．

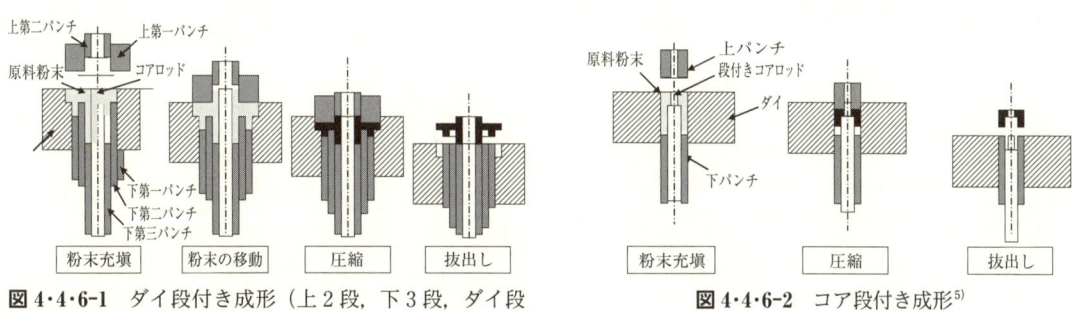

図 4・4・6-1 ダイ段付き成形（上2段，下3段，ダイ段付き成形）[5]

図 4・4・6-2 コア段付き成形[5]

（2） コア段付き成形

図 4・4・6-2 に示すように，内周に段の付いた形状の圧粉体を成形する場合に，コアロッドに段を設けて成形することをいい，段の幅が小さいとき等に用いる．なお，コア段付き成形を行う場合には，コアロッドストップ機構が必要である．

（3） 複合成形

図 4・4・6-3 に，複合成形の例を示す．内側と外側で異種原料を成形する場合である．図 4・4・6-4 は，上下方向に異種原料を成形する場合の例を示す．これらの方法は，装置，金型等を工夫することで，必要な箇所に必要な材料を使用した部品の成形ができることを示している．

（4） オリベッティ方式

ダイが上下に分かれ，その間にて圧粉体を取り出すオリベッティ方式（Olivetti method）のプレスがある．図 4・4・6-5 はその成形例を示す．

図4・4・6-3 径方向2層成形例[5]

図4・4・6-4 上下2層成形例[5]

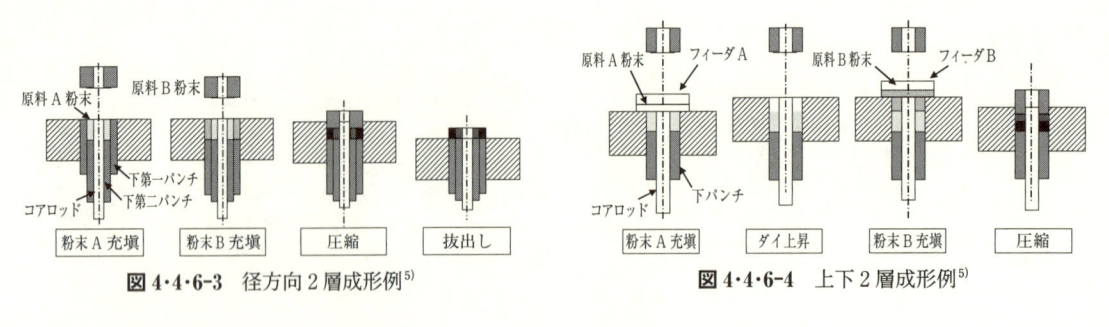

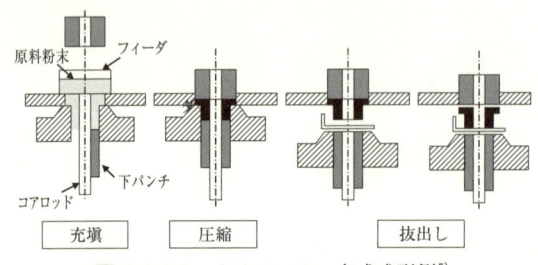

図4・4・6-5 オリベッティ方式成形例[5]

4・4・7 成形の補助作動

（1） ホールドダウン

ホールドダウン（hold down）は，図4・4・7-1に示すように，圧縮が完了した圧粉体を，空気やスプリングの力によって上パンチで押えたままダイを下降させ抜出す作業で，その効用は，スプリングバックによるクラック発生を防止やダイ，下パンチの微動，たわみによるクラック発生を防止などである．

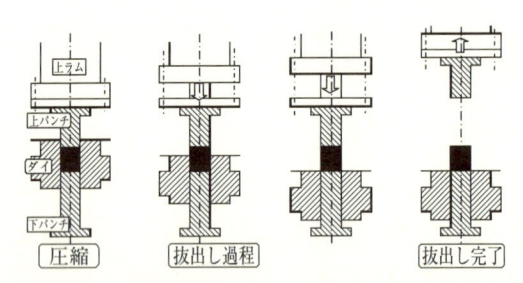

図4・4・7-1 ホールドダウン[5]

（2） 浮動コアロッド

浮動コアロッド（floating core rod）は，図4・4・7-2に示すように，可動コアロッドの1つで，抜出時に圧粉体の摩擦力とバランスして上下作動する機構を備えた装置で，抜出時におけるコアロッドと圧粉体の抜出抵抗を軽減しコアロッドの摩耗を防ぎ，さらに，潤滑剤添加量も少なくすることができる．

（3） 可動コアロッド

可動コアロッド（movable core rod）は，図4・4・7-3に示すように，独立して上下作動する機構を備えたコアロッドで，抜出完了までのコアロッドのフローティング等に用いられる．径方向が薄肉で長い圧粉体の

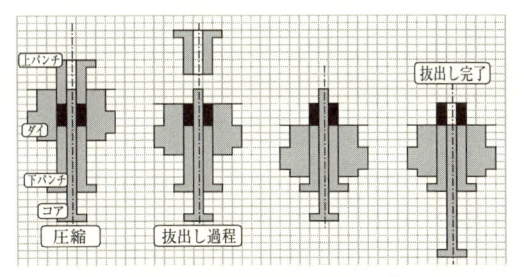

図 4·4·7-2　浮動コアロッド[5]

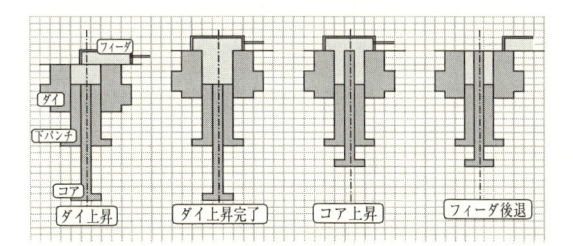

図 4·4·7-3　可動コアロッド[5]

図 4·4·7-4　アンダフィルシステム[5]

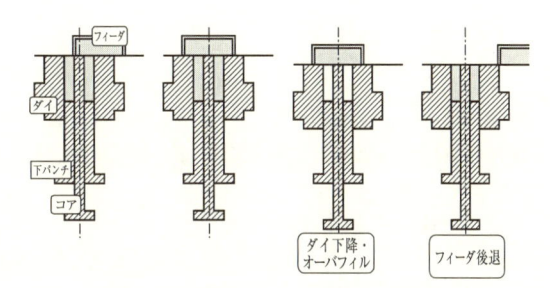

図 4·4·7-5　オーバフィルシステム[5]

場合に，原料粉の充填性の向上やコアロッドにより，余分な粉末をフィーダ内に押し戻すオーバフィル（overfill）が可能である．

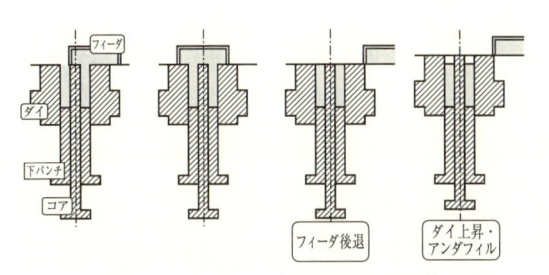

（4）　アンダフィルシステム

アンダフィルシステム（underfill system）は，所定の充填とフィーダの移動終了後，ダイとコアロッドを上昇させて，ダイ上面より粉末を沈める充填方法で，図 4·4·7-4 はその作動工程を示す．上パンチに凹凸がある場合，上パンチがダイに突入する際に凹部から粉末がダイ上面へあふれ出すのを防止できる．また，アンダフィル量を無段階で調整できるプレスでは，ダイ段付き品において，段付部の充填量をある程度調整できる．

（5）　オーバフィルシステム

オーバフィルシステム（overfill system）は，図 4·4·7-5 に示すように，あらかじめ充填深さを大きくとって充填し，フィーダの後退前に所定の充填深さになるようにダイとコアロッドを下降させて，余分な粉末をフィーダ内に戻す充填方法であり，径方向が薄肉で長い圧粉体で充填深さが大きい場合の原料粉の充填性を向上させ，流動性の悪い粉末の充填性も向上できる．

（6）　吸込み充填

吸込み充填（suction filling）は，図 4·4·7-6 に示すように，抜出状態でフィーダをダイプレート上に移動させた後，ダイの上昇または下パンチの下降によって行う体積充填である．その効用は，低流動度（3·5·2項参照）の粉末や薄肉品への充填に有効で，落し込み充填に比較し，粉末の置換が不要である．また，落し込み充填に比較し，混合粉の分級，偏析が少なく，充填時間を短縮でき，プレスのスピードを上げることができる．

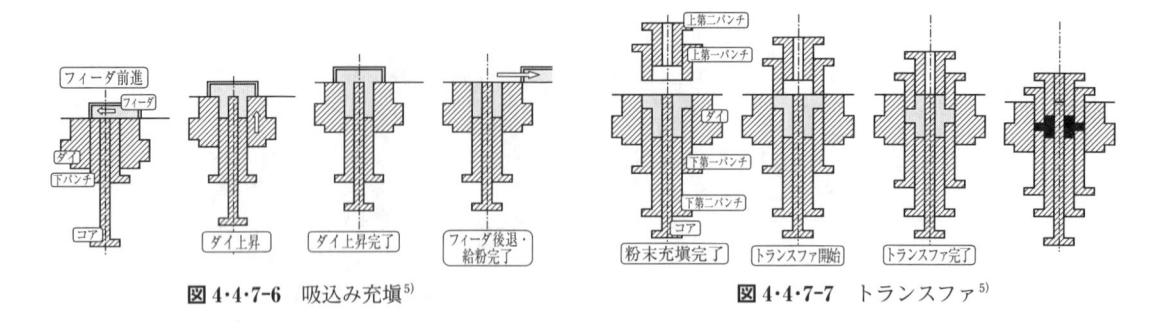

図 4・4・7-6 吸込み充填[5]　　　図 4・4・7-7 トランスファ[5]

（7）トランスファ

トランスファ（powder transfer）は，図 4・4・7-7 に示すように，粉末をダイに充填後，金型内の粉末を移動させることで，加圧軸方向の段差形状に見合う充填量に整える．均一な密度分布の製品が得られ，加圧時の粉末移動によるスリップクラックを防止できる．

4・4・8　給粉装置

給粉装置（feeder）とは，ホッパ（hopper），フィーダホース（feeder hose），フィーダ（粉箱あるいはフィードシュー（feed shoe）ともいう）を総合して称している．理想的な給粉は，毎サイクルの充填量が一定であること，さらに，充填された各部の重量ばらつきが一定であること，そして粉洩れがないことである．したがって給粉装置は粉末供給量の制御が十分行える装置を工夫することが重要である．

（1）フィーダの駆動方法

機械プレスではカム駆動方式，油圧プレスでは油圧シリンダ方式が一般的である．機械プレスに油圧シリンダ方式を使用する場合もある．駆動は，毎サイクル一定の動きが必要で，機械プレスではカム駆動のため通常一定である．油圧シリンダの場合は，油温により変化するため，温度管理が必要である．最新の大型プレスにはサーボモータを使用した方式が採用され，大型成形品に必要となるフィーダの駆動速度や前進端の位置，そして振幅回数等の調整が容易にでき，同時にその管理が容易となる．

（2）ホッパ

a. ホッパホース方式（図 4・4・8-1）

ホッパの形状は丸形状あるいは四角形状のいずれかであるが，四角形状は四隅に粉末が残る可能性があり，丸形状の方が多用されている．ホッパからホース接続口へと細くなる所への角度も重視される．粉末の安息角を考慮した角度で作られることが多い．また，ホッパ容量も重要である．ホッパの出口からフィーダまでの接続はホースが使用されることが多い．また，ホッパへ自動的に粉末を供給する目的と，粉末量をある程度一定にする目的で，粉末レベルセンサを取り付けることも行われている．

b. 二段ホッパ方式（図 4・4・8-2）

粉末レベルセンサによりホッパ内の粉末量をある程度保持することと，さらに充填量のばらつきを少なくする目的で，二段ホッパ方式を採用することもある．この方式では下側のホッパの粉末量が常に一定となり，フィーダに負荷される圧力も一定となる利点がある．

図4・4・8-1 ホッパホース方式[5]

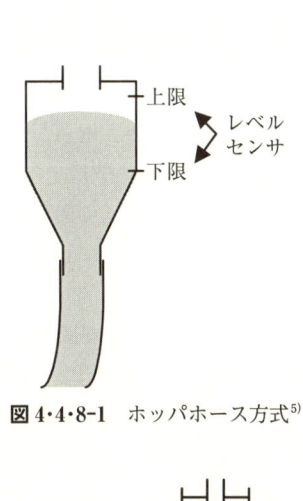

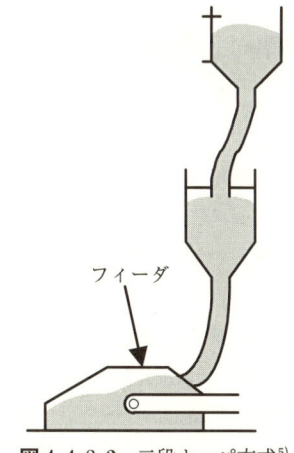

図4・4・8-2 二段ホッパ方式[5]

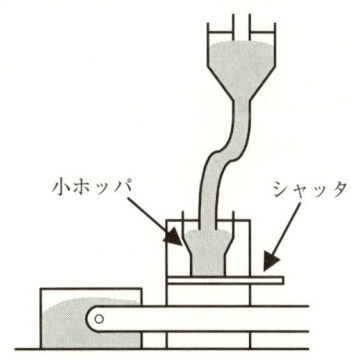

図4・4・8-3 小ホッパ，シャッタフィーダ方式[5]

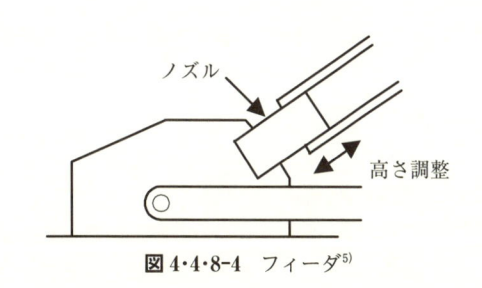

図4・4・8-4 フィーダ[5]

c. 小ホッパ方式（図4・4・8-3）

フィーダの後部に小さなホッパを取り付けた方法であるが，小ホッパと上ラム（上パンチ）との干渉に注意せねばならない．そこで，小ホッパはテーブルに固定し，フィーダとホッパの粉末の接続をシャッタで行う方法がある．ただし，この場合は粉末の洩れが多くなることと，フィーダの上部が開放されているため，異物の混入という問題もある．

（3） フィーダの形状（図4・4・8-4）

フィーダの外観は，ほとんどが四角形状をしているが，その内側には種々な工夫がなされている．特に大型圧粉体で，圧粉体各部の充填ばらつきを少なくする考慮が必要である．そのために，①ホースと接続するノズルの高さを調整する，②中子を入れる，③仕切板を入れる，④粉末の攪拌装置や，バイブレータを取り付ける，⑤2本ホース式とする，⑥フィーダ内のエア逃げを考慮する，等の工夫がなされている．

（4） 新しい充填方法

ダイ内に充填される各部分の粉末充填量を一定にする目的で，エアをフィーダ内に送り込む方法が考え出されている．エアレート充填法やエアタッピング法（air-tapping）と呼ばれるものである．

4・4・9 稼働率向上の手段

(1) ツールセットの段替時間短縮

　複雑な部品を，より安価に，大量生産するために，成形プレスはツールセット方式で行われる．この方式の成形プレスは，あらかじめプレスの外で金型を組み込み，勘合状況を確認したツールセットを準備しておく．このとき，プレスの外で，ツールホルダに金型を組み付け，あらかじめ成形できる状態にすることが外段取りで，プレス内で金型を組み付けることが内段取りである．外段取りは，上下ラムの動作を確認できるシミュレータ上で行うと，迅速，確実に勘合確認等ができる．特に大型のプレスでは，プレス，シミュレータ間のツールセット搬送を自動化し，段替え短縮を行っている．

　シミュレータ (simulator) は，金型のセットと調整寸法出し，そしてツールセットが問題なく作動することをチェックする装置で，ローダ，アンローダとの一体型と独立型とがある．独立型のシミュレータは上下油圧作動装置を有し，プレス本体と同様に，ツールセットの各プレートが作動する補助作動手段として空圧装置も備えている．

　代表的なツールセット交換システムにはスウィング式とワゴン式がある．スウィング式は，図4・4・9-1 に示すように，2組のツールセットを乗せるローダによる方式である．1組のローダ上にツールセットを乗せて，プレスを稼動している間，他の1組のローダがツールセットを搬出，搬入できる状態にする．

　ワゴン式は，図4・4・9-2 に示すようなローダに車輪のついたワゴンを用いる方式である．通常，プレス背面にツールセット搬出，搬入位置があり，その位置にワゴンを移動するシステムからなっている．2台以上のワゴンを用い運用する．

(2) 調整時間の短縮

　粉末成形プレスを稼動するための条件設定は種々あるが，上ラム調整，充塡調整，抜出調整等，各調整装置の調整量はプリセット式のモータで調整するほか，空圧機器，油圧機器のタイミング設定も電子式のロータリカムスイッチでデジタル設定，記憶できる装置を利用する．あらかじめ記憶していた条件へ設定しても所定の圧粉体が得られない場合は，圧粉体の寸法，密度，欠陥の有無等を確認し，状況に応じた微調整が必要である．

　各種調整にプリセット装置のないプレスの場合，充塡深さ，抜出し位置等を実測し，あらかじめ記録して

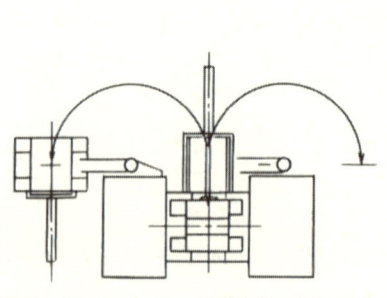

図4・4・9-1　スウィング式ツールセット交換システム[5]

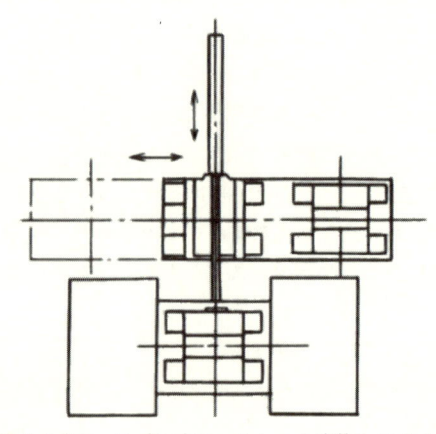

図4・4・9-2　ワゴン式ツールセット交換システム[5]

ある条件に調整する．また，上ラム調整等は，圧粉体の寸法，密度を確認しながら調整する必要がある．このため，段替え調整時間の短縮には，抜出し位置の標準化等，段取り替え時に調整する項目を減らす努力が必要である．

（3） 自動化，無人化

自動化のためには，プレスの各調整箇所の自動調整をするだけでは十分でなく，金型に充填される原料粉の量を均一にする必要がある．原料粉の見掛密度のばらつき，経時変化，原料ホッパよりフレキシブルホースを経てフィーダに流れる過程の変動などが考えられるが，ばらつきの機械的要因は，ある程度取り除くことができる．二段ホッパの使用やフィーダにシャッタをつけて，フレキシブルホースの中の原料の重さが，フィーダに掛からないようにする等で，相当な効果が得られる．

原料粉のばらつきに対しては，圧粉体を直接自動秤に載せるか，圧粉体を出口シュートから計測コンベアに載せ，搬送している間に自動計測し，自動的に充填深さを調整する方法がある．加圧力を一定にして密度を均一に成形するためには，ラム内の油室の圧力を検知し，圧力のばらつきに充填量を対応させ，常に一定加圧力となるようサーボモータにより充填深さを追随変化させる．

無人化のための条件としては，次のようなことを考慮する．
・保守管理が実施され，故障を起こさないプレスであること．
・プレスの動きが絶えず一定に保てること．
・プレスの機械的な調整箇所がデジタル化され，コンピュータ調整できること．
・エア，油圧機器の圧力タイミングがデジタル設定でき，かつ，適正圧力値に維持管理されていること．
・圧粉体の重量，寸法の全数チェックによる自動補正，あるいは自動選別ができること．
・使用する粉末特性が安定していること．

4・4・10 機械の保守，点検

（1） 据付当初の保守

据付当初は，基礎地盤の変化等によるベッドレベルの変化が起きやすいので注意が必要である．慣らし運転は20時間程度，無負荷でするのが理想である．摺動各部の温度を測定し，騒音，異常音にも注意が必要．ベッドの水平度は，据付後数ヶ月は，月一度程度の確認を行い，基礎ボルトや他のボルトの増締めも行う．運転当初は，初期摩耗で潤滑油の汚れが激しく，直ちに取り替えを要する場合もある．

（2） 日常の保守，点検

機械の異常は早期発見に勝るものはなく，機械を操作している作業者の日常点検が重要である．作業者は，人間の保有している五感のうち，味覚を除く四感（視覚，聴覚，嗅覚，触覚）と第六感を合わせた5つの感を十分に働かせて点検に当たることが肝要である．日常点検の心得は，「一に清掃，二に給油，三に騒音，四に振動」であるが，それも5つの感を働かせてというのが言外に込められている．特に給油は，機械の故障を未然に防ぐための最も有効な手段である．つまり，機械を稼動させるに当たっての絶対必要条件である．『この作業なくしては，機械は動かさずの教育（給油の義務付け）』が重要である．

（3） 定期的保守，点検

定期点検は，できる限り間をおかずに行ったほうがよいが，1ヵ月点検，3ヵ月点検，6ヵ月点検，1年点検が一般的である．日常点検の心得に，数値の裏付けも加えた内容となる．つまり，検査，調整，測定，分

析等を含む保守，点検である．

　以上の項目，内容を何ヵ月ごとに施工すべきという規定はなく，また，プレスメーカによっても異なるため，ここでこの項目は何ヵ月点検と分類することは避ける．なお，最近は機械を使用する側のTPM活動[*6]が定着し，独自の保守，点検法を確立させることが多くなっている．

4·5　射出成形

4·5·1　射出成形の概念

　機械部品の各種製法の中で，粉末冶金法は経済性と量産性に優れていることから，素材製造分野のみならず，自動車用部品をはじめとする家電製品や事務機用の部品の製造分野まで広く普及しており，その需要も他の素形材に比べ順調に伸びている．しかしながら，従来の金型プレスによる粉末圧縮成形では，対象部品の形状に技術的な制約を伴うだけでなく，焼結材料中に宿命的に残存する気孔が内部切欠きとして働くため，溶製材料に比べると物理的・化学的性質や機械的性質に劣ることは避けられない．以上のような背景から，粉末冶金においては，高い形状の自由度と高密度化を比較的容易に両立させ得るような成形技術が望まれてきたが，その成形法の1つとして開発された技術が，バインダ（binder）を利用した金属粉末射出成形（MIM：Metal Injection Molding）プロセスである．

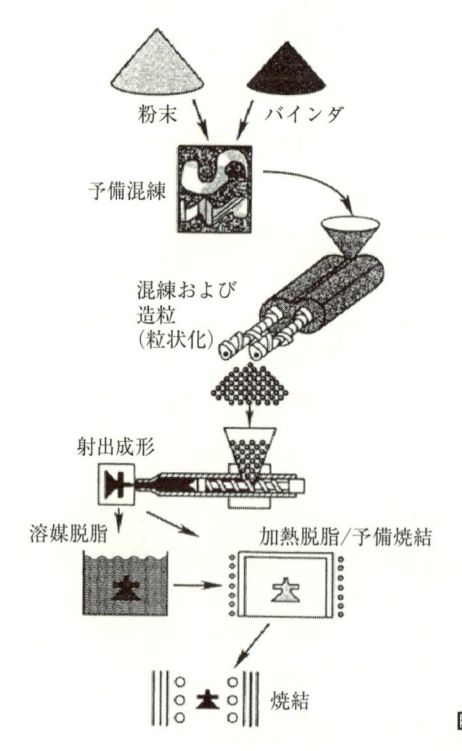

図4·5·1-1　MIMプロセスの基本工程概略図

[*6] Total Productive Maintenance の略で「生産効率を極限まで高めるための全社的生産革新活動」である．TPM活動の基本は，現場の小集団での，設備を対象とした改善活動である．1971年に提唱され，1980年代に自動車産業で急速に普及し始め，半導体，装置産業に広がり，現在では食品産業等，あらゆる業種に取り入れられている．

MIMプロセスは形状の自由度に立脚しているが，複雑な形状のものを形作るためには高い粒子含有量を基礎とする．その主な工程概略は図4・5・1-1[1)]に示すとおりである．プロセスは選定された粉末とバインダの混練から始まる．粒子は焼結による緻密化を促進するように小さく，通常，球状に近い形のもので，平均粒径は20μm以下である．バインダはワックス，ポリマー，オイル，潤滑剤，および表面活性剤等からなる熱可塑性の混合物が広く用いられる．粉末とバインダの混練物は粉砕粒状化され，所望の形状に射出成形される．バインダは成形や型充填および均一充填を助けるよう，加熱により混練物に粘性流動特性を付与する．成形後，バインダは取り除かれ，残りの粉末組織は焼結される．その後，製品は，さらに緻密化や，熱処理および機械加工する場合もある．焼結体は，射出成形されたプラスチック並みの形状と精度を有しており，プラスチックでは達成できない性能レベルも併せもっている．

4・5・2 射出成形工程

(1) 粉末とバインダの混練

MIMプロセスは多様な形態で用いられているが，基本的事柄は類似している．焼結時の緻密化を促進させるため，小径粉末が用いられる．ほぼ球状に近い形で，平均粒度が0.5～15μmのカルボニルや酸化物還元およびガス噴霧による粉末が代表的なものである．通常，バインダは熱可塑性のポリマー材料であるが，水や種々の無機質も広く用いられることがある．典型的なバインダは，適当な潤滑剤もしくはバインダに粉末との密着性を与えるための湿潤剤が添加された70％のパラフィンワックスと30％のポリプロピレンから構成されている．バインダは約150℃で完全に溶融する．バインダ量は混練物のほぼ40 vol％で，粉末の充填特性にも依存するが，鋼粉の場合には，約6 mass％のバインダに相当する．

バインダ系においては，高い粒子の充填密度を得る一方，混練物の粘性を低く維持することが望まれる．十分なバインダが，すべての粒子間空隙を満たし，成形時に粒子のすべりを滑らかにするために必要である．混練物の粘度が100 Pa・s以下のとき，最も良好な成形状態が達成される．粘性はバインダ固有の粘性だけでなく，混練物温度，せん断速度，固体の量，バインダ中に含まれる表面湿潤剤の種類にも依存する．混練物の粘性 η_m は式(4・5・2-1)に示すように，粉末の量（固体装塡）ϕ，および基本的なバインダの粘性 η_b によって変わる．

$$\eta_m = \eta_b(1-\phi/\phi_c)^{-2} \qquad 式(4・5・2\text{-}1)$$

ここで，ϕ_c は粉末のタップ密度（tap density）に近い臨界の固体装塡を表す．臨界レベルに近い高い固体装塡においては，粘性は図4・5・2-1に示すように，組成のわずかな変動とともに大きく変化する．この図は固体の量に対する混練物の粘性と，固体の量に対する密度を示している．臨界固体装塡 ϕ_c は混練物密度のピークと一致しており，その点では混練物の粘性が無限大に近づく．臨界固体装塡では，粒子は潤滑性のバインダ層なしで点接触している．固体の量が多いと，粒子間のすべての空隙を満たすにはバインダが不十分となり，そのため混練物密度は減少する．混練物の良好な均一性がプロセス制御を維持するのに必要となる．粘性は組成に敏感であり，不均一性も金型孔内への流れを妨げることになる．通常はバインダをわずかに多くすることで，系の粘性を望む範囲内に維持する．混練物の粘性は温度やせん断速度に依存し，せん断速度とは混練物内での有効運動速度を評価したものである．

(2) 射 出 成 形

成形に用いられる装置は，プラスチックの射出成形に用いられるものと同じである．典型的な成形作動部の断面図を図4・5・2-2に示す．成形装置は固く締められた金型からなり，混練物は加圧および加熱されたバレルホッパ（barrel hopper）からゲート（gate）を通じて満される．モータによって駆動するレシプロ

型スクリュー（reciprocating screw）で，混練物が均一となるよう原料を混練したり，金型に充填するのに必要な圧力が発生する．混練物は，装入ホッパから常温で粉砕粒子のまま入れられ，バレルを通過する間にバインダの溶解温度以上に加熱される．溶融した粉末とバインダの混練物は，前方へ押し出され，金型を瞬時に満たす．空隙の形成を最小限にするために，金型での冷却時においても混練物に対して圧力が維持されている．十分に冷却した後，成形体は取り出され，本工程が繰り返し行われる．

以上のように，射出成形段階では混練物の加熱と加圧が同時に行われる．欠陥が生じないように行うには型注入速度，最大圧力，混練温度，そして加圧下における保持時間等のいくつかの因子に注意する必要がある．混練物は成形機のバレル内で130～190℃に加熱される．実際の成形工程では金型内へ溶融した混練物をあらかじめ決めた体積だけ射出するよう，バレル内でスクリューを前方へ押し出すことにより行われる．混練物は，バレル端のノズルからスプルー（sprue），ランナ（runner），ゲートを通ってキャビティ内部へ流れる．金型は混練物より低温であるため，型充填サイクル時に粘性は増加する．型充填時の流動抵抗の増加はキャビティが満たされるまで圧力の増加を必要とする．実際の成形圧力は，型の幾何学形状やバインダおよび粉末特性に依存するが，高くても60 MPa程度である．

型充填における質量流動速度 Q は，加圧力 P と混練物の粘性 η_m に依存し，次式のようになる．

$$Q = P/(\eta_m K) \qquad 式(4\cdot5\cdot2\text{-}2)$$

ここで，流動抵抗 K は型の幾何学形状に依存する．円柱形状の場合，

$$K = 128/L(\pi d_4) \qquad 式(4\cdot5\cdot2\text{-}3)$$

ここで，長さは L，直径は d である．幅が W，厚さが t の長方形の場合は，

$$K = L/(Wt^3) \qquad 式(4\cdot5\cdot2\text{-}4)$$

となる．径または肉厚が小さい場合，型充填は最も難しい．うまく成形するためには，高圧力あるいは低粘

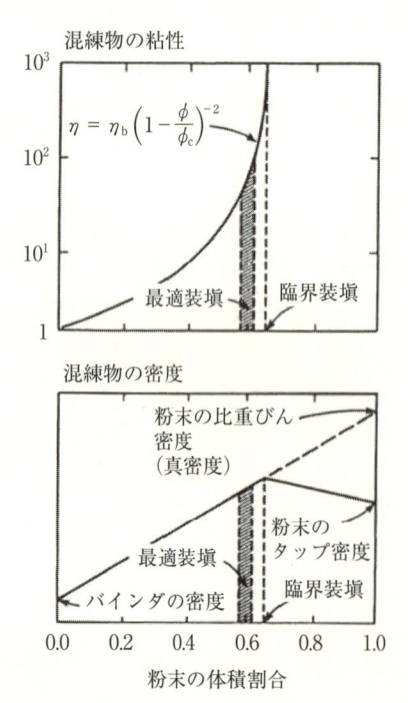

図4・5・2-1　固体装填に対する粉末-バインダ原料の粘性および密度の関係[1]

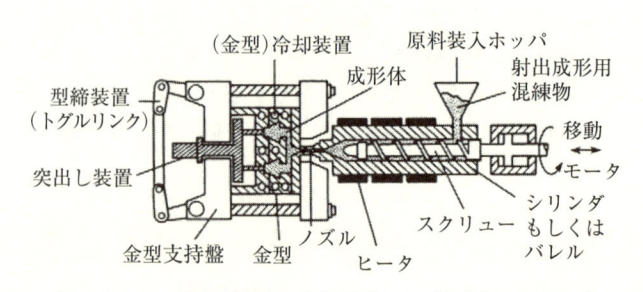

図4・5・2-2　射出成形機の各主要部および作動部の断面図[1]

性が必要である．成形機には利用できる圧力に限界があり，温度が粘性を支配する．結局，温度と圧力が成形における主要な制御因子となる．

非常にせん断速度が高い場合は，急速な粘性増加により粉末は低密度のバインダと分離してしまうことがある．混練物の金型のキャビティ内への充填は粘性に依存することから，バインダからの粉末の分離は均一な成形品の作製にとって有害となる．同様に，原料混練物が成形の間に冷却されるならば，粘性は急激に増加し，金型内には不完全な充填となるおそれがある．原料は冷却の間に収縮するので，圧力保持は欠陥のない製品を保証する．なお，ゲートから型充填が進むにつれ，通気孔を通してキャビティから外側へ空気は押し出されることから，通気孔は充填される金型の最終部分になければならない．

(3) 脱バインダと焼結

成形後，バインダは脱バインダ（debinding）と称されるプロセスにより成形体から取り除かれる．バインダ系と関連する脱バインダ方法には，これまで多種多様のプロセスが開発されており，バインダ成分と合わせて特許の大半を占めるものであるが，表4・5・2-1[2]に種々の方法を示すように，加熱分解（常圧，減圧，加圧）をはじめとして，溶媒抽出（solvent debinding），超臨界ガス（supercritical gas），光分解（photolysis）等によるものがある．工業的には熱分解や溶媒抽出が主に採用されているが，熱分解法では脱バインダに長時間（600℃までゆっくり加熱）を要し，製品形状の変形が生じやすい等の問題点も依然として残されている．また溶媒抽出法では，それらの欠点がかなり克服されているものの，溶媒にはアセトンやエチレン，四塩化炭素等のように，人体に害を及ぼすものや環境汚染につながるものが多いことから，その取り扱いが問題となる．このため米国ではエタノールや水溶性の新しいバインダ系の開発が進められている．いずれにしても，脱バインダに長時間を要することは生産的に不利であり，このことがMIM製品の許容肉厚を大きく制限している．ちなみに，数年前までは約10 mmぐらいの肉厚までが経済的見地からすれば限界とされていたが，最近では脱バインダ技術も進歩して，25 mm程度の肉厚までは可能となっている．さらに新しい技術として，ドイツで開発された触媒による脱バインダ法[3]がある．バインダには変性ポリアセター

表4・5・2-1 各種脱バインダ法[2]

プロセス名	バインダ成分	脱バインダ条件
加熱分解		
MACPHERSONプロセス	PE，樟脳	真空
WITECプロセス	WAX，PE	乱送風，吸収体
VIプロセス	WAX，PE，PP	高真空，蒸発
（揮発）		
RIVERSプロセス	水，メチルセルロース	金型内脱水
QUICKSETプロセス	水，PEG	冷凍乾燥
溶媒抽出		
WITECプロセス	PE，PS，PEG	水，塩化メチレン
MACPHERSONプロセス	PE，PS	トリクレン
AMAXプロセス	WAX，PE，PP ピーナツオイル	塩化メチレン
化学分解		
BASFプロセス	変性POM	硝酸，シュウ酸蒸気
UV分解プロセス	WAX，アクリル	紫外線照射

PE：ポリエチレン，PP：ポリプロピレン，PEG：ポリエチレングリコール，PS：ポリスチレン，POM：ポリアセタール

ルを用い，触媒によってホルムアルデヒドへと分解するもので，従来法と比較して脱バインダ時間を1/10以下に短縮できる．ただし，触媒として発煙硝酸やシュウ酸を用いることから，装置全体への配慮が必要である．またフランスで開発されたクイックセットプロセス（quickset process）[4]（一種の水凍結法）では，水を触媒として金型中で粉末を凍結させ，その後，昇華によって脱バインダを施すもので，大型部品の成形が可能とされている．

　次の段階である焼結は従来のP/M法と同様で不活性あるいは還元性の各種雰囲気，または真空雰囲気で行われる．焼結は強い粒子間結合をもたらし，緻密化によって空隙を取り除く．等方的な粉末充填は予想できるように均一な収縮（15〜20％）を起こす．したがって，初期の成形体は最終成形体寸法に適するよう大きめにしてある．焼結後，成形体は他の多くの製造法で可能な特性よりも優れた強度と均一な組織を示す．参考までに，本プロセスにより得られる各種鉄系焼結材料の機械的諸特性を他の製造法によるものと比較した一例を，表4・5・2-2に示す．いずれの鋼種[5〜9]においても，従来のP/M材の特性を上回るだけでなく，溶製材に匹敵する高性能な機械的特性が得られており，MIMプロセスは難加工性材料の形状付与に有効であるとともに，材質の改善にもきわめて効果的である．

表4・5・2-2　製造法の違いによる各種合金鋼の機械的性質

鋼種	機械的性質	MIM	P/M	溶製法
高速度鋼[5] SKH10 （焼戻し材）	抗折力(MPa) 硬度(HRC)	3200 70	2500 71	2500 67
マルエージング鋼[6] 18Ni-8Co-5Mo （時効材）	引張強さ(MPa) 伸び(%) 硬度(HRC)	1640 2〜3 47	1500 1〜2 35	1800 8
マルテンサイト系[7] ステンレス鋼 SUS440C(17Cr-1C) （焼戻し材）	引張強さ(MPa) 伸び(%) 硬度(HRC)	1600 1〜2 53	SUS410 900 4 30	1950 2 57
17-4PHステンレス鋼[8] SUS630 （時効材）	引張強さ(MPa) 伸び(%) 硬度(HRC)	1340 11 44	970 2 24	1370 14 45
4600鋼[9] (0.4%C) （723K焼戻し）	引張強さ(MPa) 伸び(%) 硬度(HRC)	1400 9 39		1300 10 40

4・5・3　射出成形法の特徴

　表4・5・3-1に最近のMIMによる特徴をまとめて示す．このほか，旧来のP/M法（金型プレス成形）では，成形が難しい硬質金属材料，あるいはこれまでの成形技術では困難であった低熱膨張合金や軟質磁性材料等の難加工性機能材料にも適用できるため，用途に応じた材料の選択自由度が大きいことも特徴である．したがって，対象材質としてもFeをはじめ，Fe-Ni，Si，Co合金，ステンレス鋼，高速度鋼，Ti合金，Ni基やCo基の超合金，W系重合金，超硬合金，サーメット，繊維強化型合金等の広範囲な種類のものがあげられている．

　MIMの用途は特に限定されておらず，最近では1kgに近い大物品もあるが，一般には100g以下の複雑形状の小物品が主な対象で，自動車用（ターボ可変翼，ロッカアーム，センサ，鍵等）をはじめとして，医

表 4・5・3-1　最近の MIM プロセスにおける特徴

形　　状	金型設計が可能な限り，複雑形状部品の製作が可能
寸　　法	均一収縮により，寸法精度も 0.1〜0.3％ 以下と高精度（最大テニスボールサイズくらいまで可）
高 密 度	相対密度が 95％ 以上と高く，物理的・化学的性質に優れる
機械的特性	溶製材と同レベル
加 工 性	展延性を有し，プレス加工，曲げ加工等が容易
熱 処 理	浸炭焼入れ等の各種熱処理の適用が可能
表 面 処 理	めっき，黒染等，各種表面処理が容易
表面粗さ	微粉末を使用するため表面はなめらか（R_{max} 3〜6 μm）
生 産 性	後加工の工程は少ないので大量生産，自動化が可能

療機器用（内視鏡用，歯列矯正用等），銃火器用（引金，照準装置等），携帯電話（振動子，ヒンジ等）および通信機器（パッケージ，コネクタ等）や情報機器（プリンタ，パソコン，コピー機用等）等のエレクトロニクス用で今後の需要増が期待されている．

いずれにせよ，冒頭でも述べたように，MIM プロセスの実用化はまだ新しく，バインダの適正化や仕上り製品の寸法精度，製品の大型化や超小型（マイクロ）化等，技術的に解決しなければならない問題点も多く残されている．今後の MIM 技術の発達が期待される．

4・6　特殊な成形技術

4・6・1　冷間静水圧成形法または冷間等方圧加圧法（CIP：Cold Isostatic Pressing）

CIP 法は，フランスの科学者 Blaise Pascal の提案した「パスカルの原理」を利用したもので，この原理を粉末材料の成形に応用した成形法である[1]．粉末材料をゴム袋のような変形抵抗の少ない成形モールドの中に密封して液圧を加えると，成形体表面には垂直に一様で等しい加圧力を受けて方向性なく圧縮成形される特徴を有している．また他の成形法（金型プレス，射出成形等）で得られた成形体の高密度化・均質化にも有効である．この CIP 成形法が粉末冶金分野での原料粉末の成形手段として初めて用いられたのは，1913 年に H. D. Madden が米国で特許を取得した"高融点金属棒の製法"とされており，工業的に実用化されたのは超高圧技術が発達した 1950 年代からであった．CIP 成形法は大別して，H. D. Madden が提案した方式の湿式法（wet bag process）と，B. A. Jeffery の提案した乾式法（dry bag process）の 2 種類がある．

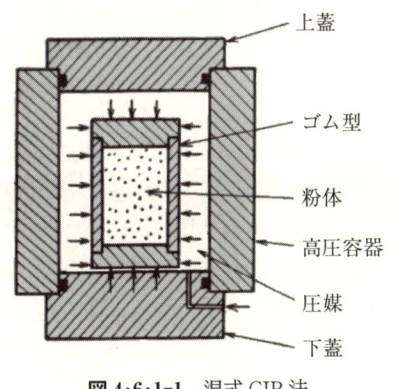

図 4・6・1-1　湿式 CIP 法

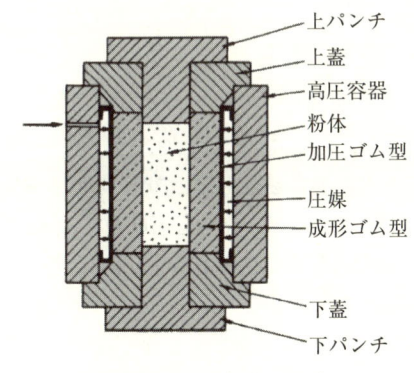

図 4・6・1-2　乾式 CIP 法

湿式法は図4·6·1-1に示すように，成形モールドに粉体を充填して密閉した後，高圧容器内の圧力媒体中に直接浸漬し，成形モールドの外面に等方圧を作用させ成形する方法であり，その処理技術も比較的単純であることから，単純形状から複雑形状まで大形成形体の多品種少量生産に適している．乾式法は，図4·6·1-2に示すように高圧容器内部に圧力媒体をシールするために組み込まれた筒状成形型（加圧ゴム型）を介して圧力を伝達し，成形ゴム型内部に充填された粉体を成形する方法であり，成形ゴム型は高圧容器に固定され，蓋を開放して粉体の投入・成形体の取り出しが行われる．このため自動化が容易であり，棒状・管状の成形体等の小物部品や単純形状の少品種大量生産に適している．現在，湿式法では新材料の開発や高品質化，新用途の開発に伴って装置の大形・高圧化と多様化が進んでおり，乾式法では生産性向上のため装置の自動化・高能率化が進んでいる．

4·6·2　ゴム等圧成形法またはゴム型等方圧加圧法（RIP：Rubber Isostatic Pressing）

　RIP法は，ダイ内にセットしたゴム型へ高密度に粉末を充填し，上下からパンチで直接圧縮することで粉末を等方圧成形する方法で，単にラバープレス（rubber press）ともいう．この方法はネオジム磁石の発明者である佐川眞人氏らが興したインターメタリックス（株）で開発され，日本，米国，欧州，中国等に特許出願されている．ゴム型を外側から拘束するために，円柱品だけではなく，異形状ブロック，薄板等も寸法精度よく成形でき，また磁性材料の成形に適用することで磁気特性，生産性が大幅に改善されてきた．

4·6·3　溶　射　法（thermal spraying）

　溶射とは，電気や化石燃料の燃焼を熱源として溶射材料である粉末，線材等を溶融させるか，半溶融状態に加熱して高速で基材上に吹き付け，堆積させて被膜を形成する方法である．成膜速度は他の成膜法に比べて速いこと，金属・セラミックス・樹脂等，昇華しない限りどのような物質でも被膜にすることができ，かつどのような物質上にも成膜できることが大きな特徴である．工業的にも広く利用されている技術で，薄肉の成形体の製造にも適用が可能である．

4·6·4　スプレーフォーミング（spray forming）

　スプレーフォーミングは，溶融金属の液滴群を基板上に堆積させながら急冷凝固させて，板状または棒状等の素形材（プリフォーム）を製造する方法である．溶湯から素形材を直接製造できるこの方法は，アトマイズから素形材形成までが一貫して不活性ガス雰囲気で行われるため，製品中に酸化物が少ないという特徴がある．また，溶湯を噴霧する際にセラミックス粉末を混入させることも可能であり，粒子分散複合材料への応用も期待されている．

4·6·5　塑 性 加 工
（1）粉末押出し

　粉末押出し（powder extrusion）は，圧粉して作製したプリフォーム（preform）を押出し用のビレット（billet）とし，通常の塑性加工で用いられる押出機で成形する．直接粉末を押出す場合，コンテナ壁との摩擦力が大きくなるため，金属容器に入れて押出しする．粉末粒子は押出ラムより圧縮され，緻密化されながら，大きなせん断力を受けて塑性変形し，押出し方向に材料流動するので，粒子間の接合が達成され，ほぼ完全な緻密体に成形できる．マグネシウムのように，すべり変形に大きな方向性をもつ金属の場合，粉末押出しであれば，バルク押出材よりも成形後の異方性が軽減される．また，SAP（sintered aluminum powder）は表面酸化処理したアルミニウム粉末を用い，熱間押出しすると，酸化被膜が破壊されて微細な

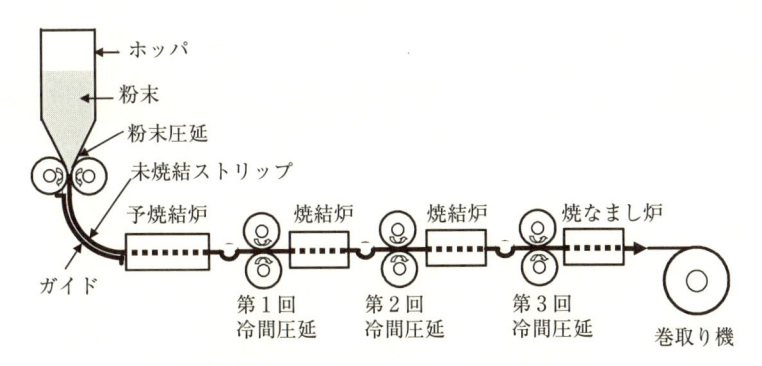

図4・6・5-1 粉末圧延による薄板製造法

Al$_2$O$_3$粒子となって分散し，粒子分散強化アルミニウム（particle reinforced aluminum）となる．異物の混入されていない切削くずであれば，洗浄後，押出成形することによって素形材にリサイクルすることが可能である．

（2）粉末圧延

粉末圧延（powder rolling）は，粉末を回転する一対のロール間に挿入し，連続した圧縮固化成形によって長尺物の成形体を製造する方法である．圧延機には2本のロールを水平に配置した横形方式と垂直に配置した縦形方式がある．横形方式の場合，ロール入口に設けたホッパから粉末が供給されると，ロールの上部では自由流動域となり，ロール中心部へ進むに従って圧縮変形域，塑性変形域が形成して固化成形される．これらの領域の形成はロール直径，回転速度，圧下率および粉末とロール表面との摩擦係数に依存するが，成形板の中心部と表面近傍部でひずみ分布が生じるので，厚板の成形には適さない．縦形方式の粉末圧延機と焼結炉を併設した製造装置を複数機並べ，連続して圧延成形-焼結を繰り返すことで，リール状に巻き取ることの可能な薄板が製造できる（図4・6・5-1）．

第4章 文献

4・1・1の文献
1) 矢野武夫, 佐納良樹：“粉粒体混合度の表現法に対する二，三の考察”，化学工学，**29**（1965）214-223.
2) 佐藤宗武：“混合”，粉体工学会誌，**26**（1989）850-857.
3) P. M. C. Lacey：“Developments in the Theory of Particle Mixing”, Journal of Applied Chemistry, **4**（1954）257-268.
4) 日本粉体工業協会：混合混練技術，日刊工業新聞社（1980）35.
5) 日本粉体工業協会：混合混練技術，日刊工業新聞社（1980）48-50.
6) P. Lindskog, J. Arvidsson, P. Beiss and V. Braun：“Segregation in Metal Powder Mixes and How to Counteract it”, Proceedings of 1998 Powder Metallurgy World Congress（vol. 4），EPMA（1998）391-403.
7) 日本粉末冶金工業会：焼結機械部品，技術書院（1987）32.
8) 日本鉄鋼協会：鉄鋼便覧—第3版 vol. V，丸善（1987）468.

4・1・2の文献
1) 若林，渡辺：新版粉末冶金，技術書院（1976）6.
2) 松山，三谷，鈴木：総説粉末冶金学，日刊工業新聞社（1977）192.
3) 粉体粉末冶金協会編：焼結機械部品の設計要覧，技術書院（1967）13.
4) H. H. Hausner and M. K. Mal：Hand Book of P/M, Chemical Publishing（1982）77.

5) 森，井川，八木，野路："焼結機械部品寸法精度に関する研究（第1報）―鉄，銅粉末の混合度の影響―"，粉体および粉末冶金，**28**（1981）167-172.

4·1·3 の文献
1) 柳田博明："微粒子工学大系 第1巻"，フジ・テクノシステム（2001）922-933.
2) 日本粉体工業技術協会：造粒ハンドブック，オーム社（1991）1-20.
3) 加藤昭夫，山口喬：ニューセラミックス粉体ハンドブック（1983）325-330.
4) 粉体工学会：粉体工学便覧（1998）360-367.
5) 産業調査会：新材料成形加工事典（1988）43-44.
6) 日本粉体工業技術協会：造粒ハンドブック，オーム社（1991）745.
7) 日本粉体工業技術協会：造粒ハンドブック，オーム社（1991）756.
8) 真野靖彦，望月武史，佐々木勇："スプレードライ顆粒の造粒条件が成形に与える影響"，粉体および粉末冶金，**40**（1993）410-412.

4·2·2 の文献
1) E. Hjortsberg, L. Nyborg and H. Vidarsson : "Lubricant Distribution on Compacts and Tool Walls after P/M Compaction", Proceeding of PM 2004 in Vienna EPMA（2004）605-610.
2) Höganäs AB：Höganäs ハンドブックシリーズ 2，焼結部品の製造（1997）4-25.
3) Armud Gateaud : "Physical and Chemical Mechanism of Lubricant Removal During Stage I of the Sintering Process", A Thesis Submitted to the Faculty of the Worcester Polytechnic Institute（2006）.
4) Höganäs AB：Höganäs ハンドブックシリーズ 2，焼結部品の製造（1997）6-44.
5) 高田仁輔，河合伸泰："鉄系圧粉体の脱ろう過程における異常膨張機構"，粉体および粉末冶金，**41**（1994）1157-1163.
6) ASM International Handbook Committee : ASM HANDBOOK, Vol. 7 Powder Metal Technologies and Applications, ASM International, "Production Sintering Practices"（1998）489.

4·2·3 の文献
1) 日本粉末冶金工業会：焼結部品の成形技術，焼結部品概要―PM Parts―（2004）10-11.

4·3·1 の文献
1) 浅見淳一："粉末成形の基礎"，第14回新粉末冶金入門講座（2006）11-20.
2) M. Ward and J. C. Billington : "Effect of Zinc Stearate on Apparent Density, Mixing, and Compaction/Ejection of Iron Powder Compacts", Powder Metallurgy, **22**（1979）201-208.

4·3·2 の文献
1) S. Shima and M. Oyane : "Plasticity Theory for Porous Metals", Int. J. Mech. Sci., **18**（1976）285-291.
2) S. Shima and K. Mimura : "Densification Behaviour of Ceramic Powder", Int. J. Mech. Sci., **28-1**（1986）53-59.
3) P. A. Cundall and O. D. L. Strack : "A Piscrete Numerical Model for Granular Assemblies", Geotechnique, **29**（1979）47-65.
4) X. Jia and R. A. Williams : "A Packing Algorithm for Particles of Arbitrary Shapes", Powder Technology, **120-3**（2001）175-186.

4·4 の文献
1) 日本粉末冶金工業会編："焼結部品の成形技術"，技術書院（1987）33-47.
2) 日本粉末冶金工業会編："焼結部品概要 PM GUIDE BOOK 2004"日本粉末冶金工業会（2004）20.
3) 星野英俊："粉末成形用プレスの実力"，素形材，**46**（2005）20-25.
4) 荒川友明："複雑形状焼結部品の CNC プレスによる対応"，素形材，**46**（2005）26-30.
5) 日本粉末冶金工業会編："焼結部品の成形技術 PM GUIDE BOOK 2004"，日本粉末冶金工業会（2004）22-68.

4·5·1 の文献
1) R. M. German：粉末冶金の科学，三浦秀士，髙木研一共訳，内田老鶴圃（1996）216-219.

4·5·2 の文献
1) R. M. German：粉末冶金の科学，三浦秀士，髙木研一共訳，内田老鶴圃（1996）216-219.
2) 岡村和夫ほか："メタルインジェクション技術"，油圧と空気圧，**27**（1996）235-239.
3) D. Weinand ほか："BASF 触媒脱バインダ法と金属射出成形材料　成形-物性-応用"，プラスチック成形技術，

13 (1996) 19-31.
4) C. Quichand: "The quickset process", Proc. of Powder Met. World Congress, EPMA, II (1994) 1101-1104.
5) 三浦秀士ほか:"金属粉末射出成形法による高速度鋼の作製",粉体および粉末冶金, **40** (1993) 393-396.
6) 三浦秀士ほか:"金属粉末射出成形プロセスによるマルエージング鋼の創製",粉体および粉末冶金, **42** (1995) 353-356.
7) 三浦秀士ほか:"マルテンサイト系ステンレス鋼の金属粉末射出成形プロセス",粉体および粉末冶金, **41** (1994) 1071-1074.
8) 馬場剛治ほか:"金属粉末射出成形プロセスによる 17-4PH ステンレス鋼の諸特性",粉体および粉末冶金, **42** (1995) 1119-1123.
9) 三浦秀士ほか:"微細合金粉末を用いた 4600 鋼の射出成形",粉体および粉末冶金, **40** (1993) 388-392.

4・6・1 の文献
1) 小泉光恵, 西原正夫 編著:等方加圧技術―HIP・CIP 技術と素材開発への応用―, 日刊工業新聞社 (1998) 33-65.

第5章

焼　　　結

5・1　焼結の基礎

（1）　焼結とは

　粉末（粒子の集合体）状の物質を加熱すると固まる現象は，焼結（sintering）あるいは焼成（firing）と呼ばれ，古くから陶磁器の製作に，近代では金属，サーメット，セラミックス系の工業材料の製造法として広く利用されてきている．図5・1-1は，焼結という現象を，機構の点から分類したものである．まず焼結は，無加圧焼結（pressureless sintering）と，加圧焼結（pressure sintering）に分けることができる．また，存在相により固相焼結（solid state sintering）と液相が混在する液相焼結（liquid phase sintering）に分けられる．加圧焼結には，熱間静水圧成形（HIP：Hot Isostatic Pressing），ホットプレス，粉末鍛造等がある．

　これらの焼結の現象や機構について，実験的または理論的な面から多くの研究がこれまでに行われてきている．粉末が焼結するということは，現象論的な観点からは非常に分かりやすい過程であるが，物質移動論的な観点からは必ずしも分かりやすい過程ではない．たとえ単一成分，単相の焼結過程でも，複数の物質移動機構（mass transfer mechanism）（体積拡散，表面・粒界拡散等）が働き，ましてや現実の材料系（多成分，多相等）の焼結では，きわめて複雑な物質移動が生じる．焼結の理論研究が古くから行われているにもかかわらず，焼結材料の設計手法として発展しにくい大きな理由の1つは，従来理論では単一の物質移動機構による解析がほとんどであり，現実との間に大きな溝（ギャップ）があるためである．たとえば，粉末冶金技術における焼結という現象を考えた場合，金属，サーメット，セラミックスといった結晶質材料を対象とした場合には，粒成長（grain growth）現象を同時に取り扱えることが必須条件となる．

（2）　焼結の駆動力

　理論研究で最も基本となるのは，焼結または粒成長がどのような駆動力によって生じるかを表現することである．いうまでもなく，焼結の場合の駆動力は表面エネルギー（surface energy）の減少であり，また粒成長の場合には粒界エネルギーあるいは界面エネルギーの減少である．焼結，粒成長のいずれの場合におい

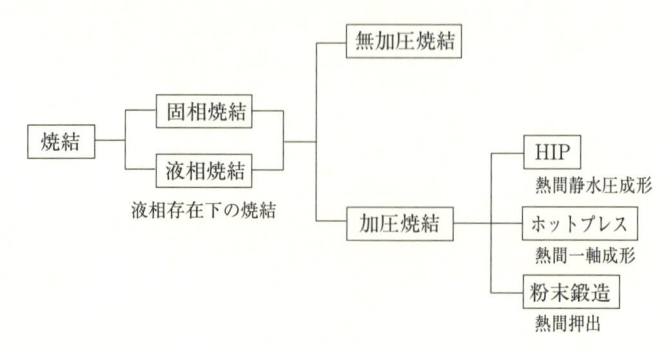

図5・1-1　焼結の基本的な分類

ても駆動力の基本的な式はよく知られた表面応力の式によって示される．

$$\sigma = 2\gamma/r \qquad 式(5\cdot1\text{-}1)$$

ここで，σ は，曲率半径 r の粒子の表面あるいは結晶粒の粒界（界面）にかかる応力（圧縮方向）を意味する．すなわち，粒子あるいは結晶粒ともにそれらが収縮する方向に力が作用する．また，曲率半径が負ならば σ は引張力となり，たとえばポアにかかる応力とした場合にはポアが収縮する方向となる．γ としては γ_{SV}（固相表面エネルギー），γ_{SS}（固相粒界エネルギー），γ_{LV}（液相表面エネルギー），γ_{SL}（固相/液相界面エネルギー）等があてはまる．

駆動力のさらに発展した表現として，Kelvin 式（あるいは Thomson 式）等と呼ばれる式がある．

$$P_r = P_0 \exp(2\gamma V/RTr) \qquad 式(5\cdot1\text{-}2)$$

ここで P_r は粒子の蒸気圧であり，粒径が小さいほど高くなる．P_0 は平面での蒸気圧，V はモル体積，T は絶対温度，R はガス定数である．蒸気圧の代わりに，空孔または溶質の濃度，化学ポテンシャル（chemical potential）を用いて表すこともできる．大きさの異なる粒子の間には，圧力，濃度，化学ポテンシャルの差が生じ，それが駆動力になるというのが式(5・1-2)の考え方である．

速度論の組立ての次のステップは物質移動経路の問題である．図 5・1-2 には焼結，粒成長における主な物質移動経路を模式的に示した．(a)に示した固相状態の焼結，粒成長では体積拡散，表面拡散，粒界拡散，蒸発・凝縮，塑性流動（または粘性流動），粒界移動等が考えられる．図中の矢印の方向は物質（原子空孔ではない）の移動方向を示している．なお，粒界移動（粒成長）における矢印は粒界の移動方向を意味している．一方，(b)には液相が一部存在する焼結，粒成長における物質移動経路を示した．この場合には，まず液相流動あるいは毛管力（capiraly force）による固相粒子の移動およびポアの消滅が考えられる．さらには液相を介した固相粒子の拡散機構（いわゆる溶解・再析出機構）も，液相が存在する場合の特徴的な物質移動経路である．さらには，固相/固相の粒界が存在する場合には粒界移動も生じる．

速度論の組み立ての基本式は最も単純化した形では次式のようになる．

$$v = M \cdot F \qquad 式(5\cdot1\text{-}3)$$

ここで，v は焼結，粒成長が起こる速度を，M は物質の移動度を，F は駆動力として作用する力あるいは自由エネルギー変化を意味する．上式は微分方程式の形で表されるので，基本的にはそれを解くことにより焼結，粒成長の進行度合（収縮率，粒径等）の時間依存性が定式化される．

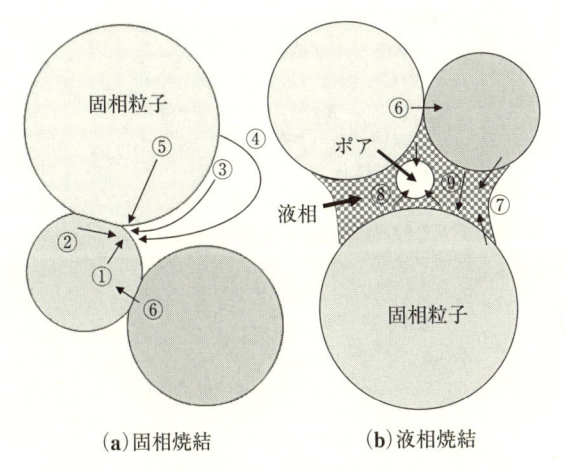

図 5・1-2 焼結・粒成長における物質移動経路の模式図
①体積拡散，②粒界拡散，③表面拡散，④蒸発・凝縮，⑤塑性（粘性）流動，⑥粒界移動，⑦再配列，⑧液相流動，⑨溶解・再析出

(a)固相焼結　(b)液相焼結

5・2 焼結機構

5・2・1 焼結理論

表5・2・1-1には,焼結および粒成長の研究の歴史をまとめた.これまでの焼結の理論研究においては,おおむね単一の機構モデルによる取り扱いが中心であった.たとえば,固相粒子の焼結の理論の場合には,粒子のネック成長の過程が表面拡散機構等の単一機構によって行われるときのネック曲率半径の変化等が数式化されている.しかし,実際の材料の組織は,たとえ純粋なものであっても,単一の機構によって形成されているとは考えにくい.

(1) 固相粒子の焼結

単一の物質よりなる固相結晶粒子の焼結過程は,①粒子のネック成長(初期),②ポアのネットワーク形成(中期),③ポアの孤立と消滅および粒成長(後期)の3つの基本過程よりなる.固相粒子の焼結の速度論については,①の過程に関して最も多くの理論が提案されている.最初に理論化されたのは,粒子内に粒界の存在しない材質の焼結初期過程である.物質移動経路としては塑性(粘性)流動,蒸発・凝縮,拡散(体積拡散,表面拡散)等の機構が考えられ,Kuczynski[1]の研究はその代表といえる.セラミックス,金属等の結晶粒子の焼結では拡散機構が支配的であり,かつ粒界の寄与がきわめて大きいことが実験的に明らか

表5・2・1-1 焼結および粒成長に関する基礎(理論)研究の歴史

研究者(年)		理論
焼結	粒成長	
Kuczynski(1949)		拡散モデル
Herring(1950)		速度論(時間依存性)
	Burk and Turnbull(1952)	純粋材料の速度式;$R^2-R_0^2=Kt$
	Zener(1953)	分散粒子によるピン止め効果
Kingery(1955)		理論(速度論)と実験
Coble(1961)		拡散モデル(粒界の役割)
Kingery(1961)		液相焼結
	Lifshitz and Slyozov(1961)	オストワルド成長の理論;
	Wagner(1961)	$R^3-R_0^3=K_dt$(拡散律速)
		$R^2-R_0^2=K_rt$(界面反応律速度)
	Cahn(1962)	不純物ドラッグ効果
	Hillert(1965)	異常粒成長
Nichols(1968)		焼結シミュレーション(表面拡散)
Brook(1969)		ポアと粒界の相互作用のマッピング
Ashby(1974)		焼結マップ
German and Lathrop(1978)		ネック成長のシミュレーション
	Novikov(1978)	統計的モデルによるシミュレーション
Harmer and Zhao(1983)		気孔率-粒径関係マップ
	Anderson, Srolovitz, et al.(1984)	モンテカルロシミュレーション(ポッツモデル)
Lange(1984)		焼結における不均質性の解析
Rödel and Glaeser(1990)		ポアドラッグとポア-気孔の分離
Chen, Srolovitz, et al.(1990)		焼結の最終段階のシミュレーション

となり，粒界の寄与を取り入れた焼結理論が，Kingery ら[2]の研究をへて，Coble[3]，Johnson ら[4]等の研究者によって体系化された[5]．拡散機構による焼結初期過程の速度論の一般式は，粒子ネック径 x を粒子径 r と時間 t との関数において次式のように表される[4]．

$$x^w = (K\gamma\delta^3 Dr^s/kT)t \qquad 式(5\cdot2\cdot1\text{-}1)$$

ここで，δ^3 は原子空孔体積，D は拡散係数，γ は表面エネルギー，k はボルツマン定数，T は温度である．また，粒子間距離が縮む，すなわち収縮する場合には，線収縮率 $\Delta l/l_0$ を表す式とすることができる．

$$\Delta l/l_0 = (K'\gamma\delta^3 D/kTr^p)^m t^m \qquad 式(5\cdot2\cdot1\text{-}2)$$

これらの式で，w，s，K，K'，p，m は焼結機構等によって異なる定数である．特に時間の指数は実験結果との比較を論じる際に重要となるが，たとえば球形粒子が粒界を空孔シンクとした体積拡散機構で焼結する場合には，w は 4.7，m は 0.46 とされる[4]．焼結の中期，後期過程（上述の②，③）の理論については Coble[6]の研究がよく知られ，焼結体密度の増加（あるいは空隙率減少）の速度式が提案されている．

　このような焼結に関する理論式を実験結果との比較において論じるには多くの注意が必要である．それらの理論は，かなり理想化された条件下での焼結過程で成り立つということである．特に物質移動機構が単一のものに限られているということは現実には考えにくい．たとえば，拡散機構であれば，体積，粒界，表面拡散が同時に起こってもよいし，初期過程といえども粒成長の影響は無視できない場合が多いと考えられる．また，現実の焼結を考えた場合，使用する粉末の粒子径およびその充填は均一ではない．近年では，そのような不均質性を考慮した焼結挙動等の取り扱いが研究されている[7〜10]．

（2）液相焼結

　液相焼結とは，正しくは固相粒子の中に液相が一部に存在する場合の焼結である．したがって，液相焼結はそもそも駆動力からして固相焼結に比べて複雑であり，エネルギー減少の過程は γ_{SV}，γ_{LV}，γ_{SS}，γ_{SL} といった複数のエネルギーについて考慮する必要がある．液相焼結が起こりやすい系であるかどうかは，よく知られた接触角（contact angle, θ）および二面角（dihedral angle, 2ϕ）によって一応は表すことができる．いずれの角度も小さい方が焼結しやすくなる．

　液相焼結の過程[11]は，①液相出現と液相毛管力による固相粒子の再配列（rearrangement），②液相を介した固相粒子の溶解・再析出（solution-reprecipitation）と形態適応（shape accommondation），③固相粒子の粗大化（coarsening）あるいは骨格（skelton）構造の形成からなると考えられている．液相焼結の最も大きな特徴は，同一粒径の下では，焼結体の収縮減少が固相焼結の場合に比べて著しく短時間で終了することである．これは，主として①の過程が速やかに生じ，かつ②の過程も液相を介した高速の拡散・反応現象であるためと考えられる．

　液相焼結の速度論の最初の研究としてしばしば引用されるのは Kingery[12]の論文であり，液相の毛管力によって固相粒子の接触部に圧縮応力が生じて固相成分の溶解度が高まりネック部に物質移動するという機構と収縮速度式が示された．その後，毛管力の取り扱い[13]，再配列モデル[14]，再配列や形態適応における溶解・再析出機構の寄与[15〜17]，液相のポア充填過程[18〜20]，液相の再分布[21]等の液相焼結に関する研究が続けられている．さらに，液相焼結で重要な議論の対象となる問題に固相粒子間の液相膜の存在があり[22]，最近では Clarke らによる液相の平衡厚みの理論と観察結果は興味深い研究である[23〜25]．いずれにしても，液相焼結というかなり複雑な現象を，一元的な速度論で扱うには無理があり，もし速度論を構築するならば複数過程を同時に扱える手法が必要であろう．

（3） 単相組織の粒成長

　粒成長に関する基礎理論は，これまで金属系材料を中心に大きな発展をとげている[26]が，セラミックスにおいての粒成長も基本的には金属の場合と同様に扱うことができる[27,28]．単相組織における粒成長はその最も基本となる取り扱いを教えてくれる．粒成長の速度が5・1節の式(5・1-3)の形，すなわち

$$dr/dt = M \cdot F \qquad 式(5\cdot2\cdot1\text{-}3)$$

で表され，かつ移動度 M が粒界における原子の拡散速度に，F が $2\gamma_{gb}\Omega/r$ に対応するとして，上式を積分すると，

$$r^2 - r_0^2 = (\gamma_{gb}\Omega D_{gb}/\lambda RT)t \qquad 式(5\cdot2\cdot1\text{-}4)$$

のいわゆる2乗則の粒成長速度式が得られる．ここで，γ_{gb} は粒界エネルギー，Ω はモル体積，D_{gb} は粒界における原子の拡散係数，R は気体定数，r は粒径，λ は原子のジャンプ距離で，ここでは粒界の幅に相当する．

（4） 不純物，分散粒子等の効果

　粒界に偏析した不純物元素を粒界が引きずって動くために粒成長が抑えられる効果は，不純物ドラッグ効果（impurity drag effect）と呼ばれる．Cahn[29]の理論研究等が有名であるが，その効果は近似的に次式によって表される．

$$dr/dt = (M/\alpha C_0)F \qquad 式(5\cdot2\cdot1\text{-}5)$$

ここで，α はドラッグ効果を示す係数であり，C_0 は粒界における不純物濃度である．C_0 が粒径に依存しなければ粒成長は2乗則になるが，粒径に反比例するならば3乗則となる[28,30]．

　粒成長を抑える最も効果的な機構は分散粒子のピン止め作用である[31~33]．この問題を最初に取り扱ったのは Zener[31] である．母相の粒界が分散粒子（半径 a）の拘束から外れるための力は $\pi a \gamma_{gb}$ であり，速度式としては，

$$dr/dt = M(2\gamma_{gb}V/r - 3\gamma_{gb}Vf/2a) \qquad 式(5\cdot2\cdot1\text{-}6)$$

が成り立つ．ここで，V, f は分散粒子のモル体積，体積分率である．駆動力とピン止め力が等しい場合には，

$$r = (4/3)a/f \qquad 式(5\cdot2\cdot1\text{-}7)$$

となり，これが有名な Zener の関係と呼ばれる式である．分散粒子が成長しない場合には母相の粒成長も止まり，また分散粒子が成長する場合にはそれに比例した形で母相の粒成長が進行することを意味する．

　上記の取り扱いは粒成長のいわば平均的挙動を議論しているが，実際の粒成長を考えた場合，それが比較的均一に起こる（normal grain growth）か，あるいはいわゆる異常粒成長（abnormal grain growth）を起こすかが重要な問題である．理論的な観点からいえば，Hillert[34]の論文にあるように，純粋な単相組織の粒成長といえども粒子のサイズ分布を考慮する必要があり，また不純物，分散粒子，ポア等の存在による駆動力，移動度の不均一を考慮した取り扱いが必要である．

（5） 液相を含む粒成長

　粒成長の基礎理論として液相（あるいは母相）を介した固相粒子（あるいは分散粒子）の溶解・再析出型成長，いわゆるオストワルド成長（Ostwald ripening）の理論にふれなければならない．この理論も歴史の古い研究で，Greenwood[35]，Lifshitz と Slyozov[36]，Wagner[37]等のよく知られた研究がある．オストワルド成長の駆動力としては基本的には固液界面エネルギー（γ_{SL}）の減少を考えることになる．物質移動の経路は液相を介した拡散であるが，粒成長を律速する機構としては拡散のほか，界面における反応律速の速度式

5・2 焼結機構

が理論化されている．拡散律速の場合，移動度の項が粒径（拡散距離）に反比例すると考えることができ，その速度式は，

$$r^3 - r_0^3 = (8/9)(\gamma_{SL}\Omega 2D_{SL}C_0/RT)t \qquad 式(5\cdot2\cdot1\text{-}8)$$

と表され，粒径と時間の関係が3乗則となる．ここで，D_{SL}，C_0，Ω は液相中の溶質の拡散係数，濃度，モル体積である．拡散律速の速度は，上式から分かるように D_{SL}，C_0 が多いほど増加するが，固相粒子（液相）の体積分率にも影響されるはずであり，それを考慮した式も提案されている．界面反応律速の場合には2乗則となり，速度は界面反応の速度，C_0 に影響されるが，体積分率には理論上影響されないことになる．このほか，液相焼結における粒成長として合体成長機構[38,39]や固相接触拘束[40,41]等が提案されているが，この場合の成長速度は合体の頻度，固相粒界の移動度等の関数となる．液相を含む粒成長においても理論的にさらに考慮しなければならない問題が多く残っており，セラミックス，サーメット等に関係のある問題として，液相の少ない組織，異方的な成長挙動等の解析が今後検討される必要があろう．

（6） マッピングによる理論研究―ポアと粒成長の相互作用―

固相の焼結の終期過程になると，ポアはいわゆる閉気孔となって存在し，その消滅は粒界を通した拡散によって行われるようになる．これと共に，粒界の移動も活発となり，これに対してポアの存在が影響するという現象が生じる．つまりポアと粒界が相互作用をしながら，焼結と粒成長の過程が進行するようになる．このような相互作用を最初に理論化したのが Brook[42]であり，その取り扱いの特徴の1つは，粒界がポアを引きずりながら動くことを解析したことにある．粒界の移動速度は v_{gb} は，

$$v_{gb} = M_{gb}(F_{gb} - NF_p) \qquad 式(5\cdot2\cdot1\text{-}9)$$

と表される．ここで，M_{gb} は粒界の移動度，F_{gb} は粒界移動の駆動力，N はポアの存在密度，F_p は粒界上に存在するポアに作用する力で，分散粒子の場合と同様に，$\pi a\gamma_{gb}$ で表される．他方，ポアには表面拡散等による移動度 M_p が与えられ，その移動速度 v_p が求められる．

そして，v_{gb} と v_p を比較することにより図5・2・1-1に示したようなポアと粒界の相互作用のマップが作成される[27,42]．同図では，ポア径と粒径を両軸にとり，ポアが粒界から離れる領域，粒界がポアと共に移動する速度が粒界移動速度またはポア移動速度に律速される領域，さらには不純物がそれら領域を全体的に変化させる挙動等が明示されている．このように，複数の過程を同時にしかも分かりやすい形で示した理論研究

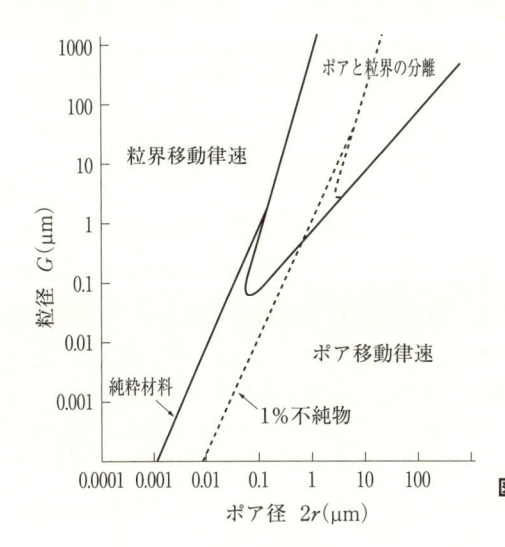

図5・2・1-1 ポアと粒界移動の相互作用を示すマップ（Brook[42]）

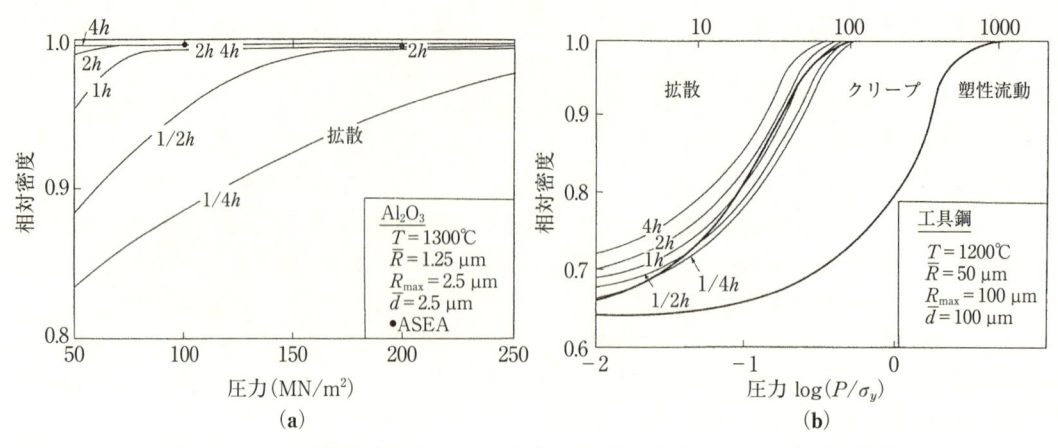

図5·2·1-2 加圧焼結 (HIP) のマップ (Ashby[48]). (a) アルミナ, (b) 工具鋼

の最初の例として, Brookの研究の意義は大きい. その後も, ポアと粒界の相互作用については詳細な研究がなされている[43～45]. Harmer[46]は, 粒径と密度を両軸にとったマップを作成し, 粒成長と収縮過程の関係を焼結助剤の効果を含めて論じている.

(7) 加圧焼結(HIP)マップ

Ashby[47～49]らは, 多様な物質移動機構を同時に取り扱うことの可能な焼結マップの理論について一連の研究を進めてきている. 特に, 焼結に及ぼす圧力 (静水圧) の効果を重視していることから, 実用的にも加圧焼結法として発展した HIP (hot isostatic pressing) 手法のプロセス設計の意味もあり, HIP マップとも呼ばれている[50]. その取り扱いでは, まず塑性流動, 拡散, クリープ, 拡散クリープといった焼結, 粒成長, 高温変形の研究分野でよく知られている過程に基づく物質移動の速度式を, 粒径, 密度, 外力等の関数によって求め, さらに, 計算機によって各段階 (時間) での密度を算出し, それを完全密度まで続けてマップを作成する. 図5·2·1-2(a), (b) には Al_2O_3 および工具鋼について, 相対密度と圧力を両軸にとった HIP マップを示した[49]. 図中には, 支配的な物質移動機構の領域や, 焼結時間ごとの密度-圧力関係曲線が示されている. この図によって加圧焼結する際の条件が示されることになり, いわば材料プロセス設計手法のきわめて好例の1つといえるだろう. もちろん, HIP マップの有効性には多くの基礎物性値の正確なデータや検証実験が必要であることはいうまでもない.

5·2·2 焼結収縮変形のシミュレーション

(1) 連続体モデルと構成式

焼結体には密度分布, 温度分布, 重力等の影響で, 不均一収縮が生じ, ゆがみやクラック等の欠陥を招くことがある. 欠陥発生を予測するには, 粉末成形体を連続体として扱い, マクロな収縮変形, 応力解析を行うことが有効である[1～13]. この場合, 焼結現象は高温における金属多孔体の拡散クリープとして扱われる. 解析の基礎となる, ひずみと応力の応答を記述する構成式は, 圧縮性の粘性材料の式に焼結の駆動力としての焼結応力が導入された形となる[5]. 例として以下の式をあげる.

$$\dot{\varepsilon}_{ij} = \frac{1+\nu}{E}\sigma'_{ij} + \delta_{ij}\frac{1-2\nu}{E}(\sigma_m + \sigma_s) \qquad 式(5·2·2-1)$$

ここで, $\dot{\varepsilon}_{ij}$ はひずみ速度 ($i, j = x, y, z$), ν は粘性ポアソン比, E は縦粘性係数, σ'_{ij} は偏差応力, δ_{ij} はクロ

ネッカーのデルタ，σ_m は静水圧応力，σ_s は焼結応力である．E，σ_s，ν はそれぞれ微細構造が考慮され，相対密度の関数となる．E と σ_s はさらに構成材料の粘性係数や表面張力の関数となる．これらは計測実験や解析モデルを利用して決定することが試みられている．

（2）焼結応力

式(5・2・2-1)における焼結応力は，内部の表面張力により自ら収縮することを表すための仮想的な静水圧であるが，物理的には"焼結ポテンシャル"と呼ぶ場合がある．一般には"それを逆方向に負荷した場合（すなわち同じ大きさの引張応力を負荷した場合），焼結収縮を停止させうる応力"と定義される．実際に粉体に引張応力を負荷すると破壊しやすいため，圧縮による外挿法がしばしば用いられる．実験では種々の因子が影響するため，解析的な検討もなされている．たとえば表面エネルギーの減少がすべて収縮に費やされるとすると，それが焼結応力による仕事と等しいとおくことにより焼結応力が導かれる．気孔形状が分かれば，それに作用する表面張力を積分することで直接求めたり，仮想仕事の原理を用いて求めたりすることができる．

（3）粉体構造，組織変化

実際の粉末成形体は粒度分布や密度分布があり，不均一構造を形成する．密な領域と疎な領域の収縮速度差は大きな気孔を成長させ，マクロ焼結収縮挙動にも影響を及ぼす．異種粒子や疎密がある場合の焼結収縮は局所的に不均一であり，これによる拘束で気孔が逆に成長したり，クラックが発生したりする場合もある．粉体構造の影響を検討するには離散要素法を用いた粒子系シミュレーションも試みられているが，連続体の解析では式(5・2・2-1)中のパラメータの値として，各箇所の特性を平均的に考慮することになる．一方，焼結中の結晶粒成長は粒界拡散経路が減少することになり，焼結収縮速度に大きく影響する．これについても式(5・2・2-1)中の粘性係数を結晶粒の関数とすることで考慮される．式(5・2・2-1)のパラメータについては，次節で述べるように微細構造変化の計算結果を直接取り入れるマルチスケール解析の手法も検討されている．

（4）シミュレーション手法

連続体モデルによるシミュレーションについては，粉末成形体が単純形状である場合は解析的な手法も用いられるが，有限要素法による解析が一般的となっている．有限要素法における節点力は仮想仕事の原理より，体積 v の要素に対して以下のように導出される[12]．

$$\{P\} = \int_v [B]^T [D][B]dv\{u\} + \int_v [B]^T \{S\}dv \qquad 式(5・2・2-2)$$

$$\{S\} = \{\sigma_s \sigma_s \sigma_s 000\}^T$$

ここで，$[B]$ はひずみ速度と節点速度関係づけるマトリックス（$[\ ]^T$ は転置を表す），$[D]$ は応力とひずみ速度を関係づけるマトリックス，$\{P\}$ は節点力ベクトル，$\{u\}$ は節点速度ベクトル，$\{S\}$ は焼結応力ベクトルである．$[B]$ は弾性解析に用いられるものと同様であり，$[D]$ と $\{S\}$ に焼結に関する式(5・2・2-1)のパラメータが考慮される．

5・2・3 焼結組織形成のシミュレーション

焼結や粒成長のシミュレーションに求められることは，大量の原子移動の取り扱いが可能で，しかも複数の物質移動機構が同時に扱えることである．そして，そのようなシミュレーションでは，組織形成というプ

ロセスが複数の物質移動機構の相互作用の下で行われていることが示されなくてはならない．セラミックスの焼結が，複合的な物質移動機構から生じていると考え，固相の粒成長，液相を介した固相の粒成長（オストワルド成長）や液相の存在下で焼結（液相焼結）等の過程を，お互いの現象や設定条件が相互作用する形でのシミュレーション開発が進められている[1~12]．

Potts Model と呼ばれる演算法・計算格子は，確率論的手法であるモンテカルロ（MC）法をベースとした計算法で，計算格子（セル）1つ1つのエネルギーの値（あるいは相対値）が分かっていれば，計算格子をとにかく動かして（変化させて），その試行前後のエネルギー変化の確率関数で実行を決める方法である．原子・分子の集合体を単位セルとして動かすので，大量の物質移動を取り扱うことが可能である．図5・2・3-1に三角（六角）格子によるMCシミュレーションの原理図を示す．ここでは，異なった種類（図では4種）の単位格子を考え，同種の格子の領域が結晶粒，異種相あるいはポア（空隙）を意味し，それらの境界が粒界，界面あるいは表面を意味する．格子の変化試行（たとえば結晶方位が変わる等）によるエネルギー変化 ΔG に基づく確率関数 W を，

$$W = \exp(-\Delta G/kT) \quad \Delta G > 0$$
$$W = 1 \quad \Delta G \leq 0$$

式(5・2・3-1)

の式によって求め，0から1までの間で乱数 N を発生させ，$W \geq N$ のとき試行を実行させる．焼結や粒成長（液相存在下も含めて）の過程はすべてエネルギー減少の過程であるので，MC法シミュレーションの適用が可能である．

単相多結晶体の粒成長は，最も基本的なシミュレーションである．組織は n 種の方位からなる結晶とし，異種結晶方位の格子の間（粒界に相当する）には，同種の格子の間よりも過剰のエネルギー（粒界エネルギーに相当）を与えておく．そして，計算格子上からランダムにある格子を選択する．選択した格子を結晶種 i から結晶種 j に変化させる（1~n の乱数発生）．そのときのエネルギー変化 ΔG を計算し，式(5・2・3-1)の確率に従って実行させる．つまり，粒界部にある格子は，粒界部にない格子に比べて，異なる種類の格子に変化する確率が高くなる．この格子の変化が粒界移動（粒成長）として表現される．

固相単相組織の粒成長に関する基礎理論によれば，粒成長の速度式は次式で表される．

$$dr/dt = \gamma_{gb}\Omega D_{gb}/2\lambda RT$$

式(5・2・3-2)

ここで，dr/dt は粒成長速度，γ_{gb} は粒界エネルギー，Ω はモル体積，D_{gb} は粒界における原子の拡散係数，

$$w = \begin{cases} \exp(-\Delta G/kT) & \Delta G > 0 \\ 1 & \Delta G \leq 0 \end{cases}$$

試行の成功確率

エネルギー減少の確率論
粒界エネルギー
界面エネルギー
表面エネルギー

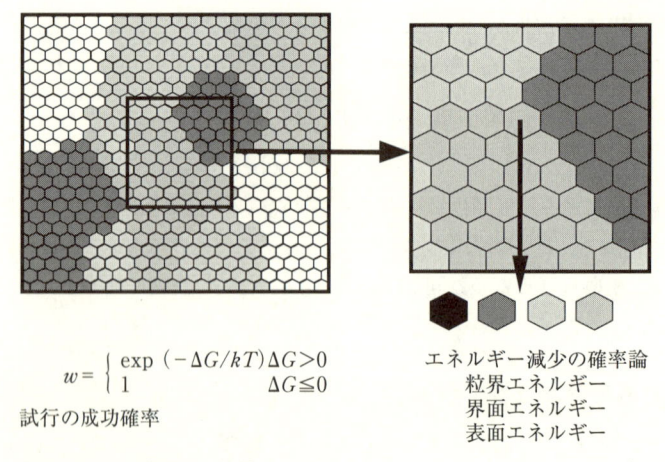

図5・2・3-1 粒成長・焼結のMCシミュレーションに用いる三角（六角）格子と確率関数（エネルギー変換に基づく）

λは原子のジャンプ距離で，ここでは粒界の幅に相当する．つまり，モンテカルロ・シミュレーションにおける粒界部での格子の変化は，基礎理論における粒界を介した物質移動の意味をもつ．

(1) 固相焼結 (solid-state sintering)

図5·2·3-2には，最も基本的な焼結シミュレーションの例として，2粒子間の焼結を3つの場合について示す[1]．(a)は2粒子間の大きさが同じでかつ粒界が存在しない場合（たとえばガラスの焼結），(b)は大きさは同じであるが粒界が存在する場合（金属，セラミックス等の結晶物質），(c)は大きさも異なり粒界も存在する場合（(b)と同様）である．いずれの場合も，計算ステップ（MCS）と共にネックの成長と2粒子間の接近（収縮）による焼結が進行することが分かる．そしてこのシミュレーションでは，(c)に示されるように焼結と共に粒成長が生じる（しかも初期段階から）ことが示されている．

図5·2·3-3には，焼結後期において特に重要となるポアと粒成長との相互作用をシミュレーションした結果を示す[1]．ポアの存在場所として，粒内(a)，粒界三重点(b)，粒界(c)が設定されており，また左側の粒子（B, D）に対して右側の粒子（C, E）は粒界上にポアは存在しない形で設定されている．まず，ポアの収縮について見ると，三重点にあったポアが最初に消滅し，次に粒界上のポアが消滅するが，粒内のポアはほとんど収縮しない．次に左右に配置した粒界の移動に注目すると，ポアの存在しない粒界の方が移動しやすくなっていることが分かる．つまり，このシミュレーションではポア収縮と粒界移動の相互作用が表現されている．

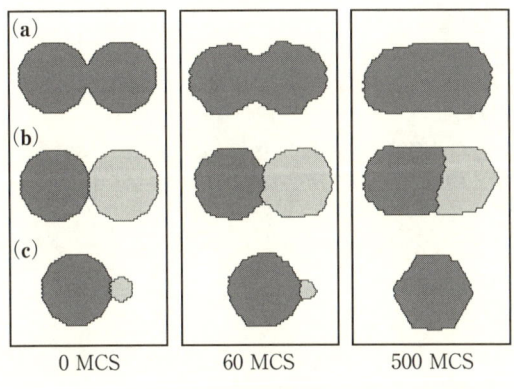

図5·2·3-2 2粒子間の固相焼結のシミュレーション (a)2粒子間の大きさが同じ，粒界なし，(b)大きさは同じ，粒界が存在，(c)大きさが異なり，粒界も存在

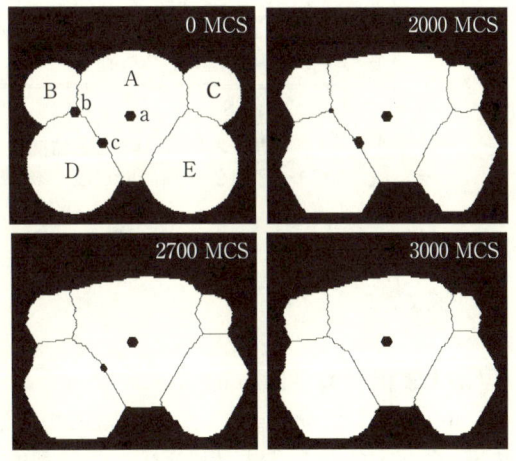

図5·2·3-3 焼結後期におけるポアと粒成長との相互作用のシミュレーション結果

図5·2·3-4には，多粒子からなる系の固相焼結および粒成長する組織発展において，分散粒子の効果をシミュレーションした結果を示す[2]．(a)は固相1のみの場合，(b)は固相2（分散粒子）を含むが，それは成長しない場合，(c)は分散粒子が成長する場合である．このシミュレーションにおいては，ポアの消滅は固相1では生じるが，分散粒子では生じないと設定している．つまり，焼結しやすいマトリックスに比べて，焼結しにくい分散粒子を添加した場合の焼結現象を意味する．図(b)の固相1の焼結（気孔率の減少）および粒成長は，分散粒子よって阻害されるが，図(c)の分散粒子が成長する場合の方が阻害効果が緩和されるという結果が得られている．これは分散粒子が成長することによって，分散粒子と隣り合うポア格子が減少し（相対的にマトリックス相と隣り合うポア格子が増加），その結果として焼結阻害効果が減少したと

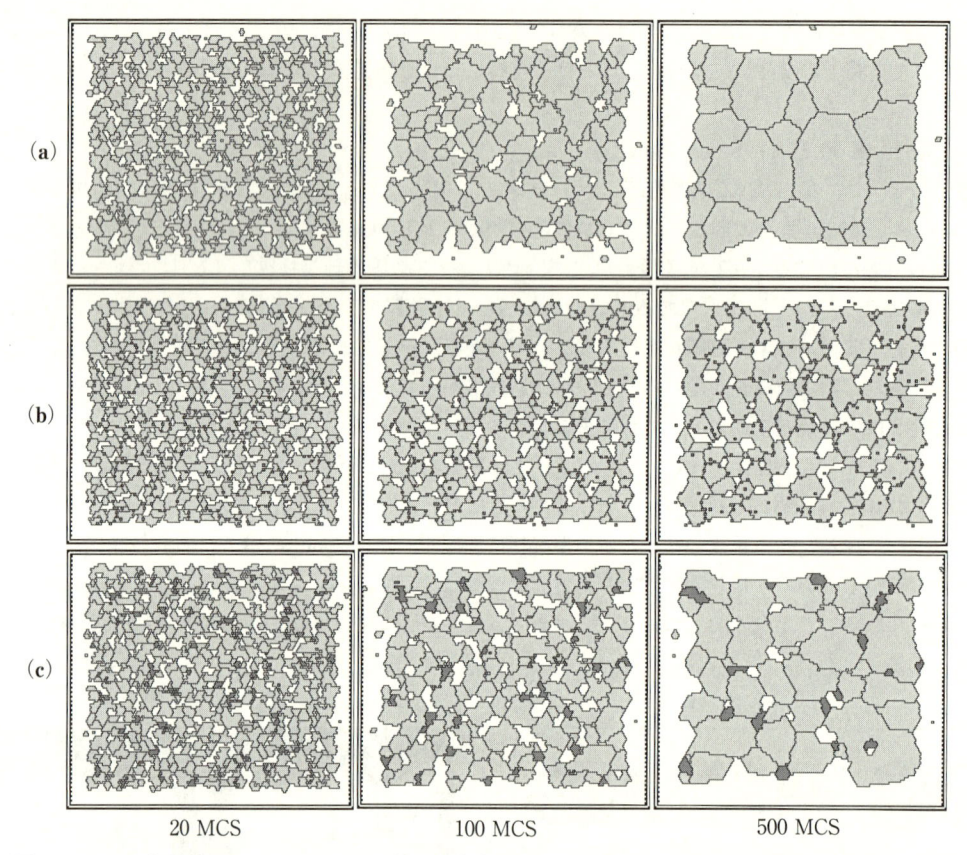

	20 MCS	100 MCS	500 MCS
(a)			
(b)			
(c)			

図 5・2・3-4 固相焼結のシミュレーション結果．(a) 単相，(b) 固相 1 ＋ 固相 2, 固相 2 は成長しない場合，(c) 固相 1 ＋ 固相 2, 固相 2 は成長する場合．固相 2 およびポア（初期組織）の分率は，4.25 %

して理解できる．

（2） 液相焼結 (liquid phase sintering)

図 5・2・3-5 には，液相が存在する焼結過程のシミュレーションを，2 つの固相粒子と液相（中央の粒子）の場合について示す[1]．液相焼結はエネルギー関係や物質移動機構が固相焼結に比べて複雑である．このシミュレーションでは，液相が固相に濡れていく過程と，固相粒子が再配列する過程を同時に表現している．

図 5・2・3-6 には，液相の量を 5, 10, 20 % の 3 種に変化させた場合のシミュレーション結果を，計算ステップ（MCS）を関数にして示す[2]．ほかの計算条件は以下に示す通りである．まず初期組織は固相，液相（最初は粒子状に配置）のいずれも平均粒径（直径）は 4 セルとし（1 セルとは計算格子の最小単位），ポア量（気孔率，外周の空間は含めない）は 30 % と一定としている．エネルギー因子としては，固相粒界エネルギー（γ_{SS}）＝1，固相表面エネルギー（γ_{SV}）＝2，固相/液相界面エネルギー（γ_{SL}）＝0.3，液相表面エネルギー（γ_{LV}）＝1.5 と一定にしている．このようなエネルギーの値の条件は，接触角，二面角とも 0 の場合（きわめて濡れのよい場合）となる．物質移動因子として，液相焼結によるポア消滅，ポア移動の頻度因子，オストワルド成長（拡散律則型），マトリックス成長の頻度因子はそれぞれ，0.1, 0.9, 0.2, 0.01 と一定に保ち，また固相に隣接したポア格子は消滅も移動も起こらないように設定している．

5・2 焼結機構

シミュレーション結果を見ると，いずれの場合にも計算ステップ（MCS）の増加とともに焼結が進行し，かつ固相が成長することが示される．液相量が多くなるにつれて，同じ MCS で比較すると，ポアが残留しにくくなること，すなわち焼結が促進されることが分かる．さらには，固相粒子の成長は，液相量が 20 %

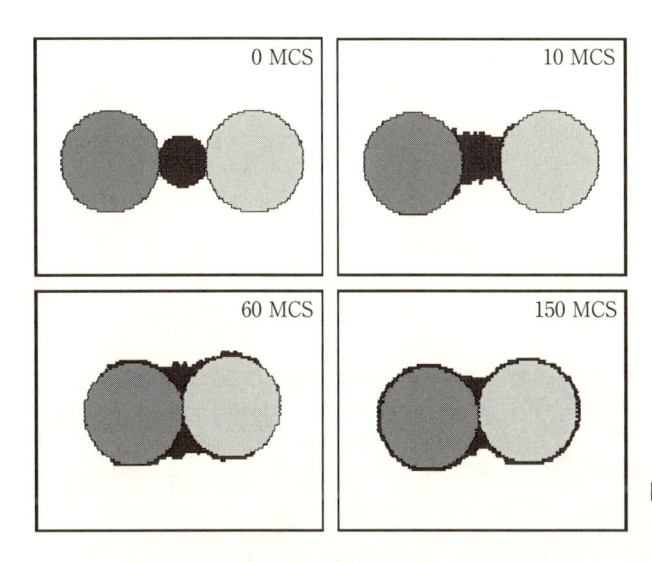

図 5・2・3-5 液相が存在する焼結過程のシミュレーション

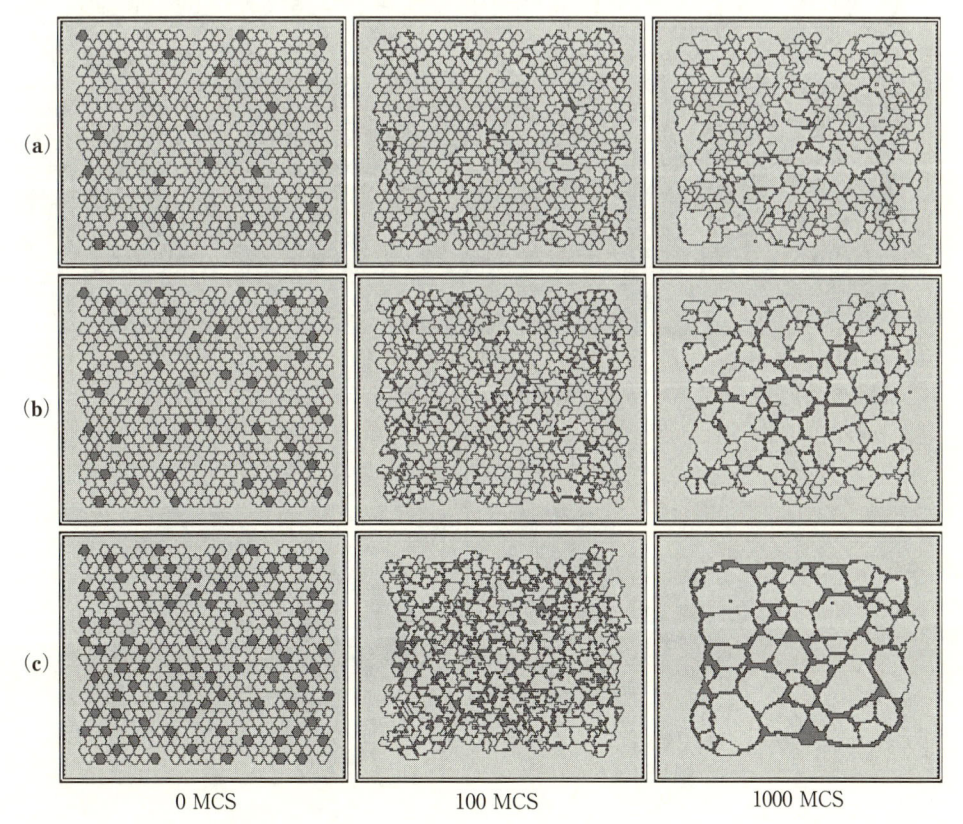

図 5・2・3-6 液相が存在する固相粒子系の焼結（液相焼結）のシミュレーションの結果．液相の量（%）を（a）5，（b）10，（c）20 に変化

までは液相量が多くなるほど活発となることが分かる．

（3） 異方粒成長

図 5・2・3-7 は液相が存在する系の固相粒子の成長について，界面エネルギーが等方性か異方性かの 2 つの場合の組織発展を示す[4,10]．異方性を付与すると粒子の形状が等方的→棒状と変化しているのは当然であるが，成長が等方的である場合は粒径がそろっているのに対し，異方性を導入した場合は粒径分布は広がった組織を示すことが分かる．

（4） ミクロ―マクロ連携の焼結シミュレーション

図 5・2・3-8 には，焼結の MC 法（ミクロ）と有限要素法（マクロ）を連携（連成）させたシミュレーションの考え方を示す模式図を示す[9]．固相焼結および液相焼結における微視的（組織）変化を示す MC 法

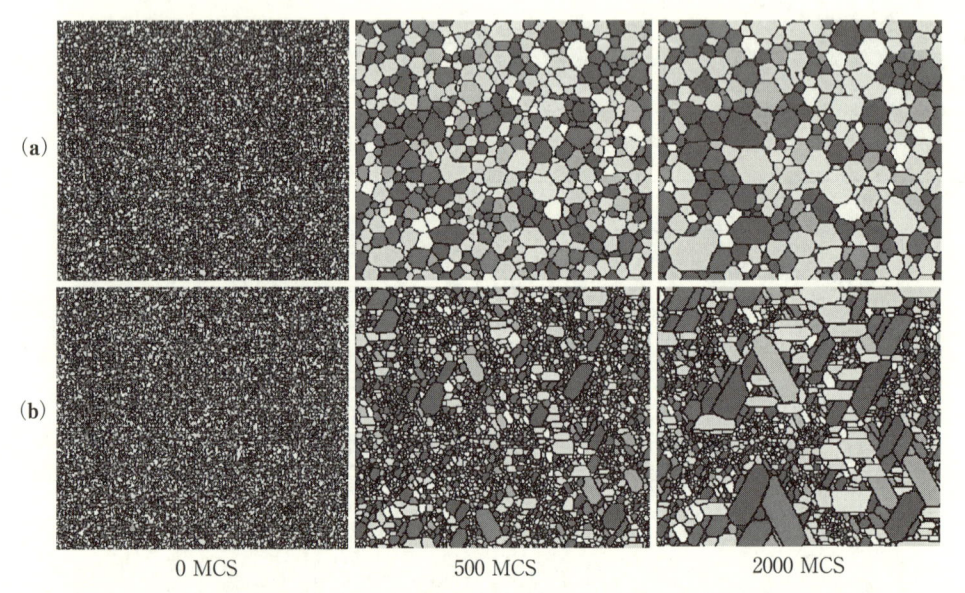

図 5・2・3-7 粒子が等方的(a)または異方的(b)に成長する場合の計算例．液相量は 10 %

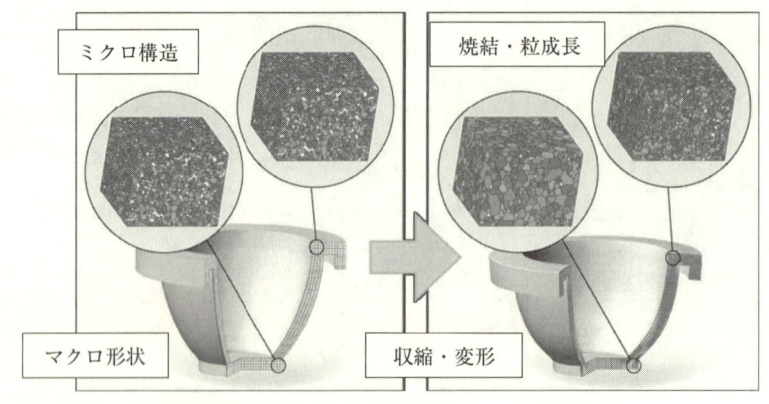

図 5・2・3-8 MC-FEM 連携焼結シミュレーション

と，巨視的な変化を示す粘塑性有限要素法を，計算ステップごとに連成させることにより，より詳細な焼結挙動をシミュレーションできることが分かる．たとえば，MC法で得られた収縮曲線を有限要素法に与えることにより，焼結体全体の収縮挙動だけでなく，局所的な収縮，つまり収縮挙動の不均質性等も定量化することもできる．また，有限要素法で得られたひずみをMC法に与えることにより，焼結ひずみによる組織変化を表すことも可能である．そして実際の焼結部品の形状予測や，異なった収縮挙動をもつ成形体の一体焼結（共焼結）の設計等に適用が可能である．

5・3 固相焼結

焼結反応に液相が関与せず固相状態で焼結が進行する場合，これを固相焼結と称している．固相焼結は，純金属粉や均質合金粉の焼結のような単相系焼結と，異種混合粉における多元系の焼結に分けられる．以下それぞれについて概説する．

5・3・1 単相系の固相焼結

この場合の焼結過程は，結晶粒組織や気孔組織から見て，以下の3段階に分けられる．第1段階は粒子間ネックの成長と粒子中心間の接近，第2段階は気孔表面の平滑化，円筒状気孔多岐管の形成，気孔の分断と孤立化および結晶粒成長の開始，第3段階は気孔の球形化，気孔と結晶粒界の分離および気孔のオストワルド成長といった組織変化により特徴づけられる．この焼結組織の変化を気孔と結晶粒界の連続性の観点から見れば，粒子間に形成され空間的に孤立して存在するネック粒界がその成長に伴って次第に連結し，最終的

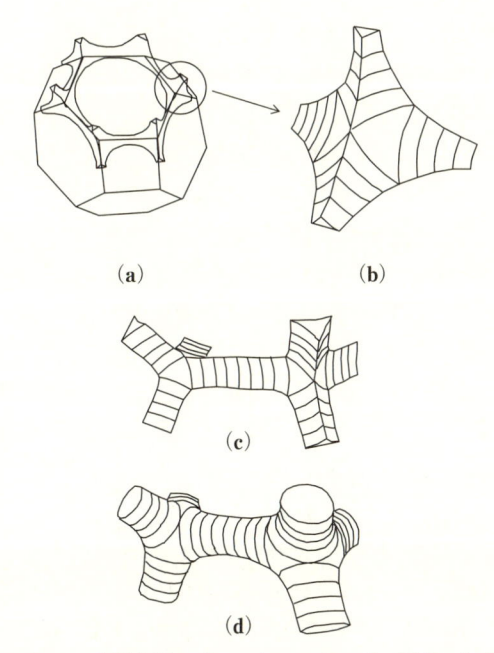

図 5・3・1-1　空間充填モデルによるエネルギー最小の気孔形態（結晶粒界二面角に対して数値計算したもの）(Beere[2])．(a) 切隅正八面体結晶粒のエッジ気孔，(b) コーナユニット，(c) 二面角＝30°，気孔率＝2％，(d) 二面角＝180°，気孔率＝10％

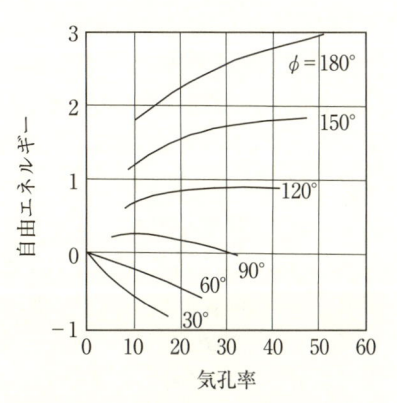

図 5・3・1-2　結晶粒界二面角に対する焼結体の自由エネルギーと気孔率の関係 (Beere[2])．縦軸はモデル多面体の表面エネルギーで規格化されている

には空間的に連続したネットワークである結晶粒界を形成する．一方，当初，空間的に連続していた気孔（開気孔）は次第に分断されて連続性を失い，ついには空間的に分離・孤立化して閉気孔となる．固相焼結の3段階に対応する組織は，それぞれフィルタ材，含油軸受材および焼結機械部材等に見られる．熱力学的に見れば焼結は内部自由表面積（気孔表面積）と結晶粒界面積に関する正味の自由エネルギーが，その時点での気孔体積について最小になる方向に進行する[1]．この最小エネルギーの組織は，形態的には結晶粒界二面角の大きさに依存する．Beere[2]は，結晶粒形を空間充填多面体である切隅正八面体と仮定し，そのエッジ部を気孔が占めているとき，最少自由エネルギーの気孔形態を数値計算により求めている．図5・3・1-1に計算に用いたモデルおよび二面角が30°と180°の場合についての気孔の平衡形状例を示す．種々の二面角について求めた自由エネルギーと気孔率との関係を図5・3・1-2に示す．二面角が90～180度の各曲線の左端は閉気孔が形成される点である．二面角が120度以下の場合，気孔体積の減少は系の自由エネルギーの減少をもたらさないため，自発的には緻密化しない．二面角が60度以下では，理論的には気孔は孤立せず，気孔率の全範囲において連続ネットワークを形成することになる．金属焼結体や酸化物セラミックスの場合，二面角は150度以上であり，気孔率の減少とともに系のエネルギーは減少するので，経験的にも知られているように，常圧焼結が可能である．それ以外では緻密化には加圧等が必要になる．焼結の最終段階において閉気孔は結晶粒界の移動に対してピン止め効果を及ぼし，結晶粒成長を抑制する．なお，焼結緻密化の駆動力は，負の曲率を有する気孔表面に発生する応力あるいはそれに対応する化学ポテンシャルの勾配であり，それぞれに応じて粘性流動，蒸発凝縮，体拡散，表面拡散，粒界拡散等による物質移動が起こり，系の自由エネルギーが減少する方向に（緻密化の方向に）焼結が進行する（5・2参照）．

5・3・2 合金系の固相焼結

多元系混合粉の焼結の場合は，単相粉末の焼結とは異なり，一般に成分の濃度勾配に起因する駆動力が表面応力による駆動力より大きいため，粒子接触部における異種粒子間の相互拡散や相反応，界面の移動等が焼結を支配する[3,4]．混合粉の焼結は，緻密化はもとより組織の制御の点でもきわめて難しい．実際の焼結合金の製造において，均質合金粉や焼結初期にほぼ合金化が完了する部分合金化粉が用いられる理由もこの点にある．Kuczynskiら[3]の先駆的な観察によれば，異種粒子間の焼結は形態的にきわめて複雑な変化を呈する．特に成分元素間で拡散係数値に差がある場合，カーケンドール効果によるネック部での溝の発達やその究極でのネックの切断等が起こり，混合粉圧粉体の焼結においては初期の収縮に続く大きな膨張となって現れる[5]．最も単純な全率固溶系についてはWatanabeら[6]のCu-Ni系についてのカーケンドール効果による特異なネック形態変化の分析がある．図5・3・2-1は直径0.5 mmのNi芯線に直径0.2 mmのCu細線をより合わせて作ったより線試料を乾燥水素中1000℃，（a）3hおよび（b）20h焼結したときの断面写真である[6]．写真（a）に見える正方形の穴はEPMA分析の位置決めのためのビッカース圧痕であり，外周部に見える三日月形はより線試料を固定するために巻いたCu線である．焼結初期に形成されたネック両端付近に溝が形成され，それらがニッケル線内部に成長し，ついにはネックが切断される状況が見られる．また，全体的にCu線は収縮し，反対にNi線は膨張している．これらは混合圧粉体の収縮・膨張挙動と対応している．この特異な形態変化は成分元素間の拡散流束値の差より生じる過剰空孔の流れに起因するものである．発生する過剰空孔量は以下のようにして推定できる．まずネック近傍の濃度分布を測定する．以下順次Cu-Ni合金系における既知の拡散係数値を用いてそれぞれの成分の拡散流束を計算する．両成分の拡散流束の差として空孔の流束を計算する．空孔拡散流束の距離微分としての空孔流束の発散値を求める．発散値が正の値のところは空孔の生成場所であり，反対に負のところは消滅場所となる．図5・3・2-2にCu-Ni系モデル対を1000℃，3h焼結したときのx軸に沿った空孔流束の発散とそれから推測される空孔の流れを

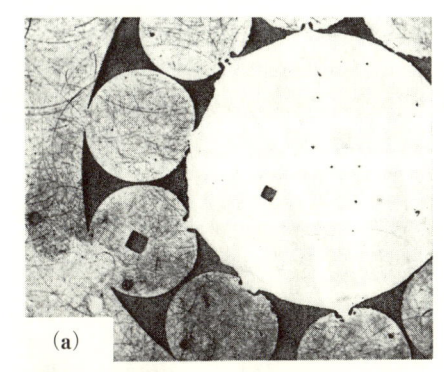

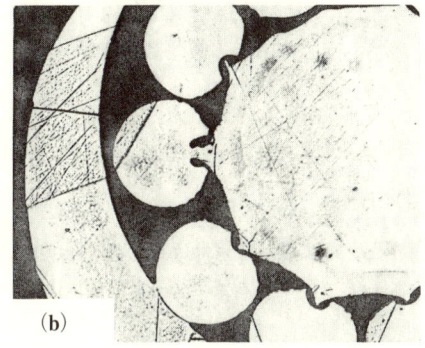

図 5・3・2-1 直径 0.5 mm の Ni 線の周りに直径 0.2 mm の Cu 細線をより合わせたテストピースを乾燥水素中 1000 ℃で，(a) 3 h, (b) 20 h 焼結したときの横断面形態

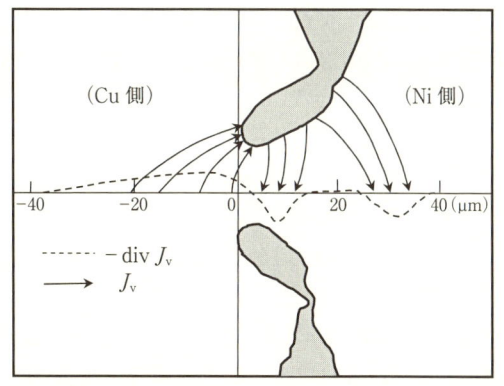

図 5・3・2-2 Cu-Ni 系モデル対を 1000 ℃, 3 h 焼結したときの x 軸に沿った空孔流束の発散 ($-\mathrm{div}\,J_v$) とそれから推測される空孔の流れ (J_v)

模式的に示す．Cu 側では空孔はネック表面に向かって流れて溝を成長させる．一方，Ni 側では，逆にネック表面から中央部に向かって空孔は流れ，ネック表面に原子が析出してハンプが形成される．このような過剰空孔の発生による溝の成長，ハンプの形成，ネックの切断現象はモデルシミュレーションによっても再現されている[7]．溝が成長してネックが切断されればそこで焼結は停止することになるが，実際の混合圧粉体では長期にわたって膨張が続くのが観察されている[5]．ここで紹介した Cu-Ni 系は全率固溶系でありカーケンドール効果のみで説明できたが，共晶合金系等では異相界面の移動も加わり，さらに温度や雰囲気の影響も敏感に現れる等，現象的にかなり複雑である[3,4]．今後さらにシミュレーション等の手法を用いて解明されるべき分野である．

5・4 活性化焼結

周期表のⅥa 属元素（Cr, Mo, W），Ⅴa 属元素（Nb, Ta），あるいはⅦa 属元素（Mn, Re）の微粉にⅧ属遷移金属（主として Ni, Pd, Pt）を微量添加すると焼結温度が著しく低下し，また，緻密で均一微細な組織をもつ焼結体が得られる．これを活性化焼結（activated sintering）と称している．1953 年 Agte[1]は W に Ni を微量添加すると著しく焼結が促進されることをはじめて報告している．その後，1959 年から 1984 年にかけてホスト金属と添加金属の組み合わせおよび焼結条件等が明らかにされた[2,3]．表 5・4-1 にホスト金属とその粒サイズ，添加剤および焼結温度を示す．W を例にとると通常は通電焼結により 2600 ℃以

上にまで加熱して焼結体を作製するが，Ni や Pd の微量添加により 1100℃という W としてはきわめて低温でも焼結緻密化する．ほかの難融金属についても同様である．また，Cr は表面酸化膜が強固なため通常の条件では焼結できないが，Pd の微量添加により劇的に焼結性が改善される．実験観察から得られた活性化焼結の条件およびそれらから導き出された焼結促進のメカニズムは以下の通りである．

(1) 相互溶解度

活性化焼結が観察される焼結系に見られる 1 つの傾向として，ホスト金属に対する添加金属の溶解度は添加金属に対するホスト金属の溶解度に比べてきわめて小さいことがあげられる．このことは図 5・4-1 に Cr-Pd 系の状態図を示したが，上記の特徴が典型的に見られる．Cr に対する Pd の溶解度は温度によらず小さいが，逆に Pd に対する Cr の溶解度はきわめて大きい．この条件はすべての活性化焼結系に共通のものであり，このことは添加金属がホスト金属中に固溶消失することなく粒子表面や粒子間接触部に滞留することを示唆している．

(2) ホスト金属の粒サイズ

焼結促進効果は粒径が微細なほど明確に現れる[3,4]．表 5・4-1 に示したように比表面積径でほとんどがサブミクロンの粉末が用いられている．逆に粒径数 10 ミクロン以上の粗粒ではその効果はほとんど現れないか，あったとしてもごく小さい．

(3) 活性化金属の添加量

Brophy ら[5]は，W の活性化焼結における Ni あるいは Pd の添加量は W 粒子表面を単原子層が覆う程度

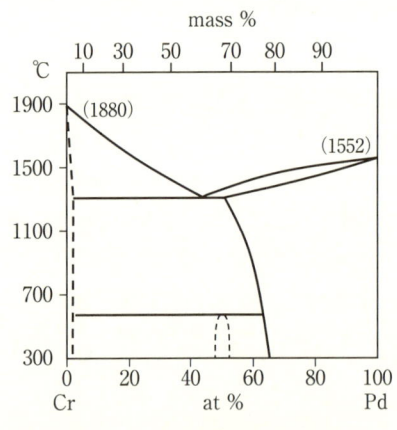

図 5・4-1 Cr-Pd 系状態図．活性元素 Pd のホスト金属 Cr に対する溶解度は小さいが，Cr は Pd 中に大量に溶け込む

表 5・4-1 活性化焼結の諸条件

ホスト金属	融点 (℃)	粒径 (μm)	添加金属	焼結温度 (℃)	出典
W	3410	0.56	Ni, Pd	1100	a, b)
Mo	2610	2.16	Ni, Pd, Pt	1070	c, d)
Hf	2230	1.02	Ni	1200	e)
Re	3180	0.82	Pt, Pd	1400	f, g)
Ta	2996	0.9	Ni	1400	h)
Cr	1890	0.69	Pd	1000-1200	i)
Mn	1244	0.14-0.26	Ni, Pd	900-1000	j)

a) J. H. Brophy, H. W. Hayden and J. Wulff, Trans. AIME, 221 (1961) 1225-1231. b) H. W. Hayden and J. H. Brophy, J. Electrochem. Soc., 110 (1963) 805. c) J. T. Smith, J. Appl. Phys., 36 (1965) 595. d) R. M. German and C. A. Labombard, Int. J. Powder Metallurgy & Powder Technology, 18 (1982) 147-156. e) R. M. German and Z. A. Munir, J. Less Common Metals, 46 (1976) 333-338. f) O. V. Dushina and V. I. Nevskaya, Soviet Powder Metallurgy and Metal Ceramics, 8 (1969) 642. g) R. M. German and Z. A. Munir, J. Less Common Metals, 53 (1977) 141-146. h) R. M. German and Z. A. Munir, 20 (1977) 145-150. i) R. Watanabe, K. Taguchi and Y. Masuda, Science of Sintering, 15 (1983) 73-80. j) R. Watanabe, K. Taguchi and Y. Masuda, Sintering and Heterogeneous Catalysis, Eds. G. C. Kuczynski et al., Plenum (1984), p. 317-327.

（通常 0.1 mass% 以下）でよいとした．German ら[2]はそれを実験的に検証し，ほぼ単原子層の添加で急激な焼結促進が現れるが，より緻密化の進む最適添加量は 4～10 原子層としている．これらは原料粉末の性状に依存すると思われるが，いずれにしてもきわめて少量の添加量で大きな焼結促進効果が現れるということである．

（4） 添加金属の周期表における傾向

German[2]は自身の研究も含めてそれまでの研究報告を検討し，図 5・4-2 に示したような周期表における活性化効果の傾向を提案している．図中の矢印は活性化効果が大きい方向をさしている．VIa，VIIa，および I b 属元素は焼結促進効果が見られず，また，Cr および Mn はむしろ活性化される側であるから，ここでは VIII 属遷移金属のみを考えればよいだろう．Ni，Pd，Pt 列が活性化効果の大きいグループである．特に Pd は最大の効果を発揮する元素である．

（5） 活性化焼結のメカニズム

上記ホスト金属と添加金属との間の相互溶解度に関する条件から，添加金属がホスト金属粒子間粒界に偏在し，その粒界層を通してホスト金属原子が高速で拡散するというイメージが生まれた．拡散促進効果に対しては電子論的な解釈が与えられている[2,6]．この活性化焼結粒界拡散モデルは，通常の固相焼結の粒界拡散メカニズムをそのままあてはめようとするものであり，ただしその場合拡散係数が単一系に比べて数万倍も大きくなると考えるわけである．Kaysser ら[7]は，Ni が偏析した W 粒界が接触部に存在するひずみ等を駆動力にして W 粒子内部に移動しそのあとに Ni を固溶した領域を残すことを観察した．移動する粒界は 1 万倍のオーダで拡散を促進するとし，また，形成された固溶域における体積拡散も促進されるので，特に焼結の後期段階における残留気孔の消滅に寄与するとしている．以上は添加金属のホスト金属結晶粒界への偏析とその偏析粒界におけるホスト金属原子の拡散促進を焼結活性化の主原因とした考え方である．これに加えて Cr の活性化焼結に見られるような粒子表面酸化膜の還元反応に対する添加金属の触媒効果も見逃せない．さらに，活性化焼結体は微粉末圧粉体にもかかわらず，一般に微細・均一な結晶粒組織が得られる．これは焼結初期の粒子充填状態が密で均一なことを示唆しているが，このような充填状態は焼結初期に粒子再配列のような動きが起こっていることをも示唆している．すなわち，必ずしも均一ではない初期充填状態が活性化初期に再配列により，たとえば均一組織形成に有利なランダム密構造[8]になることも考えられよう．活性化焼結の定量的な説明はこれからの研究に待つところが大きい．

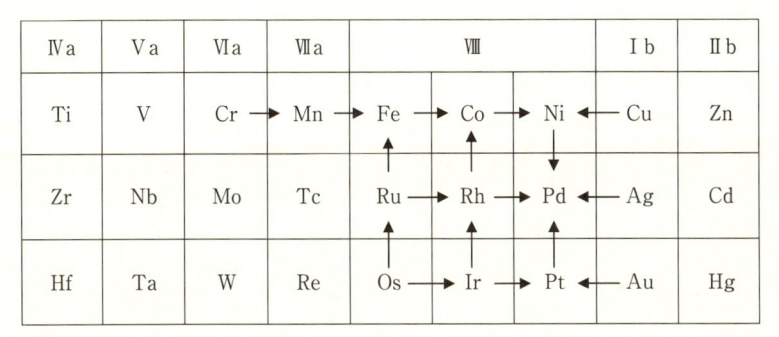

IVa	Va	VIa	VIIa	VIII			I b	II b
Ti	V	Cr →	Mn →	Fe →	Co →	Ni ←	Cu	Zn
Zr	Nb	Mo	Tc	Ru →	Rh →	Pd ←	Ag	Cd
Hf	Ta	W	Re	Os →	Ir →	Pt ←	Au	Hg

図 5・4-2 周期表における添加元素の活性化焼結効果の傾向[2]．Ni，Pd，Pt 列に矢印が集まり，特に Pd は活性化効果が最も大きいことを示している．ホスト金属はタングステン[2]

5・5 液相焼結

5・5・1 はじめに

　液相焼結は，液相と固相とが共存した状態で金属やセラミックス粉末を緻密化する焼結法と定義されている．固相焼結に比べて，焼結温度を低くでき，緻密化と均一化が速く，最終密度が高いこと等の利点をもち，形成される組織からも優れた機械的，物理的特性が得られる特徴を有している[1,2]．
　そのコスト性や生産性の高さから工業的に広く応用され，種々の焼結製品が液相焼結によって製造されている．

5・5・2 液相焼結の特徴と種類

　液相焼結における緻密化の駆動力は界面エネルギーの減少である．また，液相の形成や化合物の生成等の化学反応が関与する場合，それに伴う自由エネルギーの減少が界面エネルギーより一般に大きいため，化学反応も緻密化に大きな影響を及ぼすと考えられる．ところで，界面エネルギーには，固相-固相界面（γ_{SS}），固相-気相界面（γ_{SV}），固相-液相界面（γ_{SL}）および液相-気相界面（γ_{LV}）が関与している．液相焼結は相対的に界面エネルギーの小さい界面積が増加する過程であり，γ_{SL}が相対的に小さい場合は液相の固相への濡れ性がよく緻密化も急速に生じることになり，図5・5・2-1に示すように固相が孤立し液相が連続した組織を呈する[1]．逆にγ_{SL}が相対的に大きい場合濡れ性が悪く，固相の接触界面積が多い組織となる．このような緻密化や組織形成と界面エネルギーとを関連付ける物理的特性が接触角θと二面角ϕである（図5・5・2-2）．
　接触角θは，固相に対する液相の濡れ角度であり$\gamma_{SV}=\gamma_{SL}+\gamma_{LV}\cos\theta$で表され，一方，二面角は，固相-固相間と固相-液相間の界面エネルギーの釣り合いで決まる角度であり，$\gamma_{SS}=2\gamma_{SL}\cos(\phi/2)$で表される．接触角によって液相の固相への濡れ性が決まり，固相粒子間への液相の浸透を支配するとともに緻密化か膨張かを分けることになる．一方，粒子間に存在する液相の厚さ，固相の連結度とネック寸法等で特徴づけられる焼結組織は二面角が関与し，機械的質，物理的質に直接関係している（図5・5・2-3）．
　接触角および二面角は，粉末組成，粉末粒径，気孔形状，不純物，粉末表面清浄度等の原料粉末そのものに依存する．また，固相の液相中への溶解度，液相量，中間化合物の生成，相互拡散等が焼結速度や微構造の形成や膨張等に著しい影響を及ぼす．このような物理的および原料粉末的因子は，焼結温度，時間，雰囲気，成形密度，生成物質の種類等のプロセスパラメータの影響を受けることになる（図5・5・2-4）．した

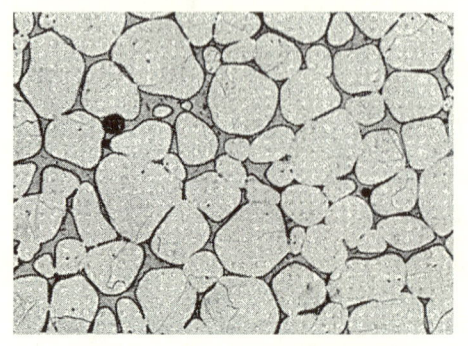

図5・5・2-1 典型的な液相焼結組織[1]

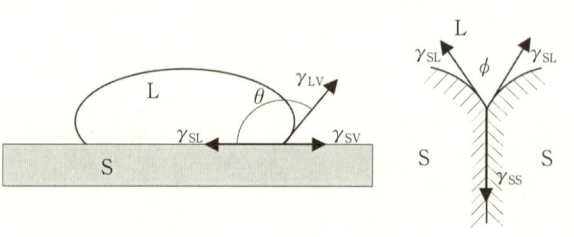

図5・5・2-2 接触角θと二面角ϕ

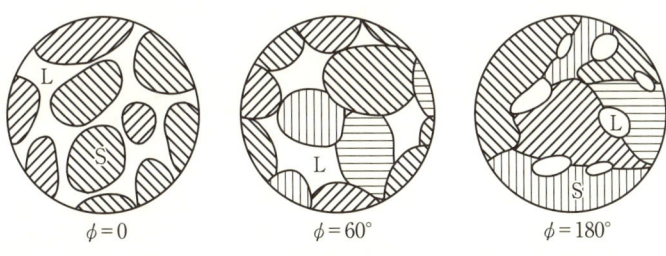

図 5・5・2-3 二面角と液相焼結組織. S：固相粒　L：液相

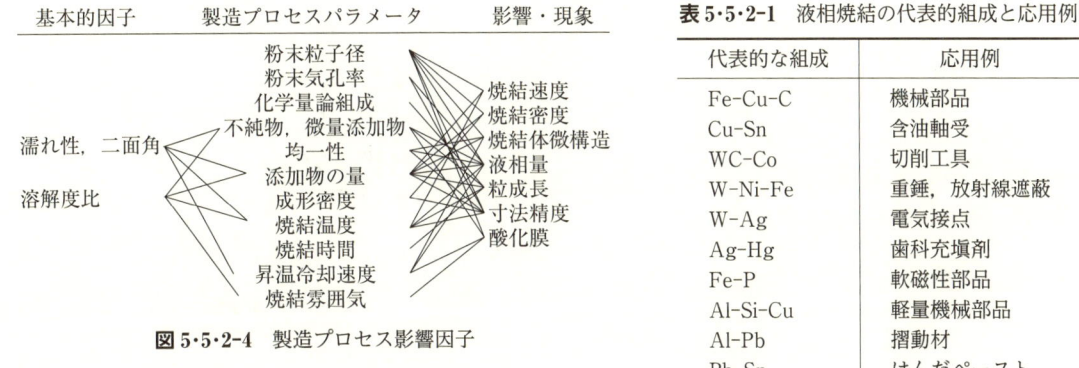

図 5・5・2-4 製造プロセス影響因子

表 5・5・2-1 液相焼結の代表的組成と応用例

代表的な組成	応用例
Fe-Cu-C	機械部品
Cu-Sn	含油軸受
WC-Co	切削工具
W-Ni-Fe	重錘，放射線遮蔽
W-Ag	電気接点
Ag-Hg	歯科充填剤
Fe-P	軟磁性部品
Al-Si-Cu	軽量機械部品
Al-Pb	摺動材
Pb-Sn	はんだペースト
工具鋼	切削工具

がって，液相焼結現象は非常に複雑で定量的取り扱いが依然として難しく，一般化は困難である．しかし，このような多様性は，一方で製造技術に大きな柔軟性をもたらしており，金属およびセラミックスの両方において工業的に広く用いられる理由となっている（表5・5・2-1）．

5・5・3　液相焼結と応用

　液相焼結は液相生成の観点から，図5・5・3-1に示すように組成の異なる混合粉末を用いる場合と所定の組成に調整したプリアロイ粉末を用いる場合に大別される．混合粉末を用いる方法では，一方の粉末が溶融するか，あるいは双方の粉末が共晶反応等で融液となり液相が生成される．焼結の進行（図5・5・3-2）に伴って固相と液相の相互拡散が行われ液相が焼結中継続的に存在する一般的な「持続的液相焼結」[1~4]と，液相が焼結の一過程でのみ現れる「遷移的液相焼結」とに分類されている．一方，「超固相線液相焼結」[5,6]はプリアロイ粉末を用いる場合で液相線と固相線の間の温度で焼結される．

　最も典型的な液相焼結が持続的液相焼結である．一般的にその焼結過程は粒子再配列，溶解・再析出，固相粒成長の3段階におおまかに分けて理解され，遷移的液相焼結や超固相線液相焼結においても同様に考えることができる．液相焼結によって作製される焼結材料は，真密度あるいはそれに近い密度で微粒かつ均一多相組織をもつ材料と，密度は真密度の80～90％であるが寸法精度がよく，焼結後の機械加工が極力省略できる材料の2種におおよそ分類される．前者は，超硬合金（WC＋Co），重合金（W＋Ni＋Fe），高速度鋼等であり焼結時の寸法収縮を伴う緻密化が最も重要である．そのため圧粉密度は低いが原料粉末を細かくして液相量を多くする必要がある．後者は鉄系自動車部品材料（Fe＋Cu＋C）や含油軸受（Cu－Sn）等であり，圧粉密度を高く焼結時の寸法変化を小さくし，寸法精度を向上させている．液相焼結の主目的は，固相粒子同士の接触を機械的に安定な状態とし，組織の均一化と空孔形状の適性化によって機械的特性を向上

図 5・5・3-1 液相焼結の種類

液相焼結
- 混合粉末
  - 持続的液相焼結
  - 遷移的液相焼結
- 合金粉末
  - 超固相線液相焼結

図 5・5・3-2 液相焼結過程

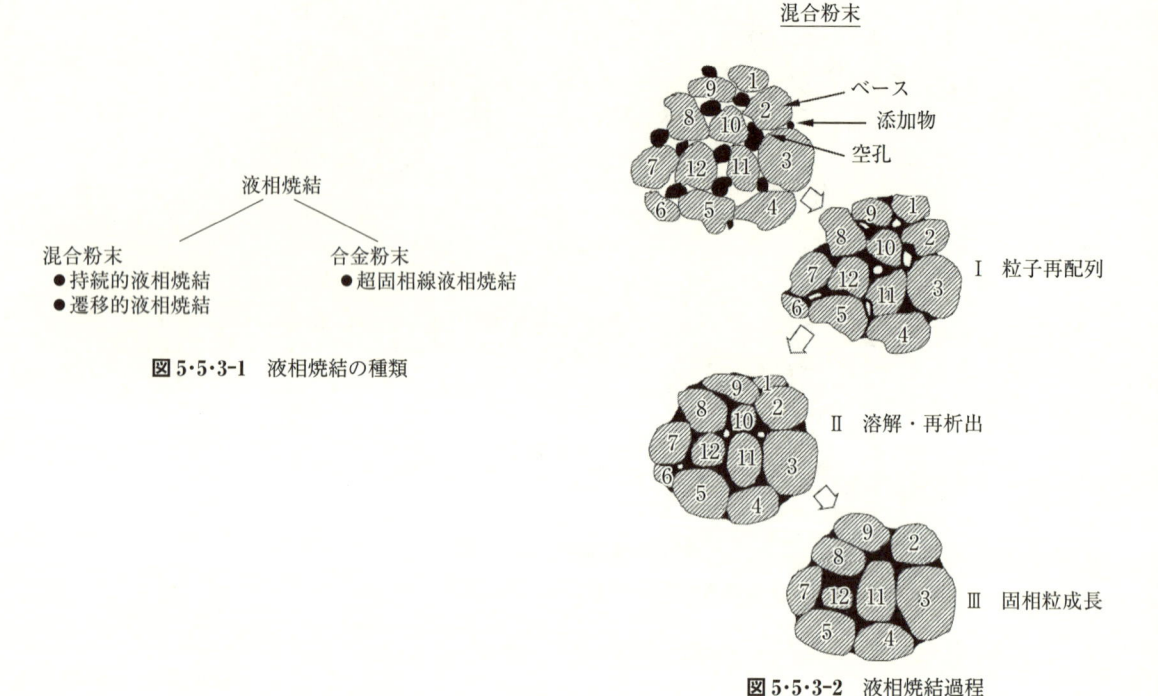

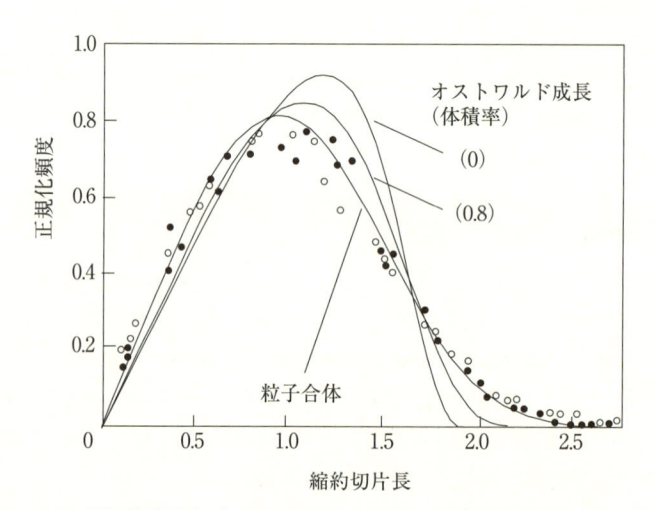

混合粉末 → ベース／添加物／空孔
I 粒子再配列
II 溶解・再析出
III 固相粒成長

図 5・5・3-3 結晶粒度分布（Fe-60 wt% Cu の例）実測値と理論分布との比較[4]

するところにある．

粒子再配列過程では，混合粉末が液相生成温度まで加熱されると液相が固相粒子を濡らし，その結果毛細管力が働き粒子の配置が変化して急激な緻密化が生じる（図 5・5・3-2）．溶解再析出過程では，溶解，再析出によって粒成長が起き，それと同時に形状適合によって緻密化が進行する[4]．オストワルド成長と同様，曲率の大きい小粒子が溶解し，大粒子の表面に再析出することにより大粒子が形状適合する[5]．また，W-Ni, Fe-Cu, Mo-Ni 系では，方向性粒成長機構によって粒子合体が生じ，粒成長が助長される[6]．現実的な

粒成長速度と粒度分布（図5·5·3-3）を予想できるようになってきているが，単一相の固相焼結に比べると機構が複雑なため，緻密化の時間則を表す正確な汎用理論式はまだ導出されていない．モデル実験やコンピュータシミュレーションに加え，焼結挙動の観察，理論解析をさらに進めることで，その理解を深めることが重要である．

5·6 反応焼結（自己燃焼焼結）

5·6·1 はじめに

反応焼結は，化合物を合成しながら焼結する手法で，焼結時の収縮がほとんどないため寸法精度がよく，高純度の焼結体が得られる等の特徴を有する．窒化ケイ素やSiC/Si等の反応焼結体が産業的に利用されている．これら一般的な反応焼結法と異なり，強力な発熱反応を伴う燃焼合成を加圧下で進行させ，より緻密な焼結体を得る方法も開発されている．

この自己燃焼焼結法は，高温加熱を必要としないうえ，分単位の短時間で焼結が完了する省エネルギープロセスである．TiC，TiB_2等の高融点セラミックスや，TiAl，NiAl等の金属間化合物の高密度焼結体が得られる．特に金属との複合化や傾斜機能化に向いている[1]．

5·6·2 反応焼結法

窒化ケイ素の場合は，式(5·6·2-1)に示すように原料にシリコン粉末の成形体を用い窒素雰囲気中で完全に窒化するまで焼成する．気孔率は25～30％あるが収縮はほとんどしない．強度は300 MPa程度と低いものの粒界相がないため高温まで劣化しない．安価であり熱処理用の治具等に利用されている．

$$3Si + 2N_2 \rightarrow Si_3N_4 \qquad 式(5·6·2-1)$$

$$SiC + C + Si \rightarrow SiC/Si \qquad 式(5·6·2-2)$$

一方，SiC/Siの場合は，式(5·6·2-2)のように骨材のSiC粉末と炭素粉末を混合した成形体に，シリコン粉末を溶融させて含浸させる．溶融Siは炭素と反応してSiCを形成し緻密化するが，未反応のSiが3～10％残存する．高純度品は半導体製造装置の治具等に用いられている．最近では，1000 MPa以上の高強度を有する高密度SiC/Si系反応焼結体も開発されている[1]．

5·6·3 自己燃焼焼結法

自己燃焼焼結に利用する燃焼合成反応は，原料となる元素粉末や組成粉末の混合体の一端を10秒から数10秒，1000℃以上に強熱すると1500℃以上の強力な発熱を伴いながら化合する反応で，表5·6·3-1にいくつかの反応例を示す．多くは反応熱により原料系が溶融し，生成物が析出‐凝固するため，プレス等で加圧しておくと塑性流動により気孔が消滅緻密化する．ただし，不純物等により反応時にガス発生があると気孔が残存しやすい．また，粒界に不純物との低融点化合物が残存すると600℃以上で強度が大きく低下する．

図5·6·3-1に自己燃焼焼結法の概略を示す．まず原料粉末をよく混合し，原料との反応性に乏しい容器に充填した後，加圧し反応温度まで昇温するか，底部に着火剤を挿入し通電により反応を開始する．反応は数10秒で終わり冷却過程に入る．原料粉末を充填する際に，添加する金属粉末の量を変化させ積層すれば金属との傾斜機能材料ができる．図5·6·3-2に，TiC/Ni系傾斜組成材料の組織を示す[1]．

表 5·6·3-1 自己燃焼焼結の反応例

反応	生成熱 (kJ/mol)	生成物の融点(℃)	断熱燃焼温度(℃)
Ti+C → TiC	185	3070	3343
Hf+C → HfC	252	3617	3900
Ti+2B → TiB$_2$	293	2920	3193
Zr+2B → ZrB$_2$	305	3040	3313
Nb+2B → NbB$_2$	247	2900	2400
Mo+2Si → MoSi$_2$	117	2027	1779
Ti+Al → TiAl	75	1460	1557
Ti+Ni → TiNi	67	1240	1420
Ni+Al → NiAl	118	1639	1912

3TiO$_2$+4Al+3C → 3TiC+2Al$_2$O$_3$
TiO$_2$+Zr+C → TiC+ZrO$_2$
3SiO$_2$+4Al+3C → 3SiC+2Al$_2$O$_3$

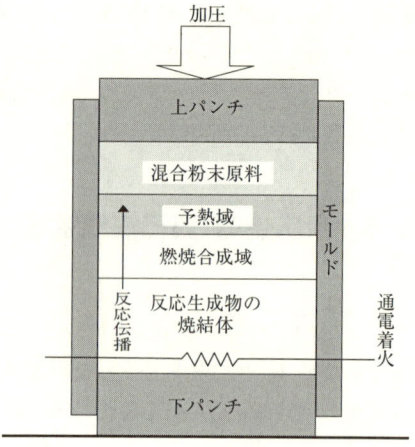

図 5·6·3-1 自己燃焼焼結法の概略図

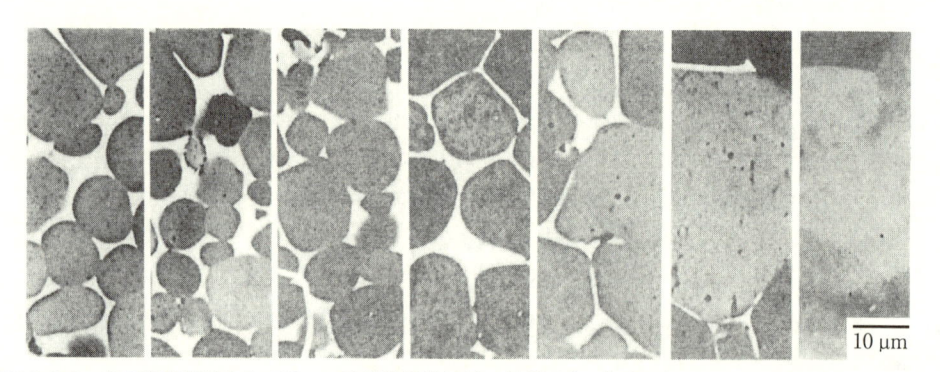

図 5·6·3-2 自己燃焼焼結した TiC/Ni 系傾斜機能材料の組織図[3]．右端は TiC のみの焼結相で，左端に行くに従い Ni が TiC の粒界に現れ，次第にマトリックス相を形成し，TiC 粒子は分散し微細化していく

5·7 加圧焼結

5·7·1 加圧焼結プロセス

　金属やセラミックスの粉末原料を成形して焼結する際，特に緻密な焼結体を製造する場合には，焼結過程で圧力を加えることが効果的であることは古くから知られている．このため，高強度や信頼性，さらにはポアフリーが要求される場合には加圧焼結が採用されることが多い．加圧焼結には，高温下で一軸加圧するホットプレス，ホットプレスでの加熱を直接通電により行う通電焼結，ガス圧で等方的に加圧する HIP，通常の焼結と残留気孔をガス圧での無気孔化を連続して行うシンター HIP 等が工業的に採用されている．パルス通電焼結は比較的新しい技術であり，5·10·1 項にて詳細に紹介されるので，ここでは，最も普及が進んでいる HIP，シンター HIP およびホットプレスについて説明する．

5・7・2 HIP

(1) HIPプロセスの特徴

HIP (Hot Isostatic Pressing) は，1950年代半ばに米国のBattelle記念研究所で発明された技術で，熱間等方圧プレス法と訳されている．材料の再結晶温度以上の高温下，すなわち原子の拡散現象が活発になるような高温下で，100MPa以上の高圧ガスの圧力を利用して材料の加工を行うプロセスで，温度と圧力の相乗効果により，処理材料を緻密化する技術である．当初はジルコニウム合金と核燃料を拡散接合する方法として発明されたが，粉末の高密度焼結や鋳造品の巣等の除去にも利用が可能であることが示されて急速に工業化が進んだ[1]．特に粉末冶金の分野では，粉末を加圧焼結する手法の1つおよび焼結品中の気孔状欠陥除去技術として，高付加価値の製品の製造にしばしば用いられている．

HIPの最大の利点は，ほかの工業的なプロセスよりも高い圧力を利用することから緻密化効果に優れていることである．一方，欠点としては，サイクルタイムが長くて生産性が悪いこと，設備が高価であること，高圧ガス保安法の対象となるために装置製造や設置に関して制約が多いこと等があげられる．

HIPを利用する場合の処理方法には，大きく分けて，①粉末等の処理原料をガス透過性のない材料からなるカプセルの内部に真空封入して処理するカプセル法，②気孔が表面に連通していない閉塞状態の処理材をそのままHIPの高温高圧ガスの雰囲気に曝すカプセルフリー法，の二通りがある[2]．カプセル法は，従来の焼結法では閉気孔状態の焼結体が得られない難焼結性の球状金属粉末の焼結や拡散接合に用いられる．また，カプセルフリー法は，すでに閉気孔状態にあるような製品，たとえば鋳造品や既存の焼結製品に熱処理と同じ感覚でHIPが適用でき，工業的に利用しやすいため，広く用いられている．

(2) HIP装置

HIPに使用される装置の本体部分は，図5・7・2-1に示すように，高圧容器の内部に縦形円筒状の電気炉が組み込まれた構造である．ガス圧力が100〜200 MPaと高いことから高圧容器の円筒部材は厚肉となり，また，上下の蓋部分に作用する数千ton以上もの荷重を保持するために窓枠状の鋼鉄製フレームが設けられる．処理室内部では，加圧媒体である不活性ガスの自然対流が激しく，上下方向に温度分布が発生しやすい．これを制御するためにヒータは通常上下複数段で構成され，温度分布に応じて供給電力が調節可能な構成となっている．ガス圧力は，15 MPaあるいは20 MPaのガスボンベからガス圧縮機を用いて加圧し，ガス導入孔から注入することにより付与される．処理後には使用したガスをガスボンベに回収する．加圧媒体

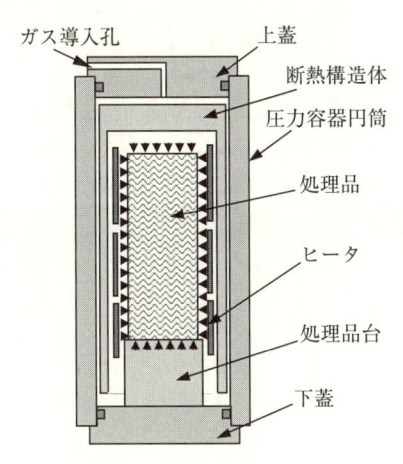

図5・7・2-1 HIP装置本体の概念図

として通常は完全に不活性なアルゴンが用いられるが，窒化ケイ素系材料の処理には，窒化ケイ素の熱分解抑制の目的から窒素ガスが使用される．

HIP 処理では 5～20 MPa のガスを圧縮機でさらに圧縮して 100～200 MPa に加圧するために，昇圧にかなりの時間が必要であり，また処理品の加熱と冷却にも長時間を要することが課題とされている．これを解消するために，処理品を HIP 装置の外で予熱したり，冷却時間短縮のために温度保持後の冷却工程では HIP 装置内の高圧ガスを攪拌して処理品を冷却する急速冷却 HIP 装置等が開発されている．

(3) 用途例

a. ビレットの製造[3]

1960 年代の半ばに米国でガスアトマイズ法による球状合金粉末の製造方法が発明され，合金成分が均一に分布したこの粉末を焼結しようという試みがなされ，1967 年に Battelle 記念研究所の C. Boyer の支援を得た Crucible Specialty Metals 社が HIP 法を用いた粉末高速度鋼のビレットの製造に成功した．カプセル法が採用され，軟鋼製のカプセルに粉末を充填して真空封入後，HIP 処理が施される．ビレット 1 個の大きさは，直径で 300～400 mm 程度であり，一回の HIP 処理で多数個のビレットが製造されることが多い．HIP による焼結後，鍛造，圧延処理により棒状の中間素材に加工され，さらに圧延してドリルやエンドミルの素材として使用されたり，ある程度の大きさの素材は金型材料等として使用される．日本国内では，神戸製鋼所，日立金属，大同特殊鋼等で製造されている．

b. 粉末材料の高密度焼結

カプセル法では，カプセルを複雑な形状とすることにより，複雑な形状の製品を製造することが可能である．特に難焼結性でかつ機械加工性の悪い材料では，最終製品に近い形状に高密度焼結することが好ましく，Ni 基超合金粉末を用いた航空機のジェットエンジンディスクを対象としてニアネット成形技術の研究開発が行われた[1]．この技術は，1980 年代までは欧米で精力的に開発が進められたが，1990 年以降はロシアで研究と実用化が進み，SNS（Selective Net Shape）という呼称で技術が公開されており，図 5·7·2-2 に示すような Ni 基や Ti 基合金粉末を使用したシュラウド付きのラジアルインペラ等も製造されている[4]．

c. 焼結製品，鋳造品の残留気孔の除去

粉末冶金分野では，特にポアフリーが要求される製品では，HIP は不可欠とされてきた歴史的な経緯が

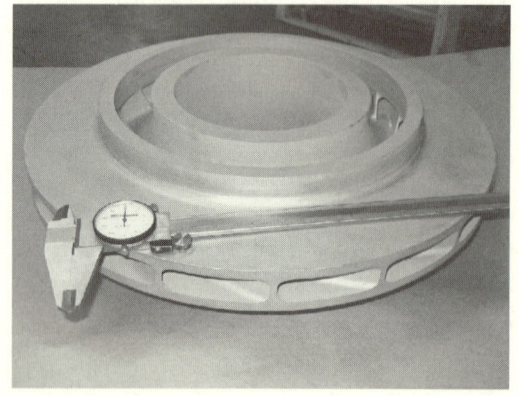

図 5·7·2-2 SNS 技術による IN625 製シュラウド付きインペラの例（Kittyhawk 社，Synertech 社）[4]

図 5·7·2-3 HIP したアルミナおよびアルミナ-ジルコニア製の股関節および膝関節部材（Sintec HTM AG 社カタログより）

あり，超硬合金製の仕上げ圧延用ロール，セラミック切削工具，磁気ヘッド用のソフトフェライト等が焼結後 HIP することで生産されている．また，セラミックス関係では，疲労寿命が問題となるボールベアリングのボール[5]や図 5·7·2-3 に示すようなセラミックス製の人工関節等，医療材料分野にも適用されている．

5·7·3　シンター HIP

（1）　シンター HIP プロセスの特徴

シンター HIP プロセスは，焼結後の残留気孔を HIP 処理でなくす必要があるような製品を，同じ装置を用いて，焼結と HIP 処理を連続して行うプロセスである．以前は通常の HIP 処理と同じく 100 MPa 程度の高圧が使用されたこともあったが，設備コストの問題から，特に HIP 処理に必要な圧力が 10 MPa 以下で十分な液相焼結が適用される製品の製造プロセスで普及が進んだ．HIP 処理工程での温度は焼結工程の温度と同じもしくは 50 ℃ 程度低く設定され，過度の粒成長が生じるのを防ぐ等の配慮がなされる．

（2）　シンター HIP 装置

HIP 処理の圧力が低いことから，HIP 装置のような厚肉の高圧容器を用いず，また，蓋に作用する軸力も小さいことから蓋にはバヨネット構造が採用され，処理品のハンドリング性をよくするため，横型の構造が採用されているものが多い．装置のヒータにはグラファイトが使用され，一部の装置では 2000 ℃ 近くの高温まで処理が可能である．

（3）　用　途　例

a．超硬合金製品

特に，靭性が要求される Co 量が多い材料では，焼結温度で発生する液相量が多いので，低い圧力で残留気孔を圧潰させることが可能で，真空焼結とアルゴンガスを用いた低圧での HIP 処理が連続して行われる．さらに，超硬合金の場合，成形時に混合されたワックス系の成形助剤の除去（脱脂）から連続で行うような装置も使用されることが多い．このようなプロセスのインテグレーションにより，工程の簡素化による製造コストの低減およびプロセスタイムの短縮が可能となっている．

b．窒化ケイ素系セラミックス

窒化ケイ素セラミックスは通常数気圧の窒素ガス中で行われるが，焼結後，焼結炉内の窒素ガス圧力を 5～10 MPa に高めることにより，効率的に残留気孔量を減らせ，高密度で安定した品質の製品が得られることが知られており，一部の高品位製品の製造に用いられている．

5·7·4　ホットプレス

（1）　ホットプレス法の特徴

焼結時に一軸の圧力を付与することによって，高密度の焼結体を製造するプロセスとして古くから用いられてきたプロセスである．耐熱性材料からなる円筒形の型内に粉末を充填して，高温下でパンチを用いて一軸加圧することにより緻密化を行う．一軸加圧であるために，板状の製品の製造に適しているが，径に対して厚さが大きな製品では，型と粉末との間の摩擦力により厚さ方向に大きな密度分布が生じるという問題がある．

（2）　ホットプレス装置

以前は，大気圧下での酸化物セラミックスの焼結に採用されていたため，アルミナ系の材料からなる円筒

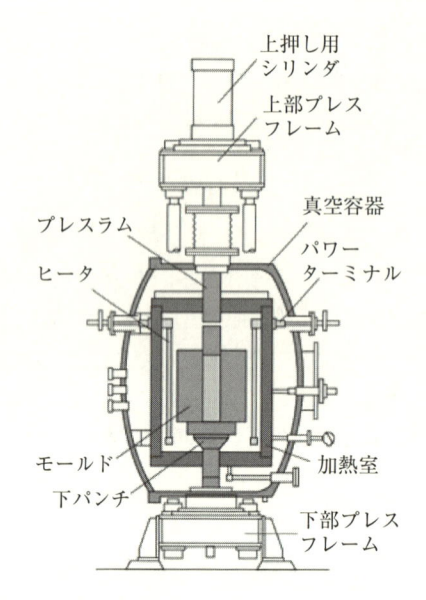

図 5・7・4-1 ホットプレスの基本構造
((株)IHI機械システム社ホームページより)

形の型と同じくアルミナ系の材料からなるパンチが用いられたが，型の外部に加熱用のヒータを装着する必要があること，および型とパンチ材料の強度の問題もあり，最近ではこのような酸化物系のセラミックスの高密度化には大気圧焼結に HIP 処理が組み合わされることが多くなった．このため，ホットプレス法は，型に黒鉛や C/C コンポジット材を用いて高速昇温が可能な誘導加熱を組み合わせ，真空雰囲気や不活性ガス雰囲気下で一軸加圧焼結を行う装置が一般的となった．特に板状の製品の製造に用いられている，装置の模式図を図 5・7・4-1 に示す．

(3) 用 途 例

a. スパッタリングターゲット

タングステン，モリブデン等の高融点金属や一部の酸化物セラミックス製のターゲットの製造に用いられている．近年のターゲットの大型化により，設備の大型化が課題となっている．

b. セラミックス基板

ハードディスクドライブ装置の GMR (Gigantic Magnetic Resistivity) ヘッドの基板には Al_2O_3-30% TiC 材料製の基板が用いられている．この材料は常圧焼結では高密度化が困難であり，HIP 処理が組み合わされることが多いが，基板のように薄い板状製品では HIP 処理過程で曲がりが発生することが多く，歩留まり低下が問題となり，良好な平坦度が実現可能なホットプレスが採用されている．

c. そ の 他

このホットプレス法には，上下のパンチあるいはモールドを通じて電流を流すことにより，ジュール熱による発熱を利用して処理品自体を加熱するスパークプラズマシンタリング (SPS) 等も含まれると考えられる．新たに合成された粉末原料を実験室で焼結して，高密度の焼結体サンプルを製作する手法として広く普及している．

5・8 焼結雰囲気

5・8・1 雰囲気による分類[1)]

雰囲気は材質を左右するもっとも重要な因子であるため,十分検討して優先的に決定しなければならない.雰囲気を大きく分類すれば還元性,真空および中性(不活性),酸化性,浸炭性,脱炭性,窒化性等となるが,これらはいずれも絶対的のものではなく,製品の材質や焼結の温度等の客観的情勢か,または雰囲気の乾燥状況によって自由に変化することに留意しておく必要がある.しかしながら,ここでは一般的にいわれる呼称に従って分類考察を行う.

(1) 還元性雰囲気(reducing atmosphere)

金属の焼結にもっとも一般的に使用される雰囲気であり,H_2とCOが還元性成分であるが,場合によっては固体炭素やLi蒸気も還元性に働く.またCH$_4$,C_2H_6,C_2H_4等の炭化水素も炉内で変成されて上記還元性成分となることもある.工業的な雰囲気としては電解H_2,アンモニア分解ガス(75% H_2+25% N_2),

表5・8・1-1 雰囲気ガスの種類と特徴並びに適用可能な合金材料

ガスの分類	ガスの種類	特徴	適用合金系
還元性雰囲気	アンモニア分解ガス	液体アンモニアの蒸発によって生じるアンモニアガスを加熱触媒にて分解し,N_2とH_2との混合ガスとして用いる.その割合は,75%H_2,25%N_2である	Fe系,Fe-C系,Fe-Ni系 Fe-Cu系,Fe-Cr系,Cu-Sn系 Cu-Zn系,Cu系
	アンモニア不完全燃焼ガス	95%以上のN_2にH_2や炭化水素ガス添加したものもある.現在は,液化窒素から蒸発させ直接用いられる.雰囲気は非爆発性のため安全性が高い.N_2ベースにて他H_2を含む炭化水素ガス添加での使用がメインである	Fe系,Fe-C系,Fe-Ni系 Fe-Cu系,Fe-Cr系,Cu-Sn系 Cu-Zn系,Cu系
	エキソサーミックガス(発熱ガス)	炭化水素ガス(プロパン等)と空気とを発熱反応に従い触媒とともに加熱製造.脱炭をあまり問題としない鉄系や銅系の焼結に用いる	Cu-Sn系,Cu-Zn系,Cu系 Fe系,Fe-Cu系
	エンドサーミックガス(吸熱ガス)	炭化水素ガス(プロパン等)と空気とを混合し,吸熱反応により触媒とともに加熱製造.C含有鉄系に効果的である	Fe-C系,Fe-Ni系,Fe-Cu系,Cu系,Cu-Zn系,Cu-Sn系
	水素ガス	還元性が強く入手しやすい.炉に導く前に適当な触媒を用いて脱酸を行い,次いで脱水する.脱水の目的は,焼結時の酸化や脱炭防止である	Fe系,Fe-C系,Fe-Ni系 Fe-Cu系,Fe-Cr系,Cu-Sn系 Cu-Zn系,Cu系
真空および中性雰囲気	窒素ガス	液体窒素から蒸発させ直接用いられる.窒化の影響が少ない材料や真空(中性雰囲気)のみ焼結可能な材料に適する	ステンレス
	希ガス(Ar,He)	Heは実験室段階,Arは液化Arを蒸発させ直接使用される	Cr,Ti
酸化性雰囲気	空気	O_2を調節して酸化性を弱くした雰囲気	貴金属,セラミック,フェライト

アンモニア不完全燃焼ガス（N_2と少量のH_2），炭化水素と水蒸気との反応ガス（$H_2+CO+N_2+CH_4+CO_2+H_2O$），同じく吸熱ガス（$H_2+CO+CH_4+N_2$）等が一般的に使用される．これらの雰囲気は常に$H_2$を含むためPtやTiを含有する場合には使用できないが，その他すべての金属の焼結に適合するよう選定することが可能であり，金属粉末表面の酸化被膜の還元および焼結中の酸化防止の役目をする．還元性雰囲気は通常適度にO_2とH_2Oを除去精製する必要があり，その程度は圧粉体の種類と焼結条件および雰囲気の組成により異なる．

（2） 真空および中性雰囲気（不活性雰囲気）

真空（vacuum）が用いられる場合は，圧粉体に還元を要するような酸化被膜の存在がなく，かつ原料がガスの溶解度をもつか，またはガスと還元以外の反応を生じる場合であり，しかも焼結温度において成分元素の蒸気圧が低いときに最も合理的であると考えられ，特に吸着ガスも除去され焼結中ガスの影響も受けないので基礎的な研究用に好適である．高真空になると酸化物が解離して酸素が除去され還元性となったり，一部の成分が蒸発したり，また炉の構造や真空の程度により浸炭性あるいは脱炭性となりうる．真空法では連続式焼結作業が困難であるため通常バッチ式である半連続式のものが使用される．

真空法のもう1つの弱点は設備費がかさむことであるため，高価な金属，合金以外にあまり適用されないが，不活性ガスや還元性ガスと反応するような成分を含む場合，たとえば，超合金，Ta，Nb等に利用される．

中性あるいは不活性雰囲気（intert atmosphere）としては，Ar，He，N_2が一般的であり取り扱いが容易である．N_2はもっとも入手しやすいガスであって製造方法は主に空気液化分離法である．Ar，Heに比べ安価であり，環境にやさしいこともあり，酸化被膜の少ない金属粉末の開発により，近年では，焼結雰囲気ガスとして，最も多く使用される．一方，Heは，まだ実験室的用途に限られているが，Arは，高温条件でN_2の使用不可能なTiやCrに適用されている．

空気は場合によっては，実用上中性雰囲気とも考えられる．一般的には，酸化性であるにもかかわらずPtや酸化物，およびAlやMgの緻密な酸化物で覆われた粉末には実質上中性雰囲気として使用可能である．

（3） 酸化性雰囲気 （oxidizing atmosphere）

通常空気そのものまたはO_2を調節して酸化性を弱くした雰囲気では，原料粉末が酸化物でありそれ以上の酸化のおそれがない場合や還元をきらったり制限したりする場合，酸化のおそれのない貴金属に利用される．したがって，フェライト，セラミックおよび水素脆性を起こす金属に用いられる．

（4） その他の雰囲気

鉄，鋼，Cr，W，Mo，Ta，Nb，Ti等におけるCとOの影響は，浸炭性，脱炭性等であり，一般的に焼結の段階においてこれらの反応を伴うと品質管理上種々面倒な問題を惹起し，また寸法変化やコイニング作業のうえに不都合を生じるので好ましくない．このような反応を起こす雰囲気は（1）の還元性雰囲気であるが，そのためには，これらの反応を起こさないような平衡条件の雰囲気が必要となる．

5・9 焼結設備

工業的な量産を前提にすると，圧粉体を焼結して所定の物理・機械特性，寸法精度を保証しなければなら

ない．焼結設備（sintering equipment）[1]には温度，焼結雰囲気，搬送方法等の精密な制御を行う次の構造が必要である．

①脱ろう機構―圧粉体中の潤滑剤を焼結に先立って除去する装置を有すること．
②気密構造―焼結炉内雰囲気が，外部からの酸素や水蒸気の進入によって乱されない気密性を有すること．
③冷却機構―大気にさらされても酸化しない温度まで速やかに冷却する装置を有すること．

そのほか，炉内の温度が均一であること，焼結雰囲気ガスの流れがコントロールできることも大切な要素である．

通常の焼結作業に使用される炉は，加熱方式と搬送機構によって大別される．加熱方式は，電気加熱とガス燃焼加熱方式に分けられる．選定は焼結温度，温度管理精度および経済性で決められる．

電気加熱の場合には，発熱体を用いる方式，発熱体を用いない誘導加熱，通電加熱等があるが，一般的には発熱体を用いる方式がある．発熱体は使用温度により，1200℃以下はニクロム，1300℃以下ではカンタル，700～1800℃の温度にはSiC，900～1800℃はカンタルスーパ，800～1800℃ではモリブデンヒータが利用される．

マッフルを使用した炉では加熱効率は落ちるが，炉内雰囲気の制御が容易で，温度分布も均一になる．代表的な炉について説明する．

5・9・1 メッシュベルト炉 (mesh belt furnace)

最も一般的に使用されている，小型で比較的軽い部品用の焼結炉で，製品は炉の中を通過するエンドレスの金属ベルトで搬送される．焼結温度は1150℃以下，メッシュベルトの耐荷重は700 N/m² 以下である．図5・9・1-1に構造を示す．作業中は，装入部，取り出し部の扉は開いたままとなり，炉内には，エンドサー

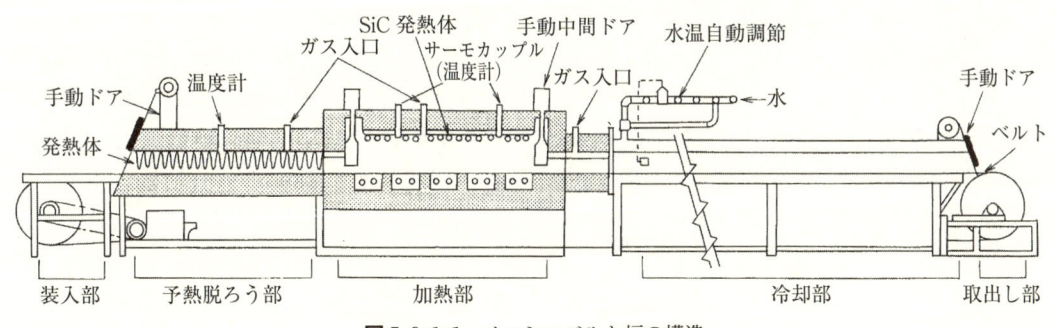

図5・9・1-1 メッシュベルト炉の構造

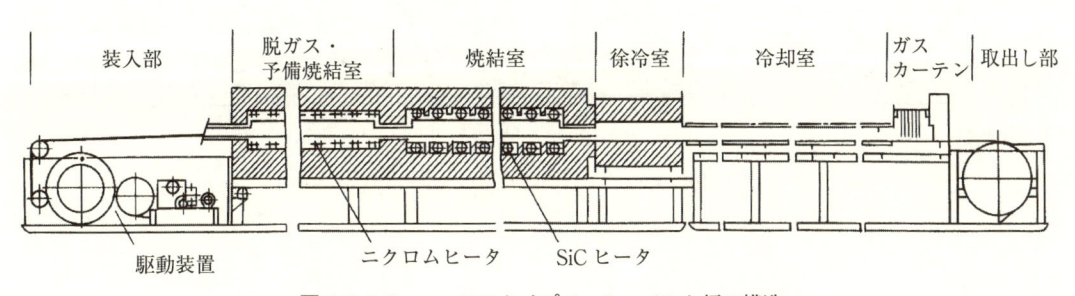

図5・9・1-2 マッフルタイプメッシュベルト炉の構造

ミックガス（吸熱性ガス），アンモニア分解ガス，窒素ベースガス等を流し，開口部はフレームカーテンとする．図5・9・1-2にマッフルタイプ炉の構造を示す．

5・9・2 プッシャ炉 (pusher furnace)

製品は，黒鉛ボートやセラミックボードの上に棚板を使って段積みされた状態で装入され，炉床をボードがすべって送り込まれてゆくので，炉内でのボート搬送上に支障がない範囲で高荷重でも使用できる．焼結温度は最高1350℃まで使用できるが，一般的には1260℃まで使用されている．この炉はボートの出し入れのときだけ扉を開閉する密閉炉なので，ガスの使用量は少なくてすむ．また炉の装入部，取り出し部にガス置換室を設けたり，脱ろう部と加熱部の間に雰囲気遮断装置をつけることにより，比較的容易に雰囲気を高純度に維持できるのでステンレス系の焼結も可能となる．図5・9・2-1にプッシャ炉の構造を示す．

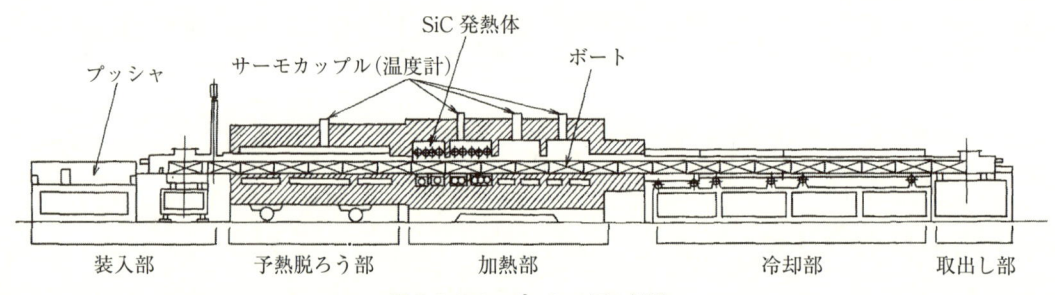

図5・9・2-1 プッシャ炉の構造

5・9・3 ウォーキングビーム炉 (walking beam furnace)

プッシャ炉と同様に，製品をボートに入れ装入すると，炉床にあるビームがボートを持ち上げてから前方に送り，ビームが下降して戻るようになっている．持ち上げ運動のときは，ボートはビームにのっており，下降・戻し運動のときは，炉床の両側にある固定台の上に休んでいる．この繰り返しでボートを少しずつ前におくる．この炉の長所は焼結部に耐熱鋼を使用していないので高温（1650℃）で使用できる．欠点は炉下部に隙間があり雰囲気の管理が難しいこと，振動，ショックをきらう小物部品には適さないことである．

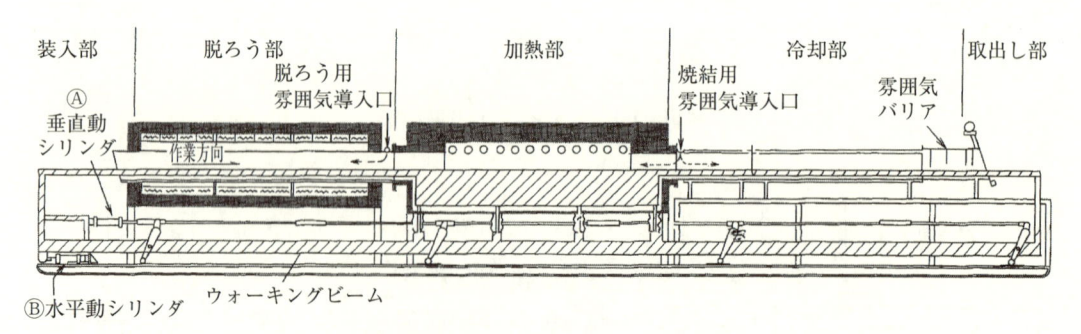

図5・9・3-1 ウォーキングビーム炉の構造

図5・9・3-1にウォーキングビーム炉の構造を示す.

5・9・4 真 空 炉 (vacuum furnace)

真空炉は目的により多くの形式のものがあるが採用する場合には，使用温度，加熱方式，真空度，加熱冷却速度，導入ガス，経済性等を考慮する必要がある.

真空焼結は，保護雰囲気ガス中で，水素化物，窒化物，酸化物を生成しやすい金属を合金元素として含む場合に使用する．真空中では酸化物の解離，金属蒸発が起こるので，真空度と温度の管理は重要である．一般に炉の中央部と端部では温度上昇曲線が異なるので，焼結サイクルはあまり短くできない．図5・9・4-1に連続型真空焼結炉の例を示す.

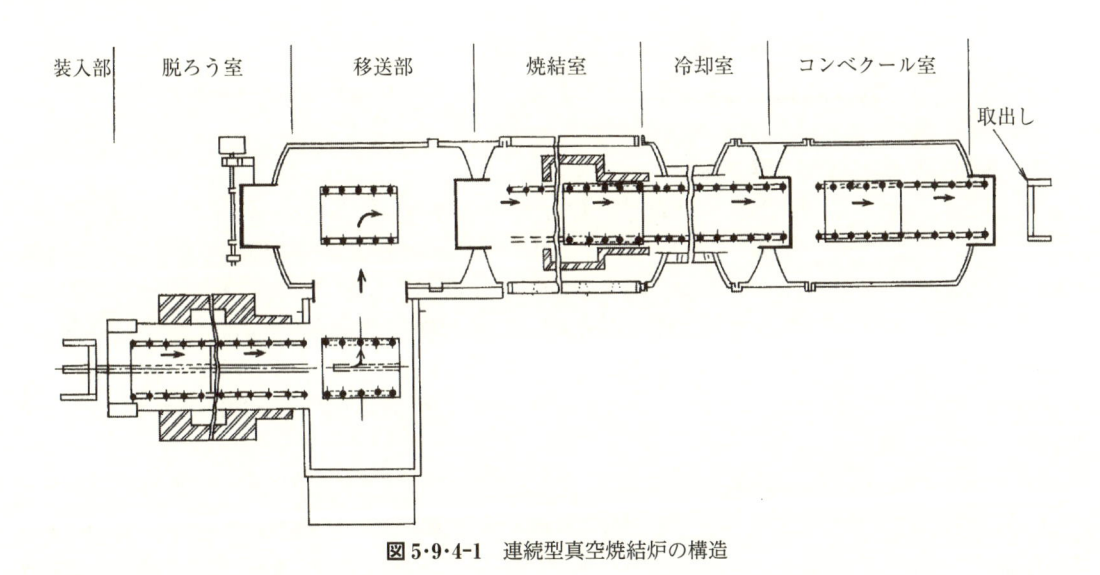

図 5・9・4-1 連続型真空焼結炉の構造

5・10 新しい焼結技術

5・10・1 通 電 焼 結

本項では1990年代から注目されているパルス通電に基づいた焼結法に焦点を絞って説明する．パルス通電焼結法の原型は古く，1960年代の井上らによる放電焼結研究から始まる．初期のパルス電流は500 A程度であったが，その後数千 A流すようになり，また当初加圧力は小さい方が焼結に効果的と考えられていた．したがって，本焼結法をパルス大電流通電法と呼ぶ場合もある[1]．現在のところ放電プラズマ焼結 (SPS：Spark Plasma Sintering) 法という呼称が最も広範に使用されている．パルス通電加圧焼結 (PECS：Pulsed Electric Current Sintering) 法，プラズマ活性化焼結 (PAS：Plasma Activated Sintering) 法等も同じカテゴリーに入る焼結法である[2]．通常，型材に直接通電して粉体を焼結するので成形体を用意する必要はない．また，黒鉛型を型材に使用する場合は，100℃から3000℃近くまでの広範な温度域に適用できる．パルス通電焼結法の中でSPS法が最も普及しているので，ここではSPS法に基づいたパルス通電焼結の原理・装置および焼結体作製への応用について概説する.

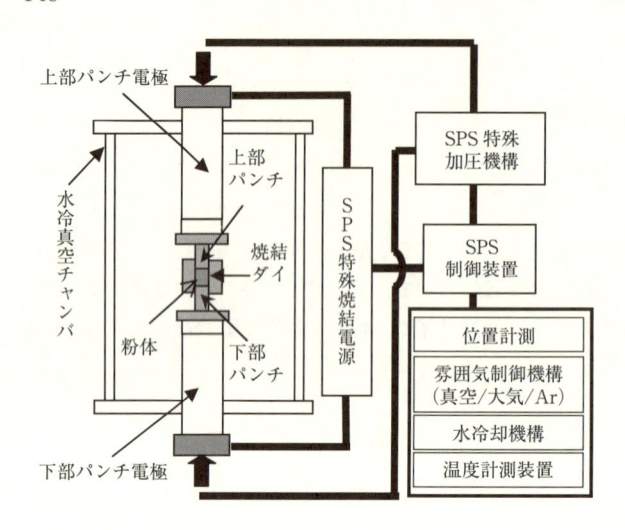

図5·10·1-1 SPS焼結装置の基本構成図[3]

（1） SPSプロセシングの原理と装置

SPSプロセシングでは，通常粉体材料をダイ・パンチからなる焼結型に充填して，これを真空（あるいは窒素ないし不活性ガス）中で加圧（最大のもので500トン）しながらパルス電流を印可することによって焼結体を作製する．焼結時の真空度は数Torrで，印可電流と電圧はそれぞれ500〜30000 A，4〜20 Vである．本プロセシングの大きな特徴である低温迅速緻密化は，焼結粒子間で発生する放電プラズマが高密度エネルギー場を生成し，この高密度エネルギー場とジュール加熱により粒子間の拡散が増速するためと考えられた[3]．放電プラズマの発生による高密度エネルギー場の生成は様々な方法で検証が試みられているが，現時点では絶対的な確証は得られていない．

図5·10·1-1に典型的なSPS装置構成を示す[3]．SPS装置は一軸加圧機構を有する焼結機，水冷真空チャンバ，雰囲気制御系，真空排気系，特殊DCパルス焼結電源，位置・変化率・温度計測制御系，圧力制御系等から構成されている．油圧式/モータ式サーボ制御機構を用い，低荷重制御性を高くすることによって多孔質体焼結や固相拡散接合が可能な装置も市販されている．焼結は，通常必要量の被加工粉体を充填したダイ・パンチ型セットを準備し，これをチャンバ内の焼結ステージ上にセットした後，パンチ電極で挟み，加圧下でパルス通電して遂行される．数分内で室温から1000〜2400℃への高速昇温することが可能である．

（2） SPSプロセシングにおける焼結機構

現在のところ，SPSを含むパルス通電焼結機構は明らかにされているとは言い難いが，様々なアプローチがされている[1]．パルス通電焼結機構の研究は，多くの場合アルミナの焼結を解明することによって行われている．SPS法により焼結したアルミナでは高い曲げ強さを示し，その理由として均質で微細な組織の実現によると指摘されている．しかしながら，プラズマ支援焼結（PAS）法で焼結したアルミナにおいては緻密化の不均質進行が指摘されている．このようなアルミナにおける不均質な緻密化は，試料内にほとんど電流が流れず，ジュール加熱されるグラファイト型からの熱移動により加熱されることによると指摘されている．巻野らによる焼結中のアルミナ試料内電流の直接測定実験では，SPS焼結中のアルミナ試料内部ではほとんど電流が流れないことが示されている．したがって，セラミックスのような絶縁体粉末では，通電による直接加熱の可能性は否定的であるといえる．

しかしながら，パルス通電効果が認められるという研究結果も数多く認められる．たとえば，Ohらによると，同じ条件（1200℃，30分，5.5 MPa）でアルミナを焼結した場合，PECS（SPSと同一と考えてよ

い）法による焼結体は95％TD（TD：理論密度）まで緻密化されるが，HP法による焼結体では70％TD程度にしか緻密化されない．しかもPECS法では950℃という低温で粒子間にネッキングが生じることが観察されている．このことはパルス通電場は焼結の初期段階の緻密化に効果があることを示唆している．

パルス通電場のほかに，直流場に起因する粒界拡散の促進によって緻密化が促進されるという解釈も報告されている．しかしながら，直流場が焼結温度全域において緻密化，すなわち粒界拡散を促進すると考えると，焼結温度全域で粒成長が促進されなければならない．しかし，十分に緻密化するまでの温度域ではほとんど粒成長が認められないので，この温度域では直流場の効果は小さいと考えなければならない．前述したように，巻野らの焼結中のアルミナ試料内電流の直接測定では，1000℃付近で100 μA程度とほとんど流れないので，アルミナのような絶縁性粉体では直流場効果はほとんどないと考えられる．

これまでの様々な研究結果を考慮すると，パルス通電効果は緻密化が進行している低温域で効果があると考えられる．緻密化促進効果に対する機構として加圧による塑性変形の効果も示唆されているが，現時点ではパルス通電による低温迅速焼結機構は未だ解明されていないといえる．直流場の効果の確証を得るためには，粒成長が抑制された状態で緻密化が進行する温度域における試料内電流を直接計測し，その効果を明らかにすることが望まれる．また，金属粉体のパルス通電焼結においても今後解明すべきことが多々あるのが現状である．

（3） パルス通電プロセシングによる材料合成

パルス通電法により硬質材料，電子デバイス関連材料，電気機能性セラミックス，熱電素子材料等，様々な材料の創製が試みられている[1,4,5]．以下，興味ある研究報告を列挙する．

ホウ化物ではMgB_2とNd-Fe-B系磁石への適用がみとめられる．MgB_2は従来法では比較的高い温度で焼結されるためにMgの蒸発が問題となる．パルス通電焼結では低温短時間焼結が期待できるので品質の高いMgB_2焼結体の作製が期待されている．磁性材料への適用ではNd-Fe-B系磁石（DyとAlを含む）をSPS法により作製して耐食性の高い焼結体が得られると報告されている．

カーボンに関連する材料では，ナノ構造をもつチタン炭窒化物，WC-10Co，Ti(C,N)ベースサーメット，TiC/Cナノコンポジット等の作製がSPS法によって試みられている．たとえば，SPS法により作製されたナノ粉末のTiCあるいはTiNを添加したサーメットでは横破断強さの著しい改善が得られている．また，SPS法によってカーボンナノチューブ（CNT）をダイヤモンドに変換する試みも報告されており，無触媒の条件でカーボンナノチューブがダイヤモンドに変換され，300 nmから10 μmの粒径をもつ十分に結晶化したダイヤモンドが得られることが示されている．

ダイヤモンドと金属から成る高熱伝導複合体の作製も報告されている．Cu/ダイヤモンド複合体では650 W/(m・K)の高熱伝導率が，ダイヤモンド分散型Al基複合体では400 W/(m・K)の高熱伝導率が実現されている．CNTを金属に複合化することにより強化するプロセスにもSPSを応用する例も認められる．たとえば，SPS法によりCNT/Cu（5 vol%あるいは10 vol%CNT）複合体を作製してその機械的性質を調べた結果，密度は98～99％TDと緻密化の向上に成功し，また母金属の2倍程度の降伏応力の向上等の結果が示されている．

形状記憶合金であるNiTiの合成が金属間化合物の作製の一例としてあげられる．詳細なSPS条件は割愛するが，NiTiナノ粉末からSPS法により合成することが試みられて，良好な形状記憶効果を得るには800℃での焼結が最適であることが示されている．

以上のように，パルス通電焼結法による材料合成例は多岐にわたる．それぞれの研究例に関する文献については，文献1)に記載されている．上記に示した例以外に傾斜機能材料等の複合体の作製にも適用されて

いる．パルス通電焼結法は様々な粉体材料を固化・焼結するには非常に柔軟性の高いプロセシングである．しかしながら，どのような構造と機能を発現させるかという点に関しては，このプロセシングと材料設計との整合性を十分に考慮してこの方法を用いる必要がある．また，焼結型の形状的な制限があるので，実用材料の製造に制限があることも否めない．しかしながら，新しい機能を有する焼結体作製には非常に魅力あるプロセシングであるといえる．

5·10·2 電磁波焼結

電磁波焼結（electromagnetic wave sintering）では，主にマイクロ波がそのエネルギー源として用いられ，その周波数帯は 300 MHz（波長で 100 cm）から 300 GHz（波長で 1 mm）である．センチ波帯のマイクロ波は食品工業等の加熱・乾燥プロセスにおいてすでに多用されており，家庭用電子レンジもその一例である．また，電磁波による加工プロセスが環境に優しいことは家庭用電子レンジで実感できる．このような使用においては主に 2.45 GHz のセンチ波帯電磁波が用いられている．しかしながら，2.45 GHz のマイクロ波を高温材料プロセスに用いる場合，新しい加熱法が考えられているものの，低誘電率物質に対する熱暴走等が問題となって安定な加熱が難しい．このようなセンチ波加熱の短所を解決する方法としてはミリ波帯電磁波加熱による材料加工プロセスが注目されている．ミリ波帯電磁波（以下ミリ波と略す）は 30 GHz から 300 GHz の周波数をもつマイクロ波である．したがって，"ミリ波焼結"は"マイクロ波焼結"の 1 つである．ミリ波と物質との相互作用はセンチ波との相互作用とは異なる点が多くあり，加工する物質に新しい機能を容易に付与する可能性が高いことに注目を集めている．ミリ波と物質の相互作用としては，顕著な選択性や非熱的効果等があり，これまでに高機能セラミックスの合成や誘電体薄膜の改質等に応用されつつある．本項ではセンチ波加熱とミリ波加熱の相違に触れつつ，ミリ波加熱による焼結に焦点を絞って記述する．

（1） ミリ波焼結装置

ミリ波焼結装置はミリ波発生源のジャイロトロン，反応器であるアプリケータおよび制御器からなる．図 5·10·2-1 にミリ波加熱装置の概略図を示す．ジャイロトロンで発生したミリ波はウエイブガイドによってアプリケータ内に導入される．アプリケータ入口ではモードコンバータによってあるモードからマルチモー

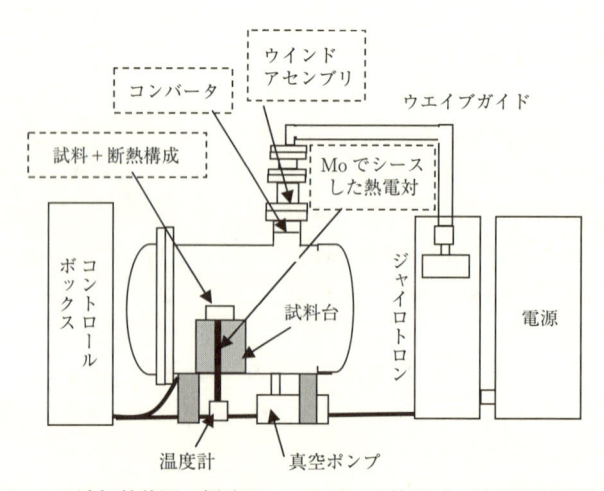

図 5·10·2-1 ミリ波加熱装置の概略図．この図では熱電対で試料温度計測する場合が描かれている．光高温計を用いる場合はアプリケータ上部から計測する

ドに変換される．また，雰囲気遮断のためにウインドウがアプリケータの入口に設置されている．試料は通常気孔性の大きいセラミックス断熱構成に覆われて試料台上に設置される．図5・10・2-1には，熱電対で試料温度計測する場合が描かれている．この場合は金属（Moが多用される）でシースした熱電対を用いる．特殊な場合は，真空（0.01 Torr）から高圧（7600 Torr）まで可能なアプリケータが使用される．

現在（2008年）のところ，日本では2社，ロシアでは1社が実用装置を市販している．日本製のミリ波加熱装置には，周波数が28 GHzで出力が3 kWあるいは10 kWの連続発信型のものと，24 GHzで3 kWの連続発信型のものがある．出力10 kWの28 GHzミリ波加熱装置では真空（0.01 Torr）から高圧（7600 Torr）まで使用可能なアプリケータを備えている．出力3 kWの24 GHzミリ波加熱装置は高精度の出力制御可能なコンパクトタイプである．ロシア製のミリ波加熱装置としては周波数が24 GHzで3 kWあるいは10 kWの連続発信型のものが市販されている．

（2） ミリ波焼結の特徴

一般にマイクロ波加熱によるセラミックスの焼結と電気炉焼結を比較すると，①内部加熱である，②誘電損失に依存する選択加熱である，③電磁場によるマイクロ波効果がある等の特徴がある．センチ波加熱とミリ波加熱を比較するとミリ波加熱では以下のような特徴がある．

・大容積の均一加熱が可能となる．
・短波長化により強い電場強度が得られ，顕著な非熱的効果を含む電場効果がある．
・均一電磁場を実現できるアプリケータ（焼結・反応チャンバ）の小型化が可能になる．
・誘電率の温度依存性が低減されるために熱暴走（thermal runaway）あるいは過熱が抑制でき，その結果，制御性の高い安定な加熱ができる．

したがって，ミリ波加熱を用いることによって工業的に大型部材を均一かつ安定に加熱することが可能となる．また，顕著な非熱的効果を含む強い電場効果により，結晶粒成長の抑制や焼結体中に残存する空隙残存量の低減を実現できる．さらに，ミリ波による増速拡散により低温で緻密化が可能となり，セラミックス部材の高強度化が可能となる．

一般に，マイクロ波は物質中の原子空孔や格子間原子等の結晶欠陥，不純物，空間電荷層を含む表面欠陥およびフォノンと相互作用する．これらはイオン伝導，電気双極子およびフォノンが関与する誘電損失を生じ，それによって物質が加熱される．多重フォノン過程と交番電場による非線形的整流作用から生じるマイクロ波との相互作用を"非熱的効果"と称し，周波数が高いミリ波加熱において重要な役割を示す．特に，ミリ波加熱では交番電場による非線形的整流作用から生じる効果は動重力という駆動力を誘起し，質量移動の増速が誘起されて低温で緻密化が起こると考えられている．ミリ波焼結機構は周波数の高い交番電場の効果によると物理数学的に説明されているので，パルス通電焼結と比較して学術的に検証されているといえるが，磁場の効果等，未だ解明されていないことが多々ある．

（3） ミリ波加熱プロセシングによる材料合成

ミリ波加熱の特徴によって焼結体に様々な機能を付与できることが期待されるので，これまでに様々な材料の合成が試みられている[1〜4]．まず，ミリ波加熱は低温迅速焼結を可能にすることから，超微細粒バルク体セラミックスの合成に最適であることが期待される．したがって，これまでにアルミナのミリ波焼結は数多く試みられている．また，ミリ波の吸収能の相違を検討するために，アルミナ/ジルコニア複合体のミリ波焼結も行われている．これまでのアルミナのミリ波焼結に関する結果から，緻密化温度が100〜400℃低減することが認められている．巻野らによると，ミリ波焼結アルミナは高い曲げ強さを示し，平均で800

MPa，最高で約 1 GPa（焼結温度が 1300 ℃の場合）という値が得られている．これらの値は電気炉焼結アルミナの値と比較して 200～400 MPa 以上高い曲げ強さ値である．このようなミリ波焼結アルミナの高い曲げ強さは結晶子径，粒径等には無関係で，気孔の分布と大きさによることが示されている．すなわち，ミリ波焼結アルミナでは微細な気孔のみが存在することにより高い曲げ強さが得られると考えられている．また，このような微細な気孔のみが存在することはミリ波加熱における低温緻密化効果によると示唆されている．

次に，Kimrey らは，2.45 GHz センチ波加熱法と 28 GHz ミリ波加熱法によってアルミナ/ジルコニア複合体を焼結し，ミリ波焼結の低温緻密化に対する周波数効果を指摘している．彼らの研究結果によると，2.45 GHz センチ波焼結では電気炉焼結と比較して緻密化温度が 0 ℃（10 % YSZ）～約 200 ℃（30 % YSZ）低減される．そして，28 GHz ミリ波焼結では，2.45 GHz センチ波焼結と比較して，緻密化温度がさらに 250 ℃程度も低減される．この顕著な緻密化温度の低減はジルコニア（彼らの実験では YSZ）の高いミリ波吸収能によるものと考えられ，低温緻密化に対する周波数効果を示す結果といえる．

また，ミリ波焼結によって高熱伝導性窒化アルミニウム（AlN）が低温迅速合成できることが特記される．AlN は難焼結性物質であるために，高熱伝導率をもつ多結晶焼結体の作製が困難で，従来法では通常助剤にイットリア（Y_2O_3）を用いて焼結される．実用材料として満足できる 200 W/(m·K) を超える熱伝導率を達成するには，従来法では 1900 ℃で 20 hr 程度の焼結時間を要する．1900 ℃で 100 hr という長時間処理をすると，多結晶焼結体の AlN において約 270 W/(m·K) の熱伝導率が得られていると報告されている．これに対して，図 5·10·2-2 に示すように，ミリ波焼結では助剤にイッテルビア（Yb_2O_3）を用いて 1 % H_2～3 % H_2 を含む窒素雰囲気中で 1700 ℃，2～3 hr の条件で 210 W/(m·K) 程度の高熱伝導率を有する AlN を合成できる．このように，ミリ波加熱においては，ミリ波加熱に適したイッテルビア助剤と弱還元性雰囲気の協同効果を利用することによって AlN 焼結体に高熱伝導特性を迅速に付与できる．

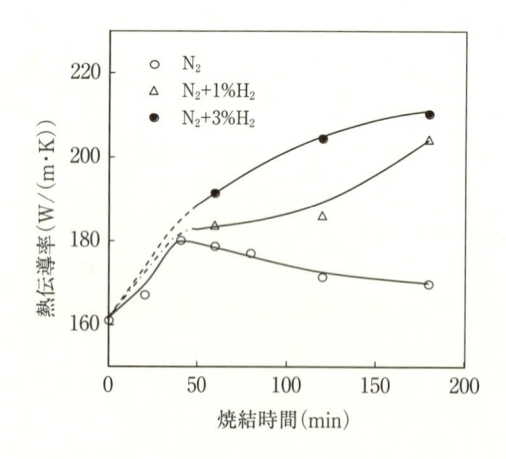

図 5·10·2-2 ミリ波加熱により作製した AlN（助剤 Yb_2O_3）の熱伝導率と焼結時間の関係

ミリ波加熱法は，これまでの例で示したようにセラミックス材料の焼結に多用されているが，電子セラミックス薄膜のポストアニールに適用され，最近では製鉄へ応用する等の種々の試みがなされている[5,6]．電子セラミックス薄膜のポストアニールでは，ミリ波という低エネルギーフォノンによるソフトエネルギー付与効果によって，非整合界面や粒界構造等を制御した高機能性材料の合成や精緻な改質を実現することが期待されている．最近の製鉄への応用では 2.45 GHz センチ波加熱と比較して，30 GHz ミリ波加熱は非常に高純度の銑鉄（99 % Fe，1 % 以下の C）の製造を可能にするという報告がされている．

以上のように，ミリ波帯電磁波焼結法は，成形体を従来の方法で作製する必要があるが，試料形状の選択にはほとんど問題はない．迅速性は，パルス通電焼結法と比較して，材料の種類によっては若干問題があるものの，機能性発現に対して大きな効果を発揮するプロセシングであると期待されている．ミリ波による材料合成に関する個々の文献に関しては文献 1) と 3) を参照されたい．

5·10·3 レーザ焼結

製品開発において，設計の初期段階から短時間で試作品を製作できれば，開発期間の大幅な短縮とコストダウンが可能となる．このような問題を解決する有効な手段の 1 つとして，ラピッドプロトタイピング（RP：Rapid Prototyping）技術が利用されている．RP は設計時の CAD データを用いて直接積層造形して，迅速に試作品を製作する技術で，主に次のような方法がある[1]．

① 光造形法：光硬化樹脂にレーザを照射して積層造形する方法．
② 粉末焼結法：樹脂粉末や金属粉末を均一に敷き詰めてレーザを選択的に照射して溶融固化させて積層造形する方法．最近では，レーザの代わりに電子ビームを用いる方法もある．
③ 樹脂押出し法：FDM（Fused Deposition Molding）法ともいい，熱可塑性樹脂を溶融してノズルから連続的に吐出して積層造形する方法．
④ シート積層法：LOM（Laminated Object Manufacturing）法ともいい，紙等のシート状の材料を接着して積層造形する方法．
⑤ 粒子堆積法：インクジェット法ともいい，熱可塑性樹脂や金属等を液化してノズルから粒子として噴出させて積層造形する方法．

ここでは，一般的にレーザ焼結と呼ばれている粉末焼結法について述べる．

(1) レーザ焼結の原理と特徴[1~3]

レーザ焼結（laser sintering）は，アメリカ・テキサス大学で研究された選択的レーザ焼結（SLS：Selective Laser Sintering）技術をもとにして実用化された技術である．選択的レーザ焼結の原理を図 5·10·3-1 に示す．まず，製品を造形するコンテナに粉末をリコータにより均一に敷き，次に CAD データを STL

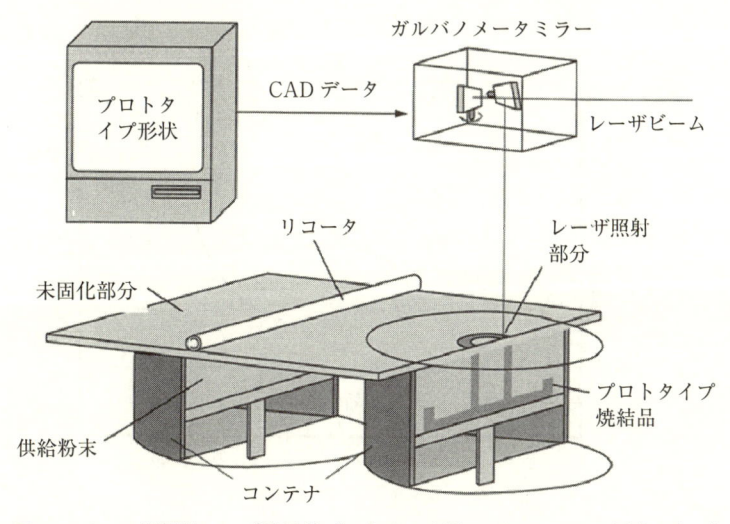

図 5·10·3-1 選択的レーザ焼結法（テキサス大学 Prof. Bourell の好意による）

(Stereo Lithography Interface Format) データに変換してガルバノメータミラーを操作することによりレーザを照射し，照射部分のみを固化する．この操作を造形高さ方向に等間隔に繰り返して積層することにより，三次元複雑形状品を製作する．

金属粉末を対象としたレーザ焼結法には大きく分けて，次の2つの方法がある．

a. 間接レーザ焼結法

この方法では，金属粉末と樹脂の混合粉末あるいは樹脂コーティング粉末を用いて，レーザを選択的に照射して基本的に樹脂を溶融固化させて積層造形した後，溶浸炉においてブロンズを溶浸して製品を製作する方法である．

b. 直接レーザ焼結法

金属粉末に低融点金属を混合し，レーザを選択的に照射して溶融固化させて積層造形する方法である．実用機のレーザには，主として50～100 WのCO_2レーザが使用されており，レーザ照射の方法として，一般的に高速化が可能なガルバノメータミラーが用いられており，スキャンスピード数 m/s，積層ピッチ20～100 μm 程度で造形される．レーザ焼結を考える際には，レーザエネルギー密度と材料の吸収率を考慮する必要がある．エネルギー密度 E_s は，$E_s = P/(\nu \cdot \delta)$ で与えられ，レーザ出力 (P) に比例し，スキャンスピード (ν) とレーザのスポット径 (δ) に反比例する[4]．すなわち，よりよい造形物を製作するためにはこれらの因子について検討しておくことが重要である．

また，直接レーザ焼結は基本的に液相焼結（5・5節参照）に基づいているため，Cu-P，Cu 等の低融点金属を含んでおり，材料もブロンズ系，ステンレス鋼等，特定の材質に限られている．しかし，レーザ焼結では，通常の切削法をはじめとする他の加工法では不可能な三次元複雑形状品を製作できるという大きなメリットがあることから，多品種少量生産において重要なツールである金型を迅速かつ低コストで製作可能，人工骨等，生体材料におけるカスタマイズド製品の製作可能等の特徴を有する．

（2） レーザ溶融の原理と特徴[4]

レーザ焼結では，レーザ出力が小さいために十分に焼結せず，高密度・高強度の造形品を作製することが難しい．このためレーザ出力を数 100 W まで上げて，金属粉末を溶融して完全に緻密化させた造形品を作製する方法をレーザ焼結と区別して，レーザ溶融（laser melting）と呼んでいる．基本的な原理はより高密

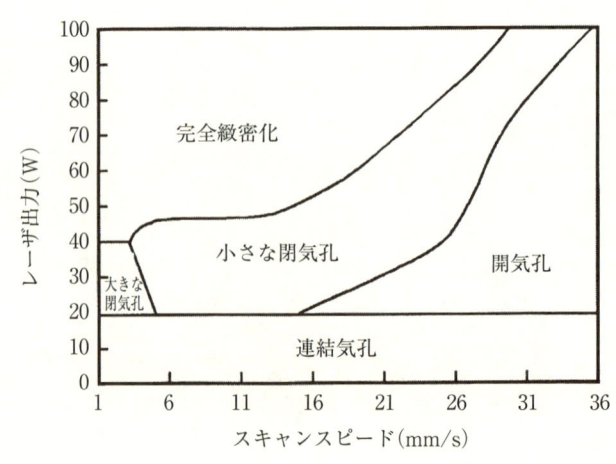

図 5・10・3-2 レーザ出力とスキャンスピードが造形状況に及ぼす影響[4]

度のレーザエネルギーを用いる以外はレーザ焼結と同じである．実用機のレーザには，数 100 W の CO_2 レーザ，最近では金属粉末用に高密度・高精度化を狙って 200 W 程度の Yb-ファイバレーザも利用されてきている．この場合にも，レーザ出力とスキャンスピードが造形状況に及ぼす影響を検討しておくことは重要である．その一例を図 5·10·3-2 に示す．また，積層造形にはこれらの因子と併せてスキャンピッチと積層ピッチの関係も検討しておくことが重要で，これらの関係でよい造形品ができるかどうかが決まる．

レーザ焼結では，製品もブロンズ系，ステンレス鋼等，特定の材質に限られていたが，レーザ溶融では高性能なファイバレーザの開発や粉末材料の開発等に伴い，高速で高密度・高精度の金属製品，とりわけこれまで難しいとされていたアルミニウムやチタン合金の複雑形状の製品を製作できる装置も開発されている．

（3） 電子ビーム溶融

電子ビーム溶融（EBM：Electron Beam Melting）はレーザに替えて電子ビームを利用する方法で，レーザ溶融とほぼ同じ原理である．しかし，真空チャンバ内でレーザより高密度のエネルギーを効率よく照射できるため，レーザ溶融と比較して，より高速で完全緻密化した高精度の造形品を製作できる．また，真空中での造形のためコンタミネーションの少ない造形品を製作できるだけでなく，材質的にも工具鋼やチタン，チタン合金のほかアルミニウム合金等の造形も可能である．しかし，電子ビームを用いるため金属のような電気伝導材料に限られ，また高真空を必要とするため装置が高価となる等の問題もある．

5·11 その他の焼結技術

5·11·1 焼結鍛造

焼結鍛造（sinter forging）とは，金属粉を金型に入れて圧縮成形した圧粉体プリフォームを加熱（焼結）した後，成形プレスの金型に入れて熱間で加圧成形（鍛造）することによって，真密度に近い粗形材を製造する方法である．従来の粉末成形技術では，焼結材に空隙が残存するため，溶製材に比べて靭性・疲労強度

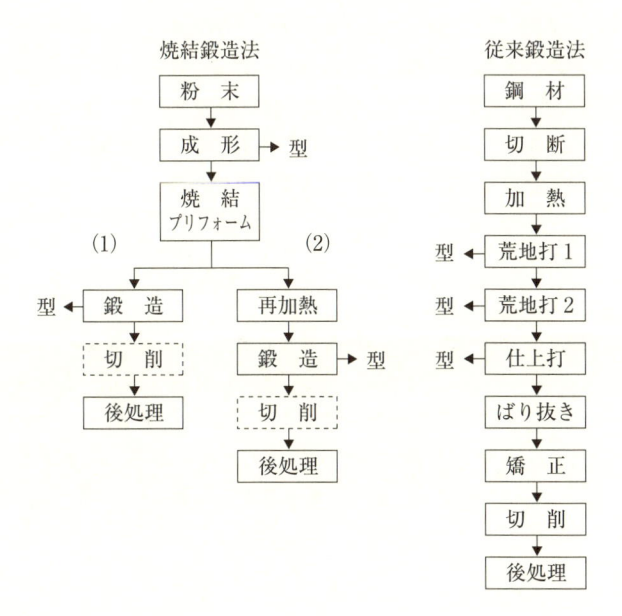

図 5·11·1-1 焼結鍛造と従来鍛造の工程比較[1]

等が劣る欠点があった．空隙の消滅を狙った焼結鍛造は，溶製材並みの特性を得ることによって，焼結部品の応用範囲を拡大した．

たとえば，ギヤの形状に焼結した粗形材を 800℃ 程度に加熱して，もう一度ほぼ同じ形状の金型内に入れて密閉鍛造する方法である．また，ギヤの形状に近い円板状の素材を型に入れて，熱間でギヤの形状に鍛造する，一般の鍛造に近い方法もとられている．

図 5・11・1-1 に焼結鍛造法と一般の鍛造法との製造方法の比較を示す．一般の鍛造法と比較して工程が短縮でき，鍛造後に機械加工する部分をなくす，もしくは加工取り代を低減できるほか，材料歩留まりが高く，高精度で重量ばらつきの少ない製品が得られる等の特徴がある．現在，自動車エンジンのコンロッド等が一部この方法で生産されている．

5・11・2 銅 溶 浸

銅溶浸（copper infiltration）は，粉末冶金における製造工程の1つで，材料のスケルトン（母体となる焼結金属）の内部気孔に，溶融した銅または銅合金を毛細管力を利用して浸透させる方法である．スケルトンの種類としては，鉄系の構造用材料や高融点材料であるタングステン，モリブデンを主成分とする材料が代表的である．鉄系の構造用材料に適用する場合は，引張強さ，靭性等の機械的特性の向上のために用いられることが多く，そのほか全体密度の向上，密度分布の均一化，複数部材同士を接合して複合部品を作る接合手法[1]としても利用される．また溶浸された銅により，材料中の連結気孔がほとんど閉塞されることから，コンプレッサ部品や油圧耐圧部品等の高い気密性が必要とされる部品にも用いられる．高融点材料に適用する場合は，電気接点，ヒートシンク等の電気的あるいは熱的伝導性等，物理的特性の向上を目的としている．

（1） 溶浸銅の種類

粉末冶金の工業的生産においては，純銅を用いることは少なく，鉄，マンガン，コバルト等を微量含む銅合金を用いることが多い．これは，溶浸材におけるスケルトンからの鉄の溶解度を少なくして，スケルトンと溶融銅の界面における浸食現象（erosion）や，溶浸過程中における銅の溶融点上昇による溶浸不良を防止するためである．溶浸銅は，添加成分を含めて完全合金化した銅合金粉末をタブレット状に圧粉成形して溶浸材とするのが最近では一般的である．溶浸処理後，スケルトンと溶浸材の界面に除去が難しい硬い残滓が付着する．残滓の離脱を容易にして作業性を向上させるために，5 mass% 程度のマンガン粉と少量の黒鉛を単味粉として添加することがある．その際マンガンは，酸化物となって残滓の離脱を容易にし，黒鉛はそれ自体で残滓の剥離性に寄与する以外に，溶浸材の酸化防止の役割も果たしている[2]．

（2） 銅溶浸の方法

工業的に実践されている方法には 2 つある．1 つめは，事前に焼結を完了したスケルトンと，スケルトンの残留気孔率と目標とする溶浸率から重量を設定した溶浸銅の圧粉体を接触させて，溶浸銅の融点以上，スケルトンの融点以下に加熱する方法である．これは溶浸工程の基本であり，最も用いられている方法である．2 つめは，スケルトンを圧粉体のまま溶浸銅の圧粉体と接触させて焼結する方法である．この方法は，スケルトンの焼結と同時に銅溶浸を行う経済性に優れた方法であるが，スケルトンの焼結が不十分なところに溶融銅が浸入し，スケルトンの焼結を阻害すること，焼結の進行中に発生するガスの圧力により，溶融銅自体の浸透が阻害される等，前述のスケルトンの焼結後に溶浸工程を追加で行う場合に比べ，材質特性的に劣る場合が多い．しかし，溶浸温度が高めの銅合金を用いたり，溶浸温度以下の昇温過程で十分焼結が進行

するよう焼結ヒートカーブを最適化することにより，その特性差を小さくすることができる[2]．

銅溶浸をうまく行う条件としては，溶浸銅よりスケルトンの融点が十分に高いこと（一般的には鉄系合金以上），両者間の溶解度が少ないこと，スケルトンに対する液相の濡れ性がよい銅合金を用いること，露点の十分低い非酸化保護ガス雰囲気を設定すること等である．溶浸の温度は，銅合金の種類によっても異なるが，1100〜1160℃程度である．

（3） 機械的特性に及ぼすスケルトンの密度と銅溶浸率の影響[3]

図5・11・2-1に，機械的特性に及ぼすスケルトンの密度と銅溶浸率の影響を示す．スケルトンの密度比が80％以下，すなわち一般の鉄系構造用材料では，密度6.3 Mg/m³以下の低い領域では，銅溶浸による引張強さの向上は少ない．スケルトンの密度比が85％以上になると，少ない溶浸でも急激に引張強さは向上し，溶浸率が60〜70％でほぼ最大を示すが，それ以上溶浸しても向上の効果は少ない．

銅溶浸による機械的特性の向上は，まず銅の鉄に対する合金化による固溶強化であるため，スケルトンの密度比が低い場合，強度の向上は少ない．それが銅の固溶限界まで続き，その後は銅の増加でスケルトン内の気孔に銅が充填され，徐々に強度が上昇すると考察される．気孔中の溶浸銅はスケルトンから鉄が移動して固溶しているため，溶浸銅そのものの強度ではなく，それより高い強度を有している．このように鉄と銅は互いに固溶性があり，冷却過程中で析出現象を伴うため，その両者は強く，かつ結合はより強固となり，銅溶浸材料は高い機械的強度が得られるのである．

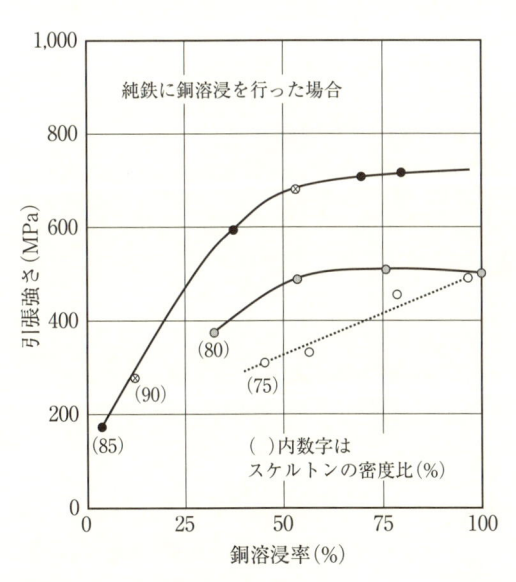

図5・11・2-1 機械的特性に及ぼすスケルトンの密度と銅溶浸率の影響[3]

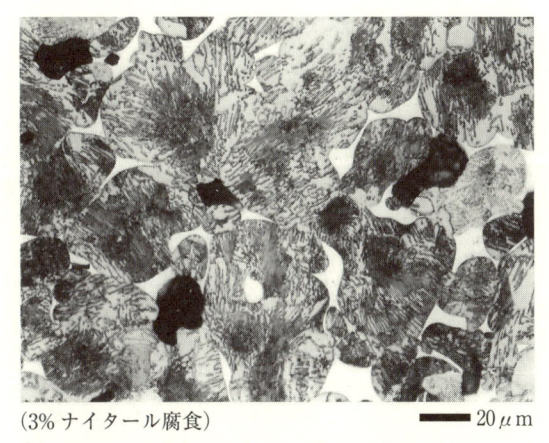

図5・11・2-2 Fe-0.6 mass% Cスケルトンに銅溶浸を施した焼結材料の金属組織
スケルトン：アトマイズ鉄粉＋天然黒鉛（Fe-0.6 mass% C，密度比85％）
溶浸銅：Cu-4 mass% Fe-5 mass% Mn
焼結：1130℃（分解アンモニアガス中）
銅溶浸：焼結と同時に実施
最終密度：7.5 Mg/m³（銅溶浸率：60％）
（灰色：パーライト，白色：銅，黒色：気孔）

図5・11・2-2に，銅溶浸を施した焼結材料の金属組織の例を示す．スケルトンはFe-0.6 mass%C材で，密度比85％になるよう圧粉成形したものを，Cu-4 mass% Fe-5 mass% Mn合金を溶浸材として焼結と同時に溶浸したものである．

5・11・3 焼結拡散接合

通常の粉末冶金の成形では不可能な形状の部品を得ようとする場合や，2種類以上の異材質同士の複合化による，新しい機能の付与を目的とする場合，接合技術を用い複数の部品を一体化することがある．焼結拡散接合（sinter diffusion bonding）は，その接合技術の1つであり，現在，焼結部品の製造に多く適用されている組合せ焼結は，この焼結拡散接合を利用している．

（1） 接合の種類

焼結部品の製造に適用されている主な接合法を，接合を行う工程で分類すると表5・11・3-1のようになり，焼結中の接合と焼結後の接合に分類される．焼結中の接合は，圧粉体の焼結と同時に接合が行われるため，工程の追加を必要としない等のメリットがある．一方，焼結後の接合は，一般の溶製材料でも行われている技術を利用できるため，適用しやすいという特徴がある．しかし，いずれの接合法においても，溶製材料にはない焼結材料に特有の内部気孔が多く存在するため，特別な配慮が必要である．また，接合法の特徴を十分理解し選択することも重要である．

表5・11・3-1 焼結部品の主な接合方法とその特徴

接合工程	方 法	接合法	接合強度	信頼性	材料自由度	形状自由度	コスト
焼結中	液相による接合	銅溶浸接合	○	△	○	○	×
		ろう付け	◎	○	○	◎	△
		液相接合	○	○	×	○	○
	固相拡散	多層接合	◎	◎	○	×	△
	焼結ばめ，拡散	組合せ焼結	○	◎	△	△	◎
焼結後	機械的接合	圧 入	×	○	◎	△	○
		かしめ	×	△	△	○	○
		ボルト締め	○	◎	◎	○	×
	溶 融	溶 接	○	○	△	○	△
		摩擦圧接	○	○	◎	△	△
	その他	接 着	△	△	◎	◎	△
		鋳ぐるみ	○	◎	○	△	△

これらの接合法の中で，焼結中に同時に行われる組合せ焼結法は，組合せの位置決めや，回り止めも付けられ，また，他の接合方法に比べ安価なコストで製造できることから，焼結部品本来の特徴を発揮しやすく適用製品が拡大している．

（2） 組合せ焼結法[1]

組合せ焼結による接合の概念を図5・11・3-1に示す．組合せ焼結法は，材料組成の違い等による焼結時の寸法変化の差を利用したもので，焼結時に相対的に収縮するアウター部品と，相対的に膨張するインナー部品を，圧粉体において組合せた状態で焼結することにより接合する方法である．

接合の原理は，組合せ部品同士の接触界面における金属原子の固相拡散と焼結ばめによる2つの効果がある．焼結材料として最も一般的なFe-Cu-C系を例にとり，C（炭素）添加量を変化させたときの焼結過程

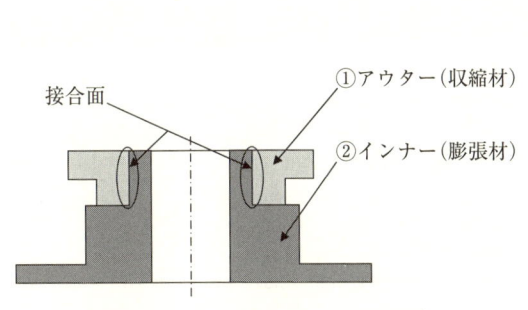

図5・11・3-1 組合せ焼結による接合

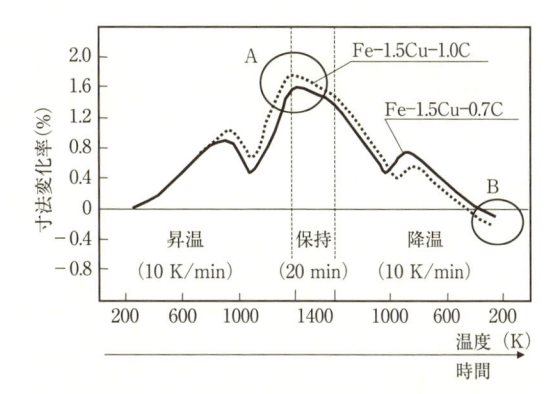

図5・11・3-2 Fe-Cu-C系材料におけるC添加量と焼結時の寸法変化率

における寸法変化を図5・11・3-2に示す．Aで示される高温状態での寸法変化を利用した組合せ（アウター：0.7 mass% C，インナー：1.0 mass% C）の接合は，金属原子の固相拡散，すなわち焼結拡散接合を利用したものである．一方，Bで示される室温に戻したときの寸法変化の差を利用した組合せ（アウター：1.0 mass% C，インナー：0.7 mass% C）の接合は，焼結ばめによるものである．焼結拡散接合は，焼結ばめの2倍から3倍程度の接合強度を有している．

焼結拡散接合を効果的に行うためには，①熱膨張のより大きな材料をインナーに用いる．②Fe中への拡散係数の大きな添加元素を選定し，その添加量に差をつける．③圧粉体の組合せ寸法差が約±20 μm以内になるよう両部材の寸法を設定する（一般的には隙間ばめ）等を考慮する必要がある．その他，実際の操業においては，鉄粉の種類，粒度，圧粉体の密度，焼結温度，焼結時間，焼結雰囲気ガス等の各条件も，寸法精度や接合強度を左右する重要な要因であり，最適化条件を見きわめることが大切である．

第5章 文献

5・2・1の文献

1) G. C. Kuczynski : "Diffusion in Sintering of Metallic Particles", Metals Trans., **1** (1949) 169-177.
2) W. D. Kingery and M. Berg : "Study of the Initial Stages of Sintering Solids by Viscous Flow, Evaporation-Condensation, and Self-Diffusion", J. Appl. Phys., **26** (1955) 1205-1212.
3) R. L. Coble : "Initial Sintering of Alumina and Hematite", J. Ame. Ceram. Soc., **41** (1958) 55-62.
4) D. L. Johnson and I. B. Cutler : "Diffusion Sintering : I, Initial Stage Sintering Models and Their Application to Shrinkage of Powder Compacts", J. Ame. Ceram. Soc., **46** (1963) 541-545.
5) W. S. Coblenz, J. M. Dynys, R. M. Cannon and R. L. Coble : "Initial Stage Solid State Sintering Models. A Critical Analysis and Assessmet", Materials Science Research vol. 13, Ed. by G. C. Kuczynski, Plenum Press (1958) 141-157.
6) R. L. Coble : "Sintering Crystalline Solids. I. Intermediate and Final State Diffusion Models", J. Appl. Phys., **32** (1961) 787-792.
7) A. G. Evans : "Considerations of Inhomogeneity Effects in Sintering", J. Ame. Ceram. Soc., **65** (1982) 497-501.
8) R. Raj and R. K. Bordia : "Sintering Behaviour of Bi-Modal Powder Compacts", Acta Metall., **32** (1984) 1003-1019.
9) B. J. Kellett and F. F. Lange : "Thermodynamics of Densification : I, Sintering of Simple Particle Arrays, Equilibrium Configurations, Pore Stability and Shrinkage", J. Ame. Ceram. Soc., **72** (1989) 725-734.
10) O. Sudre, G. Bao, B. Fan, F. F. Lange and A. G. Evans : "Effect of Inclusions on Densification : II, Numerical Model", J. Ame. Ceram. Soc., **75** (1992) 525-531.

11) R. M. German : Liquid Phase Sintering, Plenum Press (1985)
12) W. D. Kingery : "Densification During Sintering in the Presence of a Liquid Phase", J. Appl. Phys., **30** (1959) 301-306.
13) R. B. Heady and J. W. Cahn : "An Analysis of the Capillary Forces in Liquid-Phase sintering of Spherical Particles", Metall. Trans., **1** (1970) 185-189.
14) W. J. Huppman and H. Riegger : "Modelling of Rearrangement Processes in Liquid Phase Sintering", Acta Metall., **23** (1975) 965.
15) D. N. Yoon and W. J. Huppmann : "Grain Growth and Densification During Liquid Phase Sintering of W-Ni", Acta Metall., **27** (1979) 693-698.
16) G. Petzow and W. A. Kaysser : "Basic Mechanisms of Liquid Phase Sintering", Sintered Metal-Ceramic Composites, Ed. by G. S. Upadhyaya, Elsevier Science Publishers, B. V. (1984) 51-70.
17) W. A. Kaysser and G. Petzow : "Ostwald-Ripening and Shrinkage During Liquid-Phase Sintering", Z. Metallkde., **76** (1985) 687-692.
18) H. H. Park, S. J. Cho and D. N. Yoon : "Pore Filling Process in Liquid Phase Sintering", Metall. Trans., **15A** (1984) 1075-1080.
19) H. H. Park, O. J. Kwon and D. N. Yoon : "The Critical Grain Size for Liquid Flow into Pores during Liquid Phase Sintering", Metall. Trans., **17A** (1986) 1915-1919.
20) S. J. L. Kang, K. H. Kim and D. N. Yoon : "Densification and Shrinkage During Liquid-Phase Sintering", J. Ame. Ceram. Soc., **74** (1991) 425-427.
21) T. M. Shaw : "Liquid Redistribution During Liquid-Phase Sintering", J. Ame. Ceram. Soc., **69** (1986) 27-34.
22) F. F. Lange : "Liquid-Phase Sintering : Are Liquids Squeezed Out from Between Compressed Particles?", J. Ame. Ceram. Soc., **65** (1982) C-23.
23) D. R. Clarke : "The Wetting and Dewetting of Grain Boundaries", Materials Science Research vol. 21, Ed. by J. A. Pask and A. G. Evans, Plenum Press (1986) 569-576.
24) D. R. Clarke : "Grain Boundaries in Polycrystalline Ceramics", Ann. Rev. Mater. Sci., **17** (1987) 57-74.
25) I. Tanaka, H. J. Kleebe, M. K. Cinibulk, J. Bruley, D. R. Clarke and M. Ruhle : "Calcium Concentration Dependence of the Intergranular Film Thickness in Silicon Nitride", J. Ame. Ceram. Soc., **77** (1994) 911-914.
26) H. V. Atkinson : "Theories of Normal Grain Growth in Pure Single Phase Systems", Acta Metall., **36** (1988) 469-491.
27) R. J. Brook : "Controlled Grain Growth", Treatise on Materials Science and Technology Vol. 9, Ed. by F. F. Y. Wang, Academic Press, N. Y. (1976) 331-365.
28) A. M. Glaeser : "Microstructure Development in Ceramics : The Role of Grain Growth", 窯業協会誌, **92** (1984) 537-546.
29) J. W. Cahn : "The Impurity-Drag Effect in Grain Boundary Motion", Acta Metall., **10** (1962) 789-798.
30) R. J. Brook : "The Impurity-Drag Effect and Grain Growth Kinetics", Scripta Metall., **2** (1968) 375-378.
31) C. S. Smith : "Grains, Phases, and Interfaces : An Interpretation of Microstructure", Trans. Metall. Soc. A. I. M. E., **175** (1948) 15-51.
32) T. Gradman : "On the Theory of the Effect of Precipitate Particles on Grain Growth in Metals", Proc. Roy. Soc., **A294** (1965) 298-309.
33) E. Nes, N. Ryum and O. Hunderi : "On the Zener Drag", Acta Metall., **33** (1985) 11-22.
34) M. Hillert : "On The Theory of Normal and Abnormal Grain Growth", Acta Metall., **13** (1965) 227-238.
35) G. W. Greenwood : "The Growth of Dispersed Precipitates in Solutions", Acta Metall., **4** (1956) 243-248.
36) I. M. Lifshitz and V. V. Slyozov : "The Kinetics of Precipitation from Supersaturated Solutions", J. Phys. Chem. Solids, **19** (1961) 35-50.
37) C. Wagner : "Theorie der Alterung von Niederschlagen durch Umlosen", Z. Elektrochem., **65** (1961) 581-591.
38) T. H. Courtney : "Microstructural Evolution During Liquid Phase Sintering : Part Ⅰ. Development of Microstructure", Metall. Trans., **8A** (1977) 679-683.
39) S. Takajo, W. A. Kaysser and G. Petzow : "Analysis of Particle Growth by Coalescence During Liquid Phase Sintering", Acta Metall., **32** (1984) 107-113.
40) R. Warren and M. B. Waldron : "Microstructural Development During the Liquid-Phase Sintering of Cemented Carbides", Powder Metall., **15** (1972) 180-201.
41) H. Matsubara, S. Shin and T. Sakuma : "Growth of Carbide Particles in TiC-Ni and TiC-Mo$_2$C-Ni Cermets during

Liquid Phase Sintering", Metall. Trans., **32**（1991）951-956.
42) R. J. Brook："Pore-Grain Boundary Interactions and Grain Growth", J. Ame. Ceram. Soc., **52**（1969）56-57.
43) C. H. Hsueh, A. G. Evans and R. L. Coble："Microstructure Development During Final/Intermediate Stage Sintering- Ⅰ. Pore/Grain Boundary Separation", Acta Metall., **30**（1982）1269-1279.
44) F. M. A. Carpay："Discontinuous Grain Growth and Pore Drag", J. Ame. Ceram. Soc., **60**（1977）82-83.
45) J. Rödel and A. M. Glaeser："Pore Drag and Pore-Boundary Separation in Alumina", J. Ame. Ceram. Soc., **73**（1990）3302-3312.
46) M. P. Harmer："Use of Solid-Solution Additives in Ceramic Processing", Advances in Ceramics vol. 10, Ame. Ceram. Soc.（1983）679-696.
47) M. F. Ashby："A First Report on Sintering Diagrams", Acta Metall., **22**（1974）275-289.
48) F. M. Swinkels and M. F. Ashby："A Second Report on Sintering Diagrams", Acta Metall., **29**（1981）259-281.
49) A. S. Helle, K. E. Easterling and M. F. Ashby："Hot-Isostatic Pressing Diagrams：New Developments", Acta Metall., **33**（1985）2163-2174.
50) 渡辺龍三："粉体のHIP緻密化機構", 日本金属学会会報, **28**（1989）893-896.

5・2・2の文献
1) R. K. Bordia and G. W. Scherer："On Constrained Sintering, I. Constitutive Model for a Sintering body", Acta Metall., **36**（1988）2393-2397.
2) R. K. Bordia and G. W. Scherer："On Constrained Sintering, II. Comparison of Constitutive models", Acta Metall., **36**（1988）2397-2409.
3) R. K. Bordia and G. W. Scherer："On Constrained Sintering, III. Rigid Inclusion", Acta Metall., **36**（1988）2411-2416.
4) A. C. F. Cocks："Overview No. 177 The Structure of Constitutive Laws for the Sintering of Fine grained materials", Acta Metal. Mater., **42**（1994）2191-2210.
5) 品川一成："粉末成形体の焼結における構成式", 塑性と加工, **38**-442（1997）956-961.
6) E. A. Olevsky："Theory of Sintering from Discrete to Continuum. Invited Reviews", Mater. Sci. Eng. Rep., **23**-2（1998）40-100.
7) J. Pan："Modelling Sintering at Different Length Scales—A Critical Review", Int. Mater. Rev., **48**-2（2003）69-85.
8) T. Kraft and H. Riedel："Numerical Simulation of Solid State Sintering；Model and Application", J. Eur. Cer. Soc., **24**（2004）345-361.
9) E. A. Olevsky, V. Tikare and T. Garino："Multi-scale Study of Sintering：A review", J. Am. Ceram. Soc., **89**（2006）1914-1922.
10) 品川一成："焼結変形挙動の解析と材料開発への応用", 塑性と加工, **47**-551（2006）1151-1155.
11) D. J. Green, O. Guillon and J. Rödel："Constrained Sintering；A Delicate Balance of Scales", J. Eur. Cer. Soc., **28**（2008）1451-1466.
12) 品川一成："粉末成形の基礎と素材製造プロセス, 6. 新しい粒子配列と焼結形状・構造制御", 材料, **58**（2009）353-358.
13) 品川一成："焼結中の粉末成形体の応用解析と材料データベース", 粉体および粉末冶金, **56**（2009）592-597.

5・2・3の文献
1) H. Matsubara and R. J. Brook："Computational Modeling of Mass Transfer for Ceramic Microstructure", Ceramic Transactions vol. 71, Am. Ceram. Soc.（1996）403-418.
2) H. Matsubara："Computer Simulation Studies on Sintering and Grain Growth", J. Ceram. Soc. Japan, **113**（2005）263-268.
3) M. Tajika, H. Matsubara and W. Rafaniello："Experimental and Computational Study of Grain Growth in AlN Based Ceramics", J. Ceram. Soc. Japan, **105**（1997）928-33.
4) Y. Okamoto, N. Hirosaki and H. Matsubara："Computational Modeling of Grain Growth in Self-reinforced Silicon Nitride", J. Ceram. Soc. Japan, **107**（1999）109-114.
5) M. Tajika, H. Matsubara and W. Rafaniello："Use of Computer Simulation to Aid the Understanding of Microstructural Changes Observed in Heat-Treated AlN Ceramics", J. Ceram. Soc. Japan, **107**（1999）1156-1159.
6) 松原秀彰, クレーグ・フィッシャー, 野村浩, 松本修次："セラミックス構造形成のコンピューターシミュレー

ションの実践（セラミストのためのパソコン講座）"，セラミックス，**36**（2001）873-879.
7) 清水正義，松原秀彰，野村浩，奥原芳樹，富岡秀雄："粒成長する固相-液相組織における相連続性の計算機モデリング"，J. Ceram. Soc. Japan, **110**（2002）1067-1072.
8) 清水正義，松原秀彰，野村浩，富岡秀雄："焼結・粒成長する多孔体組織における相連続性の計算機モデリング"，J. Ceram. Soc. Japan, **111**（2003）205-211.
9) 森謙一郎，松原秀彰，野口寛洋，清水正義，野村浩："モンテカルロ法と有限要素法の連成による焼結のミクロ-マクロシミュレーション"，J. Ceram. Soc. Japan, **111**（2003）516-526.
10) H. Itahara, H. Nomura, T. Tani and H. Matsubara : "Design of Grain Oriented Microstructure by Using the Monte Carlo Simulation of Sintering and Grain Growth ; Isotropic Grain Growth", J. Ceram. Soc. Japan, **111**（2003）548-554.
11) H. Itahara, T. Tani, H. Nomura and H. Matsubara : "Computational Design for Grain-Oriented Microstructure of Functional Ceramics Prepared by Templated Grain Growth", J. Am. Ceram. Soc., **89**（2006）1557-1662.
12) 清水正義，野村　浩，松原秀彰，Soon-Gi Shin："異方的表面エネルギーをもつ結晶粒子からなる多孔体構造の焼結シミュレーションによる解析"，粉体および粉末冶金，**55**（2008）3-9.

5・3 の文献

1) J. A. Pask and C. E. Hoge : "Thermodynamic Aspects of Solid State Sintering", Materials Science Research, vol. 10, "Sintering and Catalysis", Proc. 4th Int. Conf. on Sintering and Related Phenomena, University of Notre Dame, 1975, G. C. Kuczynski（ed.）, Plenum Press, New York（1975）229-238.
2) W. Beere : "A Unifying Theory of the Stability of Penetrating Liquid Phases and Sintering Pores", Acta Metall., **23**（1975）131-138.
3) G. C. Kuczynski and B. H. Alexander : "A Metallographic Study of Diffusion Interfaces", J. Appl. Phys., **22**（1951）344-349.
4) P. F. Stablein, Jr. and G. C. Kuczynski : "Sintering in Multicomponent Metallic Systems", Acta Metall., **11**（1963）1327-1337.
5) B. Fisher and S. Rudman : "Kirkendall Effect Expansion during Sintering in Cu-Ni Powder Compacts", Acta Metall., **10**（1962）37-43.
6) R. Watanabe, H. Nagai and Y. Masuda : "The Kirkendall Effect in the Sintering of Cu-Ni Alloys", Science of Sintering, **11**（1979）31-58.
7) T. Yamashita, T. Uehara and R. Watanabe : "Multi-Layered Potts Model Simulation of Morphological Changes of the Neck during Sintering in Cu-Ni System", Materials Transactions, **46**（2005）88-93.

5・4 の文献

1) C. Agte and J. Vacek : "Wolfram und Molybdaen", Akademie Verlag, Berlin（1959）143.
2) R. M. German : "An Enhanced Diffusion Model of Refractory Metal Activated Sintering", Mater. Sci. Monograph, 4, Sintering-New Developments, Proc. 4th Int. Conf. on Sintering, 1977, Ed. M. M. Ristic, Elsevier, New York（1978）257-266.
3) R. Watanabe, K. Taguchi and Y. Masuda : "Activated Sintering of Chromium and Manganese Powders With Nickel Additions", Sintering and Heterogeneous Catalysis, Eds. G. C. Kuczynski, A. E. Miller and G. A. Sargent, Plenum（1984）317-327.
4) M. M. Lejbrandt and W. Rutkowski : "Effect of Nickel Additions on Sintering Molybdenum", Int. J. Powder Met. & Powder Technology, **14**（1978）17-30.
5) J. H. Brophy, H. W. Hayden and J. Wulff : "The Nickel-Activated Sintering of Tungsten", Powder Metallurgy, Ed. W. Leszynski, AIME-MPI, Interscience, New York（1961）113-135.
6) G. W. Samsonov and W. J. Jakowlew : "The Effect of Transition Metal Addition on the Sintering of Tungsten", Z. Metallkunde, **62**（1971）621-626.
7) W. A. Kaysser and G. Petzow : "Grain Boundary Migration during Sintering", Modern Developments in Powder Metallurgy, **12-14**（1985）397-408.
8) E. Arzt : "The Influence of an Increasing Particle Coordination on the Densification of Spherical Powders", Acta Metall., **30**（1982）1883-1890.

5・5・1 の文献

1) F. V. Lenel : Powder Metallurgy, Metal Powder Industries Federation, Princeton, New Jersey（1980）.

2) R. M. German : Liquid Phase Sintering, Plenum Press, New York (1985).

5・5・2 の文献
1) R. Watanabe and Y. Masuda : "The Growth of Solid Particles in Fe-20 wt% Cu Alloy During Sintering in the Presence of a Liquid Phase", Trans. JIM, **14** (4) (1973) 320-326.

5・5・3 の文献
1) D. N. Yoon and W. J. Huppmann : "Grain Growth and Densification During Liquid Phase Sintering of W-Ni", Acta Met., **27** (1979) 693-698.
2) W. A. Kaysser and G. Petzow : "Present State of Liquid Phase Sintering", Powder Metall., **28** (1985) 145-150.
3) D. N. Yoon and W. J. Huppmann : "Chemically Driven Growth of Tungsten Grains During Sintering in Liquid Nickel", Acta Met., **27** (1979) 973-977.
4) W. A. Kaysser, S. Takajo and G. Petzow : "Particle Growth by Coalescence During Liquid Phase Sintering of Fe-Cu", Acta Met., **32** (1984) 115-122.
5) R. M. German : "Supersolidus Liquid Phase Sintering Part I : Process Review", Int. J. of Powder Metall., **26** (1990) 23-34.
6) R. M. German : "Supersolidus Liquid Phase Sintering of Prealloyed Powders", Metall. Mater. Trans. A, **28** (1997) 1553-1567.

5・6・1 の文献
1) 上村誠一, 野田泰稔, 篠原嘉一, 渡辺義見：傾斜機能材料の開発と応用, シーエムシー出版 (2003) 43.

5・6・2 の文献
1) 須山章子, 伊藤義康："高強度反応焼結炭化ケイ素セラミックスの適用展開", 東芝レビュー, **61** (2006) 72-75.

5・6・3 の文献
1) 中西宏之, 田中功, 岡本平, 宮本欽生, 山田修："ガス圧燃焼焼結法による TiC-Ni 傾斜機能材料の製造", 粉体および粉末冶金, **36** (1989) 712-715.

5・7・2 の文献
1) H. D. Hanes, et al. : "Hot Isostatic Processing", MCIC Report, MCIC-77-34 (1977).
2) 小泉光恵, 西原正夫編著："等方加圧技術", 日刊工業新聞社 (1988).
3) 滝川博："等方加圧技術", 日刊工業新聞社 (1988) 179.
4) V. Samarov, et al. : "Net Shape HIP for Complex Shape PM Parts as a Cost-Efficient Industrial Technology", Proc. 2005 Int'l Conf. on Hot Isostatic, Pressing, Paris, May 22-25 (2005) 48-52.
5) 谷本清："光洋精工総合技術研究所におけるターボチャージャ用セラミック玉軸受の研究開発", 日本ガスタービン学会誌, **28** (2000) 245-246.

5・8・1 の文献
1) (社)粉末冶金技術協会：粉末冶金技術講座 5　還元炉および焼結炉, 日刊工業新聞社 (1964) 47-49.

5・9 の文献
1) 日本粉末冶金工業会：焼結機械部品　その設計と製造, 技術書院 (1987) 48-53.

5・10・1 の文献
1) 巻野勇喜雄："パルス通電加熱によるナノ構造材料の創製", 高温学会誌, **31** (2005) 202-208.
2) R. S. Dobedoe, G. D. West and M. H. Lewis : "Spark Plasma Sintering of Ceramics", Bulletin of ECerS, **1** (2003) 19-24.
3) 鴇田正雄："SPS プロセスのハードウエアとソフトウエアの発展", 高温学会誌, **31** (2005) 215-224.
4) 巻野勇喜雄："粉末成形の基礎と素材製造プロセス―粉末成形と新しい電磁支援焼結プロセス", 材料, **58** (2009) 262-269.
5) M. Omori : "Sintering, Consolidation, Reaction and Crystal Growth by the Spark Plasma system (SPS)", Mater. Sci. Eng., **A287** (2000) 183-188.

5・10・2 の文献
1) 巻野勇喜雄："ミリ波によるセラミックスの焼結と特性", 材料の科学と工学, **45** (2008) 122-127.

2) Y. Makino : "Characteristics of millimeter-wave heating and smart materials synthesis", ISIJ International, **47** (2007) 539-544.
3) 巻野勇喜雄,三宅正司 : "ミリ波加熱の特徴とセラミックス部材の高品質化",高温学会誌,**29**(2003) 3-12.
4) Y. V. Bykov, K. I. Rybakov and V. E. Semenov : "High-temperature Microwave Processing of Materials", J. Phys. D, Appl. Phys., **34**(2001) R55-R75.
5) 巻野勇喜雄,三宅正司 : "PZT エアロゾル堆積膜の構造に及ぼすミリ波ポストアニール効果", Materials Integration, Vol. 20, No. 12 (2007) 16-21.
6) 高山定次,G. Link, M. Thumm, 松原章浩,佐藤元泰,佐野三郎,巻野勇喜雄 : "大気中雰囲気中でマイクロ波加熱によるマグネタイトの還元挙動―電磁反応場における粒子挙動―",粉体および粉末冶金,**54**(2007) 590-594.

5・10・3 の文献
1) 丸谷洋二,早野誠治,今中瞭 : 積層造形技術資料集,オプトロニクス社(2002).
2) ASM Handbook, Vol. 7, ASM International (1998) 426-436.
3) J. J. Beaman, et al. : Solid Freeform Fabrication-A New Direction in Manufacturing-, Kluwer Academic Publishers (1997).
4) L. Lü, L. Fuh and Y.-S. Wong : Laser-Induced Materials and Processing for Rapid Prototyping, Kluwer Academic Publishers (2001).

5・11・1 の文献
1) 日本粉末冶金工業会 : PM GUIDEBOOK 98 焼結部品概要,日本粉末冶金工業会(1998) 48.

5・11・2 の文献
1) F. V. Lenel : "Powder Metallurgy Principle and Applications", MPIF (1980) 435-436.
2) 粉末冶金応用製品(Ⅲ) 構成部品,日刊工業新聞社(1964) 124-127.
3) G. H. Degroat : Tooling for Metal Powder Parts, American Society of Tool Engineers (1958) 213.

5・11・3 の文献
1) 浅香一夫 : "焼結による鉄系圧粉体の拡散接合(第 2 報)",粉体および粉末冶金,**42**(1995) 746-751.

第 6 章 焼結体の後加工

6·1 再 圧 縮

6·1·1 はじめに

再圧縮（repressing）とは，形状，寸法，物理的特性を改善する目的で，焼結体を金型に入れて圧縮することであり，特に，所定の寸法を得るために行うものをサイジング（sizing），所定の形状や物理的特性を得るために行うものをコイニング（coining）と呼ぶ．

実作業ではコイニングはサイジングを兼ねて行われることが多く，厳密には区別がつけられない．

焼結体は材料の変形のしやすさにもよるが，一般には 10～20％の気孔を含んでいるため，加圧した場合に塑性加工が容易な形態となっている．

6·1·2 サイジング法

サイジングで精度を出すには，次の 2 つの方法がある．

（1）ポジティブサイジング

焼結体寸法を最終製品寸法より大きめに（金型のキャビティは小さめに）作っておき，金型に押し込み，型壁に擦り付けて精度を出す方法をポジティブサイジング（positive sizing）という．

表 6·1·2-1　IT 基本公差の数値（JIS B 0401）（μm）

寸法の区分	IT6 6 級	IT7 7 級	IT8 8 級	IT9 9 級	IT10 10 級	IT11 11 級	IT12 12 級
3 mm 以下	6	10	14	25	40	60	100
3 mm を超え 6 mm 以下	8	12	18	30	48	75	120
6 mm を超え 10 mm 以下	9	15	22	36	58	90	150
10 mm を超え 18 mm 以下	11	18	27	43	70	110	180
18 mm を超え 30 mm 以下	13	21	33	52	84	130	210
30 mm を超え 50 mm 以下	16	25	39	62	100	160	250
50 mm を超え 80 mm 以下	19	30	46	74	120	190	300
80 mm を超え 120 mm 以下	22	35	54	87	140	220	350
120 mm を超え 180 mm 以下	25	40	63	100	160	250	400
180 mm を超え 250 mm 以下	29	46	72	115	185	290	460
250 mm を超え 315 mm 以下	32	52	81	130	210	320	520
315 mm を超え 400 mm 以下	36	57	89	140	230	360	570
400 mm を超え 500 mm 以下	40	63	97	155	250	400	630

(2) ネガティブサイジング

焼結体を最終製品寸法より小さめに（金型のキャビティは大きめに）作っておき，金型の中で高さ方向に圧縮して焼結体を膨らませ，金型の壁にぶつけるようにして精度を出す方法をネガティブサイジング（negative sizing）という．

いずれにしてもサイジングで得られる精度には限界があり，通常，日本工業規格 JIS B 0401「寸法公差及び嵌め合い」の IT（International Tolerance）基本公差で示すと，形状・材質にもよるが，径方向の寸法で IT8～10 程度である．また，高さ方向は IT12 くらいが限度といわれている（表6·1·2-1）．

6·1·3　サイジングプレス

サイジングプレス（sizing press）に要求される重要な点は，成形プレスと異なり，圧力の立上りが速いのでプレス本体の剛性，機械精度の高いことである．

ワークの供給は，通常，直線式かターンテーブル方式が多く使用され，自動で位置決めをしてサイジングプレスに送り込まれる場合が多い．

金型は，プレス本体に直接取り付けられる方式や，最近ではツールセット方式の上二段下三段コア付きで，金型を外段取りで組み付け，ツールセットをクイックチェンジして作業能率を上げるようになっている．表6·1·3-1に油圧式サイジングプレスの仕様を，表6·1·3-2に機械式サイジングプレスの仕様例を示す．図6·1·3-1にサイジングプレスの外観例を示す．

表6·1·3-1 油圧式サイジングプレス仕様（コータキ精機（株）カタログより）

性　能	単位	KPR-32	KPR-63	KPR-100	KPR-200TGH	KPR-300TGH	KPR-350TGH	KPR-500TGH	KPR-800TGH
最大加圧能力	kN	320	630	1000	2000	3000	3500	5000	8000
上ラムストローク	mm	300	300	350	200	150	150	200	200
押出し能力	kN	100	200	320	1000	1200	1200	1800	4000
最大充填深さ	mm	80	100	100	80	90	90	90	140
電動機容量	kWh	15	22	30	55.5	67	67	92	130

表6·1·3-2 機械式サイジングプレス仕様（三菱マテリアルテクノ（株）カタログより）

性　能	単位	TMS-1	TMS-5	TMS-20	TMS-40	TMS-60	TMS-100	TMS-200	TMS-500
加圧力	kN	10	50	200	400	600	1000	2000	5000
押出し力	kN	5	25	100	200	300	500	1500	3000
上ラムストローク	mm	50	70	75	150	180	180	180	180
下ラムストローク	mm	10	20	20	60	70	80	80	80
ダイ受圧力	kN	5	25	100	200	300	500	1000	2500
下パンチ受圧力	kN	10	50	200	400	600	1000	2000	5000
サイクル	cpm	15-60	15-60	15-60	15-60	15-60	12-48	10-40	8-32
電動機容量	kWh	0.75	2.2	3.7	7.5	11	22	30	37

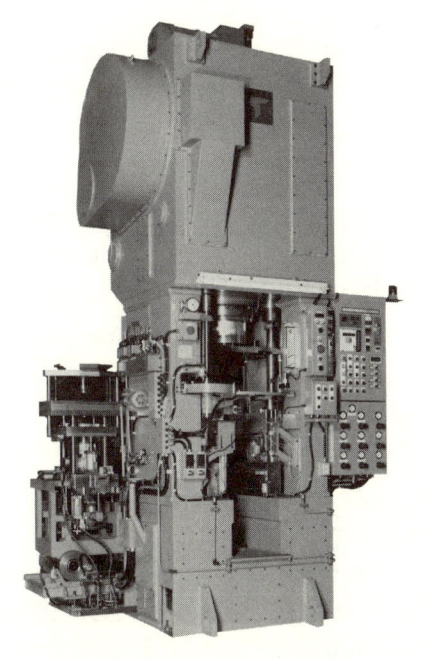

三菱マテリアルテクノ製　TMS-500型　　　　コータキ精機製　KPR-300TGH型

図6・1・3-1　サイジングプレス

6・1・4　再圧縮時の潤滑

　再圧縮では，焼結体を金型の中で加圧するが，このとき，焼結体は弾性変形および塑性変形を起こし，金型との間で高い摺動抵抗力や圧縮力が発生する．焼結体および金型の表面に適切な潤滑を施すことにより，加圧や抜出力を低減することができる．また，金型の摩耗やかじりを防ぎ，最終製品の要求品質を長く保ち生産することができる．

　再圧縮に用いられる潤滑剤には，次のようなことに留意する必要がある．
　①再圧縮での加圧，抜出力を最小とする潤滑性を有すること．
　②焼結体および金型に影響を及ぼさないこと．
　③防錆効果を合わせもち，焼結体の気孔内への残存が少なく，また，除去しやすいこと．
　④後工程（熱処理，スチーム処理，浸油，脱油）に影響を及ぼさないこと．
　⑤防錆油や切削液に影響を及ぼさないこと．
　⑥組み付け後の相手製品に影響を及ぼさないこと．
　⑦環境汚染がないこと．

　潤滑の方法としては，金型および焼結体に潤滑剤を湿式，乾式いずれかで塗布する方法がある．潤滑剤はオレイン酸をベースとした潤滑剤，潤滑油に少量の二硫化モリブデンを添加した潤滑剤，ステアリン酸亜鉛またはステアリン酸をオイルに分散させた潤滑剤等がある．

6·2 機械加工

粉末冶金法では，機械加工を原則として行わないのが特徴であるが，①厳しい精度を必要とし，サイジング等の矯正だけでは所望の寸法精度や仕上面粗さが得られない場合，②圧縮方向に直角な穴や溝等，通常の単軸プレスでは成形できない形状の場合，③圧縮方向に多段複雑形状で，通常の単軸プレスでは金型を分割作動できない場合，④薄肉で金型を製作できない場合等では，切削加工，研削加工，ドリル加工，タップ加工，リーマ加工等の機械加工が行われる．切削加工や研削加工の取り代が少ないのが特徴であるが，一般に，気孔を含む焼結部品の機械加工は，目つぶれをともなうので，多孔質性を必要とする部品を加工する場合には注意が必要である．

6·2·1 切削加工

（1） 鉄系焼結合金の切削における特徴

一般的に，焼結合金は仕上面精度や工具の摩耗の状況から見ると，溶製材に比べて被削性が劣る．内部気孔が存在することによりマクロ的に断続切削をもたらし，また熱伝導性が低いことが原因といわれてきたが，焼結合金の特徴である合金設計の自由度を活かしたミクロ的に軟質相と硬質相が混在した不均一な組織であったり，酸化物系の硬い介在物を多く含む場合は，さらに被削性を低下させる大きな要因となる．すなわち，フェライト相等の軟質相を切削すると構成刃先が付着しやすく仕上面粗さが問題となり，金属間化合物・炭化物・酸化物等の硬質相を切削すると，すきとり摩耗やチッピングが生じやすく工具寿命が問題となる．このように，軟質相と硬質相が混在しているために，構成刃先とチッピングの相反する対策を考慮する必要があり，切削工具と切削条件の選定を困難にしている（表6·2·1-1）．

（2） 切削工具の刃先角度と工具摩耗

Fe-C系焼結合金を切削した場合の切削工具のすくい角・逃げ角と逃げ面摩耗との関係を図6·2·1-1に示す．すくい角が20°以上，また逃げ角が5°以下または10°以上になると，急激に逃げ面摩耗幅が大きくなる．したがって，すくい角は−5〜+10°，逃げ角は5〜10°が適当である．

（3） 切削条件と仕上面粗さ

Fe-C系焼結合金を切削した場合の，送り・切削速度・工具のすくい角と仕上面粗さの関係を図6·2·1-2に示す．送りが増大すると仕上面粗さが悪くなり，切削速度が増大すると仕上面粗さがよくなる．また，すくい角は−5〜+20°に変化しても，仕上面粗さはあまり変化しない．切削速度が増大すると仕上面粗さがよくなるのは，切削速度が50 m/min以上になると構成刃先の影響が小さくなることによるものと考えられる．

表6·2·1-1 構成刃先およびチッピング対策

構成刃先対策	チッピング対策
速い切削速度で切削する	遅い切削速度で切削する
ハイグレードの工具材質を用いる	靭性の高い工具材質を用いる
工具のすくい角を大きくする	工具のすくい角を小さくする
刃先をシャープにする	刃先をホーニング処理して強化する

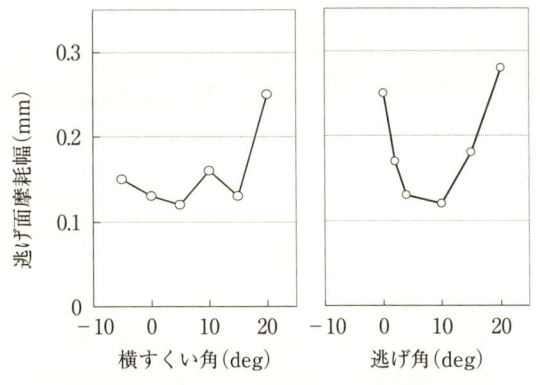

図 6·2·1-1 Fe-C 系焼結合金の刃先角度と摩耗
工具：K05, 0°, 5°, 5°, 8°, 0°, R0.4,
切削速度：80 m/min, 送り：0.1 mm/rev,
切込み：0.5 mm, 切削時間：8 min

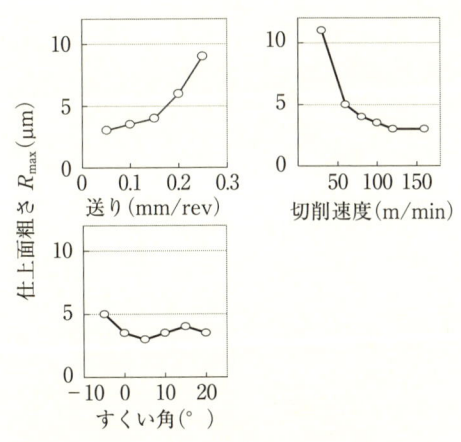

図 6·2·1-2 Fe-C 系焼結合金の切削条件と仕上げ面粗さ
工具：K05, 0°, 5°, 6°, 6°, 15°, 15°, R0.4,
切削速度：80 m/min, 送り：0.1 mm/rev,
切込み：0.5 mm

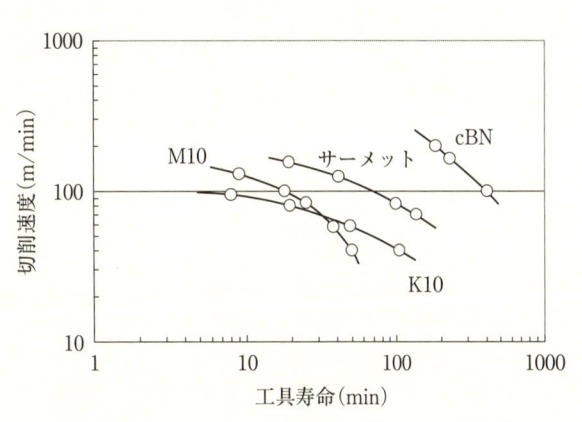

図 6·2·1-3 Fe-Cu-C 系焼結合金の工具寿命特性
工具：−5°, −5°, 5°, 5°, 30°, R0.4,
送り：0.1 mm/rev, 切込み：0.3 mm,
工具寿命基準：V_B=0.4 mm

（4） 工具寿命

切削工具としては，炭素工具鋼，合金工具鋼，高速度鋼，超硬合金，サーメット，セラミックス，cBN，ダイヤモンド等の材料が使われるが，鉄系焼結合金では超硬合金が多く用いられているようである．

焼結機械部品として比較的多く使われている，Fe-Cu-C 系焼結合金を切削した場合の工具寿命を図 6·2·1-3 に示すが，100 m/min を超える高速域では，cBN やサーメットの工具寿命が長く，低速域では超硬 K10 種が比較的安定している．しかし，サーメット工具はチッピングによる異常損傷が発生しやすく，また cBN 工具では鉄粉の種類によっては MnO と反応して工具寿命が低下することがあるとの報告もあり，一概に cBN 工具やサーメット工具がすぐれているとはいえない．したがって，切削工具は焼結合金の金属組織や切削条件等によって選択しなければならない．

(5) 切削液

一般に切削加工では，構成刃先の生成を防ぐ潤滑効果や冷却効果，切くずの除去を目的として，液体や気体の切削剤を使用する．図6·2·1-4に示すように鉄系焼結合金の切削加工においても，切削剤は工具の摩耗を減少させる効果がある．しかしながら，焼結合金に液体切削剤を使用すると，気孔内に切削剤が浸透し切削後に錆発生等の悪影響を及ぼすおそれがあるので，切削剤の選択や切削後の切削剤の除去の配慮が必要である．

(6) 鉄系焼結合金の被削性改善

低炭素系の鉄系焼結合金の場合には，主として構成刃先対策を考慮して切削工具や切削条件を選択することにより，比較的対応しやすいが，高炭素系，Fe-Cu-C系やFe-Cu-Ni-Mo-Cr等の合金系では著しく工具寿命が低下して対応が難しい．このような難切削材では切削工具や切削条件を十分に検討しなければならないが，切削前に樹脂含浸を行ったり，S，Ca，Cu₂S，MnS等を原料粉末に添加することによっても被削性が改善される．Fe-Cu-C系焼結合金にSを添加した場合の切削速度と仕上面粗さの関係を図6·2·1-5に，

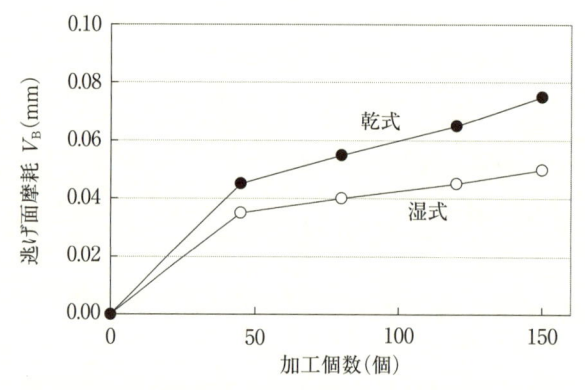

図6·2·1-4 鉄系焼結合金の切削加工における切削剤の効果
工具：cBN，切削速度：100 m/min，送り：0.1 mm/rev，
切込み：0.2 mm

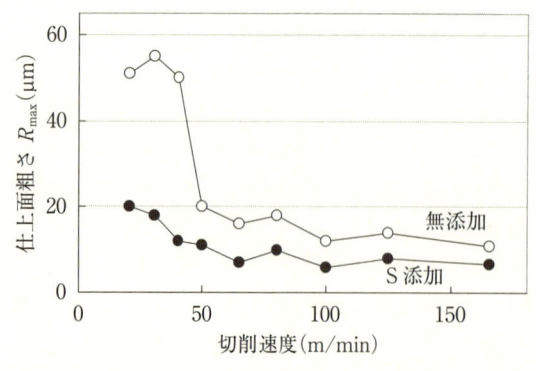

図6·2·1-5 Fe-Cu-C系焼結合金におけるS添加による仕上面の改善
工具：K10，−5°，−5°，5°，5°，15°，15°，R0.8，
送り：0.1 mm/rev，切込み：0.3 mm

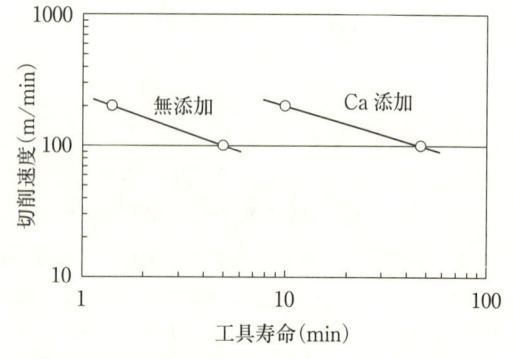

図6·2·1-6 鉄系焼結合金におけるCa添加による被削性改善
工具：P10，−5°，−5°，5°，5°，30°，0°，R0.4，
送り：0.1 mm/rev，切込み：1.0 mm，V_{BX}=0.1 mm，
被削材：Fe-2Ni-0.5Mo-0.45C

またFe-Ni-Mo-C系焼結合金にCaを添加した場合の切削速度と工具寿命の関係を図6・2・1-6に示す.

最近,焼結機械部品の高強度化にともない,鉄系焼結合金はCu, Ni, Mo, Cr等を含む難削材が増加する傾向にあり,被削性の問題が増大しているが,原料メーカでも快削鋼粉等,被削性改善原料粉を開発しており,切削工具の改良と合わせていずれ解決するものと思われる.

6・2・2 研削加工

(1) 鉄系焼結合金の研削加工

特に厳しい寸法精度・平坦度や仕上面粗さを必要とする箇所については研削加工が行われる.一般に,再圧体または焼入れ体に研削加工が行われるが,作業能率を考慮して,研削加工前に切削加工が行われることもある.

焼結合金の場合には,砥粒や加工液が気孔内に残るので,研削後は洗浄・乾燥して除去する必要がある.

(2) 砥石および研削条件

鉄系焼結合金を研削加工する場合には,組成・密度・熱処理の有無等によって,砥粒の種類・粒度・結合度・組織・結合剤の種類を選ばなければならない.砥粒の種類としては,アルミナ質砥粒,炭化ケイ素質砥粒,ダイヤモンド砥粒,cBN砥粒等が使われるが,アルミナ質砥粒やcBN砥粒が比較的多く使われているようである.砥粒の粒度はJISでは27種類を決めているが,中粒度のものが使われる.銅溶浸材等,砥石の目づまりを起こしやすい場合には,粗い粒度のものが使われる.結合度はJISではE～Zまで分けられている.溶製鋼の研削の場合でも結合度の選択が難しいが,焼結合金の場合も,材質・砥石の大きさ・研削盤の種類等によって選択しなければならない.組織はJISでは密(c),中(m),粗(w)の3種類に分けられており,ダイヤモンド・cBN砥粒では集中度(コンセントレーション)で表示される.鉄系焼結合金をcBN砥石で研削する場合は,75～125程度の集中度のものが使われている.結合剤の種類には,ビトリファイドボンド,レジノイドボンド,メタルボンド,電着法等があるが,ビトリファイドボンドやレジノイドボンドが比較的多く使われている.

鉄系焼結合金を研削する場合の切込みは材質および熱処理の有無により対処が必要である.

(3) 研削盤の種類

研削盤のおもな種類としては,円筒研削盤・万能研削盤・内面研削盤・芯なし研削盤・平面研削盤・ねじ研削盤・歯車研削盤等がある.平面研削盤では多くの場合,工作物の取り付けにマグネットチャックを使用するので,研削後には脱磁の必要がある.

6・3 熱処理

溶製鋼と同じように,焼結鋼の機械的特性や耐摩耗性向上を目的として熱処理を行う場合がある.通常,焼結鋼は多孔質であり,また,材料内の化学組成が不均一な場合があるため,溶製鋼とは異なった結果や挙動を示すことがある.

6・3・1 焼入れ焼戻し

焼入れ(quenching)は,溶製鋼と同じように鋼を加熱してオーステナイトとした後,急速冷却される.浸炭処理を実施しない場合,通常0.4 mass%以上の炭素を含有する焼結鋼を非脱炭,非酸化雰囲気で800～

900℃に加熱後，油中で急冷する．水焼入れでは気孔に残留する水分が錆の原因となり，また，焼割れが発生しやすくなるため，焼結鋼では油焼入れが推奨される．焼戻し（tempering）は，大気中または油中で150～250℃に1～2時間保持して行われる．

浸炭処理（carburizing）は，主として0.6mass%以下の炭素を含有する焼結鋼に対して実施される．元来，表面硬化を目的とすることから，通常は浸炭処理の後，一連の工程として焼入れが実施され，引き続き焼戻しが行われる．浸炭は，炭化水素と空気の変成ガスによるガス浸炭によるものが最も一般的である．変成ガスは，たとえばCO：20 vol%，H_2：40 vol%，N_2：20 vol%からなり，この他少量のCO_2とH_2Oを含む．ガスは高温で焼結鋼に接触すると次の反応によって浸炭が進行する．

$$2CO \Leftrightarrow C+CO_2 \qquad 式(6\cdot3\cdot1\text{-}1)$$
$$CO+H_2 \Leftrightarrow C+H_2O \qquad 式(6\cdot3\cdot1\text{-}2)$$
$$CH_4 \Leftrightarrow C+2H_2 \qquad 式(6\cdot3\cdot1\text{-}3)$$

上記反応はいずれも可逆反応であり，式(6·3·1-1)のCO/CO_2の比によってカーボンポテンシャルを制御している．浸炭温度は820～920℃で1～2時間という条件が一般的であるが，焼結鋼は通気性があるために浸炭されやすいので，30分程度に短縮される場合もある．図6·3·1-1に焼入れ炉の構造図を示す．

焼入れ焼戻し材料の一般的な評価は，硬さ測定や金属組織観察により実施されるのが一般的である．硬さの測定には通常ロックウェル硬さ試験機のAまたはCスケール，ビッカース硬さ試験機が用いられるが，気孔を含む見掛硬さとなるため基地の硬さよりも低い測定値になる．基地の硬さ測定にはビッカース微小硬さ試験機を使用することが多い．焼入れ焼戻し後の表面近傍の金属組織は基本的にマルテンサイトとなるが，化学組成の不均一により他相が現れる場合がある．図6·3·1-2にFe-3 mass% Ni-0.5 mass%C 焼結鋼の金属組織写真を示す．マルテンサイト，気孔の他に，白色に見えるNiリッチなオーステナイトを多く含むマルテンサイトが観察される．

前述のとおり，焼結鋼はその通気性のために浸炭されやすく，密度によって浸炭深さ等の浸炭の状況が変化する．したがって，硬化層の深さも密度によって変化し，密度が低くなると硬化層が深くなる．一例として，密度の異なる純鉄を浸炭焼入れしたときの表面から内部への硬さ分布を図6·3·1-3に示す．

前述の浸炭ガスに5 vol%程度のアンモニアを添加することにより，浸炭窒化が実施される場合がある．浸炭に比べて硬化層が深くなる傾向があるので，焼入れ性に劣る焼結鋼に適用されることが多い．

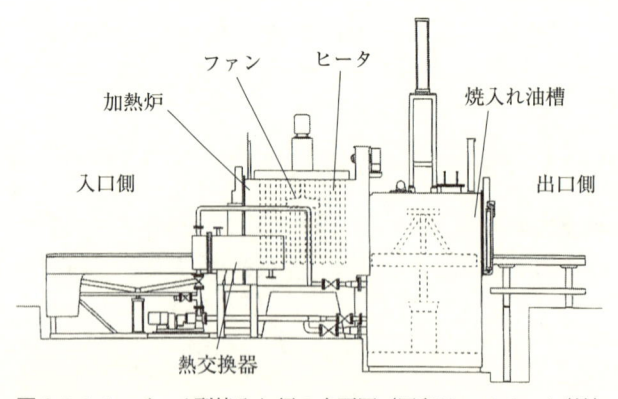

図6·3·1-1 バッチ型焼入れ炉の立面図（同和サーモテック(株)提供）

図6·3·1-2 Fe-3 mass% Ni-0.5 mass% C 焼結鋼の金属組織（浸炭焼入れ焼戻し）((株)ダイヤメット提供）

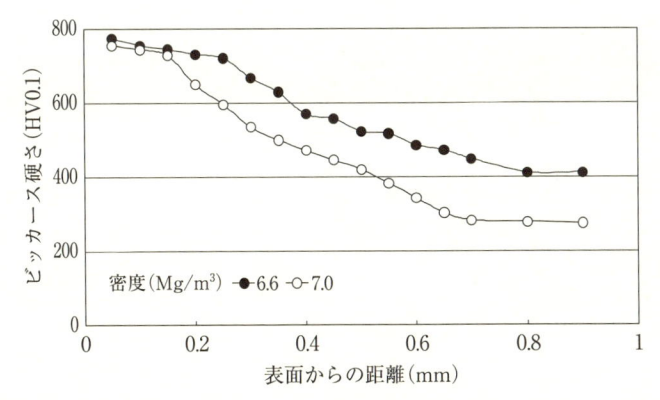

図 6·3·1-3　浸炭焼入れ焼戻しした純鉄の硬さ分布（(株)ダイヤメット提供）

6·3·2　高周波焼入れ

　高周波焼入れ（induction hardening）は，コイルに高周波電流を流し，その磁場内に配置された鋼を渦電流とヒステリシス損失による発熱により急速に加熱して，その後水や油を噴射して急冷する方法である．図6·3·2-1に高周波焼入れの実施状況写真を示す．高周波電流の場合，誘導電流の大部分は表皮効果によって表面近傍に集中して流れるため，表面層だけを焼入れ硬化させることが可能になる．図6·3·2-2に高周波焼入れしたスプロケットの歯底から内部への硬さ分布を示す．

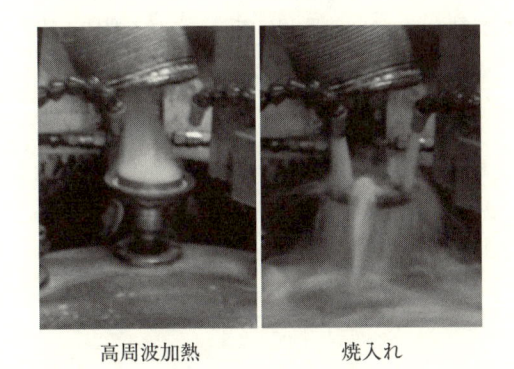

図 6·3·2-1　高周波焼入れの実施状況（(株)ダイヤメット提供）

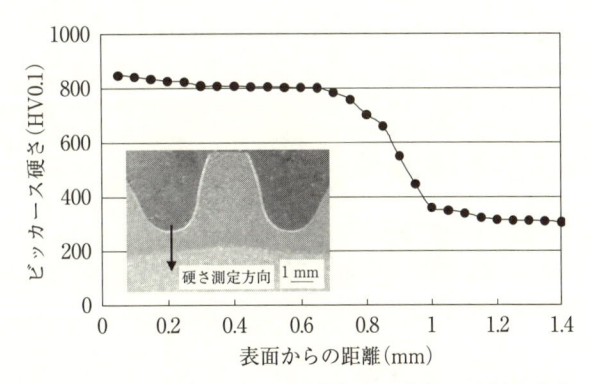

図 6·3·2-2　スプロケットの歯底から内部への硬さ分布（Fe-2 mass% Cu-0.8 mass%C）（(株)ダイヤメット提供）

　通常，高周波焼入れは 0.4～0.8 mass% の炭素を含有する焼結鋼に対して実施され，炭素量が低い場合は焼入れ不足，一方，高い場合は焼割れに注意する必要がある．高周波焼入れでは，必要部位のみの焼入れが可能であるので他部位の精度確保が有利となり，また，焼入れ層の深さを周波数，電力，コイルのピッチ，加熱時間等により調節できる利点がある．しかし，部品形状に合わせたコイル形状にする必要があるため，部品形状によっては対応が困難になる場合がある．

6·3·3　シンターハードニング

　シンターハードニング（sinter-hardening）とは，焼結の冷却過程において焼入れするプロセスのことで

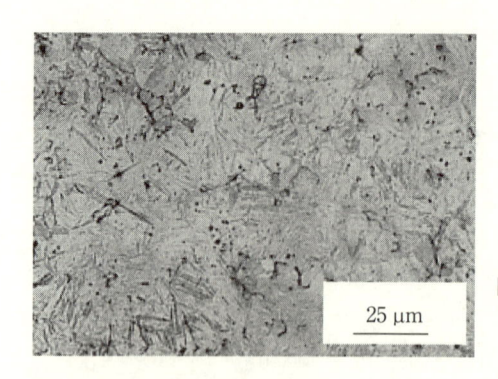

図6・3・3-1 Fe-Ni-Cr-Mo-C系シンターハードニング鋼の金属組織（(株)ダイヤメット提供）

あり，マルテンサイトを主たる金属組織とするのにもかかわらず，焼結後の焼入れ工程を省略することができる．

シンターハードニングを実現するためには，オーステナイト域からマルテンサイト変態開始温度までの温度域を一定以上の速度（臨界冷却速度）で冷却する必要があり，これは材料によって異なる．シンターハードニングでは，前記臨界冷却速度を遅くする元素，すなわち鋼の焼入れ性を高める元素であるC，Mo，Ni，Cr，Mn等を含有させるのが通常である．また，製品の冷却速度を高くするために焼結炉の冷却ゾーンに強制冷却装置を設置する場合もある．図6・3・3-1にFe-Ni-Cr-Mo-C系シンターハードニング鋼の金属組織を示す．

シンターハードニングは焼入れ工程が省略できるという長所がある一方，合金化により原料粉末の硬さが上昇して圧粉成形時の圧縮性低下，さらには，サイジングを困難にし，機械加工性の低下，原料の高コスト化を招くという短所がある．シンターハードニングの採用検討においては，部品として要求される機能，精度，機械加工の要否などを十分に吟味する必要がある．

6・4 含浸処理

一部の高密度部品を除けば焼結部品には表面に通じた開放気孔が存在する．開放気孔に油を含浸して製造される含油軸受をはじめとして，気孔を油や樹脂で充填させる含浸処理（impregnation treatment）が行われる場合がある．

6・4・1 含油処理

含油（oil impregnation）軸受は，その機能より開放気孔を油で充満することが必要であり，また，用途に応じた潤滑油を選択することが重要である．焼結機械部品にも含油処理が行われることがあるが，その目的は防錆，機械加工性の向上，摺動部の潤滑等であり，必ずしも気孔に油を完全に充満する必要はない．

工業的に用いられている軸受の含油法には主として2つの方法がある．1つは，気密性の含油装置を用い，あらかじめ減圧脱気した容器の中に軸受を入れ，気孔中の空気を抜いた後，油に浸漬して大気圧に戻すことで含浸する方法であり，油の粘度が高い場合は油を加熱することもある．図6・4・1-1に減圧タイプの二槽式含油装置の外観を示す．槽は減圧と貯油を兼用するため，各槽が減圧と貯油を交互に繰り返すことにより生産効率を高めることが可能になる．もう1つは，常圧下で，80～100℃に加熱された含浸油に浸漬する方法であり，油の粘度が高い場合に有用である．焼結機械部品の防錆目的の場合等では，常温，常圧下での油中浸漬ですませることが多い．含油軸受の詳細については，10・1節を参照されたい．

図 6·4·1-1 含油装置（(株)ダイヤメット提供）

6·4·2 樹脂含浸処理

焼結部品の開放気孔を閉鎖するために，気孔に樹脂を含浸することがある．その目的は主として2つに大別され，1つは気密性や液密性の付与であり，油圧部品等に適用される場合がある．もう1つは電気めっき，塗装等の前処理としてであり，めっき液や塗料の気孔への浸入を防止させる．

樹脂含浸は，あらかじめ減圧脱気した焼結部品にジアリルフタレート等の熱硬化性樹脂やメタクリル等の嫌気性熱可塑性樹脂を含浸させることにより行われる．含浸後は，樹脂の硬化処理を行い，最後に表面を清浄化するためにショットブラストが実施される．

6·5 表面処理

一般の金属部品と同じように，焼結部品の耐食性や摺動性等の向上を目的として表面処理（surface treatment）を施す場合がある．ここでは鉄系焼結部品に広く用いられる方法について紹介する．

6·5·1 水蒸気処理

水蒸気処理（steam treatment）は，水蒸気中で450～550℃に保持してFe_3O_4（マグネタイト）被膜を鉄系部品の表面に形成させる処理である．通常2～5μm程度の被膜が表面に形成され，さらに内部の気孔にも被膜が形成される．気孔と表面に耐食性に優れた硬質のFe_3O_4被膜が形成されることから，封孔性，耐食性および耐摩耗性が向上する．水蒸気処理炉の設備写真を図6·5·1-1に示す．また，水蒸気処理した純鉄の断面写真を図6·5·1-2に示す．図中，白色部が純鉄基地，黒色部が気孔，灰色部がFe_3O_4被膜であり，これより気孔内部にも被膜が形成されていることが分かる．

封孔性（sealing）は，気孔の一部が，被膜の形成によって閉塞されることにより向上する．この封孔性を利用してめっき等の前処理として利用されることがある．耐食性は過酷な環境下では十分ではなく，主として日常的な防錆に用いられる．Fe_3O_4被膜は保油性に優れるため，防錆油を塗布して耐食性を向上させる場合がある．耐摩耗性の向上は，硬質なFe_3O_4被膜が形成されることと保油性が向上することによる．ま

図 6・5・1-1 水蒸気処理炉（同和サーモテック(株)提供）

図 6・5・1-2 水蒸気処理した純鉄の断面写真（(株)ダイヤメット提供）

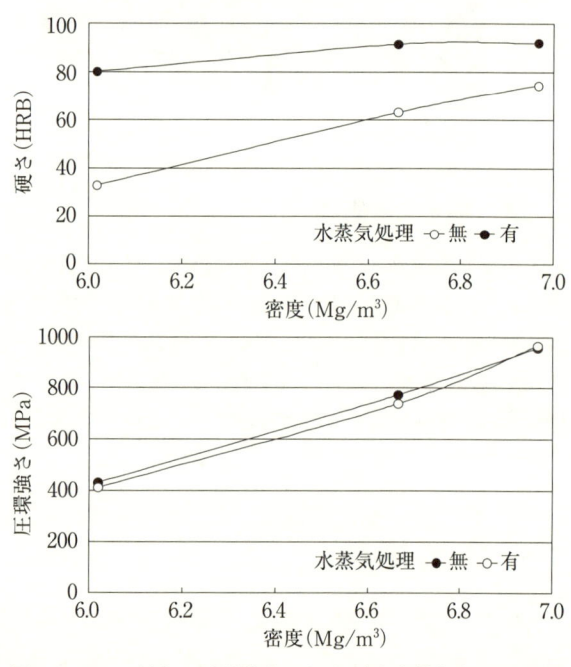

図 6・5・1-3 硬さ，圧環強さにおよぼす水蒸気処理の影響（Fe-2 mass% Cu-0.8 mass% C 材）((株)ダイヤメット提供）

た，機械的特性も水蒸気処理の影響を受ける．概して，水蒸気処理によって硬さは上昇，伸びは低下し，引張強さや圧環強さは大きく変化しないという傾向がある．図 6・5・1-3 に焼結材の硬さと圧環強さに及ぼす水蒸気処理の影響を示す．

6・5・2 リン酸塩被膜処理

リン酸塩被膜処理は，リン酸塩処理浴中で鉄鋼などの表面にリン酸塩被膜を形成させる化成処理のことである．通常，表面洗浄，被膜形成処理，乾燥，という工程からなり，最後に防錆油塗布が追加される場合がある．鉄系焼結部品の場合，気孔に残留した油脂等を通常の表面洗浄で除去することが困難であるため，あらかじめ封孔処理を行うことが多い．

図 6・5・2-1 リン酸塩被膜処理した焼結体表面（Fe-Cu-C 系材）
（(株)ダイヤメット提供）

図 6・5・2-1 にリン酸塩被膜処理した焼結体表面の写真を示す．被膜は保油性が高く，防錆油の塗布により耐食性が向上する．また，摺動部品の初期なじみ性を向上させる効果がある．

6・5・3 窒化処理

窒化処理（nitriding）は，耐摩耗性の向上等を目的として実施される．鉄系焼結部品への窒化処理には，ガス窒化法やガス軟窒化法が用いられることが多い．ガス窒化法ではアンモニアガス中 500〜550 ℃，ガス軟窒化法ではアンモニアに 6・3・1 項で述べた変成ガスを 30〜50 ％ 混合し 550〜600 ℃ に加熱して行われる．窒化による脆化を抑制するため，通常，水蒸気処理等の前処理を行う．この他，塩浴中で窒化する軟窒化法や，窒素ガス炉体と製品間でグロー放電させ，N$^+$ イオンを直接打ち込むイオン窒化が用いられることもある．

6・5・4 めっき，塗装処理

めっき（metal plating）は耐食性向上のために用いられる．また，外観を美しくする効果もある．鉄系焼結部品への電気めっきでは，処理液が気孔に残留すると腐食が発生するため，事前に樹脂含浸，水蒸気処理等の封孔処理を実施する必要がある．無電解めっきは，気孔を含む焼結材料に対しても比較的容易に均一なめっき層を形成することができる特徴がある．無電解めっきにおいても残留しためっき液による腐食を防止するため，事前の封孔処理が必要である．

塗装もめっきと同様，耐食性向上等の目的で用いられ，外観も美しくなる．塗料の気孔内への浸入を防止するため，封孔が必要になる．

近年は，環境配慮の観点から六価クロムを使用するめっきを制限しようとする動きがあり，三価クロムめっきやクロムフリー塗装の使用が増加している．

6・5・5 バレル加工

バレル加工（barrel finishing）はバレル（樽）と呼ばれる容器の中に，被加工物，研磨剤，コンパウンドおよび水を入れ，バレルに回転，振動などの運動を与えることによってバレル内の挿入物を衝突，摺動させて被加工物を加工する方法である．鉄系焼結部品のばり除去，エッジ部の丸み出し，表面仕上げ等のために用いられる．バレル加工機には様々なタイプがあり，例として振動式および回転式バレルの写真を図 6・5・5-1 に示す．水を用いる加工であるため，加工後に高温乾燥等を実施し，錆を発生させない工夫が必要で

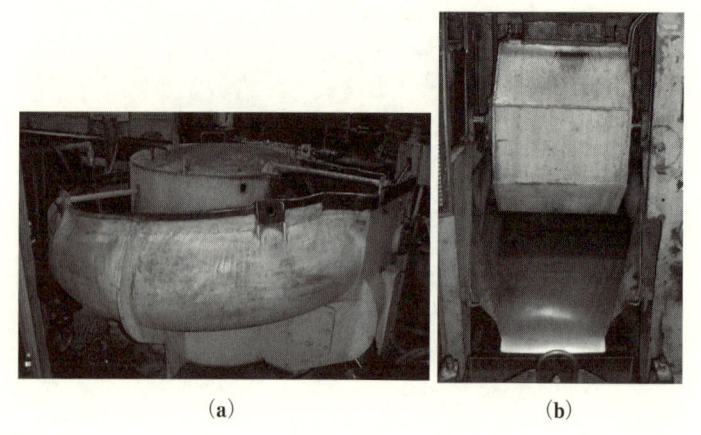

図6·5·5-1　バレル設備（(a)振動式，(b)回転式）((株)ダイヤメット提供)

ある．

6·5·6　ショットブラスト

　ショットブラスト（shot blast）は，粒状の投射材を被加工物に投射することにより加工する方法であり，鉄系焼結部品のばりや汚れを除去するために用いられる．また，めっきや塗装の前のスケール落としや目潰し，樹脂含浸後の表面清浄化にも用いられる．主な投射方法としては機械式と空気式があり，投射材としては鋼粒，ガラスビーズ等が用いられる．機械式では，高速回転するブレードで投射材を被加工物に投射する．設備の構造図を図6·5·6-1に示す[1]．空気式では噴射を圧縮空気によって行い，エアブラストと呼ばれる．エアブラストは，広範囲な投射による大量処理には不向きであるが，投射条件の細かな制御，微細粒子の投射や高投射エネルギー化に有利である．

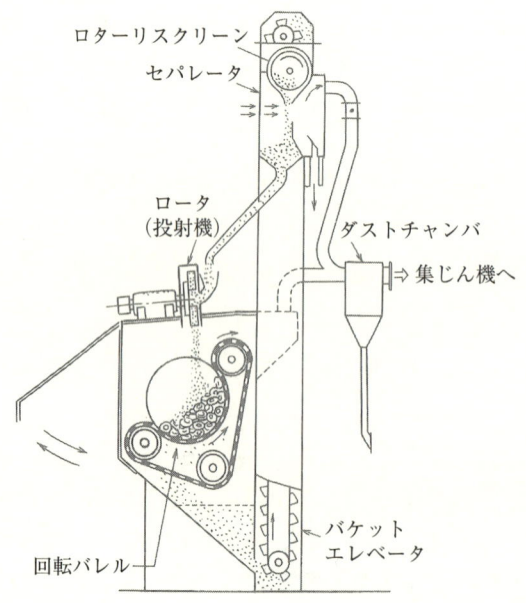

図6·5·6-1　機械式ショットブラストの構造図

第6章 文献

6·2 の文献
1) 日本粉末冶金工業会編：焼結機械部品―その設計と製造―，日本粉末冶金工業会，技術書院（1987）62-65.

6·5·6 の文献
1) 日本粉末冶金工業会編：焼結機械部品―その設計と製造―，日本粉末冶金工業会，技術書院（1987）75.

第 7 章 焼結体の評価と試験

7・1 密度，気孔率と通気性

　焼結体の密度の測定法は，日本粉末冶金工業会規格（JPMA M 01）「焼結金属材料の試験方法」に，気孔率については，同規格（JPMA M 02）「焼結金属材料の開放気孔率試験方法」に規定されている．また，焼結体の通気性については，ISO4022 と ISO4003 で評価測定方法が規定されているので，厳格な適用が必要な場合はそれらを入手して参照いただきたい．ここでは考え方と概要について述べる．

7・1・1 密　　度

　多孔質相となっている焼結体の場合は，その気孔に油を含浸できるため，含浸した状態の含油密度と含油されていない状態の乾燥密度があるが，いずれもその質量を体積で割り算することで求めることができる．
　密度（density）を正しく測定するためには，洗浄と乾燥を行ってごみや油分を完全に除去する必要がある．体積はアルキメデスの原理を使って，焼結体の質量を空中と水中で測定し，その差から求めるので，焼結密度の測定であっても多孔質の気孔に水が入らないようにパラフィン等による防水処理が必要である．このような処理を施してあれば，密度は式(7・1・1-1)より求めることができる．ただし，水密度は 1 （Mg/m^3）であるので測定結果に与える影響はごくわずかであるが，厳密には測定時の水温で補正する必要がある．

　　　　密度(Mg/m^3)＝(焼結体質量 × 水密度)/(空中質量 − 水中質量)　　　式(7・1・1-1)

7・1・2 気 孔 率

　焼結体の開放気孔率（open porosity）は，以前は有効多孔率（interconnected porosity）ともいい，焼結含油軸受では完全含浸した場合の含油率として重要な特性値である．焼結体の開放気孔率は開放気孔の体積を焼結体全体の体積で割り算することで求めることができる．開放気孔に密度の分かっている油を完全含浸して質量を測定し，乾燥質量との差から含浸油質量を求め，含浸油密度で除すると気孔体積が得られる．焼結体全体の体積測定は密度測定時と同様である．以上をまとめると式(7・1・2-1)と式(7・1・2-2)のようになる．密度と同様に，厳密には油温で補正する必要がある．

　　　　含油率(%)＝(含浸油質量 − 乾燥質量)/油の密度/体積 ×100　　　式(7・1・2-1)
　　　　開放気孔率(%)＝(完全含浸質量 − 乾燥質量)/油の密度/体積 ×100　　　式(7・1・2-2)

7・1・3 通 気 性

　焼結多孔質体の通気性（gas permeability）の測定法は，液体中に多孔質体を浸し，下から気体の圧力をかけて気泡の発生を観察する方法と，試験片の片側から流体の圧力を与え，反対側に通過する流体の量と圧力の比で評価する方法がある．後者について概説する．
　平板状の焼結体試験片を使用する方法もあるが，この場合，試験片の測定対象範囲外縁部ではその外側への気体圧力のリークが無視できないレベルで発生する．これを防ぐには，測定対象部の外側にさらに大径の

管を設けて包み込み，その内部流体圧力を測定部と同等まで上げて保持する必要がある．簡易な方法として試験片を軸受のような円筒状とし，その両端を塞いで内径に流体圧力をかけて，外径側に透過させ，加圧流体圧力，試験片厚さ，単位時間の透過流体量および評価対象面積から通気性を定量的に評価することができる．評価対象面積は内径面積と外径面積の平均をとる．通気率（gas permeability coefficient）は式(7·1·3-1)のようになる．

$$通気率＝（通気流量 \times 試験片厚さ \times 流体動粘度）/（通気圧力差 \times 評価対象面積）$$
式(7·1·3-1)

測定に使用する流体の動粘度は測定結果に影響するので，式(7·1·3-1)にこの値を代入する必要があるが，通常は空気か窒素を使用することが現実的であって，湿気や異物が混入しないように留意すべきである．高通気度の場合等は液体の使用も可能であるが，多孔質金属との反応，吸着等がないことを確認して使用する必要がある．

7·2 焼結体の評価と試験

7·2·1 引張強さと伸び

引張強さ（tensile strength）は金属材料の静的強度を評価する代表的な値であり，一定の断面積（A_0）と標点距離（L_0）をもつ引張試験片に引張力を加えて試験する方法で得られる．標準となる試験片はJIS Z2201で規格化されている．引張試験における金属材料の変形は，アルミニウムのような延性材料であれば，引張力（F）と伸び（elongation）量（$L-L_0$）の関係は図7·2·1-1のような曲線となる．引張りの初期段階では弾性変形で，引張力と伸び量は直線関係となるが，降伏点（yield point）以上の引張力が負荷されると塑性変形し，伸び量が増すに従って加工硬化し引張力は増加する．しかし変形が1点に集中する局部収縮（local shrinkage）が発生すると断面積が急減して引張力が低下し始めると，最大引張力（F_{max}）となってから破断に至る．引張強さ（σ_t）は

$$\sigma_t = F_{max}/A_0 \quad (N/mm^2)$$
式(7·2·1-1)

として求められる（JIS Z2241）．

引張強さと同様に降伏応力（yield stress）（σ_y）も

$$\sigma_y = F_y/A_0 \quad (N/mm^2)$$
式(7·2·1-2)

として求められ，金属材料の静的強度を評価する重要な値である．焼なましした低炭素鋼の場合，図7·2·1-1中に示すように，上降伏点（upper yield point）と下降伏点（lower yield point）が明瞭に現れ，下降伏点の引張力をF_yとして降伏応力を算出する．

降伏点が明瞭に現れない材料の場合は，図7·2·1-2に示すように，0.2％の伸びが生じた時点での引張力をF_yとし，このような材料の降伏応力に相当する降伏強さとし，0.2％耐力（proof stress）と称している．

伸び（λ）は原標点距離（L_0）に対する伸び量（$L-L_0$）と定義し

$$\lambda = (L-L_0)/(L_0) \times 100 \quad (\%)$$
式(7·2·1-3)

で表す．永久伸び（percentage permanent elongation）は規定の塑性変形後の伸びであり，破断後の伸びを破断伸びまたは全伸びという．しかし，延性材料では破断位置が標点距離間の中央部でなく，図7·2·1-3に示すような標点に近いところで局部収縮し破断することがある．このような場合，正しい伸びが計測できない危険があるので，次のような方法で破断伸び（percentage elongation after fracture）を推定する（JIS Z2241）．

第7章 焼結体の評価と試験

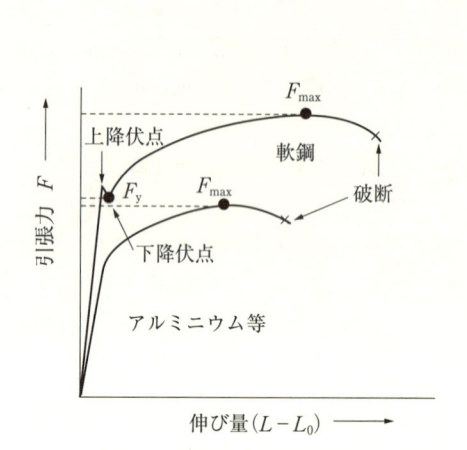

図7・2・1-1 金属材料の引張力-伸び量曲線

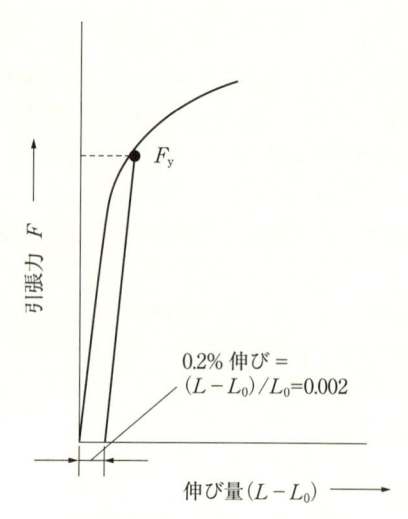

図7・2・1-2 耐力を算出するオフセット法（JIS Z2241）

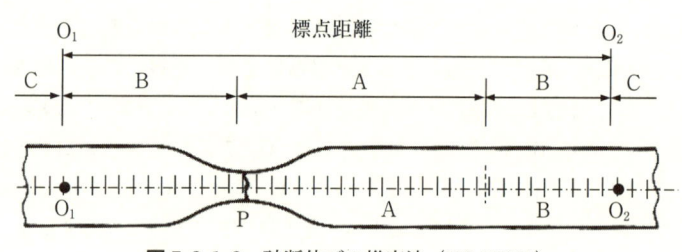

図7・2・1-3 破断伸びの推定法（JIS Z2241）

単位　mm

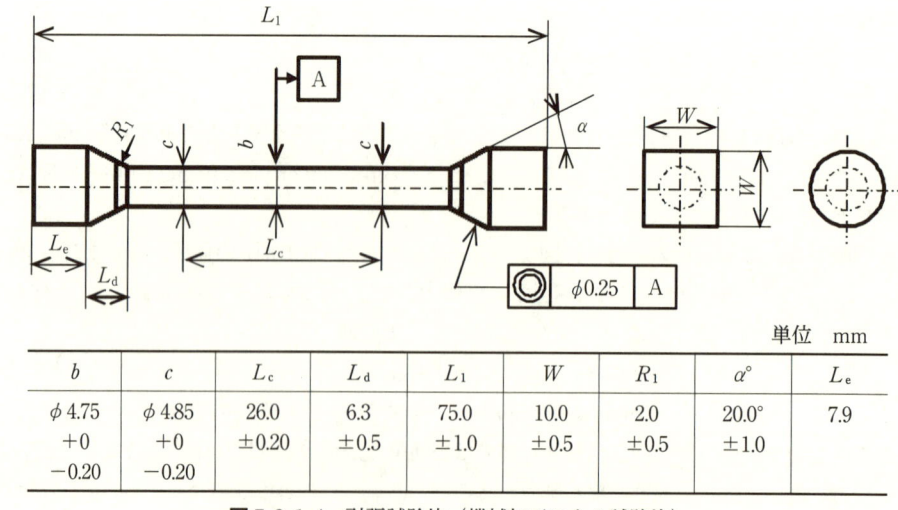

b	c	L_c	L_d	L_1	W	R_1	$α°$	L_e
$φ4.75$ $+0$ -0.20	$φ4.85$ $+0$ -0.20	26.0 ±0.20	6.3 ±0.5	75.0 ±1.0	10.0 ±0.5	2.0 ±0.5	20.0° ±1.0	7.9

図7・2・1-4 引張試験片（機械加工による試験片）

① あらかじめ標点間を適切な長さに等分し，目盛を付ける．
② 試験後，破断面を突き合わせて短い方の破断片上の標点（O_1）の（P）に対する対称点に最も近い目盛（A）を求め，O_1A 間の長さを測定する．
③ 長い方の破断片上の標点（O_2）とAとの間の等数分をnとし，nが偶数のときはAからO_2の方向に $n/2$ 番目の目盛，nが奇数のときは $(n-1)/2$ 番目の目盛と $(n+1)/2$ 番目の目盛との中心をBとして，AB間の長さを測定する．
④ 破断伸びの推定値は次式によって算出する．

$$\text{推定値} = \frac{\overline{O_1A} + 2\overline{AB} - \text{標点距離}}{\text{標点距離}} \times 100 \quad (\%) \qquad 式(7\cdot2\cdot1\text{-}4)$$

焼結体の引張試験は焼結部材の一部から，図 7·2·1-4 のような形状の引張試験片（JIS Z2550）を切り出し試験する．焼結部材から引張試験片を切り出して作製することが困難な場合は，図 7·2·1-5 に示すような形状の金型を用いて成形し，焼結品と同条件で焼結した試験片（JIS Z2550）を用いる．ここで示す1号試

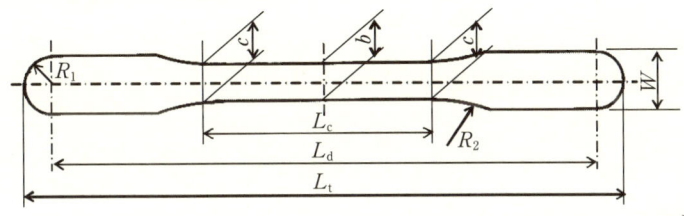

単位 mm

	b	c	L_c	L_d	L_t	W	R_1	R_2	加圧面積
1号	5.70 ±0.02	5.96 ±0.02	32	87.80 0.20	96.50 0.10	8.70 0.05	4.35	25	約 7 cm²
2号	5.65 ±0.02	5.90 ±0.02	32.0 ±0.05	81.0 ±0.5	90.0 ±0.5	8.70 ±0.02	25.0 ±0.10	20.0 ±0.1	

図 7·2·1-5 引張試験片作製用金型内部の形状および寸法（成形，焼結したままの試験片用）

単位 mm

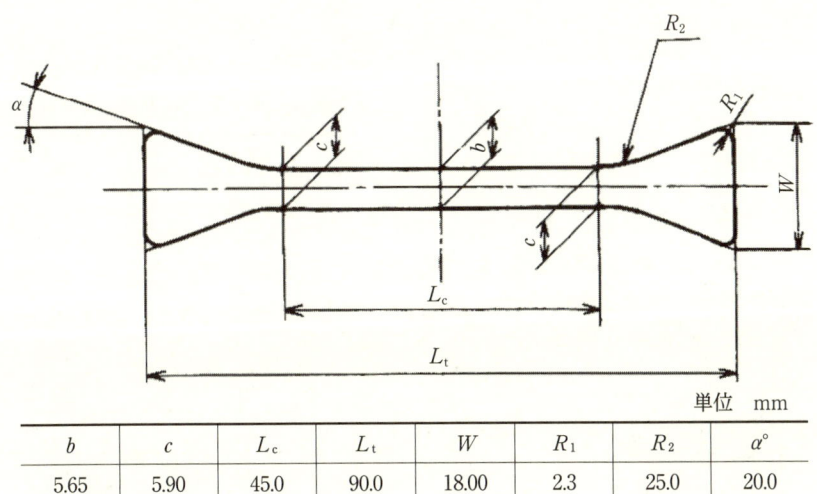

b	c	L_c	L_t	W	R_1	R_2	$\alpha°$
5.65 ±0.02	5.90 ±0.02	45.0 ±0.05	90.0 ±0.5	18.00 ±0.02	2.3 ±0.1	25.0 ±0.1	20.0 ±1°

図 7·2·1-6 つかみ治具を使用する引張試験片作製用金型内部の形状および寸法（成形，焼結したままの試験片用）

験片は，従来から日本で使用されていたものであるが，ISO/DIS2740では2号試験片が規定されている．焼結して作製した引張試験片では，しばしばつかみ部で破断することがある．このような場合，図7·2·1-6に示すような試験片を作製し，つかみ部にくさび形の冶具を用いて行う．

7·2·2 圧環強さ

一般に，焼結軸受は中空円筒形であり，その強度を圧環強さ（radial crushing strength）として評価している．中空円筒形の軸受（内径 $2R$）が使用されるときには図7·2·2-1に示すような力が作用する．今，B点（断面積 B）に上下一対の引張力 P が作用したとき，B点に作用する曲げモーメント M は

$$M=\frac{PR}{\pi(k+1)} \qquad 式(7·2·1-5)$$

となる．ここで k は曲りばりにおける断面係数で，長方形断面（断面積 $A=$ 幅 $b \times$ 高さ $2h$）の場合は

$$k=\frac{R}{2h}\log\frac{R+h}{R-h}-1 \qquad 式(7·2·1-6)$$

として求められる．通常，軸受では $0<h/R<1$ であるから，式(7·2·1-6)を級数展開すると，長方形断面の断面係数 k は表7·2·2-1に示すようになる．

したがって，図7·2·2-1に示すような力が作用したとき，円筒環の直径（$2R$）の引張力方向の増加量 δ_y は

$$\delta_y=\frac{2PR}{AEk}\left\{\frac{\pi}{8}-\frac{1}{\pi(k+1)}\right\} \qquad 式(7·2·1-7)$$

引張力方向に垂直な方向の直径減少量 δ_x は

$$\delta_x=\frac{2PR}{AEk}\left\{\frac{1}{\pi(k+1)}-\frac{1}{4}\right\} \qquad 式(7·2·1-8)$$

として求められる．ここで E は円筒環材料の縦弾性係数である．

焼結軸受のような円筒環では，図7·2·2-2に示すような圧環強さ試験が行われる（JIS Z2507）．圧縮装置のプレート間に試験片を置き，その軸がプレートの水平面に平行となるようにして，衝撃を与えずに圧縮荷重 P を連続的に増加させ，破壊したときの最大荷重 F（N）から，次式により圧環強さ K（N/mm²）を算出する．

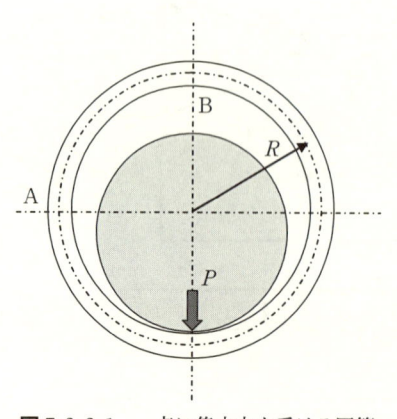

図7·2·2-1 一点に集中力を受ける円筒

表7·2·2-1 長方形断面($b \times 2h$)の断面係数

h/R	k
0.1	0.0034
0.2	0.0137
0.3	0.0317
0.4	0.0591
0.5	0.0986
0.6	0.1552
0.7	0.2390
0.8	0.3733
0.9	0.6358
0.95	0.9282

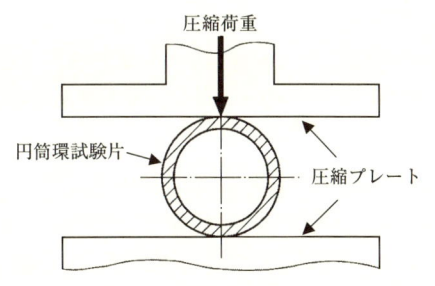

図7・2・2-2　焼結軸受の圧環強さ試験方法

$$K=\frac{F(D-e)}{L\cdot e^2} \qquad 式(7\cdot2\cdot1\text{-}9)$$

ここで，L は円筒環の長さ（mm），D は外径（mm），e は壁厚さ（mm）とする．ただし，圧環試験は，破壊までの直径増加量が $\delta_y/2R>0.1$ の範囲にある焼結体とされ，これ以上変形する材料には適用されない（JIS Z2507）．

7・2・3　衝撃値

ここでは機械部品用焼結材料について述べる．

（1）衝撃試験

溶製材料と同様のシャルピー衝撃試験法（JIS Z 2242，ISO 148-1，MPIF 40等）で破壊のエネルギー（荷重×変位に相当）を測定して衝撃値（impact value）を求める．試験片は切欠きなしで溶製材料の寸法（10 mm×10 mm×55 mm）に近くなるよう，JISでは『焼結金属材料—仕様』の規格（JIS Z 2550）中に圧粉体の成形に用いる金型の寸法を規定している．なお，ISO 148-1 と MPIF 40 では試験片自体に対して同じ寸法を規定している．JIS の規定が試験片でなく金型の寸法になっているのは，焼結材料では試験片の成形直後の型抜きに伴う弾性的戻りや焼結中の寸法変化が材料ごとに（原料および成形・焼結条件によって）異なり，それに応じて材料ごとに金型を交換するよりも共通の金型を用意する方が実際的であることによる．試験片に切欠きをつけない理由は，残留気孔の内部切欠き作用を受ける焼結材料が溶製鋼材より脆いためである．著しく高密度化した材料では，衝撃値増大の程度に応じて U 型や V 型の切欠きをつけることもある．打撃は加圧面にではなく，成形金型に接していた面に加えるのが普通である．

溶製材と比べて焼結材料では原料粉末の混合や成形・焼結段階の取扱い条件による多少の組織不均一，したがって材質不安定が避けられないから，安定したデータを得るためには試験片の数は多めのほうがよい．

（2）衝撃値と密度

衝撃値は密度とともに指数関数的な曲線に沿って上昇し，高密度試験片では密度のわずかな変動が衝撃値に大きく影響する．鉄系の「機械構造部品用焼結材料」について JIS Z 2550 の付属書の定める特性を見ると，溶製構造用鋼の JIS に比べて全般的に低く，焼結のままで切欠きのない試験片で測定した衝撃値が 5～20 J/cm² 程度に過ぎない．焼結後の再圧縮で密度を上げた材料では，加工硬化した基（素）地に気孔による内部切欠き作用が働くので衝撃値は特に低下する．寸法や形状の矯正（サイジングやコイニング）も冷間加工の程度に応じて衝撃値を下げる．鉄系焼結材料の材質は黒鉛が内部切欠きになる鋳鉄と似たところがあり，球状黒鉛鋳鉄と同じ密度水準（7.1～7.2 g/cm³）の焼結材料とでは衝撃値がほぼ等しい[1]．

(3) 衝撃値の改善

焼結材料の初期の用途は，複雑形状を目的とし，衝撃値のような動的性質はあまり重要でないところであったが，用途を拡大するために合金元素の添加，温間成形，再焼結，銅溶浸，焼結鍛造（粉末鍛造）等，種々の改善策がとられるとともに，衝撃値が重視されるようになった．

合金元素の添加によって基地を強化するとき，同時に気孔による材料全体の強さの低下分まで補おうとすると，衝撃値は同一水準の強さをもつ溶製鋼に比べて損なわれやすい．銅溶浸で銅が鉄基地に拡散して合金化が進むと銅系低融点相が鉄系固相を分断して衝撃値はあまり改善されず，溶浸骨格に非金属介在物の多い鉄粉を用いると内部切欠きとしての働きが残り，いずれも気孔充塡の材質改善効果を妨げる[2]．

焼結鍛造や粉末鍛造と称する加工には，単に高温圧縮を施すのみの手法もあり，その場合は気孔が若干残留する．溶製材に準じる衝撃値を達成するには，比較的簡単な形状の焼結プリフォームを精密鍛造のように最終形状に近い金型内で圧縮して十分流動させ，単なる気孔消滅以上に粉末粒子同士や気孔内面を強く擦り合わせて結合させる必要がある．当然，非金属介在物の多い鉄粉の使用は避ける．

(4) 延性-脆性遷移曲線 (ductile-brittle transition diagram)

基本的には焼結材料でも溶製鋼材と同様に試験温度の低下に伴って延性から脆性に変化し，破面ではせん断破壊の占める割合が減少してへき開型や粒界剝離型が増える．ただし，焼結材料では亀裂が気孔伝いに粒内を通過し，低温までせん断破壊（延性破壊）になりやすい傾向がある[1]．

焼結鍛造で高密度化すると気孔の影響が減少して溶製鋼材と同様に遷移現象が明確化し，普通焼結試料と比べて遷移曲線の高温側（延性域）が高くなり，低温側（脆性域）は変わらなかったり逆に低かったりする．焼結鍛造材に限らず機械部品用焼結材料では，溶製機械構造用鋼と同様に遷移温度が常温付近になることがある．衝撃値と同時に破面も変わるので衝撃試験と併せて破面観察を行うことが望ましい[1]．

衝撃試験は一種の3点曲げ破壊であり，試験片が延性の場合は初めに曲げの内側（打撃側）で圧縮，外側（打撃の反対側）で引張状態になった後，外側で発生した亀裂が進展して破断する．破断面の打撃と直角方向の寸法は，外側が引張状態になって絞られるために縮み，内側が圧縮状態になって押し潰されるために広がるので，破断面は打撃側が大きい台形を呈する．遷移温度域で高密度試験片は個別に延性，脆性いずれかに偏った破壊をする場合と，そろって中間的破壊をする場合がある．破壊形式に応じて衝撃値も高，低，中間の値をとり，破断面も明らかな台形，正方形，中間形状となる．試験片が脆性の場合は巨視的変形なく破壊し，破面を突き合わせると陶磁器が割れるように変形なく分離したことが分かる．

(5) 破面観察

破面（fracture surface）を走査型電子顕微鏡（SEM）で観察すると，鍛造していない材料では破壊温度の高低によらず全試料で気孔内面（旧粉末粒子表面）のなめらかな曲面が見られ，同時に高密度試料で基地の破断，低密度試料で基地というより旧粉末粒子間の焼結ネックの破断が見られる．基地やネックという材料部分の破断は試験温度の影響を受けるので，高温側では延性破壊（ディンプル破壊），低温側では脆性破壊（へき開や粒界剝離）になる．肉眼で観察すると，延性破壊は灰色，脆性破壊は白色，遷移温度域は灰・白混合に見えるが，混合の様子は材料によって異なる．遷移温度域で破壊したとき，低密度試料で灰色と白色が細かく混じるのに対し，高密度試料は溶製鋼材のように破面外縁部が灰色，中心部が白色になりやすい．

7・2・4 曲げ強さ

焼結材料の曲げ強さ（bending strength）は，一般的に用いられている曲げ強さの式により計算される．特に，焼結金属材料（超硬合金を除く）では曲げ強さではなく抗折強度（transverse rupture strength）と呼び，国際規格 ISO 3325 により規定されており，これに基づいて日本粉末冶金工業会においても JPMA M 09-1992 として規格化されている．本規格は延性を無視できる材料に適用され，2つの支持点に自由に置かれた試験片を支持間の中心点に短時間，静的に荷重をかけることによって破壊荷重を測定するものである．試験治具の例を図 7・2・4-1 に示す．2個の支持用ローラは平行で中心間距離は 25 mm±0.2 mm とし，荷重用ローラは 2 個の支持用ローラの中央になるように設ける．試験片形状は長さ 30 mm，幅 12 mm，厚さ 6 mm とし，試験片を試験治具に設置後，荷重をかけて破断荷重を測定する．抗折強度 R_{tr}（N/mm²）は次式により算出する．

$$R_{tr}=(3FL)(2bh^2) \qquad 式(7・2・4\text{-}1)$$

ここで，F：試験片が破断したときの荷重（N），L：支点間距離（mm），b：試験片の厚さに対して直角方向の幅（mm），h：試験片の荷重方向に対して平行な高さ（厚さ）（mm）である．

最終的な抗折強度は，少なくとも 5 個の測定値を算術平均し，10 N/mm² に丸めて求める．

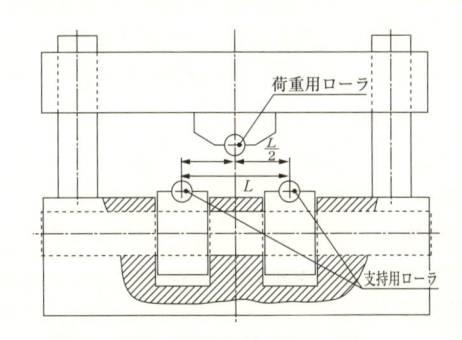

図 7・2・4-1 曲げ強さ試験治具例[1]

7・2・5 硬　　さ

（1）硬さ試験概説

一般機械部品と同様に機械焼結部品においても，硬さ（hardness）はその材料の機械的性質を示す指標として広く用いられており，その目的によりブリネル，ロックウェル，ビッカース，ヌープ等の硬さ試験により測定されている．まず，これらの試験方法について日本工業規格に基づいて概説する．

a. ブリネル硬さ試験

ブリネル硬さ試験（Brinell hardness test）については，日本工業規格 JIS Z 2243 に規定されており，国際規格 ISO/DIS 6506-1 に対応している．本試験では，超硬合金球を試料の表面に押し込み，その試験力を解除した後，表面に残った直径を測定する．ブリネル硬さは，試験力を圧子と同じ球形の一部と仮定したときのくぼみの表面積で除した値とし，HBW という硬さ記号で表す．硬さの算出は，くぼみの直交する 2 方向の直径を測定し，その平均値から求める．

ブリネル硬さは記号 HBW の前に硬さ値を表示し，その後に球圧子の直径（mm），試験力を表す数字，規定時間（10～15 s）と異なる場合に試験力保持時間（s）を示す．

（例）200 HBW10/3000：ブリネル硬さ 200，直径 10 mm の球圧子を用い，試験力 29.42 kN を 10～15 s かけ

て測定.

ただし，試験力については，くぼみの直径 d が球圧子 D の 0.24〜0.6 D となるようにし，試料の材質および硬さに応じて圧子の直径により定め，できるだけ直径の大きな圧子で測定する等の注意が必要である.

b. ロックウェル硬さ試験

ロックウェル硬さ試験（Rockwell hardness test）については，日本工業規格 JIS Z 2245 に規定されており，ISO/DIS 6508-1 に対応している．本試験では，ダイヤモンド円錐圧子を用い，初試験力を 98.07 N とし，全試験力を変えることで A，D，C スケール，直径 1.587 mm の鋼球または超硬合金球圧子を用いるときは F，B，G スケール，あるいは直径 3.175 mm の鋼球の場合は H，E，K スケールとし，剛体の圧子を試料に 2 段階の試験力（初試験力，全試験力 ＝ 初試験力 ＋ 追加試験力）で押し込んだ後，初試験力に戻したときのくぼみの永久変形量（圧子の変位差）を測定する．ロックウェル硬さは，くぼみの永久変形量から求める．なお，球圧子が鋼球のとき "S" を，超硬合金球のとき "W" を追記する．表示例を次に示す．

（例）59 HRC：C スケール（全試験力：1471 N）で硬さ値が 59．

　　　60 HRBW：B スケール（全試験力：980.7 N）で超硬合金球を使用し，硬さ値が 60．

c. ビッカース硬さ試験

ビッカース硬さ試験（Vickers hardness test）については，日本工業規格 JIS Z 2244 に規定されており，ISO 6517-1 に対応している．本試験では，正四角錐のダイヤモンド圧子を試験片表面に押し込み，その試験力（F）を解除した後，表面に残ったくぼみの対角線長さを測定する．ビッカース硬さは，試験力を底面が正方形で頂点の角度が圧子と同じ角錐であると仮定したくぼみの表面積で割って得られる値とし，記号 HV で表示する．記号 HV の前に硬さ値を，HV の後に試験力，規定時間と異なる場合には保持時間を示す．

（例）640 HV 30：294.2 N の試験力を 10〜15 s 間保持して測定したビッカース硬さが 640．

ビッカース硬さ試験では，基地のみの測定や熱処理を施した場合の表面近傍等の微小領域の測定が可能であるため，測定にあたっては顕微鏡観察の場合と同様に測定面を研磨後，腐食して組織を確認しながら測定することが望ましい．

d. ヌープ硬さ試験

ヌープ硬さ試験（Knoop hardness test）については，日本工業規格 JIS Z 2251 に規定されており，ISO 4545 に対応している．本試験では，底面が菱形の正四角錐のダイヤモンド圧子を試験片表面に押し込み，その試験力（F）を解除した後，表面に残ったくぼみの対角線長さを測定する．ヌープ硬さは，試験力をくぼみの表面積で割って得られる値とし，記号 HK で表示する．記号 HK の前に硬さ値を，HK の後に試験力，規定時間と異なる場合には保持時間を示す．

（例）640 HK 0.1：0.9807 N の試験力を 10〜15 s 間保持して測定したヌープ硬さが 640．

（2） 見掛硬さと微小硬さ

焼結材料においては金属相だけでなく気孔の影響が現れるために，上記のような押込み硬さ試験機を用いて求めた測定値は "見掛硬さ（apparent hardness）" として区別している．一般的にも基地組織の影響を避けるためにマクロ硬さ試験として，大きな圧子を用いるビッカース硬さ試験，ブリネル硬さ試験またはロックウェル硬さ試験が用いられている．これに対して，気孔の影響をほぼ除いた金属相のみの硬さを測定可能な微小硬さ試験として，小荷重で小さな圧子を用いるビッカース硬さ試験またはヌープ硬さ試験が用いられている．焼結金属材料（超硬合金を除く）の硬さ試験については，日本粉末冶金工業会規格 JPMA M 07：2003（焼結金属材料（超硬合金を除く）の見掛硬さおよび微小試験方法）および国際規格 ISO/DIS 4498 に

規定されており，以下に見掛硬さ試験方法および微小硬さ試験方法について述べる．

a. 見掛硬さ試験方法

本試験方法は，次の材料に適用される．

① 熱処理を施されていない焼結金属材料，あるいは硬さが表面から少なくとも5mmの深さまで均一に熱処理された焼結金属材料．

② 表面から5mmの深さまでの断面部における硬さが均一でない焼結金属材料の表面．主に炭素または窒素（たとえば，浸炭，浸炭窒化，浸硫等）により表面硬化処理された材料の表面．高周波焼入れされた材料の表面．

試験に際しては，明瞭なくぼみを得るために，試験片の表面は清浄，なめらかで，かつ平坦でなければならない．特に，くぼみ形状を測定するビッカース硬さおよびブリネル硬さ測定においては重要である．

試験は，ビッカース，ブリネルまたはロックウェル硬さ試験により行う．焼結金属材料においては，試験片に応じた硬さの等級は荷重49.03 N（HV5）でのビッカース硬さによって定められ，試験条件は定められた等級に従って表7·2·5-1から選択する．ロックウェル硬さの試験条件を表7·2·5-2に示す．特に粉末冶金材料の金属相の硬さ測定においては，超硬合金球圧子を用いたHRBスケールを使用してもよく，最大値HRB115まで使用できる．

b. 微小硬さ試験方法

本試験方法は，あらゆる種類の焼結金属材料に使用され，主にJPMA M 08に規定されている方法に従い，表面硬化あるいは浸炭窒化された材料に適用される．また，電界めっき，化学的皮膜処理，化学的蒸着（CVD），物理的蒸着（PVD），レーザ，イオン衝撃等により表面処理されたあらゆる焼結金属材料に適用さ

表7·2·5-1 49.03 N（HV5）の試験荷重でビッカース微小硬さ等級を決めた後の試験片の硬さ試験条件の決定

硬さの等級(HV5)	試験条件
15 以上 60 以下	HV5 HBS 2.5/15.625/30 HRH
60 を超え～100 以下	HV5 HBS 2.5/31.25/15 HRH HRF
100 を超え～200 以下	HV5 HBS 2.5/62.5/10 HRF HRB
200 を超え～400 以下	HV10 HBW 2.5/187.5/10 HRA HRC
400 を超えるもの	HV20 HBW 2.5/187.5/10 HRA HRC

（注） HBSは鋼球圧子を使用した場合

表7・2・5-2 ロックウェル硬さ試験の条件

ロックウェル硬さ	圧子の形式	予備荷重	試験荷重
HRA	ダイヤモンドコーン 120°	98.07 N	588.4 N
HRB	1/16 鋼球 (1.5875 mm)	98.07 N	980.7 N
HRC	ダイヤモンドコーン 120°	98.07 N	1471.0 N
HRF	1/16 鋼球 (1.5875 mm)	98.07 N	588.4 N
HRH	1/8 鋼球 (3.175 mm)	98.07 N	588.4 N

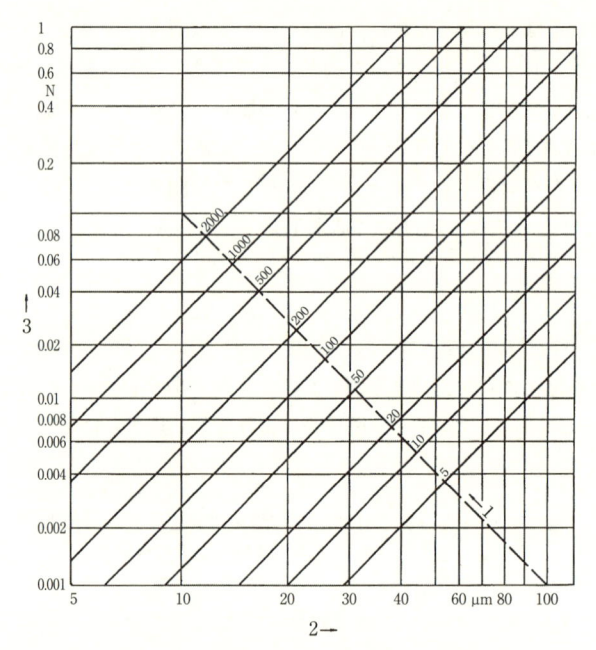

図7・2・5-1 適用できる試験荷重と表面処理層の厚さ（ビッカースくぼみ）との関係
（試験荷重の速度：15〜70 μm/sec，加圧時間：10〜15 sec.
1：被覆硬さ，2：被覆厚さ，3：試験荷重）

れる．

　表面処理した材料の微小硬さ測定においては，ビッカース硬さ試験またはヌープ硬さ試験により行う．この際に適用できる試験荷重を図7・2・5-1に示す．

　ビッカース硬さで金属相の微小硬さを測定する場合には，表7・2・5-3に示す試験荷重の使用が推奨されている．ヌープ硬さの場合には，0.981 N が最も一般的に用いられる試験荷重である．なお，測定にあたっては金属相の端とくぼみの中心間の距離は，少なくともくぼみの対角線の長さの2.5倍以上でなければならない．また，コーティングの場合には，くぼみの各々の端はコーティングの端または気孔から，少なくとも対角線の半分以上の長さがなければならない．

　浸炭や浸炭窒化等の表面処理を施した鉄系焼結材料の有効硬化層厚さの測定については，日本粉末冶金工業会規格 JPMA-8 で規定されており，鋼の測定法を準用している．すなわち，ビッカース硬さ試験により試験片表面からの距離を関数とした硬さ推移曲線を作成し，この曲線から硬化層深さを決定する．有効硬化

表 7·2·5-3　ビッカース微小硬さに対する試験荷重の推奨値

微小硬さ	試験荷重 (g)	荷重 (N)	微小硬さに対する対角線の長さ (μm)			
			100	200	500	1000
HV0.05	50	0.490	30.4	21.5	13.6	9.6
HV0.1	100	0.981	43.0	30.4	19.3	13.6
HV0.2	200	1.960	60.8	43.0	27.2	19.3

層深さは，通常 550 HV 0.1 に相当する点で硬さ推移曲線から読み取る．この方法と組織や気孔の状況によって，あらかじめ選んだ深さで硬さ値の読み取りができそうもないときには，表面下の2点の深さに対する硬さ値を単純にプロットして求める簡便法がある．

7·2·6　疲れ強さ

構造部材や機械部品などへの焼結材料の適用を考える際，疲れ強さ（fatigue strength）（特に疲労寿命）の把握は，材料の破壊を予測する重要な情報であり，またその特性に関する信頼性を議論するうえできわめて有用である．疲労試験において，試験片に対して時間的に大きさが変化する応力を繰返し負荷・作用させると，その応力レベルが引張強さ，あるいは耐力以下であっても，ある一定値を越える応力であれば，繰返し応力によって材料内部に微小亀裂が発生し，それが伝播することで最終的に試験片は破壊する．本試験ではこのような応力と寿命の関係を定量的に評価することを目的としており，焼結材料の疲労強度特性を調査する際にも適用される．

負荷する応力の種類によって回転曲げ疲労試験，軸荷重疲労試験，ねじり疲労試験などがあり，負荷応力として一定の周波数を有する正弦波応力を用いることが多い[1〜3]．試験結果は，負荷する応力振幅 S (MPa) を縦軸に，繰返し回数 N を横軸とする S-N 曲線で示す．一般に，縦軸の応力は等分目盛で，横軸の繰返し回数は対数目盛で表す．応力振幅 S は，繰返し応力の上限値が σ_1，下限値が σ_2 であるとき，$S=(\sigma_1-\sigma_2)/2$ で示され，$\sigma=(\sigma_1+\sigma_2)/2$ が平均応力として与えられる．なお，より正確なデータを採取するために，試験開始時において試験片に対して衝撃的に大きな荷重が負荷されることを防ぐ必要がある．1本の試験片に対する試験結果は，S-N 曲線上において1つの点（データ）として表されるが，破壊しなかった試験片に対する点は，右向きに矢印を付して表すことが多い．本来，無限回の繰り返しに耐え得る応力の極限値を疲れ限度（fatigue limit）と呼ぶが，通常多くは，疲れ限度は S-N 曲線が水平になる応力として求められる．また繰返し回数を指定し，その回数まで耐え得る応力の上限値をとり，これをその繰返し回数に対する時間強さ（strength at finite life）という．焼結材料を含めた一般の鉄鋼材料を用いた平滑試験片で得られる S-N 曲線では，N 値が 10^7 までに水平となる．したがって，そのような応力での疲労試験は 10^7 回まで実施すればよい．一方，非鉄金属材料における S-N 曲線は，繰返し回数が 10^7 回を超えても水平とならないことがあり，その場合は目的に応じた繰返し回数まで試験を行いその際の時間強さを求める．

焼結材料の疲労強度特性を評価する際，試験片の製作方法に注意しなければいけない．焼結体では内部のみならず表面にも空隙・空孔が存在するため，疲労亀裂の起点となり得る．他方，疲労試験片の寸法・形状について JIS 規格[4]を採用することが多いことから，焼結体素材から機械加工により試験片を採取する場合，表面の空孔部が閉鎖することで金型成形・焼結材に比べて疲労強度特性が増大することがある．また，圧粉成形時の金型との摩擦により生じる擦れ傷や表面粗さ，さらには焼結時の膨張・収縮による寸法公差などが疲労特性に及ぼす影響も考慮しなければいけない．したがって，実際の焼結製品の特性を評価する前提においては，機械加工を施さない焼結材の表面性状を有する試験片の利用が有効であるが，焼結体の基礎特

性を評価する場合においては，上述した幾何学的な要因を排除した試験片の利用が望ましい．また試験環境に関して，温度・湿度を管理することが望ましく，特にアルミニウムやマグネシウム等の酸化しやすい金属では，疲労試験過程で自然形成される表面酸化膜の切欠部への応力集中が S-N 曲線に影響を与えることが考えられる．したがって，試験履歴として試験片付近での温度および湿度を測定・記録しておくことが望ましい．

溶製材料と比較して，焼結材料が本質的に異なる特徴として，空隙の有無と基地組織である．空孔の大きさや量，分散状態および開閉気孔の分布は，出発原料の粒子径分布や形状等の粉体特性のほか，圧粉成形および焼結条件，さらにはその後の二次加工条件に依存する．たとえば，一般の成形・焼結材と射出成形材，さらには粉末焼結鍛造材を比較したところ，空孔率の減少に伴い疲れ限度は著しく増加することが分かり[5]，いかにして，焼結体の空孔量を低減し，また空孔を微細化・球状化させることで疲労亀裂の発生および伝播現象を阻止するかが重要となる[6]．また基地の力学特性に関しても同様の観点から，高強度・高靱性化に有効な合金およびプロセス設計の構築が必要であり，組織の微細・均質化，高温焼結性，熱処理特性等に優れることが求められる[7,8]．なお，百ミクロン単位の不均一組織形成により硬度の不連続領域を形成し，疲労亀裂の進展経路を長距離化することで疲れ限度が向上するといった研究[9]も行われており，焼結プロセス特有の組織制御法といえる．また二次加工の一例として，ショットピーニングや転造等の表面加工や，浸炭・窒化，表面焼入れ等の表面処理による残留圧縮応力を最表面に形成することは，焼結部材の疲れ限度を向上する有効な手段である[10~12]．

7・2・7 破壊靱性

（1） 破壊試験概説

亀裂材に負荷されたとき，小規模降伏の範囲において線形破壊力学に基づく応力拡大係数 K，エネルギー解放率 G，大規模降伏の範囲において弾塑性破壊力学に基づく J 積分，亀裂先端開口変位 CTOD (crack tip opening displacement) 等，破壊力学パラメータで評価される破壊抵抗を破壊靱性 (fracture toughness) という．破壊靱性は，本来脆性不安定破壊に対する材料の示す抵抗（ねばさ）を意味しているが，破壊力学的評価では，脆性不安定破壊の発生，進展，停止に対する抵抗ばかりでなく，安定な延性破壊の発生，進展抵抗も破壊靱性と呼ばれる．

焼結体の破壊靱性評価はまだ多くは行われておらず，一般的に衝撃破壊試験で評価されている．多孔質材では靱性が低く，平滑試験片を用いた評価もしばしば行われているのが現状である．しかし，焼結部品の信頼性を確保し，不安定破壊の防止や定量的寿命評価のために，亀裂に対する抵抗としての破壊靱性評価が重要となってきている．ここでは破壊靱性試験法と焼結体への応用について述べる．

（2） 破壊靱性試験法と焼結体への応用

亀裂を有する試験片あるいは部材の破壊強度を破壊力学パラメータで表示した値，すなわち破壊靱性を評価する試験の総称を破壊靱性試験という．破壊靱性は，部材や亀裂の寸法，温度，ひずみ速度等の影響を受けるため，使用状態と同一条件での試験が必要であり，パラメータとして K を用いる平面ひずみ破壊靱性 (K_{IC}) 試験，J 積分を用いる弾塑性破壊靱性 (J_{IC}) 試験，CTOD を用いる CTOD 試験等が規格化され，試験片形状・寸法，試験法，試験結果の有効性の判定法等が規定されている．

金属材料を対象とした K_{IC} 試験法は，ASTM (American Society for Testing and Materials) の破壊靱性試験法としてもっとも早く確立され，1972 年に公表された方法で，その後若干の修正が順次加えられて 1990 年に公表された ASTM E399-90[1] が世界的に普及している．最近は，ISO 12737 (First edition : 1996)[2]

が制定されており，近くそれを翻訳した形で JIS 化が予定されている．

硬質材料やセラミックスの破壊靱性試験法としては，DT（double torsion），CSF（controlled surface flaw），IS（indentation strength），SEPB（single edge precracked beam），CN（chevron notch），IF（indentation fracture）法等が知られており[3]，SEPB および IF 法は JIS 規格として判定されている[4]．

推奨試験片には，図 7·2·7-1 に示す疲労予亀裂を導入した曲げ試験片（W：試験片幅，B：試験片厚さ，a：切欠き長さ）およびコンパクト試験片が用いられる．

試験片への負荷は，応力拡大係数の増加速度 0.5～3.0 MPa·m$^{1/2}$/s の範囲で行い，変位 V は，切欠き開口部でクリップゲージと呼ばれる変位計を用いて計測する．また，疲労予亀裂先端から破壊（亀裂進展）が生じたとみなされる荷重 P_Q を決定し，これから破壊靱性の暫定値 K_Q を試験片形状により定められた K 算出式によって求める．小規模降伏条件を保証する条件は，次式で与えられる．

$$a \text{ および } (W-a) \geq 2.5(K_Q/\sigma_{YS})^2 \qquad 式(7·2·7\text{-}1)$$

ここで，σ_{YS} は試験の環境および温度における 0.2％耐力である．同様に，平面ひずみ状態を保証する条件は，次式で与えられる．

$$B \geq 2.5(K_Q/\sigma_{YS})^2 \qquad 式(7·2·7\text{-}2)$$

式(7·2·7-1)，(7·2·7-2)の条件を満足するとき K_Q は K_{IC} とみなされる．亀裂先端近傍の応力状態がもっ

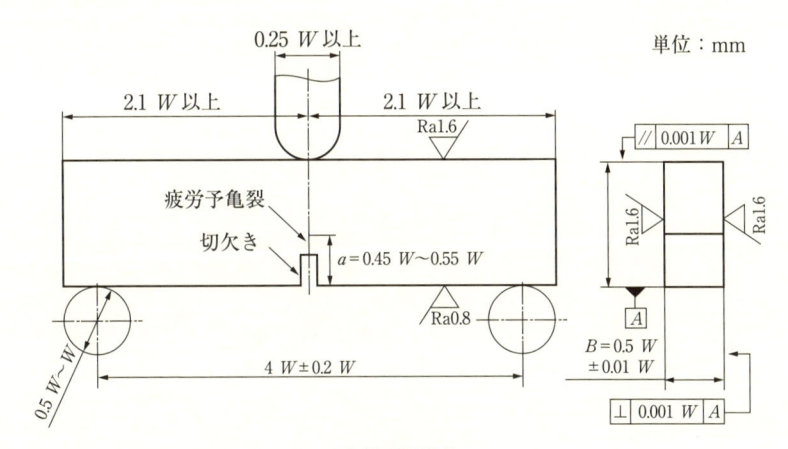

(a) 曲げ試験片

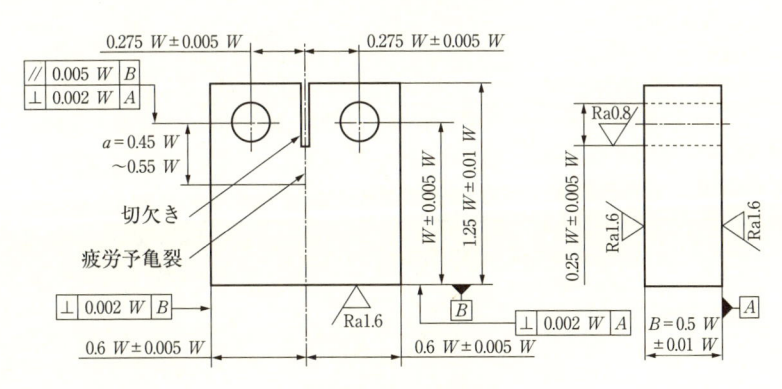

(b) コンパクト試験片

図 7·2·7-1 K_{IC} 試験片

とも拘束の厳しい平面ひずみで塑性変形が制限されている場合の，開口型（モードⅠ）の破壊が開始する際の破壊抵抗を平面ひずみ破壊靭性 K_{IC} (plane-strain fracture toughness) といい，破壊靭性の下限値を与えるものと見なされている．したがって，その条件下で破壊靭性試験を行い，材料の靭性の下限値を求めておけば構造物の脆性破壊に対する安全側の評価を与えることになる．

焼結した Fe-Ni-Mo-C 鋼の破壊靭性値の測定例を表 7・2・7-1 に示す．焼結密度の効果を調べたものであり，気孔率が下がるにつれて，本質的に延性が増加し，その結果破壊靭性値は数倍増加していることが分かる[5]．一般に引張強さおよび，シャルピー衝撃値も改善される．表 7・2・7-2 に，種々の炭素鋼焼結体の破壊靭性を測定した例を示す．明らかに，破壊靭性値は焼結相対密度に影響され，相対密度が低いと破壊靭性値は低く，相対密度に対して線形的関係を示す場合がある[6]．相対密度が低い場合，気孔が応力集中源となり容易な亀裂伝播経路となる．一方，相対密度が比較的高い場合，亀裂が気孔に遭遇すると亀裂先端の鈍化やマイクロ亀裂の発生をうながすため，破壊靭性値が増加する場合がある[7]．硬質材料では硬さ，破壊強さに加えて破壊靭性が特に重要となる．表 7・2・7-3 に各硬質材料の破壊靭性値を示す．

表 7・2・7-1　Fe-1.8Ni-0.5Mo-0.5C 焼結体の破壊靭性値[5]

気孔率 (%)	ヤング率 (GPa)	降伏応力 (MPa)	引張強さ (MPa)	伸び (%)	破壊靭性値 (MPa・m$^{1/2}$)
16	110	280	350	2	19
10	145	370	460	3	28
5	180	425	610	5	38
0	190	590	800	19	65

表 7・2・7-2　鉄系焼結材料の破壊靭性値[6]

組成 (wt%)	焼結条件	密度 (g/cm^3)	破壊靭性値 (MPa・m$^{1/2}$)
Fe-4.4Cr-9.2Co-7.2V-3.7Mo-9.2W-2.7C	P+S, 1150℃, 1 h	8.1	13
Fe-1.5Cu-2Ni-0.8C	P+S, 1120℃, 1/2 h	6.8	40
Fe1.8Ni-0.5Mo-1.5C	P+S, 1120℃, 1/2 h	6.6	15
Fe1.8Ni-0.5Mo-1.5C	P+S, 1150℃, 1/2 h	6.8	26
Fe1.8Ni-0.5Mo-1.5C	P+S, 1120℃, 1/2 h	7.1	24
Fe1.8Ni-0.5Mo-1.5C	DP+DS, 1100℃, 1/2 h	7.5	21～38
Fe1.8Ni-0.5Mo-1.5C	HF, 1100℃	7.85	64
Fe-0.8P-0.3C	P+S, 1120℃, 1/2 h	7.0	22
Fe-0.8P-0.3C	DP+DS, 1120℃, 1/2 h	7.8	20

P+S：プレス成形焼結，DP+DS：再プレス再焼結，HF：熱間鍛造

表 7・2・7-3　各種硬質材料の破壊特性[8]

材料	焼結高速度鋼	超硬合金	サーメット	セラミックス (Al$_2$O$_3$系)	ダイヤモンド 焼結体	cBN 焼結体
硬さ(ヌープまたはビッカース)	750～940	1200～1800	1300～1800	1800～2100	6000～8000	2800～4000
抗折力(GPa)	2.5～4.2	1.0～4.0	1.0～3.2	0.4～0.9	1.3～2.2	0.8
破壊靭性(MPa・m$^{1/2}$)	12～19	8～20	8～10	3～4	—	5～9
弾性率(GPa)	210～220	460～670	420～430	300～400	560	—
ポアソン比	0.3～0.4	0.21～0.25	—	0.2	—	0.14

7·3 表面粗さ

　機械部品用焼結材料の表面粗さ（surface roughness）に対する要求は次第に厳しくなってきているが，気孔の存在により測定値が見掛け上大きくなり，気孔の影響を排除することが難しく評価しにくい．このため，日本粉末冶金工業会においても規格化されておらず，技術指針 JPMA TR 11：2001 として提案されている．これは，2001 年に日本工業規格 JIS B 0601 が国際規格 ISO に準拠する形で大幅に改正されたのを期に，技術指針「焼結機械部品-表面粗さ測定条件及び結果の表示」として示されている．JIS B 0601 では，従来の R_a, R_y, R_z といった粗さパラメータだけではなく，輪郭曲線方式による表面性状を表すためのパラメータについても規定されている．

　本技術指針においては，気孔の影響を排除できれば，気孔のない材料と同じく密度の差に関係なく，ほぼ同一の測定結果が得られるとの考えのもと，JIS B 0601 において新たに規定された「負荷長さ率（t_p）」を採用することにより表面性状を評価することを提案している．負荷長さ率（t_p）は，図 7·3-1 に示すように粗さ曲線からその平均線（m）の方向の基準長さ（l）だけ抜き取り，この抜き取り部分の粗さ曲線を山頂線に平行な切断レベル（c）で切断したときに得られる切断長さの和（負荷長さ η_p）の基準長さ l に対する比を百分率で表したもので，次式で表される．

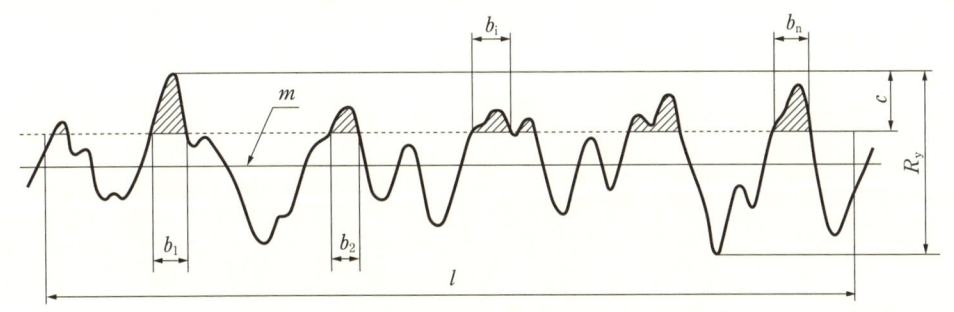

図 7·3-1 密度と切断レベル c, 負荷長さ率 t_p の関係[1]

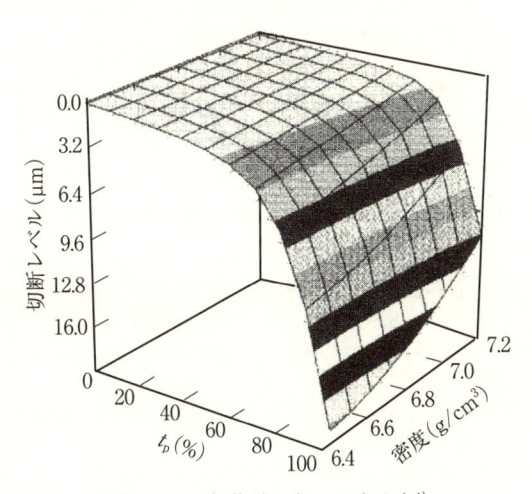

図 7·3-2 負荷長さ率 t_p の求め方[1]

$$t_\mathrm{p} = \frac{\eta_\mathrm{p}}{l} \times 100 \qquad 式(7\cdot3\text{-}1)$$

また，切断レベルを設定するために，図 7·3-2 に示す切断レベルと負荷長さ率，密度の関係を求め，50 % t_p でほぼ密度にかかわらず測定結果が一定となっているため切断レベルの標準を 50 % t_p と設定している．さらに，表面粗さパラメータ評価を行うとき，基準として与えられる基準線については，高速，低荷重で摺動する部位に使用される場合には局部的な突起の影響が無視できないことから，基準線を 0 % t_p に設定し，それ以外の使用部位の場合および初期にこれらの局部突起が取り去られるような使用部位の場合には，測定結果が局部的なピークに影響されない 2 % t_p が設定されている．

このような結果に基づいて，触針式表面粗さ測定機により，「負荷長さ率（t_p）」をパラメータとし，次の測定条件により測定することを提案している．

（1）評価曲線：粗さ曲線を用いる．
（2）フィルタ：位相補償型デジタルフィルタ（振動伝達率 50 %）を用いる．
（3）基準長さ：$R_\mathrm{y} > 10$ μm の場合，2.5 mm とし，$R_\mathrm{y} \leq 10$ μm の場合，0.8 mm とする．
（4）評価長さ：基準長さの 5 倍．ただし，長さを確保できない場合を除く．
（5）切断レベル：50 % を標準とする．必要に応じて，JIS 標準数列から選択してもよい．
（6）基準線：高速，低荷重の摺動部位などで使用する部品の場合は 0 % t_p，その他の用途の部品の場合は 2 % t_p とする．

結果の表示方法については，次のとおり_____ μm で表すとしている．
（a）高速，低荷重の摺動部位等で使用する場合
　　0-50 % t_p, c_____ μm
（b）（a）以外の用途の場合
　　2-50 % t_p, c_____ μm

なお，JIS B 0601-2001 では，負荷長さ率（t_p）は $R_\mathrm{mr}(c)$，最大高さ R_y は R_z と表示するようになっている．

第 7 章 文献

7·1 の文献
1) 粉体粉末冶金協会編：粉体粉末冶金用語事典，日刊工業新聞社（2001）71, 543.

7·2·3 の文献
1) 黒木英憲，徳永洋一："焼結鉄のシャルピー衝撃試験"，粉体および粉末冶金，**16**（1969）259-265.
2) 黒木英憲，古賀雅文，徳永洋一："銅溶浸焼結鉄の耐衝撃特性"，粉体および粉末冶金，**20**（1973）71-79.

7·2·4 の文献
1) 日本粉末冶金工業会編著：焼結機械部品―その設計と製造―，第 1 版，技術書院（1987）80.

7·2·6 の文献
1) ISO 1099 : 2006（E）Metallic materials-Fatigue testing-Axial force controlled method.
2) ISO 1143 : 1975（E）Metals-Rotating bar bending fatigue testing.
3) (社)日本機械学会：機械工学便覧 α3 編　材料力学，(社)日本機械学会（2005）.
4) 日本工業規格 JIS Z 2273-2275.
5) 馬場剛治，山西裕司，本田忠敏，三浦秀士："高強度 MIM 焼結合金鋼の疲労破壊試験"，粉体および粉末冶金，**43**（1996）863-867.
6) 本田忠敏："鉄系焼結部品の疲労強度特性の現状と課題"，粉体および粉末冶金，**44**（1997）475-482.
7) N. Douib, I. J. Mellanby and J. R. Moon : "Fatigue of Inhomogeneous Low Alloy P/M Steels", Powder Metallurgy,

Inst. of Materials, Vol. 32, No. 3 (1989) 209-214.
8) 古君修,矢埜浩史,高城重彰:"複合合金鋼粉焼結・熱処理体の疲れ強さ",粉体および粉末冶金,**38** (1991) 18-21.
9) 馬場剛治,本田忠敏,三浦秀士:"MIM プロセスによる 4600 鋼の疲労特性に及ぼす均質および不均質組織の影響",粉体および粉末冶金,**44** (1997) 443-447.
10) S. Saritas, C. Dogan and R. Varol : "Improvement of Fatigue Properties of P/M Steels by Shot Peening", Powder Metallurgy, Inst. of Materials, Vol. 42, No. 2 (1999) 126-130.
11) C. M. Sonsino, F. Mueller and R. Mueller : "Improvement of Fatigue Behavior of Sintered Steels by Surface Rolling", Int. J. Fatigue, Vol. 14, No. 1 (1992) 3-13.
12) C. M. Sonsino, G. Schlieper and W. J. Huppmann : "How to Improve the Fatigue Properties of Sintered Steels by Combined Mechanical and Thermal Surface Treatments, Modern Developments in P/M", MPIF, Princeton, **16** (1984) 33-48.

7・2・7 の文献
1) ASTM E 399-90 (1990).
2) ISO 12737 (1996).
3) 宮田昇:破壊力学特性,セラミックスの力学的特性評価,西田俊彦,安田榮一編,日刊工業新聞社 (1986) 63.
4) JIS R 1607-1995.
5) J. T. Barnby, D. C. Ghosh and K. Dinsdale : "Fracture Resistance of a Range of Steels", Powder Met., **16** (1973) 55-71.
6) F. J. Esper and C. M. Sonsino : Fatigue Design for PM Components, European Powder Metallurgy Association, Shrewsbury, UK (1994).
7) W. Pompe, G. Leitner, K. Wetzig, G. Zies and W. Grabner : "Crack Propagation and Processes Near Crack Tip of Metallic Sintered Materials", Powder Met., **27** (1984) 45-51.
8) 日本金属学会編:金属便覧改訂 6 版,丸善 (2000) 924.

7・3 の文献
1) 日本粉末冶金工業会:技術指針 JPMA TR11:2001.

応用編

Ⅱ

第8章 焼結機械部品の設計

8・1 設計基準

　焼結機械部品は，機械加工の省略や材料歩留りのよさ等による経済性，材料設計の自由度の高さ，また量産性等をメリットに各産業分野で幅広く使われてきた．特に鉄系の焼結機械部品では，①高い経済性と優れた環境性（省資源/省エネ性），②大量生産，また（いったん量産に移管後は）短納期対応が可能，③複雑形状で複数機能をもたせることが容易，④優れた寸法精度の維持，⑤多様な用途に合った様々な複合材料が作れる，等の優れた特徴をもっている．

　その設計に当っては，これらの特徴が最大限活かされるように勘案していきたい．最も効果的なのは，ユーザと焼結部品メーカ（以下，メーカと略記）の技術者双方が，初期設計検討段階において，対象部品の機能や使用条件，そして焼結部品の特徴を十分把握したうえで最適化検討を進めることである．すなわち，初期段階における設計煮詰めの良否こそが，受注に，また生産移行後の安定生産と製品損益確保に結びつく最も重要な鍵になる．図8・1・1-1は，焼結化検討のための手順として，各段階における検討項目をフローチャートにして示す．

　本章では，焼結機械部品設計の基本事項について述べるとともに，具体的な設計事例を示して，良質で効率的な設計とするための考え方，進め方についての一助としたい．

8・1・1　製品設計までの手順

（1）引合い

　引合いとは，ユーザが必要とする部品を調達するために，製作の可否やコスト等をメーカに問い合わせることをいう．その際，ユーザからは当該部品の図面と仕様，場合によっては他の製造法（たとえば鍛造や切削加工等）で製作された現物見本等が提示される．メーカは引合いの内容を検討のうえ，引受け可否等を回答することになる．

　検討に当たっては，①図面，数量，希望コスト，納期等の，ユーザからの提示事項が基になる．しかし特に重要な引合い品に関してはそれらに加えて，②引合いが出された背景（コスト，粉末冶金ならではの特性期待，現用品の問題対策等）や，③当該部品の用途，機能，使用条件（負荷荷重の大きさ，相手部品，組込み方法，使用環境等）を，可能な限り詳細に追加情報収集することを忘れてはならない．図面も，周辺組図をできる限り入手しておきたい．すなわち，ユーザから提示された図面や情報のみを基に，製品形状，寸法精度，材質等，図面に指定された仕様の再現にだけ重点が置かれると，焼結部品の特徴を活かせないまま不適当な製作可否の決定をしてしまうおそれがあるからである．

　上述の検討において，一見して不可能のような状況であっても，②③の追加情報による詳細検討の結果，ユーザの必要とする機能を充たして焼結化可能という結論になることがしばしばある．

第8章 焼結機械部品の設計

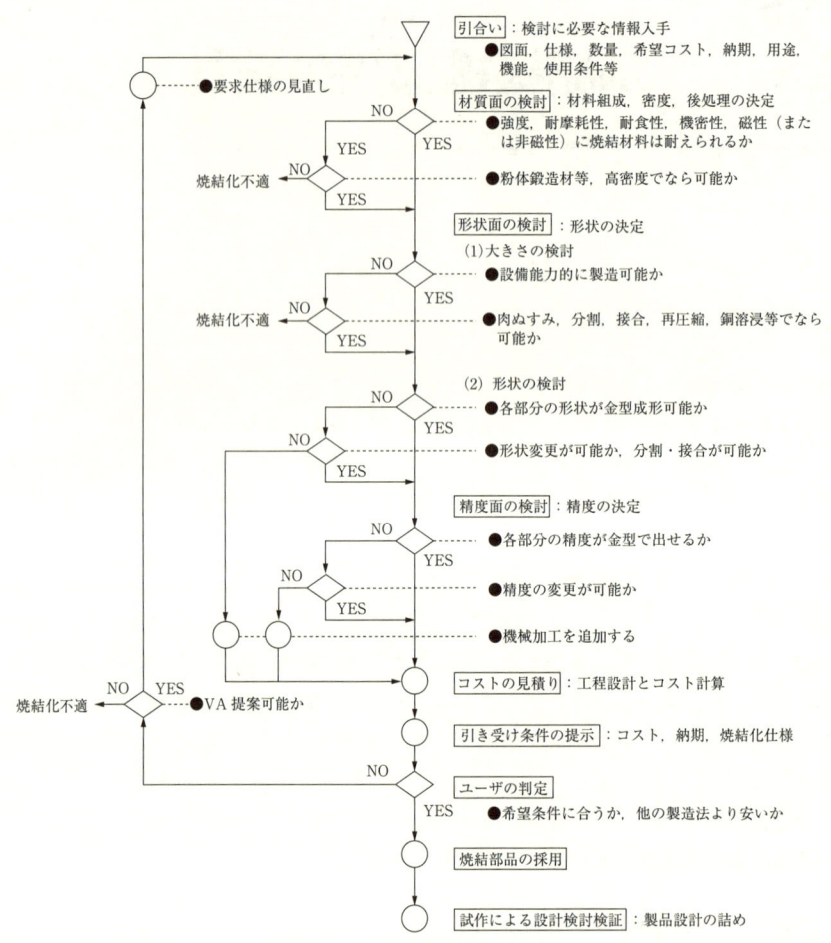

図 8・1・1-1 焼結化設計の手順[1]

(2) 設計検討

ユーザの引合い条件をもとに，必要に応じてユーザと意見交換をし，自社技術を基に焼結化仕様を検討する．場合によっては設計上，品質上の修整提案や，試作試験等の考え方を付加して回答することになる．これらの過程は以下のa～dのような手順で進めることになる．主体になるのは材質，形状と寸法精度，およびコストの検討である．

a. 材質面の検討

要求されている機械的・物理的特性（強度，耐摩耗性，耐食性，気密性，磁気特性等）を基に，適切な材質の選定（材料組成，密度，後処理等）を行う．もし焼結工程のみで特性が不十分な場合は，焼入れ等の熱処理や，再圧縮・再焼結，銅溶浸または転造や焼結鍛造のような高密度化工程が必要となる．また自社で保有している材質のなかに適切なものが見当らない場合は，新しい材質とそのプロセス技術の開発の可能性について検討することも必要である．

b. 形状面の検討

①大きさの検討

ⅰ）まず対象部品の寸法から成形加圧面積を算出する．

8・1 設計基準

ⅱ) 次に所望密度を得るのに必要な単位面積当たりの加圧力（以下，成形圧力と表示）を乗じて全加圧力を算出し，メーカ保有のプレスで成形可能な大きさかどうかの検討を行う．もし全加圧力がプレス機械の能力を上回る場合には，機能や強度上不必要と考えられる部分をいわゆる肉逃げ（cutout）によりカットし，加圧面積の削減を検討する．

ⅲ) 肉逃げが不可能，または肉逃げを行っても所期の加圧面積まで削減できない場合は，部品を2つ以上の部分に分割して別々に成形し，各種接合法で一体化する方法を検討する．この場合，部品の機能を十分に考慮して，強度や寸法精度等に支障のない分割・接合方法をとらねばならない．

ⅳ) 肉逃げや分割・接合によっても所望の加圧面積まで削減できない場合は，成形圧力を下げることを検討する．これには密度を下げて成形し，仮焼結，再圧縮，焼結または銅溶浸により密度を上げる等の方法がある．しかし工程，金型費，材料費等の増加につながり，焼結部品のコストメリットが出せなくなるおそれがあるので，慎重に検討する必要がある．

② 形状の検討

ⅰ) 次に部品の各部分の形状につき，型出し（金型による成形）が可能であるか，また型出しに適した形状であるかの検討を行う．

ⅱ) ユーザの図面どおりでは型出しが不可能，もしくはかなり問題がある場合は，部品機能を満足し，かつ製造可能な最適形状を設計してユーザへ提案する．この場合，型出し可能な2つ以上の部分に分割し接合で一体化する方法が効果的な場合もあるので考慮すべきである．

ⅲ) 型出し形状だけでは部品機能を満足できない場合には，機械加工を追加することになる．しかし当然コストアップにつながるので，最少限にとどめるよう工夫しなくてはならない．

ⅳ) 以上の検討がすんだら，経済性の面から再度形状をチェックしてみる．すなわち，可能であれば肉逃げ等を行ってできるだけ材料を節減する．ただし，材料の削減を追求するあまりいたずらに形状を複雑・薄肉化すると，金型費の増加や金型寿命の短縮，また個体内密度の不均一や成形クラック等の品質上の問題，そして成形スピードの低下や焼結時の変形等につながるおそれもあるので注意を要する．

ⅴ) 設計者としては，常日頃から自社，他社，そして競合製法における型出し形状の実例を幅広く集めておきたい．これら種々多くの型出し事例を常日頃から蓄えておくことは，優れた粉末冶金製品設計者になるための，大事な必要条件の1つである．

③ 精度面の検討

ⅰ) 基本形状が固まったら，選定した材質，後処理等をもとに各部の寸法精度について検討する．焼結部品の経済性を最大限に活かすためには，各精度を型出しすること（ネットシェイプ）が望ましい．この場合，焼結状態（焼放し）で使用するのが最も経済的であるが，必要に応じてサイジングを追加する．なお寸法精度の勘案では，その工程能力を常に念頭におきたい．

ⅱ) サイジングでも要求寸法精度が出せない場合には，研削等の機械加工を加えることになる．しかし，機械加工の追加には，"コストアップ"だけでなく，"工期が長くなる"，"品質変動要因が増える"等のデメリットがある．必要以上に高精度を求めるのは得策ではない．ユーザと十分協議して，機械加工は機能上どうしても必要な最少限に抑えるべきである．

④ その他の検討

圧粉体の金型からの取り出し方法，焼結セット法（焼結ケースへの詰め方），型ばりの除去をどうするか，成形クラックや欠けへの考察，品質選別工程の要否と方法の検討等がある．また，ユーザからの仕様のなかに特殊な検査方法や包装方法等が指定されている場合は併せて検討を行う．

c. コストの見積りと VA の提案

ⅰ) 以上の検討結果をもとに工程設計を行い，数量条件を折り込んで部品および金型のコスト，また納期を見積り，設計上や品質上の修整提案等を付加して回答する．仕様，コスト，納期等がユーザの希望する条件を満足し，かつ他製法より優位であると判断された場合，焼結部品の採用が決定する．

ⅱ) コストが折り合わない場合は，再度コスト低減の可能性を検討する．この場合の効果的な方法に，"当該部品だけに限定せず周辺部品も睨んでユーザと一緒に，最低の総コストで必要な機能を達成する方法の VA（Value Analysis，価値分析）アイテムを発掘すること"がある．たとえば，「当該部品と組み合わされる相手部品または隣接部品との一体化を提案して，ユーザ側のトータルコストを低減する」等がその好例である．ユーザがそれら VA 案を了承したならば，要求仕様の見直しを行い，再度 8・1・1（2）以降の検討ステップを踏むことになる．"これは"と思う引合いには，粘り強く焼結化検討に臨みたい．

d. 試作による設計検証

当該部品の使用条件が未経験であったり，把握が困難な場合，または VA 提案等で当初より大幅に設計変更された場合等には，通常，試作品を供試して焼結化設計の適否を検証することになる．この場合，焼結素材から切削加工で部品を作り実機に組み込む等，実用条件下での評価を行うことが多いが，場合によっては金型を製作し，実製造条件下で製作されたサンプルにより評価を行うこともある．試作品評価結果は設計にフィードバックされ，必要な修整が加えられ，最終的にはメーカから承認申請図を提出し，ユーザの確認と承認を得て，製品設計仕様が固まる．

（3） 製品設計上の留意点

焼結部品が採用されるうえで最も重要なのは，焼結部品の最大のメリットである経済性を活かす工夫をすることである．そのためには，ユーザとメーカの技術者が焼結部品の特徴および当該部品の用途，機能，使用条件等を十分理解し，それぞれ専門的立場で意見交換しながら最適な焼結化設計を行うことが肝要である．ユーザの図面が他の素形材製造法に基づいて引かれている場合は多い．すなわち，部品機能では不用だが，その製造法においては経済的で作りやすい形状になっていることが多々ある．実際の周辺部品との組み合わせ，使用状況をよく確認・観察し，型出し仕様に採り入れるのは大変有効な受注活動となる．

また，ユーザにおける当該機械の初期設計段階で双方ができるだけコンタクトし，焼結部品のメリットを最大限に活かす設計にしていくのが最も上手な焼結部品の使い方であろう．つまり，機械の設計が完全に固まってから検討を始めたのでは，焼結化最適設計をするうえで大きな制約を受けることが多くなりがちとなり，他の製造法に対して十分なコストメリットを出しにくくなってしまうからである．

メーカの基本は製品損益の確保であり，これは多く，初期設計品質の如何によることを銘記しておきたい．すなわち，製品設計の段階でいかに広く深く煮詰め，念には念を入れ，時間もかけ，間違いの少ない仕様としたかは，きわめて大切な設計姿勢である．これらをおろそかにすると，会社収益の低下は無論のこと，設計者自身のその後の日常業務に大いに支障をきたすことになるので（量産移行後の不具合対策業務に忙殺される等），十二分な配慮が望まれる．

8・1・2 製品設計上の諸条件

（1） 設計材料選択

焼結材料の特性を知っておくことは，焼結機械部品の設計上重要なことである．一般的に，鉄系の焼結材料では密度が高くなるにつれて機械的性質が向上する．また，炭素その他の合金成分を添加しても強度は上昇する．一方高い寸法精度の製品を得るためには，焼結工程前後の寸法変化を極力小さく抑えたい．これら

8・1 設計基準

表 8・1・2-1　機械構造部品用焼結材料[1]

合金系	密度 (g/cm³)	機械特性 引張強さ (MPa)	伸び (%)	シャルピー衝撃値 (J/cm²)	特徴	組織	応用分野	適用部品
鈍鉄系	6.2 以上 6.8 以上 7.0 以上	100 以上 150 以上 200 以上	3 以上 5 以上 5 以上	5 以上 10 以上 15 以上	靱性はあるが機械的特性は低い．浸炭焼入により耐摩耗性向上	フェライト	事務機，計測器，センサ機器，他	小物駆動部品，軟磁性材料代替部品
鉄-銅系	6.2 以上 6.6 以上 6.8 以上	150 以上 250 以上 300 以上	1 以上 1 以上 2 以上	5 以上 5 以上 8 以上	銅添加により機械的特性向上，水蒸気処理，浸炭焼入により耐摩耗性向上	フェライト	事務機，家電製品，他	軽負荷機構部品
鉄-炭素系	6.2 以上 6.4 以上 6.6 以上 6.8 以上	100 以上 200 以上 300 以上 350 以上	1 以上 1 以上 1 以上 1 以上	5 以上 5 以上 5 以上 5 以上	炭素を添加し強度向上．水蒸気処理，浸炭焼入により耐摩耗性向上	パーライト＋フェライト	事務機，家電製品，他	軽負荷機構部品，軽負荷摺動部品
鉄-炭素-銅系	6.2 以上 6.4 以上 6.6 以上 6.8 以上	200 以上 300 以上 400 以上 500 以上	1 以上 1 以上 1 以上 1 以上	5 以上 5 以上 5 以上 5 以上	銅と炭素を添加し，強度，耐摩耗性向上．水蒸気処理，浸炭焼入，高周波焼入により強度向上	パーライト＋フェライト	事務機，家電製品，農業機械，自動車，二輪車	多用途機構部品（動力伝達部品等）
鉄-炭素-銅-ニッケル系	6.6 以上 6.8 以上	300 以上 400 以上	1 以上 1 以上	10 以上 10 以上	ニッケルを添加し，靱性向上．高周波焼入，浸炭焼入により強度向上	パーライト＋フェライト Ni リッチ相有	自動車，二輪車，農業機械，他	高負荷機構部品（動力伝達部品等）
鉄-炭素（銅溶浸）系	7.0 以上 7.2 以上 7.4 以上	400 以上 550 以上 650 以上	1 以上 0.5 以上 0.5 以上	10 以上 5 以上 10 以上	銅溶浸により高靱性化，気密性あり．熱処理は可能	パーライト＋フェライト	家電製品，建設機械，他	耐圧部品，高負荷機構部品
鉄-ニッケル系	6.6 以上 6.8 以上	200 以上 250 以上	3 以上 5 以上	15 以上 20 以上	炭素の入ってないニッケル系で靱性あり．浸炭焼入により耐摩耗性，強度向上	フェライト Ni リッチ相有	自動車，二輪車，農業機械，他	高負荷機構部品（動力伝達部品等）
鉄-炭素-ニッケル系	6.6 以上 6.8 以上	350 以上 400 以上	1 以上 2 以上	10 以上 15 以上	銅の入っていないニッケル系で靱性あり．浸炭焼入により耐摩耗性，強度向上	パーライト＋フェライト Ni リッチ相有		
オーステナイト系ステンレス鋼	6.4 以上 6.8 以上	250 以上 350 以上	1 以上 2 以上	— —	耐食性，耐熱性，弱磁性あり (18Cr8Ni 系)	オーステナイト	一般機械，他	耐食，耐熱部品，シール部品
フェライト系ステンレス鋼	6.4 以上 6.8 以上	250 以上 350 以上	0.5 以上 1 以上	— —	耐食性，耐熱性あり (13Cr 系)	フェライト		
青銅系	6.8 以上 7.2 以上	100 以上 150 以上	2 以上 3 以上	5 以上 10 以上	銅系のためなじみやすい．耐食性あり		一般機械，他	非磁性部品，摺動部品
鉄-銅-ニッケル-モリブデン系＋炭素	7.0 以上	500 以上	2 以上	20 以上	鉄-炭素-銅系，鉄-炭素-銅-ニッケル系の熱処理相当の機械的特性以上の値が焼結体で得られる．浸炭焼入により強度向上	ソルバイト＋ベイナイト＋フェライト＋Ni リッチ	自動車，二輪車，農業機械，他	高負荷機構部品（動力伝達部品等）
AISI4100 系 AISI4600 系	7.0 以上	400 以上	1.5 以上	15 以上	合金アトマイズ粉で浸炭焼入後の機械的特性は，従来材に比較しさらに高い値を示す．寸法変化は少なく，高精度化が可能	パーライト＋フェライト	自動車，二輪車，農業機械，他	高負荷機構部品（自動車用動力伝達部品等）

の諸条件のもとで，表8・1・2-1に示すように，鉄をベースに炭素，銅，ニッケル等を加えた低合金鋼，ステンレス鋼および青銅の，また本表以外にも種々の材料が実用化されている．

機械的性質を見ると，鉄-炭素-銅系で密度6.2～6.8 g/cm³，引張強さが200～500 MPaであり，焼結での寸法変化も少なく，広く用いられてきた．また鉄-炭素系でも，銅溶浸して密度7.2～7.4 g/cm³となると，引張強さは400～650 MPaと高くなってくる．さらに，引張強さと硬さは熱処理で向上する．表8・1・2-1では各材料の機械的性質のほかに特徴や適用用途が，そしてJIS Z 2550には，それらに加えて化学成分比や物理的特性，各種試験法等が述べられている．また，材料特性の相互関連について，日本粉末冶金工業会から「機械構造部品用焼結材料の特性」(1994年)が出されている．以上は，十分とはいえないが材料選択で設計上の参考にすることができる．また8・2節では，表8・1・2-1の材料のより詳細な特性紹介に加えて，アルミニウム系と特殊合金系（チタン系，ニッケル系）についても詳述している．

グローバルに見ると，ISO5755に粉末冶金材料の国際規格があり，また2004年には，MPIF, EPMA, JPMAの三団体が共同で，焼結機械部品および軸受用材料の特性データベースが構築され（http://www.pmdatabase.com/global/home.htm），必要な強度特性等から材料選択ができるようになっている．併せて参考にすることができる．なお，焼結機械部品メーカは各社ともJIS以外の材種をもっている．これには，材料強度，靭性，耐摩耗性，磁気特性，寸法精度等，種々の特性のいずれかを強調させたものが多い．

（2）形状・寸法精度
a. 基本形状

焼結機械部品は金属粉末を単軸成形して作られるが，圧粉体の各部分の密度をできるだけ均一にすることが求められる．設計に当たっては，原料粉末の充填，プレスの作動，金型の構造と作動と強度，圧縮時における粉末の動きをよく理解しておく必要がある．通常の粉末成形プレスで成形可能な圧粉体の形状は，表8・1・2-2に示すように5つのパターンに分類することができる．

①パターンA

円筒形状，板形状等，最も単純な形状であり，通常は図8・1・2-1に示すような，ダイ・上パンチ（1本）・下パンチ（1本）・コアロッドで構成される金型で成形する（第4章参照）．薄い形状の場合には片押成形でも個体内で比較的均一な密度が得られるが，通常は両押成形される．図8・1・2-2と図8・1・2-3に示すように，外径または内径に段のある形状でも，一般的に段の径方向の寸法差（$\phi D - \phi D$, $\phi d - \phi d'$）が小さい場合には，金型を分割せずに成形することができる．図8・1・2-4に外径テーパ形状の，また図8・1・2-5に半球面状の，各々圧粉体を成形する場合の金型構造を示す．ただし，上述の小さな段差寸法の場合，段深さ寸法がばらつきやすく安定しにくい傾向があるので，型出し寸法精度の図面設定には留意したい．図8・1・2-6にパターンAの場合の製品例を示す．

②パターンB

下パンチ側が二段形状になっている場合であり，通常，ダイ・上パンチ（1本）・下パンチ（2本）・コアロッドで構成する金型で成形する（第4章参照）．図8・1・2-7は内側凸形状の場合の，図8・1・2-8は内側凹形状の場合の，金型の構成例を示した．図8・1・2-9はパターンBの場合の製品例を示す．

③パターンC

上パンチ側，下パンチ側ともに二段形状になっている場合で，通常，ダイ・上パンチ（2本）・下パンチ（2本）・コアロッドで構成する金型で成形する（第4章参照）．図8・1・2-10～図8・1・2-12に金型の構成例を示した．図8・1・2-10は上パンチ，下パンチ側とも内側凸形状の場合，図8・1・2-11は内側凹形状の場合の例である．図8・1・2-12は下パンチ側が三段形状だが，外径段を段付きダイで成形することにより，下パンチ

8・1 設計基準

表 8・1・2-2 圧粉体の基本形状[2]

パターン	可動パンチ		基本形状
	上パンチ	下パンチ	
A	1	1	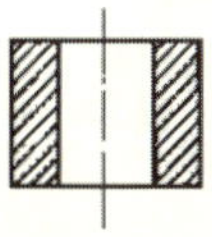
B	1	2 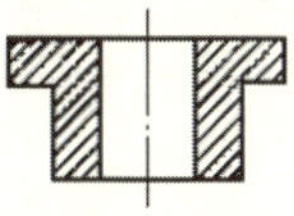 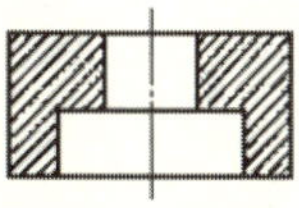	
C	2	2 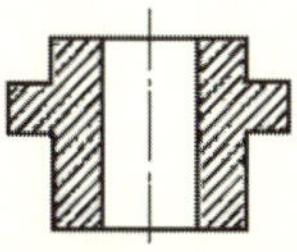 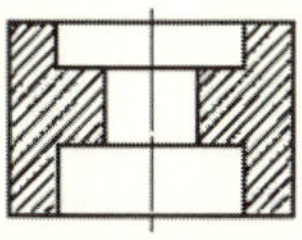	
D	1	3 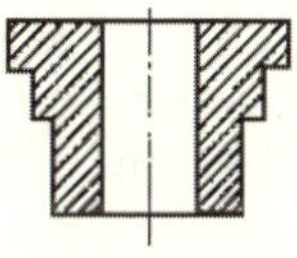 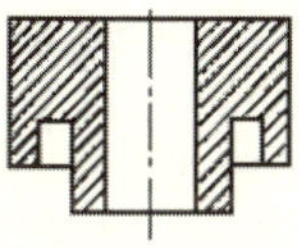	
E	2	3 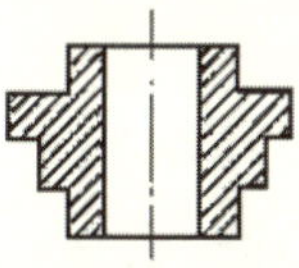 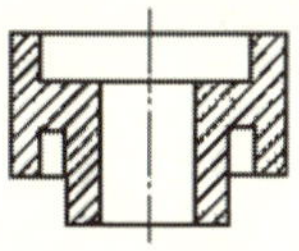	

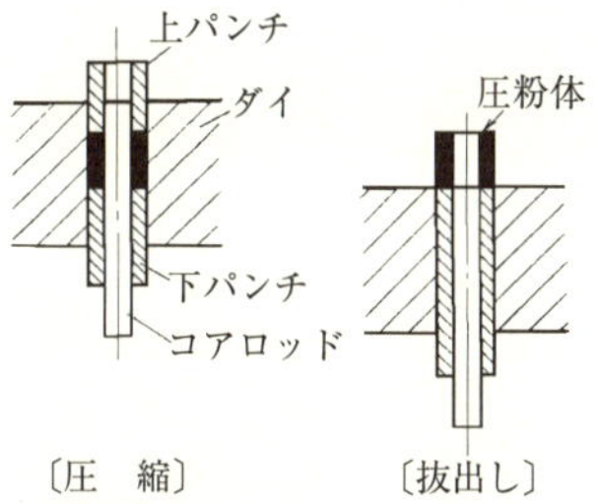

図 8・1・2-1 パターン A 例(1)[1]（最も単純な成形）

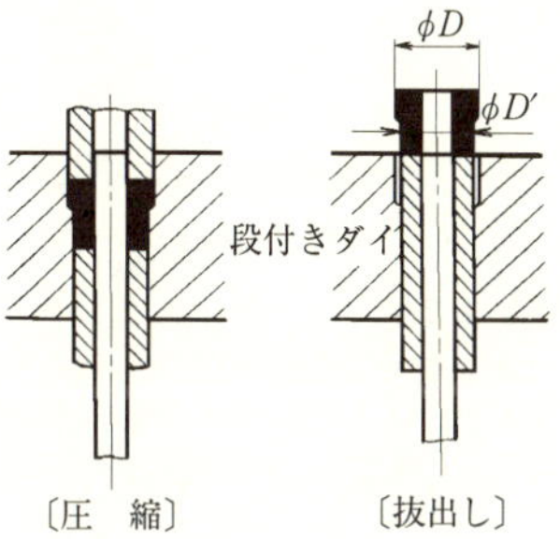

図 8・1・2-2 パターン A 例(2)[1]（ダイ段付き成形）

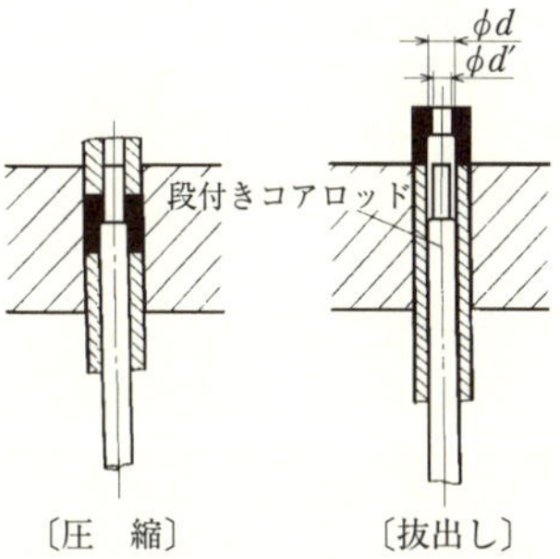

図 8・1・2-3 パターン A 例(3)[1]（コア段付き成形）

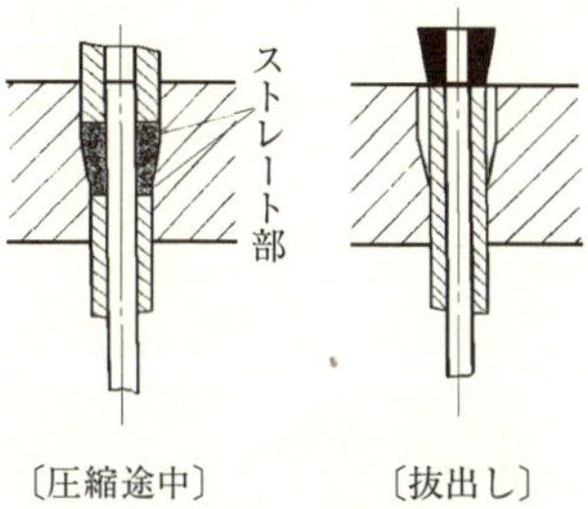

図 8・1・2-4 パターン A 例(4)[1]（外径テーパ付き品の成形）

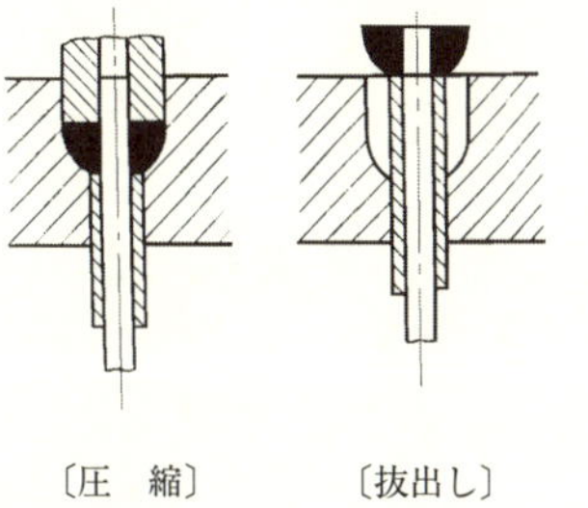

図 8・1・2-5 パターン A 例(5)[1]（半球面の成形）

2本で成形する場合の例である．外径段の径方向の寸法差が小さい場合に可能である．図 8・1・2-13 はパターン C の場合の製品例を示す．

④パターン D

下パンチ側が三段となっている形状の場合で，通常，ダイ・上パンチ（1本）・下パンチ（3本）・コアロッドで構成する金型で成形する（第4章参照）．図 8・1・2-14 と図 8・1・2-15 に金型の構成例を示す．図 8・1・2-16 にパターン D の場合の製品例を示す．

⑤パターン E

上パンチ側が二段，下パンチ側が三段の形状である．通常の粉末成形プレスで成形できる最も複雑な形状

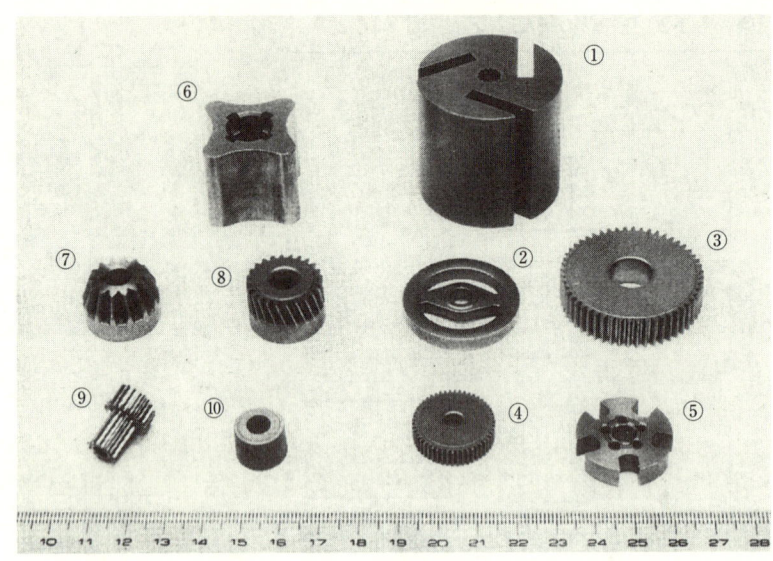

206　　　　　　　　　　　　　　第8章　焼結機械部品の設計

図8・1・2-6　パターンA製品例[1]．①自動車のエアポンプ用ロータ，②エアコンのコンプレッサ用バルブリテーナ，③複写機用伝動ギヤ，④ステッピングモータ用ロータギヤ，⑤自動車の燃料ポンプ用ロータ，⑥自動車のオイルポンプ用インナーロータ，⑦電動工具用駆動ピニオン，⑧複写機用ヘリカルギヤ，⑨電装部品用二段ギヤ，⑩セレーションブッシュ（外径にテーパ状のセレーション付き）

図8・1・2-7　パターンB例(1)[1]　　　　**図8・1・2-8**　パターンB例(2)[1]

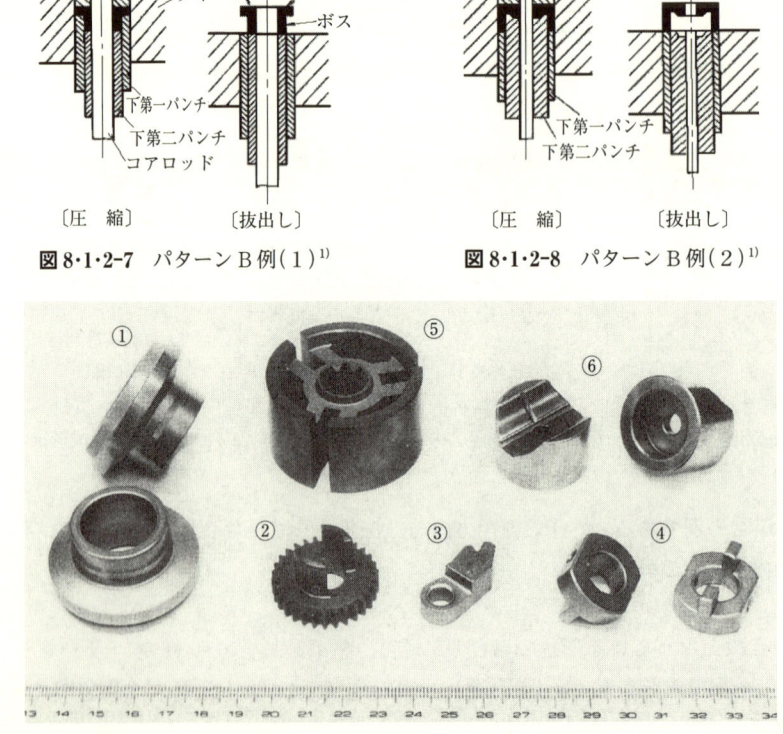

図8・1・2-9　パターンB製品例[1]．①自動車のショックアブソーバ用ロッドガイドケース，②複写機用伝動ギヤ，③自動車のヘッドレスト用カム，④電装部品のカップリング，⑤自動車の真空ポンプ用ロータ，⑥自動車のステアリング用ラックガイド

8·1 設計基準

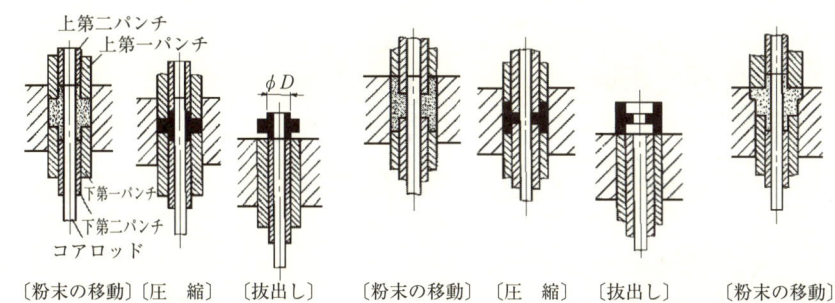

図 8·1·2-10 パターン C の例 (1)[1]
（中フランジの成形）

図 8·1·2-11 パターン C 例 (2)[1]
（H 形状品の成形）

図 8·1·2-12 パターン C 例 (3)[1]
（ダイ段付きを加えた成形）

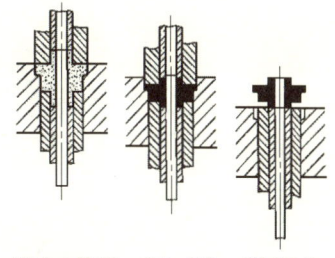

〔粉末の移動〕〔圧縮〕〔抜出し〕

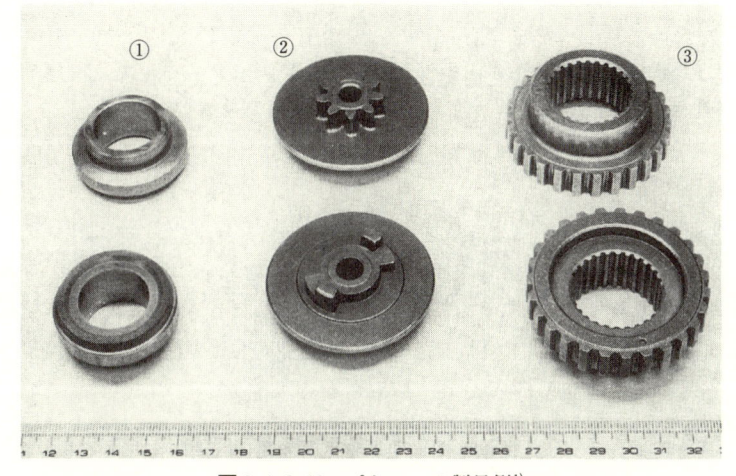

上第二パンチ
上第一パンチ
下第一パンチ
下第二パンチ
コアロッド

図 8·1·2-13 パターン C 製品例[1]
①自動車のショックアブソーバ用ロッドガイドケース，②自動車のパワーウインド用駆動ピニオン，③自動車のトランスミッション用ハブ

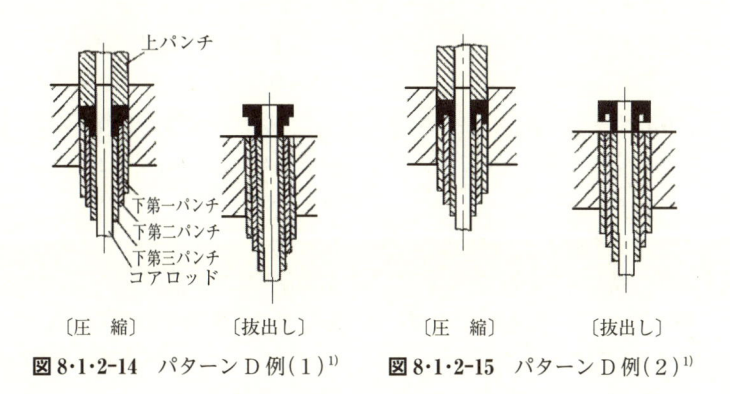

上パンチ
下第一パンチ
下第二パンチ
下第三パンチ
コアロッド

〔圧縮〕〔抜出し〕

図 8·1·2-14 パターン D 例 (1)[1]

図 8·1·2-15 パターン D 例 (2)[1]

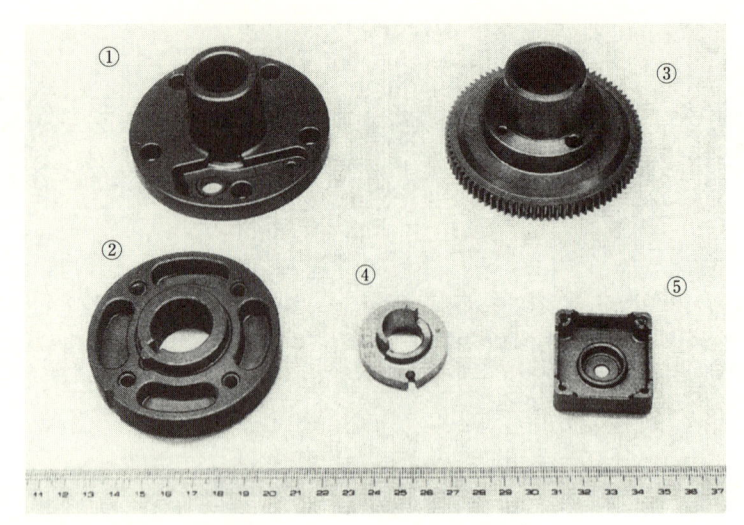

図 8・1・2-16　パターンＤ製品例[1]
①エアコン用ベアリングプレート，②自動車エンジン用のプーリボス，③自動車のワイパ用ギヤ，④二輪車用アジャストプーリ，⑤ステッピングモータ用カバー

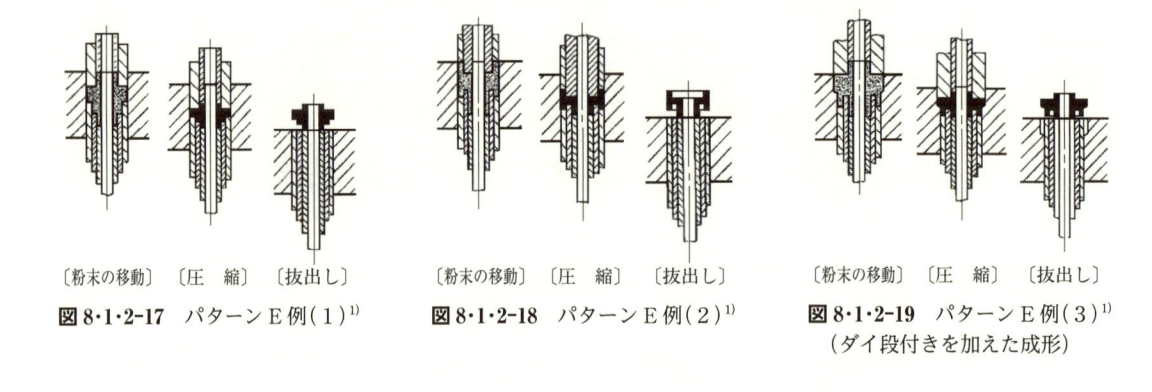

〔粉末の移動〕　〔圧　縮〕　〔抜出し〕
図 8・1・2-17　パターンＥ例（１）[1]

〔粉末の移動〕　〔圧　縮〕　〔抜出し〕
図 8・1・2-18　パターンＥ例（２）[1]

〔粉末の移動〕　〔圧　縮〕　〔抜出し〕
図 8・1・2-19　パターンＥ例（３）[1]
（ダイ段付きを加えた成形）

である．図 8・1・2-17～図 8・1・2-19 に金型の構造例を示す．図 8・1・2-19 は外径の段をダイにつけた場合で，下パンチ側は四段形状になっている．図 8・1・2-20 にパターンＥの場合の製品例を示す．

b. 密度分布

　焼結機械部品では，密度がその特性に大きな影響を与える．焼結含油軸受の場合には，低めな密度により得られた気孔の活用で軸受特性を満足させるが，焼結機械部品の場合には，一般に気孔は機械特性を低下させ，密度が高いほど，すなわち気孔が少ないほど，機械特性が向上する．したがって，一般の機械構造用部品として焼結機械部品を使用する場合には，可能なかぎり個体内で均一な密度となるような設計をすると共に，より高い密度を求め，気孔を極力減ずるような工夫がなされている．

　高い密度のものを得るためには，圧縮性にすぐれた粉末を用いた高圧成形や再圧縮，場合によっては，高温焼結や熱間鍛造等の手法が用いられる．しかし他方，これらの手法は寸法精度の低下や製造コスト増の要因となるので，経済性を勘案し過剰品質にならないよう配慮しなければならない．

　以下，単軸成形における圧粉体の密度分布と気孔について記す．

　①圧粉体の密度分布と気孔

図 8・1・2-20 パターン E 製品例[1]
①自動車のパワーウインド用クラッチ，②，③自動車のトランスミッション用ハブ

　図 8・1・2-21 の(a)に，内径 $\phi 7$，外径 $\phi 13$，全長 75 mm の両押成形した圧粉体の密度分布を示す．密度の分布状態は混合粉末の組成や潤滑剤の量，使用する粉末の種類および金型の表面仕上状態等によっても異なるが，この例では全体の平均密度が 6.28 g/cm^3 であるのに対して，両端部分の密度は 6.60 g/cm^3 となっている．中央部に近づくに従って密度は低下し，中央部では 5.86 g/cm^3 と低くなっている．金属粉末の圧縮成形においては，ダイの摩擦抵抗や粉末粒子の摩擦抵抗のために，上パンチと下パンチとによって上下方向から加えられた力が中央に近づくに従って減衰するため，このような現象となって現れてくる．これは，粉末が不完全流体であるためである．

　圧粉体(a)の気孔の分布状態を図 8・1・2-22 に示す．両端部分と中央部の 3 箇所を撮影したが，両端面近くに比較して中央部の気孔が大きく，密度と気孔の相関関係が明らかに認められる．また図 8・1・2-21 の(b)は(a)の全長が短い圧粉体の密度分布であるが，全長が 45 mm と短くなったことにより，両端部分と中央部との密度差は，全長 75 mm の圧粉体(a)に比べて少なくなっている．このように単軸成形においては，一般に圧粉体の全長が大きくなるほど上・下両端面と中央部の密度差が大きくなる．

　②片押成形における密度

　上からの加圧だけによる片押成形の圧縮状態を図 8・1・2-23 に示した．またそれによって得られた圧粉体の密度分布例を図 8・1・2-21 の(c)に示す．上パンチ側では加圧力が効率的に働き密度が上昇するが，下パンチ側では加圧力が減衰され密度上昇が少ない．このために上下の密度差が大きくなる．

　③圧粉体の径方向肉厚と密度の分布

　図 8・1・2-21 の(d)および(e)に，外径の寸法と全長寸法が同じで，内径寸法が異なる圧粉体の密度分布を示す．径方向の肉厚が薄いほど上下両端部と中央部の密度差が大きい．これは金型壁の摩擦抵抗の影響が大きくなって，加圧力が減衰されたことによる．

　図 8・1・2-24 の(a)は同一圧粉体に肉厚の厚い部分と薄い部分が存在する例である．肉の厚い b 部分と薄い a 部分との密度差が 0.21 g/cm^3 あるが，このような密度差は焼結や熱処理時において変形の原因となる．したがって製品の焼結や熱処理での変形を少なく抑えようとするならば，できるだけ肉厚差を小さくし，密

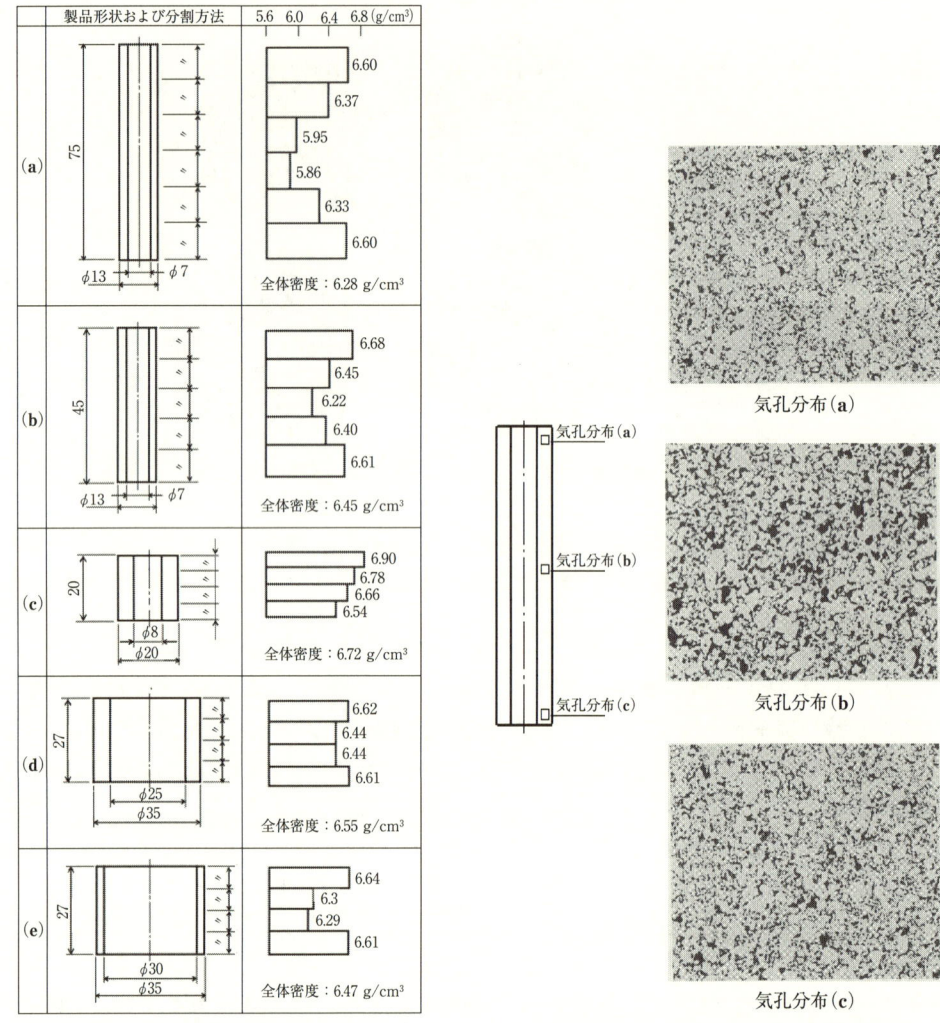

図 8・1・2-21 円筒形状圧粉体の密度分布[1]

図 8・1・2-22 長尺物の気孔分布状態[1]

度を均一化させることが肝要である.

図 8・1・2-25 と図 8・1・2-26 に，モジュール 0.5 と 2.5 の歯車の例をあげ，圧粉体内部の気孔の分布状態を示した．モジュールの小さい歯車の圧粉体では，内部に比べて歯先部分で気孔が多く存在し，モジュールの大きい歯車の場合にはあまり差は認められない．すなわち，モジュールの小さい歯車の場合には，歯先部分の密度が低くなりがちなので，製品設計に当たってはこのことを十分に配慮する必要がある．

④凹凸パンチによる圧粉体の密度分布

金型を分割することが困難な場合には，パンチに凹凸を設けて一体パンチでの成形をすることがしばしば行われる．しかし，この場合にも密度差を生じやすいので注意が必要である．図 8・1・2-24 の(b)にベベルギヤの例を示した．このベベルギヤは，モジュール 1.4，圧力角 20°，ピッチ円錐角 70° であり，歯の付いた 1 本の上パンチにより成形した．この圧粉体の平均密度が 7.0 g/cm³ であるのに対して，歯部の密度は約 6.6 g/cm³ と低い．また図 8・1・2-27 に気孔分布を示したが，歯先 a 部に多くの気孔が認められる．したがって，ベベルギヤの歯強度の計算を行う場合には，部分密度を十分考慮する必要がある．

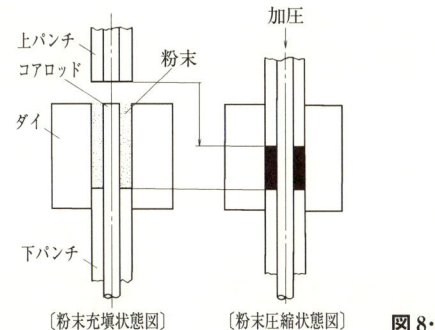

図 8・1・2-23 片押成形法[1]

図 8・1・2-24 形状別製品の密度分布[1]

このように単軸成形では，高さ，径方向厚み，一体段付きパンチでの成形等で圧粉体に密度差が生じやすく，寸法精度や強度の低下となるので，できるだけ均一な密度になるような圧粉体形状に設計したり，金型設計や粉末充填に工夫をこらす等の必要がある．

c. 高さ方向の制限

焼結機械部品の圧粉体の最大高さ寸法は，用いる粉末成形プレスの最大充填深さによって決まる．通常の粉末成形プレスは，実用一般的な範囲の設計仕様となっている．したがって大きな高さ寸法の特殊な圧粉体を得るためには，特別仕様の粉末成形プレスが必要となる．また金型の充填深さは，原料混合粉の見掛密度，金型への充填性・充填方法等によっても変わるので，これらのことも理解しておく必要がある．

① 圧粉体の高さ寸法と充填深さ

圧粉体の高さ寸法を H (mm)，圧粉密度を D (g/cm³)，混合粉の見掛密度を A (g/cm³) とすると，理論的充填深さ F (mm) は次式で求められる．

$$F = \frac{D}{A} \times H \qquad 式(8・1・2-1)$$

ここで D/A は充填比という．したがって，圧粉体の高さ寸法と圧粉密度が与えられた場合には，原料混合

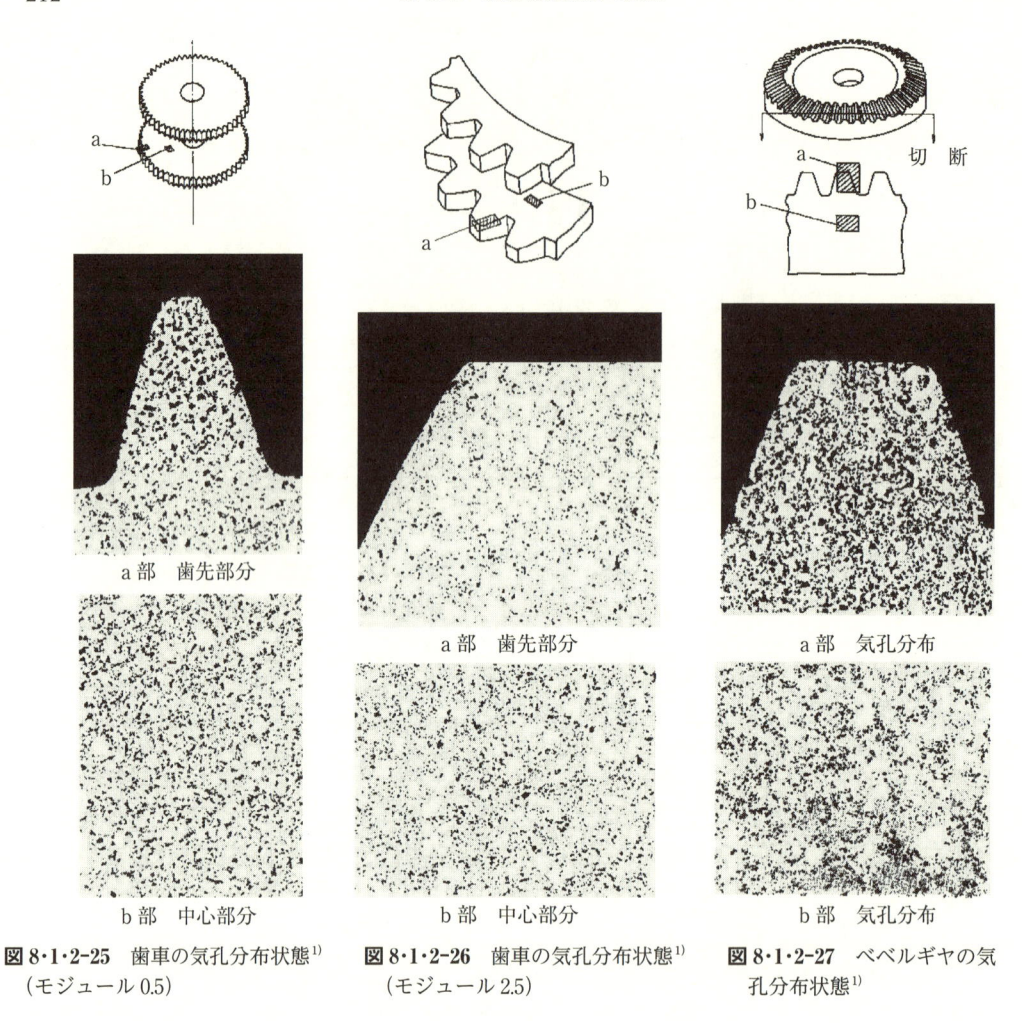

図 8・1・2-25　歯車の気孔分布状態[1]（モジュール 0.5）　　図 8・1・2-26　歯車の気孔分布状態[1]（モジュール 2.5）　　図 8・1・2-27　ベベルギヤの気孔分布状態[1]

粉の見掛密度によって充填深さが決まり，充填比が小さいほど充填深さが少なくてよい．

　焼結機械部品に使われる代表的な組成の混合粉の見掛密度の例を表 8・1・2-3 に示した．主原料の鉄粉が還元鉄粉の場合と噴霧鉄粉の場合の見掛密度を示したが，噴霧鉄粉を用いた方が見掛密度が大きい．またそれぞれの組成の混合粉とも 0.2 g/cm³ ほどの幅があるが，潤滑剤の種類と量，混合機の種類と混合時間等によっても見掛密度は変化する．また，粉末成形プレスで混合粉を金型に充填する場合には通常フィーダに揺動運動を与えるが，このことにより実際の金型内での見掛密度は若干高くなる傾向がある．ただし金型キャビティの形状や粉末の充填方法，金型キャビティ内空気との置換性等によって実際の金型内での見掛密度が低くなる場合も多々ある．図 8・1・2-28 に Fe-Cu-C 系の混合粉の圧粉密度と充填比の関係を示したが，圧縮性や成形性との関連から，一般に高密度域では噴霧鉄粉が，また中密度域では還元鉄粉が比較的多く使われている．

②粉末成形プレスの充填深さ

　圧粉体の最大高さ寸法は，式(8・1・2-1)から分かるように，混合粉の見掛密度と粉末成形プレスの最大充填深さによって決まる．表 8・1・2-4 に標準的な機械プレスの最大充填深さを示したが，加圧能力が 15～500 トンのプレスで，最大充填深さは 100～150 mm 程度である．

表 8·1·2-3 混合粉末の見掛密度[1]

配合組成	鉄粉の種類	
	還元鉄粉	噴霧鉄粉
Fe-0.6C	2.60~2.80	3.10~3.30
Fe-2Cu-0.6C	2.65~2.85	3.15~3.35
Fe-2Ni-0.6C	2.67~2.87	3.17~3.37

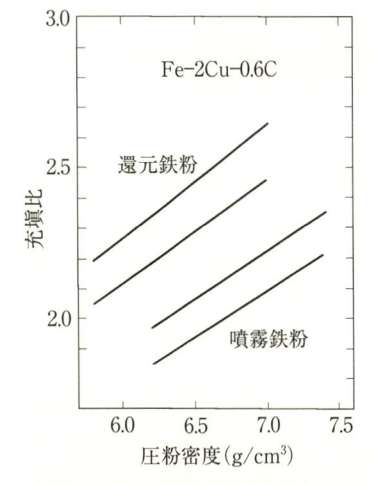

図 8·1·2-28 混合粉末の充塡比[1]

表 8·1·2-4 粉末成形プレス最大充塡深さ[1]

機械プレス加圧能力 (t)	最大充塡深さ (mm)
15	100
40	120
100	120~150
200	150
500	110~150

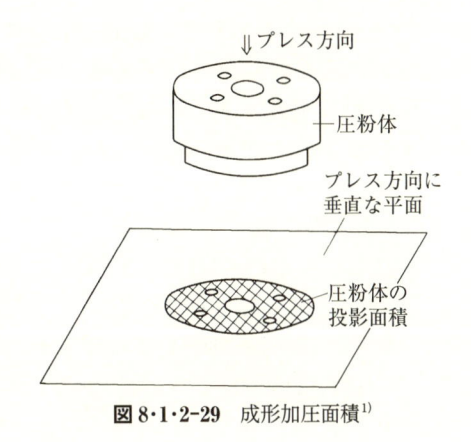

図 8·1·2-29 成形加圧面積[1]

　加圧能力が小さいプレスでは軸受など,比較的細長い形状のものが,また加圧能力の大きなプレスでは歯車など,比較的扁平形状のものが成形の対象となるので,加圧能力と最大充塡深さとは比例しない.
　高さ 60 mm 以上のバルブガイド等,特に高い圧粉体を成形する場合には,特別仕様の粉末成形プレスが必要になる.また油圧プレスの場合も機械プレスの最大充塡深さとほぼ同じであるが,ユーザの要求仕様によって設計されることが比較的多いようである.
③圧粉体の最大高さ寸法
　粉末成形プレスの最大充塡深さを F_{max} (mm) とした場合,圧粉体の高さ寸法 H (mm) は,前述の式 (8·1·2-1) により求められるが,通常,充塡深さは 10 mm 程度の余裕をみるので,実際には次式によって求められる.

$$H \leq (A/D) \times (F_{max} - 10) \quad \text{(mm)} \qquad 式(8·1·2-2)$$

　たとえば,200 トンの機械プレスで,Fe-0.6C という組成の混合粉を用いて,圧粉密度 6.4 g/cm³ の圧粉体を成形する場合,圧粉体の最大高さ寸法は,表 8·1·2-3 と表 8·1·2-4 から

$$H \leq (2.6/6.4) \times (150 - 10) \leq 57 \quad \text{(mm)}$$

となる.

d. 径方向の制限

一般的な粉末冶金の成形は，原料粉末を金型内に充填し，それを粉末成形プレスで押し固めて所定の密度の圧粉体を得る．ところで粉末成形プレスには加圧能力の定格があるので，圧粉体の径方向の大きさ（成形加圧面積）に限界がある．すなわち，圧粉体のプレス方向に直角な面積を S (cm^2)，混合粉を所定の圧粉密度に圧縮するのに必要な成形圧力を p (ton/cm^2) とすると，圧縮成形時に金型に加わる力 f は，

$$f = S \times p \quad \text{(ton)}(\text{または} \times 10\,\text{kN}) \qquad \text{式}(8\cdot1\cdot2\text{-}3)$$

になる．したがって，粉末成形プレスの加圧能力を f_{max} (ton)（または ×10 kN）とした場合，成形し得る圧粉体の最大面積は，

$$S \leqq \frac{f_{max}}{p} \quad (\text{cm}^2) \qquad \text{式}(8\cdot1\cdot2\text{-}4)$$

で求められる．図 8・1・2-29 に，粉末の成形時における加圧面積とは圧粉体の投影面積であることを示す．

ここで，段付きダイ・段付きコアロッドや複数に分割されたパンチを使用する場合には，それぞれの加圧力がプレスやツールセットの各部分の受圧能力を上回らないように，注意しなければならない．

①混合粉末の圧縮性

図 8・1・2-30〜図 8・1・2-33 に通常焼結機械部品に使われる各種混合粉の成形圧力と圧粉密度の関係を示した．一般的な Fe 系機械部品の成形圧力は 300〜700 MPa（≒3〜7 ton/cm^2）程度であるが，使用する鉄粉の種類，配合組成，添加する C 量によっても変化する．また，潤滑剤（ここではステアリン酸亜鉛）の添加を少なくすれば圧縮性が上がることはよく知られており，昨今の重要な技術検討テーマの 1 つになっている．

②プレスの最大加圧能力

式(8・1・2-3)によって求められた所要加圧力によって，成形プレスの選定を行う．ただしプレス寿命等を考慮し，最大加圧能力の 80 % 程度を実用上の加圧能力として使う場合が多いようである．表 8・1・2-5 に粉末成形プレスの加圧能力別一般焼結機械部品の成形可能な最大加圧面積の算出例を示す．いずれも単位面積当たりの成形圧力の値を 600 MPa として試算した．たとえば，200 トン成形プレスの場合，成形可能な最大総加圧面積は 28 cm^2 であるから単純なタブレット状（丸棒形状）を成形する場合，直径で約 60 mm 程度のものしか成形できないことになる．しかしながら，通常の製品形状では芯穴があいていたり，重量軽減のための肉逃げ穴をもうけたりするので，さらに径の大きなものを成形することが可能である．

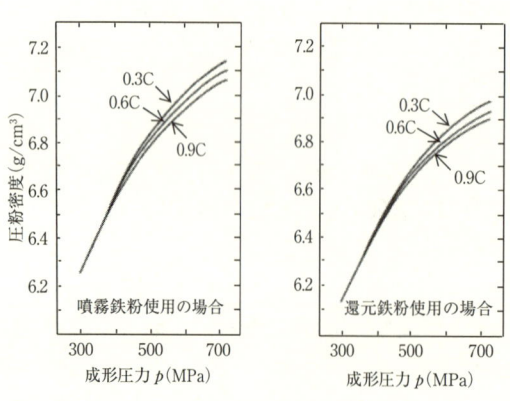

図 8・1・2-30 Fe-C 系粉末の圧縮試験データ[1]（ステアリン酸亜鉛 0.8 % 添加）

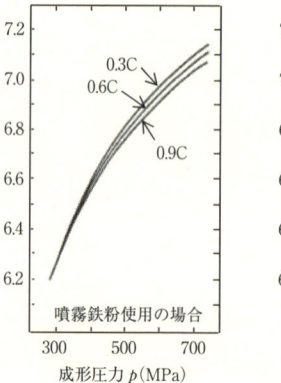

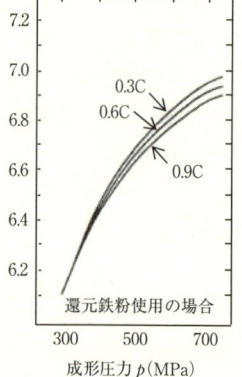

図 8・1・2-31 Fe-2Cu-C 系粉末の圧縮試験データ[1]（ステアリン酸亜鉛 0.8 % 添加）

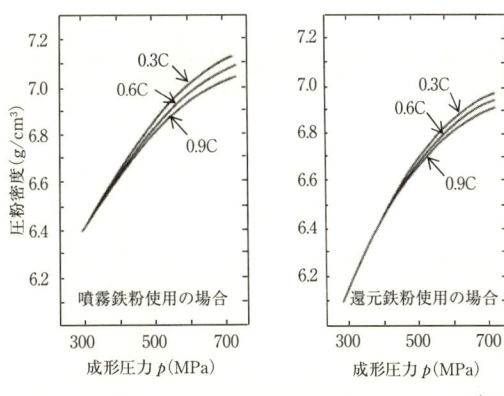

図 8・1・2-32　Fe-2Ni-C 系粉末の圧縮試験データ[1]（ステアリン酸亜鉛 0.8 % 添加）

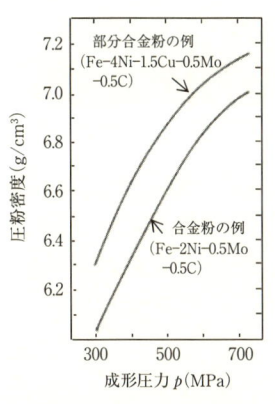

図 8・1・2-33　合金粉末，部分合金化粉末の圧縮試験データ[1]（ステアリン酸亜鉛 0.8 % 添加）

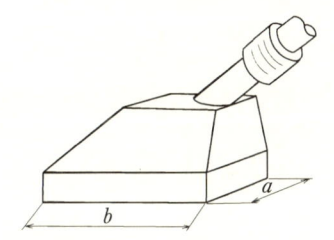

図 8・1・2-34　粉末成形プレスに用いられるフィーダ[1]

表 8・1・2-5　粉末成形プレス別最大加圧面積[1]

プレスの大きさ (kN)	成形可能な最大総加圧面積 (cm²)
150（約 15 t）	2
400（約 40 t）	5.5
1000（約 100 t）	14
2000（約 200 t）	28
5000（約 500 t）	69.5

表 8・1・2-6　プレス別標準的フィーダ寸法[2]

成形プレスの大きさ (kN)	取り付け可能なフィーダの大きさ(mm) a	b
150（約 15 t）	70	80
400（約 40 t）	100	110
1000（約 100 t）	140	150
2000（約 200 t）	180	200
5000（約 500 t）	240	240

③フィーダによる制限

ところで焼結機械部品の成形可能な径方向の大きさは，フィーダの大きさによっても制限される．フィーダは粉末成形プレスに取り付けられ，成形金型内に粉末を充填させる給粉装置であり，図 8・1・2-34 にその典型的な形状例を，表 8・1・2-6 に加圧能力別粉末成形プレスのフィーダの一般的な大きさを示す．また品質上，圧粉体の大きさに対して若干寸法余裕のあるフィーダを使用することが望ましいと一般的にいわれており，留意したい．

蛇足になるが敢えて述べると，金型への粉末充填は最重要基盤技術の 1 つである．これからの焼結機械部品生産速度の改革，型出し寸法精度の向上，ひいては市場におけるコスト競争力強化のカギを握るからである．過去の考えのみに囚われない，新しい充填手法の出現が期待される．

e. 粉末冶金法に適した形状

製品の形状設計にあたっては，粉末冶金の製造工程，特に成形技術から見たいくつかの制限があることを考慮しなければならない．以下，これらについて述べる．

①金型からの抜出しを可能にする設計

粉末を上下方向から加圧して，そのままの形で型の外に上下方向に抜き出すわけだから，加圧方向に直角な面における複雑な形状や凹凸部の成形は通常できない．これらの形状が必要な場合は，まず抜き出し可能な形状で成形し，焼結後に機械加工を追加することになる．図8・1・2-35にこれらの代表設計例（好ましくない，好ましい）を示す．

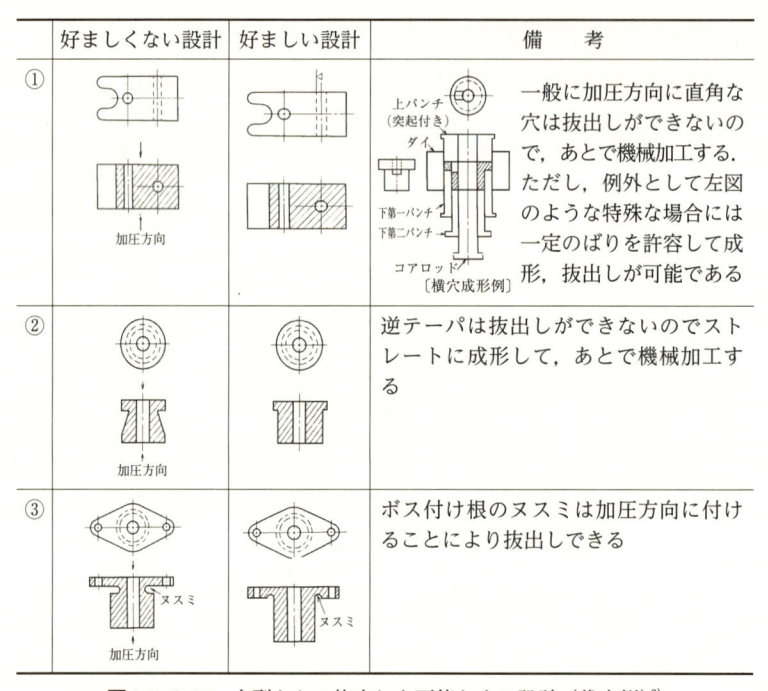

	好ましくない設計	好ましい設計	備考
①			一般に加圧方向に直角な穴は抜出しができないので，あとで機械加工する．ただし，例外として左図のような特殊な場合には一定のばりを許容して成形，抜出しが可能である
②			逆テーパは抜出しができないのでストレートに成形して，あとで機械加工する
③			ボス付け根のヌスミは加圧方向に付けることにより抜出しできる

図8・1・2-35 金型からの抜出しを可能とする設計（代表例）[2]

②粉末の充填を容易にする設計

金型の狭い部分や深い部分には，粉末の充填が十分にできない．したがってあまり狭くて深くなる金型形状になると，圧粉体個体内に低密度部ができ，機械的性質の低下や焼結体変形の誘因となるので注意を要する．図8・1・2-36にこれらの代表例を示す．

③丈夫な金型を得る設計

加圧力が300～700 MPaというと，型材にとってはかなりの高圧を繰り返し受けることになる．したがって，型の摩耗や損傷についても配慮すべきで，深い切り込み，鋭角，肉の偏った形状等はなるべく避けたい．このような配慮は金型の寿命を長くし，コストアップの防止につながるようになる．図8・1・2-37にこれらの代表例を示す．

④均一な密度を得る設計およびその他

加圧方向に段数の多いもの，しかもその段差の大きいものを均一な密度に成形するには，複雑，高価な特別な金型が必要になる．適宜，焼結後の機械加工に任せた方が経済的なこともある．図8・1・2-38にこれらの代表例を示す．

8・1 設計基準

	好ましくない設計	好ましい設計	備　考
①	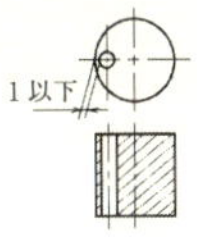 1以下	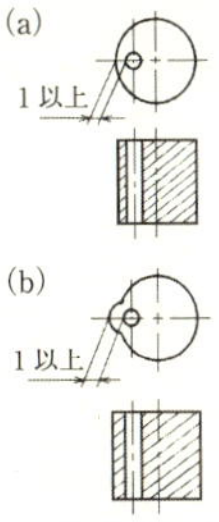 (a) 1以上 (b) 1以上	穴と外周部との肉厚が小さいと粉末が入りにくく好ましくない
②		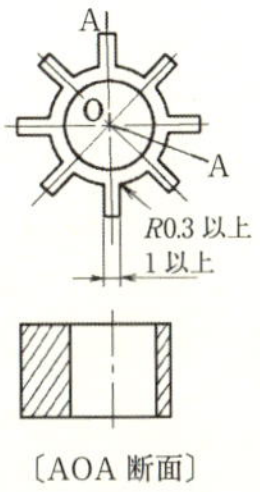 R0.3以上 1以上 〔AOA断面〕	スプライン形状は1以上の肉厚を確保することが好ましい

図・1・2-36 粉末の充填を容易にする設計（代表例）[2]

	好ましくない設計	好ましい設計	備　考
①		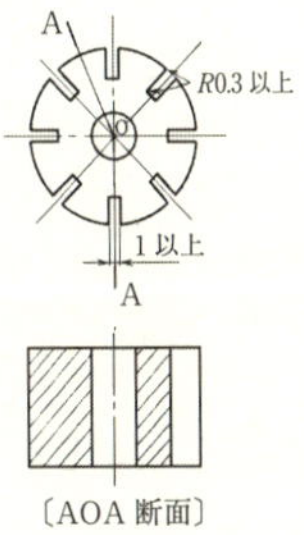 R0.3以上 1以上 〔AOA断面〕	細い深い切り込みは，1以上の肉厚を確保すると共に丸みを付け，金型の強度を向上させる
②		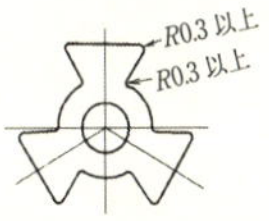 R0.3以上 R0.3以上	角が鋭角になっている形状は，金型が破損しやすいので，R0.3程度の丸みを付けることが望ましい

図8・1・2-37 丈夫な金型を作る設計（代表例）[2]

⑤寸法の制限

　形状と寸法は成形工程で決まる．最大寸法はすでに述べたとおり設備能力で，最小寸法は金型寿命や作業性等により制限される．現在では，最小のものは直径1.2 mm，高さ0.5 mm，また最大のものは直径で290 mm，高さで90 mm，重さで4700 gくらいである．

f. 寸法精度

①金属焼結品普通許容差

　焼結機械部品は量産性，機械加工の省略や，材料の節減等による経済性（コストダウン）等を特徴にしているが，寸法精度はそのうちでも重要な要素である．

　焼結機械部品の型出し寸法精度において，粉末成形時の圧縮方向（高さ）は，それに直角な方向，すなわ

第8章 焼結機械部品の設計

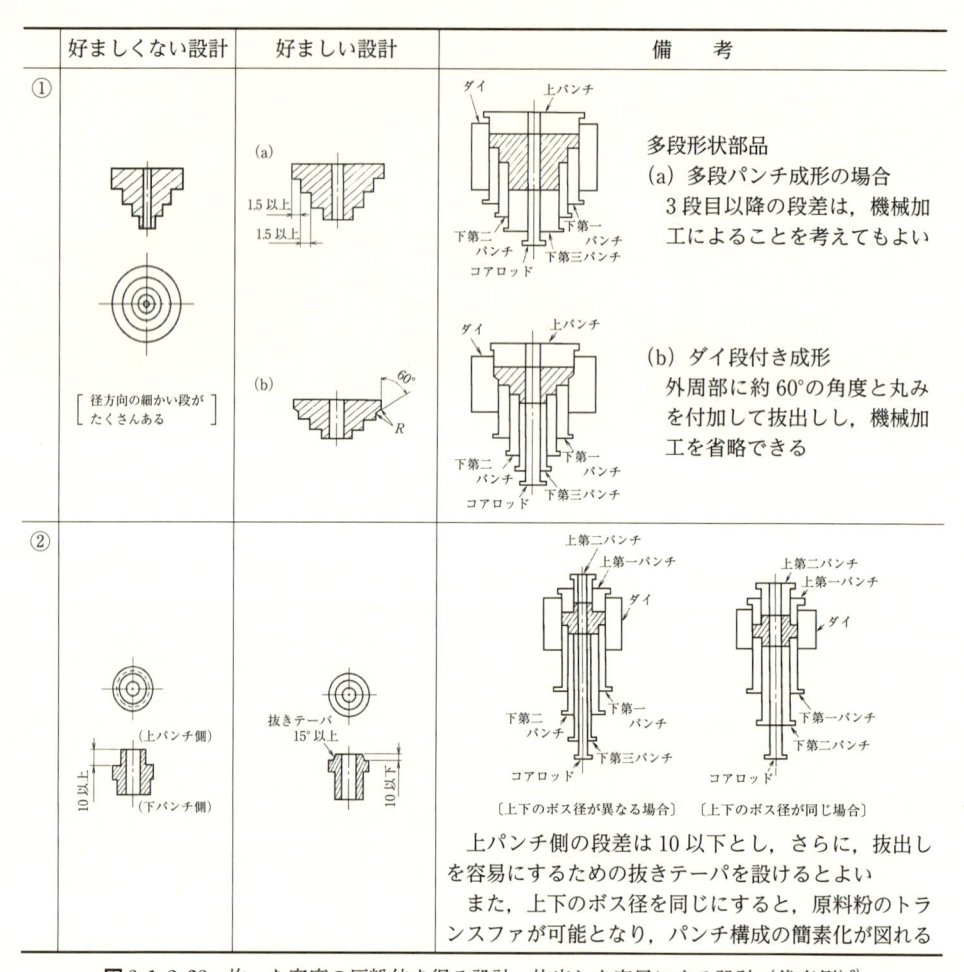

	好ましくない設計	好ましい設計	備　考
①	[径方向の細かい段がたくさんある]	(a) 1.5以上 1.5以上 (b) 60° R	多段形状部品 (a) 多段パンチ成形の場合 　3段目以降の段差は，機械加工によることを考えてもよい (b) ダイ段付き成形 　外周部に約60°の角度と丸みを付加して抜出しし，機械加工を省略できる
②	(上パンチ側) 10以上 (下パンチ側)	抜きテーパ15°以上 10以下	〔上下のボス径が異なる場合〕　〔上下のボス径が同じ場合〕 上パンチ側の段差は10以下とし，さらに，抜出しを容易にするための抜きテーパを設けるとよい また，上下のボス径を同じにすると，原料粉のトランスファが可能となり，パンチ構成の簡素化が図れる

図8・1・2-38　均一な密度の圧粉体を得る設計・抜出しを容易にする設計（代表例）[2]

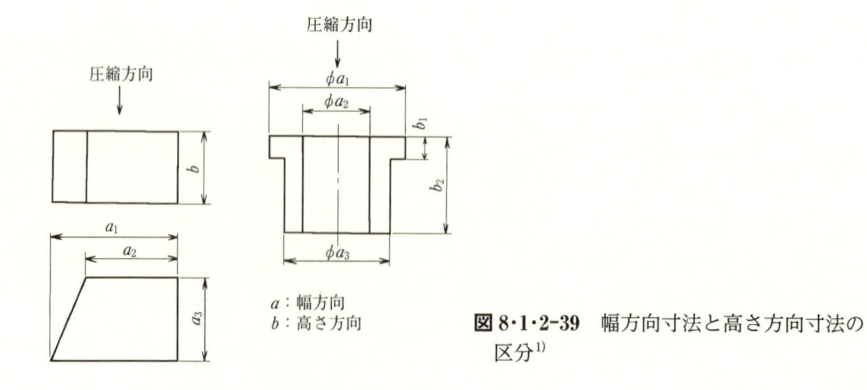

図8・1・2-39　幅方向寸法と高さ方向寸法の区分[1]

a：幅方向　b：高さ方向

ち金型で決まる方向（幅）よりもかなり劣る．これは，図8・1・2-39で示す幅方向は金型で規制されるが，高さ方向は主として粉末充填量のばらつき，またパンチの作動やプレス自体の精度等の要因が付加されるためである．

焼結機械部品の寸法精度については，表8・1・2-7に示すJIS B 0411に「金属焼結品普通許容差」として

8・1 設計基準

表 8・1・2-7 金属焼結品普通許容差(JIS B 0411)[1] (単位：mm)

幅方向 等級 寸法の区分	精級	中級	並級	高さ方向 等級 寸法の区分	精級	中級	並級
6 以下	±0.05	±0.1	±0.2	6 以下	±0.1	±0.2	±0.6
6 を超え 30 以下	±0.1	±0.2	±0.5	6 を超え 30 以下	±0.2	±0.5	±1
30 を超え 120 以下	±0.15	±0.3	±0.8	30 を超え 120 以下	±0.3	±0.8	±1.8
120 を超え 315 以下	±0.2	±0.5	±1.2				

表 8・1・2-8 削り加工寸法の普通許容差(JIS B 0405)[1] (単位：mm)

寸法の区分 等級	精級 (12 級)	中級 (14 級)	粗級 (16 級)
0.5 以上 3 以下	±0.05	±0.1	—
3 を超え 6 以下			±0.2
6 を超え 30 以下	±0.1	±0.2	±0.5
30 を超え 120 以下	±0.15	±0.3	±0.8
120 を超え 315 以下	±0.2	±0.5	
315 を超え 1000 以下	±0.3	±0.8	±2
1000 を超え 2000 以下	±0.5	±1.2	±3

規定されており，前述の「幅方向」と「高さ方向」に対して，それぞれ精級，中級，並級の3等級に区分されているが，これは，削り加工（JIS B 0405, 表8・1・2-8）に匹敵する精密加工法であるといえる．しかしながらJIS B 0411に規定されている寸法精度は，現在工業的に製造されている焼結機械部品の実力レベルを表すものとはいいがたく，設計に利用するうえで必ずしも実用的ではない．すなわち近年は，プレス精度，金型精度，粉末品位，製造技術等が向上しており，もっと寸法精度の高いものが作られるようになっている．

そこで焼結部品製造各社へのアンケートを元に実用的な寸法精度に整理したので，以下にそれらについて述べ，設計上の参考に供したい．

②実態寸法精度

焼結機械部品の寸法精度に影響を及ぼす因子としては，原料粉の種類と性状，配合組成，金型部品の工作精度および寿命，プレス機械の作動方式と作動精度，成形条件，焼結条件，後処理の種類，製品形状等，非常に多くあり，計算で簡単に求めることは困難である．そこで一例として，焼結機械部品用材料として工業的に使用量の多いFe-Cu-C系材，およびFe-C系材につき金型で仕上げる場合の標準的な精度レベルを表8・1・2-9〜表8・1・2-20に示した．また，各精度は金型寿命や焼結方法，製品形状等によって異なるので，代表値で表すことが難しく，それぞれの範囲で示した．

対象とした材料は，密度 $6.6〜6.8\,g/cm^3$ の Fe-1.5〜2.0Cu-0.5〜0.8C 材，および Fe-0.5〜0.6C 材であり，焼結体（焼放し），焼結後に一般的な後処理であるスチーム処理や焼入れ処理をほどこした場合，および焼結後にサイジングによる寸法矯正をした場合，について示した．また基準手法として外径，内径および高さをそれぞれ3段階に区分し，対応するプレス機械の容量（トン数）も併せて示した．

ⅰ) 表8・1・2-9, 表8・1・2-10は焼結後，および焼結後にスチーム処理，焼入れ処理を行った場合の外径，高さ，内径の精度を，ばらつき幅（以下同じ）で示したものである．

焼結後の幅方向（外径，内径）の精度は，JIS B 0411に規定されている普通許容差の精級以上である．ま

表 8・1・2-9 外径，内径および高さの精度[1]（化学成分：Fe-1.5〜2Cu-0.5〜0.8C　密度：6.6〜6.8 g/cm³）（単位：mm）

プレス容量(kN)	400(約 40 t)			2000(約 200 t)			5000(約 500 t)		
区分	焼結後	スチーム処理後	焼入れ処理後	焼結後	スチーム処理後	焼入れ処理後	焼結後	スチーム処理後	焼入れ処理後
外径	20〜30			50〜80			100〜150		
精度	0.06〜0.12	0.07〜0.13	0.10〜0.18	0.09〜0.24	0.10〜0.24	0.14〜0.33	0.15〜0.40	0.18〜0.45	0.25〜0.55
高さ 10 以下	0.10〜0.25	0.12〜0.32	0.14〜0.35	0.10〜0.40	0.10〜0.40	0.14〜0.45	0.20〜0.40	0.22〜0.42	0.24〜0.45
20 以下	0.10〜0.30	0.15〜0.35	0.14〜0.35	0.10〜0.35	0.10〜0.40	0.15〜0.46	0.20〜0.40	0.22〜0.42	0.25〜0.46
30 以下	0.15〜0.40	0.20〜0.42	0.20〜0.45	0.20〜0.45	0.15〜0.50	0.20〜0.56	0.25〜0.56	0.27〜0.62	0.30〜0.66
内径	5〜15			10〜30			20〜50		
精度	0.04〜0.08	0.05〜0.08	0.07〜0.12	0.07〜0.12	0.06〜0.12	0.08〜0.18	0.08〜0.20	0.09〜0.22	0.14〜0.28

注）焼結後にスチーム処理，焼入れ処理を行ったもの

表 8・1・2-10 外径，内径および高さの精度[1]（化学成分：Fe-0.5〜0.6C　密度：6.6〜6.8 g/cm³）（単位：mm）

プレス容量(kN)	400(約 40 t)			2000(約 200 t)			5000(約 500 t)		
区分	焼結後	スチーム処理後	焼入れ処理後	焼結後	スチーム処理後	焼入れ処理後	焼結後	スチーム処理後	焼入れ処理後
外径	20〜30			50〜80			100〜150		
精度	0.05〜0.10	0.06〜0.11	0.08〜0.15	0.08〜0.20	0.10〜0.22	0.12〜0.30	0.12〜0.35	0.15〜0.42	0.20〜0.50
高さ 10 以下	0.10〜0.30	0.10〜0.32	0.14〜0.35	0.10〜0.40	0.11〜0.42	0.14〜0.45	0.20〜0.40	0.22〜0.42	0.24〜0.45
20 以下	0.10〜0.30	0.10〜0.32	0.14〜0.35	0.10〜0.40	0.11〜0.42	0.15〜0.46	0.20〜0.40	0.22〜0.42	0.25〜0.46
30 以下	0.10〜0.40	0.15〜0.42	0.20〜0.45	0.15〜0.50	0.16〜0.52	0.20〜0.56	0.25〜0.60	0.27〜0.62	0.30〜0.66
内径	5〜15			10〜30			20〜50		
精度	0.04〜0.07	0.05〜0.08	0.06〜0.10	0.05〜0.10	0.06〜0.11	0.08〜0.16	0.06〜0.16	0.08〜0.18	0.12〜0.25

注）焼結後にスチーム処理，焼入れ処理を行ったもの

表 8・1・2-11 外径，内径および高さの精度[1]（化学成分：Fe-1.5〜2Cu-0.5〜0.8C　密度：6.6〜6.8 g/cm³）（単位：mm）

プレス容量(kN)	400(約 40 t)				2000(約 200 t)				5000(約 500 t)			
区分	焼結後	サイジング後	スチーム処理後	焼入れ処理後	焼結後	サイジング後	スチーム処理後	焼入れ処理後	焼結後	サイジング後	スチーム処理後	焼入れ処理後
外径	20〜30				50〜80				100〜150			
精度	0.06〜0.12	0.03〜0.06	0.04〜0.07	0.06〜0.12	0.09〜0.29	0.05〜0.10	0.05〜0.12	0.10〜0.20	0.12〜0.35	0.06〜0.14	0.07〜0.16	0.15〜0.30
高さ 10 以下	0.10〜0.30	0.06〜0.30	0.06〜0.30	0.10〜0.30	0.10〜0.40	0.06〜0.40	0.06〜0.40	0.10〜0.40	0.20〜0.40	0.15〜0.40	0.16〜0.40	0.20〜0.40
20 以下	0.10〜0.30	0.06〜0.30	0.06〜0.30	0.10〜0.30	0.10〜0.40	0.06〜0.40	0.10〜0.40	0.10〜0.40	0.20〜0.40	0.15〜0.40	0.16〜0.40	0.20〜0.40
30 以下	0.15〜0.40	0.10〜0.40	0.10〜0.40	0.15〜0.40	0.15〜0.50	0.10〜0.50	0.12〜0.50	0.14〜0.50	0.25〜0.60	0.20〜0.60	0.20〜0.60	0.24〜0.60
内径	5〜15				10〜30				20〜50			
精度	0.04〜0.08	0.02〜0.03	0.03〜0.05	0.04〜0.10	0.06〜0.12	0.03〜0.07	0.04〜0.08	0.07〜0.12	0.08〜0.20	0.04〜0.10	0.05〜0.12	0.08

注）焼結後にサイジングし，さらにスチーム処理，焼入れ処理を行ったもの

8・1 設計基準

表8・1・2-12 外径,内径および高さの精度[1](化学成分：Fe-0.5～0.6C　密度：6.6～6.8 g/cm³)(単位：mm)

プレス容量(kN)	400(約40 t)				2000(約200 t)				5000(約500 t)			
区　分	焼結後	サイジング後	スチーム処理後	焼入れ処理後	焼結後	サイジング後	スチーム処理後	焼入れ処理後	焼結後	サイジング後	スチーム処理後	焼入れ処理後
外　径	20～30				50～80				100～150			
精度	0.05～0.10	0.02～0.05	0.03～0.06	0.06～0.10	0.08～0.20	0.04～0.08	0.05～0.10	0.10～0.20	0.12～0.35	0.06～0.14	0.07～0.16	0.15～0.30
高さ 10以下	0.10～0.30	0.06～0.30	0.06～0.30	0.10～0.30	0.10～0.40	0.06～0.40	0.06～0.40	0.10～0.40	0.20～0.40	0.15～0.40	0.16～0.40	0.20～0.40
20以下	0.10～0.30	0.06～0.30	0.06～0.30	0.10～0.30	0.10～0.40	0.06～0.40	0.10～0.40	0.10～0.40	0.20～0.40	0.15～0.40	0.16～0.40	0.20～0.40
30以下	0.15～0.40	0.10～0.40	0.10～0.40	0.15～0.40	0.15～0.50	0.10～0.50	0.12～0.50	0.14～0.50	0.25～0.60	0.20～0.60	0.20～0.60	0.24～0.60
内　径	5～15				10～30				20～50			
精度	0.035～0.06	0.015～0.02	0.02～0.03	0.04～0.08	0.05～0.10	0.02～0.05	0.03～0.07	0.06～0.10	0.06～0.16	0.03～0.08	0.04～0.10	0.08～0.15

注)焼結後にサイジングし,さらにスチーム処理,焼入れ処理を行ったもの

表8・1・2-13 振れおよび平行度[1](化学成分：Fe-1.5～2Cu-0.5～0.8C　密度：6.6～6.8 g/cm³)(単位：mm)

プレス容量(kN)	400(約40 t)			2000(約200 t)			5000(約500 t)		
区　分	焼結後	スチーム処理後	焼入れ処理後	焼結後	スチーム処理後	焼入れ処理後	焼結後	スチーム処理後	焼入れ処理後
外　径	20～30			50～80			100～150		
振　れ	0.04～0.08	0.04～0.08	0.06～0.12	0.08～0.12	0.08～0.12	0.10～0.18	0.12～0.17	0.12～0.17	0.16～0.22
平行度	0.03～0.10	0.03～0.10	0.05～0.12	0.05～0.15	0.05～0.15	0.08～0.18	0.08～0.20	0.08～0.20	0.14～0.25

注)焼結後にスチーム処理,焼入れ処理を行ったもの

表8・1・2-14 振れおよび平行度[1](化学成分：Fe-0.5～0.6C　密度：6.6～6.8 g/cm³)(単位：mm)

プレス容量(kN)	400(約40 t)			2000(約200 t)			5000(約500 t)		
区　分	焼結後	スチーム処理後	焼入れ処理後	焼結後	スチーム処理後	焼入れ処理後	焼結後	スチーム処理後	焼入れ処理後
外　径	20～30			50～80			100～150		
振　れ	0.04～0.08	0.04～0.08	0.06～0.12	0.08～0.12	0.08～0.12	0.10～0.16	0.12～0.15	0.12～0.15	0.16～0.20
平行度	0.03～0.10	0.03～0.10	0.05～0.12	0.05～0.15	0.05～0.15	0.08～0.16	0.08～0.20	0.08～0.20	0.14～0.23

注)焼結後にスチーム処理,焼入れ処理を行ったもの

表8・1・2-15 振れおよび平行度[1](化学成分：Fe-1.5～2Cu-0.5～0.8C　密度：6.6～6.8 g/cm³)(単位：mm)

プレス容量(kN)	400(約40 t)				2000(約200 t)				5000(約500 t)			
区　分	焼結後	サイジング後	スチーム処理後	焼入れ処理後	焼結後	サイジング後	スチーム処理後	焼入れ処理後	焼結後	サイジング後	スチーム処理後	焼入れ処理後
外　径	20～30				50～80				100～150			
振　れ	0.04～0.08	0.03～0.08	0.03～0.08	0.05～0.12	0.08～0.12	0.06～0.12	0.06～0.12	0.08～0.15	0.12～0.17	0.08～0.17	0.08～0.17	0.12～0.20
平行度	0.03～0.10	0.02～0.08	0.03～0.08	0.05～0.10	0.05～0.15	0.04～0.10	0.05～0.10	0.06～0.14	0.08～0.20	0.06～0.15	0.07～0.15	0.08～0.20

注)焼結後にサイジングし,さらにスチーム処理,焼入れ処理を行ったもの

表8·1·2-16 振れおよび平行度[1]（化学成分：Fe-0.5～0.6C　密度：6.6～6.8 g/cm³）（単位：mm）

プレス容量(kN)	400(約40 t)				2000(約200 t)				5000(約500 t)			
区分	焼結後	サイジング後	スチーム処理後	焼入れ処理後	焼結後	サイジング後	スチーム処理後	焼入れ処理後	焼結後	サイジング後	スチーム処理後	焼入れ処理後
外径	20～30				50～80				100～150			
振れ	0.04～0.08	0.03～0.07	0.03～0.07	0.05～0.10	0.08～0.12	0.06～0.10	0.06～0.10	0.08～0.13	0.12～0.15	0.08～0.15	0.08～0.15	0.12～0.18
平行度	0.03～0.10	0.02～0.08	0.03～0.08	0.05～0.10	0.05～0.15	0.04～0.10	0.05～0.10	0.06～0.12	0.08～0.20	0.06～0.15	0.07～0.15	0.08～0.18

注）焼結後にサイジングし，さらにスチーム処理，焼入れ処理を行ったもの

表8·1·2-17 歯車精度[1]（化学成分：Fe-1.5～2Cu-0.5～0.8C, Fe-0.5～0.6C　密度：6.6～6.8 g/cm³）

プレス容量(kN)	400(約40 t)			2000(約200 t)			5000(約500 t)		
区分	焼結後	スチーム処理後	焼入れ処理後	焼結後	スチーム処理後	焼入れ処理後	焼結後	スチーム処理後	焼入れ処理後
外径(mm)	20～30			50～80			100～150		
歯車精度(JIS級)	5～7	5～7	6～8	5～7	5～7	6～8	6～8	6～8	7～8

注）焼結後にスチーム処理，焼入れ処理を行ったもの

表8·1·2-18 歯車精度[1]（化学成分：Fe-1.5～2Cu-0.5～0.8C, Fe-0.5～0.6C　密度：6.6～6.8 g/cm³）

プレス容量(kN)	400(約40 t)				2000(約200 t)				5000(約500 t)			
区分	焼結後	サイジング後	スチーム処理後	焼入れ処理後	焼結後	サイジング後	スチーム処理後	焼入れ処理後	焼結後	サイジング後	スチーム処理後	焼入れ処理後
外径(mm)	20～30				50～80				100～150			
歯車精度(JIS級)	5～7	4～6	4～6	5～7	5～7	4～6	4～6	5～8	6～8	5～7	5～7	6～8

注）焼結後にサイジングし，さらにスチーム処理，焼入れ処理を行ったもの

表8·1·2-19 表面あらさ（最大高さ）[1]（化学成分：Fe-1.5～2Cu-0.5～0.8C, Fe-0.5～0.6C　密度：6.6～6.8 g/cm³）

プレス容量(kN)	400(約40 t)			2000(約200 t)			5000(約500 t)		
区分	焼結後	スチーム処理後	焼入れ処理後	焼結後	スチーム処理後	焼入れ処理後	焼結後	スチーム処理後	焼入れ処理後
外径(mm)	20～30			50～80			100～150		
表面あらさ(μm)	8～12.5	10～12.5	8～12.5	8～12.5	10～12.5	8～12.5	8～12.5	10～12.5	8～12.5

注）焼結後にスチーム処理，焼入れ処理を行ったもの

表8·1·2-20 表面あらさ（最大高さ）[1]（化学成分：Fe-1.5～2Cu-0.5～0.8C, Fe-0.5～0.6C　密度：6.6～6.8 g/cm³）

プレス容量(kN)	400(約40 t)				2000(約200 t)				5000(約500 t)			
区分	焼結後	サイジング後	スチーム処理後	焼入れ処理後	焼結後	サイジング後	スチーム処理後	焼入れ処理後	焼結後	サイジング後	スチーム処理後	焼入れ処理後
外径(mm)	20～30				50～80				100～150			
表面あらさ(μm)	8～12.5	3～8	6～10	5～10	8～12.5	3～8	6～10	5～10	8～12.5	3～8	6～10	5～10

注）焼結後にサイジングし，さらにスチーム処理，焼入れ処理を行ったもの

8·1 設計基準

た高さ方向の精度は普通許容差の中級以上である．焼結後スチーム処理を行った場合の精度低下はきわめて少なく，幅方向，高さ方向ともほぼ焼結体の精度が維持される．一方，焼入れ処理を行った場合は若干低下する．

焼結後の寸法精度で使用上不十分なときは，サイジングすなわち焼結体を金型に入れて再圧縮し寸法の矯正を行う．表 8·1·2-11，表 8·1·2-12 は焼結後にサイジングを行った場合，およびサイジング後さらにスチーム処理や焼入れ処理を行った場合の外径，高さ，内径の精度を示す．サイジングを行うことにより，外径，内径の精度は著しく向上するが，さらにスチーム処理をほどこすと若干精度が低下し，焼入れ処理後は焼結体と同レベルの精度になる．

ⅱ) 表 8·1·2-13～表 8·1·2-16 には，振れ，平行度の精度について示した．振れの測定は，ゆるいテーパをつけたスピンドルを内径に装入して製品を固定し，スピンドル両端のセンターを支えて製品を回転させ，製品の外径に当てたダイヤルゲージの読みの最大値と最小値を読み取り，これらの差として表記され，外径の真円度も含む．また平行度は通常，定盤上に製品を置いてダイヤルゲージ等で高さを測定するか，マイクロメータで高さを測定し，製品 1 個内の最大値と最小値の差を読み取るという簡便な方法で測定されている．

後処理による振れと平行度の変化は，外径および内径の場合とほぼ同様な傾向である．しかし高さの場合と同様にサイジングによる向上は多くない．これは振れと平行度が，金型内に充填される粉末量の部分的な偏りやばらつき，ダイ・パンチ・コアロッド等金型部品間のクリアランスの片寄り，ツールホルダやプレス機械の作動精度等を要因として発生する偏肉であり，サイジングでの矯正効果はあまり期待できない．すなわち，ほとんど成形工程で決まる精度であるといえる．

ⅲ) 表 8·1·2-17，表 8·1·2-18 には焼結機械部品の代表的製品である歯車の精度を示す．歯車精度は，万能歯車試験機を用いて正しい歯面との差を読み取り，JIS B 1702-1「円筒歯車―精度等級 第 1 部：歯車の歯面に関する誤差の定義及び許容値」に規定された許容誤差と比較して等級を決定する方法，または実用的な方法として，両歯面かみ合い試験機により製品とマスターギヤをかみ合わせて，中心距離の変動から 1 ピッチかみ合い誤差と全かみ合い誤差を読み取り，JIS B 1702-2「円筒歯車―精度等級 第 2 部：両歯面かみ合い誤差および歯溝の振れの定義並びに精度許容値」に規定された許容誤差と比較して等級を決定する方法が，通常用いられる．

歯車精度も，後処理およびサイジングによる精度変化の傾向は外径，内径の場合と同様であり，条件によっては 4 級程度まで可能である．また焼入れ処理による精度低下を極力おさえる方法として，歯部の高周波焼入れが効果的である．

ⅳ) 表 8·1·2-19，表 8·1·2-20 には表面あらさを最大高さ（μm）で示す．焼結機械部品の表面あらさ評価については，「相対負荷曲線」を用いた R_k と R_{pk} による手法が 2009 年現在 ISO 規格化の作業進行中である．ここでは便宜的かつ分かりやすさを趣旨に，最大高さ（μm）で示した．

焼結材料の表面あらさ測定は，触針式の粗さ計で測定した場合，表面に散在している焼結材料特有の気孔も一緒に測定することになり，実際の粗さよりも大きく出るので，この影響を除いて評価することが必要である．表面あらさはスチーム処理，焼入れ処理を行っても，焼結後と大きな変化はない．

一方，十分表面仕上げされた金型でサイジングを行うと，表面あらさは向上する．理想的には金型の内壁面および加圧面の表面あらさどおりに仕上げることができるが，実製造においては摩耗による金型面あらさの低下等によりいくらか低下し，またスチーム処理，焼入れ処理等により若干低下する．また焼結部品の場合，側面すなわち金型の内壁面により形成される面を圧縮方向に直角に測定した場合の表面あらさ（図 8·1·2-40 の A 方向）は，圧縮方向に平行に測定した場合（B 方向）や，端面すなわちパンチ面により形成さ

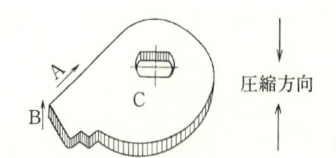

図8・1・2-40　圧縮方向と表面あらさ測定場所の関係[1]

れる面（C面）に比較して若干低下するが，これも金型の摩耗によるものである．なお，適切な砥石を選定してバレル処理を行うと，表面あらさの若干の向上が可能である．

　iv）上掲各寸法のうち，外径，内径，振れ，平行度についてはFe-C系材の方が若干精度が高い結果になっているが，高さ，歯車精度，表面あらさにおいては材質の差はほとんど生じない．また以上で述べた各寸法精度は焼結部品の現状の標準的なレベルを示したものであり，製品形状，プレス機械の種類や精度，金型内への原料粉末の充填法等の製造条件等によってはさらに高い精度が可能な場合もあり，逆に若干低下せざるを得ない場合も生じる．

　設計段階において，精度の向上および維持のための十分な仕様検討が求められる．

③機械加工追加の検討

　焼結機械部品はかなり高い型出し寸法精度が得られるが，それでもなお所望の寸法精度が得られない場合には，切削，研削等の機械加工を追加することになる．しかしながら機械加工を追加したり，金型で仕上げられる範囲ではあってもその高精度維持のために短期間で金型を交換せざるを得なくなったり等すると，焼結機械部品の"経済性"のメリットが著しく損なわれる．

　したがって，必要以上に高い精度を求めることは得策ではないことをよく念頭に置き，部品の機能を十分考慮し，ユーザ側とよく検討を行ったうえで，できるだけ機械加工をしないですむようにしていくことが焼結部品設計者の本来目指す姿であろう．

8・1・3　金型設計方法

　金型の製作には，多大な費用と期間が必要である．焼結部品の受注から製品化までの期間の短縮，品質の確保，金型寿命向上や金型製作コストの低減等をはかるうえで，十分な事前検討が求められる．金型設計値の決定，金型材料の選定，金型の熱処理や表面処理の方法，あるいはプレス機械やツールホルダに合わせた金型の構造等，成形や再圧縮に使用される金型の詳細設計は，各メーカの永年にわたる経験や技術の蓄積に基づく独自性の高い分野である．

　ここでは，金型設計上の基本的な項目として，金型寸法の決め方，金型の変形，金型材料の選定等について述べる．

（1）　金型寸法の決め方

　図8・1・3-1に示すような製品が，成形，焼結，再圧縮（サイジング）の工程を経て作られる場合を例にあげ，金型寸法を決める手順を示す．

　図8・1・3-2～図8・1・3-4に成形，焼結，サイジング工程での寸法変化のイメージを破線で示した．径方向の寸法A，B，Cは，成形とサイジングでのスプリングバックや焼結工程での寸法変化（ディメンショナルチェンジ）等により，一般的に金型寸法と同一とならない．また，高さ方向の寸法D，E，Fには，焼結工程での寸法変化やサイジングでの圧縮による寸法変化が生じる．

　成形工程のスプリングバックは，金型内充填粉末を上下パンチにより300～800 MPaで加圧するときに生じる内圧でダイや下第一パンチが径方向にひずむ量と，成形された圧粉体内部にもつ圧縮応力が金型から抜

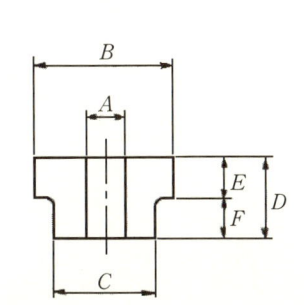

図 8·1·3-1 フランジ形状製品例[1] 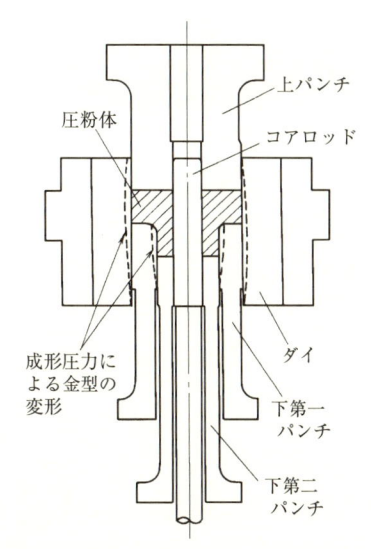　　**図 8·1·3-2** 成形圧力による金型の変形[1]

出される際に開放されて生じる径方向への膨張量を合わせたものになる．

　ダイの変形ひずみ量は，材質，構造，粉末の圧縮特性，圧粉体の密度や形状等による影響を受ける．ダイに過大な応力が掛かって破損するのを防ぐため，成形用ダイは焼ばめ構造とする場合が多い．変形ひずみ量をより小さくおさえる必要がある場合には，合金工具鋼や高速度鋼よりもヤング率の大きい超硬材料を使用する．超硬材料は耐摩耗性も優れており，大量生産用に，また，かじりが発生しやすい製品用の金型に使用される例が多い．

　下第一パンチにより成形される図 8·1·3-1 の C 部は，ダイにより成形される B 部より大きなスプリングバックが生じる．これは，ダイと下第一パンチの間に適当なクリアランスを設けてあるためであり，成形の際に押し広げられた下第一パンチをダイがバックアップする形になる．パンチは形状的な制約があるため，ダイのように剛性を高めることができない．過大なクリアランスを設けるとパンチが内圧に負けて破損しやすくなる．一般的には，径寸法の 0.03〜0.10 % 程度である．

　内径 A はコアロッドにより成形される．理論的には成形圧力を受けて細くなるわけであるが，実用上は特に考慮しなくとも問題はない．

　焼結工程の寸法変化は，成形金型寸法または圧粉体寸法を基準にして，焼結体寸法との差の比率で表すのが一般的である．圧粉体を焼結すると膨張や収縮が起きる．焼結寸法変化に影響を与える要因には，材質，密度，焼結温度や雰囲気等の焼結条件があるが，特に材質によって変化の傾向が変わる．Fe-Cu 系や Fe-Cu-C 系は膨張傾向，Fe-Ni 系や Fe-Ni-C 系は収縮傾向にあり，Fe-C 系や Fe-Cu-Ni-C 系等は変化率の小さい材質である．

　同一材質の場合は，密度が低くなると収縮が大きく（膨張が小さく）なり，焼結温度が高くなると収縮が大きくなる傾向がある．また，通常，焼結は 1100〜1200 ℃の高温で行われるため，焼結体にはひずみが生じやすくなる．特に，薄肉や複雑形状，あるいは高さ方向に段差があって圧粉体の密度分布が不均一なもの等は，ひずみが大きくなりやすいので注意が必要である．

　焼結体のひずみやばらつきを矯正し，製品の寸法精度を向上させたい場合は，再圧縮（サイジング）を行う．再圧縮による寸法変化は，径方向と高さ方向とに分けられる．径方向は，成形におけるスプリングバッ

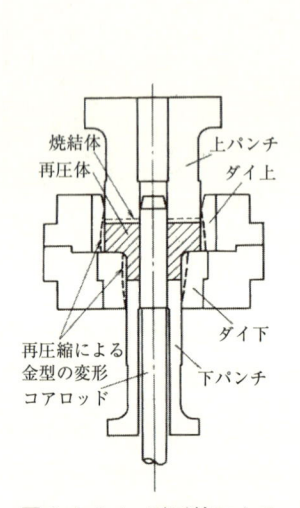

図 8・1・3-3 焼結体寸法変化[1]

図 8・1・3-4 再圧縮による高さ方向の寸法変化と金型の変形[1]

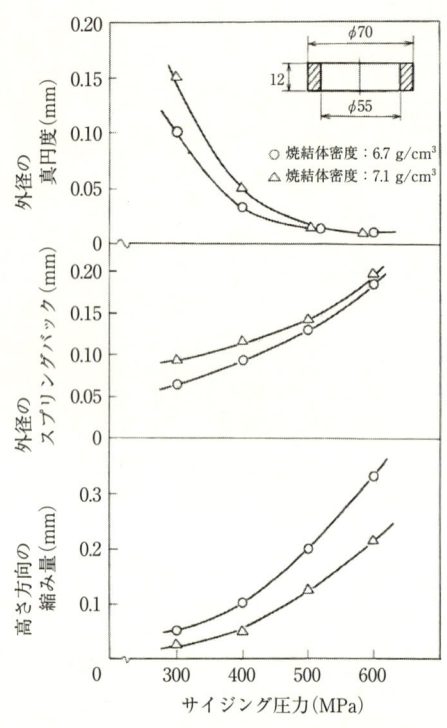

図 8・1・3-5 再圧縮と高さ方向の縮み量，外径スプリングバック，外径の真円度の関係[1]

クと同様に考えればよい．高さ方向はワークにかかる圧力によって変化する．また，径方向の変化量と高さ方向の変化量の間には相関関係がある．図 8・1・3-5 に単純なリング状の焼結体を 300〜600 MPa の圧力で再圧縮したときの，高さ方向の縮み量と外径スプリングバックおよび外径真円度の関係の例を示した．このように，焼結体のひずみを矯正するために必要な圧力を与えるときの高さ方向の変形量を知ることは，焼結体や再圧体の寸法を決めるうえで重要である．再圧縮でのスプリングバックは，成形の場合と同様に考えてよい．圧力を上げればスプリングバックは大きくなる．

サイジングには，焼結体寸法とサイジング用金型寸法の関係から，大別して 3 種類の方式がある．

a. ポジティブサイジング

焼結体外径よりダイを小さくし，内径よりコアロッドをより大きく設計する方式である．これは比較的低密度の焼結体を，小さな加圧力のプレスを用いて寸法精度や表面粗さを改善する場合に採用される．ダイやコアロッドの摩耗が速いことや，潤滑が悪いと金型がカジリやすい等の欠点もある．このときのしごき代は，径寸法の 0.05〜0.1 % 程度である．

応用としては，内外径のどちらかが複雑形状で，焼結体と金型とのマッチングがとりにくい場合に，精度上必要な部分だけをしごく場合等にも適用される．この場合には 0.2〜0.5 % 程度と，しごき代を大きくとる場合が多い．

b. ネガティブサイジング

焼結体外径よりダイが大きく，内径よりコアロッドをより小さく設計する方式である．焼結体を金型内に入れ，上下パンチにより加圧し，金型に密着させる方式である．金型にかかる負担も小さく，寿命の面で有

表 8·1·3-1 金型寸法計算例（Fe-Cu-C 系）[1]

項目	設計条件		
材質	Fe-2Cu-0.6C		
圧粉体密度	6.6 g/cm³		
サイジング方法	焼結体寸法とサイジング体寸法を同一に設計する方法		
寸法変化率(%)＼部位	寸法変化の内容（%）		
	成形 S/B	焼結 D/C	サイジング S/B
A	+0.05	+0.2（+0.1～+0.3）	+0.05
B	+0.10	+0.2（+0.1～+0.3）	+0.10
C	+0.15	+0.2（+0.1～+0.3）	+0.10

S/B：スプリングバック．金型寸法に対する抜出後の寸法変化量の比率
D/C：ディメンショナルチェンジ．圧粉体寸法に対する焼結による寸法変化量の比率

部位	工程	再圧体	サイジング金型	焼結体	圧粉体	成形金型
A	寸法	φ10	φ9.995	φ9.995	φ9.975	φ9.970
	計算式	10/(1+0.0005)	=	9.995/(1+0.002)		9.975/(1+0.0005)
B	寸法	φ40	φ39.960	φ39.960	φ39.880	φ39.840
	計算式	40/(1+0.0010)	=	39.960/(1+0.002)		39.880/(1+0.0010)
C	寸法	φ30	φ29.970	φ29.970	φ29.910	φ29.855
	計算式	30/(1+0.0010)	=	29.970/(1+0.002)		29.910/(1+0.0015)

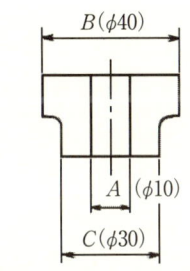

図 8·1·3-6 フランジ形状製品例[1]

利であるが，加圧能力の大きなプレスが必要となる．

c. 焼結体寸法と金型をほぼ同一に設計する方式

焼結体寸法と金型をほぼ同一に設計する最も一般的なサイジング方式である．焼結体には，寸法ばらつきや焼結ひずみがあるので，部分的に見れば前述した方式が混在していることになる．

金型寸法を決める手順は，次の順となる．

①サイジング金型寸法の決定
②サイジング方法に合わせた焼結体寸法の選定
③焼結寸法変化に合わせた圧粉体寸法の決定
④所要の圧粉体が得られる成形用金型寸法の決定

これらの手順を経て設計された金型が設計どおりの製品寸法を生み出すには，設計者が原料粉末の種類，材質，密度，金型材料，焼結条件等の様々な変化要因を定量的に正しく把握していることが必要である．

次に，具体的な数値を示して金型寸法の決め方を示す．いずれも図 8·1·3-6 の形状の製品（再圧体）を得る場合で，代表的な材料を用いた際の金型寸法の計算例を表 8·1·3-1～表 8·1·3-3 に示す．

（2） 金型の変形量の計算方法

図 8·1·3-7，図 8·1·3-8 に示す形状の圧粉体を成形するツールセットの概略を，図 8·1·3-9，図 8·1·3-10

表 8・1・3-2 金型寸法計算例（Fe-C 系）[1]

項目	設計条件		
材質	Fe-0.6C		
圧粉体密度	6.3 g/cm³		
サイジング方法	焼結体寸法とサイジング体寸法を同一に設計する方法		
寸法変化率(%) 部位	寸法変化の内容(%)		
	成形 S/B	焼結 D/C	サイジング S/B
A	+0.02	+0.05(0～+0.1)	+0.03
B	+0.05	+0.05(0～+0.1)	+0.05
C	+0.10	+0.05(0～+0.1)	+0.05

S/B：スプリングバック．金型寸法に対する抜出後の寸法変化量の比率
D/C：ディメンショナルチェンジ．圧粉体寸法に対する焼結による寸法変化量の比率

部位	工程	再圧体	サイジング金型	焼結体	圧粉体	成形金型
A	寸法	φ10	φ9.998	φ9.998	φ9.993	φ9.990
	計算式	10/(1+0.0002)	=	9.998/(1+0.0005)	9.993/(1+0.0003)	
B	寸法	φ40	φ39.980	φ39.980	φ39.960	φ39.940
	計算式	40/(1+0.0005)	=	39.980/(1+0.0005)	39.960/(1+0.0005)	
C	寸法	φ30	φ29.985	φ29.985	φ29.970	φ29.940
	計算式	30/(1+0.0005)	=	29.985/(1+0.0005)	29.970/(1+0.0010)	

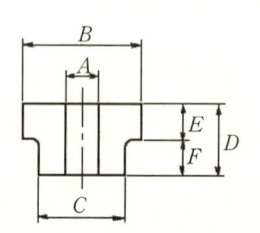

図 8・1・3-7 フランジ形状圧粉体例[1]

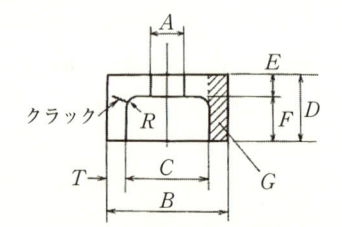

図 8・1・3-8 カップ形状圧粉体例[1]

に示した．図の左半分は原料粉末を金型内（キャビティ）に充填した状態，右半分は加圧完了時（最大加圧時）の状態を示している．原料粉末の充填高さ d, e, f は，成形される圧粉体寸法 D, E, F に応じて一定の充填比とする．充填比とは，充填された粉末の高さを圧粉体の高さで除した値で，一般的には，圧粉体の密度を充填状態の粉末の見掛密度で除した値となる．この状態から上パンチを下降させ，粉末を上下パンチで圧縮成形する．

　図 8・1・3-9，図 8・1・3-10 は，ウィズドロアル法による成形であるので，実際にはダイを引き下げることにより，下パンチ側からの加圧を行っている．加圧完了時点で，各パンチに最大の圧縮応力が生じる．金型構成上の制約から，下第一パンチと下第二パンチの長さが異なる．このため，同じ圧縮応力であっても，長

8・1 設計基準

表 8・1・3-3 金型寸法計算例（Fe-Ni-C 系）[1]

項目	設計条件
材質	Fe-2Ni-0.6C
圧粉体密度	7.0 g/cm³
サイジング方法	焼結体寸法とサイジング体寸法を同一に設計する方法

部位 \ 寸法変化率(%)	寸法変化の内容(%)		
	成形 S/B	焼結 D/C	サイジング S/B
A	+0.10	−0.2（−0.3〜−0.1）	+0.10
B	+0.20	−0.2（−0.3〜−0.1）	+0.15
C	+0.30	−0.2（−0.3〜−0.1）	+0.15

S/B：スプリングバック．金型寸法に対する抜出後の寸法変化量の比率
D/C：ディメンショナルチェンジ．圧粉体寸法に対する焼結による寸法変化量の比率

部位	工程	再圧体	サイジング金型	焼結体	圧粉体	成形金型
A	寸法	φ10	φ9.990	φ9.990	φ10.010	φ10.000
	計算式	10/(1+0.0010)	=	9.990/(1+0.0020)	10.010/(1+0.0010)	
B	寸法	φ40	φ39.940	φ39.940	φ40.020	φ39.940
	計算式	40/(1+0.0015)	=	39.940/(1−0.0020)	40.020/(1+0.0020)	
C	寸法	φ30	φ29.955	φ29.955	φ30.015	φ29.925
	計算式	30/(1+0.0015)	=	29.955/(1−0.0020)	30.015/(1+0.0030)	

さが大きい下第二パンチの弾性変形量が下第一パンチのそれより大きい．

　圧粉体寸法 F は，ベースプレートを基準として，加圧完了時点の下第二パンチ長さ L_2' と，下第一パンチ長さ L_1'，下第一パンチホルダの厚さ，スライディングブロックの厚さの和，との差で決められる．すなわち，この弾性変形量の差を金型設計上の寸法 L_1 および L_2 に反映しておく必要がある．

　パンチの断面形状は一様ではないが，実用上は，次式を用いて計算すればよい．

$$\Delta L = L \times \frac{P}{E} \qquad 式(8・1・3\text{-}1)$$

ここで，ΔL：パンチの弾性変化量 (mm)，L：パンチの長さ (mm)，P：成形圧力 (MPa)，E：ヤング率（合金鋼の場合，210,000 MPa）である．

　たとえば，下第一パンチの長さが 80 mm，下第二パンチの長さが 150 mm，加圧力 500 MPa で成形する場合，それぞれパンチの弾性変形量は，次式のとおりとなる．

$$\Delta L_1 = 80 \times (500/210{,}000) = 0.19 \text{(mm)}$$
$$\Delta L_2 = 150 \times (500/210{,}000) = 0.36 \text{(mm)}$$

両パンチの弾性変形量（縮み量）の差は，下第二パンチの方が 0.17 mm 大きい．したがって，この分だけ当初の設定値より下第一パンチまたは下第二パンチ長さを補正することにより，ねらった圧粉体の段差寸法 F が得られることになる．

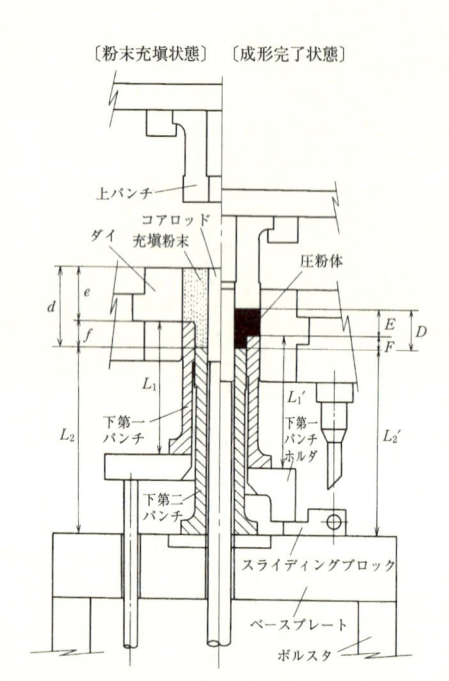

図 8・1・3-9 フランジ形状成形ツールセット例[1]

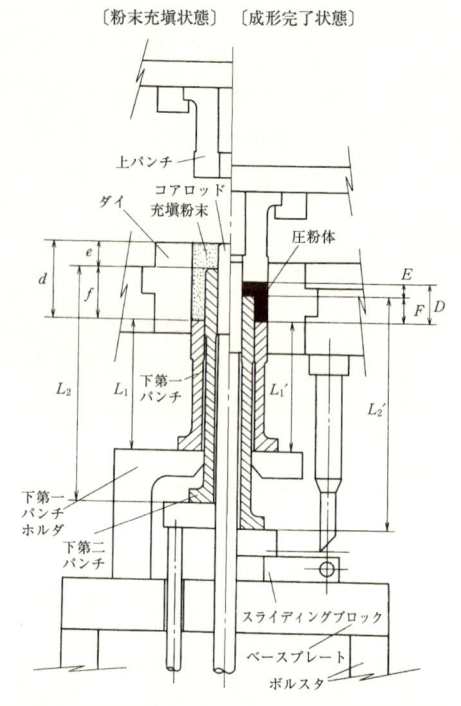

図 8・1・3-10 カップ形状成形ツールセット例[1]

この際，パンチの座屈についても検討し，型破損を防止する必要がある．ここではFEM構造解析などの手法を用い，より正確なパンチたわみ，金型変形のシミュレーションも可能である．

成形が完了し上パンチが上昇すると，パンチへの圧縮荷重が開放され，それぞれのパンチはもとの寸法に戻ることになる．すると下第一パンチと下第二パンチの圧縮ひずみの差だけ，圧粉体と下第一パンチの間に隙間を生じる．この状態から，さらにダイが下降して型から圧粉体が抜き出されるが，このとき圧粉体に加わる力は，下第二パンチによる抜出力，ダイおよびコアロッドと圧粉体との間の摩擦力である．

【クラックとその防止策】

薄肉や複雑な圧粉体形状で圧粉体強度が低い場合や，パンチ間のひずみの差が大きい場合等には，圧粉体にクラックを生じることがある．たとえば図 8・1・3-8 のような圧粉体を成形するときには，図中に示したようなクラックが生じやすい．これは，上パンチが上昇してそれぞれの圧縮応力が開放されるとき，下第二パンチのひずみが下第一パンチより大きいために生じる．このとき，相対的には，外径 B はダイとの摩擦により押えられ，下第二パンチと下第一パンチのひずみ量の差だけ下第二パンチ部だけが突き上げられることにより生じると考えられる．

このような成形欠陥を防止するために，以下のような種々の工夫や対応がなされている．

①ハッチングをほどこした G 部の密度をより高く成形して，下第一パンチと下第二パンチにかかる圧縮応力を変化させ，圧縮ひずみの差を小さくしたり，各パンチホルダの形状に工夫して圧縮ひずみの差を小さくする（最近のCNC成形プレスでは，このたわみ差を除荷時に逃がし，圧粉体へかかる力を除去する制御ができるようになっている）．

②圧粉体形状面では，図示のように隅部に R を付けたり，厚さ T を必要以上に薄くしない等する．

③圧粉体の強度面では，原料粉末には圧粉体の強度が高い，成形性のよい粉末を使用する方が望ましい．

④反面，高密度の圧粉体を成形する場合は，できるだけ低圧力で成形ができるように，圧縮性のよい粉末を選定する．これは，金型やツールホルダの弾性変形による成形欠陥の発生，金型のかじり等，成形上の種々のトラブルを未然に防ぐうえで基本的に重要である．

⑤そのほか，プレス機械の面からは，プレス機械に付属した空圧等による上パンチホールドダウン（クッション）機能の活用はクラック防止に必須であるし，プレス作動が常に一定であるよう油空圧や潤滑等のしっかりした維持管理も肝要である．

（3） 金型材料の選定
a．金型材料と表面処理
ⅰ）金型の材料

粉末冶金用金型材料として使用される主な材料は，日本工業規格（JIS）および超硬工具協会規格（CIS）にあるが，材料メーカが要求特性に合わせた特徴のある材料を提供しており，よく検討のうえ使用したい．また，金型の耐久性を向上するために表面処理を施すことがあるが，材料と処理の組み合わせや特質をよく検討して行うことが必要である．

粉末冶金用金型に用いられる主な材料の規格には，次のようなものがある．

日 本 工 業 規 格　JIS G 4401「炭素工具鋼鋼材」
　　　　　　　　　　JIS G 4403「高速度工具鋼鋼材」
　　　　　　　　　　JIS G 4404「合金工具鋼鋼材」
　　　　　　　　　　JIS G 4053「機械構造用合金鋼鋼材」

超硬工具協会規格　CIS 019D「耐摩耗・耐衝撃工具用超硬合金及び超微粒子超硬合金の材種選定基準」

粉末冶金用金型材料に使われる主な材料と使用箇所の例を，表8・1・3-4，表8・1・3-5に示す．これらの材料の特性は，JIS，金属データブック（日本金属学会編），材料メーカのカタログ等にも掲載されているが，実際の使用に当たっては，データの内容をよく吟味し，使用実績を踏まえて適用すべきである．

高速度鋼では，粉末冶金製法で製作した粉末高速度鋼（粉末ハイス）が，溶製材に比べて耐摩耗性，靭性に優れており，熱処理ひずみが小さく，研削性が良好な特性を有し，メーカにより特徴のある材料が出されている．材料特性の例を表8・1・3-6に示す．

ⅱ）金型に適用する主な表面処理

粉末冶金用金型に適用する主な表面処理を，表8・1・3-7に示す．ここで，表面硬さは，いずれもSKD11の焼入れ，焼戻し材に表面処理をしたときの参考値である．

PVD（Physical Vapor Deposition）処理：真空蒸着，スパッタリング，イオンプレーティング等の方法で被膜を蒸着生成させる．

CVD（Chemical Vapor Deposition）処理：熱化学反応を利用した蒸着法で，TiC，TiN，TiCN等の被膜を生成させる．

DLC（Diamond Like Carbon）処理：PVD処理やCVD処理により成膜される非晶質構造の炭素やSi，Hを含有した炭素の被膜を示す．

b．金型に作用する応力と要求される材料
ⅰ）ダイ

成形，再圧工程では，粉末，焼結体の圧縮過程で金型には各種の応力が発生する．ダイには，圧縮される粉末からの大きな内圧，また圧粉体の抜出しやパンチの移動に伴う摺動抵抗が働くため，耐圧性，耐摩耗性の高い材料が用いられる．ダイは，通常大きな内圧による破損を防止するために，図8・1・3-11に示すよう

表 8·1·3-4　粉末冶金用金型材料使用用途例[1]

金型用材料		JIS記号	硬さ HRC(H_B)	熱処理 焼入れ	熱処理 焼戻し	特性比較 耐摩耗性	耐圧性	疲れ強さ	靱性	焼入性	加工性	使用用途例
炭素工具鋼		SK105 (SK3)	61 以上	780 水冷	180 空冷	×	△	×	×	×	○	パンチ受け板 ホルダ
		SK85 (SK5)	59 以上	780 水冷	180 空冷	×	△	×	△	×	○	パンチ受け板 ホルダ
		SKS3	60 以上	830 油冷	180 空冷	△	△	○	○	△	○	パンチ，ホルダ パンチ受け板
		SKD1	62 以上	970 空冷	180 空冷	○	○	△	△	○	△	コアロッド，パンチ ダイ(インサート)
		SKD11	58 以上	1030 空冷	180 空冷	○	○	○	○	◎	△	コアロッド，パンチ ダイ(インサート)
高速度鋼		SKH51	64 以上	1220 油冷	560 空冷	○	○	◎	◎	○	△	コアロッド，パンチ ダイ(インサート)
		SKH57	66 以上	1230 油冷	560 空冷	◎	◎	△	△	○	×	コアロッド，パンチ ダイ(インサート)
機械構造用合金鋼	クロムモリブデン鋼	SCM445	302～363H_B	830～880 油(水)冷	550～650 急冷	引張強さ 105 MPa 以上						ダイ(シェル)
	ニッケルクロムモリブデン鋼	SNCM447	302～363H_B	820～870 油冷	570～670 急冷	引張強さ 105 MPa 以上						ダイ(シェル)

表 8·1·3-5　耐摩耗，耐衝撃用超硬材料の特性(参考値)[1]

CIS記号	密度 g/cm³	硬度 HRA	特性 耐摩耗性	靱性	引張強さ N/mm²	抗折力 N/mm²	圧縮強さ N/mm²	衝撃値 J/cm²	使用用途例
V10	15.2～	93～	高い		高い		高い		
V20	↑	↑							ダイ，コアロッド
V30									ダイ，コアロッド
V40									ダイ
V50									
V60	～13	～80		高い		高い		高い	

に，製品と接する部分のインサート部と焼きばめ接合したアウター部（シェル）で構成される．

インサート部分は，耐摩耗性や硬度の高い超硬材料，合金工具鋼，高速度工具鋼，構造用合金鋼等が用いられる．シェルには，インサート部に高い圧縮応力を与え，成形での繰返し引張応力に耐える耐力，疲れ強さの高い構造用合金鋼，合金工具鋼等が用いられる．

ⅱ) パンチ

① パンチは，粉末を圧縮成形する役目なので高い圧縮応力が発生する．また，長い柱状の端部に成形荷重

8・1 設計基準

表8・1・3-6 粉末高速度鋼の材料特性の例[1]

焼入れ焼戻し硬さ (HRC)	衝撃値 (J/cm²)	抗折力 (N/mm²)	備　考
55～70	30～40	2300～2550	密度，成分，熱処理方法で特性は異なる

表8・1・3-7 粉末冶金用金型の表面処理例[1]

処理名	処理温度 (℃)	表面硬さ (HV)	膜厚 (μm)	特　徴　等
窒化処理	550～570	1100～1200	100	比較的低温の処理で寸法変化が小さい．塩浴窒化法，イオン窒化法等がある．Al, Cr, Mo 等の窒化に有効な成分をもつ材料に適している
TiN 処理 (PVD)	150 500	1200～2000 2500～2800	5	独特な黄金色を呈する処理で，処理温度が低く寸法変化も少ない．薄肉形状の金型にも適用可能である．再処理もできる
TiC 処理 (CVD)	900～1000	3800	10	表面硬さも高く耐摩耗性にすぐれている．高温処理のためやや寸法変化が大きい．膜厚が薄いので，処理後の加工はラップ程度にとどめる方がよい
DLC 処理	180～500	1500～3500	1～3	摩擦係数が低く，耐焼付き性，耐凝着性に優れている
TD プロセス	1100～1150	2500～3800	10～20	表面硬さも高く耐摩耗性にすぐれている．高温処理のためやや寸法変化が大きい．Cr, Nb, V, Ti 等の炭化物層が生成される

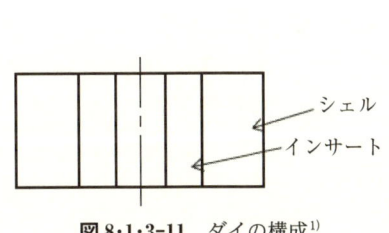

図8・1・3-11 ダイの構成[1]

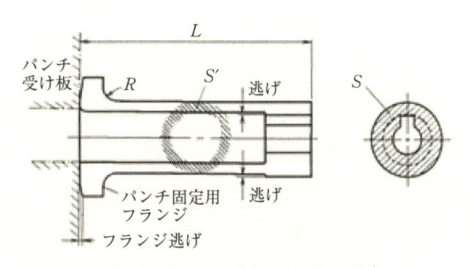

図8・1・3-12 パンチ設計の例[1]

がかかるため，座屈に強い，靭性のある合金工具鋼，高速度工具鋼が用いられる．図8・1・3-9の下第一パンチや，図8・1・3-10の下第二パンチは，粉末成形部も併せもつので，SKD11やSKH51を60HRC以上で使用する．

②図8・1・3-12にパンチの設計例を示した．Sのような成形面形状の場合，逃げ部の断面形状をS'のようにすると，金型の製作上有利となる．しかし，成形面圧が高い場合には，逃げ部断面S'での圧縮応力が過大となる．このため弾性ひずみが大きくなって圧粉体にクラックが生じたり，応力分布が一様でないために平面度や平行度に影響が出やすくなる．はなはだしい場合には，永久ひずみを生じ，所定の圧粉体高さが得られなくなったり，変形によりパンチがダイ等の他の金型と干渉して，作動が不十分になったりするので，注意が必要である．

③その他，パンチ表面に複雑な凹凸がある場合には，局部的に大きな圧縮応力を受けることになるので，単に平均面圧だけで強度計算すると失敗するときもある．こうした不具合を起こさないようにするためには，逃げ部断面形状をパンチ面形状と類似にして，最小の逃げをとるよう設計するとよい．

④このほか，成形圧力によりパンチ受け板が曲がり，パンチのフランジに繰返し曲げ応力が生じて破損する場合がある．これを防ぐには，パンチ受け板の厚さを増して曲がりを小さくするとともに，図8・1・3-12

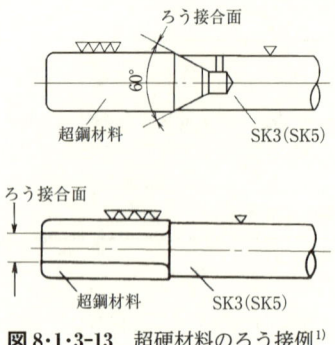

図 8·1·3-13 超硬材料のろう接例[1] 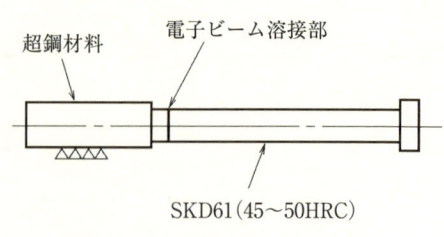　　**図 8·1·3-14** 電子ビーム溶接例[1]

のように，パンチのフランジ基礎部に大きなRをとるほか，フランジ逃げを設けるとよい．

⑤パンチの長さが長くなると圧縮ひずみが大きくなるので，できるだけ短く設計すべきではあるが，実用上はパンチ面が欠けたりダイやコアロッドと接触してダレが生じるので，何回かの追込み修整に耐える長さに設計する方が経済的である．一般的にはこうした修整量を見込んだ長さで標準化されている例が多い．

iii) コアロッド

コアロッドは，成形中に圧粉体からの高い圧縮力を受け，製品の抜出し時には圧粉体との擦過負荷を受ける．またコアロッドは細く長いものが多い．したがって靭性と耐摩耗性の高い材料が用いられる．しかし，耐摩耗性が要求されるのは成形部分だけなので，ツールホルダに固定する部分と分けて作り，接合して一体としたり，必要部分だけ表面処理を施したりしている．材料は，ダイのインサート材と同様のものが使われる．図 8·1·3-13，図 8·1·3-14 に，超硬材料のろう接，電子ビーム溶接方法の例を示す．

コアロッドの成形使用部分は十分な硬さと表面仕上げが必要になるが，他の部分は粉逃げの隙間を設けたり，硬さも下げて靭性を高める．特にネジでコアロッドホルダと連結する場合には，十分な高温焼戻しを行って靭性を確保し，破損防止をはかる必要がある．

iv) ホルダ，受け板

ホルダやパンチ受け板はツールホルダの一部で，金型が変わっても共通使用される．したがってきずや圧痕が生じないような硬さが必要である．強度面では，寸法的に余裕がある場合が多いので金型ほど高級な材料を必要としない．炭素工具鋼を用い，硬さはパンチと同じか若干高めとするのがよい．設計上余裕がとれない場合や，焼割れが生じやすい複雑な形状の場合には，SKS2 や SKS3 が用いられる．

（4）金型の寿命

金型の寿命は，摩耗によるものと破損によるものに大別できる．ダイやコアロッドは摩耗やかじりの場合が多く，パンチは破損で使えなくなる場合が多い．図 8·1·3-15 に主な要因をまとめた．

生産に供されるうち摩耗が進むと，ダイは大きく，コアロッドは小さくなる傾向になる．そこで，この摩耗量を見込んで，製作時には製品の下限または上限となるように設計することで，金型寿命が向上する．パンチでは，金型面取部など繊細なシャープエッジ部分が特に破損しやすい．ツールホルダの精度が悪かったり，金型の取付けが悪いと，パンチがダイやコアロッドに当たり，角部がダレて成型ばりの発生につながる．

形状的には，肉厚の厚い部分と薄い部分の差が大きい形状の場合等には，熱処理の難易度も高く，大きなひずみが生じたり，最悪の場合には金型製作中に破損する場合もある．いずれにせよ，金型は高価でしかも長い製作期間が必要なので，破損防止のために十分な対策を立てる必要がある．

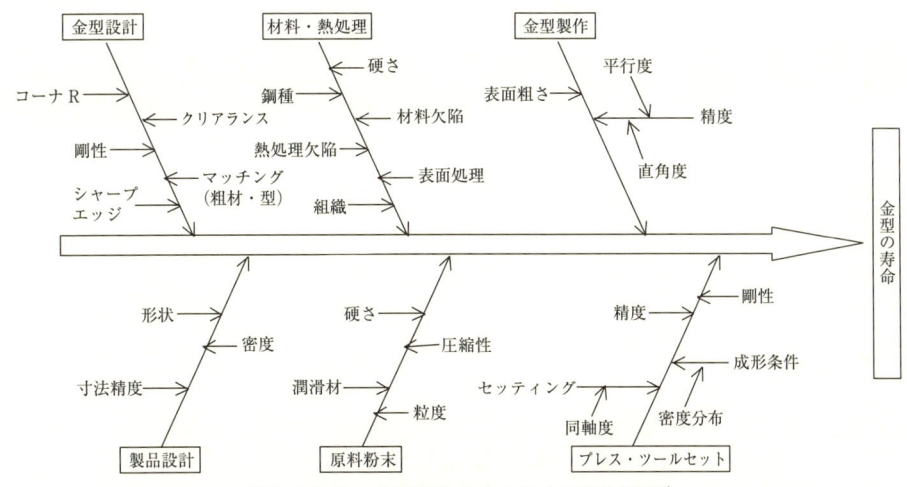

図 8・1・3-15 金型寿命向上のための特性要因[1]

摩耗やかじりを防止するには，超硬材料の使用のほかに表面処理が有効である．表面処理は，製作コストの低減や超硬材料の使用が困難なものへの適用等，その目的に応じて適切に用いれば効果が大きい．

複雑形状のコアロッドや摩耗の生じやすいパンチ等に表面処理する場合には，寸法変化やひずみの小さいことが必要である．一般的な表面処理の被膜は，1～20 μm と薄いので，処理後に研削することは避ける必要がある．近年，各種表面処理技術が著しく進歩しており，硬さ，密着力，摩擦係数等，用途に合った被膜種を選定し，適切な母材へ成膜することで，耐摩耗性，耐かじり性の向上，摩擦力の低減等が期待でき，金型寿命の向上にもつながる．

（5）金型設計上の留意事項

金型設計上のポイントは，実際に使用して生じた諸問題点を整理し，設計標準や設計要領の形にまとめ上げて，活用することである．その基本となる考えは，次のような点があげられる．

　ⅰ）プレスとツールセット間の，互換性とセッティングの容易化
　ⅱ）金型製作上の容易性（金型コストの低減と製作期間の短縮）
　ⅲ）金型寿命の向上
　ⅳ）金型の共通化

実際の金型設計に当たっては，製品ごとに様々な制約が出てくるので，総合的な判断が必要になってくる．留意事項の一例として，金型設計上重要な金型クリアランスの問題を以下とりあげてみる．

金型は組み合わせて使用されるので，金型間には適宜なクリアランスが必要となる．内外径の同軸度確保や成型ばりを小さくおさえる目的で，過度に小さなクリアランスとするのは得策でない．

①良好な同軸度を得るには，クリアランスをつめるよりは，むしろ金型キャビティ内への原料粉末充塡を均一にするほうが効果がある．また，圧粉成形時には粉末中の空気が金型クリアランスを通して外部に排出されるので，クリアランスを小さくすると，空気抜きのために一定の保持時間を必要として，生産性を下げることにもなる．体積の大きな圧粉体等では，金型から抜出し後に内部の圧縮された空気により圧粉体が破損する例さえある．

②金型クリアランスと成型ばり高さの関係について，図 8・1・3-16 のような方法で実験した結果の一例を図 8・1・3-17 に示す．これは，原料鉄粉に還元粉を用いて成形圧力 600 MPa，圧粉密度 6.9 g/cm³ の例であ

図8・1・3-16 成形実験方法[1]

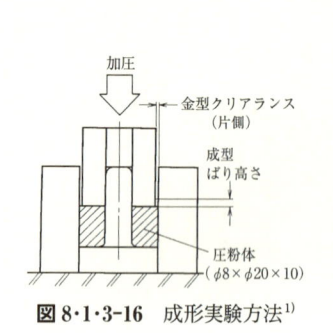

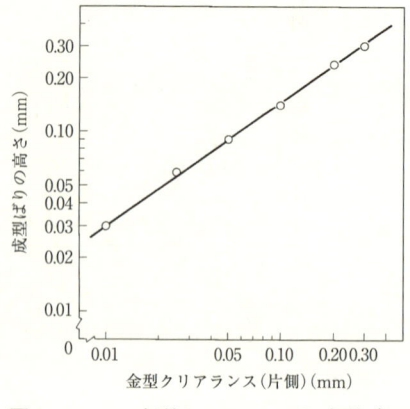

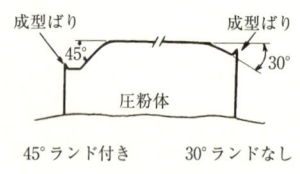

図8・1・3-17 金型クリアランスと成型ばり高さとの関係（例）[1]

図8・1・3-18 金型面取り例[1]

る．成形ばりが許容される製品や，ばりの突出が不可の場合には，図8・1・3-18のような金型面取りを付与することで，適切な金型クリアランスを設けることができる．

③その他クリアランスが小さい場合の使用上の問題としては，原料粉末中の微粉によるかじりの発生や，金型セット時にエッジ部を当てての使用前破損，また成形クラックがなかなか直せず，しかしある適宜なクリアランスに広げるとピタッと直る等，作業性に関することもある．

④金型製作上では金型クリアランスを小さくするに従い，かん合精度や形状精度を向上させないとスムーズな作動は困難となり，金型コストが上昇することを留意したい．金型一式で製作する場合はまだよいのだが，パンチの破損等が生じて金型の一部を新しく作る場合には，それぞれかん合する相手を準備しないと金型製作が困難になることが多くなる．

⑤一方，図8・1・3-7のような圧粉体を成形する図8・1・3-9の金型クリアランスについて考えると，下第一パンチは成形時に内圧を受けて径方向にひずむことになる．このとき，弾性限度内でダイのバックアップを受ければ問題はないが，過大なクリアランスを設けると破損につながることになる．このような点は十分設計時に検討しておく必要がある．

8・2 焼結材料の特性

8・2・1 鉄系焼結材料の機械的特性

鉄系焼結材料で多く使用される合金元素にはCu，Ni，Mo，C等があり，これら合金元素の組み合わせにより国際規格 ISO 5755（2001年版）では，鉄系焼結材料が銅溶浸材も含めて成分系で大きく12種に分類されている．焼結材料の場合，内部に気孔が存在することから機械的特性および物理的特性はこれらの合金成分以外に密度によっても大きく影響される．したがって，上記成分系のいずれも密度によって規格が細分化されている．またこれらの特性は製造方法によっても変わるので，焼結材料の採用および仕様決定にあたっては試作評価と共に粉末冶金メーカとの密接な連絡あるいは協議が望ましい．国内規格はJIS Z 2550でありISOに準拠している．以下に機械部品として用いられるこれらの鉄系焼結材料の特性について述べる．

（1） 構造部品用鉄系材料，純鉄系，鉄-炭素系，鉄-銅系，鉄-銅-炭素系

この項で述べる焼結材料は，構造部品用鉄系材料として基本的な材料であり製品としても多く使用されている．特に鉄-銅-炭素系は構造部品用鉄系材料として最も代表的な材料で使用量も多い．

a. 純鉄系，鉄-炭素系

純鉄系は硬さおよび強度を必要としない部品に適用される．合金元素を含まない分，圧縮性に優れ密度を上げやすい．高密度になるに従い磁気特性が向上することから，モータ用ステータコア等の軟磁性部品として使用されることが多い．自動車部品では ABS 用センサリング等がある．

鉄に炭素（C）を添加すると純鉄系に比べ硬さと強度が向上する．これは純鉄系の金属組織が軟らかいフェライト相であるのに対し，C を添加することで焼結の冷却過程でパーライト変態によりパーライトが生成するからである．C 量の増加に伴いパーライトの割合が増加し約 0.8％で全てパーライト組織となる．C 量が 1％を超えると初析セメンタイトが増え硬さは上がるが，靭性および被削性は低下する．したがって JIS で規定される C 量は 0.3～0.9％であり，0.6％を境に組成は 2 つに区分されている．いずれも軽負荷の機械構造部品，摺動部品に適用される．低炭素側の材料はフェライトとパーライトがバランスよく存在するため削りやすく，後工程で機械加工がある場合に適している．

熱処理によって強度を向上させることができるが，気孔を有するので浸炭焼入の場合は注意を要する．密度が低いと浸炭時に浸炭雰囲気ガスが素材内部にまで入り浸炭層は深くなる．表層部の硬化だけを狙う場合は素材の密度を上げておくことが望ましい．浸炭焼入の場合，焼入硬化層が密度によって影響されるのは鉄-炭素系に限らず焼結材料共通の特徴である．

b. 鉄-銅系，鉄-銅-炭素系

溶製鋼において銅（Cu）は鋼を脆化させるものとして嫌われているのに対し，焼結では合金元素として最もよく使用されている．この理由は Cu の融点は 1083℃で鉄系焼結材料の焼結温度（通常 1100～1150℃）より低いため，焼結過程で液相となり母材である鉄粉表面を覆い短時間で焼結が促進し合金化が進むからである．Cu は γ 鉄中に約 8％固溶できるが，実際の限られた時間の量産焼結条件下ではそこまで固溶することはない．Cu 量が多いと焼結時の膨張が大きくなるので精度を重視する構造部品用の場合は 1～3％のものが適している．

鉄-銅系はコイニング等で密度を上げて靭性を高め，さらに浸炭焼入れを施し表面の耐摩耗性を向上させて使用されることもある．適用例に自動車 MT 部品のシンクロナイザーキー等がある．

鉄-銅-炭素系は炭素鋼に匹敵し得る強度が得られることから，構造部品用鉄系材料としての適用例が最も多い材料である．鉄-炭素系同様，JIS で規定される C 量は 0.3～0.9％であり 0.6％を境に組成的に 2 つに区分されている．被削性を重視する場合は低炭素側，強度を重視する場合は高炭素側が望ましい．いずれの組成も焼入れ焼戻しをすることによって引張強さは 600 MPa レベルに達するので，強度向上および耐摩耗性が求められる場合には焼入れ焼戻しを施す．

（2） 鉄-リン系

リン（P）は鉄と反応して液相を生成するので，焼結を促進し空孔の球状化と密度を高める効果があり強度を向上させる．また鉄中に固溶することで，フェライト基地の硬さを上げ耐摩耗性の向上にも寄与する合金元素である．したがって熱処理なしで耐摩耗性を改善する手段として P が添加される．ただし純鉄に P を添加した鉄-リン系は磁気特性に優れるので，軟磁性部品として使われることが多い．リン粉末は発火点が低く取り扱いに注意を要することから，P の添加は Fe-P 合金粉として添加されることが多い．

（3） 鉄-ニッケル系，鉄-ニッケル-銅系

ニッケル(Ni)は鋼の靱性を改良する元素であり，Ni を添加した材料に鉄-ニッケル系，鉄-ニッケル-銅系がある．Ni を添加した鉄-ニッケル系は鉄-銅系に比べ靱性は大きく向上するので，靱性が重視される場合に適した材料である．さらに Ni は焼入れ効果能が高い元素なので，焼入性に優れており焼入れ焼戻しによって耐摩耗性と強度を向上させることができる．

（4） 鉄-ニッケル-銅-モリブデン系

この組成系は，微細な Ni，Cu，および Mo 粉を圧縮性のよい鉄粉表面に部分的に拡散結合した部分合金化粉を使用するもので，純鉄粉の高圧縮性を維持しながら高合金化が可能という優れた特徴をもっている．したがって高密度成形して高強度，高靱性が要求される部品に適用されることが多い．1100～1250℃の焼結では Ni 等の合金元素の拡散は不十分で不均質な組織となる．組織はベイナイト相が主体であるが，マルテンサイトと Ni リッチのオーステナイト相も混在しておりこれらが高強度，高靱性に寄与している．

（5） プレアロイ鉄-ニッケル-モリブデン-マンガン系

焼入性に優れた Ni，Mo，Mn を合金成分にしており，鉄-銅系，鉄-ニッケル系よりも焼入硬化性が高い．熱処理によって高強度と耐摩耗性が得られる．Ni を含まない鉄-モリブデン-マンガン系は圧縮性に優れており比較的高い密度が得られる．

（6） 銅または銅合金溶浸系

焼結体の気孔に銅をしみ込ませた材料で気密性に優れ，熱伝導性も向上する．以前は強度，靱性を向上させる手段として銅溶浸が使われることもあったが，上述のような合金粉末の普及に伴い，最近では銅溶浸は部品の気密性を上げる，あるいは部品重量を増やしたい等の目的で検討されることが多い．

以上，それぞれの特性を述べてきたが，粉末冶金の特徴は材料の自由度が高いことにあり，粉末冶金メーカと協議することでより機能の特化した材料選定も可能である．

8・2・2 ステンレス鋼系材料の機械的特性

焼結ステンレス鋼は，フェライト系，オーステナイト系およびマルテンサイト系がある．

ステンレス鋼は酸化されやすい Cr を含むため，焼結は還元性の雰囲気で行う必要がある．焼結雰囲気によって C，N の含有量も変わってくるので耐食性だけでなく機械的・物理的特性も焼結雰囲気によって影響される．またいずれの材質も焼結で収縮するが，焼結温度によって収縮量すなわち焼結体密度が異なってくるので，特性は焼結温度によっても影響される．このように焼結ステンレス鋼の特性は焼結条件によって大きく影響される．

（1） フェライト系ステンレス鋼

フェライト系ステンレス鋼は ISO では 410L，430L，434L 系の 3 種が規定されている．いずれも耐食性，磁気特性を考慮して等級 "L" で C および N 量は 0.03 % 未満である．代表的なフェライト系は 430 系で，410 系に対し Cr が多い分，耐食性が向上している．434 系は 430 系に対し Mo を添加してさらに耐食性を高めた材料である．いずれも磁気特性を有しているため耐食性に優れた電磁材料として使用され，自動車の ABS 用センサリング等に多く使われている．溶製材で 430 系が使われる場合，焼結材では溶製材と同等の耐食性を維持するために，Mo を 1 % 程度添加した 434 系が適用されることが多い．

(2) オーステナイト系ステンレス鋼

オーステナイト系ステンレス鋼は 16～20％の Cr と 8％以上の Ni を含有し，最も耐食性に優れた材料である．その基本となるのが 304 系であり耐食性と強度のバランスがとれている．303 系は S を添加して被削性を改善した改削ステンレス鋼で，後工程に機械加工がある場合に適している．ただし S を含有しているので耐食性については確認評価が必要である．316 系は Mo を添加してさらに耐食性を高めた材料で，耐食性を重視する部品に適している．304 系溶製材と同等の耐食性が必要とされる場合には 316 系で対応することが多い．またオーステナイト系はいずれも非磁性であることから耐食性だけでなく非磁性部品として使われることもある．

(3) マルテンサイト系ステンレス鋼

マルテンサイト系ステンレス鋼は焼入することによって高い強度と硬さが得られる．ISO 5755 で規定されているのは 410 系のみで，0.1～0.25％の C 量で焼結後急冷によって硬化したものが規定されている．オーステナイト系に比べると耐食性は低下するので，比較的穏やかな腐食環境下で強度と耐摩耗性が要求される部品に適している．磁気特性を有しているので軟磁性部品としても使われる．

ステンレス鋼は全体に被削性はよくないが，焼結材料が優れているのはネットシェイプあるいはニアネットシェイプ成形によって機械加工をなくすか大幅に減らすことができる点にある．難削材であるステンレス鋼にとって焼結材のこの利点はコスト低減に有効な手段となる．焼結ステンレス鋼は気孔を有するため同一組成の溶製材に比べると耐食性は若干低下するが，上述のように材質変更で対応できることが多いので焼結材料のさらなる活用を期待したい．

8・2・3 非鉄系焼結材料の機械的特性

(1) 銅　系

銅系合金の粉末冶金は歴史が古く，1920 年代の半ばに Cu-Sn 系の無給油軸受が，GM 社とバウンドブルック社によってほぼ同時に独自に開発された[1]．JIS，JPMA，MPIF 等に青銅（Cu-Sn），黄銅（Cu-Zn），洋銀（Cu-Ni-Zn）が登録されており，最大の市場は Cu-Sn 系の焼結含油軸受市場である[2]．

アルミニウム青銅（Cu-Sn-Al）は銅合金中最も高強度であり，粉末冶金による製法が熱望されるが，アルミニウム成分が表面に安定な酸化膜を形成するために焼結しにくく実用化が遅れている．近年には活性化助剤等の研究開発が行われ成果が得られている[3~5]．

(2) アルミニウム系

a. 圧粉焼結法（従来プロセス）

アルミニウム粉末は表面に安定な酸化アルミニウム（Al_2O_3：アルミナ）の被膜をもっているため，固相で焼結することが困難である．そこで，純 Al 粉，Si 粉，Cu 粉，Al-Mg 粉，潤滑剤等の要素粉末をブレンドした粉末を使用して，Al-Si，Al-Cu，Al-Mg 間の共晶を利用し，接触部に液相を出すことによって焼結を促進させる．近年，要素粉末ブレンドではなく，合金粉末に 20％程度の純アルミニウム粉末をブレンドしたものが開発されている．純アルミニウム粉末は成形性をよくするためであり，要素粉末ブレンドに比べると，たとえば Cu 粉末が純アルミニウムに拡散固溶した跡に残される流出穴が発生しないために強度が改善される．カムキャップ[6]やカム位相制御機構付きスプロケット[7]等で Al-Si 系合金が，汎用エンジンのコンロッド[8]として Al-Zn 系合金が，量産されている．

b. 急冷凝固粉末アルミニウム合金

1960年代に米国にて，航空機用超々ジュラルミンの耐SCC（Stress Corrosion Cracking：応力腐食割れ）改善策として開発されたもので，合金溶湯を30気圧程度のガスでアトマイズして平均粒径50 μm程度の粉末を作製する．このときの急冷度は約1,000〜10,000 K/s程度であり，晶出物や析出物が微細になるために，通常のアルミニウム合金では粗大晶出するために添加できないような高合金を作製することが可能となる．封缶して真空加熱することで表面に付着した吸着水や結晶水（$Al_2O_3 \cdot 3H_2O$）を除去（脱ガス）し，熱間押出しするときの大塑性変形で表面の酸化被膜を破壊して金属結合させる手法であり，固相にて焼結を行うため急冷効果が保持された状態で固化される．日本では本手法を利用して，主に鋳鉄代替のための低熱膨張，高ヤング率，耐熱性を狙ったAl-Si-(Fe, Ni)系合金が1986年に世界で初めて量産化された．その後，粉末鍛造法も開発されて，対応できる形状の自由度が広がっている．ロータリコンプレッサのロータやベーン，ガソリンエンジン用スリーブ等で量産されている．

c. 超微細結晶粒アルミニウム合金

急冷凝固アルミニウム合金の手法を利用することで広範囲の新合金を作製できるようになったために，新たな合金探索が可能となった．希土類元素を遷移元素と同時に添加することでアモルファス粉末が得られたり，数百nmの微細結晶粒を有した合金が開発されている[9]．

（3） 特殊合金系

a. チタン系

チタン合金は軽量，高強度，耐熱性，耐食性，生体適合性等，優れた性質を有しているので，化学工業用構造材，航空機エンジン部品，ジェットエンジン部品，人工骨等，用途は拡大している．しかし，チタン合金は加工が難しいために高コストとなっており，ニアネットシェイプで素形材が作れる焼結チタン合金の開発が注目されている．

チタン合金で最もポピュラーなTi-6Al-4V合金において，要素粉末混合製法と合金粉末製法で成形，焼結されたものは，溶解された材料とほぼ同等の疲労強度を示す（図8・2・3-1）．

また，射出成形（MIM：Metal Injection Molding）した材料において，室温引張強さ910 MPa（要素粉），880 MPa（合金粉），室温破断伸び13.9 %（要素粉），9.8 %（合金粉）が得られている[10]．

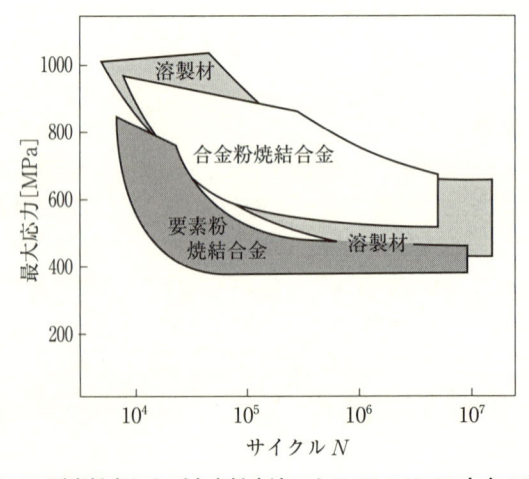

図8・2・3-1　要素粉末および合金粉末法によるTi-6Al-4V合金の疲労特性

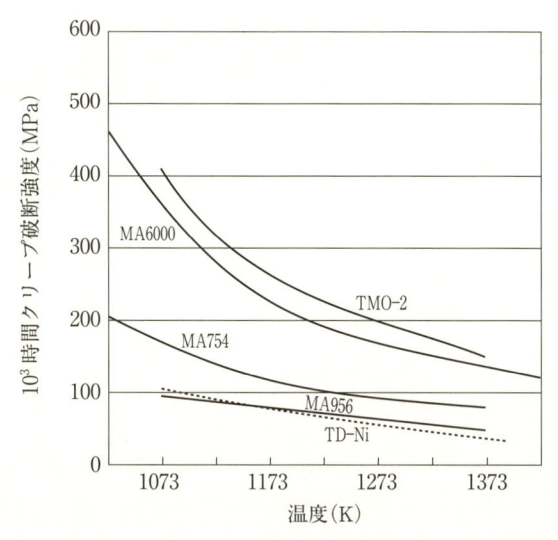

図 8・2・3-2　各種酸化物粒子分散強化合金の高温クリープ破断強度の比較

　自動車部品では TiB 粒子を複合化させた焼結チタンバルブが，従来適用が困難であった排気側で実用化されている[11,12]．要素粉末を混合した完粉で作成した $\phi16\times40$ の円柱形状の圧粉体を真空焼結した後のビレットを高周波加熱し，バルブステム部の押出しと傘部の鍛造を実施しており，室温での耐力 1180 MPa，破断伸び 5 %，回転曲げ疲労強度 680 MPa を有している．

b. ニッケル系（スーパーアロイ）

　航空機用ジェットエンジン翼や火力発電用ガスタービン翼等の，非常に高温にさらされる金属材料として使用されるのがニッケルスーパーアロイ（ニッケル基超合金）である．Ni の γ 相を素地として γ′（ガンマクライム）[$Ni_3(Al, Ti)$] 相を溶体化時効により析出させた分散強化型合金である．本合金は，975 K までは温度上昇と共に強度が高くなるという優れた特性を有し，使用上限温度は約 1273 K である．それ以上になると，酸化物を分散した合金が使われる．耐熱性に優れたイットリア（Y_2O_3）粉末を分散させるにはメカニカル・アロイングと呼ばれる機械的な合金化手法が使われ，これらの合金の実用耐熱温度は約 1623 K にもなる．各種酸化物粒子分散強化合金の高温クリープ破断強度を図 8・2・3-2 に示す．

　硬質粒子を分散していない合金を含めて，溶製法における偏析や加工困難等のために粉末冶金が検討され一部実用化されている．粉末の固化成形は，熱間押出しあるいは熱間静水圧プレス（HIP：Hot Isostatic Pressing）によって行われる．

第 8 章　文献

8・1・1 の文献
1) 日本粉末冶金工業会：機械焼結部品—その設計と製造—，技術書院（1987）188．

8・1・2 の文献
1) 日本粉末冶金工業会：機械焼結部品—その設計と製造—，技術書院（1987）160-187．
2) 日本粉末冶金工業会：焼結部品概要—PM Parts—，日本粉末冶金工業会（2004）31．

8・1・3 の文献
1) 日本粉末冶金工業会：PM GUIDE BOOK 2004 焼結部品の成形技術，日本粉末冶金工業会（2004）48-59.

8・2・3 の文献
1) 木村尚：粉末冶金その歴史と発展，初版，アグネ技術センター（1999）14.
2) 渡辺侊尚："焼結含油軸受"，粉体および粉末冶金，**48**（2001）769-776.
3) 大槻真人，河野通："アルミニウムを含む粉末の焼結に及ぼす焼結助剤の効果"，粉体および粉末冶金，**36**（1989）723-726.
4) 益岡佐千子，新見義朗，永井省三："アルミニウム青銅の焼結に及ぼす Al-Ca 系フッ化物添加の効果"，粉体および粉末冶金，**49**（2002）1003-1008.
5) 益岡佐千子，新見義朗："易焼結性アルミ青銅粉の開発とその焼結体特性"，粉体および粉末冶金，**55**（2008）64-66.
6) Shunhai Huo, Bill Heath and Chaman Lall : "The Market Development of PM Aluminum", Proc. 2006 Powder Metallurgy World Congress（2006）714-715.
7) "PM Aluminum Drives Forward in New BMW Breakthrough", Metal Powder Report, **61**（2006）13-15.
8) 日立粉末冶金："高強度焼結鍛造アルミニウム合金"，粉体および粉末冶金，**55**（2008）285.
9) 井上明久：ナノメタルの最新技術と応用開発，初版，シーエムシー出版（2003）268-297.
10) 山口登士也，古田忠彦，斉藤卓，山田茂樹："焼結チタンバルブの開発"，電気製鋼，**72**（2001）111-117.
11) 古田忠彦，斉藤卓，山口登士也："チタン基複合材料製排気エンジンバルブの開発"，豊田中央研究所 R & D レビュー，**36**（2001）51-56.
12) 三浦秀士，竹増光家，楽野友紀，伊藤芳典，佐藤憲治："Ti-6Al-4V 射出成形材の焼結挙動と機械的性質"，粉体および粉末冶金，**53**（2006）815-820.

第9章 自動車部品材料

9・1 機械部材

9・1・1 はじめに

自動車用機械部材としての焼結部品は，エンジン，トランスミッション（ギヤボックス），シャーシその他に分類すると分かりやすい．以下，この分類に従って解説する．その後に一部新工法の話を付け加え今後の展望も示す．文中で特に指定がない限りは材料は鉄–銅–炭素系か，これにニッケル，モリブデン等を加えた鉄系焼結材である．

9・1・2 最近の技術動向

（1）エンジン

まずエンジンから見ていくと，クランクシャフトとカムシャフトの同期をとるためにプーリ，スプロケットと呼ばれる歯車形状の部品がある．プーリは幅広の樹脂の芯入りゴムバンドとの組み合わせで使われる場合に用いられ，スプロケットは鋼製のチェーンとの組み合わせで使われる．それぞれカムに締結されるものとクランクシャフトに締結されるものがある．またスプロケットには接合技術を用いたものもある[1]（図9・1・2-1～図9・1・2-3）．

近年カムシャフトで開閉するバルブのタイミング等を可変化するために，カムスプロケットに油圧やヘリカルの機構を組み込んだものがあったり，カムと相手のロッカーアームを切り替える等，VTC（Valve Timing Control）：日産，VVT（Variable Valve Timing-intelligent system）：トヨタ，VTEC（Variable Timing and lift Electronic Control system）：ホンダ等，各カーメーカで呼称が異なったり機構が異なったりするが，この機構の装着率が向上し，この傾向はますます拡大すると思われる．この機構は燃費向上と排気

図9・1・2-1　プーリの例　　　　　　　　　図9・1・2-2　スプロケットの例

244　第9章　自動車部品材料

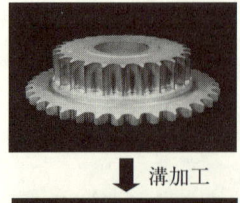

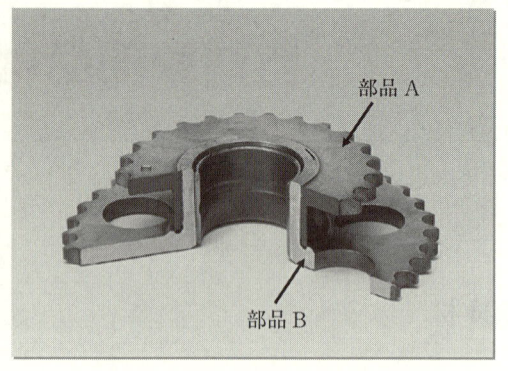

図9・1・2-3　接合スプロケット（日産自動車(株)と日立粉末冶金(株)の共同開発品）[1]

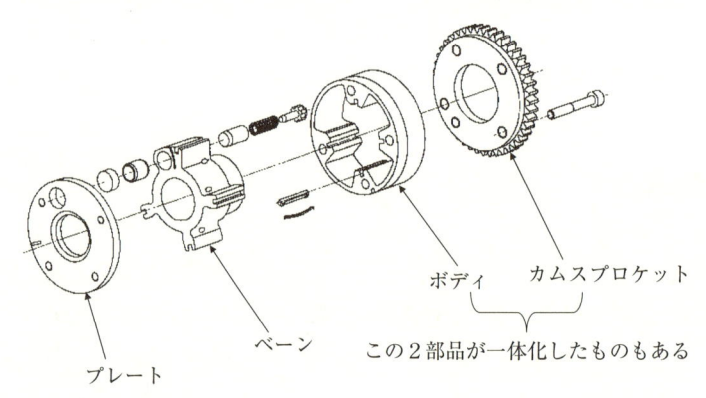

図9・1・2-4　VTCの構造（ボディ，ベーンが焼結）（(株)日立製作所オートモティブシステムグループ提供）

ガス低減の両方に効果があるためである．これらにもかなり焼結部品が使われている（図9・1・2-4）．

　次にカムシャフトそのものを焼結化する場合がある．これは鋼製パイプにカムロブと呼ばれる横断面が"おむすび"形状の成形体を取り付け焼結と共にパイプに接合する技術である（図9・1・2-5）．カムシャフトについてはカムシャフトの軸受けとしてカムキャップにアルミの焼結材が使われる例がある（図9・1・2-6下）．

　プーリ，スプロケット，カムシャフト等は動弁系に分類されるが，次にもっと外力のかかる主運動系に焼結材を用いたものとしては，クランクシャフトの軸を受けるベアリングキャップという部品で，普通鋳鉄やダクタイル鋳鉄から焼結のネットシェープの利点を利用して切り替える例が増えている（図9・1・2-6上）．さらにコネクティングロッドと呼ばれるピストンとクランクシャフトを繋ぐ連結棒がある．これにはエンジン燃焼，ピストンの圧縮による圧縮力とピストンの運動慣性のための引張応力もかかる．このため単純な焼結ではもたず焼結鍛造（粉末鍛造）が使われている．このタイプのコネクティングロッドは回転時にエンジンのバランスを重視するV型エンジンに多く用いられる（図9・1・2-7）．エンジンのオイルポンプも焼結化されたものが多いが，吐出圧力への対応や，耐キャビテーション性向上等，課題は多い．

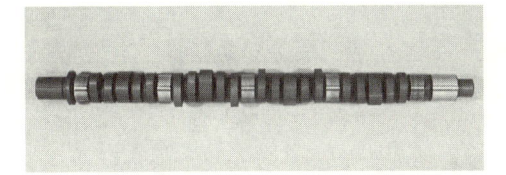

図 9・1・2-5 組み立てカムシャフト（焼結接合カムシャフト）（日本ピストンリング(株)提供）

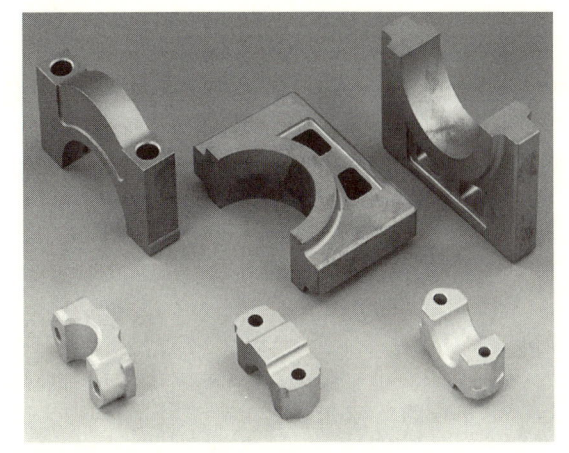

図 9・1・2-6 上：クランクシャフトのベアリングキャップ，下：カムシャフトのアルミ焼結ベアリングキャップ（GKN シンターメタルズ提供）

図 9・1・2-7 焼結鍛造コネクティングロッド

図 9・1・2-8 シンクロハブ

（2） トランスミッション（ギヤボックス）

現在，トランスミッションはマニュアルトランスミッション（以下マニュアル），オートマティックトランスミッション（以下オートマ）以外に，鋼製ベルトを用いた無段変速の CVT もあり，マニュアルのノンクラッチ切換えのような複合技術もあるが，この解説では圧倒的に現在の市場を占め焼結部品の利用が多いマニュアルとオートマについて述べる．乗用車の市場別で見ればヨーロッパではマニュアルが大多数であり，日米ではオートマが大多数である．マニュアルではギヤの切り替え時に回転を同調させるためハブシンクロ（シンクロハブ，クラッチハブともいう）という部品が焼結でかなり作られ，強度が必要な場合は 2 回成形 2 回焼結（2P2S）という工法もとられる（図 9・1・2-8，この図は通常の製法）．オートマではオイルポンプが代表的ではあるが，オイル中で力を伝達するタービンという部品があり，そのハブであるタービンハブも最近実用化例が多い（図 9・1・2-9）．これ以外にプラネタリギヤキャリア（遊星歯車のケースセット（図 9・1・2-10），プレッシャプレートといわれる圧力を伝える部品（図 9・1・2-11）やクラッチレース等（図

246　第9章　自動車部品材料

図9・1・2-9　タービンハブ

図9・1・2-10　プラネタリキャリア（セット）

図9・1・2-11　プレッシャプレート

図9・1・2-12　クラッチレース

図9・1・2-13　ABSセンサロータ

9・1・2-12）があるが，薄物のためプレス技術やファインブランキング技術との競争が激しく市場的には厳しい．

（3）シャーシ系

次にシャーシ系としてはABS（アンチロックブレーキ）のセンサロータがあり，これはタイヤの背面に付きタイヤの回転を検知するものであるが，冬季に融雪剤（塩化カルシウム＝$CaCl_2$）の塩害に耐えるため

にステンレス鋼が広く使われた焼結材の代表例である（ただしこれもシステム自体に変更があり，国内はこのABSセンサロータを使わないタイプに移行しつつあり，生産量は国内では輸出を含めてやっと現状維持ができるかやや減少気味といわれる）(図9・1・2-13)．

(4) そ の 他

以上のほかには電動ドアミラー等の駆動系ギヤ，座席電動シートのアジャスタ機構等，焼結部品は自動車にかなり使われており，この項では紹介しきれないが，やはり(1)，(2)の部品が代表的な大型部品である．

9・1・3 最近の工法の開発事例

次に最近の開発事例を見てみると，工法としては自動車の部位にはこだわらないが，温間成形も一般化しつつあり[1]（図9・1・3-1），金型潤滑や金型潤滑と温間成形との組み合わせ等による部品や，従来からあった技術ではあるが，転造によるスプロケット部品[2]もかなり出つつある（図9・1・3-2）．また車自体のパワートレイン（エンジン，トランスミッション，ファイナルドライブ）の中で，特に動力源がエンジンと電気モータとの組み合わせによる車（いわゆるハイブリッドカー）が増えてきており，これらに焼結磁石や軟磁性焼結材も使われるようになってきている．さらにデータとしてまとまったものは見かけないが，センサ，アクチュエータには，たとえば圧電素子のようなセラミックも多く使われるが，これは別項で述べられている．

図9・1・3-1 温間成形＋高温焼結のスプロケット（日産自動車(株)，ジャトコ(株)，日立粉末冶金(株)の共同開発品）[1]

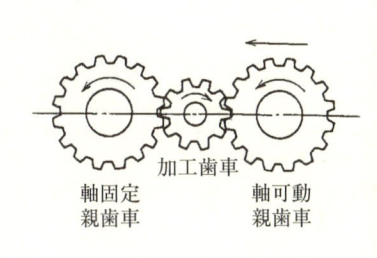

図9・1・3-2 転造スプロケットの例 （日産自動車(株)，日立粉末冶金(株)の共同開発品）[2]

9・1・4 将 来 展 望

ハイブリッドカーは益々増え続けることは間違いなく，焼結部品利用の観点からすれば，エンジンは使用されるうえに，モータ関係分が純増になるわけで，これに適した焼結部品をいかに開発していくかが課題である．電気自動車もこれに続いて普及しそうであり，さらに進んで燃料電池自動車も長い目（10年単位）で見ればかなり普及する可能性はあるが，現状ではこれにどんな焼結部品，粉末関連部品が使われるかは，各自動車メーカ，部品メーカがしのぎを削っている最中でありここで述べるのは困難である．

9·2 耐熱部材

　自動車用の耐熱部材といっても排気系を除けばエンジン周りに限られる．排気系の分野は別項でふれているので，ここではエンジン部品に限って解説する．この部品群に含まれるのは，シリンダヘッドと組み合わされ，バルブと接するバルブシート（バルブシートインサート）バルブガイドがまずあげられる（図9·2-1）．バルブシート，バルブガイドには，各々吸気系と排気系がある．

　バルブシートはリング状，バルブガイドは円筒状の形状をした部品である．特に，バルブガイドは長尺もののため成形は難しい（図9·2-2）．材料的には吸気バルブシートは銅，モリブデン等を含んだ低合金鋼，排気バルブシートは高温になるため，素地相になる材料が Ni, Cr, Mo, Cu 等を含んだ低合金鋼で，コバルト基硬質相や鉄-モリブデン等の硬質相が分散した組織の材料である．バルブガイドは鋳鉄から置き換えられてきた経緯があり，吸気排気でそれほどの差はなく，ステダイト組織（あるいは擬似ステダイト組織）や黒鉛相が残存した低合金鋼が用いられている．

　他に自動車用耐熱部材としてはターボチャージャ周りの部品が考えられる．ターボチャージャは基本的には，排気の力を利用してより多くの吸気を吸い込みパワーを出すもので，耐熱側の回転翼は耐熱鋼やセラ

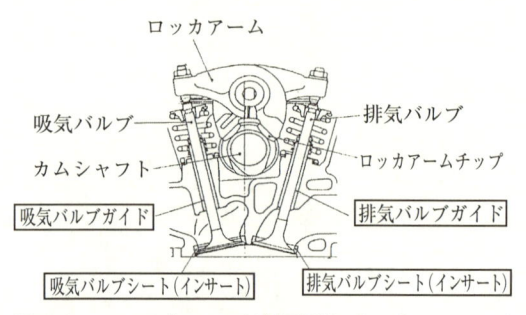

図9·2-1 エンジンヘッド断面図とバルブシート，バルブガイドの使用位置（日産自動車(株)の例）

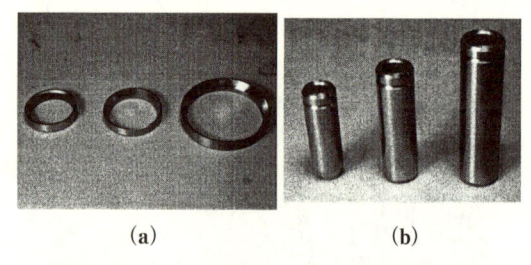

図9·2-2 （a）バルブシート，（b）バルブガイド（日立粉末冶金(株)提供）

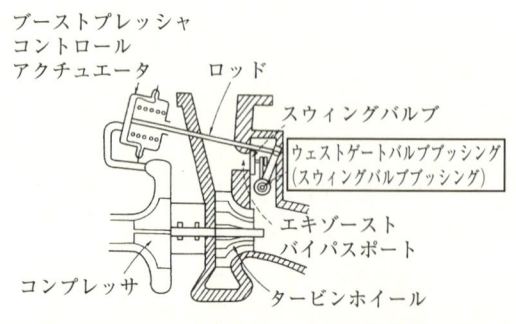

図9·2-3 ウェストゲートブッシングの使用部位（日産自動車(株)使用例）

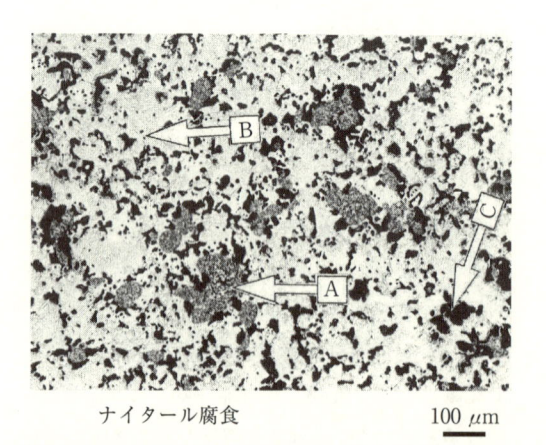

図9·2-4 ウェストゲートブッシングの金属組織（硬質粒子分散）（日立粉末冶金(株)提供）
（A：コバルト基硬質相，B：基地オーステナイト，C：気孔）

ミックスがあり，まれに MIM で作ったものもある．この部品周りでは排気の流量をコントロールするウェストゲートバルブというバルブがあり，この軸受，すなわちウェストゲートブッシング（スウィングバルブブッシング）に焼結オーステナイト鋼や硬質粒子入りオーステナイト鋼が使われている．図 9·2-3 には使用部位，図 9·2-4 にはコバルト硬質粒子入りオーステナイト鋼の同部品組織を示す．最近欧州を中心としてディーゼルエンジンで排気量を少なくし，ターボを付け燃費向上と排気ガス低減を図る例が見られ，従来のパワーアップだけを目標としたターボチャージャの使い方が変わりつつある．

9·3 電装部品

　焼結部品の最大の適用分野は自動車部品であるが，近年の自動車部品の高機能化に伴い，従来からの機械構造部品だけでなく，センサやアクチュエータ等を含めた電装部品への適用も拡大している．

　ここでは，自動車電装部品への焼結材料の最近の適用事例や技術トピックスおよび今後，自動車電装部品

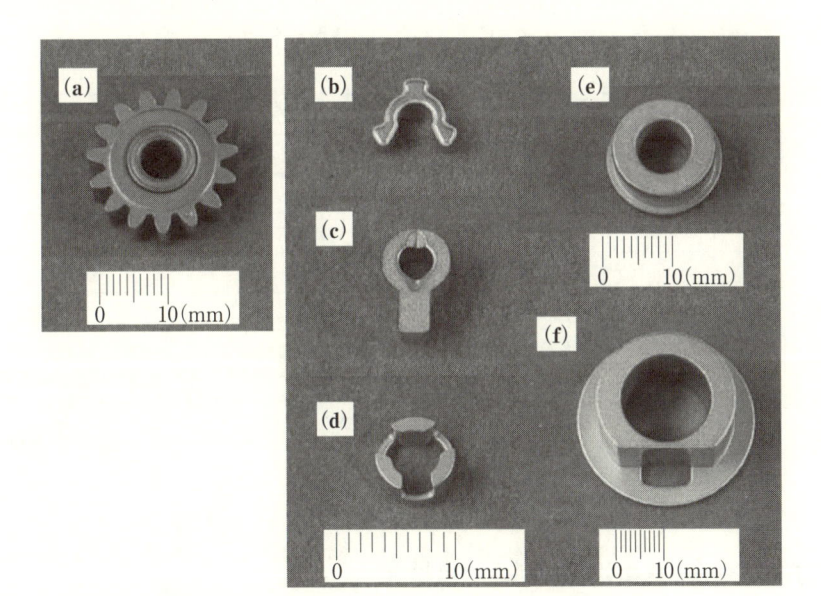

図 9·3·1-1　自動車電装部品への焼結材料の適用例①
（a）スタータ用プラネタリギヤ，（b）ガソリンインジェクタ用スペーサ，（c）アイドルスピードコントロールバルブ用ストッパ，（d）A/T ソレノイド用リングシート，（e）車速センサ用ブッシングシャフト，（f）A/T ソレノイド用ステータ

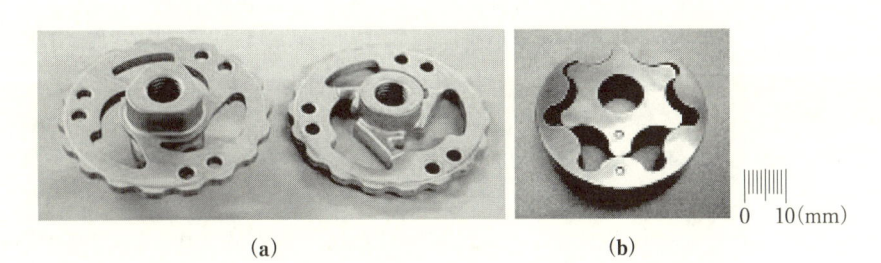

図 9·3·1-2　自動車電装部品への焼結材料の適用例②（補機類）
（a）エアコンコンプレッサ用クラッチハブ，（b）オイルポンプロータ

表9·3·1-1　自動車電装部品への焼結材料の適用例一覧

製品分類	製品名	部品名	構造部品	軸受部品	磁性部品
パワートレイン	スタータ	プラネタリギヤ	○		
		軸受		○	
	オルタネータ	ブッシング		○	
	ガソリンポンプ	ベアリング		○	
	ガソリンインジェクタ	スペーサ	○		
	ディーゼルインジェクタ	ステータコア			○
	A/Tソレノイド	ステータ			○
		ブッシュ		○	
		リングシート	○		
	電子スロットル	ギヤ	○		
	アイドルスピードコントロールバルブ	コアステータ			○
		ストッパ	○		
	車速センサ	ブッシング		○	
	オイルポンプ	ロータ	○		
	ハイブリッドモータ	ロータ			○
空調	エアコンコンプレッサ	クラッチハブ	○		
ボディ	メータ	ブッシュ		○	
	モータ（ワイパ，パワーウインド等）	ブッシュ		○	
走行安全	アンチロックブレーキシステム	モータコア			○
	電動パワーステアリング	ジョイント	○		

への焼結材料の適用に関して期待されることを述べる．

9·3·1　自動車電装部品への焼結材料の適用状況

　自動車電装部品には，従来から焼結軸受が多数用いられており，自動車用焼結軸受の約半数は電装部品に使用されている．一方，機械構造用途の焼結部品の大半（約90％）は，エンジン，駆動系およびシャーシ部品に用いられており，電装部品への適用は約5％といわれている[1]．しかしながら，近年の燃費向上，CO_2削減，排ガス規制強化等のニーズに対し，自動車の電子制御化や電動化が進み，従来にはなかったエンジンや駆動系を制御する各種システム製品が増加している．これらシステム製品を構成する各種のソレノイド，センサ等を新たな電装部品と考えると，これらには多くの焼結材料が適用されており，今後，さらなる適用拡大が予想される．

　次に，自動車電装部品への焼結材料の適用例を表9·3·1-1に示す．その中で，従来から焼結材料が用いられている主な電装部品としては，スタータ用プラネタリギヤ（図9·3·1-1(a)）やワイパ，パワーウインド等に用いられる各種小型モータ用の軸受などがある．これに対し，近年使用されるようになった焼結電装部品は，エンジンや駆動系を制御するパワートレイン関係のソレノイド，センサ用小物部品があげられる．具体例としては，ガソリンインジェクタ用スペーサ（図9·3·1-1(b)）やアイドルスピードコントロールバル

ブ用ストッパ（図9・3・1-1(c)），ソレノイド用リング（図9・3・1-1(d)）等の機械構造部品，車速センサ用ブッシングシャフト（図9・3・1-1(e)）やガソリンポンプ用ベアリング等の軸受部品，A/T ソレノイド用ステータ（図9・3・1-1(f)）やディーゼルインジェクタ用ステータコア等の磁性部品等がある．

また，その他補機類の主な適用例としては，A/C コンプレッサ用クラッチハブ[2]（図9・3・1-2(a)）やオイルポンプ用ロータ（図9・3・1-2(b)）およびアンチロックブレーキシステム（＝ABS）用モータコア等がある．いずれの部品も自動車の安全・性能・品質を左右する重要部品である．

9・3・2 最新技術トピックスと電装部品への適用事例

9・3・1項で述べたように，近年増加してきている電子制御システム製品およびそれを構成する電装部品（＝ソレノイド，センサ等）においては，これまでと同様，機械構造および軸受用途で多くの焼結材料が用いられている．一方，ソレノイドやセンサ等の磁気回路を構成する磁性部品用途の使用例も増えている．これら磁性部品は製品性能やコストを決定するキー部品であり，今後，さらなる適用拡大と技術進化が期待される分野である．

そこで，これら焼結磁性部品の最新技術とその適用例を以下に示す．これら磁性部品に用いられる軟磁性材料には，従来からの鉄系焼結材料のほか，近年開発が進んでいる複合軟磁性材料が用いられ，製品の性能向上や小型・軽量化に大きく寄与している．以下，最新技術トピックスとして，複合軟磁性材料とその適用例を紹介する．

複合軟磁性材料[1]とは，図9・3・2-1に示すように鉄粉の表面に絶縁被膜をコーティングし，金属と絶縁樹脂を複合化した材料であり，この絶縁被膜付き鉄粉を加圧成形した圧粉体を，各種ソレノイドやモータ用コア等の磁気回路部品として使用する．これまで一般的に用いられてきた電磁鋼鈑は，板厚方向とそれ以外の方向で磁気特性が異なる．これが磁気回路設計およびそれに基づき部品形状の最適化を行う際の制約となっていた．これに対し，絶縁被膜をコーティングした鉄粉を用いた複合軟磁性材料は，磁気特性に方向性がなく，部品形状の設計自由度が高い．よって，従来の電磁鋼鈑ではできなかった部品形状が可能となり，製品のより一層の小型・軽量・高性能化を実現できる．また，作りやすさについても，従来の電磁鋼鈑の製造工程では，打ち抜き・積層等，多工程が必要になるのに対し，複合軟磁性材料を用いる場合，粉末成形一工程で部品を形づくることができるため，工程簡素化によるコスト低減も期待できる．

複合軟磁性材料の適用例を図9・3・2-2に示す．ソレノイドへの適用例として，ディーゼルインジェクタ用ステータコア[3]（図9・3・2-2(a)）がある．ステータコアは，ディーゼルエンジンの排ガス浄化を実現する

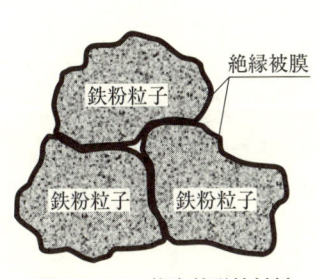

図9・3・2-1 複合軟磁性材料

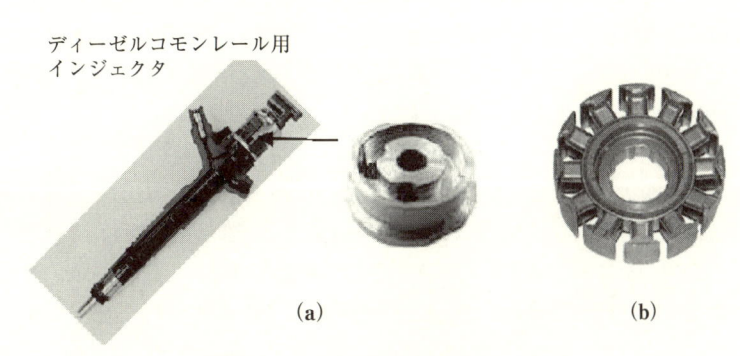

図9・3・2-2 複合軟磁性材料の適用例
（a）ディーゼルインジェクタ用ステータコア，（b）アンチロックブレーキシステム用モータコア

燃料噴射システム（＝コモンレールシステム）の基幹部品であるインジェクタにおいて，燃料噴射特性を決定する重要部品である．複合磁性材料の適用により，従来の電磁鋼鈑に対し，インジェクタの高応答化および小型化を実現している．ソレノイド以外では，モータやリアクトル等への適用例がある．モータへの適用例として，アンチロックブレーキシステム（＝ABS）用モータコア[1,2]（図9・3・2-2(b)）がある．本事例では，形状設計自由度が高い複合軟磁性材の特徴を活かし，モータコアの最適形状設計を行うことにより，製品の大幅な小型・軽量化を実現している．

9・3・3　今後の動向

電装部品に適用される焼結部品には，期待される3つの方向があると考える．

第1は，焼結材料の物性値（機械的，磁気的特性）を高め，高密度で溶製材に並ぶ特性を実現することに加え，気孔等の材料欠陥を含む通常の焼結材を最大限利用できるために体系的な材料設計技術・データベースを確立することである．第2は，粉末を出発原料にすることを最大限利用した「粉末ならでは」の部品作りを極めることに加えて，「粉末ではできない」といわれていたことを実現していくことである．第3は，焼結部品の製造コスト低減と環境・リサイクルを考慮した材料設計の実現である．

第1の方向：電装部品は，自動車の小型化，軽量化，燃費向上，安全，快適・利便を実現すべく，一層の電子制御化と電動化が進む．このため，磁性材料，軸受，複雑形状部品や機能を一体化した部品の必要性がますます高まる．焼結部品の形状自由度の高さは部品の小型化，軽量化に有利であるため，焼結材料の磁気特性，耐摩耗性，耐面圧疲労等，特性の一層の向上が期待される．また，グローバル化・部品の小型化に伴い，自動車はますます厳しい条件（温度，腐食，負荷等）での使用環境が要求され，信頼性に対する要求は一層高いものとなる．これらニーズに応えるため，より溶製材に近い特性をもつ材料が求められる．しかし，実際には，焼結部品には気孔等の欠陥があることから，製品設計段階で信頼性まで考慮した材料設計を適切に行う必要がある．そのため，焼結部品の様々な使用環境での特性，特に強度，摩擦摩耗，耐食性等の物性値に関する情報の収集・体系化が必要となる．

第2の方向：9・3・2項で説明した複合軟磁性材料はこの一例である．圧粉体がバルクとして高い磁気特性を有することが可能である一方で，粉末表面の絶縁被膜が各粉末粒子間を電気的に絶縁する結果，バルクとして高い比抵抗を実現することが可能である．

また別の一例として，図9・3・1-2に示したエアコンコンプレッサ用クラッチハブ[1]は焼結部品の使い方に関して新たな視点を提供する．この部品はプーリインナーハブとして，平常時は動力を伝達するが，過大負荷の下では速やかに破断するメカニカルヒューズの機能を果たす．つまり，平常時には壊れない（＝引張強さ下限保証），過大負荷時に壊れる（＝引張強さ上限保証）ことを両立させたうえで，信頼性を確保（＝疲労強度保証），疲労強度と引張強さのバランス（＝疲れ限度比）の確保が要求される．焼結部品の組織に起因する疲れ限度比特性の特徴を活かし，材料および製造プロセス設計と品質保証技術により，機械的特性のばらつきを最小限に抑え，上下限の静的強度保証，疲労強度保証を行い，かつ，焼結のメリットが生かせる部品形状に仕上げることができた．まさに「粉末ならでは」と「粉末ではできない」ことの両立を図ることができた事例である．これにより電磁クラッチ部品を代替することができ，その結果，軽量化・省燃費・省電力・システム簡素化を同時に達成することができた．「粉末ならでは」を実現できる新機能を追求し，製品設計と材料設計・プロセス設計を同時に進めることで，「粉末ではできない」といわれていたことを可能にすることによって，焼結部品の新たな適用の可能性が開拓できると考える．

第3の方向：部品のコスト競争力強化と省資源のため，ネットシェイプ成形，希少資源の低減が，また，鉄資源のリサイクルを考慮して，トランプエレメント[*1]の1つである銅を含まない材料開発も期待される．

成形・焼結等の粉末冶金技術は，技術と匠の世界が混在している．焼結部品のコスト競争力向上のためには，匠の世界にもっと科学的なメスを入れ，混合，成形，焼結といった基盤技術を固め，安定した量産技術が確立されることが望まれる．また，世界の資源戦略に依存する材料コストの変動を抑え，また，鉄鋼材料のリサイクルに寄与するためにも，Niフリー，Cuフリーの焼結材料の開発とその実用化をしていく必要があると考える．

9・4 センサ部品

9・4・1 はじめに

自動車には多種多様なセンサが使われており，その役割も燃焼制御，エミッション制御，快適性向上，安全性向上，環境保護と多岐に渡っている．本節では特に，燃焼制御，エミッション制御に使われ，検知にセラミックスの特性を利用している酸素センサ，温度センサ，ノックセンサを取り上げ，それらのセンサの原理，使われているセラミックス材料について概説する．これらのセンサには，高温，熱衝撃，振動，被水，異物衝突等の非常に過酷な環境下で使用されるという共通点があり，自動車用部品としての高い信頼性，堅牢性が必要とされる一方，コスト的にも十分にその用途に見合うものでなければならず，高い技術ポテンシャルが要求されるものが多い．

9・4・2 酸素センサ

酸素センサは，エンジンの理論空燃比点を正確に計測するのに使われており，三元触媒を用いた排気浄化システムの基幹部品として広く普及している．酸素センサには，チタニア（TiO_2）の抵抗変化を利用したものも実用化されているが，現在普及しているもののほとんどが，ジルコニア（ZrO_2）の固体電解質としての特性を利用したものである．図9・4・2-1に酸素センサの外観写真を示す．

ジルコニアにイットリア（Y_2O_3）等の価数の異なる金属酸化物を数mass%程度固溶させると酸素欠陥を生じるが，酸素センサは，この酸素欠陥がジルコニア固体電解質内を移動することができる性質を利用したものである（酸素イオン（O^{2-}）が逆の向きに移動することと等価である）．すなわち，ジルコニアセラミックスの両側に多孔質電極を設け，片側の電極を大気（基準極）に，もう一方の電極（測定極）を排気ガスにさらすと，いわゆる酸素濃淡電池の状態となり，ネルンストの式に従う起電力を生じる（図9・4・2-2）．

$$E=(RT/4F)\ln(Po_{2(ref)}/Po_{2(gas)}) \qquad 式(9・4・2-1)$$

ここで，E：起電力，R：気体定数，T：絶対温度，F：ファラデー定数，$Po_{2(ref)}$：基準極での酸素分圧，$Po_{2(gas)}$：測定極での酸素分圧である．実際の酸素センサでは，図9・4・2-2に示すように，一方が閉じた管状のジルコニアセラミックスの内側と外側に白金の電極を形成し，さらに排気ガスにさらされる外側の電極の上にはポーラスなセラミックスコートからなる保護層が設けてある．

三元触媒は，空燃比がストイキ（stoichiometoric amount of air：理論空燃比）近傍で制御されたときに，排気ガス中のHC, CO, NO_xを同時に最も効率よく浄化することができる（この領域をウインドウという）．排気ガス側の酸素分圧は，空気過剰率λが1付近を境に急激に変化するため，上記のネルンストの式に従

[*1] トランプエレメント（＝tramp element）
鋼のそれぞれの特殊性を出すために添加されたNi, Cr, Mo, Cu, Sn等の鋼中の微量元素のこと．しかし，鉄-鋼材料のリサイクルの際には分離困難な不純物成分として問題となっている．

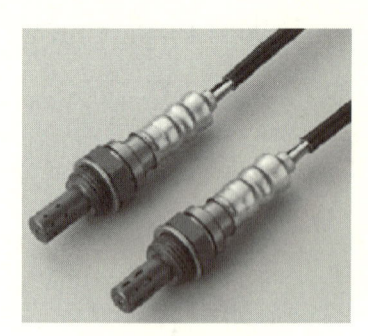

図9・4・2-1 酸素センサ

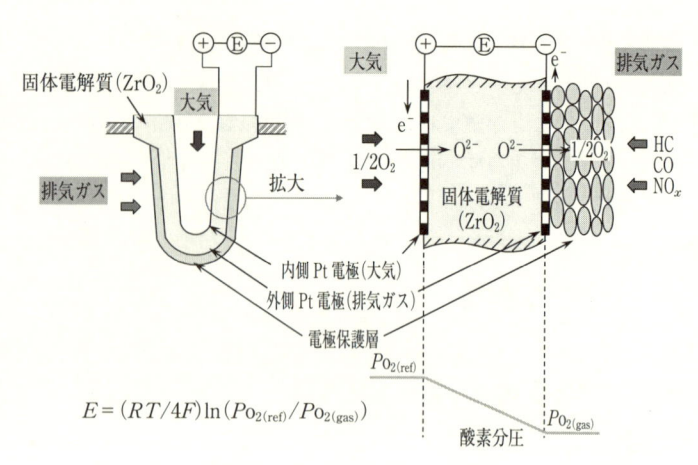

図9・4・2-2 酸素センサの原理

$$E = (RT/4F)\ln(P_{O_2(ref)}/P_{O_2(gas)})$$

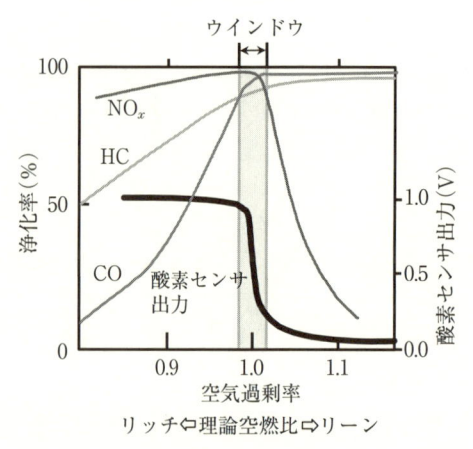

図9・4・2-3 三元触媒の浄化率と酸素センサの出力

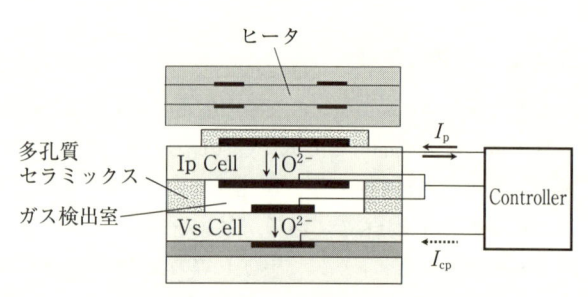

図9・4・2-4 全領域空燃比センサの構造

い，酸素センサは$\lambda=1$を境に急峻な起電力変化を示す（図9・4・2-3）．燃料が過剰領域（リッチ）ではおおむね1V，空気が過剰領域（リーン）では，数10～100mVの出力となる．このような酸素センサの出力特性により，リッチ/リーンの判定を行うことができ，これをフィードバックすることでストイキ近傍に燃焼を制御することができる．

　上記のように酸素センサは，ジルコニア固体電解質が排気ガス中の酸素の濃淡により起電力を生じることを利用した，いわば0/1判定のためのセンサであるが，外部よりジルコニア固体電解質に適当な電気エネルギーを与え，固体電解質内の酸素濃度を制御することで，酸素濃度を正確に計測することも可能である．このタイプの酸素センサを，通常の酸素センサとは区別して全領域空燃比センサと呼んでいる．

　全領域空燃比センサの素子は，図9・4・2-4に示すように，通常の酸素センサと同様の働きをもつVsセルと，排気ガス中の酸素濃度に応じて酸素を汲み出し入れをするポンプとしての働きをもつIpセルとの間に，ガスを一定の量だけ導入する多孔質セラミックスを室壁とするガス検出室を備え，これらを駆動させる外部回路と接続されている．VsセルとIpセルの基材にはジルコニア固体電解質が使われている．排気ガスは多孔質セラミックスを通じ拡散によってガス検出室に導入され，リッチ/リーンの判定がVsセルによってなされる．外部回路はVsセルからの出力を判定し，リッチなら酸素を汲み入れ，リーンなら酸素を汲み出す

よう Ip セルに対して電流制御を行う．このとき，ガス検出室中のガス濃度が常にストイキになるよう電流が制御されるため，Ip セルには排気ガス中の酸素の過不足に応じた電流が流れることになり，この電流値をモニタすることで排気ガス中の酸素の過不足濃度を測定できる．

全領域空燃比センサでは通常の酸素センサよりも全域で正確な空燃比が計測できるため，より精密な燃焼の制御あるいは任意の空燃比での制御を可能としている．得られる電流値と酸素濃度がリニアな関係にあることから，全領域型酸素センサは，リニアセンサとも呼ばれる．また，この方式をさらに進化させることで NO_x 濃度を測定することも可能で，リーンバーンエンジンの触媒制御用等としてすでに一部のアプリケーションで実用化されている．

9・4・3 温度センサ

温度計測は最も基本的な計測であり，様々なタイプの温度センサが実用化されている．自動車用途においても水温，油温，室温，吸気温，排気温等多くの温度センサが用いられているが，なかでも排気温度センサは，広い測定温度域，高い耐熱性，耐久性が要求される特徴的なセンサである．ここでは，感熱素子にサーミスタを利用した広範囲排気温度センサについて述べる．

サーミスタ（Thermistor）は，Thermally Sensitive Resistor の略称であり，その名の通り温度変化により電気抵抗が大きく変化する性質を有する半導体セラミックスである．その導電性は，焼結体を構成する金属イオン間を，電子または正孔がホッピングすることによるホッピング伝導機構により生じる．温度測定を目的としたセンサには，負の温度係数を有する NTC（Negative Temperature Coefficient）サーミスタが広く使用されている．NTC サーミスタの温度と抵抗値の関係は，近似的に次式で与えられる．

$$R = R_0 \exp\{B(1/T - 1/T_0)\} \qquad 式(9・4・3-1)$$

ここで，R：絶対温度 T におけるサーミスタの抵抗値，R_0：絶対温度 T_0 におけるサーミスタの抵抗値である．また，B は，サーミスタ定数（thermistor coefficient）もしくは B 定数と呼ばれるサーミスタの温度に対する感度を表す定数である．

排気温度センサが最初に自動車用として車載されたのは，自動車排気ガス規制の施行に伴い採用された触媒コンバータの過熱警報用としてであった．この用途にサーミスタタイプの温度センサとしては，感熱素子に安定化ジルコニアを利用した温度センサが開発，製品化された．その後，日本のみ適用していた触媒の過熱警報装置が必要でなくなったため，一時期排気ガス温度センサの需要は減少したが，現在では，ターボチャージャの保護，DPF（Diesel Particulate Filter：ディーゼル微粒子除去装置），NO_x 触媒，酸化触媒，尿素 SCR（Selective Catalytic Reduction：選択的触媒還元）等の各種排気ガス浄化システム制御用として排気温度センサの用途が広がってきている．

初期の安定化ジルコニアを利用した温度センサでは，警告を発するための温度検知（約 900 ℃前後）ができればよかったが，制御を目的とした温度センサでは，広範囲な温度域に渡って精度よく連続的に温度計測ができることが必要条件となる．広範囲温度域対応のサーミスタ材料としては，p 型半導体である $YCrO_3$ をベースに，ペロブスカイト型構造の A サイト，B サイトの組成を調整したサーミスタが開発されており，最近では北米の OBD（On Board Diagnosis：車載の自己故障診断装置）にも対応して −40 ℃から 900 ℃ときわめて広い温度域をカバーできるものも開発されている．図 9・4・3-1 に広範囲温度域対応の温度センサの外観写真を示す．また，図 9・4・3-2 に車載用として実用化されている $YCrO_3$ をベース組成としたペロブスカイト型酸化物サーミスタの特性例を示す．

排気ガス温度センサでは，その計測温度域に応じて B 定数が 2000～5000 K 程度のものがよく用いられる．式(9・4・3-1)に示されるように，NTC サーミスタの抵抗値は温度の上昇に対し指数関数的に変化するた

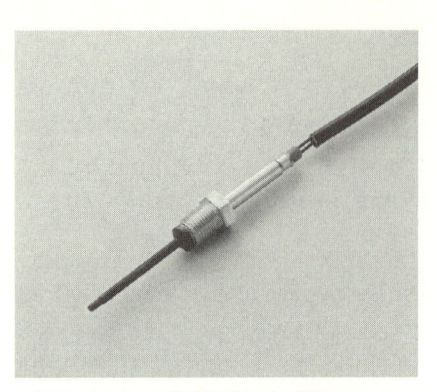

図 9・4・3-1　広範囲排気ガス温度センサ

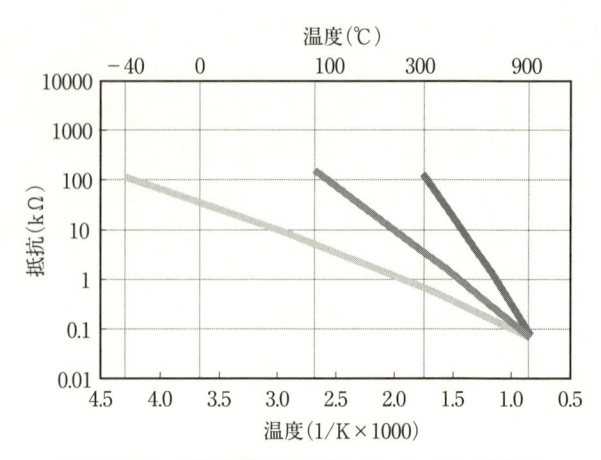

図 9・4・3-2　広範囲温度域対応のサーミスタの特性例

め，その抵抗変化は白金抵抗体と比較しても桁違いに大きく高感度である．また，構造が簡単であるため小型化が容易であり，高感度で応答性がよいのが特徴である．

　一方，同じ温度センサでも熱電対や白金抵抗体が物質固有の特性を利用しているのに対し，サーミスタの特性は組成のみによって一義的に決まるものではなく，粒径，粒界，空孔，偏析等によって特性が大きく変わってしまう．したがって，サーミスタの製造では，不純物の混入や偏析の管理はもちろんのこと，仮焼や焼成条件の厳密な制御が必要である．

　広範囲排気温度センサは，燃焼制御，排気ガス浄化システムの制御用センサとして，さらなる省燃費，排気ガスのクリーン化に向け，今後も重要な役割を担っていくと考えられる．

9・4・4　ノックセンサ

　正常なエンジンの燃焼では，シリンダ内に導入された混合気（燃料 + 空気）は点火プラグにより着火され，火炎伝播により燃焼が広がりシリンダ内の圧力が徐々に上昇していく．ところが，圧力上昇過程で混合気の未燃焼ガスが自然着火を起こすと，急激に圧力が上昇し，強い衝撃波が発生してシリンダ内を往復し，ノックをするような音が発生する．この現象をノッキングといい，強度のノッキングが発生するとエンジンに損傷を与えてしまう．

　エンジンブロックに直接取り付けられたノックセンサによりノッキングの発生を検出し，ECU（Engine Control Unit）にて点火タイミングを調整するシステムがノックコントロールシステムで，ノック発生時には点火時期を遅らせ（クランク角を遅角させ），ノック未発生時には点火時期を早める（クランク角を進角させる）ことにより，常にノッキング限界近傍に点火時期を調整している．図 9・4・4-1 にその概念図を示す．ノックコントロールシステムは，ノッキングによるエンジンの損傷を回避すると共に，エンジンの省燃費化，高トルク化に貢献しており，現在では，軽自動車から高級車までほとんどすべてのガソリンエンジンの車両に広く採用されている．

　ノックセンサには，圧電セラミックスの力が加わると電荷が発生する性質が利用されている．ノックセンサに用いる圧電セラミックスとしては，耐熱性の観点からはキュリー点が高く，出力の観点からは圧電ひずみ定数，誘電率が大きい圧電セラミックスが望ましく，一般的には，PZT と呼ばれるジルコン酸チタン酸鉛（Pb(Zr, Ti)O$_3$）が使われている．

　実用化されているノックセンサには，構造の異なる 2 つのタイプがある．1 つは，共振型と呼ばれるタイ

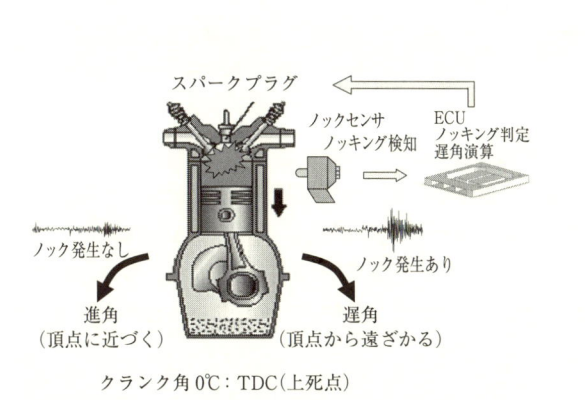

図 9・4・4-1 ノックセンサを用いた点火タイミング調整の概念

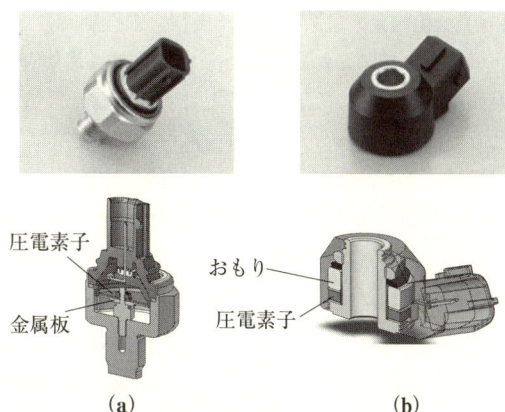

図 9・4・4-2 （a）共振型と（b）非共振型ノックセンサ

プで，センサの中に振動板と圧電素子とを貼り合わせた振動体が組み込まれている（図9・4・4-2(a)）．共振型は，この振動体のたわみにより電圧を発生させるが，出力が大きく耐ノイズ性に優れる，バンドパスフィルタが不要であるという大きなメリットがある反面，エンジンの機種ごとに振動体の共振周波数をノック周波数に合わせ込む必要があるというデメリットもある．もう1つは，非共振型と呼ばれるタイプで，金属からなるおもりと圧電素子が組み込まれており，一種の加速度センサと見ることもできる（図9・4・4-2(b)）．圧電素子が発生する電圧 V は，次式で与えられる．

$$V = (d_{33} F)/C \qquad 式(9・4・4-1)$$
$$F = ma \qquad 式(9・4・4-2)$$

ここで，d_{33}：板に垂直方向の圧電定数，F：素子に印加される力，C：素子静電容量，m：おもり重量，a：加速度である．非共振型は，エンジンの振動をすべて検知するのでバンドパスフィルタと増幅器を必要とするが，エンジン振動の広い周波数領域に渡ってほぼフラットな出力特性をもっており，共振型のような周波数の合わせ込みは不要で，多くのエンジンに対し一品番で対応が可能である．

ノックセンサは，これまでディーゼルエンジンにはほとんど使用されていなかったが，コモンレールシステムの普及に伴い，より精密に燃焼を制御するために，ディーゼルエンジンの着火タイミングや失火の検出に使用することが検討され始めている．ディーゼルエンジンは，ガソリンエンジンに比べてトルクが大きく，CO_2 の排出量が少ないことから環境に優しいエンジンとして特に欧州で普及が広まりつつあり，今後，ノックセンサの活躍の場がさらに広がっていくことが期待されている．

9・5 排気系部品

9・5・1 はじめに

自動車排気ガスによる大気汚染に対する危機感から1970年に米国でマスキー法が成立し，米国・日本・欧州各国は相次いで自動車排ガス規制を導入した．わが国も昭和50年規制を手始めとして，年々その規制は厳しいものとなっている．自動車メーカは排気ガス浄化を目的として，エンジンおよび制御システムの改良と触媒の開発に取り組んだ結果，排ガス中の有害成分であるHC（炭化水素），CO（一酸化炭素），NO_x

（窒素酸化物）の低減が進み，現在，未規制時の1/10以下となっている．この取り組みの中でも，現在の厳しい排ガス規制に対応するためには排ガス後処理装置は不可欠である．自動車排ガス後処理装置の進歩は，触媒コンバータの採用に負うところが大きく，特にHC，CO，NO_xの3成分を同時に除去する三元触媒と，これを担持するハニカムが重要部材となっている[1]．

触媒による排気ガス浄化には，触媒，担体，装置の各要素技術の開発が必要であった．触媒担体としてはペレット型が化学工業で一般的に用いられるが，排気ガスが通過しにくく担体自体が重いことから，自動車用としては適さなかった．そこでハニカム形状の担体が好ましいとされ各種製法による開発が行われた．当初米国で行われていたコルゲート（corrugate，波付け）法，ディッピング法，押出し法が検討され，形状の均質性と量産性にすぐれた押出し法が現在主流となっている．本章ではこの押出し法による自動車排気ガス浄化ハニカム触媒担体について，その特徴，製法について解説する．

9・5・2 特　　徴

ハニカム触媒担体およびケーシングへ組み込んだコンバータの概観を図9・5・2-1に示す．このハニカム担体を構成する材料は，コーディエライトである．コーディエライトは組成式$2MgO \cdot 2Al_2O_3 \cdot 5SiO_2$で表されるセラミックスである．以下に自動車排ガス浄化用触媒担体として必要とされる機能とコーディエライトハニカム担体の特性について述べる．

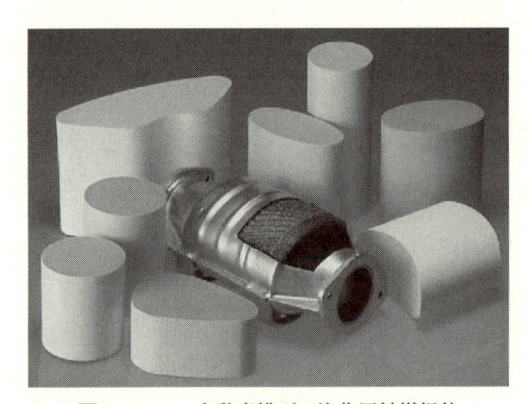

図9・5・2-1 自動車排ガス浄化用触媒担体

自動車排気ガス浄化用触媒担体には担持した触媒と排ガスとの接触効率が高いことが要求され，薄い隔壁によって構成される多角形セルからなる蜂の巣構造が効果的であり，このような構造をハニカムと呼んでいる．セル数の増大と隔壁の薄壁化が接触効率の増大に寄与する．次に，排ガスの通気抵抗を低くしてエンジンの出力低下を抑えることが必要で，ガスの流路が屈曲せず直線的に貫通しているハニカム構造が適している．また，排ガス温度に耐える耐熱性，急加熱・急冷に耐える耐熱衝撃性，金属ケーシングへの組み込みや自動車の振動に耐える機械的強度，触媒との密着性等が要求される[1]．耐熱性は一般に金属よりもセラミックスが優れている．耐熱衝撃性は材料の熱膨張係数，熱伝導率，ヤング率，機械的強度に依存し，800℃以上の急熱急冷温度差に耐えられる触媒担体としては，熱膨張係数が1×10^{-6}/℃以下の低膨張材料が有利である．一般的な触媒担体用の代表的なセラミックス材料としてアルミナやムライトも高い耐熱性を有することで候補となり得るが，コーディエライトの熱膨張係数はきわめて低く，本用途に最も適している．また，触媒である貴金属粒子はγアルミナに担持されるが，γアルミナはハニカムの薄壁に固定され，その密着性をよくするために薄壁は多孔質となっている．

9·5·3 製　　法

　自動車排気ガス浄化ハニカム触媒担体は，ハニカム状に多数の孔を有している構造上の多孔部材でありながら，材質面においても隔壁を構成する材料自体が多孔質であるという「多孔体」といえる．まず，材質としての多孔質コーディエライトの形成について述べる．

　コーディエライト質ハニカム担体の製造工程は，一般的なセラミックスの製法工程と変わらない．以下に述べる原料と成形助剤と水を混合し，混練により押出し用坏土を調整し，成形，乾燥，仕上げ加工，焼成，検査，包装の工程を経る．原料には，アルミナ（Al_2O_3）と天然原料であるタルク（$3MgO・4SiO_2・H_2O$），カオリン（$Al_2O_3・2SiO_2・2H_2O$）を使い，コーディエライト組成（$2MgO・2Al_2O_3・5SiO_2$）になるよう調合する．成形には押出し法を使う．材質としての多孔性は，コーディエライト結晶が原料同士の反応により生成されるプロセスを経て得られる．

　次に多孔構造としてのハニカム構造の形成について述べる．ハニカム構造は，図9·5·3-1に示す口金を利用した押出し法によって得られる．押出しは，たとえば真空押出し成形機（図9·5·3-2）により行われる．あらかじめ混練された坏土が真空押出し成形機内で練られ，最後に口金を通して押出される．このとき，坏土は口金の坏土供給孔から押し込まれ，薄壁形成側の十字スリットに分岐して広がり，となりの供給孔からの坏土と圧着しながら押し出されてハニカム形状となる．

　コーディエライトの特徴である熱膨張特性は，その化学量論組成よりも，MgOリッチ側，Al_2O_3リッチ

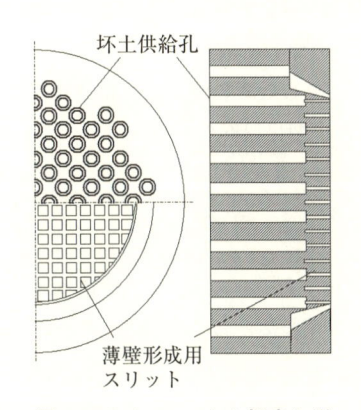

図9·5·3-1　ハニカム押出し用口金

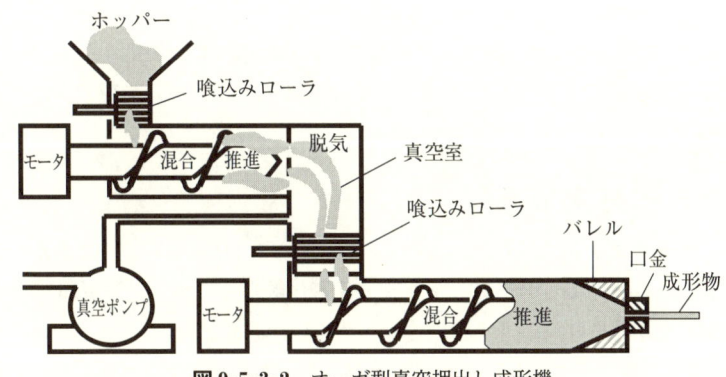

図9·5·3-2　オーガ型真空押出し成形機

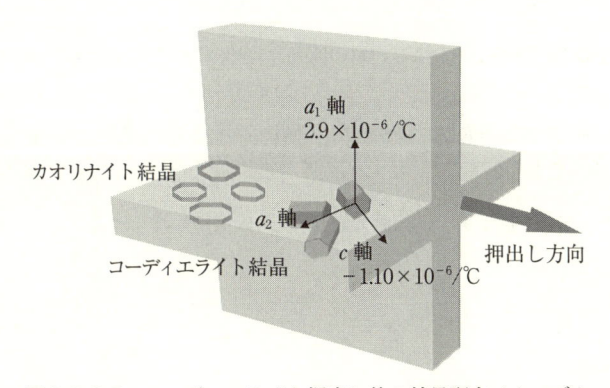

図9·5·3-3　コーディエライト押出し体の結晶配向メカニズム

側にそれぞれ若干寄った組成点で最も低熱膨張となる．また，アルカリ金属酸化物の混入は熱膨張係数を増大させるもととなる．したがって，熱膨張に悪影響を及ぼす成分の少ない原料の選定と，組成の調整がきわめて重要となる[1]．

さらに，コーディエライト質ハニカムに特有な低熱膨張化機構がある（図 9・5・3-3）．原料として用いるカオリン原料は，構成するカオリナイトの結晶特性によって，扁平な粒子となっているため，坏土が薄壁形成用スリットを通過するときにかかる強いせん断力によって平坦面がスリット面にそろうように配向する．コーディエライト結晶はカオリナイト結晶を基準に生成し，コーディエライト結晶の c 軸がカオリナイト結晶の平面方向となって生成する．コーディエライト結晶は熱膨張係数に異方性があり，結晶の a 軸方向の熱膨張係数は正であるが，これに垂直な c 軸方向の熱膨張係数は負である．c 軸方向がハニカムの薄壁面内に配向するので，薄壁面に平行な方向の熱膨張係数は，a 軸，c 軸の正負の熱膨張係数の平均となって小さくなる．コーディエライトハニカムはこのようなコーディエライトの結晶配向を利用して熱膨張係数を制御している．

9・5・4 応　用

マスキー法以降も自動車排ガス規制は順次強化されており，米国 Tier2[*2]，欧州 Euro4/5[*3] 等に対応するために，エンジン始動直後の排ガス処理の重要性が増している．触媒は常温では有効に機能せず，所定温度に短時間で達することが必要で，そのためにはハニカムの熱容量減少が必要である．また，ハニカムのセル数の増加も触媒機能改善に有効である．こうした要請により，12 mil[*4] からスタートしたハニカムセラミックスの壁厚は，6 mil，4 mil，3 mil と薄くなり，ティッシュペーパー 1 枚分の厚さに相当する 2 mil まで，また，200 cpsi[*5] から始まったセル数も 1200 cpsi まで実用化されている．こうした薄壁化やセル数の増加により触媒の排ガス処理能力は高まり，触媒量の低減，触媒コンバータの小型化目的でも活用されている[1,2]．

9・5・5 将来展望

昨今，クリーンディーゼル車の開発活発化により，ハニカムセラミックスはディーゼルエンジンの排気浄化装置においても DOC（ディーゼル用酸化触媒）や SCR（選択還元型触媒）用担体としての利用の大幅な拡大が期待される．

第 9 章 文献

9・1・2 の文献
1) 藤木章：“高性能エンジン用焼結部品および材料の開発”，粉体および粉末冶金，46 (1999) 510-518．

9・1・3 の文献
1) 藤木章，前川幸広，馬渕豊，渡部貴也，菅谷好美，岩切誠，芝野隆：“温間成形と高温焼結を組み合わせた DIG（直噴ガソリン）エンジン用サイレントチェーンスプロケットの開発”，粉体および粉末冶金，49 (2002) 438-444．
2) 藤木章，前川幸広，馬渕豊，山田淳一，佐藤光博：“温間成形に転造を組み合わせたスプロケットについて”，

[*2] 米国の排気ガス規制．
[*3] 欧州の排気ガス規制．
[*4] mil は壁厚の単位で 1/1000 インチ．
[*5] cpsi はセル数の単位で，1 平方インチ当たりの個数（cells per square inch）．

粉体粉末冶金協会概要集，平成 16 年度秋季大会（2004）116.

9・3・1 の文献
1) 日本粉末冶金工業会：平成 19 年度日本粉末冶金工業会年報（2007）2-9.
2) 筒井唯之，山田淳一，岸淵昭，児玉邦宏："カーエアコン・コンプレッサ用メカニカルヒューズ部品の開発"，粉体および粉末冶金，**54**（2007）513-518.

9・3・2 の文献
1) Lars Hultman and Zhou Ye："Soft Magnetic Composites-Properties And Applications", PM2TECH（2002）in Orlando, USA.
2) 横井道治，神谷直樹，中野哲也："新型 ABS 用モーターコアの開発"，粉体粉末冶金協会概要集，平成 18 年度秋季大会（2006）136.
3) 島田良幸，西岡隆夫，池ヶ谷明彦："高性能圧粉磁心材料の開発"，粉体および粉末冶金，**53**（2006）686-695.

9・3・3 の文献
1) 筒井唯之，山田淳一，岸淵昭，児玉邦宏："カーエアコン・コンプレッサ用メカニカルヒューズ部品の開発"，粉体および粉末冶金，**54**（2007）513-518.

9・5・1 の文献
1) 赤間　弘，金坂浩行，山本伸司，松下健次郎："自動車排気浄化触媒技術の現状と将来"，自動車技術，**54**（2000）77-82.

9・5・2 の文献
1) 安部文夫："ハニカムセラミックスの新展開"，未来材料，**1**［7］（2001）26-33.

9・5・3 の文献
1) 色川秀勇："コーディエライトを用いたハニカム"，エレクトロニク・セラミクス，**22**［11］（1991）67-71.

9・5・4 の文献
1) N. Tamura, et al.：SAE Paper, 960557（1996）.
2) K. Umehara, et al.：SAE Paper, 971029（1996）.

第10章
焼結含油軸受・摩擦材部品・多孔質部品

10·1 焼結含油軸受

　焼結含油軸受は焼結材料の特徴の1つである多孔質を利用し，焼結体の気孔に潤滑油を含浸させて自己給油の状態で使用するすべり軸受である．20世紀初頭にドイツで発明された焼結含油軸受はわが国では昭和20年代の後半から各方面に大量に使われるようになり，自動車，家電機器，音響機器，事務機器，精密機械，情報通信機器等各種工業製品の発展を支えながら，産業として成長してきた．国内での生産量はこの20年で伸びが見られないが，これは海外生産移管等によるもので，産業としての成長が止まったわけではない．特性の面でも，近年，焼結含油軸受が使われる製品はますます高機能化，多様化の傾向にあり，それに伴って軸受に要求される特性も，多様化，高度化しているが，これらの要求に対応するため種々の検討がなされている．

10·1·1 製造工程

　焼結含油軸受の製造工程は焼結機械部品の製造工程と基本的には同じであるが，大きな違いは含油性をもたせるため製品密度を低く抑えることと，必ず含油工程があることである．各工程の詳細は第4章から第6章で述べられているので，ここでは主に焼結含油軸受の製造工程について解説する．

　a. 混　合

　焼結含油軸受には大きく分けて鉄系と銅系があるが，銅系では主原料の銅粉に10％前後のスズ粉と必要に応じて黒鉛粉末等を加え，さらに成形用潤滑剤としてステアリン酸亜鉛粉末を0.5％程度添加し，混合する．鉄系の主原料は鉄粉であり，要求特性に合わせ銅粉等を添加する．

　b. 成　形

　ダイ，下パンチ，コア，上パンチからなる金型に混合した粉末を充塡し，上，下パンチにより加圧して軸受形状の圧粉体を得る．成形圧力は100〜300 MPaと機械部品より低くして，最終工程で潤滑油を含浸させる微細空孔を原料金属粉の隙間に残す．

　c. 焼　結

　圧粉体は銅系の場合700〜800℃，鉄系は1000〜1200℃で，アンモニア分解ガス（H_2, N_2）や石油系変成ガス（N_2, H_2, CO 等）のような還元性雰囲気中で30分前後加熱して，必要な強度をもった多孔質焼結体とする．

　d. サイジング

　焼結により生じたひずみを矯正し，内径，外径等の寸法精度と面粗さを向上させるため焼結体を金型に入れて再圧縮する．このとき，体積比の空孔率は通常20％程度とするが，内径表面の気孔の量を軸受に要求される特性に合わせて調整することができる．

　e. 含　油

　サイジングした軸受を潤滑油と共に気密容器に入れ減圧することにより，軸受気孔内の空気を抜いて潤滑

油と入れ替える．含浸油は軸受の用途，要求特性に合ったものを選択する．

　上記以外の工程として軸受メーカが軸受をハウジングに圧入して供給する場合がある．1980年代に生まれた携帯型ステレオカセットプレーヤの軸受では軸の回転ムラが再生される音楽の音質の異常につながるので，油膜が形成されにくい低速の運転状態でも安定した摺動特性が必要であり，圧入後の軸受内径精度や表面状態を維持できるよう製造工程の中に圧入工程が含まれた．

　最終的な寸法と表面気孔調整は圧入のときに行われる．この技術はその後，VTR（Video Tape Recorder）用軸受を経て高精度，高速回転が要求されるCD（Compact Disk），DVD（Digital Versatile Disk），LBP（Laser Beam Printer）等のスピンドル軸受に受け継がれている．

10・1・2　軸受の動作原理と含油孔

　すべり軸受の一種である焼結含油軸受は金属粉末の集合体という原料の特徴が成形，焼結，サイジングという工程を経ても形状と強度を付与されて残っている．すなわち，微細な気孔が軸受全体に分布しており，すべり軸受として機能させるために必要な潤滑油がその気孔に吸蔵されている．溶製金属で作られた非多孔質のすべり軸受では運転中に常時給油しながら使われるが，焼結含油軸受では，軸受自体に吸蔵した潤滑油が，動作中は軸受系の中で循環し潤滑の役目を果たしている．

　焼結含油軸受の内径に挿入された軸が回転を始めると，静止時には気孔の中に吸収されていた潤滑油が，図10・1・2-1のように軸と軸受との隙間に染み出してきて潤滑作用を行う．その機構は次のように考えられている．運転初期の軸受と軸の間に潤滑油がほとんどない状態で軸が回転すると，金属同士の摩擦で熱が発生し，潤滑油は温度上昇により膨張して軸受の気孔から溢れ出てくる．また，温度上昇は潤滑油の粘度を低下させ流動しやすくなる．さらに，ポンプ作用と呼ばれるメカニズムも働いている．図10・1・2-2に示すように，軸が回転すると軸と軸受の隙間の油が高速で流れることにより，軸受内部の油が吸い出され，荷重によって軸受内径の一方向に押し付けられている軸と軸受内径の曲率の差により形成されるくさび形の隙間に向かって油が流れる．この油の流れによって生じる油圧が軸受の内径面から軸を持ち上げて，軸と軸受の金属同士の接触を防止する働きをする．また，潤滑油の循環は摺動部の発熱を冷却する効果もある．軸が止まると，軸受と軸の隙間に存在する油は毛細管力によって再び含油孔に吸収される．焼結含油軸受は油圧が生じても気孔を通じて油が逃げるために油圧の低下が生じ，溶製金属の軸受に比べると負荷容量は小さい．

　実際には油の飛散，蒸発等で徐々に油は消耗されていき寿命に至るが，油の消耗を抑えることができれば無給油で長期間使用できる合理的な軸受といえる．このように，気孔は潤滑のメカニズムに対して重要な役

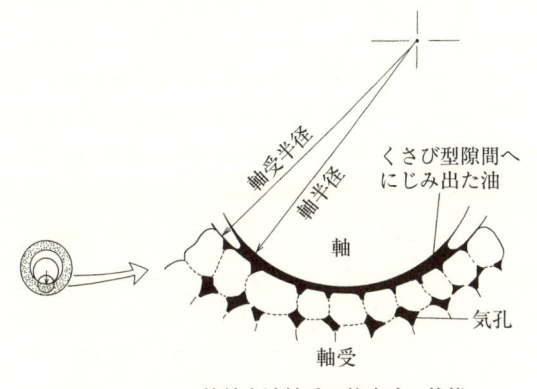

図10・1・2-1　焼結含油軸受の静止時の状態

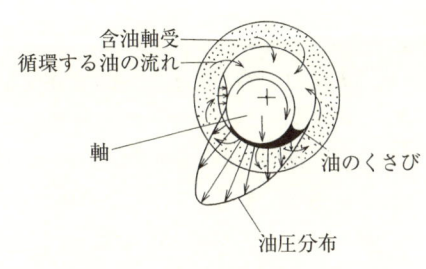

図10・1・2-2　ポンプ作用のメカニズム

割を果たしており，この気孔の量や大きさが異なると油の保持性，給油性等に影響を与え，その結果，軸受性能を大きく左右する．

基本的には，気孔の調整は使用する原料粉の種類，形状，粒度，あるいは成形加圧力によって行われる．また焼結現象を利用して行う方法として，銅粉にスズ粉を混合した原料を用いる青銅系軸受や鉄粉に銅粉を混合した鉄-銅系軸受がある．たとえば，焼結中に前者はスズの融点（232℃），後者は銅の融点（1083℃）直上でスズ粉や銅粉が溶融し，主成分である銅粉あるいは鉄粉の隙間に流入，合金化し，スズ粉や銅粉の存在していた場所はそのまま気孔となって発達するという，いわゆる流出孔発生現象を利用したものである[1]．ただし，鉄-銅系軸受では種々の銅含有量をもつ材質があり，銅を溶融させて含油孔とする軸受材の銅量は数％のものである．銅量が多い軸受材，たとえば15〜50％を含む軸受材は銅の軟らかい特性を活かし，なじみ性を向上させることが主な目的となるため，銅の融点以下で焼結する場合が多い．したがって銅量の多い鉄-銅系軸受材では，銅を添加する意味は異なる．また，30 vol％前後の高い含油率を得るために，重炭酸アンモン等の増孔剤を使用する方法もあるが，主原料に銅被覆鉄粉を使用して低密度成形する高含油率軸受も開発されている．

以上のような種々の方法によって，含油孔は生成されるが，焼結含油軸受は内径表面にある気孔も運転性能に直接影響を与える．したがって，塑性変形しやすい銅系，銅量の多い鉄銅系等の材質については，再圧縮工程時に最終的な内径気孔の調整が行われる．

10・1・3 軸受特性

含油軸受の性能は軸受の材質，含油率，通気度等のほかに，含浸油の種類，軸材質とその仕上げ，運転環境，クリアランス，荷重，すべり速さ等の使用条件および給油方法や組付け条件等多くの因子によって変化する．

性能は実際に運転試験を行い，摩擦係数 μ，温度上昇，油の消耗，軸受および軸の摩耗量等を測定，検討するが，その試験方法としては各種軸受試験機を使用する場合と，実際に使われる装置に組み付けて行う場合とがある．

図10・1・3-1は運転初期の軸受温度上昇と摩擦係数 μ の変化の傾向を示したものである．運転初期には動作原理の項で説明したように刻々と潤滑状態が変化しながら摩擦熱によって軸受温度は上昇するが，そのほかに軸と軸受の表面が互いに相手を研磨して平滑化すること，それにより軸受内径面の油孔が適度に目つぶれして気孔からの油圧の逃げが少なくなることにより，軸受温度は次第に下がり，潤滑油の粘度が上がって油膜が厚くなり，安定した平衡状態となる．μ は運転開始後，徐々に低下し，軸受温度が安定した時点で同様に一定となる．運転条件によって平衡状態になるまでの時間等に差はあるが，基本的にはこの傾向は変わらない．

圧力（P）と速度（V）の積である PV 値と軸受温度上昇の関係は図10・1・3-2のように PV 値の増加とともに高くなるが，μ については P と V に分けて考える必要がある．すなわち P が一定の場合，$V=0$ の静止摩擦係数から徐々に油膜が形成されるに従って低下していくが，図10・1・3-3のように，油膜厚さが十分になった後の V の増加は流体抵抗の増加になり μ は上昇していく．これに対し，V が一定で P が増加する場合を図10・1・3-4に示す．$P=0$ でも油の流体抵抗はあるので μ は計算上無限大である．P の増加にほぼ比例して流体抵抗以外の摩擦抵抗は増加するが，流体抵抗はあまり変化しないので μ は低下し，さらに P が大きくなって油膜切れによる金属接触が生じると μ は上昇する．一般にCu系では $PV=100$，Fe系では $PV=150\sim200$ MPa・m/min が許容 PV 値とされている．しかし，現実には軸の粗さ，潤滑油の粘度，添加剤の性能等により実際の使用限界 PV 値は大きく変わり，また同じ PV 値でも P が大きく V が小さい場合

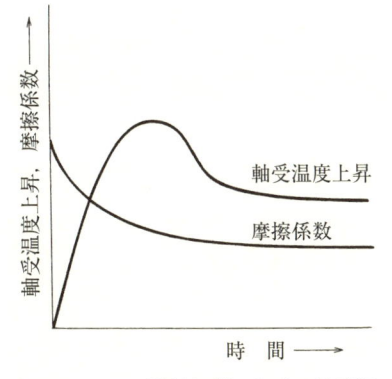

図 10・1・3-1 運転初期における軸受温度上昇と摩擦係数

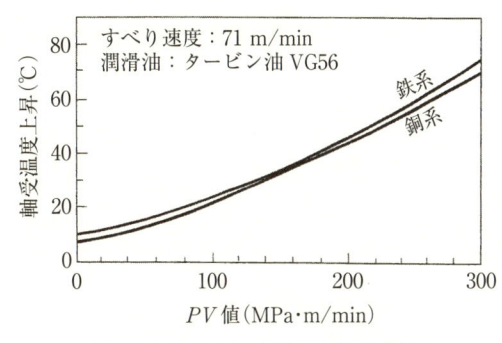

図 10・1・3-2 PV 値と軸受温度上昇

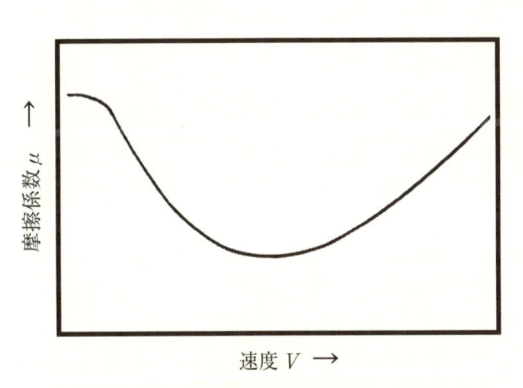

図 10・1・3-3 速度 V と摩擦係数 μ の関係

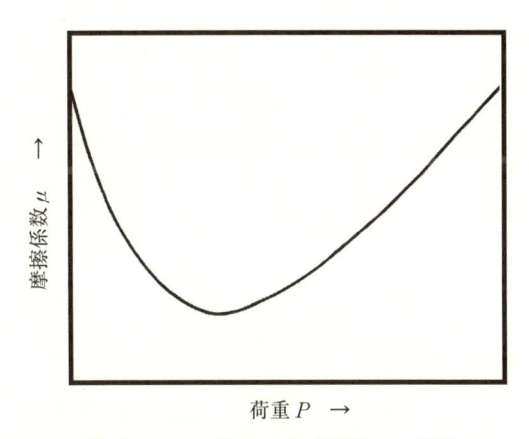

図 10・1・3-4 荷重 P と摩擦係数 μ の関係

と P が小さく V が大きい場合で運転状態が異なるので許容 PV 値はあくまでも目安である．

軸受を長時間運転すると油は徐々に消耗し，性能の低下が現れてくる．図 10・1・3-5 に示すように，油の保有量をあらかじめ変化させて，その性能を測定すると，含油量が少なくなると共に，性能は低下していることが分かる[1]．つまり，含油率 22 vol% の軸受も長時間運転することにより，油が消耗し，含油量の 50 % が消耗されると，急激に軸受性能が低下し，最後には焼付きに至る．したがって，一般用軸受では含油量が 50 % 消耗する時間を寿命時間とすることができる．また，PV 値が一定でも環境温度が高くなると，潤滑油は早く消耗する．使用環境温度が高い場合は，高温で蒸発，炭化しにくい潤滑油を選定する必要がある．フッ素油とシリコン油は耐熱性に優れており，添加剤の適用に制限があることに留意すれば軸受の使用温度範囲は広くなる．炭化水素系合成油は，成分の設計ができるので各種添加剤の効果が出やすい．

また，油の消耗が少なくても摩耗が進行して性能が低下する場合がある．たとえば，低速回転あるいは高温環境等の条件下で使用される場合，すなわち，油膜ができにくい条件下では先に摩耗が進行する．このような条件下では，黒鉛や MoS_2（二硫化モリブデン）等の固体潤滑剤を加えて焼結した含油軸受の使用が推奨される．図 10・1・3-6 に MoS_2 を加えた青銅系軸受の運転性能の一例を示す．青銅系焼結含油軸受では，低速運転で使用すると，ポンプ作用が不十分なため摺動面で油膜による潤滑が行われず，乾燥摩擦に近い状態になり，摩擦係数や軸受摩耗が大きくなり，実用上問題となる．これに対して MoS_2 を添加した青銅系焼結含油軸受の μ は小さく，軸受摩耗も少ないことが分かる．

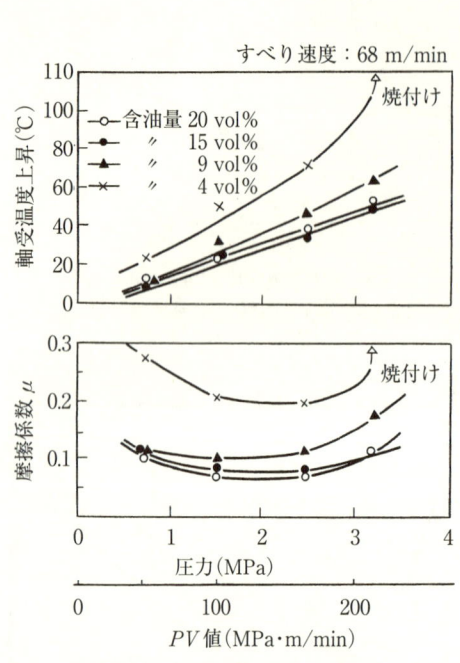

266　第10章　焼結含油軸受・摩擦材部品・多孔質部品

図 10・1・3-5 油保有量と運転性能[1]
(試料：Cu-10 Sn 焼結含油軸受，潤滑油：モビール油 SAE30)

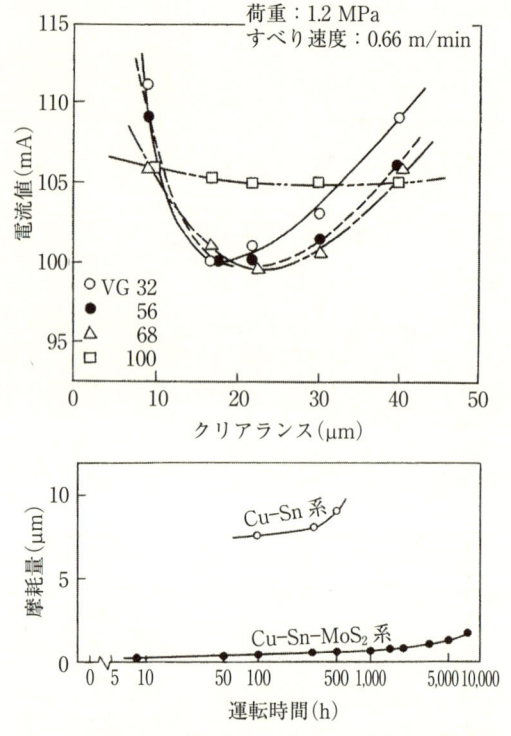

図 10・1・3-6 運転時間と摩擦係数および軸受の摩耗量[2]
(試料：青銅系軸受，軸材質：SUS420J2，HV(0.2)660)

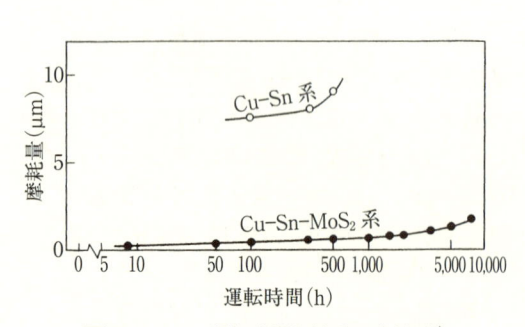

図 10・1・3-7 運転時間と軸受の摩耗量[2]

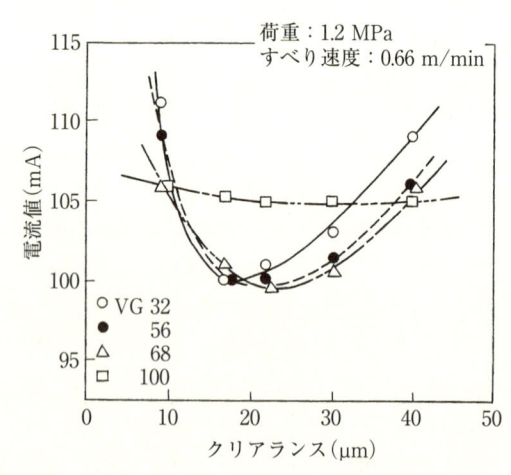

図 10・1・3-8 クリアランスとモータ電流値の関係[2]
(試料：青銅系軸受，軸材質：SUS420J2，HV(0.2)660

軸受性能を大きく左右する他の因子としてクリアランスがある．図 10・1・3-8 は低速回転で使用されるVTR 用軸受で，各粘度の潤滑油を含浸した場合のクリアランスとモータ電流値の関係を示す．電流値はクリアランスの増加とともに減少するが，クリアランスが大きすぎても電流値は再び上昇する．一般的には，

クリアランスを大きめに設定した方が，電流値，すなわちトルク損失を少なくすることができるが，クリアランスが大きいと軸受内径で軸のあばれが発生しやすくノイズの原因となる．

焼結含油軸受の特徴の1つはボールベアリングより運転中の音が静かなことである．摺動音は軸受の通気度によって大きく影響され，通気度が大きくなると油の供給量は多くなるが油圧の逃げも大きくなる．結果として金属接触しやすくなり，摺動音レベルは上昇する．これに対して通気度が小さくなると，油圧の逃げが少なくなり油膜が形成されるので，摺動音レベルは低下するが，通気度が小さすぎると，油の供給量が不十分となって金属接触が起こり，摺動音レベルは再び上昇する．摺動音に影響するその他の要因は油の粘度，軸の面粗さであり，すなわち必要十分な油膜厚さが形成されるようにすることが重要である．

10・1・4 焼結含油軸受の特徴

含油軸受の設計のためにはその特徴を十分把握したうえで適正な使用条件，材質，潤滑油の選定をすることが重要であり，また，使用にあった形状，寸法を決めなければならない．

焼結含油軸受の長所と短所は以下の通りである．

[長所]
①注油の手間が省ける．
②通常の金属では得られないような数種の金属または金属と非金属の複合体が得られる．
③機械加工が省略でき，材料の節約ができる．
④多孔質の金属材料が得られる．
⑤ボールベアリングと比較して騒音が低い．
⑥生産性がよいため，数量が多い場合，コストが安い．
⑦特別な給油機構を必要としない．

[短所]
①すべり軸受であるため，ボールベアリングと比較して摩擦係数が高い．

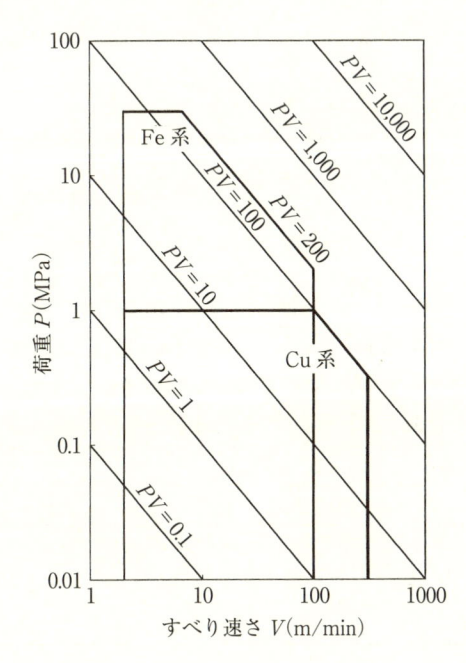

図 10・1・4-1 焼結含油軸受適用範囲

② 「油圧の逃げ」があるため，PV 値に限界があり，高荷重に不適．
③ 少量生産はコスト的に割高となる．
④ 機械的強度は溶製材と比べて低い．
⑤ 切削を要するものは表面の多孔性が悪くなる．

これらの特色を考慮して使用されている機種としてはCD，DVD，ビデオカメラ，エアコン，冷蔵庫，洗濯機，フードプロセッサ，ドライヤ，パソコン等の軸流ファン，プリンタ，自動車（スタータ，ワイパ，パワーウインド，サンルーフ，ラジエータ用クーリング，ドアミラー，パワーシート，ETC，EGR，ブロア等），携帯電話の振動モータ，その他農業機器，建設機器，ロボットなど広範囲に使用されている．

図 10·1·4-1 に軸受の適用範囲を荷重（P）とすべり速さ（V）の関係で示している．枠内は鉄系および銅系の推奨される適用範囲を示しているが，最近では焼結含油軸受の性能向上により，枠の外側の条件でも最適の設計を行えば対応できる場合が少なくない．

10·1·5　材質の選定

焼結含油軸受はその要求される特性，機能，用途によって材質の選定を行う必要がある．表 10·1·5-1 は焼結含油軸受材料として代表的なものであるが，実際には数多くの材質が用途別に開発されて使用されている．要求特性，使いやすさ，コスト的要素を加えて検討し選定する必要がある．最近の傾向は銅系から鉄銅系，鉄系への材質変更と固体潤滑性能に優れた金属である鉛が使用できなくなってきたことである．焼結含油軸受は銅系，鉄系，鉄銅系に大別することができる．それぞれに以下の特徴がある．

（1）　銅系軸受

銅系の主な特色は最も一般的で使用しやすいため適用範囲は広く，また酸化しにくいため取り扱いも便利である．銅-スズ系，銅-スズ-炭素系が一般的である．初期なじみ特性が必要な場合，あるいは軸受をかしめて使用する場合には，黒鉛等の固体潤滑剤を含まないものが通常使用される．また，音響用モータ等に使われる軸受は，低ノイズ特性が重要な特性となるが，この場合は，材質としては銅-スズ系統とし，製造方法としては内径を鏡面化し，すなわち通気度を小さくすることにより油膜強度を高める方法がとられてい

表 10·1·5-1　焼結含油軸受成分別材質特性（例）

合　金　系 （主要成分）	化　学　成　分（wt%）							性　質		
	Cu	Fe	Sn	Ni	MoS$_2$	C	他	密度 (g/m^3)	含油率 (%)	圧環強さ (MPa)
Cu-Sn	残	—	8〜11	—	—	—	<1	6.4〜7.2	>18	>150
Cu-Sn-C	残	—	8〜11	—	—	<3	<1	6.4〜7.2	>18	>150
Cu-Sn-Ni-MoS$_2$	残	—	7〜10	2〜4	1.5〜2.5	—	<1	6.4〜7.2	>18	>150
Cu-Sn-Ni-MoS$_2$-C	残	—	7〜10	2〜4	1.5〜2.5	<1.5	<1	6.2〜7.0	>18	>150
Cu-Sn-MoS$_2$-C	残	—	7〜11	—	1.5〜5.5	<3	<1	6.4〜7.2	>12	>150
Fe-Cu-C	<5	残	—	—	—	0.2〜0.8	<1	5.6〜6.4	>18	>250
Fe-Cu-C	3〜7	残	—	—	—	1〜5	<1	5.6〜6.4	>15	>150
Fe-Cu-Sn	48〜52	残	1〜3	—	—	—	<3	6.2〜7.0	>18	>200
Fe-Cu-C	14〜20	残	—	—	—	1〜4	<1	5.6〜6.4	>18	>160
Fe-Cu-Zn	18〜22	残	—	—	—	—	<1	5.6〜6.4	>18	>150

る．その他の特性として低摩擦，長寿命など軸受として高品質を得るためには含浸油，クリアランス，シャフト材質およびシャフト硬さ等の組み合わせも重要なポイントである．

軸受の使用方法として軸受そのものが回転する使用方法があるが，この場合ポンプ作用による油膜は発生しにくく，特に高速の場合，油がすべり面から遠ざかり，軸受から飛散する可能性があるため焼結軸受の使い勝手としては厳しく，注意を要する．使用箇所としては，各種プーリ用メタル，ピンチローラ用メタル，ガイドローラ等があるが，それらの材質としては油の潤滑が多少悪くともなじみ特性をよくするため，生地の強い銅系で，しかも固体潤滑特性のよい材料を選ぶ必要がある．また，含浸油としては，油飛散防止，油膜保持の点からも，粘度の高い油の組み合わせが適当である．耐荷重性は高強度の鉄系が優れているが，耐焼き付き性は銅系が優れている．

（2）鉄系軸受

鉄系の特色は，一般に安価であって，強度，硬度が高いため負荷荷重が大きくとれ，また軸と熱膨張係数が近似しているメリットもあるが，軸に対するなじみが悪く，銅系よりも錆びやすいので取り扱いに注意を要する．

（3）鉄-銅系軸受

鉄系軸受に分類されているが，銅が50％前後の鉄銅系軸受は，銅系軸受からのコストダウンを目的とした材質である．鉄粉と銅粉をほとんど合金化させず軟質であり，軸受になったときの摺動面に鉄の部分と銅の部分が分布していて，焼き付きしにくい特性になっている．最近は軸受の低コスト化の要望が強く，どこまで銅成分を少なくして要求特性を満足させるかが設計と開発のポイントになっている．

基本的には銅系が低荷重高速度用，鉄系は高荷重低速度用であるが，40000 rpmのレーザビームプリンタのポリゴンミラー用モータ軸受は銅-スズ系ではなく鉄-銅-亜鉛-炭素系であり，明確な使い分けは薄れつつある．

10・1・6　潤滑油の選定

含油軸受の運転時における潤滑油の働きは，軸の回転によって生じたポンプ作用で形成される油圧のくさびと軸受材料の油透過性のために起こる「油圧の逃げ」とのバランスで負荷を支える働きをもっている．したがって荷重やすべり速さによって，それに適した動粘度が決まる．

図10・1・6-1は，この関係を示すもので，低速高荷重の場合，高粘度の潤滑油を選び，逆に高速軽荷重の場合，低粘度の潤滑油を選ぶのが適当である．一般に焼結含油軸受の適正油は非多孔質のすべり軸受に比べ

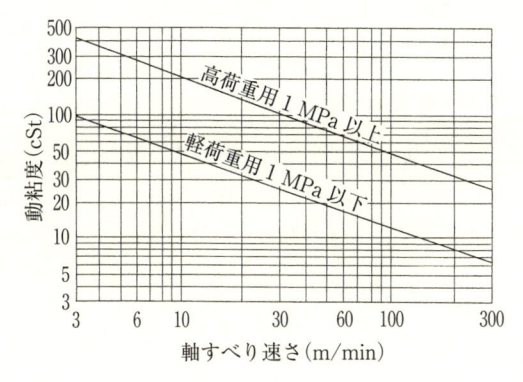

図10・1・6-1 動粘度の選定基準（50℃）

て「油圧の逃げ」の現象が発生するため全般に高粘度側に寄っている．

　潤滑油の種類としては含油軸受が限られた量の油を循環させ，きわめて長期間に亘って使用することになるため，潤滑油としての性質が優れていることはもちろんのこと，長期にわたり，安定性を第一に考えなければならない．また含油軸受の運転温度上昇は一般に70℃以内にとどめる必要がある．これは高温になると潤滑油の粘度が低下し，荷重を支える油膜強度が小さくなり，軸との摩擦が増すとともに潤滑油を変質させる恐れが生じるためである．しかし近年，潤滑油，特に合成油の研究が進んでより高温でも使用できる潤滑油が開発され，焼結含油軸受の性能向上，用途拡大に大きく寄与している．潤滑油は温度によってその粘度が変化するので，温度条件に適した潤滑油を選んで使用しなければならない．一般的に使用される軸受用潤滑油の種類と特徴および主な添加剤は次の通りである．

（1）　潤滑油の種類
①鉱物油：パラフィン系，ナフテン系等．
②合成油：エステル系，ポリαオレフィン系，フェニルエーテル系，フッ素系，シリコン系等．

（2）　潤滑油の特徴
①鉱物油：安価．樹脂，金属に対して安定．流動点が高い．
②合成油：高価．樹脂，金属に対して要注意．流動点が低い．

（3）　添加剤の種類とはたらき
①酸化防止剤：油の酸化を防いで，寿命を延ばす．
②清浄分散剤：煤や汚れを洗い落し，油の中に分散させる．酸を中和する働きもある．
③油性向上剤：金属表面に付着して，強い油膜を作る．
④極圧添加剤：特に強い圧力が加わったとき，焼き付きを防ぐ．
⑤粘度指数向上剤：温度による粘度の変化を小さくする．
⑥消泡剤：泡の発生を抑え，できた泡をすばやく消す．

10・1・7　形状寸法の決定

（1）　形状の決定

　形状の決定は，粉末冶金法の特徴を活かしながら要求性能を満足させる重要なポイントである．決定するに当たり，下記の3点を考慮する．
①圧縮成形後，圧粉体を型から，圧縮方向に抜き出せること．
②型出し困難な形状の場合でも，できるだけ切削加工部分を少なくすること．
③できるだけメーカの規格を参考にすること．

　粉末冶金法は粉末を上下から圧縮するため，成形可能な形状は制約される．なお，面取りは金型の寿命だけの問題でなく，端面に発生するばりを逃がす役目をしているほか圧粉体の取り扱い中の欠け，形くずれを防止する．さらに，外径面取りは圧入の際の案内となり，内径面取りは軸を挿入するときの案内となる．また使用中においては油循環作用の役をし，油の飛散を防止する効果もある．

（2）　寸法の決定と PV 値の設定

　形状の次に内径・外径・長さについて基本寸法を求める．要求される軸受性能から軸寸法，P 値，V 値，

PV 値の検討によって長さが決まる．しかし製造技術上およびコスト面からの制約も考慮する必要がある．

まず，すべり速さ V については通常軸径と回転数により決まってしまうが，図10·1·4-1により許容値以内にあるかどうか確認する．また P については軸とほぼ同一寸法である内径を d，軸受の長さを L とすると $P=$ 全荷重$/(L\times d)$ となり，L を決めれば P の値が算出できる．ここで P 値はすべり速さ V のときと同様，図10·1·4-1により許容値以内にあるかどうか確認する．L は P を小さくするためにはできるだけ長くとった方がよいが，長すぎると寸法精度と成形作業性が悪くなるデメリットがあり，L/d は最大2.5程度にとどめたほうがよい．また P が非常に小さいときは L を小さくした方が摺動ロスが小さくなる．外径は肉厚を決めれば決まるが製造技術上の問題から極端に薄くはできず，一方コスト面からはできるだけ薄くしたいので，双方勘案して決められる．軸受の長さが肉厚と比べて長すぎると成形時の粉末充塡が不十分になりやすく，そのため精度が悪くなるので，通常長さは肉厚の10倍以内にすることが望ましい．長寿命が要求される軸受は，含浸油量を確保するために肉厚を大きくすべきである．

以上により軸受の内外径，全長が決まり，また PV 値も決まるが，この値は通常許容最大値として図10·1·4-1に示すように銅系で 100 MPa·m/min 以下，鉄系で 200 MPa·m/min 以下となる．

10·1·8 組立法

（1） 各種組立方法

寸法公差および，寸法許容差を決定する前に，これらの値に影響する軸受の固定法・仕上方法・補油機構などを設計決定しておかなければならない．以下のように種々の組立方法がある．

①外径を球面にして，自動調芯型とする．この場合，組立に際して軸受寸法は変化しないが機構的に多少複雑となるためコスト高となる．

②マンドレルを使わずにハウジングに圧入する．この場合，軸受内径は自由に収縮しその内径寸法差はハウジングの孔径と軸受外径との寸法許容差の組み合わせ，および仕上面や材質の不均一等によって大きな値となる．したがって精度が大幅に悪くなる．

③圧入に際して軸受にマンドレルを挿入してから一緒にハウジングへ圧入する．この場合，bと比較して精度は格段と向上する．

③の方法によって圧入してから後で修正棒，リーマ，バニッシングツール等により，内径を矯正する．大きな軸受で変形が大きい場合，精度向上は期待されるが，内径面の表面多孔性が失われる．面粗度が悪くなる，切粉が発生する等の危険があり，もし採用する場合は十分な試験と特性確認が必要である．

小さな高精度軸受では圧入してから加工代を小さめに管理してリーマなどで仕上げる場合もある．

圧入による内径収縮を回避する軸受形状も考案されている．

要求される精度，抜け強度，コスト，スペース等を考慮して最適の方法が選択される．

（2） 補油機構の設計

含油軸受を設計する場合，その特色を発揮させるために外部からの給油作業はしない前提での設計が望ましい．したがって，軸受単独では達成できない長寿命を要求される場合は自己補油機構が必要となる．ハウジングの一部に油溜まりのスペースを設け潤滑油を含浸したフェルトを軸受外径に接するように配置すると，軸受の含浸油が減少したときにフェルトの油が軸受に自動的に供給される．フェルトよりも軸受の気孔は微細であるため，潤滑油はフェルトから軸受へ移動するが，逆に含油した軸受からフェルトの方へ潤滑油が移動しない．焼結体をフェルトの代わりにした複合軸受も開発されている．

10・1・9 寸法精度と公差の決定

（1） 軸受の寸法公差および寸法許容差

軸受を設計する場合できるだけ単純な形状に設計することが望ましい．複雑な形状は密度バランスがとりにくくプレスのスピードが遅くなる，切削工程が入る，金型代が高くなる等品質・コスト面から不利になる．しかし，焼結含油軸受にはボールベアリングのような標準品はない．以前はJIS規格に軸受の形状ごとに基準寸法と寸法許容差が規定されていたが1994年廃止された．軸受の製造上の問題がない範囲であれば，自由に設計できることが焼結含油軸受の特徴といえる．

（2） 軸受クリアランス

軸と軸受との間のクリアランスはPV値，回転数，軸受の間隔，軸径や軸受の長さ，ハウジングおよび軸受の偏心等によって変化する．すなわちPV値が大きいとき，軸受間隙が軸径に比べ大きいとき，偏心が大きいとき，軸受の長さが長いとき等は，大きくとらなければならない．

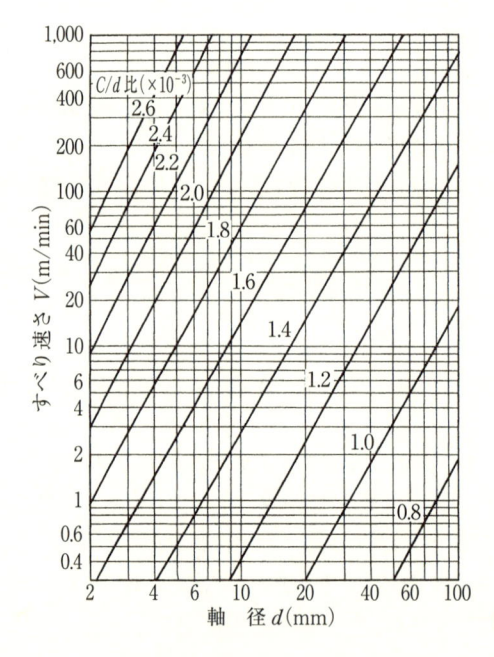

図 10・1・9-1　軸受クリアランス選定基準[1]

V. T. Morganによる推奨クリアランスを図10・1・9-1に示す．図からいえることはすべり速さが速くなればなるほど，軸径が大きくなればなるほど，クリアランスは大きくとらなければならない．また振動音を嫌う場合，クリアランスは小さくとるが，その場合精度を上げる必要がある．このようにクリアランスは軸径，回転数に応じ適宜決定するが，諸実動試験結果によると条件の許す範囲でなるべく大きくとった方がよい結果が得られるようである．またシャフトのたわみが予想されるような軸受の設計に際しては，たわみ量はクリアランスの1/4以下になるようシャフト径，材質を決定しなければならない．

10・1・10　設計例

前節10・1・7において，合理的焼結含油軸受形状について述べたが，本節では焼結含油軸受形状について，

10・1 焼結含油軸受

形状	名称	適用
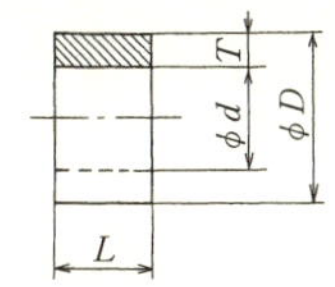 (円筒図) ϕd, ϕD, T, L	円筒形軸受	汎用軸受 $T \geq 0.8$ mm $L/D \geq 2.5$
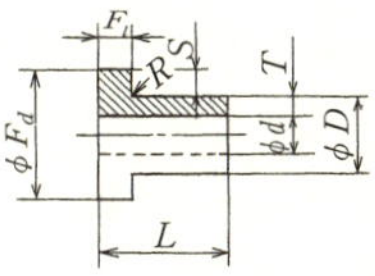 (フランジ付円筒図) ϕF, ϕd, ϕD, R, T, F_1, L	フランジ付き円筒形軸受	汎用軸受 位置決め，スラスト荷重用軸受として多く用いられる $R \geq 0.2$ mm, $T \geq 0.8$, $F_1 \geq 0.8$ R 不可の場合，ボス径切削となる または，フランジ下溝付き形状となる
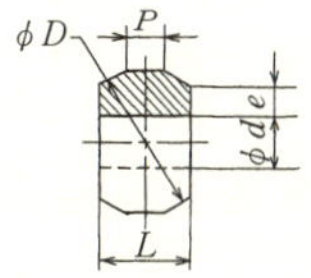 (球軸受図) ϕD, ϕd, P, e, L	球軸受	自動調芯用軸受 主として，各種モータ用軸受 P（フラット部）$< 1/3 L$ $e \geq 0.8$ mm P（フラット部）形状不可の場合，球径切削となる
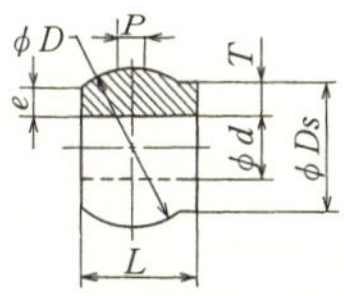 (スリーブ付球軸受図) ϕD, ϕd, ϕDs, P, T, e, L	スリーブ付き球軸受	スライト荷重がかかる自動調芯用軸受として多く用いられる 各種モータ用軸受 $T \geq 0.8$ mm $e \geq 0.8$ mm $P < 1/3 L$
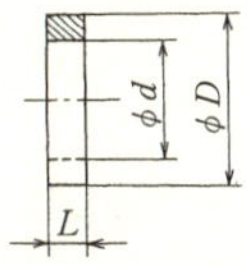 (ワッシャ図) ϕd, ϕD, L	ワッシャ形軸受	スペーサ，ワッシャとして使用 $L \geq 0.8$

形状例	適用
$R=0$	内径段付き機械加工となる（コスト高）
R または溝をつける	成形時，抜出し可能とするため，内径段部を逆にする
(ローレット図)	ダイヤモンドナール不可 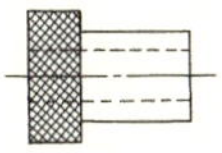
$R = 0.1$ mm, min. 0.25 mm, 90°	
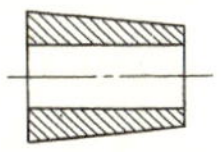 (テーパ図)	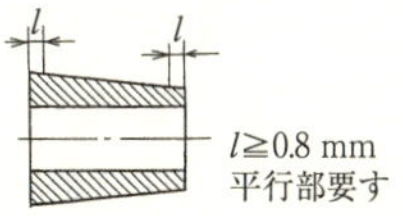 $l \geq 0.8$ mm 平行部要す
F_1, l	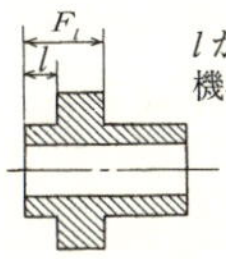 l が深い場合，機械加工となる
10～15°, $l_{max} \leq 1/3 F_1$	
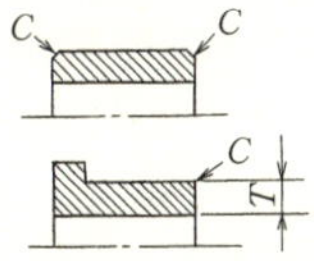 C, C, C, T	$T \geq 2.0$ mm であれば可能 形状は下記が好ましい 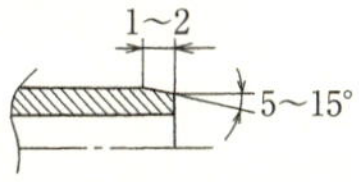 1～2 5～15°

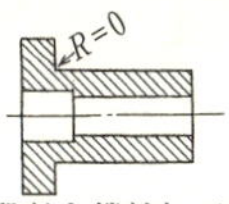

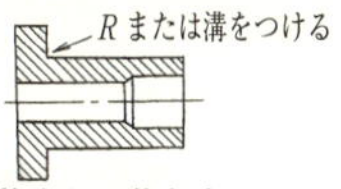

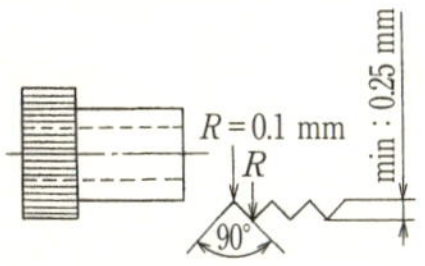

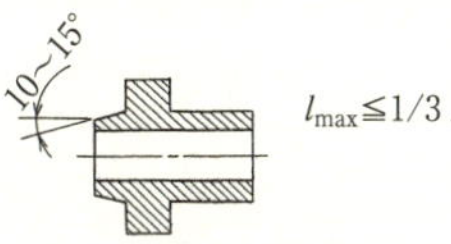

図 10・1・10-1 焼結軸受の標準形状における適用

図 10・1・10-2 焼結軸受の特殊形状における適用（好ましい設計）

表 10・1・10-1 焼結軸受の適用標準寸法

① $L/d \leq 2.5$	② $L/T \leq 10$	③ $L/D \leq 2.0$	④ $L/F_1 \leq 5\sim6$	⑤ $T \geq 0.8$ mm
⑥ $S < 2 \times T$	⑦ $S < 1.5 \times F_1$	⑧ $F_1 \geq 0.8$ mm	⑨ $e \geq 0.8$ mm	⑩ $R \geq 0.2$ mm

標準形状，特殊形状に分け，図 10・1・10-1 と図 10・1・10-2 に示す．特に形状設計に当たっては次に示す条件を十分留意し，設計することによりコスト，機能面において非常に優位となるため，基本設計時に必ずこれら条件を念頭に入れ設計する必要がある．ただし，適用する条件（図中の寸法記号，単位（mm））は表 10・1・10-1 の通りとする．

これらの条件を満たさなければ製作不可能ということではないが，その場合，機能的にも価格的にも不利となるので注意を要する．特に T と e が重要であり，これらが小さくなることにより，作業性ダウン・金型補修費アップ等，コストアップの要因となる．また特性面では含油量が少なくなるため寿命が短くなるな

ど，色々なトラブルの原因となり，結局コスト高な製品となる．最悪でも，⑤，⑨の条件は満たす必要があるといわれている．図 10·1·10-2 は，より好ましい具体的設計例を示している．

10·2 焼結金属摩擦材料

10·2·1 特徴

粉末冶金製品の1つに，摩擦ブレーキやクラッチのライニングやフェーシングとして使われる「焼結金属摩擦材料」がある．焼結金属摩擦材料は，粉末冶金法の「色々なものが混ぜられる」という特徴を活かして製造される複合材料で，大別して銅系と鉄系の2種類があり，それぞれ要求特性に合わせて様々な摩擦成分や潤滑成分が添加されているが，主に銅系のものが多く使われている．

通常，これらの摩擦材料はブレーキライニング，クラッチフェーシングとして芯板，裏板等の鋼板に接合されたり，カップの中に包み込まれたりしてブレーキやクラッチの中に組み込まれる．これらは油の中で使用され，建機向けトランスミッション等に組み込まれる湿式と2輪用ディスクブレーキパッド等に使用される乾式に分けることができる．

一般的に摩擦材料としてはウーブン系，モールド系，ペーパー系といわれる有機質系のものが多く使われているが，それらに対して焼結金属摩擦材料には次のようなメリットがある．
① 耐熱性があり，高負荷条件でも安定した摩擦係数を示し摩耗も少ない．
② 摩擦係数が高く，かつ安定している（乾式の場合）．
③ 機械的強度が高く，天候その他の悪条件に強い．
④ 熱伝導性がよく，摩擦面温度を低く抑えることができる．
⑤ 高性能であり，コンパクトな機器設計ができる．

10·2·2 代表的な成分

焼結摩擦材料の成分を表 10·2·2-1 に示す．

各成分はマトリックス成分，潤滑成分，摩擦調整成分に分けることができる．マトリックス成分は摩擦材全体の強度を維持し，かつ潤滑成分，摩擦調整成分の粒子を保持する役割を受けもち，潤滑成分はなめらかな摩擦，耐焼付き性の向上，耐摩耗性を向上させる役割を受け持ち，摩擦調整成分は摩擦面を清浄にし，摩擦係数を安定させる役割をもつ．

表 10·2·2-1 代表的な摩擦材料の成分

組成 用途	マトリックス成分			潤滑成分		摩擦調整成分
	Cu	Sn	Ni	黒鉛	その他	
乾式例	Bal.	1～5	3～10	5～15	2～10	5～10

10·2·3 製造法

図 10·2·3-1 に示す通り一般の粉末冶金法により製造する．特徴的な点は焼結を加圧しながら温度を上げる通称ホットプレスという焼結法を用いていることである．これにより摩擦材と芯板（裏板）と呼ばれる鋼板を拡散接合により接着するという機能を焼結時に付加する．

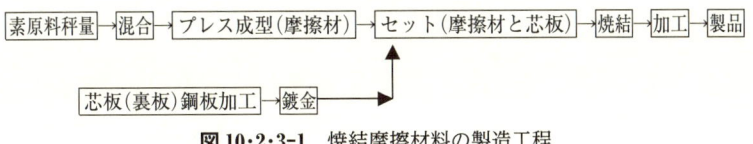

10·2·4 特　　性

(1) 湿式摩擦材料

図10·2·4-1に湿式摩擦材料の摩擦特性を示す．低速域では高く，高速域になるほど摩擦係数が低下し，高速域の安定領域で摩擦係数0.06～0.08を示す．耐焼き付き性や，油切れ時等の厳しい条件下の性能に優れており，信頼性が高いという特徴をもつ．

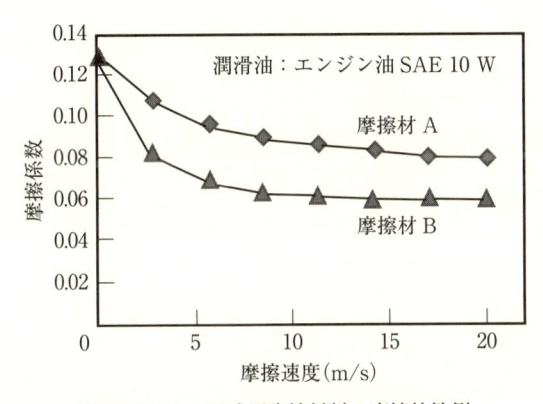

図10·2·4-1 湿式用摩擦材料の摩擦特性例

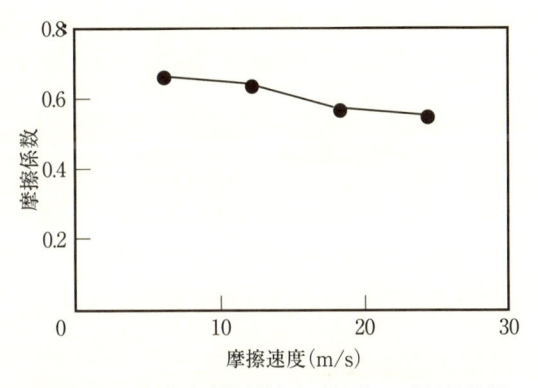

図10·2·4-2 乾式摩擦材料（二輪用）の摩擦特性例

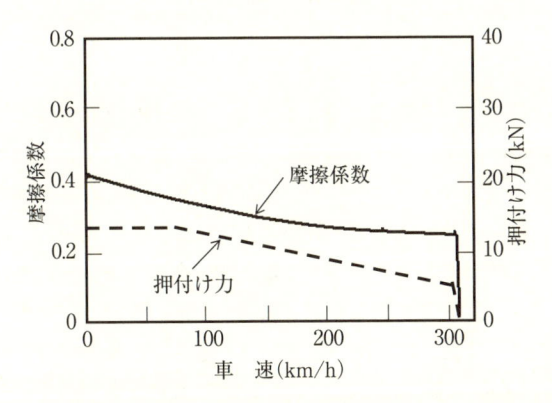

図10·2·4-3 乾式摩擦材（新幹線用）の摩擦特性例

(2) 乾式摩擦材料—1

二輪用ディスクブレーキパッドの摩擦特性例を図10·2·4-2に示す．最近の二輪用摩擦材はブレーキアッシーの軽量化，コンパクト化の要求により高い摩擦係数を求められ，この摩擦材料については摩擦係数0.6前後という非常に高い値を示している．また用途により0.4前後の低い摩擦係数を要求される場合や，オフロードバイクのパッドに求められるアブレッシブ摩耗（耐土砂摩耗）性，ブレーキ鳴きを重視した特性を要

求される場合もある．

（3）乾式摩擦材料—2
国内の新幹線用のディスクブレーキパッドには，焼結摩擦材料が使用されている．図10・2・4-3に示す通り300 km/hという高速域から押付力に追随し安定した摩擦係数が得られ，非常に安定，かつなめらかな制動が可能となっている．

10・2・5 実用例

（1）湿式摩擦材料
建機，農機，舶用，産業機械等の変速装置，クラッチ，ブレーキに使用されている．

（2）乾式摩擦材料
中・大型二輪，新幹線，建設機械等のディスクブレーキパッドや，競技用自動車のディスクブレーキパッド，クラッチ等に使用されている．

10・3 多孔質部品

内部に気孔を含む材料を多孔質材といい，粉末を焼結固化して得られる金属固体は，超硬合金等，一部を除いて通常多孔質材料となる．気孔率が10％以下になると閉鎖気孔の比率が多くなる．多孔質材料の空隙を積極的に利用したものに，焼結含油軸受，フィルタなどがある[1]．

10・3・1 焼結金属フィルタ[1]
金属粉を焼結してフィルタに応用する試みは，1920年代から行われ，まず米国で青銅系の焼結フィルタが製造された．現在は化学工業，自動車工業等，流体を扱う工業全般に実用化されている．

（1）焼結金属フィルタの特徴
焼結フィルタは一般に球状あるいは球状に近い金属粉を所定の粒度に分けそろえ，これを焼結して作られるから，阻止される異物粒子の大きさは，原料金属粉の粒子径によって決まる．理想的な球状粒子の充塡は実際の場合，斜方，体心，正方等の各形式が組み合わされていると考えられ，形成される空隙に存在できる球体の径は，粉末径の15.5％から41.4％の範囲となる．実際に測定した結果は16.3〜20.2％の範囲で平均18.2％となり，工業的には一般に18％の数値を採用している場合が多い．また，焼結金属フィルタはその他の有機材料のフィルタと比較して，各種の油類，高温低温の流体の使用条件に耐え，成分を吸収，吸着することも少ないことが特徴である．セラミック材と比較すると，焼結金属フィルタは強さの点において優位であって，機械的，熱的な衝撃に強く，高圧を受ける場所，振動部分，急激な温度変化部分等に使用できる．さらに溶接，ろう付け，はんだ付け等の接合も容易である．紙質フィルタは，通路がかなり不規則であるために，大粒子の一部が通過してしまうのに対し，焼結金属フィルタは上述したように，ほぼ均一な気孔を容易に作ることができ，三次元構造の気孔を有し，しかも多孔率が約40％前後と比較的大きいことにより，ろ過性はきわめてよく，異物粒子が気孔の一部をふさいでも，ろ過性の低下が少ない特徴をもつ．焼結金属フィルタのもう1つの特徴は，寿命が長いことである．気孔の構造が規則的でなめらかであるため，表面が付着物で汚れた場合には，逆圧をかけて流せば容易に再生できる．

（2） 焼結金属フィルタの製造方法と材質

フィルタは，ろ過性を主体とするために気孔の厳密な調整が要求されるから，粒度のそろった球状粉が主として使用されている．一般にはガス噴霧粉か，あるいは切削粉等をアルミナ等の耐火物微粉と混合した後に加熱し，溶融球状化した粉末である．材質としては青銅，18-8ステンレス鋼およびニッケルが広く用いられ，モネルメタル，インコネル，ハステロイもしばしば使用される．粉体の成形は粒形の変化ならびに多孔率の低下をさけるために，普通，加圧することなく黒鉛あるいはセラミックの型に充填したまま還元気流中で焼結される．焼結温度は青銅で800〜870℃，ステンレス鋼が1100〜1300℃である．

（3） その他の焼結多孔質部品

その他の多孔質部品として自己潤滑性を活用した紡機用焼結リング，大きな比表面積を活用した熱交換器，電極，触媒，流体緩衝性を利用した吸音材等があり，焼結多孔質部品の用途は広い．

第10章 文献

10・1・2 の文献
1) 渡辺侊尚：新版粉末冶金，技術書院（1976）68.

10・1・3 の文献
1) 渡辺侊尚：新版粉末冶金，技術書院（1976）71.
2) 四方英雄："焼結含油軸受"，潤滑，**30**（1985）573-576.

10・1・9 の文献
1) V. T. Morgan：焼結含油軸受，日本粉末冶金工業会（1971）9.

10・3 の文献
1) 渡辺侊尚：新版粉末冶金，技術書院（1976）79-86.

10・3・1 の文献
1) 粉体粉末冶金協会編：粉体粉末冶金用語事典，日刊工業新聞社（2001）301.

第 11 章 工具材料

11・1 切削工具

11・1・1 超硬合金

(1) はじめに

切削工具に用いられる硬質材料は，粉末冶金手法を用い，表 11・1・1-1 に示すような硬質，高融点物質と結合相を組合わせ焼結したものであり，超硬合金，被覆超硬合金，サーメット，セラミックス，超高圧焼結体（ダイヤ，cBN）ならびに高速度鋼等がある．各種硬質材料の位置づけを工具に要求される高温硬度（耐摩耗性）と靭性（耐欠損性）との関係でまとめると，図 11・1・1-1 のように表すことができる．高温硬度と靭性はトレードオフの関係にあり，両特性を同時に向上させることが課題であるが，その中でも超硬合金は高温硬度と靭性のバランスに優れた材料であり，現状の切削工具材料の中で中心的存在となっている．

(2) 超硬合金とは

超硬合金とは，広義には元素の周期律表のIVa族（Ti, Zr, Hf），Va族（V, Nb, Ta），VIa族（Cr, Mo, W）元素の炭化物，窒化物，炭窒化物等の硬質粒子を鉄族元素（Fe, Ni, Co）で結合した複合合金のことを指す．狭義には特に硬質粒子として炭化タングステン（WC）と結合材としてコバルト（Co）を主成分としたもの

表 11・1・1-1 切削工具材料の構成成分[1]

切削工具材料名	硬質相 主成分	硬質相 補助成分	結合相
焼結ダイヤ	ダイヤ	—	Co
焼結cBN	cBN	—	Co, TiC 等
セラミックス	Si_3N_4 Al_2O_3	TiC, TiN ZrO_2	—
サーメット	TiC, TiN	WC, TaC Mo_2C	Ni, Co
被覆超硬合金（コーティング層）	TiC, TiN, Al_2O_3 等	—	—
超硬合金	WC	TiC, TaC NbC	Co
コーテッドハイス（コーティング層）	TiN	—	—
高速度鋼 焼結高速度鋼	MC, M_6C		Fe, W, Mo Cr, Co, V

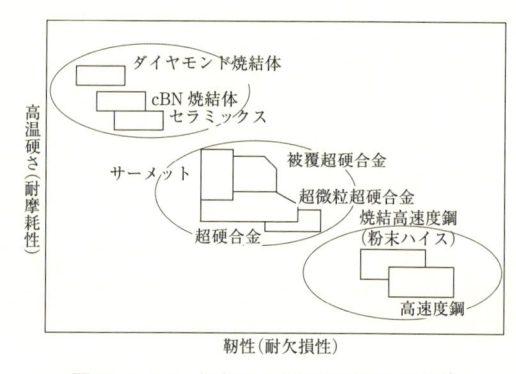

図 11・1・1-1 切削工具材料の種類と特性[2]

表11・1・1-2 超硬合金と高速度鋼の特性比較

特 性	超硬合金 (WC-20〜5%Co)	高速度鋼 (SKH51相当)
硬 度 HV(GPa)	9.8〜17.6	7.8
ヤング率(GPa)	529〜627	205
抗折力(GPa)	2.9〜2.0	3.0
衝撃強度 ($\times 10^{-4}$ GPa・m)	0.98〜0.59	1.8
密 度(g/cm^3)	13.5〜15.0	8.7
線膨張係数 ($\times 10^{-6}$/K)	6.0〜5.0	11.0
熱伝導率(W/m・K)	0.67〜0.80	0.17

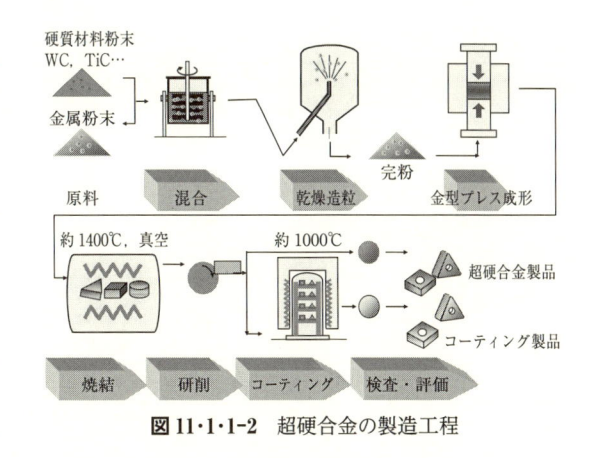

図11・1・1-2 超硬合金の製造工程

を指す．超硬合金は1923年にドイツのオスラム社のSchröterによって発明され，1926年にドイツのKrupp社がウィディア（ダイヤモンドのごとくという意味）の商品名で製品化したのが始まりである．超硬合金の材料特性を高速度鋼と比較して表11・1・1-2に示す．高速度鋼が焼戻し温度の873 K前後で急激な硬度低下を示すのに対し，超硬合金は1073〜1273 Kまで極端には低下せず高温硬度が高いことが大きな特徴である．また，ヤング率，圧縮強度が高いので変形しにくく，熱伝導率が高く，熱膨張率が小さいことから熱衝撃に強く切削工具材料として優れた特性を有している．このような特性は，融点，硬度，ヤング率，圧縮強度並びに熱伝導率が高く，熱膨張率が小さいWCに負うところが大きいが，焼結時にWC粒子とCo液相との濡れ性がきわめてよく，WC粒子同士が強固に結合されることにも大きく依存している．

（3） 超硬合金の製造法

超硬合金の製造工程を図11・1・1-2に示す．WC等の硬質粉末とCo等の結合金属粉末を粉砕・混合した後，乾燥・造粒して完成粉末を作製する．この粉末をプレス成形し，得られたプレス体を真空あるいは還元雰囲気中で結合金属が融ける1623〜1773 Kにて液相焼結を行う．複雑な製品形状が必要な場合には，機械加工が可能な硬さを得るために673〜873 Kの中間焼結を行い，中間焼結体を形成加工後，本焼結を行う．超硬合金は液相焼結で製造されるので合金組織の欠陥は少ないが，低Co合金では，一般にミクロポアが存在し，強度の低下をもたらす．ミクロポアを潰すために焼結後にHIP (Hot Isostatic Press) 処理が行われている．HIP処理とは1573〜1623 KでArガスを用いて約100 MPaで再焼結する処理である．HIP処理により，欠陥の存在確率が減少するので信頼性が向上し，抗折強度の大幅な改善を図ることができる．また，加圧力は小さくなるが，同一容器の中で焼結とHIP処理が連続して行えるSinter-HIPも使用されている．

（4） 超硬合金の組織と合金特性

WC-Co系超硬合金の合金組織写真を図11・1・1-3に示す．写真は微粒WCの低Co合金と粗粒WCの高Co合金の例を示すが，角張っている灰色のWC粒子が分散している間を白いCoが埋め，WC粒子を結合する組織となっている．表11・1・1-3に示すように超硬合金はWC粒径とCo含有量により，特性を広範囲に制御することができる．一般に微粒WC，低Co合金ほど高硬度で耐摩耗性に優れるが，破壊靱性値（K_{IC}）が低く靱性に劣る．逆に粗粒WC，高Co合金ほど低硬度で耐摩耗性には劣るが，靱性が高く耐欠損性に優れている．超硬合金の破壊強度（抗折力）はWC粒径やCo量ばかりでなく，合金中に存在する欠陥

表 11·1·1-3 超硬合金の特性と Co 量，WC 粒径との関係

特性＼要因	Co 量 少 ↔ 多	WC 粒径 小 ↔ 大
硬さ	高　低	高　低
耐摩耗性	大　小	大　小
耐塑性変形性	小　大	小　大
抗折力	（ピーク）	大　小
破壊靭性値	小　大	小　大
耐熱亀裂性	小　大	小　大
耐酸化性	大　小	大　小
耐焼付き性	大　小	大　小

(a) 超微粒超硬合金

(b) 超粗粒超硬合金

図 11·1·1-3 超硬合金の組織写真

のサイズにも依存するので，強度向上を図るには欠陥の低減が重要である．図 11·1·1-4 に WC-16％ Co の擬二元系状態図を示す．図中の点線で示すように，WC 中の合金炭素量が 6.12％ C では，高温において WC＋L の二相域であるが，低温では WC＋γ（Co）の二相域に変わり，さらに炭素量が多いと遊離炭素 C を，少ないと脆弱な η 相（Co₃W₃C）を生じ，健全な二相域幅が狭いので合金炭素量の制御は品質管理上きわめて重要である．

（5） 切削工具用超硬合金の種類と用途

切削工具用の超硬合金は JIS 規格で鋼用の P 種，汎用の M 種，鋳鉄・非鉄用の K 種に分類されている．図 11·1·1-5 に各材種の組成を Co 量および WC 以外の炭化物量との関係で示した．K 種はほぼ WC-Co ストレート系で切れ刃の強度が大きく，こすり摩耗に強い．用途としては不連続な切くずが生成される鋳鉄や非鉄金属の切削に用いられる．P 種は鋼との溶着が少なく，耐酸化性に優れる TiC を添加している．TiC は多量に添加すると靭性が低下するので，靭性を低下させずに耐溶着性，耐酸化性を向上できる TaC，NbC を TiC の一部に置き換えて添加している．用途は連続した切くずが生成される鋼旋削用に用いられる．M 種はこれらの中間の材種で鋼，鋳鉄，ステンレス鋼の切削に用いられる．なお，アルファベットの次に続く 2 桁の数字が小さいほど TiC，TaC，NbC の含有量が多く Co 含有量が少ないので，耐摩耗性に優れるが靭性に劣る．数字が大きい方は逆に TiC，TaC，NbC の含有量が少なく Co 含有量が多いので耐摩耗性に劣るが靭性に優れる．

切削工具の性能はコーティング工具の登場により飛躍的に向上し，コーティング薄膜の開発に精力が注がれているが，その一方で，超硬合金自体は超微粒超硬合金の開発が精力的に進められてきた．WC の平均粒

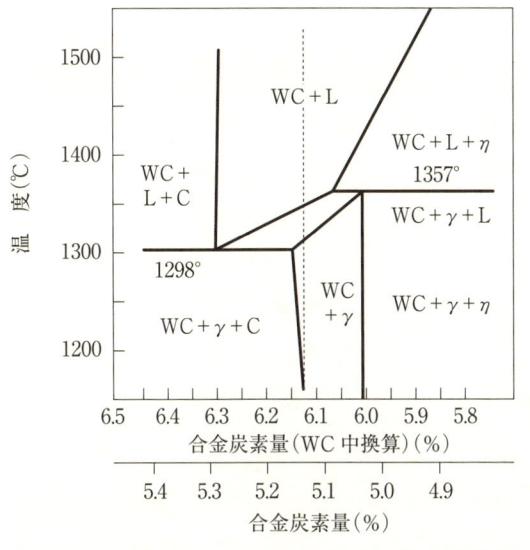

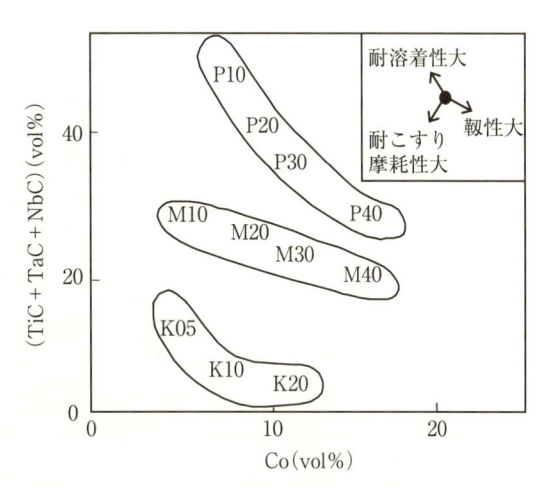

図 11·1·1-4 WC-16% Co 超硬合金の擬二元系状態図[3]　　**図 11·1·1-5** 切削工具用超硬合金の組成と工具特性

径が 1 μm 以下の超硬合金は超微粒超硬合金と呼ばれ Z 種に分類されている．この合金は硬度と強度に優れており，プリント基板穴あけ用極小径ドリル（PCB ドリル），精密加工パンチ，成形金型に用いられている．中でも PCB ドリルは直径が 0.1 mm 以下へと細径化が進んでおり，高強度が求められている．原料技術の進歩により平均粒径が 0.1 μm の WC 原料が得られるようになったが，WC 粒子は微粒であるほど焼結中の粒成長が促進され，異状粒成長も生じやすくなるため Cr_3C_2 や VC 等の粒成長抑制炭化物を用いて粒成長を制御することが重要である．粒成長抑制炭化物の種類と添加量による粒成長抑制メカニズムが詳細に研究され[4~6]，均一かつ微細な組織制御が図られている．超硬合金の強度は異常成長 WC のほかにも巣，異物，Co 偏析等の組織欠陥に左右されるため，異物混入防止や原料の均一混合，前述した HIP や Sinter-HIP 処理による欠陥除去が行われている．これらの技術進歩の結果，図 11·1·1-6 にその組織写真を示すが平均粒径が 0.1 μm で硬度 HV 19.5 GPa，抗折強度 4.2 GPa の高硬度・高強度の超微粒超硬合金の製造が可能となっている．これらの超微粒超硬合金を用いて直径 0.03 mm の PCB ドリルも実用化されている．

(6) おわりに

超硬合金の切削工具は WC-Co を基本系とし，耐溶着性や耐酸化性を向上するために TiC，TaC，NbC が添加され，添加量により用途が使い分けられているが，切削工具の主流は硬質セラミック薄膜を表面に被覆したコーティング超硬に移っている．コーティング膜の進化によるコーティング工具の性能向上は著しいが，超硬合金も膜との組み合わせで最適な合金が選択されきわめて重要な役割を果たしている．一方，超硬合金自身の進化としては高硬度，高強度を目指して超微粒化が進められ，大きな進展が得られている．

超硬合金は硬度と靭性のバランスに優れ，コーティング工具の基体として，また超微粒超硬合金として今後の切削工具材料の主力であり続けると思われるが，昨今のタングステンの資源問題からリサイクルの促進と代替材料開発への取り組みが今後の重要課題である．

合金	WC 原料	合金組織	
開発品	0.15 μm		
比較品	0.30 μm		

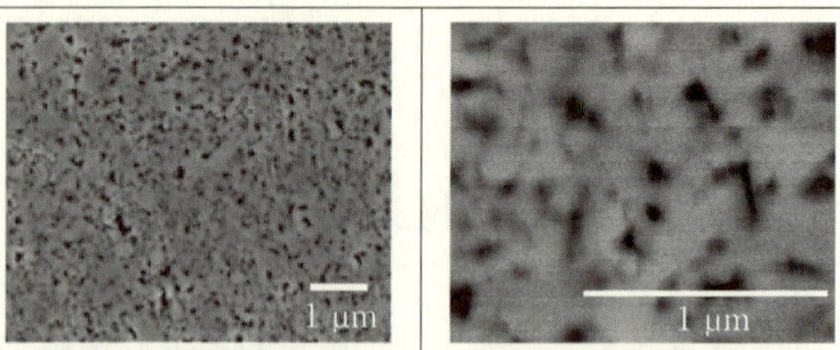

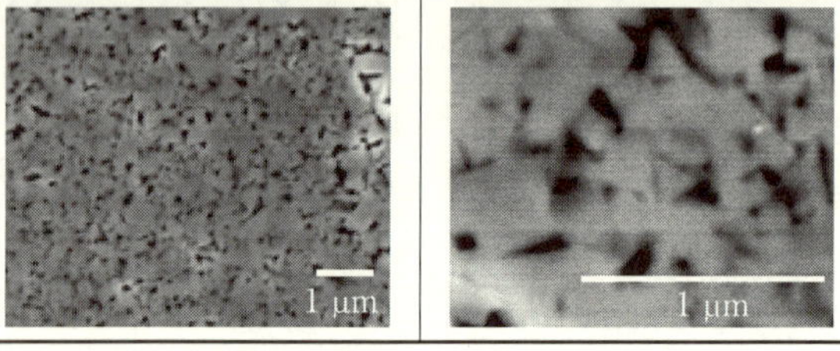

図 11・1・1-6　超微粒超硬合金の組織の比較[7]

11・1・2　CVD 超硬合金

（1）はじめに

　CVD 超硬合金は，超硬合金の表面に CVD（Chemical Vapor Deposition：化学蒸着）法により TiC，TiN，Ti(C,N) 等の炭化物や窒化物，Al_2O_3 等の酸化物といった硬質セラミックスを被覆したものと定義できる．CVD 超硬合金の実用化は 1969 年に西ドイツ（当時）の Krupp 社が TiC の単層を被覆した CVD 超硬合金工具を Widia-Extra の商品名で発売したことに始まる．その後，TiN，Ti(C,N)，Al_2O_3 等の各種物質の成膜技術が開発され，被膜の構造は単層から複層そして 3 層以上の多層へと変遷した[1,2]．基体となる超硬合金も汎用超硬合金から用途や被膜構成に応じた専用超硬合金が使用されるようになった．表 11・1・2-1[2]に CVD 超硬合金のこれまでの変遷をまとめた．CVD 超硬合金はその材料および製造面での特徴から，主として刃先交換タイプの工具用のインサートに用いられている．2006 年度の国内におけるインサートの生産個数は約 2.4 億個であり 10 年前と比べ倍増しているが，中でも被覆超硬合金（CVD 超硬合金および PVD 超硬合金）の伸び率が大きく，全体に占める被覆超硬合金の比率は約 70% に達している[3]．海外ではその比率はさらに高く，この傾向は今後も続くと考えられる．

（2）原理と製造方法

　CVD 法は気相からの化学反応により各種物質を生成する方法で，化学反応に必要な活性化エネルギーを与える方式によって熱 CVD 法，プラズマ CVD 法，光 CVD 法等に分類されるが，CVD 超硬合金用としては主に熱 CVD 法が使用されている．表 11・1・2-2 に主な被覆物質の代表的な CVD 法における反応例を，図 11・1・2-1 に熱 CVD 装置の概略構造をそれぞれ示す．現在工業的に使用されている熱 CVD 装置では，耐熱合金製の反応管を抵抗加熱式の外熱ヒータで加熱し反応管内に $TiCl_4$，$AlCl_3$ 等の金属塩化物や N_2，CO_2 等の反応ガスを大量の H_2 と共に導入することで上記被覆物質の成膜を行っている．一般的な処理量は切刃長 12 mm のインサートで 1 バッチ当たり約 3000〜10000 個程度，成膜速度は被覆物質によっても異なるが 0.5〜2 μm/h 程度である．このように熱 CVD 装置はその大型化や大量処理が容易で量産に適している反面，反応には大量の H_2 を使用し，反応により排気ガスとして HCl が生成する等の理由で大規模な排ガス処理設

11·1 切削工具

表 11·1·2-1 CVD 超硬合金の変遷

年代	被覆層構造	被覆物質	基体
1970年代前半	単層	TiC, TiN 等	汎用超硬合金
1970年代後半	複層	TiC-TiN, TiC-Al$_2$O$_3$ 等	専用超硬合金
1980年代	多層	TiC-Ti(C,N)-TiC-Al$_2$O$_3$-TiN 等	専用超硬合金
1990年代	多層厚膜	Ti(C,N)-Al$_2$O$_3$-TiN 等	専用超硬合金

表 11·1·2-2 代表的な CVD 反応例[4]

被覆物質	反応例
TiC	$TiCl_4 + CH_4 \xrightarrow[1173\sim1373K]{H_2} TiC + 4HCl$
TiN	$TiCl_4 + (1/2)N_2 + 2H_2 \xrightarrow[1073\sim1273K]{} TiN + 4HCl$
TiC$_x$N$_{1-x}$	$TiCl_4 + xCH_4 + (1-x)/2 N_2 + 2(1-x)H_2 \xrightarrow[1173\sim1373K]{} TiC_xN_{1-x} + 4HCl$
Al$_2$O$_3$	$2AlCl_3 + 3CO_2 + 3H_2 \xrightarrow[1173\sim1373K]{} Al_2O_3 + 3CO + 6HCl$

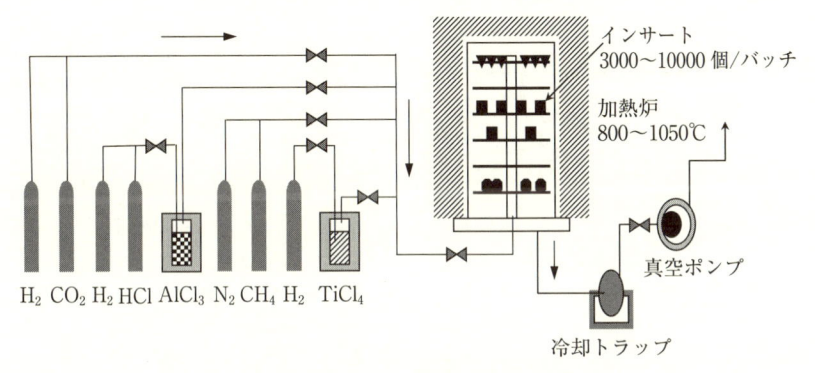

図 11·1·2-1 CVD 装置の概略構造

備が必要となるといった欠点もある.

(3) 特徴と性能

図 11·1·2-2(a) に代表的な CVD 超硬合金の走査型電子顕微鏡による被膜断面組織を示す.被膜は主として,基体に対し垂直方向に成長した柱状あるいは繊維状の Ti(C,N) 層とその上層側に成膜された Al$_2$O$_3$ 層とからなる.断面組織からは確認できないが,一般的には基体と被膜間あるいは被膜同士の付着強度を高める目的でそれぞれの間に各種の中間層が使用されている.また,最外層には主に使用コーナを識別する目的で黄金色を呈する TiN 層が用いられることが多い.最近では,成膜後に被膜の特性をさらに向上させる目的で機械的な表面処理を行うことも多く,この場合 TiN 層は除去されその部分は黒系統の外観色となる.

被膜を構成する主要物質として Ti(C,N) と Al$_2$O$_3$ が使用されるのは,Ti(C,N) は超硬合金の主成分との親和性が高く基体との付着強度が得られやすいのと同時に硬質物質の中でも特に高い硬さを有すること,Al$_2$O$_3$ は生成自由エネルギーが低く熱的に安定で高温高圧下でも被削材との反応や酸化を起こしにくいこと等の理由によるものである.図 11·1·2-3 に超硬合金とそれに TiC および Al$_2$O$_3$ をそれぞれ被覆した CVD 超硬合金の工具寿命と切削速度との関係を示す.コーティングにより工具寿命が大幅に向上し,より高い速度での使用が可能になること,TiC が低速側で Al$_2$O$_3$ が高速側で大きな効果を発揮することが確認できる.これは,低速側では硬さの高い TiC が有効であり,高速側では刃先がより高温になるため熱的に安定で耐酸化性に優れる Al$_2$O$_3$ の効果がより顕著になるためである.したがって実際の CVD 超硬合金では,用途と目的に応じ Ti(C,N) と Al$_2$O$_3$ の被膜厚さが適切に調整されている.被膜の層厚さも用途に応じて適宜調整

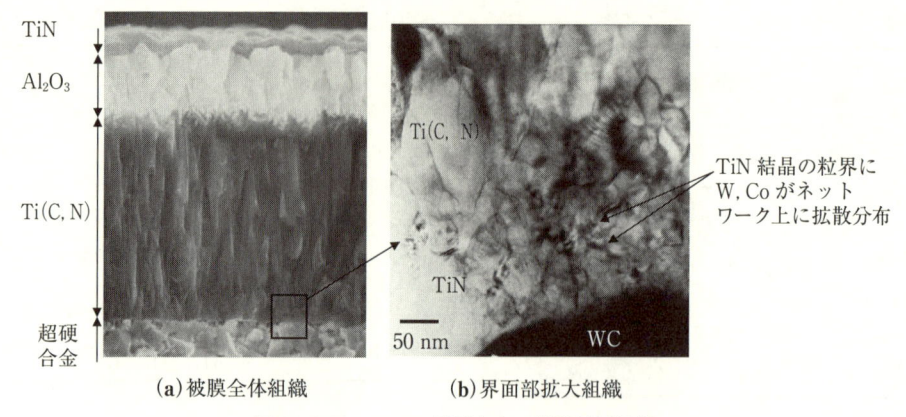

図 11・1・2-2 CVD 超硬合金の被膜断面組織

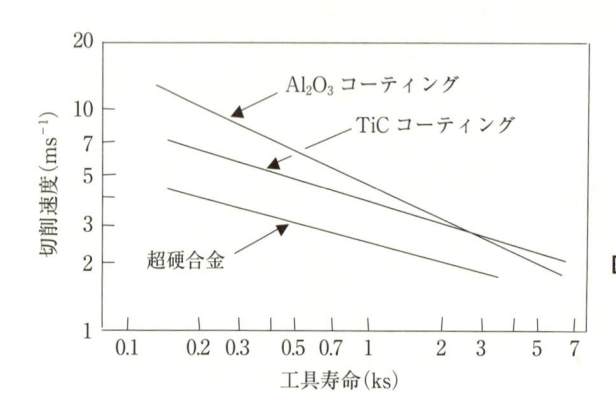

(a) 被膜全体組織　(b) 界面部拡大組織

図 11・1・2-3 コーティング物質と工具寿命[5]
被削材：S45C(HB190)
送り：0.25 mm/rev
寿命基準：逃げ面摩耗（VB）0.25 mm
乾式切削

され，一般的には旋削加工用で 5～20 μm，フライス加工用で 1～8 μm 程度となっているが，コーティング技術の改善により年々厚膜化の傾向にある．旋削加工用とフライス加工用とで厚さが異なるのは，フライス加工では旋削加工と比べ断続衝撃や熱衝撃がより大きいことから，厚膜化した場合の耐摩耗性向上効果に対し，強度の低下という欠点が早い段階でより顕著に現れるためである．

(4) 要素技術

a. Ti(C, N)成膜技術

現在 CVD 超硬合金に多く使用されている Ti(C, N)層は原料ガスとして CH_3CN や CH_2CHCN 等の有機 CN 化合物が使用され，CH_4 や N_2 等を使用する従来の熱 CVD 法と比べ比較的低温の 973～1173 K で成膜されている．この成膜方法は従来法との成膜温度の違いから MT（Moderate Temperature：中温）CVD 法とも呼ばれ，この場合，従来法を HT（High Temperature：高温）CVD 法と呼んで区別する．CH_3CN を使用した場合の反応式は反応温度により次の 2 つの場合があるとされている[6]．

高温側：$3TiCl_4 + CH_3CN + 4\ 1/2\ H_2 \rightarrow 2TiC + TiN + 12HCl$

低温側：$2TiCl_4 + CH_3CN + 4\ 1/2\ H_2 \rightarrow TiC + TiN + CH_4 + 8HCl$

HTCVD 法による Ti(C, N)層は，一般的に粒状の被膜断面組織を有するのに対し，MTCVD 法による Ti(C, N)層の断面組織は，図 11・1・2-2(a)に示したように，柱状あるいは繊維状を呈する．また，HTCVD 法と比べ比較的低温で成膜することから基体である超硬合金の変質（c 項参照）が少なく，被膜に発生する

引張残留応力（d項参照）も低下することから基体や被膜の強度低下も小さくなる．このためMTCVD法によるTi(C,N)の実用化が進み始めた1990年代初め以降CVD超硬合金の被膜厚さが大幅に増加した[7]．

b. Al_2O_3成膜技術

Al_2O_3はTi(C,N)と並び現在のCVD超硬合金に欠かせぬ被覆物質である．Al_2O_3はその構造からα, γ, δ, κ, θ型等に分類されるが，CVD超硬合金用としては主にαとκの2種類が実用化され用途に応じて使い分けられている．α-Al_2O_3はコランダム型結晶構造を有し高温での安定相であり，他型のAl_2O_3も1573 K以上ではいずれもα型となる．高温での硬さや耐酸化性，化学的安定性等が重要な切削工具用としては一般的にはα-Al_2O_3が有効であると考えられるが，TiCやTi(C,N)等の下地層との付着強度は得にくい，成膜時に結晶が粗粒化しやすく被膜表面の平滑性が得にくいといった量産上の課題もある．これに対しκ-Al_2O_3は斜方晶系の結晶構造を有する準安定相であり，硬さや耐酸化性等の特性ではα-Al_2O_3に劣るものの，上記のような量産上の課題は少ない．しかしながら切削時に切刃が高温にさらされるとκ型からα型への変態が生じ，この際の体積収縮により被膜にクラックが生じることで被膜の強度が低下するといった問題点がある[8]．ここ数年，前述のα-Al_2O_3の量産課題に対して各種の改善が進められている（c項，e項参照）ことから，最近のCVD超硬合金ではα-Al_2O_3が使用される場合が増えている．Al_2O_3被膜の実用化当初は，成膜速度が低いこととインサートの平坦面と切刃部との膜厚分布が大きいことが大きな課題であった．この課題の最も有効な解決策として1980年代半ばにH_2Sを0.01～1vol%，反応ガスに添加する技術[9]が開発され，これによりAl_2O_3の成膜速度，膜厚分布ともに大幅に改善しAl_2O_3被膜の応用展開や厚膜化が急速に進んだ．

c. 付着強度向上技術

被膜の付着強度は切削工具の性能を決定付ける最重要因子の1つである．このためCVD超硬合金の実用化以降，様々な技術が開発されて製品に応用されている．CVD超硬合金の付着強度という点で注目すべき界面は基体の超硬合金と被膜との界面，Al_2O_3層とその下部層との界面の2箇所である．前者においては，MTCVD法によるTi(C,N)層の実用化以前には超硬合金直上の被覆物質としてTiCが使用されていた．この場合TiC層中には基体成分のWやCoが被膜中に10～20％拡散し，付着強度は得やすいものの超硬合金表面が変質しη相（Co_3W_3C, Co_6W_6C）と呼ばれる金属間化合物の脆化相が生じる[10]．この欠点は，反応温度が低く基体成分の拡散が少ないMTCVD法によるTi(C,N)層の実用化により改善されたが，逆に付着強度は低下した．このため現在実用化されているCVD超硬合金の多くは，基体とTi(C,N)層の界面に厚さが数10～数100 nm程度の各種中間層を使用し，基体成分の拡散量や界面に生じる応力ギャップを制御することで付着強度の向上を図っている．図11・1・2-2(b)は，基体とTi(C,N)層界面にナノサイズのTiN粒子と粒界部のW, Coからなるナノネットワーク構造をもった中間層を形成することで付着強度を改善した事例である[11]．これと同様に，Al_2O_3層と下部層との界面にも付着強度向上を目的に厚さが数10～数100 nm程度の各種の中間層が使用されている[12,13]．主な被覆物質としてTi(C,O), Ti(C,N,O), Ti(B,N), (Ti, Al)(C,N,O)等があげられるが，被覆物質の工夫だけでなく結晶組織を制御する，中間層を多層構造にする，成長方向に組成を変化させる等のナノオーダーの領域で各種の制御を組み合わせている場合も多い．これはAl_2O_3層下部の中間層が界面の付着強度のみでなくAl_2O_3層の結晶型や結晶組織にも大きな影響を及ぼすためである．

d. 専用超硬合金の技術

CVD超硬合金の膜厚を増加させることで耐摩耗性は向上するが，耐欠損性は低下する．これは被膜の強度が超硬合金と比べて低いこと，また被膜中に引張応力が残留しているため使用中の外部応力によりクラックが発生し応力集中が起こること等の原因による．この欠点を改善するため，基体である超硬合金表面を傾斜構造にすることで強度を向上させる技術も広く実用化されている．表面傾斜構造を有する超硬合金の事例

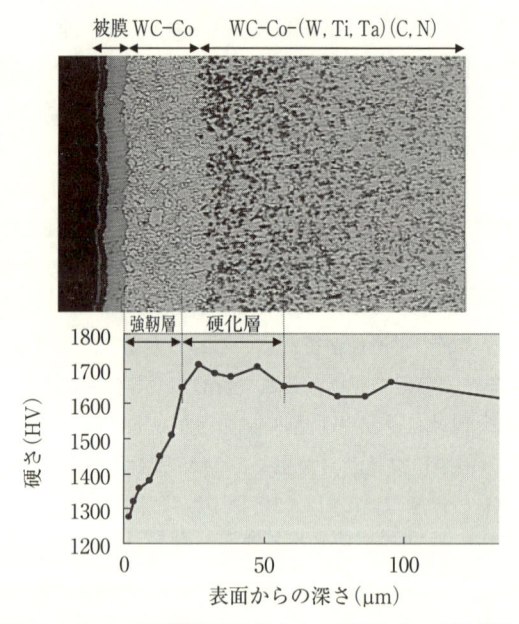

図11·1·2-4 表面傾斜構造を有する超硬合金の表面構造

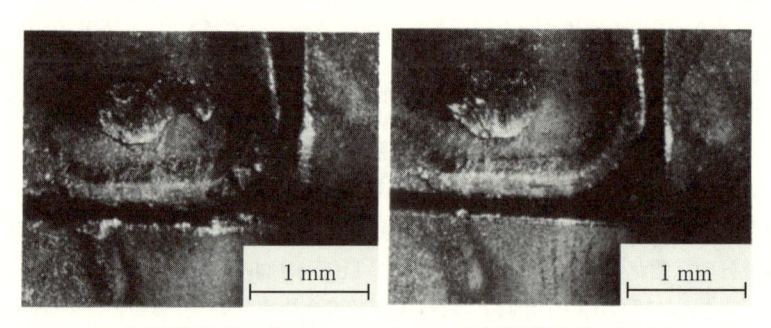

(a) 未処理品/R_z = 8.0   (b) 機械処理品/R_z = 1.4

図11·1·2-5 機械処理による被膜表面平滑化と切削性能向上[7]
被削材：SUS304，乾式旋削，インサート：CNMG120408
V_c=200 m/min, a_p=1.5 mm, f=0.3 mm/rev, t=2 min

として，窒素を含有する WC-(W,Ti,Ta)C(N)-Co 系超硬合金の表面近傍の合金組織および表面近傍における硬さの変化を図11·1·2-4 に示す．このような表面改質層は脱 β 層等と呼ばれる[4]．表面部では(W,Ti,Ta)(C,N)相が消失し結合相 (Co) が増加していることが分かる．これにより，硬さは表面から 20～60 μm の部分では内部より硬く，20 μm より表面側では表面に向かい低下している．このような表面傾斜構造により，超硬合金内部の硬さや耐熱性を維持したまま表面部のみを強靱化し被膜からのクラックの進展を抑制することができる．つまり，耐塑性変形性を低下させることなく耐欠損性を向上させることが可能となる．

e. 成膜後の表面処理技術

被覆超硬合金の被膜には，基体表面の欠陥に起因する表面の凹凸や成膜時の粒成長による表面組織の粗大化等が生じるが，これらの現象は被膜を厚膜化するほど顕著になる．このため，厚膜化により耐摩耗性の向

上を期待できる半面，被削材の溶着およびその後の脱離による被膜の剝離や凹凸部を起点としたチッピングの発生等，異常損傷が生じやすくなる．これら課題の対策として，成膜後に被膜表面をブラストやブラシ等で研磨処理することで被膜表面を平滑化し異常損傷を抑制する技術の実用化が進んでいる．図11・1・2-5[7]に，機械処理により被膜表面を平滑化し表面粗さを向上させたことによる性能向上事例を示す．ステンレス鋼の旋削加工において，表面粗さの粗い未処理インサートの切刃には被削材の溶着が多く見られるのに対し，被膜表面を平滑化したインサートの切刃には溶着がなく良好な損傷形態を示していることが分かる．これとは別に，機械処理によらず成膜プロセスの改良により被膜表面の平滑化を図る取り組みも行われている[14]．

11・1・3 PVD 超硬合金

（1） PVD 超硬合金

PVD（物理蒸着，Physical Vapor Deposition）法とは，真空中で物質を蒸発させ，そこで発生させた粒子を放電により生じたプラズマ中でイオン化させること等により，真空中に設置された基材上へ物質を被覆する技術の総称である．蒸着法，スパッタリング法，イオンプレーティング法がそれらの代表であるが，PVD 超硬合金の場合は，これらのうち，通常イオンプレーティング法が用いられる．

PVD 超硬合金への被覆は，イオンプレーティング法の中でも HCD（ホローカソード，Hollow Cathode Discharge）法と，AIP（アークイオンプレーティング，Arc Ion Plating）法が主に用いられている．PVD 超硬合金が開発された当初（1970 年代後半）には HCD 法が広まり，1990 年代まで主流であった．その後の装置開発等により，特に切削工具においては現在では AIP 法が主流となっている．それぞれの方法の概要について以下に記す．

a. HCD 法[1]

真空中で水冷るつぼに入れた Ti 等の金属を，電子銃から放出された電子ビームによって溶解・蒸発させる．蒸発した金属蒸気は，窒素ガス，アセチレンガス等の反応ガスとともに，電子ビームにより正イオン化され，プラズマを形成する．そしてこれらの金属イオンとガスイオンは，ヒータで 673 から 773 K に加熱し，負のバイアス電圧を印加された基材上に衝突し，反応して窒化物，炭化物等の被膜を形成する．被膜は，一方向からのみ形成されるため，均一な膜厚，膜質を得るために基材を回転させる必要がある．開発の当初は HCD 法で TiN を被覆した PVD 超硬合金が切削工具等として広く用いられた．

b. AIP 法[1]

真空中でターゲットと呼ばれる金属材料の蒸発源に負の電圧，真空容器に正の電圧を印加し，アーク放電を起こすと，アークスポットに集中するアーク電流のエネルギーにより，ターゲット材である金属材料は瞬時に蒸発すると同時にイオン化し，真空中に放出される．これらがイオン化した反応ガスとともに基材表面に堆積する．イオン化されて以後は，HCD 法と同様である．ターゲット上の放電位置は高速で動き回るが，ターゲット裏に取り付けられた磁石や電磁コイル，反応ガス圧力等によりコントロールされる．HCD 法と同様，被膜は一方向からのみ形成されるため，均一な膜厚，膜質を得るために基材を回転させる必要がある．AIP 法の特徴はイオン化率が非常に高く，密着性の良好な膜が被覆できることである．また，複数の蒸発源を設置し，積層膜を形成することが比較的容易であり，非平衡状態での成膜であるため，自然界には存在しない人工材料を被覆することも可能である．1990 年代後半以降，この方法を用いて得られる TiAlN（窒化チタンアルミニウム）被覆 PVD 超硬合金が，切削工具用として広く採用されている．

（2） PVD 超硬合金の特徴および用途.

a. 圧縮残留応力

　PVD 超硬合金においては，成膜過程で，正イオン化した蒸発金属および反応ガスが，負のバイアス電圧を印加された基材に加速されながら衝突するため，基材上に成膜された被膜中には，この衝撃により格子欠陥，格子ひずみが導入され，それにより圧縮残留応力が発生する．たとえば，PVD 超硬合金として一般的な TiAlN 被膜のような複数の金属元素を含有する被膜の場合は，結晶格子を構成する Ti，Al，N の原子半径の差に由来する格子ひずみが発生し，さらに圧縮残留応力の原因となる．これは，CVD（Chemical Vapor Deposition，化学蒸着）法により成膜された被膜中に発生する引張残留応力とは対照的である．図 11·1·3-1 には PVD 超硬合金の被膜の断面組織例を示す．一般に PVD 超硬合金は CVD 超硬合金に比べて被膜の厚さが薄く 1～4 μm 程度である．これは，被膜中の圧縮応力と関係する．

　さて，PVD 超硬合金の場合，被膜に残留する圧縮応力が高すぎると，その応力により，基材との界面から剥離する現象が見られる．圧縮残留応力の大小は，上述のような被膜組成（たとえば金属元素が 1 種であるか 2 種以上であるか），成膜条件（正イオンが基材表面に衝突する際のイオンの運動エネルギーを決定）に依存する．成膜条件については，たとえば高バイアス電圧，高真空条件下で成膜を行った場合，被膜の圧縮残留応力は大きくなる傾向にある．また，圧縮残留応力は被膜の厚さにも大きく依存する．すなわち，被膜が厚くなると圧縮残留応力が大きくなる傾向にある．被膜の圧縮残留応力が大きくなると，基材との密着性が著しく低下するため，前述したように，PVD 超硬合金の被膜厚さは 1～4 μm 程度とされることが多い．

b. 表面粗度

　特に AIP 法で成膜された PVD 超硬合金においては図 11·1·3-2 に表面状態の SEM 像例を示すように，ドロップレットと呼ばれる被膜内部や表面に形成される異常溶融粒子による被膜表面の凹凸が問題となる場合がある．

　ドロップレットはアーク放電によりターゲット材が蒸発する際に，気体として蒸発するのではなく液滴として飛散し，被膜形成時に基材上に付着したものである．AIP 法においては，多かれ少なかれドロップレットが発生するが，被膜組成や成膜条件によってその発生量は異なる．特に摺動性や刃先の鋭利さが重要となる切削工具，耐摩工具においては有害となるので，成膜後に機械的に除去される場合もある．

　ドロップレット発生の原因は，アーク放電により発生するアークスポットにアーク電流が集中することにある．最近では成膜装置の改良が進み，アークスポットをターゲット上で滞留させずに高速で運動させるこ

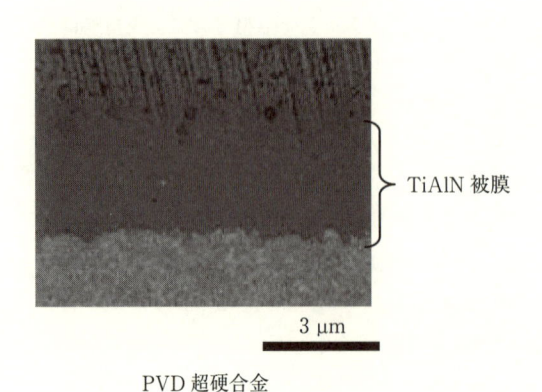

図 11·1·3-1 PVD 超硬合金の被膜断面組織例

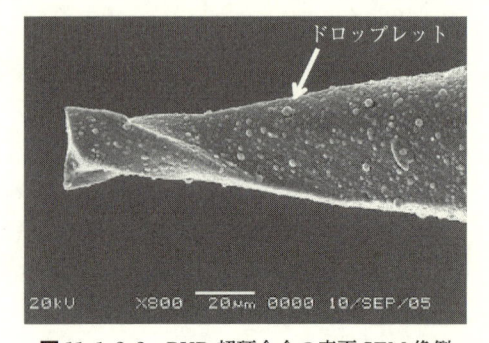

図 11·1·3-2 PVD 超硬合金の表面 SEM 像例

11・1 切削工具

とが可能な装置が開発されており，このような装置を用いることによりドロップレットの低減が可能となる．

c. PVD超硬合金の用途

PVD超硬合金の最も一般的な用途は切削工具であるので，以下切削工具に絞って記述する．

前述したように，PVD被膜は圧縮残留応力を有するため，PVD超硬合金は耐衝撃（耐欠損）性に優れるため，切削工具の中でもフライス用工具，エンドミル等断続切削用途に用いられることが多い．PVD被膜は圧縮残留応力を有するため，切削時に発生する引張応力を打ち消すことが可能となるためである．すなわち，被膜に衝撃が加わったときに一般に引張応力により発生するクラック（亀裂）やチッピング（微小な欠け）が発生しにくく，それらの進展も抑制され，結果として欠損に至りにくいからである．図11・1・3-3に刃先交換式エンドミル，ソリッドエンドミルの例を示す．

一方，被膜に引張残留応力を有するCVD超硬合金をこのような用途に適用した場合，切削時の衝撃により，被膜表面から基材である超硬合金の方向に向かってクラックが伝播し，欠損に至りやすい．そのため衝撃力の影響の少ない旋削加工用工具として連続切削用に用いられることが多い．

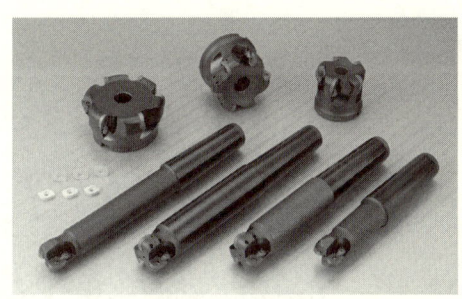

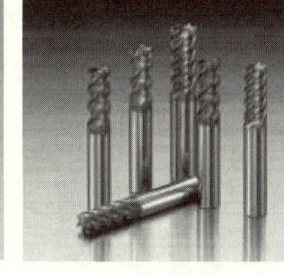

図11・1・3-3　刃先交換式エンドミルおよびソリッドエンドミル

（3）最近のPVD超硬合金

a. PVD超硬合金の被膜組成および特性

前述したように，PVD超硬合金が実用化された当初はTiNが主体であり，その後TiAlNが主流となり現在に至っているが，近年の機械加工においては，コストダウン，加工時間の短縮が求められており，切削工具として用いられるPVD超硬合金への要求もますます厳しくなってきている．一例として，従来は熱処理前に粗加工，熱処理後に仕上げ加工の二工程で加工されていた焼入れ鋼の加工を，熱処理後の高硬度の鋼材を一工程で加工することが一般的となり，そのために高硬度材加工という新たな用途が生まれてきている．また，切削加工において高能率の加工が求められ，工具の送り速度を速くする高送り加工，切削速度を速くする高速度加工が一般に用いられるようになり，工具の耐欠損性，耐熱性がより一層高いレベルで求められるようになってきている．

これらの要求に対応するため，被膜組成については代表例を表11・1・3-1に示すように，①当初用いられたTiN，②現在主流のTiAlNに加え，③従来のTiN，TiAlNにSiを添加したTiSiN系等の一段と高硬度化を図った被膜組成系，④AlCrSiN系等の耐熱性，耐酸化性の向上を狙った新しい組成系が検討され，実用化されてきている．また，表には示していないが被膜の潤滑性，耐溶着性を向上させるため，被膜中にB，S，Cr等を含む被膜組成系も実用化されている．

表11·1·3-1　PVD超硬合金に用いられる被膜および特性（代表例）

成分系	TiN	TiAlN	TiSiN	AlCrSiN
硬さ(Hv) 荷重：9.8 mN	2200	2800	3600	3000
密着力(N) スクラッチテスト max：100 N	100	100	100	100
酸化開始温度(K) 酸化膜厚より判定	873	1073	1373	1473
摩擦係数 ボールオンディスク （S45Cボール）	0.7	0.8	0.9	0.6
特徴	密着性	高硬度 耐酸化性	高硬度 耐酸化性	耐酸化性
切削用途例	汎用切削	汎用切削	高硬度材切削	乾式切削

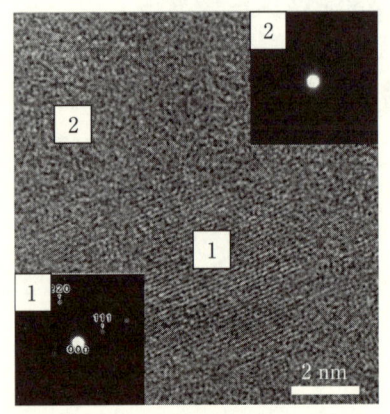

図11·1·3-4　PVD超硬合金被膜の透過型電子顕微鏡観察例（TiSiN系）
1：微細結晶，2：非晶質

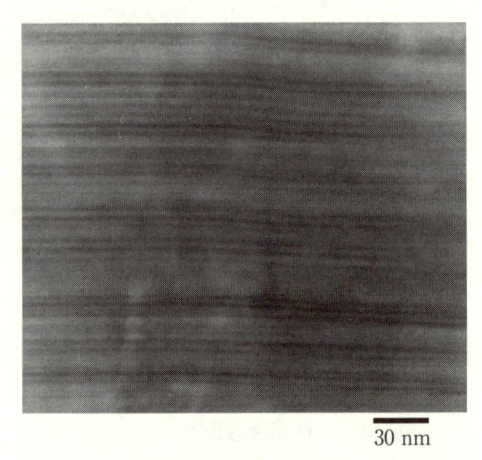

図11·1·3-5　積層被膜の透過型電子顕微鏡観察例
黒色層：AIP主体の層，灰色層：スパッタリング主体の層（5 nm程度で交互に積層）

さらに，上記の窒化物系に加え，ダイヤモンドと黒鉛の中間的な性質を示す硬質物質であるDLC（ダイヤモンドライクカーボン）を被覆したPVD超硬合金においても，AIP法での被覆技術や装置が確立され，ダイヤモンドに近い硬度をもつDLCを被覆したPVD超硬合金が，主にAlなどの非鉄金属切削用として実用化されている.

b. PVD超硬合金の被膜組織

PVD超硬合金の被膜の組織は，通常はマクロ的には柱状晶からなるが，最近の被膜においては透過型電子顕微鏡観察によると，図11·1·3-4に示すように，nmレベルで非晶質（アモルファス）と微細結晶の混在する組織を有するものもある[2].

また，図11·1·3-5に示すように，組成の異なる2層が交互に積層した構造を示すものもある．図11·1·3-5の場合はAIP法とともにスパッタリング法を同一装置内で同時に使用することにより，積層構造を作

り出したもので，スパッタリング法により，被膜中にAIP法では作製することが難しいSを含む層を導入したものである[3]．また，積層構造の例として，異なる結晶構造をもつ被膜をnmレベルで積層することにより，著しく高硬度を有する被膜（人工格子）の研究も行われている．

（4） 今後の課題および動向

PVD超硬合金においては，切削工具の高性能化要求に応えるため，さらなる高機能化，高性能化が求められており，①圧縮残留応力制御による厚膜化の検討，②新たな組成系の検討，③高速成膜等が今後残された主な課題である．装置の改良も含めこれらの課題が解決されれば今後もPVD超硬合金の用途は広がっていくものと思われる．

11・1・4　サーメット

（1） サーメットの歴史

サーメット（cermet）とは，広義には，炭化物，酸化物，窒化物，ホウ化物等のセラミックス（ceramics）を金属（metal）で結合した複合材料全般を指す（ceramics+metal）が，ここでは主に切削工具に用いられる炭窒化チタン基サーメットについて述べる．

WC-Co系超硬合金は1923年にドイツOsram社のF. Skaupy, K. Schröterらにより開発されたが，時を経ずにWC-Co系超硬合金の代替材料として，TaC-Co合金（ramet），Mo₂C-TiC-Ni-Cr合金（titanit）等，種々の炭化物を用いた合金が開発されている[1]．また，第二次世界大戦末期には，Wの不足のためTiC-VC-Fe(Ni,Co)合金等が試作された．その後，ジェットエンジンのタービンブレード用耐熱材料として種々の材料が検討されたが，中でもTiC基サーメットは室温・高温の機械的性質や耐酸化性が優れ，かつ低比重であることから，多くの研究が行われた．しかし，十分な靱性を得ることができず，サーメットの耐熱材料への応用は中断した[2]．

1956年，Humenikら[3〜6]はTiC-Ni合金にMoを添加して炭化物と結合相の濡れ性を向上させ，合金特性を向上させた．本合金の切削工具性能は十分ではなかったが，その後，さらにTaC，ZrC，WCを添加する等して改良が加えられ，鋼の仕上げ切削等に用いられるようになった．1971年，Kiefferら[7]がTiC-Mo₂C-Ni合金にTiNを添加すると切削特性が向上することを報告したのを機に，国内外で窒素（N）入りサーメットの研究，開発が進められた．TiC基サーメットは，鋼切削において優れた耐摩耗性を示し，また，仕上げ面も美しいという特徴を有するが，これに窒素を添加することでさらに靱性が向上したため，切削加工での用途は飛躍的に広がった．また，1970年代にはPVD法による被覆超硬合金工具が開発されたが，その後サーメット工具にも適用されて工具寿命は大幅に改善された．

（2） サーメットの組織と性質

TiCと各種Ni基合金との接触角θを表11・1・4-1に示す．中でもNi-Mo合金とTiCの接触角は0°であるため，TiC-Ni合金にMoを添加すると濡れ性が改善され焼結性は向上する．さらに，硬質粒子の粒成長も抑制されるため機械的性質も改善される．サーメットの硬質相は，芯部（たとえばTiC等）とその周りの周辺組織部（たとえば(Ti,Mo)C等）の成分が異なる有芯構造を有しており，その形成機構は鈴木ら[8]により検討されている．図11・1・4-1には典型的なサーメット組織例を示す．実用組成に近いTiC-TiN-TaC-WC-Mo₂C-Ni-Co合金の焼結挙動についての研究も報告されている[9]．図11・1・4-2には真空焼結を行った際の各炭化物，窒化物の回折X線相対強度の変化を示す．温度が上昇するとともにTaC，WC，Mo₂Cの強度は低下して液相出現温度付近である1300℃では消滅し，焼結温度である1400℃ではそれらの炭化物や

表 11·1·4-1 TiC と各種金属との接触角(1454℃，真空中)(Humenik ら[3])

金属	接触角, $\theta°$
Ni	30
Ni-10Ti	25
Ni-10Cr	23
Ni-10Mn	23
Ni-10Zr	22
Ni-10Nb	22
Ni-10V	21
Ni-10Ta	15
Ni-10W	14
Ni-10Mo	0

$$\cos\theta = \frac{\gamma_{SG} - \gamma_{SL}}{\gamma_{LG}}$$

θ：接触角，γ_{SG}：固気界面張力，
γ_{SL}：固液界面張力，γ_{LG}：気液界面張力

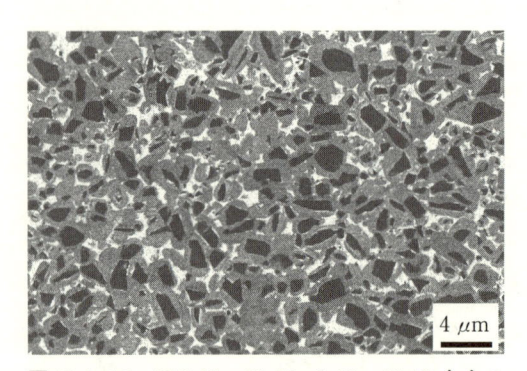

図 11·1·4-1 TiC-10 vol% Mo₂C-10 vol% Ni 合金の SEM 組織例

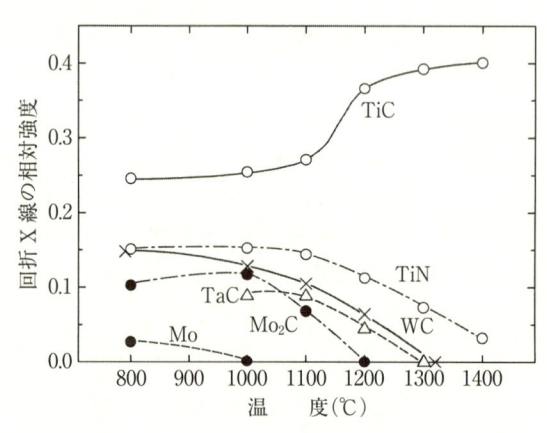

図 11·1·4-2 TiC-20%TiN-15%WC-10%TaC-9%Mo-5.5%Ni-11%Co 合金の構成成分の回折 X 線相対強度に及ぼす焼結温度の影響 (Yoshimura ら[9])

TiN が固溶した周辺組織を有する炭窒化物相と TiN 相のみとなる．図 11·1·4-3 には，有芯構造を有する炭窒化物粒子中の各元素の EPMA 分析結果を示した．実際に市販されている切削工具用サーメットは，Ti(C,N) や TiC，TiN を主成分として Mo の他に W，Ta，Nb，Zr，V 等，IVa・Va・VIa 族元素を含む硬質相と，Co や Ni 等の結合金属からなる．これらの元素の添加により，室温および高温機械的性質が向上すること等が報告されている[10,11]．

次にサーメットへの窒素添加の影響について述べる．TiC-Mo-Ni 合金に窒素を添加すると，Mo₂N の生成自由エネルギーが焼結温度域では正であるため，窒素を含む周辺組織への Mo 固溶は抑制されて周辺組織厚さは薄くなる．さらにオストワルド成長の抑制，また液相出現温度の上昇等により，硬質粒子は微粒化する[12]．この傾向は，原料粉末として TiN や Ti(C,N) 等を用いて窒素を添加する場合でも，焼結を窒素雰囲気で行い添加する場合でも変わらない．Mo，W 等，窒素原子との親和力が小さい元素では，前述のように炭窒化物相の周辺組織中への固溶量は減少するが，結合相中の固溶量は増加する[13]．窒素添加はサーメットの合金性質に大きな影響を与え，たとえば室温抗折力[14]，高温クリープ変形[13]，高温抗折力[15]等の機械的性質は向上し，熱伝導率[16]や，耐高温酸化性[17]も高くなることから，窒素添加サーメットは切削工具として優れた性能を示す．

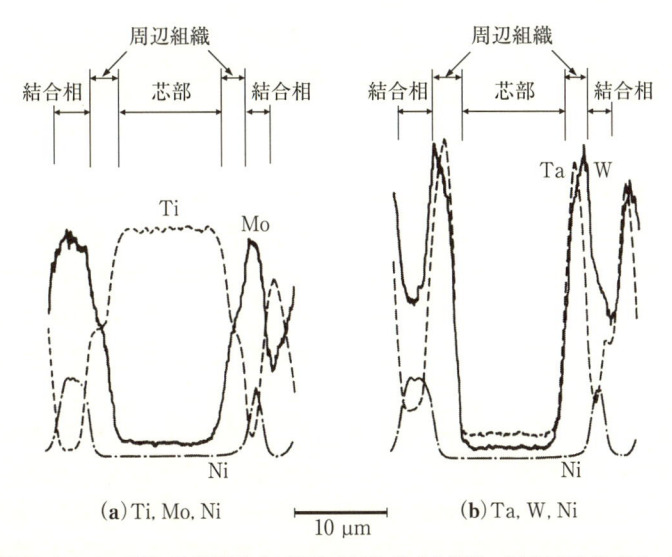

図 11·1·4-3 TiC-12%TiN-9%WC-6%TaC-5.5%Mo-16.5%Ni-33%Co 合金中の粗粒炭窒化物の EPMA 分析結果（Yoshimura ら[9]）

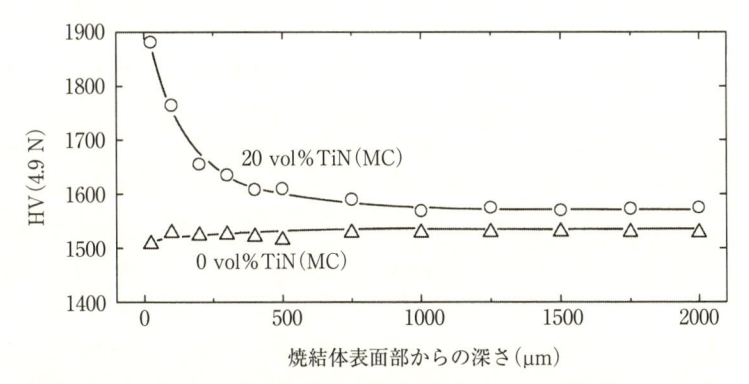

図 11·1·4-4 TiC-10 vol% Mo₂C-20 vol% TiN-10 vol% Ni および TiC-10 vol% Mo₂C-10 vol% Ni 中炭素合金の表面部付近の硬さ変化（植木ら[19]）

　窒素入りサーメットを脱窒雰囲気中で焼結すると，焼結体表面部には数～10 μm 程度の周辺組織を有さない炭窒化物粒子と結合相のみで構成される層が生じることが知られている[18]が，それとは別に，焼結体表面部に厚さ約 500 μm にわたり結合相の減少領域（binder poor region, BPR）が生じる場合がある[19]．図 11·1·4-4 には，窒素入りおよび窒素なしサーメットの焼結体表面部付近の硬さ変化を示す．焼結体表面から内部約 500 μm にわたり，中央部と比較して硬さが上昇する．これは，焼結時の脱窒により表面部付近の窒素量が減少した結果，表面部付近の Mo は増加し，Ni は減少するためである．BPR は，焼結時の窒素導入時期等の焼結条件を変化させることにより，その幅を制御することができる[20]．
　サーメットの主成分である TiC や Ti(C,N) 粉末は，TiH₂ を炭窒化する方法，TiO₂ を炭素により還元・炭窒化する方法，溶融金属浴中で TiC を生成させて金属部分を酸洗により取り除く方法（MaKenna 法）により製造されるが，近年，TiO₂ を炭素により還元・炭窒化する方法による TiC や Ti(C,N) の微粒粉末が市

販されるようになった．これらの微粒粉末を用いた研究も行われ，超微粒超硬合金と同様に微粒 Ti(C,N) 粉末を用いるとサーメットの抗折力は上昇することが報告されている[21]．

（3） 最近のサーメットと今後の動向

サーメットは現在も超硬合金を完全に代替するには至っていない．その理由は，1 つには超硬合金の硬質粒子である炭化タングステンは高硬度であると同時に室温でも塑性変形するため靱性が高いのに対して，炭窒化チタンは室温で塑性変形しにくいため靱性が低いこと，2 つめには鋼切削を行ったとき工具刃先に熱亀裂が発生しやすいため，それによる欠損が起きることにある．窒素添加による飛躍的な性能向上の後も，超硬合金との性能差を埋めるべく，種々のサーメットが開発されてきた．それらのうち，特徴的なものについて述べる．

切削油で工具刃先を冷却しながら鋼の断続切削を行うと，切削時の加熱と空転時の冷却により発生する繰り返し熱応力により工具刃先に熱亀裂が発生して，工具摩耗が進行していないにもかかわらず突然欠損に至ることがある．このとき，前述の BPR を工具表面に有するサーメットにて鋼切削をした場合，機械的性質が著しく低下するため耐欠損性は低下するが，この BPR をごく表層のみに形成させた場合には，機械的性質はさほど低下せずに，熱亀裂の発生が抑止されるため，耐欠損性は向上する．これは，BPR の結合相量は内部に比べて少なく，サーメット内部よりも表面部の熱膨張係数が小さいことから，焼結終了後の冷却において表面部には圧縮応力が生じ，熱亀裂発生に対する抵抗が高まるためである[22,23]．

Ti(C,N)基サーメットは WC 基超硬合金よりも本質的に靱性は低いが，傾斜機能を付与してこれを改善する試みもなされた[24,25]．具体的には，合金内部には高靱性・高強度化を目的として WC 相を有する『超硬合金』を配置，表面部には高耐摩耗化を目的として炭窒化物相のみの『サーメット』を配置した傾斜機能材料が開発された．本材料を用いた場合，一部の鋼切削加工においては，CVD 被覆超硬合金に対して同等以上の性能を示すことも報告されている．

被削材の仕上げ面の美しさは，超硬合金では得られないサーメットの最も大きい特徴であるが，これをさらに改善させたサーメットも開発された[26~28]．具体的には，合金中の炭窒化物粒子を微粒とし，また焼結方法等の改良により焼結体表面も平滑化させて工具摩耗面を平滑にすることにより，鋼切削面の粗さを小として切削加工面品位の向上を実現させた．また，炭窒化物粒子の微粒化により耐熱性も向上して大幅な工具寿命の延長が可能となった．図 11・1・4-5 にはその内部および表面部の SEM 組織例を示す．

近年，超硬合金の主原料であるタングステン等，希少金属の価格は上昇傾向にあるため，これらを使用す

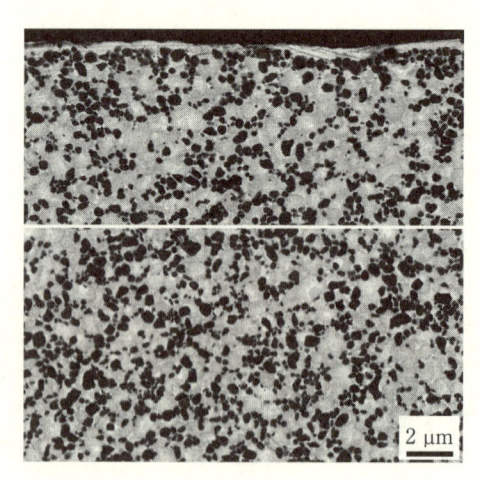

図 11・1・4-5 微粒炭窒化物相を有するサーメットの表面部（上）および内部（下）の SEM 組織例（タンガロイ，NS720）

る材料の代替材料開発，使用量削減技術，リサイクル技術についての研究が活発である．Ti(C,N)基サーメットは超硬合金代替のための有力な候補材料の1つであり，今後のさらなるサーメットの研究開発により飛躍的な性能の向上が期待される．

11・1・5　セラミックス

（1）　はじめに

　切削工具は，主に金属を切削加工するときに使用する工具である．使用環境は相手材料を，接触しながら削り取るためにきわめて過酷であり，高い応力と温度に曝されるため，材料として次のような特性が要求される．

　①硬度，特に高温での硬度が高いこと．
　②化学的に安定で，被削材と反応を生じないこと．
　③機械的応力，特に耐欠損性と耐熱衝撃性に優れること．

これらの要求特性から，超硬合金，サーメット，セラミックスが工具材料として主に用いられている．中でもセラミックスは，耐熱性，硬度，化学的安定性にきわめて優れることから有望な候補材料として，古くは1930年代から開発が検討され，超硬工具に遅れること10年余の1938年に市販されたのが最初とされる．図11・1・5-1が現在市販されているセラミック工具の外観である．

　しかしながら，セラミックスの唯一の難点は，靭性と強度が低いために切刃のチッピングや突発的な破損が起きやすいことである．セラミック工具材料の歴史は，耐欠損性改善の歴史であるといっても過言ではない．図11・1・5-2は，セラミック工具の強度特性を3つの材料指標からまとめたものである．セラミックスの強度は，靭性が低いことから欠陥サイズが大きく影響し，図11・1・5-3に示すように一般的には気孔率と粒度に依存する．そこで，密度を極限まで高め，粒度を極力小さくするため，原料の高純度化技術や焼結技術に関する研究開発が活発に行われてきた．焼結技術として，ホットプレス焼結法，ガス圧焼結法，熱間静水圧焼結法（HIP法）等があり，成分の探索や組織制御技術の開発によりセラミックス工具の普及率は大きく向上した[1]．

　1970年代以降，セラミックスの新しい工具材種が次々と開発された．Al_2O_3系，Al_2O_3-TiC系，サイアロン系，Si_3N_4系へと進み，さらにSiCウィスカ（whisker）で強化したAl_2O_3-SiCウィスカ系へと発展した．1990年代前半には，コーティング技術との結び付きで，コーテッドセラミックスが実用化され著しい

図11・1・5-1　セラミック工具の外観

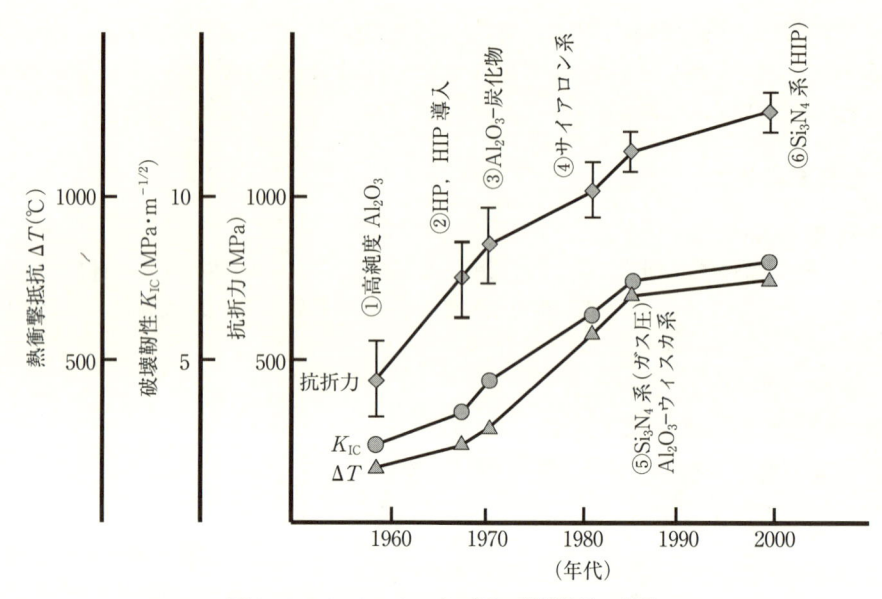

図11·1·5-2 セラミック工具の機械特性の推移

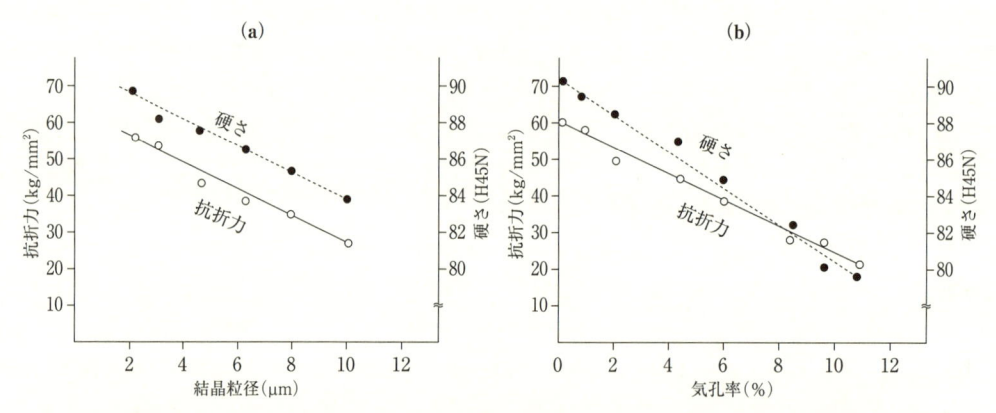

図11·1·5-3 アルミナセラミックスの硬度と抗折力に及ぼす粒径と気孔率の影響
(a)アルミナセラミックスの結晶粒径と抵抗力・硬さの関係, (b)アルミナセラミックスの気孔率と抗折力・硬さの関係

進歩と発展を遂げた[2].

21世紀に入り高い剛性をもつ工作機械が開発され,動力性能向上に伴う稼動率アップや高速切削への要求の高まりにより,セラミック工具の適用分野は広がりを見せ,自動車産業の鋳鉄をはじめとして耐熱合金を使用する航空機産業分野までも広がっている.現在では,環境対策として注目されている乾式切削やミスト切削にも適用が期待されている[3].

(2) セラミック工具の材種構成

現在市販されているセラミック工具を材料で分類すると,

①Al_2O_3系セラミックス,②ウィスカ強化型セラミックス,③Si_3N_4系セラミックス,④コーテッドセラミックスがある.

製品の代表的な材料特性を表 11·1·5-1 に，各種セラミック工具材料の代表的な組織形態を図 11·1·5-4 に示す．焼結法の工夫から，組織が微細化されていることが確認される．また，耐摩耗性能を劣化させる粒界相の量も大幅に減少してきており，極微量の助剤によって焼結する技術がすべてのセラミック材料において確立されている．

(3) セラミックス工具の製法[3,4]

切削工具は，材料の進歩とともに発展してきたといってよいほど，その製法が重要となる．高純度で微細なセラミック粉末を使用し，余分な添加物は極力排除して焼結することが求められる．焼結手法とその条件の工夫によってポアや組織むら等の欠陥がない完全緻密体が得られる．図 11·1·5-5 に現在行われているセラミック工具の製造フローを示す．焼結体の特性は気孔率と粒度に大きく影響されるため，全体の製造工程を通じて焼結体の内部および表面に気孔や傷等の欠陥をもたせないようにすることが必要である．

表 11·1·5-1 各種セラミックス工具の特性値(代表例)

特性	Al_2O_3 系		ウィスカ強化	Si_3N_4 系	
	Al_2O_3 Al_2O_3-ZrO_2	Al_2O_3-炭化物		Si_3N_4	サイアロン
硬度(GPa)	18〜20	20	20	14〜18	14〜18
強度(MPa)	700〜1000	800〜1200	1000〜1200	1000〜1200	800〜1200
破壊靭性(MPam$^{1/2}$)	3〜4	4〜6	5〜7	5〜7	4〜7
熱膨張係数(10^{-6}/K)	8	8	7〜8	3〜4	3〜4

Al_2O_3 系セラミックス Al_2O_3-炭化物系セラミックス

ウィスカ強化型セラミックス Si_3N_4 系セラミックス

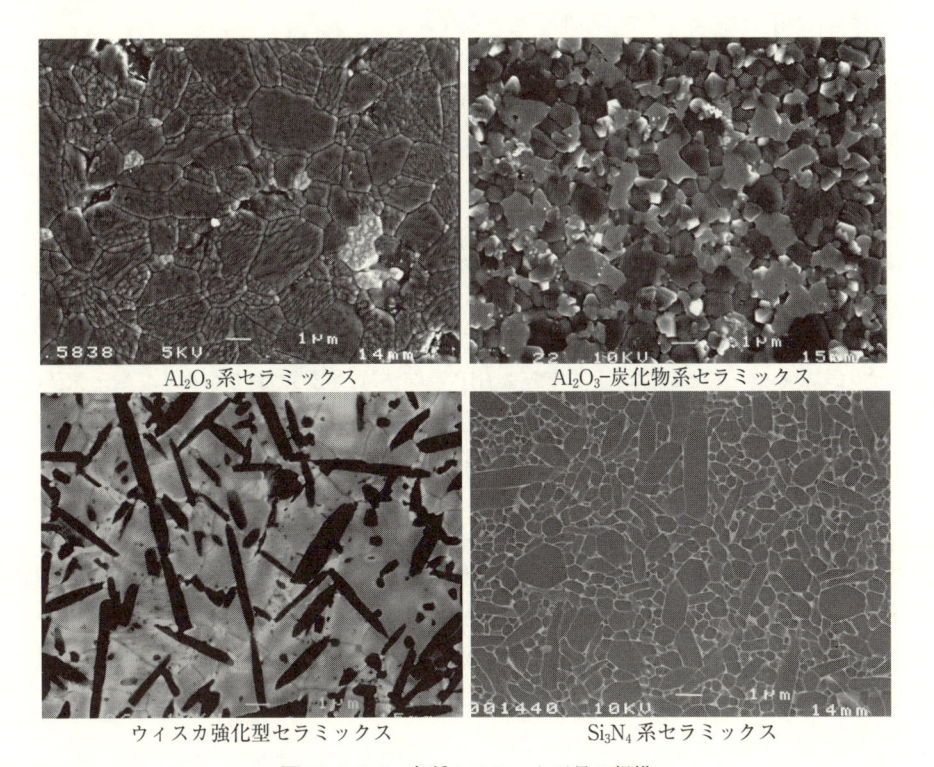

図 11·1·5-4 各種セラミック工具の組織

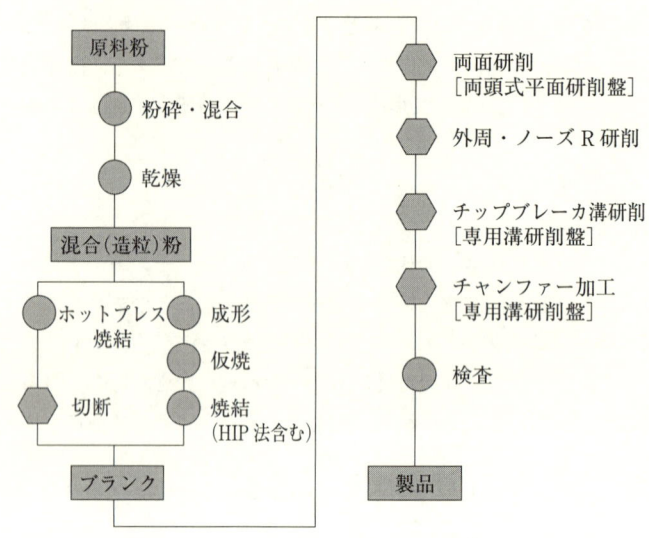

図11・1・5-5 セラミック工具の製造プロセス

　焼結の促進と粒成長抑制を目的として，焼結助剤を主原料に添加し，ボールミルまたはアトライタを用いて湿式にて混合粉砕を行う．混合粉砕に関して，非酸化物原料を含む場合，かつては主に有機溶剤を用いていたが，近年安全衛生および環境問題から水を使用する場合も多くなっている．その後噴霧乾燥法により乾燥および造粒を行う．

　成形法として，セラミック工具のように単純形状の場合には金型プレスが用いられる．金型プレスで対応できない複雑形状の場合は，ラバープレス等が用いられる．

　セラミックスの焼結は1500℃を超える高温で焼結されるのが普通である．開発当初，量産性と形状付与が容易な普通焼結法で製造されたが，現在では究極の特性を得るためにホットプレスやガス圧焼結法，HIP焼結法が採用されている．ホットプレスは，カーボン等の治具を用いて機械的圧力を直接試料に与える焼結方法である．比較的短時間，低温度で焼結が可能で，焼結助剤を少量にでき，場合によっては必要としないほどの特徴がある．一軸方向での加圧方法であるため，異方性が生じることがあり注意が必要である．さらには形状制約があり，後工程で切断が必要となるため加工費等，経済的な点や量産性に乏しい等の欠点もある．ホットプレスによって得られる性能とコストのバランスを考慮して適用されているのが現状である．

　これに対し，数100気圧レベルのガス圧を利用して焼結を促進させるガス圧焼結法は，主としてSi_3N_4に対して実施されている．これと類似の手法であるHIP焼結法は，圧力がさらに高く，数千気圧の圧力を利用して完全に緻密化させる手法であり，微細で均質な焼結体が得られる方法としてセラミック工具の製造において広く利用されている．両方法ともガスを圧力媒体とするため等方的で異方性問題が発生せず，さらにはホットプレスに比べ炉体を大きく設計できるため，一度に大量の処理ができ，複雑な形状ができる等の特徴がある．

　焼結以降の工程は，セラミックスが高硬度で脆性材料であるが故に研削効率が上がらない問題はあるものの，ダイヤモンド砥石を使用することで研削加工できる．従来セラミック工具は単純形状が主であったが，近年材料の高強度化により用途が拡大していることから，より高精度で複雑な形状の要求が高まっており，研削加工は大変重要な位置付けとなっている．

（4） セラミック工具の用途と切削性能

近年，焼結法の工夫と高純度微粒原料の利用等により機械的特性と耐摩耗性は，以前の材料と比べ大幅に向上してきている．セラミック工具の現在の欠点である耐欠損性を改善し，機械的衝撃や熱的衝撃に対して高い抵抗性を発揮し，工具としての寿命を保つようになり，多くの分野で使用されるようになった．現在市販されているセラミック工具の適用領域を図11·1·5-6に，適用される被削材の種類を表11·1·5-2に示す．

Al_2O_3 系セラミックスは，その化学的安定性から優れた耐摩耗性を有し，主として鋳鉄の高速仕上げ切削用として使用される．ZrO_2 を添加したものは，市場で純 Al_2O_3 系から置き換えられており，耐摩耗性は同等で耐欠損性に優れるという評価が確立されてきている．反面，ZrO_2 添加により耐熱衝撃性は低下するため，基本的に使用は乾式かつ旋削に限られる．周速 1000 m/min での高速切削が可能であり，鋳鉄部品の生産性向上に大いに貢献している[4]．

Al_2O_3-炭化物系も同様にその多くは鋳鉄部品の高速仕上げ切削に使用されているが，強度が高いため，一部粗切削やフライス切削にも用いられている．また炭化物の複合化により高硬度であり高温まで硬度が保たれることから，ダイス鋼，ベアリング鋼，高速度工具鋼，その他の高硬度焼入鋼や高硬度鋳鉄等の旋削を中心とした仕上げ切削に適用される．HRC60 以上の高硬度焼入鋼でも，周速 150 m/min 以上の旋削を行うことができる[2]．

ウィスカ強化型セラミックスは Ni ベースの合金等，耐熱合金の高速切削に多く使用される．耐熱合金は軽量・高強度・高耐食性であることから，航空宇宙産業，原子力工業，医療工具等，今後需要が大いに期待される材料であるが，加工性の点からは，熱伝導が低いことによる刃先温度上昇，凝着のしやすさ，表面硬化性によって，工具摩耗が激しく難削材の一種となっている．工具の形状や条件設定の難しさはあるものの粗切削や中仕上げ切削においては，超硬工具に比べ 10 倍もの速度（周速 200～350 m/min）で加工するこ

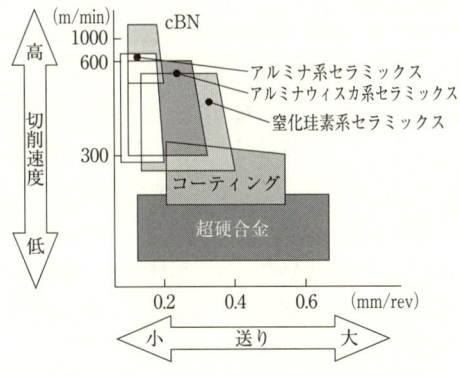

図 11·1·5-6 セラミック工具の適用領域

表 11·1·5-2 セラミック工具の適用被削材

被削材	Al_2O_3 系 Al_2O_3 Al_2O_3-ZrO_2	Al_2O_3-炭化物	ウィスカ強化	Si_3N_4 系 Si_3N_4	サイアロン
鋳 鉄	○	○	○	○	○
耐熱合金	○	○	○		○
高硬度材（焼入鋼, ハイスロール）		○	○		

とが可能であり，加工効率，生産性の点で大きなメリットが得られている．航空部品は非常に高価な材料であり，切削において欠けないことが重要となるため，Al$_2$O$_3$の優れた耐摩耗性とウィスカ強化による耐欠損性を高次元で両立させたウィスカ工具は，他のセラミック工具に比べ高価ながら耐熱合金加工における使用量は非常に多い．その他にも鋳鉄の粗切削や湿式切削，高硬度ロール材等，Al$_2$O$_3$系セラミック工具では加工が難しい用途においても使用されている．

Si$_3$N$_4$系セラミックスは主として鋳鉄の高速粗切削に用いられており，鋳造肌を加工した際に発生する境界摩耗[*1]に対して優れた耐摩耗性を発揮する．また，耐欠損性と耐熱衝撃性に優れることから，断続切削や湿式切削，フライス切削等に適用しても，セラミック工具の欠点である欠損やチッピング，熱疲労クラックが発生しにくいため，鋳鉄部品の加工では広く使用されている．さらに切削速度を高めることで，Al$_2$O$_3$系工具に匹敵する耐摩耗性を発揮するため，欧米においては一般的に仕上げ切削にも用いられている．

サイアロン工具は，主に耐熱合金加工に使用される．ウィスカ工具に比べ境界摩耗に優れるため，加工条件や被削材によってはウィスカ工具より優れた耐摩耗性を発揮する．またウィスカ工具よりも安価であることから積極的にサイアロンを採用する動きも見られている．サイアロン工具は，Z値により特性が異なるため，用途としても違いがある．低Z値のサイアロンは比較的強度が高いことから，耐熱合金の粗加工やフライス切削，一部鋳鉄の粗切削にも用いられている．一方，高Z値のサイアロンは強度が低いが，化学安定性に優れることから耐熱合金の仕上げ〜中仕上げ切削に用いられる．

コーテッドセラミックスの用途は，母材の加工用途と基本的に同じであるが，コーティングによって耐摩耗性が向上するため，高速化と工具寿命の延長が達成される．特に，Si$_3$N$_4$系セラミック工具への効果は顕著であり，粗切削だけでなく仕上げ切削にも使用できるほど，耐摩耗性が向上する．また表面潤滑性の効果により被削材の溶着が抑制されることから，難削性の鋳鉄である片状黒鉛鋳鉄や球状黒鉛鋳鉄（ダクタイル鋳鉄）にも適用が可能となる．

（5） 将来展望

これまで，セラミック工具は高能率加工とりわけ高速かつ乾式切削において利用され，エネルギー消費の観点から活用されてきた．産業界において，今後も環境負荷の問題は重要であり，たとえば自動車産業や航空機産業では軽量で丈夫な新素材が求められてきている．これは，被削性としては難削化の傾向にあり，これら新素材を高速で高効率に加工する工具が必要となってくると考えられている．耐熱・耐摩耗性に優れるセラミック工具は，この難削材料を加工する工具として可能性を有しており，今後も乾式切削やミスト切削等の分野で適用が広がることが期待される．地球資源の観点からも豊富に存在するAlやSiを主として使用するセラミック材料は，将来に渡り有望な材料となるのは間違いないと考えている．

11・1・6　ダイヤモンド・cBN工具

（1） はじめに

ダイヤモンドやcBNの粉末を結合材を用いて焼結した材料が，自動車や機械をはじめ多くの産業で切削工具に用いられている．これら産業では，近年，環境問題への対応が進んでおり，ダイヤモンド・cBN工具は環境対策を可能にする工具としてその重要性が高くなっている．本稿ではそのダイヤモンド・cBN工具の製法，構造，特性と用途について述べる．

[*1] 切削に関与している切れ刃の切削部と非切削部の境界に生じる摩耗．

（2） ダイヤモンド・cBN 工具の位置づけ

図11・1・6-1にダイヤモンド・cBN工具の例を示す．(a)はダイヤモンド・cBN焼結体であり，これを刃先として(b)のcBNチップや(c)のダイヤモンドエンドミルといった様々な工具が作られる．

ダイヤモンド・cBN工具や他の工具材料の硬さと強度を比較すると（図11・1・1-1），ダイヤモンド工具がもっとも硬く，cBN工具は2番目に硬い材料であり，また，共に熱伝導率も高いため，切削工具として優れた特性を有する．

表11・1・6-1にダイヤモンドとcBNとの特性比較を示す．鉄族金属と共存するとダイヤモンドは700℃で黒鉛化を開始するが，cBNは1350℃まで反応しない．このため，ダイヤモンドはもっとも硬い特性を活かして非金属や非鉄金属の切削に用いられ，鉄族金属の切削では反応性が低く，耐摩耗性に優れるcBN工具が用いられる．

（3） ダイヤモンド・cBN 工具の製法

図11・1・6-2にダイヤモンド・cBN工具の製造工程を示す．まず，結合材を作製し，これをダイヤモンドやcBN粉末と混合し，得られた混合粉末を超硬円盤と共にカプセルに充填する．次にカプセルをダイヤモンドやcBNが安定な領域である5GPa，1300～1500℃の条件で超高圧・高温焼結し，その後，研削加工等によりダイヤモンド・cBN焼結体を円盤状に成形する．得られたダイヤモンド・cBN焼結体はワイヤ放電加工等により切断され，超硬の台金にろう付けされ，研削加工により刃先が作製され，完成工具となる．

(a) ダイヤモンド・cBN 焼結体　(b) cBN 工具（チップ）　(c) ダイヤモンド工具（エンドミル）

図 11・1・6-1　ダイヤモンド・cBN 工具

表 11・1・6-1　cBN とダイヤモンドの比較

		ダイヤモンド	cBN
構成元素		炭素	ホウ素と窒素
結晶構造		ダイヤモンド型	閃亜鉛鉱型
熱的安定性	大気中	700℃より酸化	～1300℃まで安定
	真空中	～1400℃まで安定	～1500℃まで安定
金属との反応性		Fe, Co, Ni と共存すると700℃で黒鉛化開始	Fe, Co, Ni とは～1350℃まで反応しない

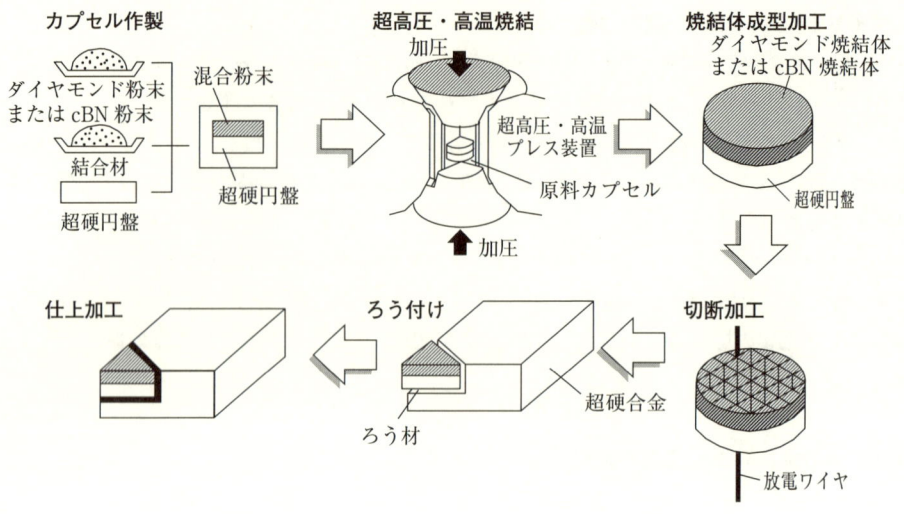

図11・1・6-2　ダイヤモンド・cBN工具の製造工程

結合材作製や混合方法は，たとえば，TiNを結合相の主成分としたcBN焼結体では，TiN粉末とアルミ粉末を混合し，真空中で加熱した後にボールミルにより粉砕して結合材を作製し，この結合材とcBN粉末をボールミル法で混合している[1]．

（4）構造と特性

刃先に用いられるダイヤモンド焼結体はダイヤモンド粒子をコバルトで焼結して得られる．図11・1・6-3にダイヤモンド焼結体の組織を示す．ダイヤモンド粒子が焼結時にコバルトに溶解，再析出することにより，ダイヤモンド粒子同士が直接，強固に接合している．

代表的なダイヤモンド焼結体の特性を超硬合金やセラミックス等の他の工具材料と合わせて表11・1・6-2に示す．ダイヤモンド焼結体はダイヤモンド粒子のサイズによりダイヤモンドの含有率が変わり，硬度や抗折力，耐摩耗性等の特性が変化する．図11・1・6-4にこれらのダイヤモンド焼結体のダイヤモンド粒子サイズと抗折力，逃げ面摩耗量との関係を示す．ダイヤモンド粒子が微粒になるほど抗折力は向上し，さらにダイヤモンドの含有率を向上することにより，抗折力が20％向上している．Al-25％Si合金を30分切削したときの逃げ面摩耗幅はダイヤモンド工具の耐摩耗性を表し，摩耗幅が小さいほど耐摩耗性がよいが，ダイヤモンド粒子を粗粒にするほど耐摩耗性は向上する．しかし，微粒のダイヤモンドでもダイヤモンドの含有率を向上することにより，粗粒ダイヤモンドに匹敵する耐摩耗性が得られている[2]．

cBN焼結体はcBN粒子と結合材からなり，cBNの含有量や結合材の種類により材料特性が変わる．図11・1・6-5にcBN焼結体の組織と特性を示すように，cBN焼結体には大きく分けて2種類ある．1つはcBN粒子が直接接合しているもので，cBN含有率が80～90体積％と高く，鋳鉄や焼結合金，耐熱合金の加工に用いられる．この場合の結合相にはCo化合物のものと，AlNを主体としたものがある．鋳鉄や焼結合金の切削ではcBN含有量が高いほど，耐摩耗性や抗折力が高く切削性能に優れるため，cBN含有量を高くする材料設計が行われている[3,4]．もう1つはcBN粒子がセラミックスの結合相を介して接合され，cBN含有率は40～70体積％で結合相のセラミックスとしてはTiNやTiCが用いられており，主に焼入鋼切削に用いられる．図11・1・6-6にcBN含有量と焼入鋼切削での耐摩耗性および抗折力の関係を示す．cBN工具による焼入鋼切削ではcBN含有率が低いものが耐摩耗性に優れる．これは焼入鋼切削では熱的な摩耗が支配的

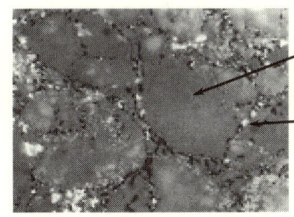

11·1 切削工具

図 11·1·6-3 ダイヤモンド焼結体の組織

表 11·1·6-2 ダイヤモンド焼結体の特性

	ダイヤモンド粒子平均粒径 (μm)	ダイヤモンド含有率 (vol %)	硬度 HV (GPa)	抗折力 (GPa)
微粒高含有率ダイヤモンド焼結体	～0.5	90	110～120	2.60
微粒ダイヤモンド焼結体	0.5	85	80～100	2.15
中粒ダイヤモンド焼結体	5	90	100～120	1.95
粗粒ダイヤモンド焼結体	50	95	100～120	1.10
セラミックス (Al$_2$O$_3$+TiC)	—	—	25	0.7
超硬 (K10)	—	—	16	2.40

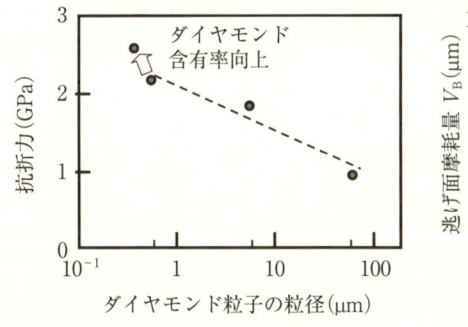

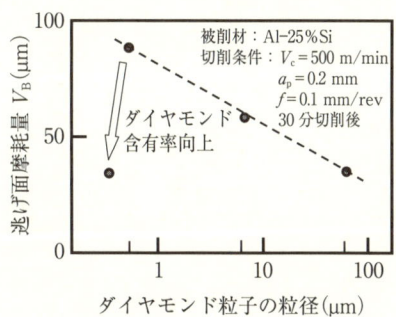

図 11·1·6-4 ダイヤモンド焼結体の抗折力および耐摩耗性とダイヤモンド粒径との関係

（右図切削条件：被削材 Al-25%Si、V_c = 500 m/min、a_p = 0.2 mm、f = 0.1 mm/rev、30 分切削後）

組織の特徴	組織	組織模式図	cBN含有量	硬度 (GPa)	用途
(a) 主として cBN 粒子同士が結合		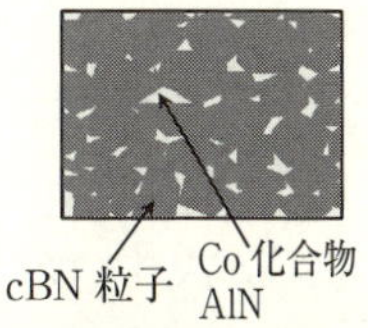 cBN 粒子／Co 化合物 AlN	高い ↕	44 ↕	鋳鉄 焼結合金 耐熱合金
(B) cBN 粒子が主として結合材を介して結合	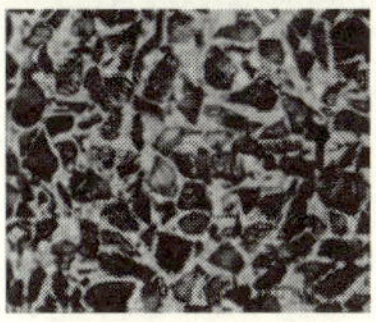	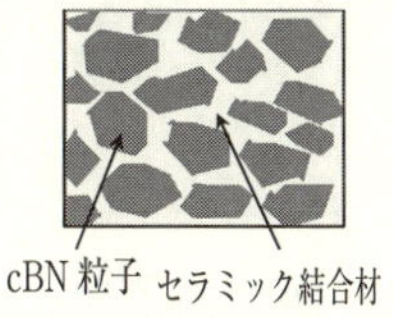 cBN 粒子／セラミック結合材	低い	21	焼入鋼

図 11·1·6-5 cBN 焼結体の組織と特性

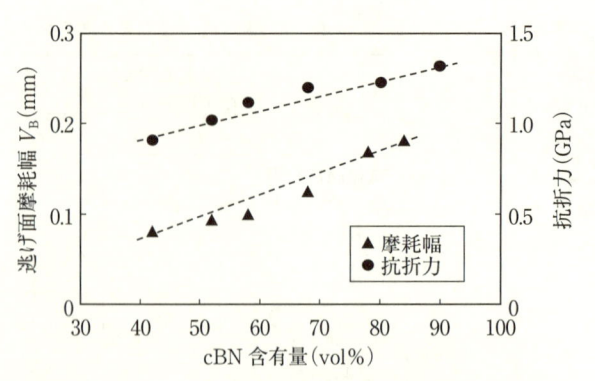

図 11·1·6-6　cBN 含有量と摩耗幅および抗折力との関係
切削条件：被削材 SUJ2（HRC60），切削距離 =1 km，
V_c=100/min，a_p=0.2 mm，f=0.1 mm/rev.，乾式

表 11·1·6-3　cBN 工具材種の仕様と特性

被削材種	cBN 工具材種	セラミックス被覆層 材種	セラミックス被覆層 厚み (μm)	cBN 焼結体 cBN 含有量 (vol %)	cBN 焼結体 粒度 (μm)	cBN 焼結体 結合相	cBN 焼結体 硬度 HV (GPa)	cBN 焼結体 抗折力 (GPa)	用途
焼入鋼	A	Ti(C,N)+TiAlN	2	40〜45	1	TiN	29〜32	1.05〜1.15	高速切削
	B	Ti(C,N)+TiAlN	2	60〜65	3	TiN	31〜33	1.10〜1.20	高精度切削
	C	TiAlN	2	65〜70	4	TiN	34〜36	1.15〜1.25	高能率切削
	D	TiAlN	1	60〜65	1	TiN	33〜35	1.15〜1.25	断続切削
	E			40〜45	3	TiCN	27〜31	0.80〜0.90	高速切削
	F			55〜60	3	TiN	31〜33	0.95〜1.10	高能率切削
	G			65〜70	4	TiN	29〜31	1.00〜1.10	高速断続切削
	H			50〜55	2	TiN	31〜34	1.00〜1.10	断続切削
	I			60〜65	1	TiN	33〜35	1.20〜1.30	断続切削
鋳鉄, 焼結合金	J			90〜95	1	Co 化合物	41〜44	1.40〜1.50	仕上切削
	K			90〜95	2	Co 化合物	40〜43	1.20〜1.30	仕上切削
	L			85〜90	8	Al 化合物	39〜42	0.95〜1.10	粗切削
	M			65〜70	6	TiC	32〜34	1.00〜1.10	仕上切削

であるが，cBN 粒子よりも TiN や TiC の方が熱的な摩耗に対して安定であるためと考えられている．逆に cBN 含有量が高いほど抗折力は高くなり，切削工具としての耐欠損性に優れている．このように cBN 工具は cBN 含有量や結合相の種類により特性が大きく変わるため，表 11·1·6-3 に示すように，被削材種や用途に応じて，数多くの材種が設計されている．また，近年では焼入鋼切削時の耐摩耗性を向上するために工具表面に PVD 法により TiAlN 等のセラミックス被覆をしたものも開発されている[5,6]．

(5)　用途と切削性能

ダイヤモンド工具は非金属，非鉄金属の切削に用いられる．アルミ合金等の非鉄金属は軟質であり，超硬工具でも切削が可能であるが，ダイヤモンド工具は高速加工により加工能率を 10 倍以上に向上することが

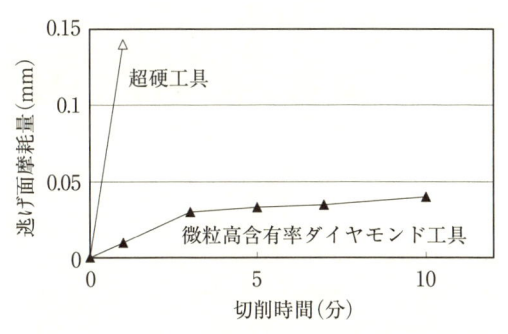

図11・1・6-7 Al-17％Si合金加工時の工具逃げ面摩耗量
被削材：Al-17％Si合金，工具：SPGN120304，
切削条件：V_c=600 m/min, f=0.12 mm/rev., a_p=0.5 mm，湿式

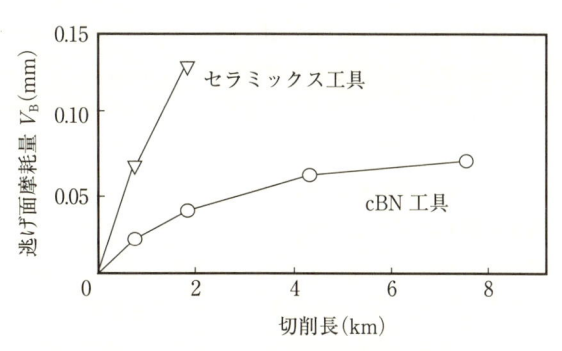

図11・1・6-8 cBN工具による焼入鋼切削
被削材：SCM415H（HRC60），工具：TNMA160404
条件：V_c=200 m/min, a_p=0.15 mm, f=0.08 mm/rev., 湿式

できる．また，難削性の高い非鉄金属は超硬合金やセラミックスといった他の工具材料では摩耗が激しく，実用切削に耐えない場合があるが，このような場合でも，ダイヤモンド工具はその優れた耐摩耗性により長寿命を発揮する．例として，図11・1・6-7にハイシリコンアルミニウム合金（Al-17％Si合金）切削時の摩耗曲線を示す．超硬工具は摩耗が急激に進展しているが，微粒高含有率ダイヤモンド工具は耐摩耗性に優れ，長寿命である．

cBN工具は焼入鋼，鋳鉄，焼結合金，耐熱合金といった鉄系合金の切削に用いられる．

焼入鋼は他の工具材料での切削は難しく，従来は主に研削加工が行われてきたが，1977年に焼入鋼の実用切削を可能にするcBN工具が開発された．現在では用途に応じた様々なcBN工具が設計，開発され，実用切削が可能となっている．例として図11・1・6-8に焼入鋼の高速切削での摩耗曲線を示す．セラミックス工具は摩耗の進展が著しいが，cBN工具は耐摩耗性に優れ，長寿命である．

（6） おわりに

以上述べてきたように，ダイヤモンド・cBN工具は研削加工を切削加工に置き換えたり，切削の加工能率を向上することができる．これにより産業廃棄物の削減や，消費電力の低減によるCO_2排出量の削減が可能であり，今後もさらに性能が改善された工具が開発され，環境問題の解決に役立つことが期待される．

11・2 耐摩耗工具

11・2・1 超硬合金の製品

耐摩耗工具とは，切削加工工具の場合とは異なり，切くずを出さない加工に用いる広範囲の工具の総称であるが，ここでは引抜きや圧延加工等に用いる塑性加工工具と打抜きや切断加工等に用いるせん断加工工具について述べる．

（1） 引抜きダイス

WC-Co系の超硬合金は，タングステンフィラメントの引抜きダイス用の硬質材料として約85年前に開

発[1]された．その後も機械的性質等の改良が進み，現在では各種引抜き用ダイスに多用されている．

超硬合金製ダイスは，鋼材製ダイスに比較して，

① 硬さが高く，耐摩耗性に優れる，② 熱伝導度が比較的大きいので，加工時の温度上昇が抑えられる，
③ ダイスの温度が上昇しても，硬さの低下や寸法変化が小さい，④ 弾性係数が大きいので，応力変動に対する寸法変化が小さい，

等の特徴を有することが知られている．

引抜きダイスには線引きダイスと管引きダイスがあるが，その構造と各部の名称[2]は，図11・2・1-1 に示す通りであり，いずれも超硬合金チップが鋼材ケースで補強されている．使用される超硬合金は硬さが高く耐摩耗性の優れる超微粒超硬合金（WC の平均粒度が 1 μm 以下の合金）の使用が増加している．

パイプの引抜き加工に用いるダイスの材質は，線引き用のものに比べて高靭性が必要とされるので，WC 粒度は細粒（1～2 μm）で Co 量はやや多目（約 6～15 ％ Co）の合金が用いられる．設計基準は，線引きダイスよりもアプローチ角を大きく，ベアリング部（成形部）は比較的短くするのが一般的である．

管引きの場合は，原則としてダイスと共に管の内径を決めるプラグが併用される．プラグにもダイスとほぼ同じ材質の超硬合金が用いられるが，用途によっては粗粒合金や TiC，TaC 添加合金が使用される場合もある．

プラグの形状はダイスの形状に応じて設計されるが，図11・2・1-2 に示すように円柱形および円錐形のものが一般的である．超硬合金チップとシャンクとの取付け方法によって，ろう付け型，締付け型に分類できる．前者は小径管，後者は大径管の引抜き加工用に適する．

（2） 絞り型

絞り型とは，ダイとパンチにより板状素材を種々の三次元形状に加工する工具である．工具鋼に代って超硬合金をダイやパンチに使用することにより，型の長寿命化が図れ，また絞り加工された製品の寸法や，仕上げ面の精度が向上する．

絞り加工の主な形式[2]を図11・2・1-3 に示す．これらには，板状素材からカップ状に成形する絞りと，カップ材の厚さを薄く伸ばすしごき成形が含まれる．絞り型の例として図11・2・1-4 に超硬合金製製缶工具の外観を示す．

（3） 冷間型鍛造工具

自動車部品等の量産品に対しては原材料の歩留まりや生産性を向上させるために，非切削加工法である冷間での型鍛造法が広く採用されている．その方式には，後方押出し，前方押出し，据え込み等があり，これ

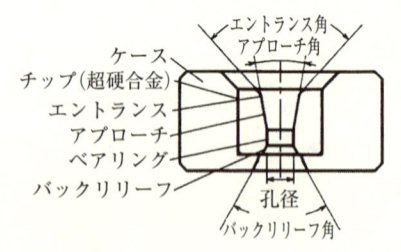

図 11・2・1-1 超硬合金ダイスの構造および各部の名称

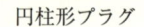

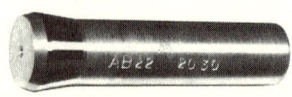

図 11・2・1-2 プラグの形状の例（冨士ダイス(株)提供）

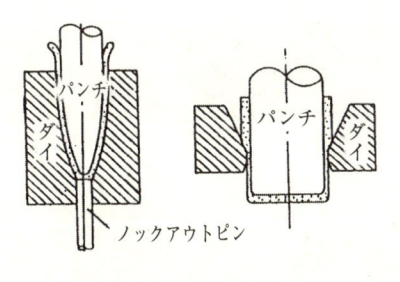

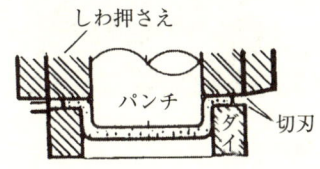

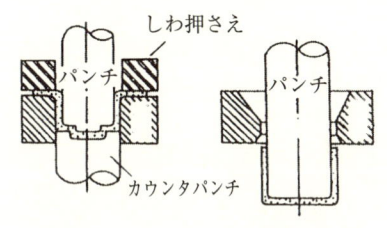

図11・2・1-3 絞り加工の基本形式

図11・2・1-4 超硬合金製製缶工具の例
（冨士ダイス(株)提供）

らの加工に使用される金型には超硬合金が多用されている．

冷間型鍛造工具に用いられる超硬合金は，被加工材と金型の衝突時の衝撃応力を吸収する必要があるので，Co量が15～25％程度でWCが粗粒（3～5μm程度）の合金が使用されている．

冷間型鍛造工具の例として図11・2・1-5にボルトホーマ金型の外観を示す．

（4） 圧延用ロール

超硬合金が用いられる圧延用ロールの例として，図11・2・1-6に熱間圧延ロール[3]の外観を示す．これらの超硬合金製ロールは鋼材製ロールに比べてきわめて高性能を発揮するため，その需要は近年増加の傾向にある．なかでも特に注目されるのは，棒鋼，線材の熱間圧延に超硬合金製ロールが多用されつつあることである．たとえば，モルガン社製の線材圧延方式等においては，800～1100℃の温度範囲に加熱されたビレット（鋼片）が，粗列，中間列，仕上げ列と連続して圧延される．この場合，最終の仕上げ工程では圧延速度が65～100 m/secもの高速になるが，そのような過酷な条件下でも超硬合金製のロールが使用されている．

（5） ロータリスリッタナイフ

図11・2・1-7に，オーディオおよびビデオ用磁気テープ等を所定の幅に裁断するスリッタ装置の概略図[3]を示した．磁気テープは，その性能上わずかな変形（伸び，曲がり等）やテープ端面ばり等が生じてはならず，表面状態も良好に保つ必要がある．さらに磁気テープの厚さは10～20μmときわめて薄く，またシート上にコーティングされた磁性体の硬さが高いので，スリッタ刃体には刃先の鋭利さと耐摩耗性が求められるため，超微粒超硬合金が使用されている．

308　　第 11 章　工 具 材 料

図 11・2・1-5　ボルトホーマ金型の例（ダイジェット工業(株)提供）

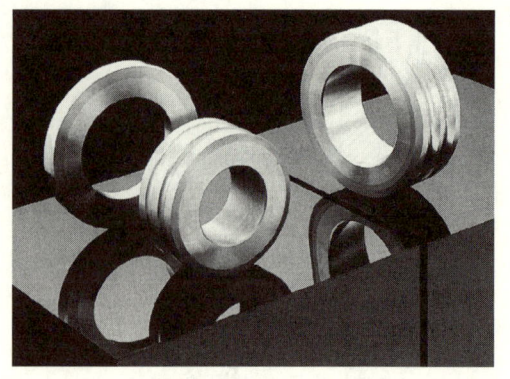

図 11・2・1-6　超硬合金製熱間圧延用ロールの例（冨士ダイス(株)提供）

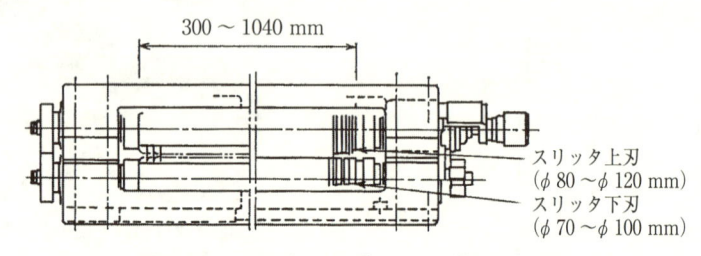

図 11・2・1-7　磁気テープスリッタ装置の概略図

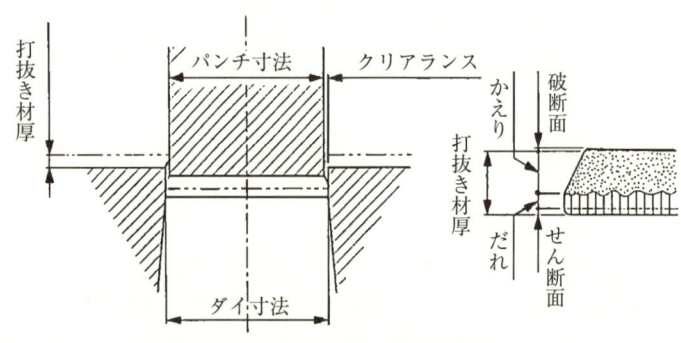

図 11・2・1-8　打抜き型の概念図

（6）打抜き型

　打抜き型とは，精密に位置決めされた上下の型（パンチとダイ）に切刃を組み込み，この間に被加工材を挟んでせん断加工を行う金型である．超硬合金は主として切刃部分に使用される．一般に超硬合金製パンチおよびダイは鋼材製のものに比べて，①切刃の寿命が長く，改削までの加工量が多い，②切刃の剛性が高く，大きなせん断抵抗に耐えることができるため，鋼材製のものに比べてパンチ，ダイ間の抜きクリアランスを小さくできる，③硬さが高いため，鋼材製のものに比べてより高硬度の材料を打抜くことができる，等の優れた特徴をもっている．図 11・2・1-8 に打抜き型の概念図[2]を示した．

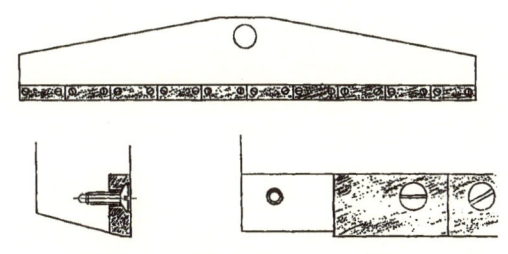

図11・2・1-9 機械的接合型シャーブレードの例

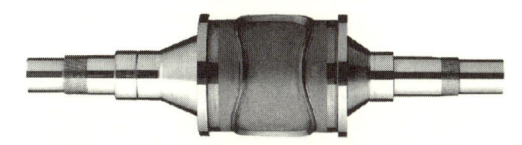

図11・2・1-10 サニタリー製品用ロールカッタの例

（7） シャーブレード

　シャーブレードは，フイルムや金属の薄板，箔等を定尺に切断するための工具であり，その切刃には一般に超硬合金が用いられている．シャーブレードによる切断方法は，平行に対置した上下の刃が上下動して材料を切断する方式が一般的である．切刃の取り付け方法には，図11・2・1-9に示すように，切刃を複数個のブロックに分割し，シャンクにねじ止めする方式等が採用[2]されている．これに用いられる超硬合金は，普通粒度の13～15％Co合金である．

　製紙，印刷，製本等の分野における紙の切断用工具にも，超硬合金製シャーブレードが使用されている．

（8） サニタリー製品用ロールカッタ

　一般に紙おむつは綿状パルプ，高分子吸収体や漏れ防止のポリエチレンフィルム等を重ねた後，これをロールカッタで所定の形状に切揃えられる．超硬合金製サニタリー製品用ロールカッタは，ロール外周部に切刃が設けられており，これを高速回転させて紙おむつの素材を切断するが，切れ味が鋭いうえに長寿命であり，しかも高速切断が可能なので，大幅な生産性の向上が実現されている．図11・2・1-10にその外観例を示す．これらに用いられる超硬合金は普通粒度の6～8％Co合金である．

11・2・2　超硬合金の特性

（1）　はじめに

　超硬合金は一般に工具鋼に比べて硬さ，弾性率，圧縮強度等が高いことから耐摩耗性および耐変形性等に優れる反面，靱性が幾分低いことから耐欠損性に劣る．耐摩耗・耐衝撃用工具が用いられる塑性加工分野においては切削加工分野と同様に高能率化および高精度化のために，これまで以上に高寿命で安定した工具特性が要求される．最近では，耐摩耗性および耐焼付き性を改善する目的で，超硬合金表面にCVD法ないしPVD法によりTiC，Ti(C, N)，TiN等の硬質セラミックスをコーティングすることが多い．

　そこで，ここではまず耐摩耗耐衝撃用超硬合金の使用分類および機械的特性について述べ，次にコーティング処理の影響について述べる．

（2）　使用分類記号と機械的特性

　WC-Co系超硬合金の主成分であるWCは弾性率が約700 GPaと炭化物中で最も高くてしかも結合金属相のCoは鉄系金属の中でもWCとの濡れ性が良好でかつNiよりも硬さが高いこと等から，超硬合金は靱性と硬さのバランスに優れる．ただし，非磁性ないし耐食性を必要とする特殊用途にはWC-Ni系合金が，熱間加工用にはWC-Ni-Co系合金が用いられる．これまで超硬工具協会規格CIS019C-1990[1]には「耐摩耗耐衝撃用超硬合金の材種選択基準」の名称で，大まかな使用分類（V10～V60）とその選択基準が示されていたが，CIS019D-2005[2]では表11・2・2-1に示すように5桁の記号（たとえばVM-30）により結合相成分別

表 11·2·2-1 耐摩耗・耐衝撃用超硬合金および超微粒子超硬合金の材料選択基準 (CIS019D-2005)

① 1桁目の分類法	
記号	結合相成分
V	Co
R	Co/Ni
N	Ni

② 2桁目の分類法	
記号	WC 平均粒度* μm
F	1.0 未満
M	1.0 以上 2.5 未満
C	2.5 以上 5.0 未満
U	5.0 以上

*各社の代表値とする

③ 4, 5桁目の分類法	
記号	公称硬さ* HRA
10	93 以上
20	92 以上 93 未満
30	91 以上 92 未満
40	89 以上 91 未満
50	87 以上 89 未満
60	85 以上 87 未満
70	82 以上 85 未満
80	82 未満

*各社の代表値とする

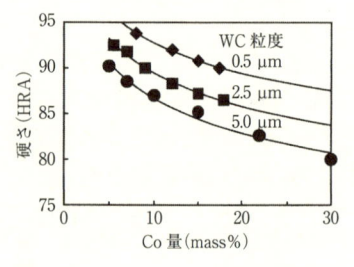

図 11·2·2-1 WC-Co 合金の硬さに及ぼす Co 量と WC 粒度の影響

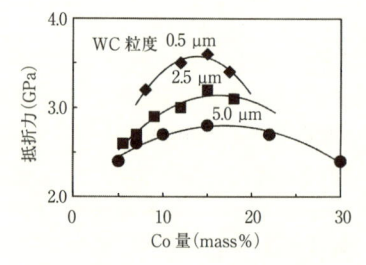

図 11·2·2-2 WC-Co 合金の抗折力に及ぼす Co 量と WC 粒度の影響

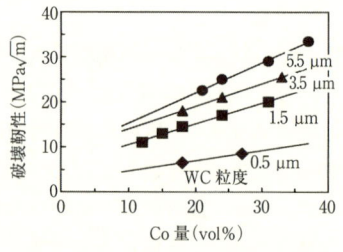

図 11·2·2-3 WC-Co 合金の破壊靭性に及ぼす Co 量と WC 粒度の影響

(1桁目の V), WC 粒度別 (2桁目の M), 硬さ別 (4, 5桁目の 30) に細かく分類された. 2桁目ないし 4, 5桁目の番号が大きくなるほど, 合金硬さは低下して耐摩耗性は減少するものの逆に合金の靭性は増して耐衝撃性は増大することから用途別に使い分けられている.

図 11·2·2-1~3[3,4]には HIP (Hot Isostatic Pressing:熱間静水圧焼結) 処理した 0.5~5.5 μm の WC 粒度を有する WC-(5~30)% Co 合金の硬さと曲げ強さ (抗折力) および破壊靭性に及ぼす Co 量の影響を示す. 硬さは低 Co で微粒子合金ほど大きくなるのに対して, 破壊靭性は逆に高 Co で粗粒子合金ほど大きくなる. 一方, 抗折力は約 15% Co 付近で最大値を示して微粒子合金ほど高強度になる. 一般に, 破壊靭性 (K_{IC}) と抗折力 (σ_m) との間には, $K_{IC} = Y \cdot \sigma_m \cdot \sqrt{C}$ (Y:形状係数, C:欠陥寸法) の関係があることから, $\sigma_m = K_{IC}/(Y \cdot \sqrt{C})$ となり, σ_m は K_{IC} に比例して C に逆比例する. したがって, 15% Co 付近で K_{IC} の小さい微粒子合金で σ_m が最大となったのは破壊の起点となる欠陥寸法 C が著しく小さかったことに起因する. すなわち, WC-Co 超硬合金の硬さと靭性は組成 (Co 量) と組織 (WC 粒度) で一義的に決まるのに対して, 抗折力はそれら以外に合金製造プロセスに起因する合金の表面と内部の欠陥 (たとえば, 表面亀裂, ポア, 粗粒ないし凝集 WC, 不純物等) 寸法の影響を大きく受ける[5].

超硬工具には繰り返しの応力が作用して疲労によって工具寿命となる場合がある. 図 11·2·2-4[6]には, WC-12%Co 合金の普通焼結品 (NS 品) とそれに HIP 処理を施した HIP 品の曲げ疲労特性と圧縮疲労特性

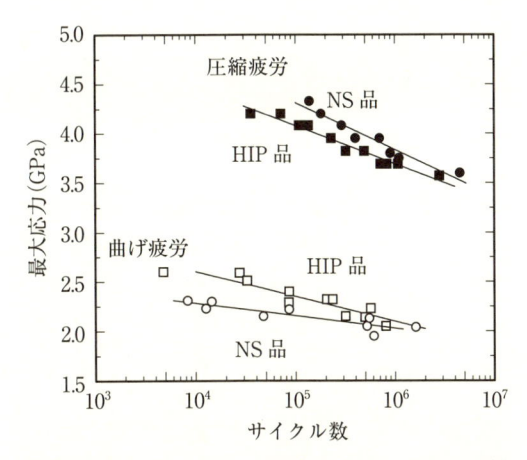

図11・2・2-4 WC-12%Co合金（NS品，普通焼結品；HIP品，HIP処理品）の曲げ疲労特性と圧縮疲労特性の比較

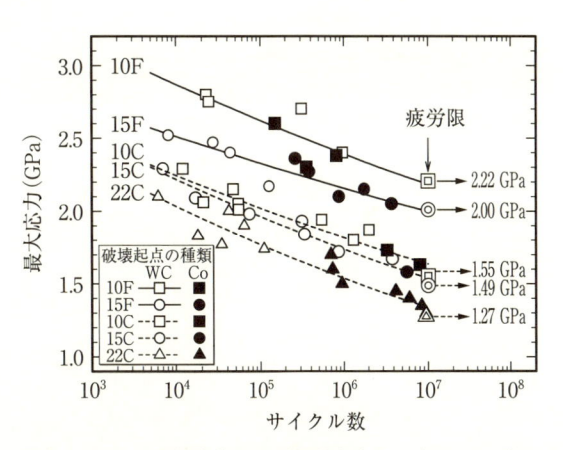

図11・2・2-5 微粒（F）および粗粒（C）WC-(10, 15, 22)%Co系超硬合金の曲げ疲労特性[7]

を示す．圧縮疲労特性が曲げ疲労特性に比べて明らかに優れるのは，圧縮疲労は合金の内部欠陥の影響をほとんど受けないことに起因する．HIP品の圧縮疲労特性がNS品に比べて少し劣るのはHIP処理に伴う硬さのわずかな低下のためである．一方，曲げ疲労においてHIP品がNS品よりも優れるのはHIP処理により破壊の起点になりやすい合金中のポアが消滅したためである．図11・2・2-5には冷間鍛造用超硬合金として用いられるHIP処理した微粒（F）と粗粒（C）WCからなる10～22%Co合金の曲げ疲労特性を示すように，一般に低Coで微粒子合金程疲労特性は改善されて疲労限度（約10^7回での疲労強度）も高くなる．曲げ疲労の破壊の起点は高応力側で粗粒ないし凝集WCであるのに対して，低応力側ではCoプール内での階段状の疲労亀裂[8]である．

（3） コーティング処理の影響

図11・2・2-6にはTiN被覆WC-Co合金の抗折力を母材超硬合金（HIP処理品）のCo量との関係で示すように，研削（ノンコート）品とPVDコート品はほぼ同じ強度レベルにあって15%Co付近でピークを示すのに対して，CVDコート品は前2者に比べて低Co合金ほど低い値を示す．このときのTiN膜の残留応力は図11・2・2-7に示すようにPVD膜が圧縮であるのに対して，CVD膜には引張りであることが強度低下の主たる要因である．一方，膜と母材の密着性はコーティング処理温度が高いCVDコート品の方がPVDコート品よりも優れる[9]ことから，面圧が高くて耐摩耗性が要求される金型工具にはCVDコート品が用いられるのに対して，耐折損性が要求される工具にはPVD品が使われる．表11・2・2-2にコーティング膜の特徴比較例を示す．

（4） おわりに

ここでは耐摩耗工具用超硬合金を使いこなすうえで必要となる，WC-Co系超硬合金の機械的特性および熱的特性に及ぼすWC粒度およびCo量の影響，コーティング処理の影響等を主体に述べた．特に，機械的特性の中で強度と破壊靭性の違いを理解することは必要であって，どちらの特性を重要視するかは工具の形状および適用条件等によって決まる．コーティング処理品は今後新しい被膜の開発と適用によりさらに増えることが予想される．たとえば摩擦係数の大幅な低減が可能なDLC（Diamond Like Carbon）膜について

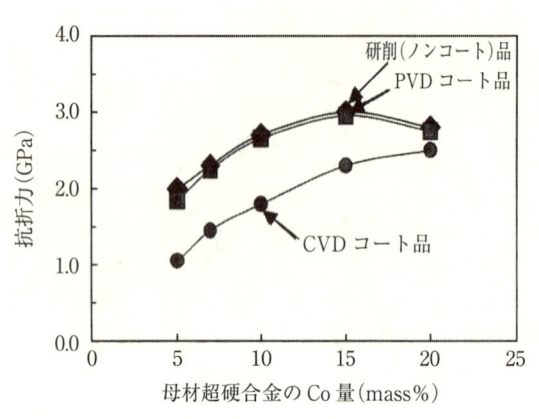

図11・2・2-6 TiN被覆超硬合金の抗折力に及ぼす母材Co量の影響

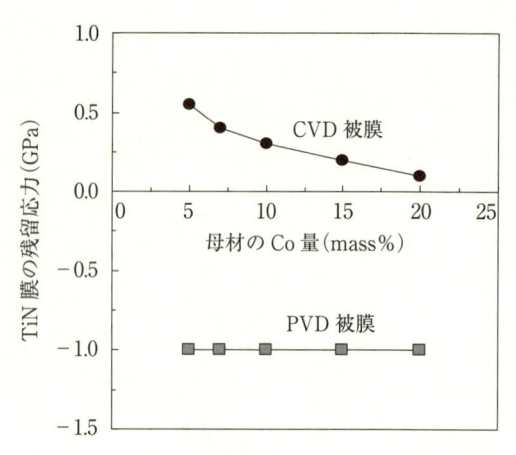

図11・2・2-7 TiN被覆超硬合金のTiN膜の残留応力に及ぼす母材Co量の影響[9]

表11・2・2-2 金型用コーティング膜の種類と特徴比較[10]

コーティング記号	JC2100	JC2300	JC3500	JC3600
コーティング層	TiC	TiC+TiCN+TiN	TiN	Ti(C,N)
処 理 方 法	CVD	CVD	PVD	PVD
耐 焼 付 性	A	A	B	B
耐 摩 耗 性	A	A	B	B
靱　　　　性	C	C	A	A
処 理 歪	C	C	A	A

A：特に優れる，B：優れる，C：普通

は無潤滑加工への適用が考えられる．

11・2・3　セラミックス，バインダレス超硬合金

（1）セラミックス

　セラミックスが歴史の舞台に登場する最初の実用化は，1930年代にドイツで始められたアルミナ系切削工具である．耐摩耗工具には切削工具のほかに摺動耐摩耗部材等の用途も含まれ，このような用途に用いられるセラミックスは機械的性質等の諸特性に優れ，エンジニアリングセラミックスと呼ばれる．

　耐摩耗工具用セラミックスは，エンジニアリングセラミックスが主に使われており，切削工具の材料のように高い硬度，強度・靱性等の必要特性のほかに，熱的特性や電気的特性等の特性を利用しながら様々な用途で実用化されている．機械部品はもとより，電子部品や半導体製造，バイオ，環境にいたる広範な分野で応用されており，近年，その利用範囲は拡大の一途をたどっている．最近では薬品やガスに対する優れた耐食性や化学的安定性を積極的に利用した半導体や電子部品の製造用装置に使用される構造，機能部材として採用され始めている．一方では省資源，希少元素対策としてセラミックスが注目され，応用商品が増加していることから，社会環境の変化とともに用途が拡大している一面もある[1]．

　当初，耐摩耗工具に用いられるセラミックスは切削工具の優れた機械的性質を利用する用途から応用され

始めたが，最近では半導体や電子部品の製造分野で耐摩耗用途に使われ始めており，ポアレスで優れた機械的性質を有することに加えて，温度，薬品，ガス，プラズマ等の使用環境に対する耐食耐摩耗性，純度，熱的特性，電磁気的特性等，多面的な耐摩耗性を要求される用途が増加している．応用用途の技術革新や環境変化とともに耐摩耗性の定義も多様化している．多様化する摩耗に対応できる新材料の研究開発が進められており，材料開発の面では将来の成長分野の1つに考えられている．表11・2・3-1に代表的なエンジニアリングセラミックスの特徴と主な機械的性質を示す．

耐摩耗工具セラミックスの用途は金属材料や有機材料にはない機械的性質，耐食性，電気的性質，熱的性質等，様々な特性を利用した応用用途が多い．表11・2・3-2に色々なセラミックス材料の応用用途で必要とされる諸特性のまとめを示す．

Al_2O_3系セラミックスは強度・靱性には劣るが，耐摩耗性，耐食性，高温耐酸化性に優れ，また，低コストで低気孔率の材料が製造できることから使用量も最も多く，機械部品から半導体製造まで幅広い分野で使用されている．Al_2O_3-TiCセラミックスは結晶粒子径の微細化で精密加工が可能となりHDDの薄膜磁気ヘッド基板用途で長年使用されている．

ZrO_2系セラミックスは硬さや耐熱性は低いが，強度・靱性はセラミックスの中で最も高く欠損しにくい

表11・2・3-1 耐摩耗工具に用いられるセラミックスとその機械的性質
(日本タングステン(株)セラミックスカタログより)

材料	組成	用途(○:実用済) 切削工具	用途(○:実用済) 耐摩耗部材	密度 g/cm³	硬度 HRA	曲げ強さ MPa	破壊靱性 MPam$^{1/2}$
純Al_2O_3系	Al_2O_3	○	○	3.97	93.6	735	3.8
Al_2O_3系複合材	Al_2O_3-TiC	○	○	4.00	94.0	835	4.2
Al_2O_3系複合材	Al_2O_3-SiC ウィスカ	○		3.85	94.0	1080	6.0
純ZrO_2系	ZrO_2		○	6.07	91.0	1800	7.5
ZrO_2系複合材	ZrO_2-WC		○	10.70	92.5	2000	8.5
窒化物	Si_3N_4	○	○	3.30	93.5	1400	7.0
窒化物	AlN		○	3.30	89.0	400	3.0
炭化物	SiC		○	3.10	94.5	540	3.2

表11・2・3-2 セラミックス材料の応用用途で必要とされる諸特性

材料	組成	ポアレス	強靱性	硬さ	耐熱性	耐食性	導電性	ヤング率	熱伝導
酸化物(複合材)	Al_2O_3	○	—	○	○	○	—	○	—
酸化物(複合材)	Al_2O_3-TiC	○	○	○	—	○	○	○	—
酸化物(複合材)	Al_2O_3-ZrO_2	○	○	○	—	○	—	—	—
酸化物(複合材)	ZrO_2	○	○	—	—	○	—	—	—
酸化物(複合材)	ZrO_2-WC	○	○	○	—	○	—	—	—
窒化物	Si_3N_4	○	○	○	○	○	—	○	—
窒化物	AlN	○	—	—	—	—	—	—	○
炭化物	SiC	—	—	○	○	○	○	○	○
炭化物	B_4C	—	—	○	—	—	—	—	—

ため，金属材料や超硬合金の部品の代替で使いやすいセラミックスとして応用用途が拡大している．高い強度・靭性を利用して生体医療分野で人工股関節や膝関節に応用されている．プレス金型用途では，溶着が問題となる高速打ち抜きプレス用金型に使われている[2,3]．ただし，熱劣化問題で高温域の使用には不向きであるため，もっぱら室温での使用に限定される．

Si_3N_4系セラミックスは硬さ，強度・靭性に優れ，特に劣るところがないバランスの取れたセラミックスで，高温特性や粒子脱落型の摩耗にも優れることから，粉砕刃，電縫管成形用スクイズロール，液晶等のFPDパネル加熱圧着ツール等，機械部品から電子部品製造分野まで，室温から高温までの広い温度域で使用されている．

SiCセラミックスは最初の用途としてメカニカルシールリングで使用され始めたが，室温から高温までの耐酸化性や耐薬品性に優れるため，半導体製造分野でSiウェハを固定するハンドラーやチャック部材などに応用されている．ただし，気孔率が他のセラミックスに比較して高いため，緻密なCVD-SiC膜を表面に形成して発塵や不純物の付着問題に対応している用途もある．近年，半導体製造のクリーン化や高能率製造などでこれまで以上に耐食性を要求されることが多くなっており，需要が年々拡大する傾向にある．

粉砕分野ではB_4Cに代表される硬質セラミックスは高硬度を利用した粉砕用衝突板や粉砕部品に使われている．また，プラズマ耐性が高いY_2O_3は半導体製造工程のプラズマエッチング装置部品に応用されるなど，多様化する摩耗に対応したセラミックス材料が応用されている[4]．

（2） バインダレス超硬合金

超硬合金は高い硬度や強度を利用して切削工具や耐摩耗部品として広く用いられており，様々な用途で商品となって発展してきた．超硬合金は硬いWC，TiCなどの硬質相と粒界に存在するCo，Ni結合相からなる構造となっているが，耐摩耗性や耐食性は結合相となる金属成分の諸特性に大きく依存している．この改善を目的に結合相の金属成分を極限まで削減した材料がバインダレス超硬合金である[5]．

バインダレス超硬合金では結合相の金属成分がないために，強度・靭性が不足することになり，その低下を補うための対策が必要であった．本来，焼結を促進するCo，Ni等の結合相がないため焼結温度が上昇してWC，TiC等の硬質相の結晶粒が成長しやすくなるが，焼結条件や結晶粒成長抑制剤を検討することによって結晶を微細化することが可能となり，結合相がない超硬合金材料の製造が可能となった．結合相が存在する従来の超硬合金に比べて，強度・靭性は劣るが，耐酸化性や耐食性に優れる特性を活かした応用製品が増加しており，高耐食超硬合金材料として独自材料の地位を確立している．

表11・2・3-3にバインダレス超硬合金と従来の超硬合金の諸特性の比較，図11・2・3-1にそれぞれの研磨面の腐食組織写真比較を示す．本材料には以下の特徴がある．

バインダレス超硬合金は金属結合相がなく，結晶粒子が微細であるため，セラミックスの中でも高硬度なSiCと比較しても同等以上の硬度を有し，強度はセラミックスよりも高いが，金属結合相をもつ超硬合金よりもやや劣る．

バインダレス超硬合金は耐食性や耐摩耗性を支配する金属結合相がない炭化物系セラミックスに相当しており，従来の超硬合金に比べて高い耐食性や耐摩耗性を有している．また，結晶粒子が微細であることは耐摩耗性に優れる要因にもなっている．

材料の平滑性は微視的にみると結晶と粒界の平滑性に依存する．超硬合金では硬質の結晶相と柔らかい金属結合相の加工性が異なるために微小な段差が発生して平滑な鏡面が得にくいが，バインダレス超硬合金では硬質の結晶相のみで構成しているため，微視的にも高精度の鏡面加工面が得られる．

バインダレス超硬合金の主な応用用途は優れた耐摩耗性，耐食性および鏡面加工性を利用した用途とな

表11・2・3-3 バインダレス超硬合金の諸特性

	バインダレス超硬	V種超硬合金
密度(g/cc)	14.6	14.9
硬度(HRA)	95.0	91.0
曲げ強さ(MPa)	1500	2200
破壊靭性(MPam$^{1/2}$)	3.8	8.9
ヤング率(MPa)	630	630
熱伝導率(W/mK)	72	75
熱膨張係数(10^{-6}/K)	4.8	5.1

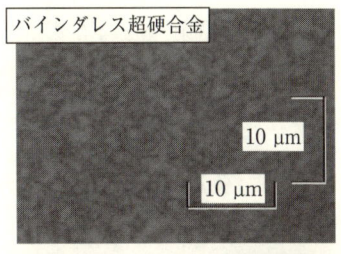

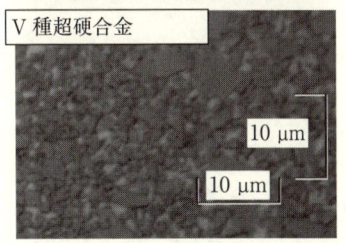

図11・2・3-1 研磨面の腐食組織写真比較

る．摺動部材の用途では金属結合相となる Co や Ni が腐食摩耗する使用環境に対応できる高耐食シールリングをはじめ，様々な産業分野で使用されている．鏡面加工性を利用した用途としては，ガラスや樹脂を熱間加圧して成形するモールドで優れた性能を示しており，レンズや精密成形部品の製造用金型として広範な工業分野で使用されている．

11・2・4 ホウ化物系サーメット

　ホウ素（B）は，原子番号5番の元素であり，古くから鋼の焼入れ性を向上させる元素としてよく知られている．ホウ素の原子半径は，炭素や窒素より若干大きいため，侵入型ばかりでなく置換型原子としても働き，化合物中でホウ素同士の結合を作る．このため，アルカリ金属，アルカリ土類金属，遷移金属および希土類金属の50種類以上の元素とホウ化物を形成し，二元系ホウ化物に限っても150種類以上の化合物が確認されている．ホウ化物は，融点および硬度が高い，導電性を有する，熱伝導性がよい，化学的に安定である等優れた特徴を有するものの[1]，難焼結性で緻密な焼結体が得にくいため，炭化物や窒化物に比較すると，工業的な利用は遅れている．

　ホウ化物を利用したサーメットの研究は，TiB$_2$ 等，二元系ホウ化物を中心に古くから行われてきたが，高純度原料が得にくい，結合金属との濡れ性が悪い，あるいは結合金属との焼結時の反応により脆性相が生成されやすい等の理由によって高密度および高強度のホウ化物系サーメットの開発は非常に困難であった．この問題を解決し，ホウ化物系サーメットの開発を可能にしたのが，高木らによって見出された反応ホウ化焼結法[2]である．

　これまでのサーメットの焼結においては，硬質相となるセラミック相と金属結合相の間で，共晶融液が生成することはあっても，反応により脆い第三相を生成させないことが必要と考えられ，出発原料の構成相が最終焼結体とほぼ同じになるような原料の組み合わせが用いられていた．しかし，ホウ化物は金属結合相と反応しやすいために，この条件を満足する結合金属を見出すのが非常に困難であり，結果的にこれが，ホウ化物系サーメットの実用化を遅らせた原因となっている．

　これに対し反応ホウ化焼結法は，図11・2・4-1 の模式図に示すように，出発原料に既存の二元系ホウ化物あるいはホウ素を含む合金粉末を利用し，焼結中にこれらホウ化物と金属結合相の反応を積極的に進行さ

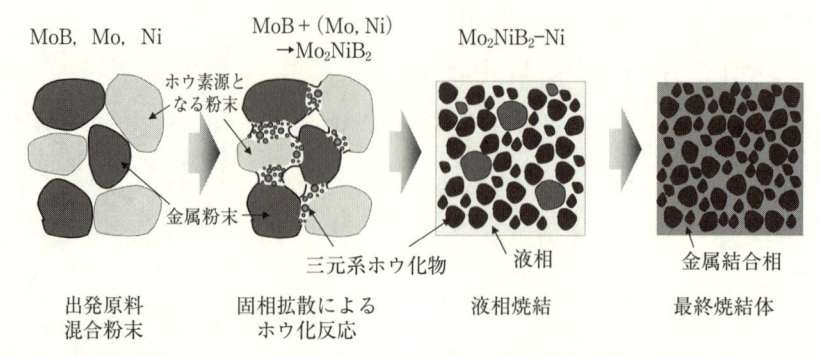

図11・2・4-1 液相形成を伴う反応ホウ化焼結の進行過程の模式図

せ，最終焼結体では出発原料を構成する相とは異なる三元系ホウ化物と金属結合相の二相からなるサーメットを得るものである．このように反応ホウ化焼結法は，セラミック相と金属結合相の反応を抑制するのではなく，逆に反応を積極的に利用することによってサーメットとして理想的な二相組織を得る点が，従来のサーメットの製造概念とは大きく異なる．また，あらかじめ原料となる三元系ホウ化物を合成する必要がないばかりでなく，既存の出発原料を幅広く使用できることも大きな利点である．この方法によって現在までに，Mo_2FeB_2-Fe 系[3]，Mo_2NiB_2-Ni 系[4] および WCoB-Co 系[5]等の $M_2M'B_2$ 型および MM'B 型（M, M': Metal）の三元系ホウ化物を利用したサーメットが開発され，実用化が進んでいる．これらの内，Mo_2NiB_2-Ni 系を取り上げて以下に紹介する．

耐摩耗工具では，超硬合金においても Ni 基結合相の利用が増加しているように，耐摩耗性ばかりでなく，厳しい腐食環境下でも使用できる耐食性を有した材料の要求が増えている．この要求に応えるために開発されたのが，Mo_2NiB_2-Ni 系サーメットであり，高耐食性材料として知られているハステロイ C と同等以上の耐食性を有している．現在，実用化されている Mo_2NiB_2-Ni 系サーメットの種類には，耐衝撃性に優れる Mo-Ni-B 組成の合金，特に耐食性に優れる Cr を含有した Mo-Ni-Cr-B 組成の合金[4]，特に耐摩耗性に優れる V を含有した Mo-Ni-V-B 組成の合金[6]の 3 種類がある．これらの合金の相違点は，Mo-Ni-B 組成の合金はセラミック相であるホウ化物が斜方晶の結晶構造を示すのに対し，Cr および V を含有した合金では正方晶の結晶構造を示す．図 11・2・4-2 は Mo-Ni-B 合金および Mo-Ni-Cr-B 合金の組織写真を示したものである．いずれの合金とも，写真中の黒色の部分が Ni 基の金属結合相であり，結合相中に分散している灰色の粒子がホウ化物である．Mo-Ni-B 合金は，粒子径が比較的粗く，角が尖った多面体状の形状をしたホウ化物が不均一に分散した組織を示すのに対し，Cr を含有した合金では，1〜2 μm の微細かつ球形状のホウ化物が均一に分散した組織を示す．このホウ化物の形状変化は，Cr および V を含有することで発現するホウ化物の斜方晶から正方晶への結晶構造変化に対応し，この組織の微細化効果によって Cr および V を含有した合金では，超硬合金と同等の機械的特性を有する．

Cr および V を含有したホウ化物系サーメットは，優れた耐食性，機械的特性を示すばかりでなく，① 900 ℃まで強度が低下しない，②耐熱衝撃性に優れる，③耐酸化性に優れる，④銅，亜鉛，アルミニウム，マグネシウム等の非鉄金属との反応が少ない，⑤鋼材に近い比重を示す，⑥鋼材と直接接合ができる，等の特徴を有している．中でも鋼材との接合においては，一般に硬質材料（セラミックスや超硬合金）の熱膨張係数は鋼材よりも小さい値を示すため，鋼材と接合した場合には界面に発生する熱応力が問題となり，ろう材やインサート材等，中間層を用いて応力を緩和する必要を生じ，高い接合力が得られない．しかしながら，ホウ化物系サーメットは鋼材に近い熱膨張係数を示すことから図 11・2・4-3 に示すように直接接合が可

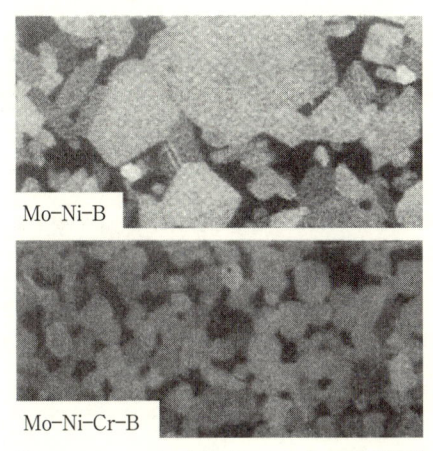

図11·2·4-2 ホウ化物サーメットの組織写真

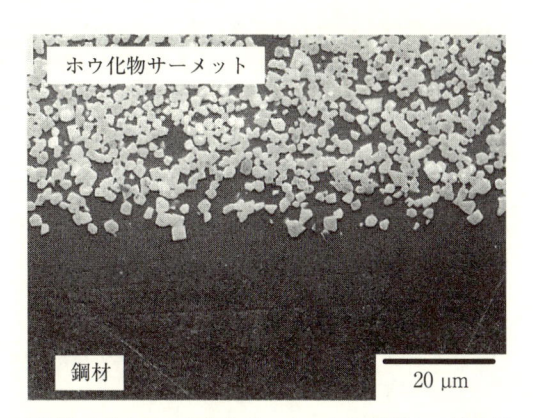

図11·2·4-3 ホウ化物サーメットと鋼材との接合界面の写真

能であり，強固な接合体が得られる．現在までにこれらの特徴を活かして，樹脂の射出成形・押出成形機部品，製缶工具，熱間伸銅ダイス，熱間鍛造金型，溶融アルミニウム鋳造部品等をはじめとして，種々の耐摩耗部品への実用化が急速に進んでいる．

以上ホウ化物を利用したサーメットとして，Mo_2NiB_2-Ni系の三元系ホウ化物材料について紹介してきたが，代表的なサーメットである超硬合金と比較すると，ホウ化物系サーメットの開発の歴史は浅く，実用化は途についたばかりである．これまで，難焼結性のホウ化物の利用は，電気電子材料，熱電子放射材料，磁性材料，熱電変換材料等，機能材料の分野が中心であった．しかしながら近年，反応ホウ化焼結法を利用することによって高強度な材料開発が可能となり，最近では多くの研究者から新しいホウ化物系サーメットが提案されている．また，溶射材料としてもホウ化物の利用が検討されている．ホウ化物の物性は，ホウ素と反応させる元素の組み合わせにより多種多彩であり，今後の研究開発の進展により耐摩耗工具の分野において，ホウ化物系サーメットのさらなる発展が期待される．

11·3 研削工具

11·3·1 ダイヤモンド/cBN研削工具

(1) 概　要

ダイヤモンド研削工具は，最も固い材料であるダイヤモンドを工具として応用した工具の1つで，石材や大理石，超硬質の超硬合金，サーメット，セラミックス，ガラス等の加工に使用されている．最近では，LED基盤となるサファイヤや半導体分野のシリコンウェハ等の超精密加工にも利用されている．

また，ダイヤモンドは鉄との親和性の問題から，ハイス，ダイス鋼等鉄系材料の加工には有効ではなく，鉄系材料の加工には，鉄との親和性がないcBN（立方晶窒化ホウ素）が使用される．

一方，最近加工分野でも加工環境への配慮した加工方法が検討されはじめている．たとえば，「油性スラリーの遊離砥粒によるラップ加工」から「固定砥粒の研削工具」への動きはその一例で，ここではその環境を配慮した最近の新しい研削工具の動きについても紹介する．

（2）ダイヤモンド研削工具の構成と製造方法

研削工具は，その工具仕様表示には，砥粒の種類，砥粒の粒度，結合度，砥粒の密度（集中度），結合度，ボンド材の6つが表示されており，図11・3・1-1にその内容の一例を示す．

砥粒層には，粒状のダイヤモンドおよびcBN（砥粒と呼ぶ）とその砥粒を保持するボンドで構成されている．図11・3・1-2に代表的なダイヤモンド砥粒とcBN砥粒の写真を示す．

砥粒を保持するボンド材には，大きく分けて4種類のボンドがあり，それには金属が主成分のメタルボンド，樹脂が主成分のレジンボンド，ガラスが主成分のビトリファイドボンド，ニッケルめっきの電着ボンドがある．

ここで，メタルボンド，レジンボンド，ビトリファイドボンドは，それぞれ金属粉末，樹脂粉末，ガラス粉末とダイヤモンド砥粒，cBN砥粒を用いて粉末冶金方法で製造される．その一般的な製造プロセスを図11・3・1-3に示す．

たとえばメタルボンドホイールでは，砥粒と金属粉末を所定量秤量し，容器中での混合によりそれら均一

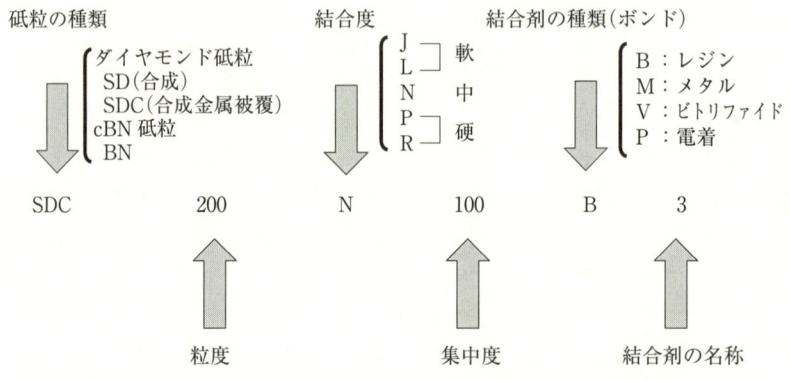

図11・3・1-1 ダイヤモンド研削工具の構成要素（刻印表示）

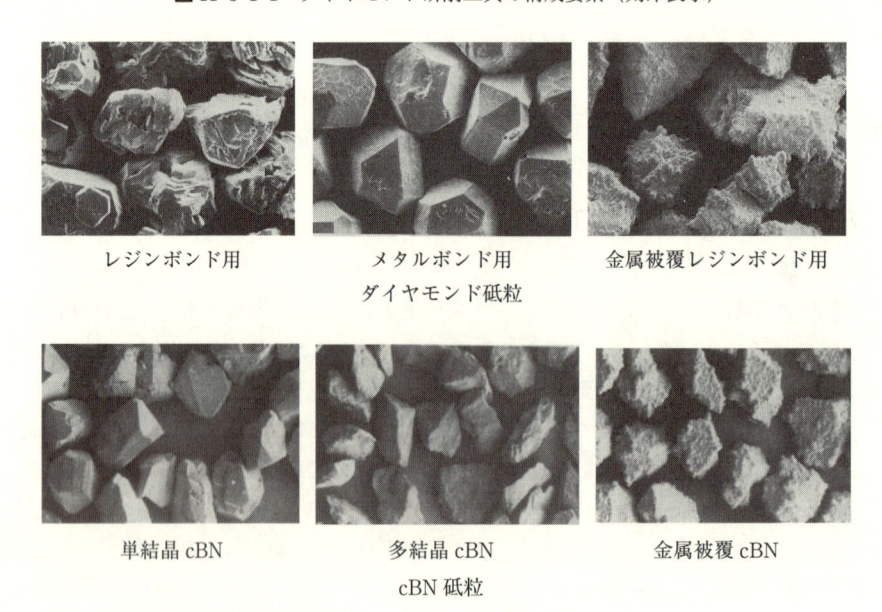

図11・3・1-2 ダイヤモンド砥粒とcBN砥粒

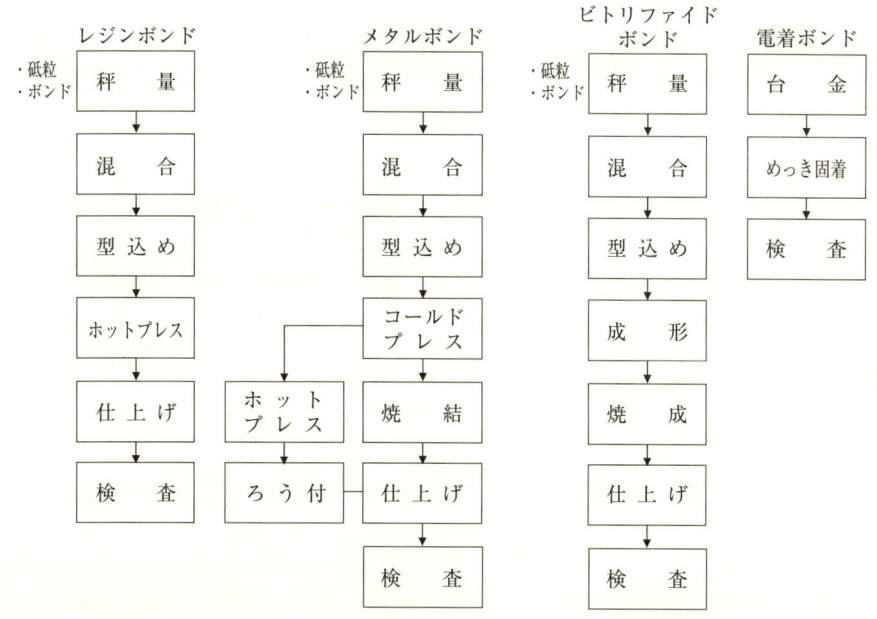

```
レジンボンド        メタルボンド         ビトリファイド        電着ボンド
                                        ボンド
・砥粒  ┌──────┐  ・砥粒 ┌──────┐  ・砥粒 ┌──────┐       ┌──────┐
・ボンド│ 秤 量 │  ・ボンド│ 秤 量 │  ・ボンド│ 秤 量 │       │ 台 金 │
        └───┬──┘       └───┬──┘       └───┬──┘       └───┬──┘
        ┌───┴──┐       ┌───┴──┐       ┌───┴──┐       ┌───┴──┐
        │ 混 合 │       │ 混 合 │       │ 混 合 │       │めっき固着│
        └───┬──┘       └───┬──┘       └───┬──┘       └───┬──┘
        ┌───┴──┐       ┌───┴──┐       ┌───┴──┐       ┌───┴──┐
        │ 型込め │       │ 型込め │       │ 型込め │       │ 検 査 │
        └───┬──┘       └───┬──┘       └───┬──┘       └──────┘
        ┌───┴──┐       ┌───┴──┐       ┌───┴──┐
        │ホットプレス│    │コールドプレス│   │ 成 形 │
        └───┬──┘       └───┬──┘       └───┬──┘
        ┌───┴──┐  ┌───┐┌───┴──┐       ┌───┴──┐
        │ 仕上げ │  │ホット││ 焼 結 │      │ 焼 成 │
        └───┬──┘  │プレス│└───┬──┘       └───┬──┘
        ┌───┴──┐  └─┬─┘┌───┴──┐       ┌───┴──┐
        │ 検 査 │  ┌─┴─┐│ 仕上げ │      │ 仕上げ │
        └──────┘  │ろう付│└───┬──┘       └───┬──┘
                  └───┘ ┌───┴──┐       ┌───┴──┐
                         │ 検 査 │       │ 検 査 │
                         └──────┘       └──────┘
```

図11・3・1-3　ダイヤモンドホイールおよびcBNホイールの製造プロセス

分散化を図る．次にその混合粉末を所定形状の金型に型込め，コールドプレスで成形する．次に水素雰囲気中，所定温度で焼結を行い，砥粒の分散した緻密な焼結体を作る．次に仕上げと称して，ボディの切削加工と砥面のドレッシング（目立て作業）を行う．

（3） 各種ボンドの特徴と各種ホイール

メタルボンド，ビトリファイドボンド，レジンボンドの特徴比較を図11・3・1-4示す．このように加工目的に応じて各種ボンドが選択されて使用される．メタルボンドを例にもう少し詳しく説明する．メタルボンドでは，銅，スズ等のブロンズ系ボンドが広く使用されており，他に鉄系ボンド，コバルト系ボンド，タングステン系ボンド等，各種のメタルボンドが広く用いられている．

図11・3・1-5にメタルボンドの一般的な性能を示した．一般的にタングステン系ボンドが最も寿命が長く，スチール・コバルト系ボンド，ブロンズ系ボンドの順となる．逆に切れ味では，ブロンズ系ボンドが最も良好で，スチール・コバルト系ボンド，タングステン系ボンドの順になる．また，図11・3・1-6にカップ型ホイールを，図11・3・1-7にはセラミックス等，穴明けに利用されるコアドリルを示す．

（4） 最近のダイヤモンドホイール

最近，各種加工分野で地球環境への配慮から，環境にやさしい加工への動きが活発になっている．具体的には，「遊離砥粒加工への固定砥粒化」，「切削加工でのドライ，セミドライ加工」等が進んでいる．ここでは，遊離砥粒加工の固定砥粒加工化への最近の動きについて新しいダイヤモンド工具の開発もまじえて紹介する．

a. ワイヤソーの固定砥粒化：固定砥粒ダイヤモンドワイヤソー（PWS）

水晶，サファイヤ，ネオジム磁石等のインゴットの切断では，現在は油性スラリーを用いた遊離砥粒マルチワイヤソーを使用するため，①作業環境が悪い，②加工後の工作物の洗浄やスラッジの分離が困難，③廃

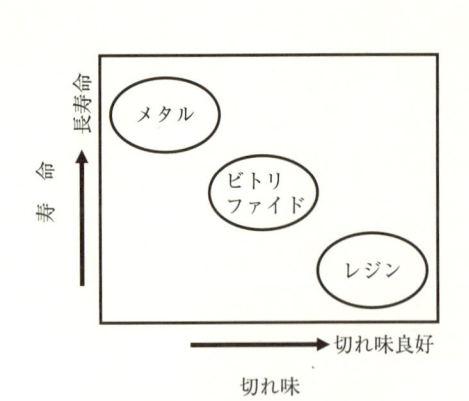

図11・3・1-4　各種ボンドの特徴

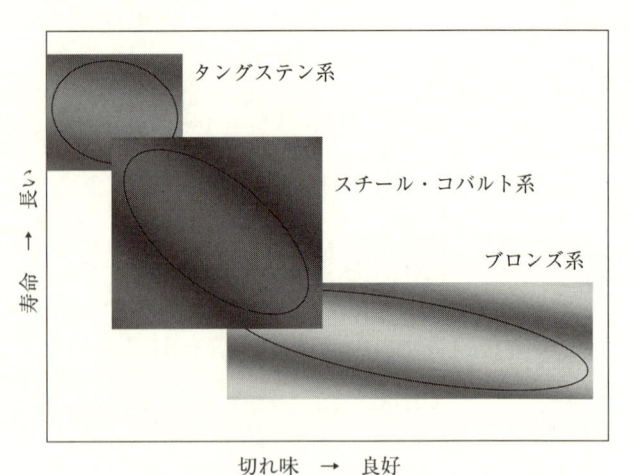

図11・3・1-5　メタルボンドの性能

図11・3・1-6　カップ型ホイール

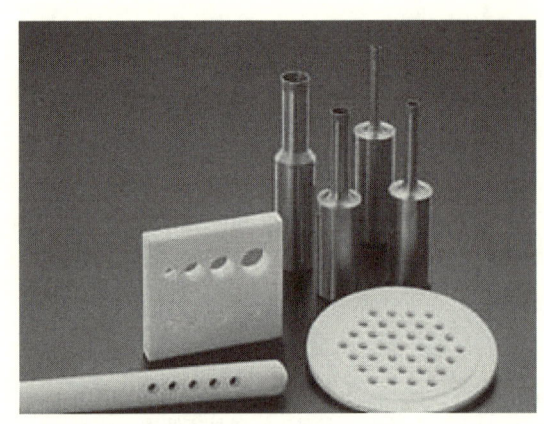

図11・3・1-7　コアドリル

液（スラッジと加工油）処理，④加工能率が低い等，多くの問題を抱えている．

　それらの欠点を克服するため，精密固定砥粒ダイヤモンドワイヤソーが開発されており，砥粒保持する方法には，レジンボンドで保持する方法と，Niめっきで保持される方法の2種類に大別される．

　ここではレジンボンドで保持された固定砥粒ダイヤモンドワイヤソー（PWS：Precision Wire Saw）について紹介する．PWSはピアノ線の外周に微粒のダイヤモンド砥粒を特殊レジンボンドで固着した長尺のダイヤモンドワイヤソーで，その特徴は，

　①切粉の排出のため十分なチップポケットをもつ．②切断加工面に常に一定のダイヤモンド砥粒が作用するため，切断精度が向上する．③遊離砥粒方式よりワイヤーテンションを上げて切断できるため，切断時のワイヤのたわみを小さくでき，高精度，高能率の切断加工ができる．④加工液には，不水溶性研削液のほか，水溶液性研削液が使用できるため，作業環境が大幅に改善され，かつ切断後の洗浄作業の簡略化が図れる

等，期待が大きい．図11・3・1-8にその固定砥粒ダイヤモンドワイヤソーPWSの概観を示す．また，図11・3・1-9に加工の概略模式図を示す．このように，インゴットから一度にたくさん薄くスライス切断すること

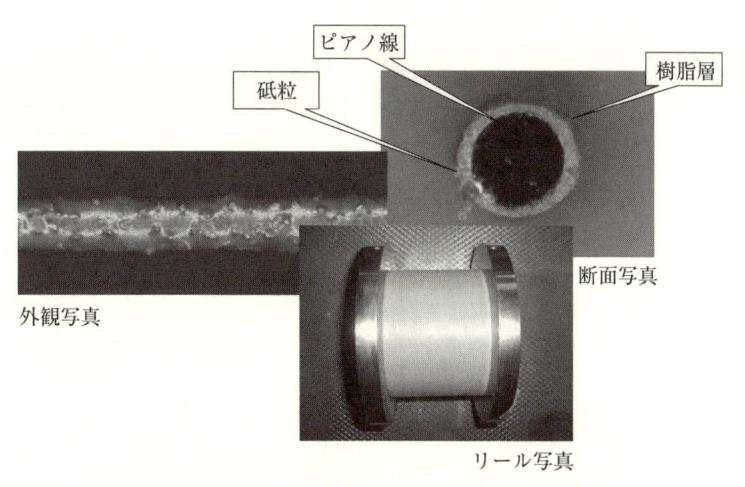

図 11・3・1-8 固定砥粒ダイヤモンドワイヤソー（PWS）

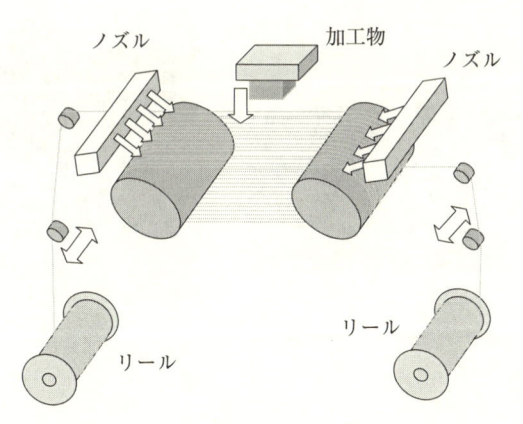

図 11・3・1-9 加工の概略図

ができる．

b. ラップ加工の固定砥粒化：超微粒新ビトリファイドボンドホイールによるラップ加工の代替化

シリコンを代表とするウェハでは遊離砥粒ラッピングによる平面加工が一般的である．しかし，遊離砥粒による加工では前述と同様な環境改善への要求がある．一方，シリコンウェハの大口径 12 インチ化により高平坦度の品質保証やコスト低減への要求が厳しくなり，その解決手段として，研削加工が用いられ始めた．しかし，微粒ダイヤモンド領域では，従来のレジンボンドはレジンの低い弾性率のため，安定した除去加工を達成するには #2000 が限界で，それ以上微粒化すると，加工中に研削焼けが発生したり，加工精度不良が発生するようになり，安定した加工が困難であった．そこで，超微粒領域で，切れ味がよく安定して加工できる高い剛性の特殊ビトリファイドボンドホイールが開発された．

このホイールは，従来に見られない優れた砥粒保持力とさらに高集中度，高い気孔率の特徴をもっている．#2000〜8000 のダイヤモンド砥粒を用いた新ビトリファイドボンドホイールで ϕ200 単結晶シリコンの研削加工したときの結果を示す．図 11・3・1-10 および図 11・3・1-11 にダイヤモンド粒度と表面粗さおよび加工ダメージ深さの関係を示す．ダイヤモンド粒度の微細化とともに表面粗さは向上し，#8000 では表面粗さ Ra 3 nm を達成し，ダメージ深さは 120 nm を実現した．そのときのシリコンウェハ加工断面のダメージ写真（TEM 観察）を図 11・3・1-12 に示す．表層部には，20 nm にはアモルファス層が存在する．また図 11・

322   第11章 工具材料

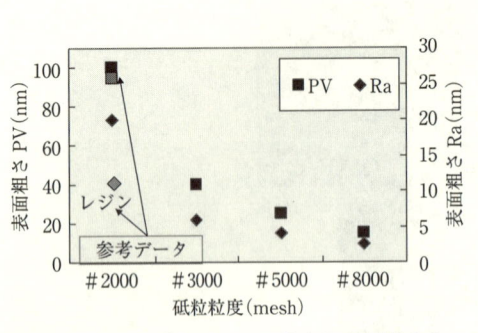

図 11・3・1-10 ダイヤモンド粒度と表面粗さとの関係（新ビトリファイドボンド）

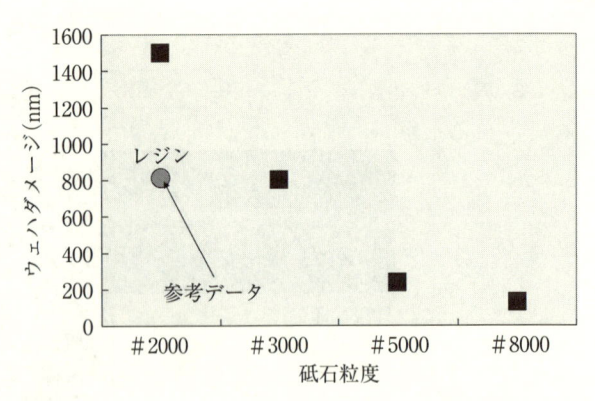

図 11・3・1-11 ダイヤモンド粒度とダメージ量との関係（新ビトリファイドボンド）

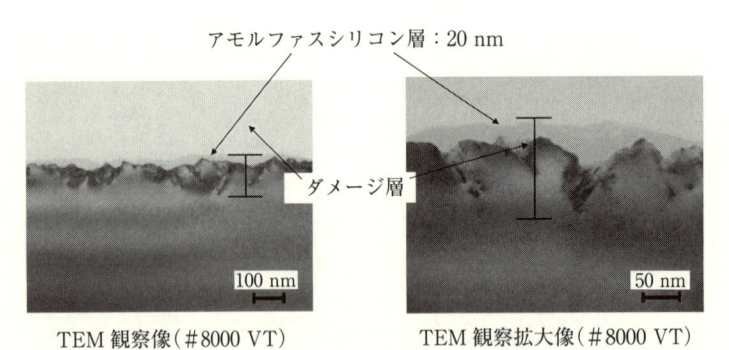

図 11・3・1-12 シリコンウェハ加工断面のダメージ写真（TEM観察）

図 11・3・1-13 加工後の12インチシリコンウェハ（加工厚み：3 μm）

3・1-13に12インチシリコンウェハを3 μmまで加工したときのサンプルを示す．加工欠陥が浅いため，厚み2 μmになると硬脆材料であるにもかかわらず，割れずに湾曲する．また，さらに加工を追い込み3 μmの厚みを実現した．厚み3 μmのシリコンでは，光が通過することも分かった．

（5）今後の展開

ダイヤモンド，cBNホイールは，今後ダイヤモンド・cBN砥粒の改良改善，ボンド材の開発，また工作機械を含めた使用技術の開発により，さらなる高精度加工，環境にやさしい加工が実現されると期待されている．

11・4 その他の工具

11・4・1 ハ イ ス

（1）ハイスとは

ハイスとは高速度鋼（ハイスピードスチール）のことであり，JISでは高速度工具鋼（high speed tool steel）となっている[1]．工具鋼の中でも特に合金元素を多く含むことにより硬度が高く，高温における軟化

抵抗も高いために，これを用いて作った工具によれば高速度で切削加工できるという意味で高速度鋼と呼ばれている．

ハイス開発の歴史は，1900年頃に米国のTaylor等がCrおよびWを含む鋼を溶融点直下から焼入れしたところ切削性能が向上することを発見したことに始まるといわれている[2]．以来，炭素（C）をはじめCrやW，Mo，V，Coといった各種成分の添加量や熱処理，溶解を含む製造方法が研究開発され，現在ではJISにおいて15種が規定されるに至っている[1]．

（2） 化学成分

ハイスは一般にCr約4％，W+2Mo約10～30％，V1～5％を含み，Co5～20％添加したものがあり[3]，W系とMo系に分けられる．W系ハイスはWを多く含むハイスで，たとえば，JIS SKH2（18％W-0％Mo-1％V）等があり，Mo系ハイスはそのWの一部をMoで置き換えたもので，たとえば，JIS SKH51（6％W-5％Mo-2％V）等がある[1]．Mo系ハイスは一般にW系に比べて靭性が高く，現在はMo系ハイスの使用が多い．このほかCoを含有したハイスは，軟化抵抗が高いために難削材の切削に適する高級ハイスとして位置づけられている．

ハイスには種々の目的で合金元素が添加されるが，その主なものとその役割を示す[4]．

炭素（C）はマトリックス（基地）に一部固溶するとともに，W，Mo，Cr等，他の添加元素と化合して複炭化物を形成する．Cが少なすぎると焼きが入りにくくなって硬さがでないが，多すぎると脆くなり熱間加工等が難しくなる．

Crはハイスに約4％添加され，焼入性を向上させる．また炭化物（$M_{23}C_6$）を形成して硬さをアップする，熱処理時のスケール発生を抑制する等の効果もある．

Wは炭化物（M_6C）を形成してハイスに耐摩耗性を付与するとともに，マトリックスに固溶することで高温での耐軟化性（耐焼戻し性）を増大する．

MoはWとほぼ同じ性質を有するが，Moの原子量はWの約1/2であるため同一効果を得る添加重量はWの1/2ですむ．なお（W％+2×Mo％）の量はタングステン当量と呼ばれ，ハイスにおける合金元素添加量の目安の1つである．Moの複炭化物はWのものと比較すると微細となりやすいのでMo系ハイスは靭性に優れるが，一方で熱処理時に脱炭しやすい．

Vは硬い炭化物（MC）を形成して耐摩耗性を向上するが，添加量が多くなると被研削性が悪くなる．ハイスの結晶粒を微細にする効果もある．

Coは炭化物を形成せず，マトリックス中に固溶する．Coは炭化物のマトリックス中への固溶度を増大するので，ハイスの高温硬さを増し高温特性が向上する．焼入れ時の残留オーステナイトを増加させるので焼戻しを十分行う必要がある．

（3） ハイスの製造方法と熱処理

ハイスは，スクラップや合金元素量調整用のフェロアロイ，炭素等をアーク炉等で溶解し，鋳型に鋳込んで製造される．鋳造により得られた鋼塊は，熱間鍛造や圧延，引き抜き等の塑性加工をへて，丸棒，板，コイル，線材等に加工される．

真空誘導溶解（VIM）を用いてハイスを製造すると，鋼中の酸素（O）等のレベルを低く抑えることができるので不純物の低減によりその品質が向上する．また真空アーク再溶解（VAR），エレクトロスラグ再溶解（ESR）等の再溶解も，鋼の非金属介在物のさらなる低減や中心偏析の軽減等に役立つ．さらにVIMやVAR，ESRを組み合わせて用い（ダブルメルト，トリプルメルト），ハイスの高性能化が図られる．

ハイスの焼入れ温度（オーステナイト化温度）は，W系の場合1200～1300℃，Mo系の場合1150～1250℃である．焼入れ温度においては，ハイスの炭化物の一部がマトリクスであるオーステナイトに固溶する．焼入れ加熱時は処理品内部の温度分布を均一化するために，その大きさや形状に応じて複数回の予熱を行う場合がある．焼入れ温度保持時間は，処理品内部温度の均一化時間を除けば数分で十分[5]であるが，均一化時間も考慮した場合経験的なものがあり，焼入れ温度が1200℃の場合，処理品の肉厚が1インチ（25 mm）では塩浴加熱で5分，雰囲気加熱で30分程度である．

焼入れの冷却は，高温域（約800℃以上）を約10℃/sec以上で急冷するとともに，マルテンサイト変態が起こる300～100℃の温度域を徐冷して割れやひずみを防止する[6]．高温域での焼入れ速さが不十分な場合，粒界に炭化物が析出しやすくなり機械的特性に悪影響を及ぼすことがある[7]．焼入れ時にハイスの組織はマルテンサイト変態するが，オーステナイトの一部はマルテンサイト変態せずオーステナイトのままで残っており，これは残留オーステナイトと呼ばれる．ハイスの焼入れ後は，通常数10％の残留オーステナイトが存在する[8]．

ハイスは焼入れに続いて焼戻しを施す．焼戻しにより合金元素を過飽和に固溶したマトリックスから炭化物（二次炭化物）が析出し，硬さが焼入れ直後より上昇する（二次硬化）．また残留オーステナイトが分解して焼戻しマルテンサイトとなり，組織が安定化する．焼戻し温度は500～600℃（高温焼戻し）で，焼戻し温度での保持時間は1～3時間であり，残留オーステナイトを十分に分解させるために通常2～3回焼戻しを繰り返す．

SKH51の焼入れ温度，焼戻し温度と硬さの関係を図11・4・1-1[9]に示す．このような焼戻し硬さのグラフを利用して，使用目的に対応した硬さにより熱処理温度を選定することができるが，ハイスは最高硬さが得られる焼戻し温度を少し越えた温度で焼戻しして使用されることが多い．また，ハイスを塑性加工工具等，特に靭性が必要な用途で使用する場合，通常の焼入れ温度より低い温度から焼入れして硬さを低くして用いることがある（アンダーハードニング）．

図11・4・1-2にハイスを焼入れ・焼戻し処理したミクロ組織の例を示す．

（4） 種々のハイスとコーティング

粉末ハイスは，ハイスの溶湯を噴霧して急冷凝固した微粉末を原料として，粉末冶金法により製造したハイスである．PMハイス（PMはPowder Metallurgyの略）等と略称されることもある．ガスアトマイズ法による場合にはあらかじめ目的の成分に調整した溶湯を窒素やAr等の不活性ガスで噴霧して原料粉末を得，これを鉄製の缶に脱気しながら充填して密閉する．この缶をHIP（熱間静水圧プレス）処理すると密度ほぼ100％の鋼塊が得られる．この鋼塊は，表面の缶素材を研削加工等で除去すれば後は通常の溶解ハイスと同様の製造工程に流すことができる．

粉末ハイスの特徴は，炭化物が微細でかつ組織中に均一に分散していることである．このため同一成分の通常溶解ハイスと比較すると，粉末ハイスは一般に靭性や強度が優れている．また，合金元素を多量に含むハイスを通常の溶解法で製造すると，一次炭化物が粗大化して鍛造や圧延工程で割れが生じやすく素材製造が困難であるために高合金による性能を十分発揮できないが，粉末ハイスによればより高合金のハイスを製造することが可能である．さらに粉末ハイスは炭化物が微細であるために被研削性がきわめてよいという特徴を有している．図11・4・1-3に粉末ハイスのミクロ組織の例を示す．また，図11・4・1-4には粉末ハイスの硬さと抗折力の関係を溶解ハイスと比較した例を示す．

マトリックスハイスとは，炭化物固溶による二次析出硬化能を有するが，炭素（C）や合金元素の含有量を減らして未固溶炭化物（1次炭化物）を極力少なくしたマトリックス（基地）主体のハイスである．炭化

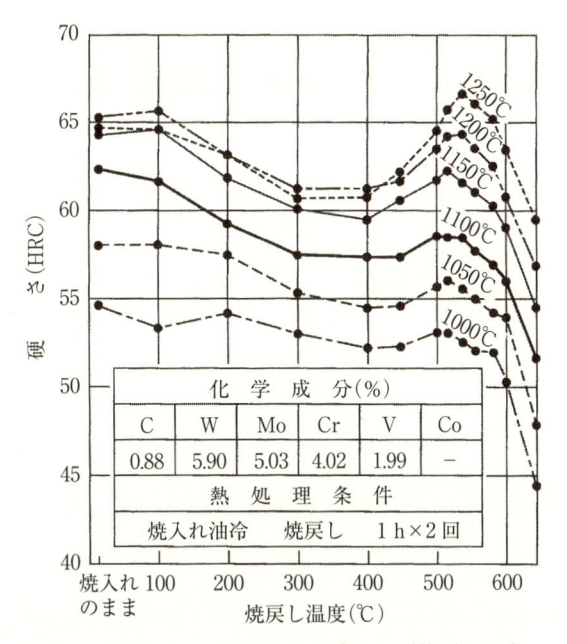

図 11・4・1-1 SKH51の焼入れ温度および焼戻し温度と硬さとの関係

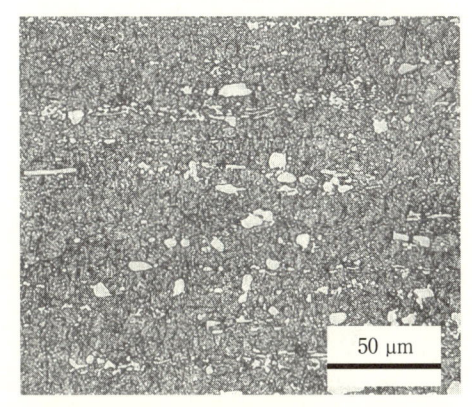

図 11・4・1-2 ハイス(SKH57)のミクロ組織例

物が少ないために耐摩耗性は通常のハイスに劣るものの，マトリックス硬さは確保され，また粗大炭化物を起点とする破壊が起きにくいので強度が高く，靱性にも富んでいる．マトリックスハイスはJISには規定がないが，一部の特殊鋼メーカは独自の工夫で耐摩耗性と靱性のバランスを変えた鋼種をそれぞれ数鋼種ずつ市販しており，用途により選択できる．焼入れ温度は通常のハイスに比べ少し低めであるが，焼戻し温度は通常のハイスと同様である．マトリックスハイスは転造工具等の塑性加工工具や冷間および温・熱間金型に用いられる．

ハイスを切削工具等に利用する場合，表面の硬さや耐凝着性および熱伝導性等の改善を目的として，表面に炭化物や窒化物，酸化物およびそれらの相互固溶体化合物のコーティング（蒸着）処理を施して使用することがある．ハイスの切削工具は適切なコーティングにより耐摩耗性を改善し寿命を向上することができる．コーティングの方法にはイオンプレーティング法やスパッタリング法といったPVD（物理蒸着 Phisical Vapor Deposition）や，CVD（化学蒸着 Chemical Vapor Deposition）があるが，一般的なCVDは処理温度が高温（約900℃）のため母材の脱炭が起こりやすく，またCVD処理後に焼入れ・焼戻し処理を行う必要がある等，ハイスへの適用には注意を要する．コーティングされる硬質物質はTiC, TiN, Al_2O_3, CrN等が利用されてきたが，近年はそのさらなる性能向上を狙い，三元系や四元系の複合化合物（TiAlNやAlCrSiN等）を多層にコーティングすることが行われている．

(5) 用途と鋼種選択

各種工具材料の靱性と耐摩耗性の相対的位置づけ（図 11・1・1-1）において，ハイスは超硬合金に比べると耐熱性や耐摩耗性は劣るが靱性で優れるので，切削速度が遅いドリルやタップ，フォーミングラック等転造工具等靱性が要求される工具に用いられる．また経済性や製造方法の制約の面から超硬合金が比較的不向きな大型の工具であるホブやブローチ，バイメタルバンドソーの刃材等にもハイスが用いられる．

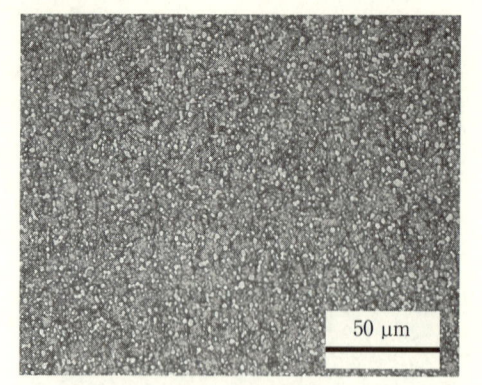

図11・4・1-3 粉末ハイス（SKH40）のミクロ組織例

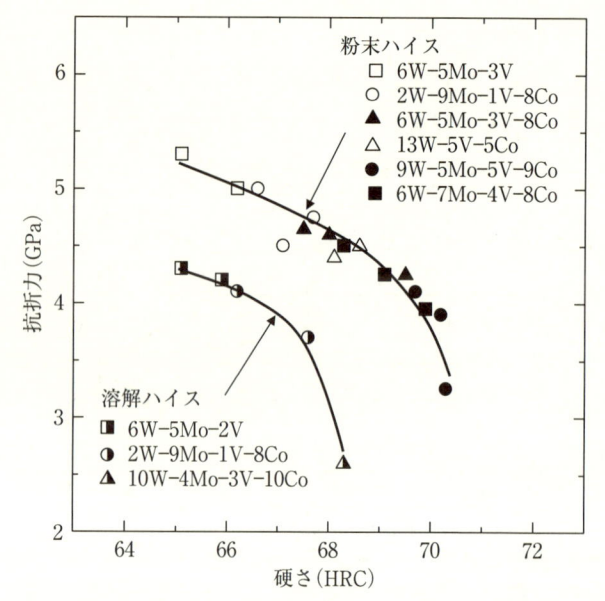

図11・4・1-4 粉末ハイス鋼種と溶解ハイス鋼種の硬さと抗折力との関係の例

図11・4・1-5 工具鋼の選択例

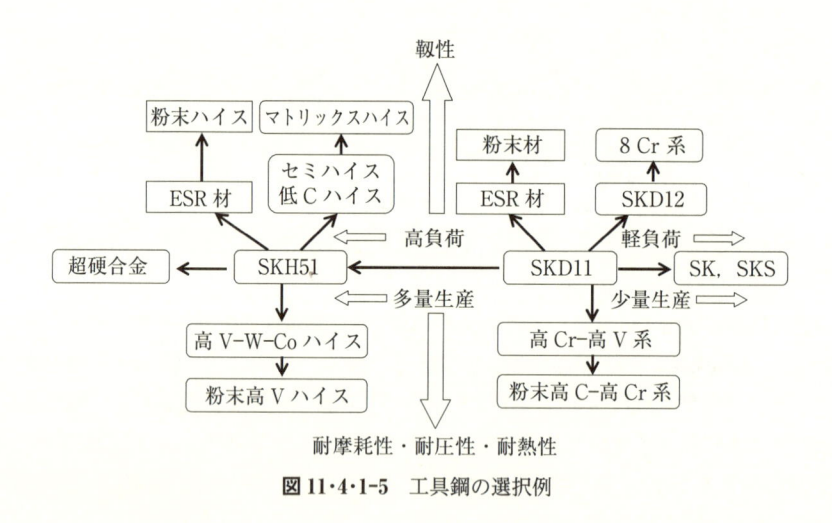

　図11・4・1-5は，切削工具および塑性加工工具を含めた各種工具に対する工具鋼の選択例を模式的に示したものである．左側のハイスの部分を見ると，SKH51を標準としてさらに靱性が必要な場合にはESRや粉末ハイス等製法での対応やマトリックスハイスの選択がある．また耐摩耗性が必要な場合にはVやCoの添加量増量を中心に，粉末ハイスも含めた高合金化が有力な選択肢である．

11・4・2　ダイヤモンドコーティング

（1）はじめに

　近年，特に半導体業界の急成長に伴い，関連する材料や加工の技術の分野でも，これまでにない高いニー

ズが求められるようになってきた．機械加工分野では，高速主軸をもつ工作機械の開発が進み，ハイシリコンアルミニウム合金やMMC（Metal Matrix Composite）等の複合難削材料の高能率，高精度加工が要求され，半導体製造工程では，製品の多様化に伴い，より高い生産効率と不良率の低減が強く要求されるようになってきた．本項ではCVDダイヤモンド製造技術の概要と工具への応用事例を紹介し，その効果と実用性を報告する．

（2） CVDダイヤモンド被覆工具の製造方法

CVDダイヤモンドはすでに新素材として，切削工具，耐摩部材，電子部品，光学部品等に用途が広がりつつある．また，その製造方法は，用途に応じて様々である．CVDダイヤモンドの合成方法としては，熱フィラメントCVD法，マイクロ波プラズマCVD法，EACVD（Electron Asisted CVD）法，DCプラズマCVD法，バーナ法等，数多くあるが，本稿では熱フィラメントCVD法により製造した工具を使い評価を行った．図11・4・2-1に熱フィラメントCVD装置の概略を示す．この製造方法は，原料ガスを熱分解することによって，ダイヤモンド薄膜を基材表面に析出させるものであり，具体的には原料ガス（CH4＋H2）を，減圧中で約2200℃に加熱したWフィラメントにより熱分解し，基材上に多結晶構造のダイヤモンドを析出させる方法である．本手法による析出ダイヤモンドは品質面で安定し，量産性に優れていることから，現在では熱フィラメントCVD法は幅広く利用されている．

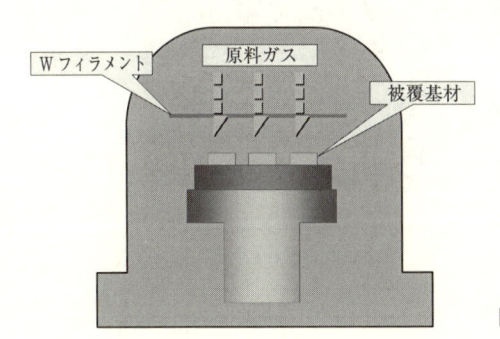

図11・4・2-1 熱フィラメントCVD装置の概要

（3） CVDダイヤモンド被覆工具による加工事例

第1の加工事例としてCVDダイヤモンド被覆エンドミルによるアルミニウム合金加工の条件と結果を表11・4・2-1および図11・4・2-2に示す．超硬合金エンドミルでは，切削距離に伴って逃げ面摩耗が進行し，高速回転ほど摩耗が大きい．CVDダイヤモンド被覆エンドミルでは，逃げ面摩耗に対する回転速度の影響は小さく，長距離切削しても摩耗はごくわずかであった．図11・4・2-3に，各工具で回転数30000 rpmの条件により，240 mまで切削加工した後の工具刃先の状態を示す．超硬合金エンドミルは摩耗が著しく，一部に被加工材の溶着が見られる．一方，CVDダイヤモンド被覆エンドミルには，ほとんど摩耗した形跡はなく，被加工材の溶着も見られなかった．これにより，CVDダイヤモンド被覆工具は，一般的に使われる超硬合金工具よりも高速切削加工において優れた切削性能を有する工具であることがいえる．

第2の加工事例としてCVDダイヤモンド被覆ボールエンドミルによるカーボン加工の条件と結果を表11・4・2-2および図11・4・2-4に示す．超硬合金ボールエンドミルは，切削距離が0.3 mの時点で逃げ面摩耗は30 μmに達したのに対し，CVDダイヤモンド被覆ボールエンドミルは切削距離が10 mの時点でも逃げ面摩耗は21 μmであった．このことより，CVDダイヤモンド被覆工具を使ったカーボン加工でも，工具寿命を大幅に延ばす効果が期待できる．

第11章 工具材料

表 11・4・2-1 エンドミル加工の加工条件

	条件—1	条件—2
回転数(min^{-1})	20000	30000
切削速度(m/min)	911	1366
送り速度(mm/min)	5000	7000
軸方向切込み(mm)	15	
径方向切込み(mm)	0.05	
雰囲気	湿式(水溶性エマルジョン)	
工具仕様	φ14.5-35l-85L-φ16(6枚刃)	
	超硬(K10),ダイヤコーティング	
加工機	牧野フライス製作所(V55)	
被削材	アルミ合金 AHS(Si10%)	

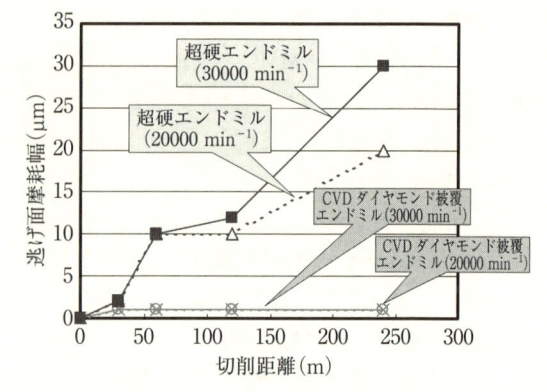

図 11・4・2-2 エンドミルの加工結果
加工条件；工具 φ14.5-35l-85L-φ16(6枚刃)，軸方向切込み量 15 mm，直径方向切込み量 0.05 mm，湿式切削(水溶性エマルジョン使用)

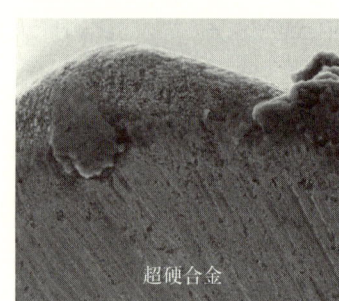

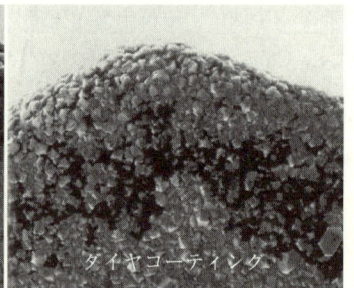

図 11・4・2-3 240 m 加工後の工具刃先

表 11・4・2-2 ボールエンドミル加工の加工条件

	加工条件
回転数(min^{-1})	8000
軸方向切込み(mm)	10
径方向切込み(mm)	1.2
雰囲気	乾式切削
工具仕様	R1.5-20l-60L-φ3 (2枚刃ボールエンドミル) 超硬(K10), ダイヤコーティング
加工機	牧野フライス製作所(V55)
被削材	カーボン(ショア硬さ 105)

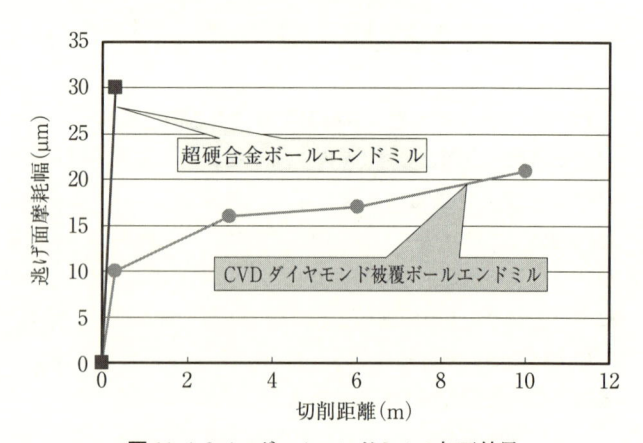

図 11・4・2-4 ボールエンドミルの加工結果
加工条件；工具 R1.5-20l-60L-φ3 (2枚刃)，回転数 8000 min^{-1}，軸方向切込み量 10 mm，直径方向切込み量 1.2 mm，乾式切削

図11・4・2-5 半導体 T/F 工程の概要

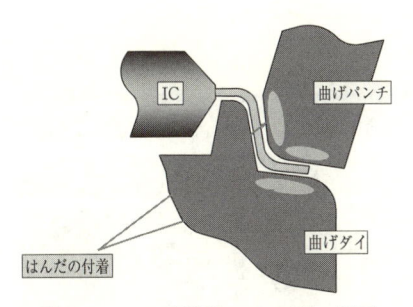

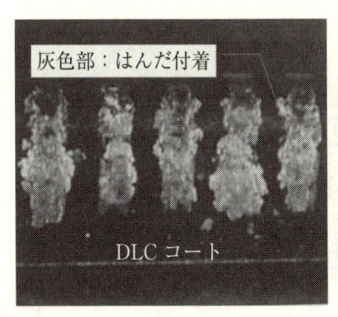

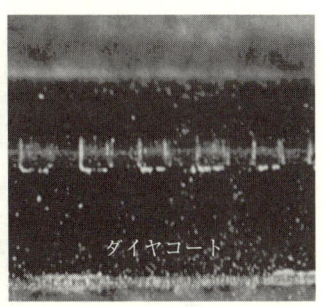

図11・4・2-6 6000 ショット時の工具表面

第3の加工事例として CVD ダイヤモンドを応用した塑性加工事例を紹介する．半導体製造工程の中の，T/F (trimming and forming) は，IC・LSI パッケージを基盤に実装しやすくするため，アウターリードを成形（曲げ加工）する工程である．この工程で使用される曲げ工具（パンチおよびダイ）は，はんだめっきされたアウターリードを擦る仕事をするため，表面にはんだめっきが付着・堆積する（図11・4・2-5）．この現象は，アウターリードを成形したときにスキュー（リードの横方向の曲がり）とコープラナリティー（リードの平坦性）の悪化を引き起こす原因となる．これを防止するため，曲げ工具に付着したはんだめっきを定期的に除去する必要があり，その際工具ユニットを装置から外さなければならない．半導体メーカ各社では，この作業による生産性の低下と作業工数増大に加え，曲げ工具へのはんだ付着による成形不良が大きな問題となり，改善策が要求されていた．

ダイヤモンドには，他物質との反応性がきわめて悪く，軟質金属との濡れ性がきわめて悪い（付着しない）という固有特性があり，この特性を応用したものが本事例である．また，この固有特性を最大限に引き出すためには，被覆したダイヤモンドの表面を鏡面に仕上げる必要があるが，曲げ工具表面に CVD ダイヤモンドを厚く被覆し，その後表面を 0.05 S 以下まで鏡面に研磨仕上げをすることも可能である．図11・4・2-6 は半導体業界で一般的に使用されている DLC（Diamond Like Carbon）被覆工具および CVD ダイヤモンド被覆工具での 6000 ショット時の表面写真である．DLC 被覆工具はリードの接触部分にはんだの堆積が目立ち，リードの加工形状を良好に維持するためには，この時点でクリーニング処理が必要となった．一方，CVD ダイヤモンド被覆工具はリードの接触部分に若干のはんだの痕跡が確認できる程度であり，その後 100 万ショットを超えても付着したはんだの成長はほとんど見られなかった．図11・4・2-7 は，これらの工具で成形された IC パッケージのリードの曲げ不良率を表したものである．この図から分かるように，一般的に使用されている超硬合金製工具や DLC 被覆工具と比較し，CVD ダイヤモンド被覆工具（鏡面仕上げ）は，不良率を一桁以上も低減できる．

このことは，莫大な量のパッケージを生産する半導体業界において，生産性の向上と，製品歩留りの向上に大きな効果が期待できることを意味する．

（4）おわりに

本稿においては，CVD ダイヤモンドの応用事例として，切削工具（エンドミル，ボールエンドミル）並びに耐摩工具（IC パッケージ加工用曲げ工具）を紹介した．これらはダイヤモンドのもつ特性の中で"耐摩耗性"と"耐溶着性"の 2 特性を応用した製品であるが，これらの事例以外にも環境対策として，自動車・航空機の構造材料の軽量化が可能な CFRP 加工用工具への応用も期待されており，加工実績も報告されつつある（図11・4・2-8）．

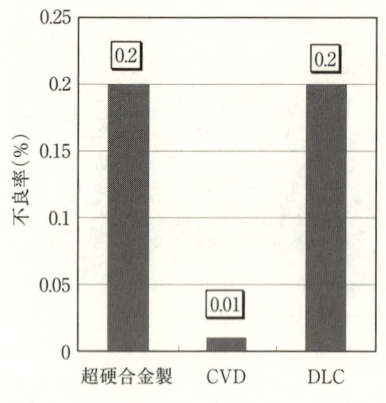

図11・4・2-7 製品(IC)歩留まりへの効果

図11・4・2-8 CVDダイヤモンド被覆ドリルによるCFRP加工

また，CVDダイヤモンドは上記の特性以外にも，ヤング率特性・絶縁特性・熱伝導率特性・熱膨張特性等，工業用材料として数々の優れた特性をもっている．今後，工業用新素材と加工技術の発達に伴い，CVDダイヤモンドがもつ特性を活かした新用途への拡大が期待される．

11・4・3 DLCコーティング工具

(1) はじめに

DLCはダイヤモンドライクカーボン（Diamond-like carbon）の略で，アモルファス炭素の中でも特にsp3混成軌道結合した炭素を含む不規則構造からなる硬質アモルファス炭素の総称である．DLCという用語がはじめて登場したのは1971年のAisenbergとChabot[1]の論文"Ion-Beam Deposition of Thin Films of Diamondlike Carbon"で，以後，1984年にClark[2]が論文でDLCという言葉を使用したのを機に，各所で研究開発が活発になり，1985年に一次ピークを迎える．その後様々な産業分野で商品化されている．特に最近では，低摩擦，耐摩耗の特徴を活かして，自動車用途や省エネ用途等の地球環境問題に絡む用途への適用で注目されており，活発な開発がなされている．一方，DLCが化学的に安定，不活性であり，他の物質と凝着，反応しないという特徴を用いて，軟質金属の切削加工やプレス・成形加工への適用も活発になりつつある．

本稿では，DLCの一般的特徴，製法および切削工具，耐摩工具への適用の現状について述べる．

(2) DLC膜の構造と特徴

DLCはsp3混成軌道結合した炭素を含む硬質アモルファス炭素膜であるため，ダイヤモンド，グラファイトと比較して，表11・4・3-1のように表されることが多い．また，DLC膜は，sp2とsp3結合の比および含有水素量によって，その硬さ，色調，電気的性質が変わるため，図11・4・3-1のようにsp2，sp3，Hの三元の組成比で大きく分類されることが多く[3]，炭素のみで構成されsp3比率の高い膜をta-C（tetrahedral amorphous carbon），水素が含有された膜をa-C：H（hydrogenated amorphous carbon）と称する．一般に水素が少なく，sp3の比率が高くなるほど，ダイヤモンド的性質が現れ，より硬質の膜になり，水素が多く，sp2比率が高くなるほど，グラファイト的性質が強くなり，黒色で電気抵抗が下がる．しかしDLCは硬質アモルファス炭素膜の総称であるため，実際世の中で活用されているDLC膜はこれら三要素のみで定義できるものではなく，様々なDLCが考案，実用化されている．水素を含有した炭素膜，純粋な炭素膜

表11・4・3-1 DLCとダイヤモンド，黒鉛との比較

	ダイヤモンド	DLC (Diamond-Like Carbon)	黒鉛
構造 (模式図)	sp3	sp3 + sp2	sp2
製法	Plasma CVD 等 (非平衡プロセス)	Plasma CVD, Ion Plating 等 (非平衡プロセス)	熱分解 (熱平衡プロセス)
原料	炭化水素ガス および水素ガス	炭化水素ガス あるいは黒鉛蒸気	ピッチ 炭化水素ガス
合成温度	700℃以上	室温～200℃	1500℃以上

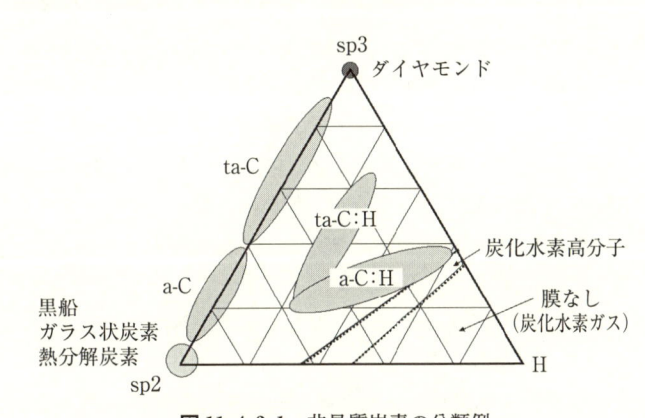

図11・4・3-1 非晶質炭素の分類例
ta-C : tetrahedral amorphous carbon, a-C : amorphous carbon, a-C : H : hydrogenated amorphous carbon, ta-C : H : hydrogenated ta-C

以外に，金属等の第三元素をドープした炭素膜，金属，金属窒化物，金属炭化物との積層構造膜やコンポジット膜等がその代表例である．そのため，金属ドープ量，sp2結合をもつ炭素のクラスターサイズ等を第4軸として定義しようという試みも最近なされている．

それぞれの構造のDLC膜には構造に応じて特異な特徴があるが，DLC膜と呼ぶ限りは，以下のトライボロジー的特徴を備えている．

①高硬度で耐摩耗性に優れる，②無潤滑下で低い摩擦係数を有する，③摩擦，摩耗時に相手材料を摩耗，損傷させない（低相手攻撃性），④化学的に不活性で安定であり，焼付き，凝着，溶着を起こさない，⑤腐食性雰囲気中でも侵されない．

これらの特徴は，2つの物体が往復，回転，滑り等の機械的相対運動（摺動運動）をするときに求められる特徴そのものであるため，DLC膜は摺動材料として卓越した表面処理技術ともいわれるゆえんである．

表11·4·3-2 代表的なDLC膜の製法，原料と膜構造

製法	原料	DLC構造
プラズマCVD法 イオン化蒸着法 プラズマイオン注入法	炭化水素ガス	a-C:H
アークイオンプレーティング法 レーザアブレーション法	固体黒鉛	a-C ta-C
スパッタリング法	固体黒鉛/金属/ 金属含有化合物＋ 炭化水素ガス	a-C, a-C:H a-MeC a-MeC:H

（3） DLC膜の製法

　DLC膜は前述したように様々な構造の膜が考案されており，その製法も種々の製法が考案，実用化されている．代表的な製法を表11·4·3-2に示すが，大きく分けると

　①炭化水素系ガスを原料に使う製法，②固体グラファイトを原料に使う製法，③炭化水素系ガスと固体グラファイトおよび金属を原料に使う製法

に分類できる．①の手法の代表例が，イオン化蒸着法，プラズマCVD法，プラズマイオン注入法であり，プラズマCVD法はそのプラズマ発生機構によって，高周波プラズマCVD，PIG-PECVD（Penning Ionization Gauge Discharge Type Plasma-enhanced CVD）法，直流プラズマCVD等に分類できる．いずれの手法も原料に炭化水素ガスを用いているため，DLC膜は水素含有DLC膜（a-C:H）となる．②の手法の代表例が，アークイオンプレーティング法，レーザーアブレーション法であり，ともに固体グラファイトを原料に用いるため，水素を含まない純粋な炭素膜となるが，製造条件等により，ダイヤモンド結合（sp3）の高いDLC膜（ta-C），グラファイト成分（sp2）の高い膜（a-C）に分かれる．③の手法は，UBM（Un-Balanced Magnetron）スパッタ法が代表例であるが，これはスパッタ源としてグラファイトおよび金属を用いながら，炭化水素ガスを導入し成膜する方法である．したがって，スパッタPVD法とプラズマCVD法の複合処理といえる．原料によって，固体グラファイトのみ→a-C，固体グラファイト＋炭化水素ガス→a-C:H，金属ターゲット＋炭化水素ガス→a-MeC:H（金属ドープ水素含有DLC膜）と膜構造を比較的自由に制御できるのが特徴である．

　用途，膜構造によってDLC膜の製法が使い分けられており，無潤滑下での低摩擦，低相手攻撃性を重視する機械摺動用途では，表面平滑性に富む炭化水素ガスを原料にしたプラズマCVDのDLCが主流であり，切削工具のような耐摩耗性が要求される用途では，固体グラファイトを原料にしたPVDの高硬度DLCが主流である．最近では，水素を含まないta-Cが油中でダイヤモンドに次ぐ低摩擦であることが見出され，自動車部品をはじめとする潤滑下での摺動用途で着目されている．これからは，DLCの製法，構造と性質をよく理解した上で，目的に応じた膜設計を行うことが重要である．

（4） DLC膜の切削工具，耐摩工具への応用

　DLCは，高硬度，低摩擦で金属と溶着，凝着を起こさないため，アルミ合金等の軟質金属の加工工具・金型に適用しようとする試みは以前より検討されていた．しかしながら従来のDLC膜は，基材との密着性，DLC自身の高い内部応力，脆さに問題があり，高負荷がかかる工具・金型用途では一部の金型に用途が限定されていた．

　工具・金型用途で最初に実用化されたのは，半導体デバイス用のリードフレーム曲げ金型である．図11·

図 11・4・3-2 DLC コートリードフレーム曲げ金型

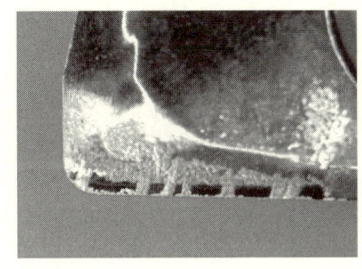

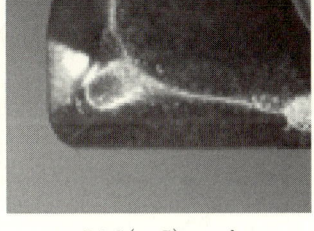

ノンコート　　　　　　　DLC(ta-C)コート

図 11・4・3-3 DLC コートの切削加工後の溶着防止効果（被削材：ADC12）

4・3-2 に代表的な曲げ金型を示す．リードフレームには銅合金やはんだめっきされた鉄・ニッケル合金が使用されるが，銅，はんだは軟質金属であり，金型に凝着し，離型性が低下する．DLC をコーティングすることにより凝着を防止し，作業性の向上，かじり防止，仕上げ精度の向上を達成している．

その後，DLC と基材との密着性を改善させることにより切削加工等の高負荷用途でも実用されつつあったが，画期的に性能が向上したのは，PVD プロセスによる水素を含まない DLC（ta-C）が開発されてからであり，現在はこの DLC が切削工具や耐摩工具の主流になりつつある．PVD プロセスはイオン化率が高く，CVD プロセスに比べ密着性に優れており，高負荷用途に適しているのに加え，ta-C はダイヤモンドに近い性質を有するため，薄膜ではダイヤモンドに次ぐ硬度（ビッカース硬度で 3000 以上）を有し，耐摩耗性に優れており，そのため，膜厚を非常に薄くすることができ，切削工具（特に刃先）や金型の形状を損なうことなくコーティングできる．切削工具では，アルミニウム合金のドライ加工としてすでに数社より製品が発売されている．被削材であるアルミニウム合金の凝着を抑え，高速加工，工具の長寿命，仕上げ精度の向上を実現している．図 11・4・3-3 に DLC（ta-C）をコーティングした超硬合金のスローアウェイチップでドライ切削した後の凝着状態をノンコートと比較して示す．ノンコートに比べ刃先の凝着状態が大きく改善されているのが分かる．その結果，仕上げ面粗さもノンコートに比べ約 1/2 と大きく向上している．また，耐摩工具においても，アルミ合金の絞り加工，しごき加工等より負荷の高い用途に適用が拡大している．

今後，部品の軽量化，小型化が進むにつれ，アルミニウム合金，マグネシウム合金等の加工効率アップの要望はますます高くなるであろう．その中で DLC コーティングはキーテクノロジーの 1 つとしての地位を築きつつあるが，より広範囲なワーク，加工法に対応していくために，プロセス，性能面でさらに発展，進化していく必要がある．

第11章 文献

11·1·1 の文献
1) 土井秀和："切削工具材料の進歩"，新金属材料，1982 夏季号（1982）．
2) 野村俊雄："各種工具材種の特性とその適用範囲"，機械技術，**36**（1988）2-11．
3) J. Gurland : "A Study of the Effect of Carbon Content on the Structure and Properties of Sintered WC-Co Alloys", Metals, **6** (1954) 285-290.
4) M. Kawakami, O. Terada and K. Hayashi : "HRTEM Microstructure and Segregation Amount of Dopants at WC/Co Interfaces in TiC and TaC Mono-doped WC-Co Submicro-grained Hardmetals", 粉体および粉末冶金，**53**（2006）166-171．
5) 棚瀬照義："超微粒超硬合金における諸現象"，粉体および粉末冶金，**53**（2006）409-418．
6) 久保裕，幸村淳，井寄裕介，川田常宏："VN，Cr_3C_2 複合添加超微粒超硬合金の組織のナノ解析"，粉末および冶金，**53**（2006）430-434．
7) 広瀬和弘ら："高強度・高硬度超々微粒超硬合金「XF1」の開発"，SEI テクニカルレビュー，第170号（2007）87-90．

11·1·2 の文献
1) 狩野勝吉，長田晃，吉村寛範："コーテッド工具—スローアウェイチップ"，精密工学会誌，**61**（1995）773-777．
2) 超硬工具協会：超硬工具ハンドブック，超硬工具協会（1998）58．
3) 超硬工具協会資料．
4) 鈴木寿：超硬合金と焼結硬質材料，丸善（1986）209．
5) T. Hale and D. Graham : "The Influence of Coating Thickness and Composition upon Metal-Cutting Performance", American Society for Metals (1980) 175-191.
6) R. Bonetti, H. Wiprachtiger and E. Mohn : "CVD of Titanium Carbonitride at Moderate Temperatures Properties and Applications", Proc. Surface Modification Technologies III, T. S. Sudarshan, D. G. Bhat, Neuchâtel, The Minerals, Metals & Materials Society (1990) 291-308.
7) 長田晃："CVD によるコーティング切削工具の現状—スローアウェイチップ"，表面技術，**51**（2000）330-335．
8) A. Larsson, M. Halvarsson and S. Ruppi : "Microstructural Changes in CVD κ-Al_2O_3 Coated Cutting Tools during Turning Operations", Surface and Coatings Technology, **111** (1999) 191-198.
9) J. N. Lindstrom and U. Smith："被覆焼結炭化物体およびその製造方法"，Sandvik AB，日本特許 1395630（1981）．
10) 林宏爾，鈴木寿，土井良彦："CVD 法によって炭化チタンを被覆した WC-Co 合金の抗折力に及ぼす母材炭素量の影響"，粉体および粉末冶金，**31**（1984）22-26．
11) K. Akiyama, E. Nakamura, I. Suzuki, T. Oshika, A. Nishiyama and Y. Sawada : "A Study of the between CVD Layers and a Cemented Carbide Substrate by AEM Analysis", Surface and Coatings Technol., **94-95** (1997) 328-332.
12) E. Fredriksson and J. O. Carlsson : "Chemical Vapor Deposition of Al_2O_3 on TiO", Thin Solid Films 263 (1995) 28-36.
13) 石井敏夫，島順彦，植田広志，権田正幸："高密着性 α-Al_2O_3 膜被覆切削工具の開発"，粉体および粉末冶金，**45**（1998）561-565．
14) 大鹿高歳："高能率加工のための「スーパーダイヤコート UE6010」"，機械と工具，**48**（2004）74-76．

11·1·3 の文献
1) 市村博司，池永勝：プラズマプロセスによる薄膜の基礎と応用，日刊工業新聞社（2005）13．
2) 石川剛史："最新の切削工具用ナノコンポジットコーティング被膜「エポックスーパーコーティング」"，機械と工具，**45-12**（200）67-72．
3) 久保田和幸："超高能率切削加工用 PVD コーティング被膜「JX コーティング」"，機械技術，**56-5**（2008）44-47．

11·1·4 の文献
1) P. Schwarzkopf and R. Kieffer : Cemented Carbides, The Macmillan Co., N. Y. (1960) 7.
2) 鈴木寿：超硬合金と焼結硬質材料—基礎と応用—，丸善（1986）307．

第 11 章 文献

3) M. Humenik, Jr. and N. M. Parikh : "Cermets : I, Fundamental Concepts Related to Microstructure and Physical Properties of Cermet Systems", J. Amer. Cer. Soc., **39** (1956) 60.
4) N. M. Parikh and M. Humenik, Jr. : "Cermets : II, Wettability and Microstructure Studies in Liquid-Phase Sintering", J. Amer. Cer. Soc., **40** (1957) 315.
5) N. M. Parikh and M. Humenik, Jr. : "Cermets : III, Modes of Fracture and Slip in Cemented Carbides", J. Amer. Cer. Soc., **40** (1957) 335.
6) D. Moskowitz and M. Humenik, Jr. : "Cemented Titanium Carbide Cutting Tools", Modern Developments in P/M, vol. 3, edited by H. H. Hauser, Plenum Press, N. Y. (1966) 83.
7) R. Kieffer, P. Ettmayer and M. Freudhofmeier : "About Nitrides and Carbonitrides and Nitride-Based Cemented Hard Alloys", Modern Development in P/M, vol. 5, edited by H. H. Hauser, Plenum Press, N. Y. (1971) 201.
8) 鈴木寿, 林宏爾, 寺田修 : "TiC-Mo$_2$C-Ni 合金における周辺組織形成機構", 日本金属学会誌, **35** (1971) 936-942.
9) H. Yoshimura, T. Sugisawa, K. Nishigaki and H. Doi : "The Reaction Occurring During Sintering and The Characteristics of TiC-20％ TiN-15％ TaC-9％ Mo-5.5％ Ni-11％ Co Cermet", 10th International Plansee Seminar 1981, vol. 2, edited by H. M. Ortner at al., Austria, Metalwerke Plansee GmbH (1981) 727.
10) 鈴木寿, 林宏爾, 寺田修 : "TiC-Mo$_2$C-Ni(Co) 合金の強度におよぼす他炭化物添加の影響", 粉体および粉末冶金, **25** (1978) 132-135.
11) 鈴木寿, 林宏爾, 山本勉 : "TiC-Mo$_2$C-Ni(Co) 合金の高温強度に及ぼす他炭化物少量添加の影響", 粉体および粉末冶金, **26** (1979) 22-26.
12) 鈴木寿, 林宏爾, 山本勉, 李完宰 : "TiC-Mo$_2$C-Ni 合金の強度におよぼす TiN 添加の影響", 粉体および粉末冶金, **23** (1971) 224-229.
13) 鈴木寿, 林宏爾, 松原秀彰, 徳本啓 : "窒素を含む TiC-Mo$_2$C-Ni 合金の高温強度", 粉体および粉末冶金, **30** (1983) 106-111.
14) 鈴木寿, 林宏爾, 山本勉 : "TiC-Mo$_2$C-TiN-Ni 合金の強度", 日本金属学会誌, **41** (1977) 432-437.
15) 鈴木寿, 松原秀彰, 斉藤武志 : "Ti(C, N)-Mo$_2$C-Ni 合金の高温変形挙動と抗折力", 粉体および粉末冶金, **33** (1986) 153-156.
16) 西垣賢一, 土井英和, 新行内隆之, 大沢雄三 : "Ti(C, N)-30Mo$_2$C-13Ni 合金の諸特性に及ぼす N/(C+N) 比の影響", 粉体および粉末冶金, **27** (1980) 160-165.
17) 鈴木寿, 松原秀彰, 林宏爾 : "窒素を含む TiC-Ni 合金の高温酸化", 日本金属学会誌, **46** (1982) 651-656.
18) 鈴木寿, 林宏爾, 松原秀彰 : "Ti(C, N)-Mo$_2$C-Ni 合金の焼結体表面部における組織変化", 粉体および粉末冶金, **29** (1982) 58-61.
19) 植木光生, 斉藤豪, 斉藤武志, 鈴木寿 : "窒素添加 TiC-Mo$_2$C-Ni サーメットの表面部における結合相量の減少", 粉体および粉末冶金, **36** (1989) 315-319.
20) T. Saito and K. Hayashi : "Effect of Sintering Atmosphere on Composition Gradient near the Surface of Ti(C, N) Base Cermets", Proceedings of 2000 Powder Metallurgy World Congress Part 2, edited by K. Kosuge and H. Nagai, Kyoto, 2000, JSPM (2001) 1269.
21) 徳永隆司, 海老原徹 : "微粒 TiCN-WC-Co-Ni サーメットに及ぼす結合金属量の影響", 粉体粉末冶金協会春季講演概要集 (2004) 57.
22) 建野範昭, 西正実 : "強靭サーメット TN60", 機械と工具, **32** (1988) 17.
23) 北村幸三, 佐藤俊史, 氏家信久, 栄田幸三 : "旋削用高靱性サーメット「NS530」", タンガロイ, **31** (1991) 34.
24) 津田圭一, 池ケ谷明彦, 野村俊雄, 磯部和孝, 北川信行, 中堂益男, 有本浩 : "傾斜機能焼結硬質材料の開発", 住友電気, **147** (1995) 71.
25) 森口秀樹, 津田圭一, 池ケ谷明彦, 野村俊雄, 磯部和孝, 北川信行, 森山清子 : "傾斜機能超硬 CN8000 の材料設計手法", SEI テクニカルレビュー, **153** (1998) 113.
26) T. Umemura, K. Funamizu, S. Kinoshita, Y. Taniguchi and K. Hayashi : "Effects of WC Content and Ti (C, N) Powder Particle Size on Microstructure of Ti(C, N)-WC-NbC-Ni Cermets", 16th International Plansee Seminar 2005, vol. 2, edited by G. Kneringer et al., Austria, Plansee Holdings AG (2005) 211.
27) 小池広樹, 梅村崇, 船水健司, 木下聡 : "スーパーファインサーメット GT/NS700 シリーズの開発", 粉体および粉末冶金, **55** (2008) 152-154.
28) "旋削加工用高靱性サーメット GT/NS700 シリーズ", タンガロイレポート, No. 354-J (2006).

11・1・5 の文献
1) 浦島和浩："セラミックス"，粉体粉末冶金技術戦略マップ（2007）.
2) 狩野勝吉：データで見る次世代の切削加工技術 初版，日刊工業新聞社（2000）134.
3) 浦島和浩："セラミックス切削工具"，CERAMICS JAPAN, **43**（2008）661-663.
4) 鈴木寿：超硬合金と焼結硬質材料，丸善（1986）373.

11・1・6 の文献
1) 日本国特許第4065666号.
2) 沖田康彦他："高耐摩耗性，高強度ダイヤモンド焼結体DA1000の開発"，SEIテクニカルレビュー，**172**（2008）96-99.
3) 大田倫子他："焼結合金・鋳鉄加工用スミボロンBN700の開発"，SEIテクニカルレビュー，**165**（2004）81-86.
4) 黒田善弘他："ソリッドcBN焼結体工具「BNS800」の開発"，SEIテクニカルレビュー，**162**（2003）67-70.
5) 寺本三記他："焼入鋼高速加工用スミボロンBNC100および高精度加工用スミボロンBNC160の開発"，SEIテクニカルレビュー，**172**（2008）89-95.
6) 岡村克己他："焼入鋼断続加工用スミボロンBN350，BNC300の開発"，SEIテクニカルレビュー，**165**（2004）87-91.

11・2・1 の文献
1) ドイツ特許，420689（1923）.
2) 超硬工具協会編：超硬工具ハンドブック，超硬工具協会（1998）.
3) 鈴木寿編：超硬合金と焼結硬質材料，丸善（1986）538.

11・2・2 の文献
1) 超硬工具協会規格："耐摩耐衝撃工具用超硬合金の材種選択基準"，CIS019C-1990.
2) 超硬工具協会規格："耐摩耗・耐衝撃工具用超硬合金及び超微粒子超硬合金の材種選択基準"，CIS019D-2005.
3) 山本勉："超硬合金の特性と選択基準"，鍛造技報 **27-89**（2002）20-28.
4) 山本勉，平井龍哉，高柳文雄，上野和夫："SEPB法によるサーメットと超硬合金の破壊靱性"，粉体および粉末冶金，**40**（1993）33-37.
5) 鈴木壽，林宏爾，山本勉，三宅一男："静水圧焼結WC-Co超硬合金の強化現象"，粉体および粉末冶金，**21**（1974）108-111.
6) 山本勉，阪上楠彦："超硬合金の疲労特性"，日本機械学会第9回機械材料・材料加工技術講演会講演論文集，沖縄（2001）195-196.
7) 阪上楠彦，河野信一，山本勉："冷間鍛造用超硬合金の曲げ疲労"，粉体および粉末冶金，**54**（2007）260-263.
8) 阪上楠彦，山本勉："超硬合金の曲げおよび圧縮疲労に関する研究"，粉体および粉末冶金，**53**（2006）202-207.
9) 山本勉："被覆超硬合金の表面残留応力に関する研究"，粉体および粉末冶金，**39**（1992）163-167.
10) ダイジェット工業(株)カタログ："耐摩耗・耐衝撃用工具"（2006）9.

11・2・3 の文献
1) 永野光芳："HIP焼結したエンジニアリングセラミックスの微構造と諸特性"，第38回エンジニアリングセラミックスセミナー予稿集（2006）17-25.
2) 永野光芳："加工産業を支えるセラミックス超精密金型"，セラミックス，**40**（2005）443-448.
3) M. Nagano, S. Mouri, N. Mukae and K. Minamoto："Mechanical Properties, Microstructures and Applications of Partial Stabilized Zirconia-Tungsten Carbide Ceramic Composite Material", Proceedings of the 17th International Japan-Korea Seminar on Ceramics（2000）528-531.
4) 中原正博："半導体プロセスの耐プラズマ材料"，第38回エンジニアリングセラミックスセミナー予稿集（2006）34-39.
5) Shuichi Imasato："Development of Ultra-Fine Particle Binderless Cemented Carbide "RCC-FN"", Nippon Tungsten Review, **24**（1991）12-15.

11・2・4 の文献
1) G. V. Samsonofu and I. M. Biniky："Hand book of High Meiting point Compound", Nisso Tsushinsha,（1977）.
2) 高木研一："硬質耐摩耗材としての硼化物の利用"，鉄と鋼，**78**（1992）1422-1430.
3) K. Takagi, S. Ohira, T. Ide, T. Watanabe and Y. Kondo：Met. Powder Rep., **42**（1987）483-490.

4) M. Komai, Y. Yamasaki, K. Takagi and T. Watanabe : Properties of Emerging P/M Materials, Advances in Powder Metallurgy & Particulate Materials, ed. J. M. Capus and R. M. German, Metal Powder Industries Federation, Princeton, NJ, USA, **8** (1992) 81-88.
5) M. Komai, Y. Isobe, S. Ozaki and K. Takagi : "Properties and Microstructures of WCoB Cermets", Proc. of 1993 Powder Metallurgy World Congress, ed. by Y. Bando and K. Kosuge, Japan Society of Powder and Powder Metallurgy, Kyoto, Japan, Part 2 (1993) 1267-1270.
6) 山崎裕司，中野和則，岡田光治，高木研一："V 添加 Mo_2NiB_2 系硬質合金の組織と機械的特性"，粉体および粉末冶金，**42** (1995) 438-442.

11・3 の文献

1) 吉本昭典，田仲正生："ダイヤモンド工業会編ダイヤモンド技術総覧"，エヌージーティー (2007) 241.
2) 福西利夫，岡西幸緒ほか："超微粒ダイヤモンドホイールによる超精密研削加工"，精密工学会秋季大会講演概要集 (2007) 311-312.

11・4・1 の文献

1) JIS G4403：2006 高速度工具鋼鋼材
2) 清永欣吾：工具鋼，日本鉄鋼協会 (2000) 62-63.
3) 清永欣吾："高速度工具鋼の動向"，精密機械，**39** (1973) 877-887.
4) 日本鉄鋼協会：鋼の熱処理 改訂 5 版，丸善 (1969) 493-495.
5) 日本鉄鋼協会：鋼の熱処理 改訂 5 版，丸善 (1969) 502.
6) 大和久重雄：ハイスの熱処理ノート，日刊工業新聞社 (1993) 59.
7) 伊藤一夫，常陸美朝，松田幸紀："高速度工具鋼の焼もどし硬さに及ぼす焼入冷却速度の影響"，電気製鋼，**53** (1982) 248-255.
8) 日本鉄鋼協会：鋼の熱処理 改訂 5 版，丸善 (1969) 503.
9) 天野宏地ほか：新・知りたい熱処理，ジャパンマシニスト社 (2001) 85.

11・4・3 の文献

1) S. Aisenberg and R. Chabot : "Ion-beam deposition of thin films of diamondlike carbon", J. Appl. Phys., **42** (1971) 2953-2958.
2) R. Clark : Photonics Spectra, **18**, 97 (1984).
3) A. C. Ferrari and J. Robertson : "Interpretation of Raman spectra of disordered and amorphous carbon", Physical Review B, **61** (2000) 14095-14107.

第12章

磁性材料

12・1 軟磁性材料

12・1・1 フェライト軟磁性材料

近年,電子機器の小型化・高性能化の技術革新が著しく,それに伴い使用されるトランス・コイル材料等に用いられるフェライト軟磁性材料の高性能化が求められている.トランス・コイル用に最も多く用いられているフェライト材料は,飽和磁束密度が高くコア損失が低い Mn-Zn 系フェライトと,高い比抵抗を有する Ni-Zn 系(Ni-Cu-Zn 系を含む)フェライトである.これらのフェライト材料の性能を高めるためには,用途に応じた材料およびプロセス開発が必要となるが,共通している条件は,①主成分組成(イオン価数も含む)および添加物組成の最適化,②結晶粒度分布や粒界層等の結晶組織形態の最適化,③不純物量の低減,である.本稿では,Mn-Zn 系フェライトと Ni-Zn 系フェライトに焦点を絞り,最初に上記の条件を満たすためのフェライト製造のポイントを述べる.次に,用途別に材料に求められる特性とそれを実現するための技術的課題,および技術開発動向について述べる.

(1) フェライト材料の製造方法

フェライト材料の製造方法には乾式法,湿式法があり,乾式法は一般に酸化鉄と構成元素の酸化物もしくは炭酸塩の粉末を混合,仮焼,粉砕するもので量産に適した製造方法である.以下に,図 12・1・1-1 に示す

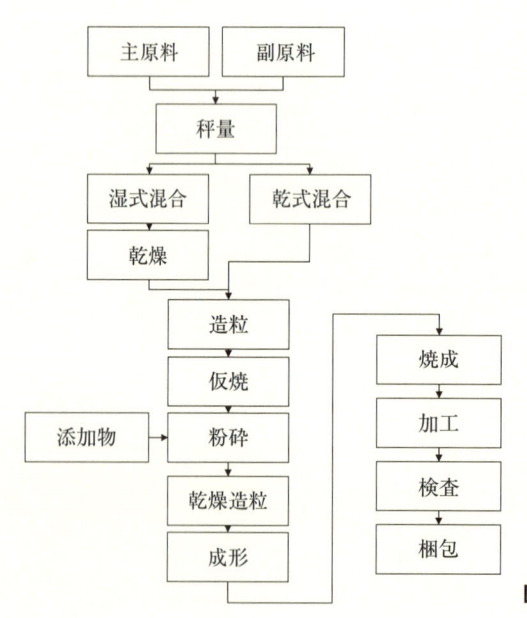

図 12・1・1-1 乾式法によるフェライト材料の製造方法

乾式法によるフェライト材料の製造方法の詳細について説明する．

a. 原料

ソフトフェライトの原料の70％を占める酸化鉄原料粉末の選択において重要なのは純度と粉体物性である．原料には焼結性に影響を及ぼす SiO_2，CaO，Cr_2O_3 等の不純物が含まれており，それらが多すぎると磁気特性の劣化をもたらす．工業用に用いられる原料の粉末粒径は 0.5～1.0 μm が一般的である．Mn-Znフェライトでは高性能化のため，各種の添加物が加えられている．粒成長を促進するもの，抑制するもの，高抵抗の粒界層を形成するもの等，目的に応じて添加されている[1]．

b. 秤量，混合

金属イオンが所定の比率となるよう 1/1000 の精度で秤量を行う．混合法にはボールミルやアトライタを用いる湿式法と，乾式ミキサを用いる乾式法がある．湿式法は乾式法に比べ，均一に混合できるが，混合媒体としてスチールボールを用いるのが一般的であり，摩耗による組成ずれ，不純物混合に注意しなければならない．

c. 仮焼

仮焼の目的は組成の均質化，フェライト相の生成，焼成時に適した粉末粒度を得ることである．通常，大気中 800～900℃の温度で行われる．工業用にはロータリキルンが用いられる．

d. 粉砕

プレス性，焼結性の向上のため粉砕を行う．工業的には予備粉砕としてジョークラッシャ，本粉砕として，ボールミル，アトライタ，ビーズミルを用いる．本粉砕では粉砕媒体としてスチールボールを用いるのが一般的であり，摩耗による組成ずれ，不純物混合に注意しなければならない．粉末粒径は後工程のプレス性，焼結性を考慮し，平均粒径が 0.8～1.5 μm となるよう粉砕する．

e. 造粒，成形

プレス性向上のために，適度な大きさに粉末を凝集させる．工業的にはスプレードライ法が一般的である．粉砕後のスラリーにポリビニルアルコール等の結着剤を加えた後，スプレードライヤで霧化し，乾燥することにより造粒粉末が得られる．造粒で求められる条件は，流動性が高いこと，金型に均一充填されること，金型に付着しないこと，後工程の取り扱いに耐えられる強度を有することである．

プレス成形の方法としては，機械プレスと油圧プレスに大別される．油圧プレスは機械プレスに比べて大型製品のプレス加工が可能であるが，成形速度が遅いため，多数個の金型を用いて生産の効率化を図る必要がある．

f. 焼成

Mn-Zn フェライトの代表的な焼成パターンを図 12・1・1-2 に示す．焼成の役割としては昇温部～500℃の部分は脱バインダ領域である．十分に有機物を分解しないと後工程において割れ，欠けの不具合を生じるだけでなく，焼成体内部に残存するバインダは還元雰囲気をもたらすため焼成体内部と外部で雰囲気が異なり組織の不均一性を増し磁気特性の劣化を招く．

焼成保持以下の温度においては緻密化とスピネル化の反応が同時並行で起きている．スピネル化反応は複雑であり，Mn-Zn フェライトでは $ZnFe_2O_4$，$MnFe_2O_4$，$ZnMn_2O_4$ らの中間生成物を経てスピネル単体となるが，組成，Mn原料によってもその反応過程は異なる[2]．1000～1100℃にかけて急激に緻密化が起こり，また，同温度帯域ではスピネル化も進むため，焼成体内部と焼成体表面の雰囲気が異なる．したがって，緻密で均一な組織を得るためにはこの温度範囲の昇温プロファイルの適正化が重要となる．保持温度は所望する結晶粒径により異なり，1100～1350℃程度であり，保持時間は2～10時間程度である．保持中は結晶粒の併合によって粒成長するとともに，相平衡が進み均質化する．保持部で注意しなければならないこ

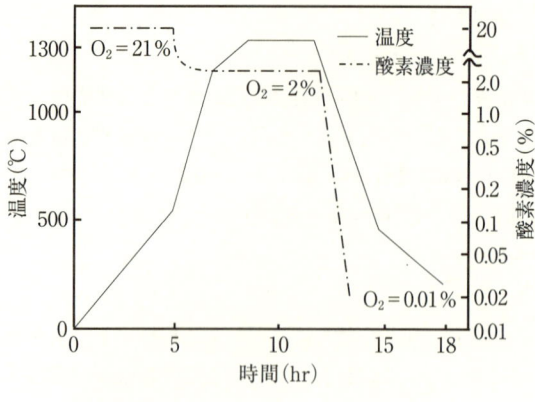

図 12・1・1-2 フェライト焼成法の一例

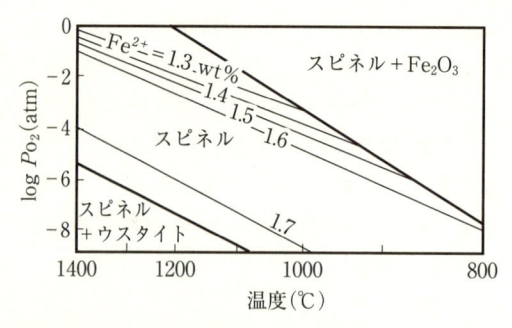

図 12・1・1-3 Fe^{2+} 量が異なる Mn-Zn フェライト (Fe$_2$O$_3$：MnO：ZnO：54.6：16.1：29.3 mol%) の酸素分圧(P_{O_2})と温度に関する相平衡曲線[5]

とは ZnO の蒸発を抑制することである．この ZnO の蒸発は温度が高く，酸素分圧が低いほど顕著となる．表面から ZnO が蒸発すると内部と表面部で組成が異なり，格子の大きさの違いにより，ひずみが発生し，磁気特性の劣化をもたらす[3]．

冷却過程では，粒界層の形成とフェライトの価数制御のため，温度と分圧を同時に制御する必要がある．M^{2+}Fe$_2^{3+}$O$_4^{2-}$ の化学式（M^{2+}：金属イオン）で表されるスピネルフェライト自体の比抵抗は，M^{2+} が Fe^{2+} の場合を除けば 10^0〜10^5 Ωm 程度であるが[4]，フェライトの電気伝導は Fe^{2+} と Fe^{3+} の間のホッピング伝導であることが知られており，M^{2+} が Fe^{2+} の場合には比抵抗が低く，10^{-5} Ωm 程度である．Mn-Zn 系フェライトは Fe$_2$O$_3$ が 50 mol% 以上（Mn$_x$Zn$_y$Fe$_{3-(x+y)}$O$_4$ において $x+y<1$）の組成が一般的であり，M^{2+}Fe$_2^{3+}$O$_4^{2-}$ における M^{2+} の一部を Fe^{2+} が占めているため，その結晶自体の比抵抗は比較的低く，10^{-2} Ωm 程度である．それに対し，粒界はアモルファス相からなり 10^6 Ωm オーダと見積もられ高抵抗である．保持部では SiO$_2$，CaO 等の粒界層形成物質はフェライト粒内に一部固溶していると考えられているが，冷却時に粒界に析出し形成される．図 12・1・1-3[5] は Fe^{2+} 量が異なる Mn-Zn フェライト（Fe$_2$O$_3$：MnO：ZnO＝54.6：16.1：29.3 mol%）における酸素分圧と温度に関する相平衡曲線を示したものであり，組成の均一化を図るため通常冷却過程がこの線上になるよう温度と酸素分圧を同時に変化させる．

Ni-Zn 系フェライトでは，Fe$_2$O$_3$ が 50 mol% 以下（Ni$_x$Zn$_y$Fe$_{3-(x+y)}$O$_4$ において $x+y>1$）の組成が一般的であり，空気中で焼成しても α-Fe$_2$O$_3$ が発生しにくいため，Mn-Zn 系フェライトのように複雑な雰囲気制御を必要としない場合が多い．また，陽イオンの一部を Cu^{2+} で置換することにより磁気特性を損なうことなく低温で焼成できるようにすることができ，後述の積層チップ部品における Ag 等のコイル導体との一体焼成を可能としている．

工業用の焼結炉を大別するとバッチ式，プッシャ式，ローラ式の 3 種に分類できる．バッチ式とは焼成のたびに製品を炉入れ，炉出しするタイプの炉である．炉の密閉度が高いことから温度，雰囲気の制御は容易であるが，限られた製品量しか焼成できないことから，プッシャ式，ローラ式と比較すると高コストになる．プッシャ式焼成炉は油圧プッシャにより台板の上の製品を連続する炉内に移動させるタイプの連続式焼成炉である．炉は短いゾーンからなり，各ゾーンで雰囲気打ち込み，排気を行うことから比較的温度，雰囲気の制御は容易である．ローラ式は炉内の製品をローラに乗せて搬送するタイプの焼成炉である．短時間焼成が可能であり，大量の製品を焼成することが可能である．ローラを用いることから炉の密閉性は悪く，バッチ式，プッシャ式と比較すると細やかな雰囲気制御が難しい．

(2) フェライトの性質と用途

表12·1·1-1にコイル・トランス用フェライト材料の特性例を示す．用いられる周波数範囲で適時材料選定が必要である．表12·1·1-2にフェライトの材料，用途，特徴，形状，応用機器についてまとめたものを示す．なお，表中のYIG（イットリウム鉄ガーネット）は，化学式 $R_3Fe_5O_{12}$（R：希土類元素）で表されるガーネット型フェライトである．

a. Mn-Zn系フェライト

コイル・トランス用コア材には飽和磁束密度が高く低損失なMn-Zn系フェライトが最も多く使用されている．Mn-Znフェライトの代表的な用途としてはトランス，ACラインフィルタ用材料があげられる．以下用途別にフェライト材料に求められる特性とそれを実現するための技術的課題について示す．

トランス用材料：フェライト材料は入力巻線（一次巻線）の交流電流により交流磁場を発生させ，それを相互インダクタンスで結合された出力巻線（二次巻線）に伝え，再び電流に変換する働きをするトランス用磁心として用いられている．

フェライト材料へ求められる特性は，励磁に伴い副次的に発生する損失が小さいことである．フェライトの損失はヒステリシス損失，渦電流損失，残留損失からなる．ヒステリシス損失は周波数の1乗，渦電流損失は周波数の2乗，残留損失は周波数の2～4乗に比例することが知られている．高周波のトランス材料を設計する場合は渦電流損失，残留損失の改善が不可欠である．渦電流損失は比抵抗の逆数に比例する．よって材料比抵抗を高くすることが渦電流損失の低減に必須である．また渦電流損失低減のためには渦電流半径を小さくすることが必要である．具体的には結晶粒径を小さくすることにより高周波の損失特性を改善している．

ACラインフィルタ用材料：液晶テレビ，プラズマテレビに代表されるように薄型化，高性能化の要求が高まっている．特に電子機器から発生されるノイズについては世界的に国際規格（CISPR等）に準拠する動きがあり，従来500 kHz以上であった周波数領域の下限がさらに低い150 kHz以上に変更され，より広範囲でのノイズ対策が必須となった．このような状況において，ACラインフィルタに用いられるMn-Zn系フェライトの材料開発が盛んに行われている．ACラインフィルタ用フェライトに求められる特性は，ノイズ対策を施す周波数範囲で透磁率（μ）が高いことである．具体的には①初透磁率（μ_i）が高いこと，②透磁率の周波数特性において，スヌークの限界線と呼ばれる理論限界まで高い透磁率を維持することが要求される．初透磁率を高くするためには，磁歪，結晶磁気異方性定数が最小となる組成系を選択するとともに，結晶粒を大きくするため粒成長促進添加物を添加し，焼成プロファイルを最適化しなければならない．

表12·1·1-1　コイル・トランス用フェライト材料の特性例

材料		Mn-Zn フェライト						Ni-Zn フェライト			
分類		高透磁率材			低損失材			高周波材			
材種名		5H	10H	15H	BH1	BH3	B40	M12L	M6	M4B21	M4D21
交流初透磁率	μ_i	5000	10000	15000	2300	2300	1500	1100	500	120	30
相対損失係数	$\tan\delta/\mu_i$ ×10⁻⁶	10 (100 kHz)	7 (10 kHz)	7 (10 kHz)	5 (100 kHz)	5 (100 kHz)	3 (100 kHz)	40 (100 kHz)	52 (100 kHz)	52 (2 MHz)	310 (10 MHz)
キュリー温度	T_c(℃)	>130	>120	>120	>220	>260	>240	>180	>260	>250	>430
飽和磁束密度	B_s(mT) at 25℃	460	430	430	520	540	530	410	450	400	400
保磁力	H_c(A/m)	7	3.5	2	13	15	43.6	17	80	152	592
密度	d(kg/m³)	4.9×10³	4.9×10³	4.9×10³	4.8×10³	4.8×10³	4.9×10³	5.1×10³	5.1×10³	5.1×10³	5.1×10³

表12·1·1-2 フェライト材料と用途，特徴，形状，応用機器

フェライト材料	用途	特徴	形状	応用機器
Mn-Zn	スイッチング電源用コア	低損失 高磁束密度	E型	スイッチング電源用トランスチョーク
	通信用コア	低損失 高安定性 高透磁率	ポット型	フィルタ用コイル パルストランス
	EMCフィルタ用コア	高透磁率 高インピーダンス 高安定性	リング型	ノイズフィルタ コモンモードチョーク
	IH用コア	高磁束密度	棒状 (I-J型)	IH炊飯器，電磁調理器
	磁気ヘッド	高透磁率 高磁束密度 耐摩耗性	U型 E型	オーディオ消去ヘッド ビデオ消去ヘッド
Ni-Zn		高密度 耐摩耗性	円盤型 角型	FDD, HDDヘッド ホール素子
	通信用コア	低損失 高安定性	ポット型 ネジ型	フィルタ用コイル 中間周波トランス
	EMCフィルタ用コア	高安定性	リング型	ノイズフィルタ
Ni-Zn-Cu	ロータリトランス用コア	低損失 高安定性	円盤型	ビデオ
Mn-Zn-Cu	温度センサ	角型比 熱応答性	リング型	サーマルリードスイッチ
Zn	磁気ヘッド	非磁性 耐摩耗性	角型	オーディオヘッド ビデオヘッド
Mn-Mg Gd-YIG Al-YIG	マイクロ波ミリ波用コア	高周波特性 低損失	円盤型 棒型	アイソレータ サーキュレータ
Li				回路素子

一方，スヌークの限界線まで高い透磁率を維持させるためには，材料の比抵抗を高くしなければならない．高周波になると電磁誘導により磁性体内部に磁界の進入を妨げるような電流が発生する．比抵抗が低いと高周波磁界がフェライト中心部に入らず実効的な透磁率は低下する．フェライトの比抵抗はガラス質からなる粒界層の形成度合に大きく依存し，粒界層の比表面積に逆比例する．透磁率を高くするために結晶粒径を大きくすること，比抵抗を高くすることを同時に実現するのは困難をきわめる．

b. Ni-Zn系フェライト

Ni-Zn系フェライトは一般に損失が高いが 10^6 Ωm以上の高電気抵抗を有するため，Mn-Zn系フェライトに比べて以下の点で有利である．①コア内に発生する渦電流損失がきわめて少なく，高い周波数まで使用できる．②コアに巻線を施す際に必要となる絶縁対策用の部品を削減でき，コアに直巻きできるケースもあり，小型化が可能である．③低温焼成化によりコイルとの一体焼成が可能である．

以下にNi-Zn系フェライトの代表的な用途である巻線タイプのパワーインダクタと積層チップ部品につ

いて述べ，さらに近年脚光を浴びている新しい技術について触れる．

巻線型パワーインダクタ：電子機器の小型化とスイッチング周波数の高周波化により，DC-DC コンバータも小型になってきており，パワーインダクタにも小型化，低背化の要求が一段と高まっている．また，一方で大電流化に対応できる様に直流電流が重畳してもインダクタンス値の劣化が少ない材料・構造，および Q 値の劣化を防ぐ意味で直流抵抗の低い構造も要求されている．巻線タイプのインダクタは，造粒，成形，焼成，加工等の技術開発[6]により，すでに厚さ 1 mm を切るものが使用されており，今後さらなる低背化が予想される．

積層チップ部品：積層チップフェライト部品は，巻線タイプと比較すると小型・低背化が容易である．用途は，パワーインダクタと，チップビーズに大別される．積層タイプのパワーインダクタでは，小型化が進む一方で，大電流化に対応するための低直流抵抗化と直流重畳特性向上が期待されており，技術開発が進められている[7]．積層チップビーズは主に高周波伝導ノイズ対策に用いられており，小型化，高周波化が要求されている．小型化に関しては，焼成技術や信頼性等の向上[8,9]によりすでに 0402 サイズ（0.4×0.2×0.2 mm³）のものが商品化されている．高周波化に関しては，クロック周波数の高周波化により，GHz 帯域まで高いインピーダンスを保つことが望まれている．これらの積層チップ部品では，高い性能を得るためにフェライトが本来有する性能を発揮することが重要であるが，Ag 等の内部導体とフェライトを一体焼成するので，導体とフェライトの線膨張係数の差による応力がフェライトの磁気特性を劣化させる．そのため，応力制御技術や抗応力フェライトの開発が進められている[10,11]．

技術動向：上記のインダクタ用途では，40～100 μm の厚さの Ni-Zn 系フェライト厚膜を用いた新しい構造の低背型インダクタ（厚さ：基板を除いて 200～300 μm）が開発されている[12]．

同じく Ni-Zn 系フェライト厚膜を用いた応用として，13.56 MHz 帯 RFID（Radio Frequency Identification）用磁気シールド材としての用途が急激に増えている[13]．これは携帯電話に RFID 用アンテナを内蔵する例が増えていることによるものである．携帯電話の筐体内で隣接する金属製の部品等の影響により，RFID 用アンテナ本来の性能を発揮できず外部のリーダーライターとの通信距離が低下するのを防ぐ目的で使用されている．現在は 200 μm を切る厚さのものが切削加工なしに製造できるようになっている．

フェライト薄膜は種々の方法で製造した例が報告されている．その中でフェライトめっき法[14]は，常温から 90℃という低い温度の水溶液中で作製できるプロセスであり，熱処理をしなくても成膜したままの状態でスピネル単相となりバルクフェライトを凌ぐ高周波透磁率特性が得られるため，電磁ノイズ抑制体や生体磁気応用へ向けた研究開発[15,16]が進められている．

12・1・2 金属系軟磁性材料

（1） はじめに

金属系軟磁性材料は，軟磁性フェライト（ソフトフェライト）材料に比べて飽和磁束密度（B_s）が高いため，特に低周波域で使用する部品や直流が重畳する部品に使用する場合には，磁心材料の使用量を減らし製品を小型化することができる．金属系軟磁性材料の主な用途は，配電用のトランスやモータ等の鉄心材料であり使用量も多い．近年，高周波化，高エネルギー密度化の要求から，高周波用部品にも高周波特性を改善した金属系軟磁性材料が使用されるようになってきている．表 12・1・2-1 に主な金属系軟磁性材料の代表的特性例を示す．

（2） 金属系軟磁性材料の損失

軟磁性材料は，交流で使用されることが多く，磁心損失 P が低いことが重要である．軟磁性材料の磁心

表12·1·2-1 主な金属系軟磁性材料の代表特性例

材料名	組成 (mass%)	板厚 (mm)	飽和磁束密度 B_s(T)	保磁力 H_c(Am^{-1})	比初透磁率 μ_i	最大比透磁率 μ_m	飽和磁歪定数 λ_s(10^{-6})	キュリー温度 T_c(K)	抵抗率 ρ(μΩm)
電磁軟鉄	99.95Fe	—	2.12	4.0	5.0×10^3	1.8×10^4	−7	1043	0.10
方向性電磁鋼板	3Si, 97Fe	0.23	2.03	6.0	1.5×10^3	4.0×10^4	−0.8*	1013	0.48
無方向性電磁鋼板	4Si, 96Fe	0.35	1.96	40	5.0×10^2	7.0×10^3	+7.8	1003	0.57
無方向性電磁鋼板	6.5Si, 93.5Fe	0.10	1.80	45	1.2×10^3	2.3×10^4	+0.1	973	0.82
パーメンジュール	49Co, 50Fe, 2V	—	2.45	64	8.0×10^2	5.0×10^3	—	1253	0.28
電磁ステンレス	86Fe, 13Cr, 1Si	—	1.2	90	2.0×10^2	4.0×10^3	—	—	0.72
センダスト	85Fe, 5Al, 10Si	—	1.0	1.6	3.0×10^4	1.2×10^5	<+1	773	0.80
パーマロイ	50Ni, 50Fe	—	1.5	6.0	4.5×10^3	6.0×10^4	+25	773	0.45
パーマロイ	78.5Ni, 21.5Fe	—	1.08	4.0	8.0×10^3	1.0×10^5	<+1	773	0.16
スーパーマロイ	79Ni, 16Fe, 5Mo	—	0.79	0.16	1.0×10^5	1.0×10^6	<+1	673	0.60
Fe基アモルファス	78Fe, 13B, 9Si(at%)	0.025	1.56	1.7	5.0×10^3	5.0×10^5	+27	688	1.3
Co基アモルファス	61.6Co, 4.2Fe, 4.2Ni, 10Si, 20B(at%)	0.025	0.54	0.16	1.2×10^5	—	~0	483	—
Fe基ナノ結晶	73.5Fe, 1Cu, 3Nb, 13.5Si, 9B(at%)	0.018	1.24	0.5	1.0×10^5	6.9×10^5	+2.1	843	1.2
Fe基ナノ結晶	73.5Fe, 1Cu, 3Nb, 15.5Si, 7B(at%)	0.021	1.23	0.4	1.1×10^5	—	~0	843	1.2
Fe基ナノ結晶	86Fe, 7Zr, 6B, 1Cu(at%)	0.020	1.52	3.2	4.1×10^4	8.0×10^4	~0	—	0.56
Fe基ナノ結晶	80.6Fe, 1.4Cu, 5Si, 13B(at%)	0.021	1.80	5.7	7.0×10^3	—	+12	>873	0.80
ナノグラニュラー膜	60Co, 11Al, 29O(at%)	0.002	1.15	208	1.4×10^2	6.0×10^3	—	—	512
Fe粉末焼結	Fe	—	2.05	80	—	1.1×10^4	—	—	0.12
Fe-P粉末焼結	Fe-0.45P	—	2.00	44	—	—	—	—	0.20
Fe圧粉磁心	Fe	—	—	380	80	—	—	—	2.57×10^3
センダスト圧粉磁心	Fe-Al-Si	—	0.82	—	100	—	—	—	—

* 縦磁歪

損失 P は,

$$P = P_{\mathrm{h}} + P_{\mathrm{e}} + P_{\mathrm{a}} \qquad 式(12 \cdot 1 \cdot 2\text{-}1)$$

と表される.ここで,P_{h} はヒステリシス損失,P_{e} は古典的渦電流損失(磁区構造に依存しない渦電流損失),P_{a} は磁区構造に関係する異常渦電流損失(過剰損失)である.磁区が存在しない場合の無限に幅の広い軟磁性材料の古典的渦電流損失 P_{e} は

$$P_{\mathrm{e}} = \frac{\pi^2 \cdot B_{\mathrm{m}}^2 \cdot t^2 \cdot f^2}{6 \cdot \rho} \qquad 式(12 \cdot 1 \cdot 2\text{-}2)$$

と表される.ここで,B_{m} は磁束密度の波高値,t は板厚,f は励磁周波数,ρ は軟磁性材料の電気抵抗率である.金属系軟磁性材料の電気抵抗率(ρ)は,ソフトフェライトに比べて著しく低く,交流(高周波)で使用する場合には,渦電流損失を低減するために,金属系軟磁性材料の表面に絶縁層を形成した薄板状の材を積層した積層磁心や巻き回した巻磁心として使用されている.

また,金属系軟磁性材料を高周波領域で使用するために,軟磁性金属粉末が圧粉磁心等にも使用されている.圧粉磁心では,軟磁性金属粉末同士を電気的に絶縁しマクロな渦電流を分断させているが,磁性粉末粒子内には渦電流が流れるため,粒子内の渦電流により生じる渦電流損失 P_{e} を無視することはできない.

磁区が存在しない場合の球状磁性粒子の古典的渦電流損失 P_{e} は

$$P_{\mathrm{e}} = \frac{\pi^2 \cdot B_{\mathrm{m}}^2 \cdot d^2 \cdot f^2}{20 \cdot \rho} \qquad 式(12 \cdot 1 \cdot 2\text{-}3)$$

と表される[1].ここで,B_{m} は磁束密度の波高値,d は粒子径,f は励磁周波数,ρ は磁性粒子の電気抵抗率である.式(12・1・2-3)より磁性粒子が完全に絶縁されている場合,磁性粒子の粒径が小さいほど,ρ が大きいほど P_{e} は低減される.しかし,P_{h} は,粒子サイズが小さくなるほど大きくなる傾向があるので,圧粉磁心では使用周波数や応用に合わせて適正な磁性粒子サイズを選択する必要がある.また,式(12・1・2-3)より,P_{e} 低減には磁性粉末の電気抵抗率 ρ を高くすることも有効であり,高周波で使用する場合は ρ が高い金属系軟磁性粉末を使用することが望ましい.

(3) 金属系軟磁性材料の特性と応用

a. 電磁軟鉄

飽和磁束密度 B_{s} が室温で 2.15 T,キュリー温度 T_{c} が 770 ℃と高い特徴がある.しかし,ρ は 0.1 μΩm と低いため,交流で使用する用途にはあまり適していないが,安価なため小型電動機鉄心等に使用されている.

b. 電磁鋼板

鉄(Fe)とケイ素(Si)からなる電磁鋼板(ケイ素鋼板)は,電力用トランス,発電機やモータ等の回転機の鉄心材料に大量に使用されている.鉄中の Si 含有量を増加していくと,B_{s} は減少するが,一方で K_1 や λ が減少,抵抗率 ρ が増加するので高透磁率低鉄損特性が得られるようになる.しかし,Si 量の増加により脆性は増すため加工性が劣化する.このため一般的には Si 含有量が 3~4 mass% 以下の合金が使用されている.

6.5 mass% Si 付近で多結晶 Fe-Si 合金は飽和磁歪定数(λ_{s})がほぼ零となり,軟磁気特性が向上する.最近,加工性に富む低 Si 組成で圧延後,CVD 法により Si 層を表面に形成後 Si を熱処理により拡散させる方法により鋼板中の Si 量を 6.5 mass% 程度まで高める新しい製造技術が開発され[2],約 6.5 mass% のケイ素を含む無方向性電磁鋼板が実用化された.従来の電磁鋼板よりも高周波において低鉄損で騒音を小さくできるため,各種リアクトル,高周波トランスやモータ用鉄心として使用されている[3].

c. 鉄-シリコン-アルミニウム合金（センダスト）

Fe-9.6 mass% Si-5.4 mass% Al 付近の合金は1932年増本，山本により見出された合金で[6]，通称センダストと呼ばれている．センダストは透磁率μが高く，電気抵抗率ρが高いが，高硬度で非常に脆く圧延等の加工が困難である．このため，センダストは主として粉末を固めた圧粉磁心として使用されている．最近では，粉末材がノイズ吸収シート等新しい用途の材料として使用されている．

d. 鉄-ニッケル合金（パーマロイ）

Fe-35〜85 mass% の Ni を含む Fe-Ni 合金は通称パーマロイと呼ばれている．78 mass% Ni-Fe 合金を急冷すると $K=0$ および $\lambda_s=0$ の条件に最も近くなり，高透磁率が得られる．この付近の組成に Mo, Cr, Cu 等を添加した多元系パーマロイは，急冷処理を行わず，適当な速度で冷却するだけでも著しく高い初透磁率が得られ PC パーマロイと呼ばれており，磁気ヘッド，トランス，電流センサ，磁気シールド等に使用されている．35〜40 mass%Ni-Fe 合金は PD パーマロイと呼ばれ抵抗率が高いため通信機用トランスコア等に使用されている．40〜50 mass%Ni-Fe 合金は PB パーマロイと呼ばれ，飽和磁束密度が高いことから，強磁界での使用に適しておりトランスや磁気シールド等に使用されている．角形ヒステリシスを示す45〜55 mass%Ni-Fe 合金は PE パーマロイと呼ばれ，可飽和リアクトル等に用いられている．

e. 鉄-クロム合金（軟磁性ステンレス鋼）

軟磁性ステンレス鋼は Cr を 12 mass% 以上含む Fe-Cr 合金で，耐食性に優れるために電磁弁，自動車用電子燃料噴射弁，磁気センサや歯科用軟磁性アタッチメント等に使用されている．軟磁性ステンレス鋼は純鉄よりも抵抗率が大きく，パルス応答性がパーマロイや電磁鋼よりも優れた動的特性に優れた材料が開発されている．

f. 鉄-コバルト合金（パーメンジュール）

Fe$_{50}$Co$_{50}$ 付近の組成の合金に1から2％の V を添加し加工性を改善した合金は，パーメンジュールと呼ばれている．パーメンジュールの B_s は約 2.45 T あり，実用磁性材料の中では最も高い B_s を示すが，高価な Co を多量に使用するため，高い飽和磁束密度を利用する電磁石の磁極や航空機の回転機用鉄心等の特殊用途に使用されている．

g. アモルファス軟磁性合金

アモルファス磁性合金は，結晶が存在しないため結晶粒界に相当する大きな欠陥がなく結晶磁気異方性は存在しない．このため，アモルファス磁性合金は，優れた軟磁気特性を示す．アモルファス磁性合金は，強磁性元素である Fe や Co 以外にアモルファス化元素として半金属元素（B, C, P, Si, Ge）や Zr, Hf 等の元素を含んでいる．さらに，アモルファス軟磁性合金は，冷却速度を高め結晶の形成を防ぐために，これらの元素を含む合金溶湯を超急冷し，薄帯，ワイヤや粉末状の合金が製造されている．

Co 基アモルファス合金材料は，磁歪がほぼ零であり，高周波特性が非常に優れているため，スイッチング電源用の可飽和リアクトル・ビーズコア，ISDN 用パルストランスや磁気ヘッド等の比較的小型で高性能が要求される部品の磁心材料に使用されている．Fe 基アモルファス合金材料は，B_s が 1.5〜1.7 T と比較的 B_s が高く，鉄損は電磁鋼板の約 1/3 と低鉄損であり，省エネルギーの観点から配電用変圧器の鉄心材料として実用化されている．また，Fe 基アモルファス合金材料は，高周波の鉄損も低く抑えられるため，電源用のチョークコイルや高周波インバータトランスの鉄心材料としても使用されている．

h. ナノ結晶軟磁性合金

従来，アモルファス合金を結晶化すると軟磁性が失われると考えられていたが，1988年に Fe-Cu-Nb-Si-B 系アモルファス合金を熱処理により結晶化すると，結晶粒が粒径 10 nm 程度に極微細化し軟磁気特性が著しく向上することが見出された[5]．これらのナノオーダの極微細な結晶粒からなる軟磁性材料は，一般

的にはナノ結晶軟磁性材料と呼ばれている．従来のバルク結晶質軟磁性材料では，軟磁性を向上するために熱処理等により結晶粒サイズを大きくすることが一般的に行われてきたが，ナノ結晶軟磁性材料の出現により，結晶粒サイズをナノスケールまで微細化し軟磁性を向上させるという新しいバルク軟磁性材料の開発指針が得られた．

図 12·1·2-1 に磁性材料の保磁力 H_c と結晶粒径 D の関係を示す[6]．ナノ結晶軟磁性材料は，結晶粒がナノスケールまで微細化されているため，結晶粒間の交換結合により結晶磁気異方性が見掛け上小さくなり軟磁気特性が発現していると考えられている[15]．図 12·1·2-2 に軟磁性材料の比初透磁率と飽和磁束密度の関係を示す[16]．ナノ結晶軟磁性材料の B_s は 1.2～1.9 T であり，同一の B_s を示す従来材料よりも高い透磁率を実現することができる．最近，さらに高周波の用途に対応するため Fe あるいは Co のナノ結晶粒と粒界相が酸化物相や窒化物相からなるナノ複合組織からなる高抵抗グラニュラー軟磁性膜が開発され[9,10]，MHz～GHz 帯域の高周波用インダクタ等への実用化が検討されている．

i. 焼結軟磁性合金材料

軟磁性材料の応用分野の拡大とともに，磁心形状も多様化し，寸法精度が高い磁心や複雑形状の磁心の要求が強くなってきている．このような背景から，粉末冶金法による焼結軟磁性合金材料からなる磁心が部品に使用されるようになった．表 12·1·2-2 に主な金属系の焼結軟磁性材料の特性例を示す．焼結軟磁性合金材料は，軟磁性合金粉末を混合，成形し得られた成形体を所定の温度で焼結し製造される．焼結材料では，密度を真密度に近づけるほど，高磁束密度で高透磁率となるので，高密度化のために種々の工夫を行っている．一般に，粉末粒子径が大きいほど，焼結温度が高いほど，焼結時間が長いほど優れた軟磁性が得られる．金属系焼結軟磁性材料としては，純鉄系，鉄-リン系，鉄-銅系，鉄-シリコン（ケイ素鋼）系や鉄-クロム（電磁ステンレス）系等がある[11]．鉄粉は圧縮性がよいため成形時に容易に 90％以上の密度比となり，高 B_s の特性が得られる．鉄系の焼結軟磁性材料は，高 B_s の特徴からヨーク等へ応用されている．

鉄-リン系焼結軟磁性材料の用途は鉄系の用途とほぼ同じであり，リン（P）添加は，焼結性改善のために行われており，材料密度向上と結晶粒成長促進により，焼結材の磁気特性を向上させている．また，リン添加により電気抵抗率 ρ が上昇し，渦電流損失低減にも効果がある．鉄-シリコン系焼結軟磁性材料は，シリコン（Si）添加により軟磁気特性が向上し，電気抵抗率 ρ が上昇するため，交流用のヨーク材等に適している．鉄-シリコン系合金は Si 量の増加とともに加工性が劣化するため，Si 量が多い鉄-シリコン系合金では，

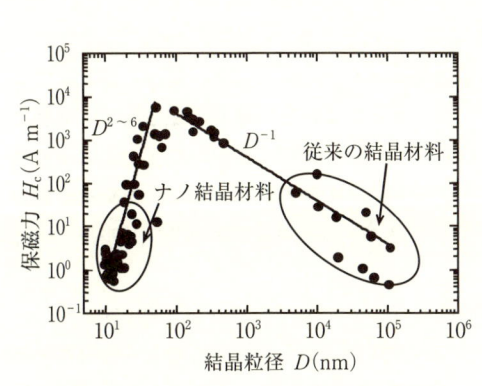

図 12·1·2-1 保磁力 H_c と結晶粒径 D の関係

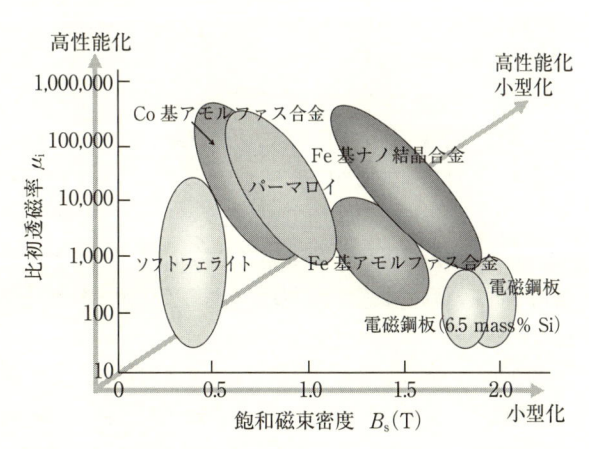

図 12·1·2-2 ソフト磁性材料の比初透磁率 μ_i と飽和磁束密度 B_s の関係の模式図

表 12·1·2-2　主な焼結軟磁性合金材料の特性

材料	密度 (kg m^{-3})	保磁力 H_c(A m^{-1})	飽和磁束密度 B_s(T)	比最大透磁率 μ_m	抵抗率 ρ($\mu\Omega$m)
鉄	7.2×10³ 7.6×10³	150 80	1.80 2.05	3000 6000	0.14 0.12
鉄-0.45 mass% リン	7.2×10³ 7.6×10³	106 44	1.85 2.00	4400 10900	0.21 0.20
鉄-3 mass% シリコン	7.3×10³ 7.5×10³	64 48	1.90 2.00	8000 9500	0.50 0.48
鉄-50 mass% ニッケル	7.5×10³	19	1.60	30000	0.45
鉄-81 mass% ニッケル-2 mass% モリブデン	7.8×10³	5.6	0.72	77000	0.60
フェライト系軟磁性ステンレス (Fe-Cr系)	7.1×10³	200	—	1200	0.78

複雑形状の部品の製造には粉末冶金法を適用した方が有利である．鉄-銅系は，純鉄系に対して最大透磁率が低下する以外はほぼ同等の特性を示す．強度や硬さが向上し，切削性が改善されるため，機械加工が必要な場合に適用されている．鉄-ニッケル系（パーマロイ系）は，軟磁性が改善され電気抵抗率も鉄-シリコン系と同程度の値を示す．高価なニッケルを多量に含むため，軟磁気特性重視のアクチュエータ等の用途に供される．鉄-クロム系焼結軟磁性材料は，フェライト系軟磁性ステンレス粉末が使用されており，耐食性が必要で複雑形状かつ寸法精度が要求される電磁弁，自動車用電子燃料噴射弁等の磁気回路部品に使用されている．電気抵抗率 ρ が高いため交流特性・パルス応答性が純鉄系，鉄-シリコン系やパーマロイ系よりも向上する．

j. 圧粉磁心

圧粉磁心は合金粉砕，熱分解やアトマイズ法等により製造された軟磁性合金粉末を固化したもので，ダストコア（パウダーコア）とも呼ばれており，用途に応じて 15～150 μm 程度の粒径の粉末が使用されている．圧粉磁心は，広義には焼結軟磁性合金材料に分類される場合もあるが，焼結を行わず固化した複合材料であるので，ここでは両者を区別して説明する．図 12·1·2-3 に圧粉磁心の製造プロセスを，図 12·1·2-4 に圧粉磁心のミクロ構造と渦電流の模式図を示す．圧粉磁心はアトマイズ等により製造された金属磁性粉末表面を絶縁処理後，少量のバインダとともに加圧成形し製造される．圧粉磁心は，スイッチング電源・インバータ用のチョークコイル・リアクトル等交流（高周波）で使用することが多いために，軟磁性合金粉末間を電気的に絶縁し粉末間の電気抵抗を高め，マクロ渦電流を絶縁層により分断することにより，渦電流損失の低減により低損失化を図っている．このように，圧粉磁心の高性能化には，圧粉磁心の磁性粉末の充填比率を高め，かつ粉末間を電気的に絶縁することが重要である．圧粉磁心は粉末間に磁気的なギャップができてしまうため，直流や低周波の透磁率を高くすることは困難であるが，この磁気的に飽和しにくくなることを利用して，直流電流が重畳された状態で使用されるパワーチョークコイル（平滑チョークコイル）等の部品の磁心材料として使用されている．

強磁性粒子集合体の直流の透磁率を表す理論式として F. Ollendorf の式が知られている．理想的に絶縁された回転楕円体強磁性粒子であり，強磁性粒子内部も絶縁体内部も磁束が一様と仮定した場合，強磁性粉末の充填率を η，強磁性粒子の固有の比透磁率を μ_t，強磁性粒子の反磁界係数を N とすると，強磁性粒子集合体の直流の比透磁率 μ_{DC} は

12・1 軟磁性材料

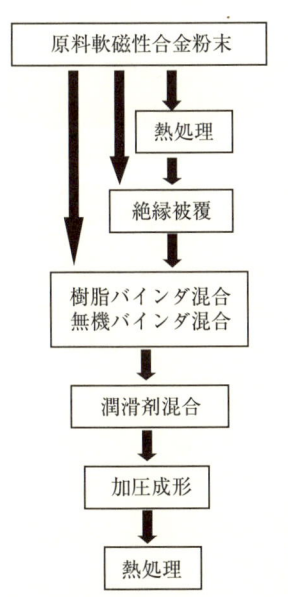

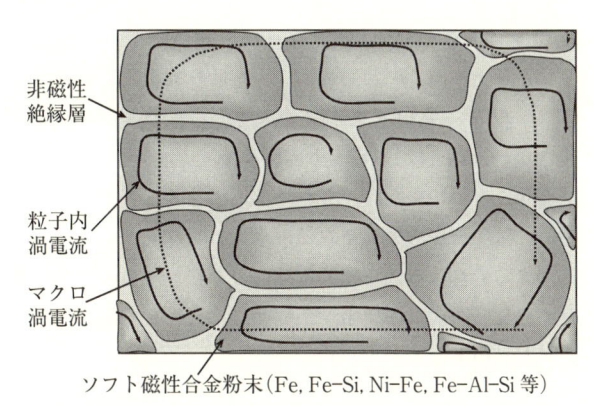

図12・1・2-4 圧粉磁心のミクロ構造と渦電流の模式図

図12・1・2-3 圧粉磁心の製造プロセス

表12・1・2-3 各種圧粉磁心の概要

使用軟磁性合金粉末	特 徴	主 要 用 途
鉄	高磁束密度 安価	リアクトル モータ 電源用チョークコイル ノイズフィルタ
3 mass% ケイ素鋼	高磁束密度	リアクトル 電源用チョークコイル アクティブフィルタチョークコイル
6.5 mass% ケイ素鋼	高磁束密度 低磁歪	リアクトル スイッチング電源用チョークコイル アクティブフィルタチョークコイル
パーマロイ (50 mass% Ni-Fe)	高磁束密度	スイッチング電源用チョークコイル アクティブフィルタチョークコイル
Mo パーマロイ	高透磁率 低損失 低温度係数	スイッチング電源用チョークコイル 高周波インダクタ
センダスト (FeAlSi)	高透磁率 低損失 高抵抗率	スイッチング電源用チョークコイル アクティブフィルタ用チョークコイル
Fe 基アモルファス	高磁束密度 高周波において低損失	スイッチング電源・DC-DC コンバータ用チョークコイル メタルコンポジット型チョークコイル

$$\mu_{DC}=1+\frac{\eta(\mu_t-1)}{1+N(1-\eta)(\mu_t-1)} \quad \text{式}(12 \cdot 1 \cdot 2\text{-}4)$$

で与えられる[12,13]. 式(12・1・2-4)より μ_{DC} に対しては，強磁性粒子の充填率 η，粒子形状に依存した N および強磁性粒子材質に依存した μ_t が影響を与える．強磁性粒子の充填率 η を大きくする，磁性粒子を扁平化

し N を小さくする，強磁性粒子の μ_t を大きくする等により μ_{DC} を大きくすることができる．

表 12・1・2-3 に主な圧粉磁心の概要を示す．圧粉磁心には，鉄粉，ケイ素鋼粉末，パーマロイ粉末，センダスト粉末，Fe 基アモルファス合金粉末や Fe 基ナノ結晶合金粉末等が使用されており，直流重畳特性重視の場合は高 B_s の鉄粉，ケイ素鋼等の粉末が，低損失重視の場合はパーマロイ，センダスト，アモルファス合金などの粉末が使用されている．また，粉末のサイズは使用周波数領域により使い分けられている．一般的には，低周波で使用する場合は，ヒステリシス損失を低減するためにサイズの大きい粉末が，高周波で使用する場合は渦電流損失低減のために粒子サイズの小さい粉末が使用されている．圧粉磁心は積層磁心よりも磁気回路設計の自由度が高く三次元の磁気回路も構成できるため，最近ではモータコア等への適用が考えられている．

12・2 永久磁石材料

12・2・1 フェライト系磁石材料

（1） はじめに

磁石には金属系のものと酸化物系のものがある．金属系のものとしては古くからあるものとしてアルニコ磁石があり，最近のものとしてはサマリウムコバルト磁石，ネオジム鉄ボロン磁石がある．酸化物系磁石はいわゆるフェライト磁石であり，多くの種類がある磁石の中で最も生産量の多い磁石である．全世界で生産される磁石における重量シェアは約 80 % と推定されている．フェライト磁石は希土類磁石に比べると残留磁束密度，保磁力ともに低いものの，酸化物であるが故に錆びない，分解しない，という化学的な安定性と温度等の環境に対する安定性が最大の特徴である．また，コストパフォーマンスに非常に優れていることも産業的には強い支持を受けてきた理由であると思われる．フェライト磁石がコストパフォーマンスに優れる理由は，1 つには産業的にも学問的にも 50 年以上にわたる長い歴史を有することである．もう 1 つの大きな理由は，酸化鉄を主成分とし（約 85 %），高価な元素を使用していないことにある．酸化鉄は資源的には豊富であり，製鉄における副生成物として大量に供給されている．また，製造プロセスも混合，粉砕や仮焼，焼成等がすべて大気中で行えるセラミックプロセスであり，雰囲気制御を必要とする金属系の磁石に比べて設備コスト面で非常に簡便で有利である．

そもそも人類は紀元前に天然の磁鉄鉱（Fe_3O_4）を永久磁石として認識していたという．人工的なフェライト磁石は 1933 年に加藤与五郎，武井武によって発見，発明された立方晶のコバルト鉄フェライト（OP 磁石）[1] が最初である．その後，1952 年に六方晶のマグネトプランバイト構造（M 型）を有する Ba フェライトが Went ら[2] により発表され，結晶学的異方性が大きいことから磁気特性的にも工業的にも飛躍的に進歩した．さらに同じ結晶構造を有する Sr フェライトが 1963 年に Cochardt ら[3] により発表され，今日のフェライト磁石の基礎となっている．また，1980 年に Lotgering ら[4] は M 型フェライト磁石よりも飽和磁束密度が高い W 型フェライト磁石（$BaFe_{18}O_{27}$）を発表しているが，残念ながら実用化には至っていない．

フェライト磁石は様々な分野で使用されてきたが，主な用途はスピーカとモータである．1970 年代まではその半分がスピーカ用であった．スピーカ用磁石はリング形状の比較的単純な形状であり，しかも室内での使用が大半であることから温度特性の要求も緩く，またスペースも十分であることから高特性化による小型化の要求はほとんどなかったといってよい．すなわち，特性よりもコストが重視される製品であった．したがって，1980 年代以降は日本国内における生産は激減し，中国製の安いフェライト磁石に置換されていった．一方，モータ用途の場合，効率，トルク，小型化等の観点から高性能材のニーズもあり，比較的付

加価値が高い．モータ用途は近年の環境問題あるいは省エネルギーといった動向の中で特に家電製品分野では従来の誘導モータからインバータ制御のDCモータ化が進み，フェライト磁石やNd系金属磁石の使用が拡大しつつある．主たるモータ用途としては自動車である．スタータ，ワイパ，パワーステアリング，ファン，シートアジャスト，ウインドウ，ミラー等々，一般的な自動車でも1台当たり40～50個のモータが使われている．高級車においては130個ものモータが使われている例すらある．一般的にモータの高トルク化あるいは小型軽量化のためには少しでも高い残留磁束密度（B_r）や（BH）$_{max}$が必要である．しかしながら，自動車用の場合には低コストももちろんであるが，単に高い（BH）$_{max}$だけでは不十分であり，高い保磁力（H_c）も要求される．これはモータ回転時に発生する逆磁界による磁石自身の減磁や温度変化等に対する高い安定性（信頼性）が求められるためである．フェライト磁石は酸化物であることから化学的な安定性は自動車用途の高温環境下でも全く問題ない．また，H_cの温度係数がプラスであることから，高温側でH_cが大きくなり減磁の心配がないことが自動車用途で多用される理由の1つとなっている．このH_cの温度係数は高磁力を誇るNdFeB磁石ではマイナスであり，フェライト磁石の大きな特徴の1つになっている．

フェライトはその磁気的な性質からソフトとハードに大別されるが，フェライト磁石はハードフェライトとも呼ばれている．ハードフェライトはc軸方向に一軸異方性を有する，すなわち磁化容易軸をc軸とする六方晶系の結晶構造をもつマグネトプランバイト型のフェライトが多用されている．代表的なハードフェライトとしては$BaO \cdot 6Fe_2O_3$と$SrO \cdot 6Fe_2O_3$があげられる．$BaO \cdot 6Fe_2O_3$はコストという点で有利ではあるが，磁石の強さを表す最大エネルギー積という点では$SrO \cdot 6Fe_2O_3$が優れている．コストと特性のバランスから，現在では工業規模で利用されているフェライト磁石の大半が$SrO \cdot 6Fe_2O_3$である．

フェライト磁石には残留磁束密度と保磁力が高いこと，すなわち高いエネルギー積を有することが求められる．一般的には残留磁束密度の大きな材料では保磁力が小さく，保磁力が大きな材料では残留磁束密度が小さくなる．この二律背反的な特性を打破し，高い残留磁束密度と高い保磁力を同時に実現するために多くの研究がなされてきた．フェライト磁石において最大エネルギー積を飛躍的に高めることは非常に困難であるが，残留磁束密度と保磁力を極限まで高める努力が今なお続けられている．その結果，近年，この分野で大きなブレークスルーが達成され，現在，主力材料に成長しつつある．ここでは，最近のブレークスルーも含めてこの代表的な2つの特性について述べる．

（2） 結晶構造と磁性

マグネトプランバイト型（以後M型とする）フェライトの結晶構造を図12・2・1-1[5]に示す．一見複雑ではあるが，Sブロック（Fe_6O_8）とRブロック（MFe_6O_{11}）および各ブロックを縦軸を中心に180度回転させたS*ブロックとR*ブロックが積み重ねられた構造の単位胞を形成している．イオン半径がO^{2-}に近いアルカリ土類イオンを酸素とみなすと，基本的にはc軸に垂直なO^{2-}層の積層構造でできた六方最密充填構造になっている．BABABCACACという積層構造で1単位胞を形成している．この最密充填の隙間に磁性を有するFe^{3+}イオンが入り込んだ構造である．表12・2・1-1に陽イオンの配位数と磁気モーメントの向きを示す．磁性イオンであるFe^{3+}イオンには四面体位置，六面体位置，八面体位置の3つのサイトがある．これらのサイトのFe^{3+}イオンのスピン磁気モーメントはO^{2-}イオンを介して超交換相互作用により反平行に並ぶ．すなわちフェリ磁性を示す．1分子中の12個のFe^{3+}イオンの磁気モーメントは8個が上向き，4個が下向きで，差し引き4個分の磁気モーメントが外部から観測される．Fe^{3+}イオンは1個につき最外殻電子軌道（3d）に5個の不対電子を有するので$5\mu_B$の磁気モーメントをもっている．したがって1分子当たり$20\mu_B$の磁気モーメントを示す．

M型フェライトの基本的な物理定数を表12・2・1-2に示す[6]．$SrO \cdot 6Fe_2O_3$は$BaO \cdot 6Fe_2O_3$よりも飽和磁

(a) 構成ブロック S(Fe₆O₈), R(MFe₆O₁₁)の立体図
(b) 単位胞の(110)断面

図12·2·1-1 マグネトプランバイト型フェライトの結晶構造

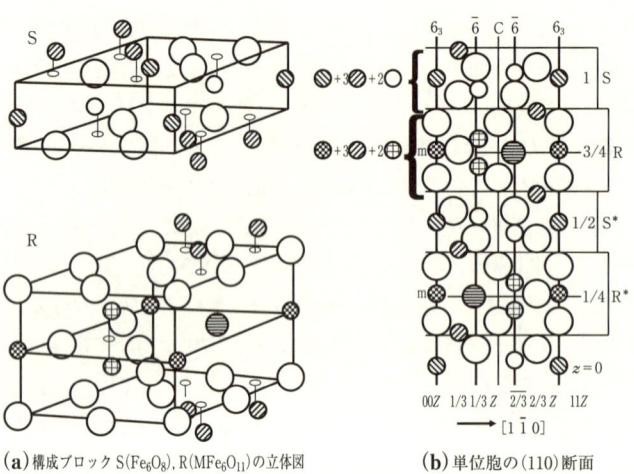

表12·2·1-1 M型フェライトにおける鉄イオンの配位数と磁気モーメントの向き

格子点記号	配位数	イオンの数	格子点の数	磁気モーメントの向き
12k	8	6	12	上
4f₂	8	2	4	下
2a	8	1	2	上
4f₁	4	2	4	下
2b	5	1	2	上

表12·2·1-2 マグネトプランバイト型(M型)フェライトの磁気特性

化合物	飽和磁化 ($\times 10^{-6}$ Wbm/kg)	異方性定数 (kA/m)	異方性磁界 ($\times 10^5$ J/m³)	単磁区臨界粒子径 (μm)	密度 (Mg/m³)	キュリー温度 (K)	格子定数 (nm) a	c
BaFe₁₂O₁₉	90.4	3.25	1397	0.90	5.28	740	0.588	2.317
SrFe₁₂O₁₉	93.3	3.57	1592	0.94	5.11	750	0.588	2.308

化が高く,異方性定数も大きい.このことにより $B_r, H_c, (BH)_{max}$ が高くなる.

フェリ磁性体であるM型酸化物の磁化の温度依存性は,フェロ磁性体と比較すると,キュリー温度に向かって急激に減少する.このことは,磁化が大きくないことと共に磁石材料としては不利な点である.しかしながら,結晶磁気異方性および異方性磁界は結晶構造の対称性の低さを反映して比較的大きい.これは磁石材料として必要な高い H_c を得るためにM型酸化物が適している特性である.

(3) 製造方法

フェライト磁石の磁気特性は組成と微細構造によってほぼ決まる.特に H_c はマイクロメータレベルおよびナノメータレベルの微細構造に非常に敏感である.この微細構造を強く支配する因子として焼結に供される粉体の相構造と粒度分布があげられる.したがって,高特性フェライト磁石を得るうえでその製造プロセスの制御は非常に重要である.

フェライト磁石の代表的な材料であるSrO·6Fe₂O₃の製造方法を図12·2·1-2に示す[7].炭酸ストロンチウム(SrCO₃)とFe₂O₃を所定の組成になるように湿式にて混合した後,1200ないし1300℃の高温で仮焼を行う.仮焼には生産性のよさから,一般的にロータリキルンが用いられる.仮焼の目的はフェライト化反応を進めることと成分の均一化を図ることである.この段階でほぼ単相のマグネトプランバイト相が得られる.得られた仮焼物はかなり焼結が進んで硬くなっていることから,粉砕を効率的に行うために微粉砕に先立って粗粉砕を行うのが一般的である.粗粉砕には通常,ジョークラッシャやハンマーミル等が用いられる.この後,湿式アトライタ等で微粉砕が行われ,粒径はサブミクロンオーダーに調整される.単磁区粒子径がおおむね1μmを切るレベルであることから,高い H_c を得るためにサブミクロンレベルの粉砕粒径が

12・2 永久磁石材料

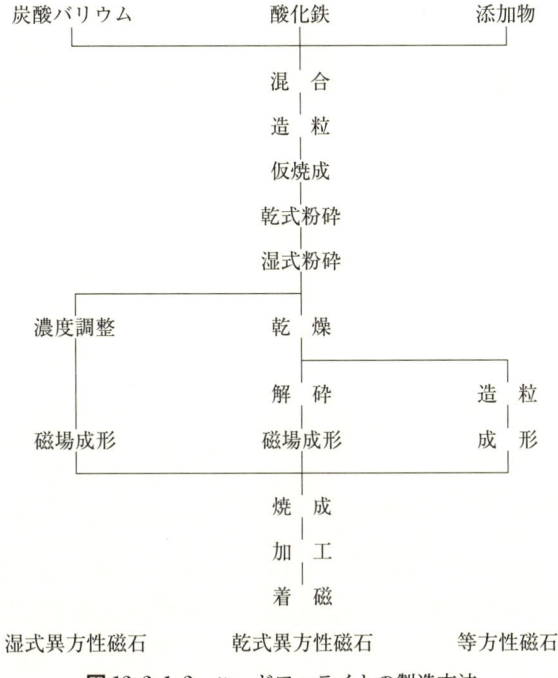

```
炭酸バリウム    酸化鉄    添加物
       └──────┼──────┘
           混 合
           造 粒
          仮焼成
          乾式粉砕
          湿式粉砕
    ┌────────┼────────┐
  濃度調整    乾 燥
            解 砕      造 粒
  磁場成形   磁場成形    成 形
    └────────┼────────┘
           焼 成
           加 工
           着 磁
  湿式異方性磁石  乾式異方性磁石  等方性磁石
```

図 12・2・1-2 ハードフェライトの製造方法

必要とされる．このため微粉砕プロセスは磁気特性を決定付ける非常に重要な工程となっている．微粉砕後，乾燥，解砕して成形するのがいわゆる乾式法と呼ばれる方法である．高い B_r を得るために成形時に磁場配向処理を行って，単磁区粒子の磁化容易軸の方向をそろえた磁石が異方性磁石と呼ばれている．等方性磁石の場合には磁化容易軸がランダムになるので，B_r は異方性磁石よりも低くなる．微粉砕後，スラリーをそのまま脱水しながら磁場中成形するのが湿式法と呼ばれる方法である．乾式法に比べて粒子の配向度が向上し，高い B_r が得られることが特徴である．したがって，高性能フェライト磁石は現在ではほとんどが湿式法によって製造されている．

（4） 残留磁束密度

ハードフェライトの残留磁束密度は，飽和磁束密度，配向度，焼結密度の関数として次式で表される．

$$I_r = k \cdot I_s \cdot n_c \cdot (\rho/\rho_t) \qquad 式(12・2・1-1)$$

ここで，I_r：残留磁化，I_s：飽和磁化，n_c：配向度，ρ：焼結密度，ρ_t：理論密度，k：定数である．すなわち，高い残留磁束密度を得るためには飽和磁束密度，配向度および焼結密度を高くすることが必要である．現在では 72 emu/g という高い飽和磁化を有する M タイプの Sr フェライトが生産されている．製造工程においては，Fe_2O_3 と SrO のモル比は化学量論組成の 6 ではなく，5.5～5.9 に調整されている．この理由としては，①モル比が 6 以上の場合には過剰の Fe_2O_3 が非磁性相として析出し，B_r 低下の原因となること，②材料製造工程からの汚染，特に粉砕工程での鉄の混入があること等があげられる．一般にモル比が小さいほど B_r は大きく，H_c は小さくなるという傾向があり，目的とする磁気特性を考慮して組成，モル比が選ばれる．$BaO \cdot 5.5Fe_2O_3$ 中には $Ba_3Fe_4Fe_{28}O_{49}$ 相が存在するという報告もある[8]．$Ba_3Fe_4Fe_{28}O_{49}$ は室温で飽和磁化 5000 G，異方性磁場 $H_a = 19.3$ kOe を有するとされている．また，SrO あるいは BaO に富む中間生成物相は焼成時の緻密化を促進するともいわれている[9,10]．

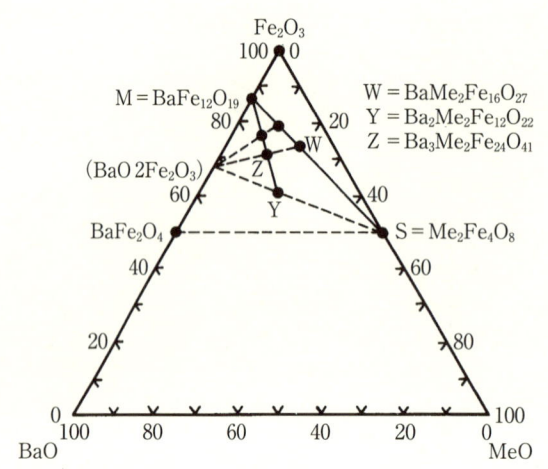

図12·2·1-3 BaO-MeO-Fe₂O₃系組成図

BaO(SrO)-Fe₂O₃-MeO系にはM型以外にもいくつかのタイプのフェライトが存在する．これを図12·2·1-3に示した．W型フェライト（SrFe₂Fe₁₆O₂₇）は79 emu/g という高い飽和磁化をもつことから高残留磁束密度材として注目されてきた．1980年に Lotgering ら[4]が焼成条件を厳密に制御して純粋なW型フェライトを得て以来，Fe(Ⅱ)をNi，Co，Zn等の2価イオンで置換するという観点から多くの研究がなされてきた[11~13]．

次に，高い残留磁束密度を得るには，結晶粒子の配向度を高めることも非常に重要である．前述したように高性能フェライト磁石はすべて湿式法で磁場中成形によって作られている．高度に配向した成形体を得るには，成形技術，スラリー性状，粉体物性（粒径，粒形およびそれらの分布，粒子同士の滑りやすさ）は非常に重要な因子であることから，分散剤，潤滑剤等も積極的に用いられている．

最後に，高い焼結密度を得る最も簡単な方法は焼成温度を高くすることである．しかしながら，焼成温度を高くした場合，望ましくない粒成長が顕著になり保磁力が低下する．したがって，実際の製造プロセスにおいては焼結助剤となる添加物を加え，約1200℃という比較的低温で焼成されている．いかに粒成長させずに焼結密度を高めるかということがポイントになっている．低温焼成のための添加物は液相焼結という観点から選択されているが，なかでも SiO₂ および CaO は高性能フェライト磁石を得るうえで有用な微量成分となっている[4,10,14]．

（5）保磁力

保磁力発生機構は以下の3つに大別される．

a. 磁壁のピニング

磁化の反転が磁壁の移動で起こる場合，磁性体内部の異相，空隙，欠陥等によって磁壁の移動は妨げられる．このことをピン止め効果（ピニング）という．ピニングサイトに磁壁が存在する状態から外部磁界 H_p によって磁壁が移動して磁化反転するとき，H_p の値が保磁力に相当する．

b. 回転磁化

単磁区粒子あるいは磁化により磁壁が消失した状態から磁化を反転するときに，磁壁が生成せずに磁化の回転によって起こる．この場合，保磁力は $H_A = 2K/I$ となる．

c. 逆磁区の発生

単磁区状態から磁化を反転するときに，逆磁区が発生し，磁壁の増大と移動によって磁化反転が進行す

界面における結晶の不完全性や不純物による磁気異方性の低下等により保磁力は低下する.

本質的な保磁力 $_iH_c$ は結晶磁気異方性定数 K および単磁区粒子の割合 n_s の関数として次式のように表される.

$$_iH_c = k \cdot n_s \cdot (2K/I_s) \qquad 式(12 \cdot 2 \cdot 1\text{-}2)$$

Sr フェライトおよび Ba フェライトの結晶磁気異方性定数は，それぞれ 3.7×10^6, $3.3 \times 10^6 \text{ erg/cm}^3$ である. $2K/I_s$ の値は Sr フェライトが Ba フェライトよりも約 10 % 大きく，したがって Sr フェライトの方が $_iH_c$ が大きい. 図 12・2・1-4 に保磁力と残留磁束密度の関係を示す. 同一組成では $_iH_c$ と B_r は相反する特性（片方を高めると他方が低下する）であるが，Sr フェライトの方が $_iH_c$, B_r ともに優れている.

高い保磁力を得るためには単磁区粒子の割合 n_s を高めることが非常に重要である. 換言すれば，焼結体の各結晶粒子が単磁区の場合に保磁力は最大となり，Sr フェライトの場合には計算上 8100 Oe が期待される. ハードフェライトの単磁区限界粒子系は約 1 μm であり，焼成時の粒成長を抑制するために単に焼成条件だけでなく粉体物性の制御を厳密に行うことが重要である. 粒径とその分布, 粒形, 配向性, 成形性等についての制御が必要であり，微粉砕粉の分級操作により特性は向上する.

現在の製造プロセスでは仮焼時にフェライト化反応を完結させるために，通常，仮焼は本焼成よりも高い温度で行われている. したがって，仮焼時の粒成長, 焼結は顕著であり，微粉砕に要するエネルギーは相当に大きい. 微粉砕条件は焼結体の磁気特性に大きな影響を及ぼすので細心の注意が必要である. また，保磁力を高めるうえで SiO_2, Al_2O_3, Cr_2O_3 等の添加が有効である[15,16]. これは，粒成長を抑制すること，および一部固溶して結晶磁気異方性を大きくすることによるものとされている.

（6） 実用上の諸特性

永久磁石は着磁状態で使用される. したがって，材料は磁化 I の作り出す逆向きの磁場中にあることになる. すなわち，ヒステリシス曲線の第 2 象限の領域にあり，この部分は減磁曲線と呼ばれ実用上非常に重要な特性である. ハードフェライトの減磁曲線を図 12・2・1-5 に示す. 永久磁石の動作点を表すために，次式で定義されるパーミアンス係数（P）が用いられる[17].

$$P = B_d/H_d = sL_m/D_m((1+(L_m/D_m)^2)^{1/2} + L_m/D_m) \qquad 式(12 \cdot 2 \cdot 1\text{-}3)$$

ただし，D_m は環状試料の場合，磁極断面積を A_m として次式で求められる.

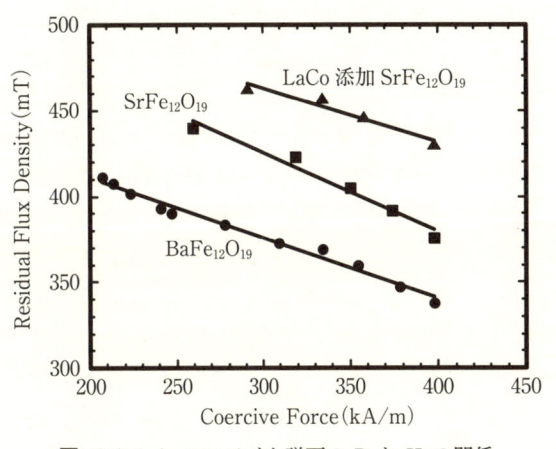

図 12・2・1-4 フェライト磁石の B_r と H_c の関係

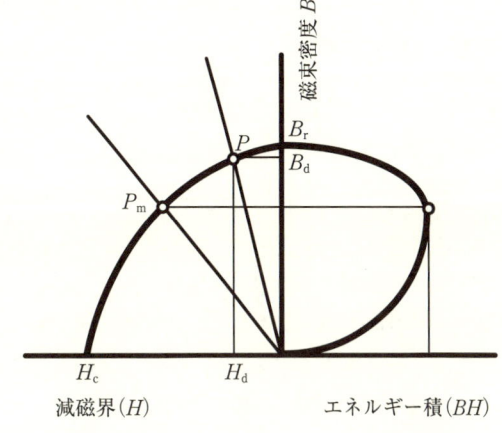

図 12・2・1-5 ハードフェライトの減磁曲線

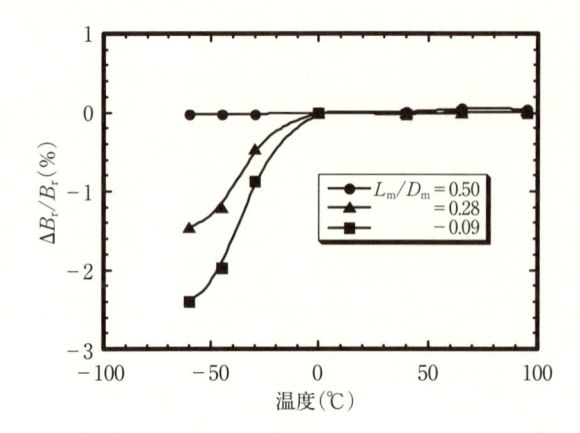

図 12・2・1-6 バリウムフェライト磁石の B_r の温度依存性

$$D_m = (4A_m/\Pi)^{1/2} \qquad 式(12・2・1-4)$$

また，B_d と H_d の積がエネルギー積であり，磁石の全静磁エネルギーに比例する．エネルギー積 (BH) の最大値は最大エネルギー積と呼ばれ，パーミアンス線が $(BH)_{max}$ 点 P_m を通るように磁石形状を設計した場合に磁石材料の性能が最大限に引き出される．

永久磁石の場合にもソフトフェライトと同様に，B_r および H_c は温度によって変化する．高温側はキュリー温度以下ならば加熱しても室温まで冷却すれば磁気特性は可逆的に変化する．しかし，次式に示される温度係数 (α) はアルニコ磁石と比較して約10倍と大きい．

$$\alpha = (B_{r2} - B_{r1})/B_{r1}^2 \cdot 1/(T_2 - T_1) \quad T_2 > T_1 \qquad 式(12・2・1-5)$$

ここで，B_{r1} は温度 T_1 における B_r，B_{r2} は温度 T_2 における B_r を表す．

一方，いったん着磁したハードフェライトを冷却した後，再び室温に戻すと大きく減磁することがある．この現象は低温減磁と呼ばれ，自動車のように寒冷地でも使用される場合には非常に好ましくない．等方性バリウムフェライトの B_r の温度依存性を図 12・2・1-6 に示す．低温減磁はパーミアンス係数が小さい場合に特に顕著である．実際に永久磁石として使用される場合には，単に B_r や H_c が大きいことだけでなく温度係数が小さいことも非常に重要である．

（7） 最近の材料技術

フィリップス社による Ba フェライトの発表以降，フェライト磁石の工業化だけでなくさらなる高特性を目指した研究が意欲的に進められてきた．その結果，Sr フェライトの K_1 が約10％高いことが発見され[3]，現在ではフェライト磁石の生産のほとんどが Sr フェライトに変わっている．その後，理論的限界に近づいているにもかかわらず精力的な研究がなされ，1998年には飛躍的特性向上につながる La, Co 添加の Sr フェライトが発表され実用化されている[18]．フェライト磁石に限らずセラミックスの電磁気特性は微量成分（不純物および添加物）の影響を強く受ける．希土類化合物の添加についても古くから研究はなされ，1958年にはすでにランタノイドの添加効果の報告がなされている[19]．ランタノイドイオンは Ba フェライト（マグネトプランバイト構造）に固溶し，中でも La^{3+} の固溶量が最も多いことが報告されていた[19]．これはランタノイドの中でランタン（La^{3+}）のイオン半径が最も大きく（0.114 nm），ストロンチウム（Sr^{2+}）やバリウム（Ba^{2+}）のイオン半径（0.116 nm および 0.136 nm）に非常に近いということで理解できる．ただし，ドナー成分となるので他のアクセプターイオンの同時置換による電荷補償が必要となる．Mones ら[20]をはじめ多くの研究者によって検討されたものの，高性能化には結びつかなかった．しかし，1990年代に入っ

て，ランタノイドと鉄族元素酸化物の同時添加による高性能化が発表され，実用化に至っている．1996年に諏訪ら[18]によって発表された $Sr_{1-x}La_xFe_{12-x}Zn_xO_{19}$ ($x=0.3$) はM型フェライト磁石ではじめてエネルギー積5MGOeを超えるものであった．スピネルフェライト同様，フェリ磁性でスピンが反平行を向いた Fe^{3+} イオンを非磁性の Zn^{2+} イオンで置換してトータルの磁気モーメントを大きくする手法である．これをきっかけにランタノイド添加が意欲的に検討され，La，Co添加で B_r および H_c のバランスのとれた特性が得られるに至っている．この系については田口[21]の詳細な報告がある．Sr:La:Fe:Co=$(1-X):X:(12-X):X$ とした場合，LaとCoはM型Srフェライトに固溶し，$0<X<0.4$ の範囲で単相が得られるとのことである．このときの磁気特性を図12・2・1-7に示す．$X=0.3$ 近傍で優れた磁気特性（B_r および H_c）が得られている．B_r が高くなるのは図に示すように飽和磁化が増大するためである．また，H_c の温度依存

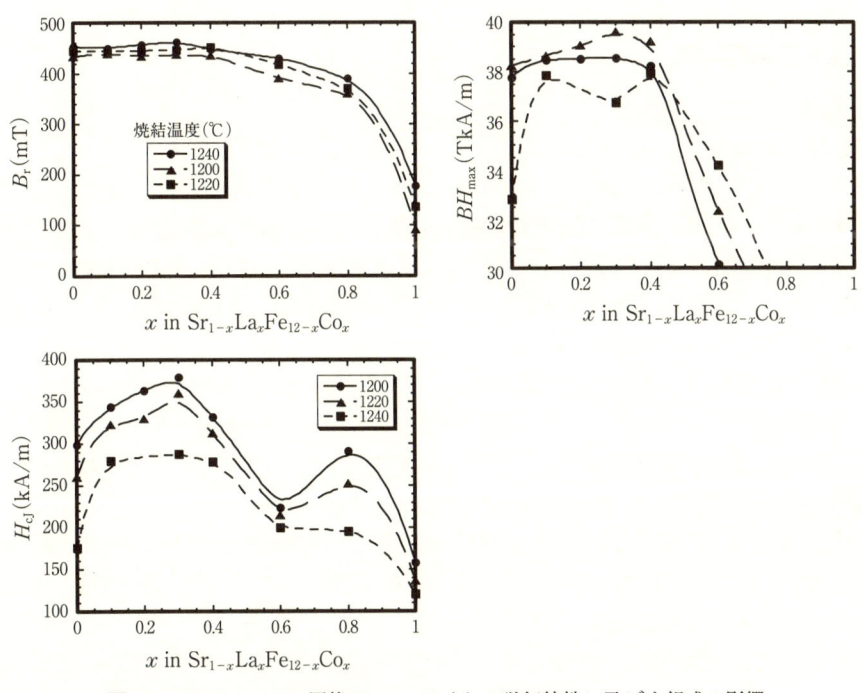

図12・2・1-7 La, Co置換Srフェライトの磁気特性に及ぼす組成の影響

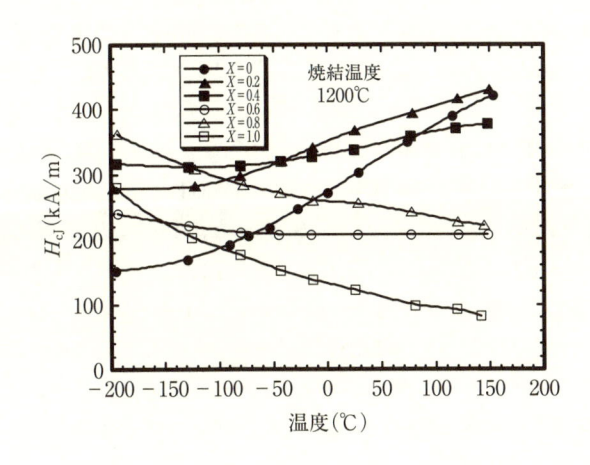

図12・2・1-8 La, Co置換Srフェライトの H_c の温度依存性

性も La, Co 置換により連続的に小さくなり，環境温度に対して安定性を増すことができる（図 12・2・1-8）．このことから La, Co 置換フェライト磁石は，フェライト磁石の弱点であった低温減磁に対して非常に強くなっている．H_c の大幅な向上は結晶磁気異方性で説明されている．この高特性材料は，自動車用のスタータモータをはじめとする各種電装モータの小型軽量化，家電モータの省エネルギー化の流れに乗って，現在需要が拡大しているところである．一方，フェライト磁石の高性能化を目指して，マグネトプランバイト構造とは結晶構造が異なる W 型フェライトに関しても意欲的な研究がなされてきた．これも歴史的には古くから研究されており，高い B_r は得られるものの H_c が低く，かつ高度な焼成雰囲気制御が必要とされるために，残念ながら実用化には至っていない．

歴史も長く理論限界に近づいているフェライト磁石ではあるが，さらなる高性能化のためのブレークスルーが期待されている．

12・2・2　金属系磁石材料

（1）はじめに

永久磁石材料には大きく分けて鉄酸化物を主成分とするフェライト磁石と，金属状態の元素で構成されるものとがあり，後者にはアルニコ磁石，鉄クロムコバルト磁石，希土類磁石などが含まれる．これらを金属磁石と総称することにすると，金属磁石の最大の特徴は酸化物磁石と比較して飽和磁束密度が格段に大きいことにある．希土類磁石は主成分により，サマリウムコバルト磁石，ネオジム鉄ホウ素磁石，サマリウム窒素磁石に分類される．さらに，これら金属系磁石の粉末を樹脂により結合し複合化したボンド磁石がある．本項ではこれらのうち，アルニコ磁石，鉄クロムコバルト磁石，希土類磁石について述べる．

永久磁石材料の機能は磁束を供給する起磁力源としての機能であり，その性能は，供給できる磁束の大きさの尺度である残留磁束密度（B_r），外部から働く減磁界に対抗して磁気分極を維持する安定性の尺度である固有保磁力（H_{cJ}），および単位体積当たりに蓄えられる磁気エネルギーの尺度である最大磁気エネルギー積 $(BH)_{max}$ 等により記述される．$(BH)_{max}$ はエネルギー密度の次元をもつ．

永久磁石材料においても，安定な磁化状態は材料の外に磁力線が現れない多磁区構造の状態である．永久磁石として使用するには，着磁する必要がある．すなわち，材料の一方向（異方性材料では磁化容易方向）に磁界を印加して材料全体を単磁区構造の結晶粒子集合体の状態とし，減磁界が働いてもそのまま単磁区構造を維持している準安定的な残留磁化状態にする．磁石はその発生する磁束を導いて作用させたい空間に磁界を生じさせるための磁気回路において使用されるので，磁石内部には常に磁気分極と逆向きの磁界が働いている．この磁界を反磁界 H_m と呼ぶ．H_m と磁石内部を通過している磁束密度 B_m とは磁気回路の幾何学的パラメータで決定される一定の比例関係があり，その比例係数をパーミアンス係数（P_c）と呼ぶ．すなわち，$P_c = B_m/\mu_0 H_m$ である．通常は H_m が負の値なので P_c は負の値をもつが，慣用的にはその絶対値で表す．

磁石材料内部の磁束密度 B は磁気分極 J と磁石に印加した磁界 H との和として $B = J + \mu_0 H$ で表され，磁石材料の B と H との関係が飽和ヒステリシス曲線の第二象限でほぼ可逆的な直線であれば P_c（絶対値）は 0 から ∞ の任意の値に設定でき，磁石体積が最も小さくてすむのは B と H との積（BH）が最大値 $(BH)_{max}$ となるような P_c をもつ磁気回路である．それは通常 $P_c = 1$ の近傍である．ただし，アルニコ磁石や鉄クロムコバルト磁石の H_{cJ} は低く B-H 曲線は第二象限に折れ曲がりが現れる．これらの磁石では P_c を任意に設定することはできず，比較的大きな値が選ばれる．図 12・2・2-1 は現在製造されている代表的な永久磁石材料の磁気特性を入手可能な製品カタログから任意に抽出して横軸 H_{cJ}，縦軸 B_r の平面上に示したものである．次節以降に各材料の磁気特性，製造方法，内部組織，保磁力発現原理について具体的に述べ

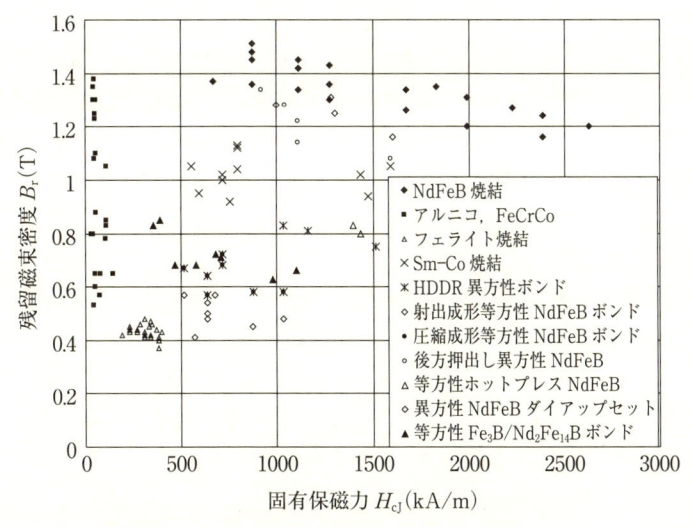

図 12·2·2-1 代表的な永久磁石材料の磁気特性マップ

(2) アルニコ (Alnico) および鉄クロムコバルト (Fe-Cr-Co) 磁石

アルニコ磁石は基本的には 12Al-25Ni-残部 Fe 近傍組成の合金である．主用な添加元素として 5〜35% の Co を含み，さらに 5% 程度の Ti, Cu 等を含む．溶解，鋳造，粗研削，溶体化，冷却，時効，脱磁，仕上げ加工の工程を順次経て製造される[1]．溶体化の目的は α 相と γ 相からなる二相の鋳造合金を α 単相にすることである．アルニコ磁石の磁気特性を決定づける重要な工程が冷却熱処理である．この工程で α が低 Ni 低 Al の α_1 (強磁性) と高 Ni 高 Al の α_2 (常磁性) とに相分離する[2]．この分解過程はスピノーダル分解の理論[3]により理解される．相分離後は析出相が〈100〉方位に伸びた針状組織が得られる．冷却時に磁界を加えないとすべての〈100〉方向に均等に方位が分布した組織となるが，アルニコ 5 では冷却熱処理工程を磁界中で行うことにより，磁界方向に最も近いバリアントの方向に α_1 が伸びた組織を得，異方性磁石とする．柱状晶アルニコ磁石では一方向凝固により〈100〉方向に結晶成長した柱状晶組織を得て異方性磁石とする．小型の磁石では製品性能の均質性を確保するとともに生産効率を上げるために粉末冶金の手法を用いる場合もある．

アルニコ磁石の保磁力は単磁区粒子理論により記述される．形状磁気異方性を付与し高保磁力を得るために針状の強磁性相が生成するようアルニコ 5 等では磁界中熱処理を行うのである．時効処理初期では α_1 と α_2 との磁化の大きさの違いが十分大きくないので，針状結晶の形はできていても形状異方性は小さい．時効処理により両相間で磁化の大きさの違いが拡大し，保磁力が最大化される[2]．

鉄クロムコバルト (Fe-Cr-Co) 磁石は 21.5 at% から 28 at% の Cr，12 at% から 23 at% の Co を含む鉄基の合金であり，アルニコ磁石と同様に単磁区粒子臨界径近傍の微細強磁性粒子を常磁性マトリクスに析出させることにより保磁力を発現させる磁石である．添加元素として数 % の Ti および Mo を含む．鉄リッチな高温相 α のスピノーダル分解によって，鉄リッチで強磁性の α_1 相とクロムリッチで常磁性の α_2 相とに相分解させる[4]．この材料は均質固溶体の状態で塑性加工できるという他の材料にはない利点があり，小型の製品の製造に特に適している．ニッケルを含まずコバルトの含有量を同等特性のアルニコ磁石よりも大幅に低減できるので，市場ではアルニコ磁石をほぼ置換している．

製造工程は合金溶製，熱間圧延，冷間圧延（または線引き），溶体化処理，急冷，時効熱処理の各工程からなる．異方性付与の方法には圧延熱処理[5]と磁界中熱処理[6]の二通りがある．前者ではスピノーダル分解温度範囲で比較的長周期の濃度揺らぎを起こさせ，そこで析出する球状粒子を含む組織を塑性変形により棒状析出部を含む繊維組織とし，さらに濃度振幅を大きくして磁石特性を最大化する[7]．後者の方法では，アルニコ磁石と同様に 0.5～2 kA/m の磁界中で相分解させ，α_1 を磁界方向に優先成長させる．

（3） 希土類磁石

希土類磁石は希土類イオンがもつ大きな磁気異方性と鉄族遷移金属元素がもつ大きな磁化が組み合わさった希土類-鉄族遷移金属の金属間化合物をベースとする磁石材料であり，ベースとなる金属間化合物によりサマリウム-コバルト（Sm-Co）系磁石，ネオジム-鉄-ホウ素（Nd-Fe-B）系磁石，サマリウム-鉄-窒素（Sm-Fe-N）系磁石等に分類される．これらの中で Nd-Fe-B 系磁石は最大磁気エネルギー積において現在最高性能を有する磁石材料であり，小型高性能が要求される携帯電話，パーソナルコンピュータ等の機器には不可欠の材料になっている．

希土類磁石の最大の特徴は，希土類元素を含む金属間化合物の結晶磁気異方性が他の材料と比較して非常に大きい点である．この性質は希土類イオンが不対 4f 電子殻をもっている場合に，4f 電子殻の電荷分布が球対称から大きくはずれ，結晶中にある隣接原子あるいはイオンの電荷もしくはそれらの価電子の電荷と静電的な相互作用をして，4f 電子の軌道が結晶格子の特定の方向に強く固着されることにより生じる．

Nd-Fe-B 系磁石の主相となる $Nd_2Fe_{14}B$ 化合物の構造を [100] 方向から見た図を図 12·2·2-2 に示す．この構造は正方晶構造で，c 軸方向の座標を z とすると，希土類はホウ素とともに $z=0$ と $z=1/2$ の面に存在し，鉄原子の大部分はそれらの間に歪んだ六角形の格子を組んで稠密な層を形成している．希土類サイトとして 4f と 4g の二種類が存在するが，いずれも（001）面内に隣接希土類イオン，c 軸方向に稠密な鉄層をもつ結果，結晶電場は量子化軸方向に縮んだ 4f 電子分布をもつ R イオン，すなわち Pr^{+3}，Nd^{+3}，Tb^{+3}，Dy^{+3}，Ho^{+3} が一軸異方性を示す．

a. Nd-Fe-B 系焼結磁石の磁気的性質およびその他の物性値

Nd-Fe-B 系焼結磁石は最大磁気エネルギー積 400 kJ/m³ で保磁力（H_{cJ}）が 1 MA/m クラスの材料から最大磁気エネルギー積 270 kJ/m³ で保磁力 2.7 MA/m クラスの材料まで，種々の材質が製造されており，さらに高保磁力，高エネルギー積の材料が開発されている．保磁力の発生メカニズムは核発生型とされる．最初に公表された Nd-Fe-B 焼結磁石の組成は $Nd_{15}Fe_{77}B_8$ で，その磁気特性は $B_r=1.23$ T，$H_{cJ}=960$ kA/m，$(BH)_{max}=290$ kJ/m³ であった[8]．その後の製造技術の改良により，配高度と主相比率を高める技術革新が現れるごとに世代を画す磁気特性の向上が成し遂げられてきた．2005 年の最高記録では $B_r=1.555$ T，$H_{cJ}=653$ kA/m，$(BH)_{max}=474$ kJ/m³ を達成した[9]．図 12·2·2-1 に示したように，Nd-Fe-B 系焼結磁石

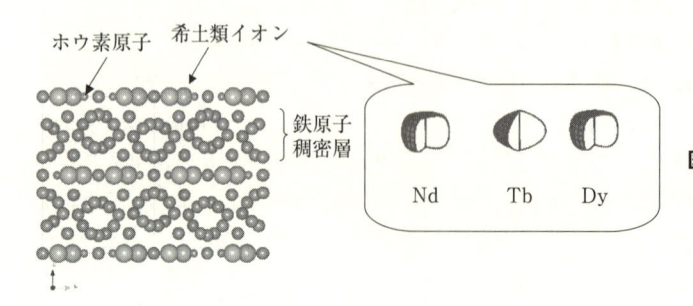

図 12·2·2-2 $Nd_2Fe_{14}B$ の結晶構造（[100]方向から見た図）（小球がホウ素，中球が鉄，大球が希土類原子を表す．格子定数 $a=0.88$ nm，$c=1.22$ nm の単位胞を 2 個水平に並べて示した）

の B_r は H_{cJ} の増加と共に低下している．左上から右下に連なる一連の系列における材料設計の基本指針は，Dy または Tb による Nd の部分置換により H_{cJ} を調整することである．これらの希土類イオンの磁気モーメントが Nd および Fe の磁気モーメントと反平行に向くので，化合物の磁化が低下するのである．

現在用いられている，Nd-Fe-B 系焼結磁石を高保磁力化する基本的な技術は Dy 等により Nd を部分的に置換することにより，$Nd_2Fe_{14}B$ 化合物相の結晶磁気異方性を増強することである．モータ内部での磁石温度を，たとえば 200 ℃ に設定して磁石が減磁しないという要求を課すと，室温における保磁力が非常に高い材料を選定する必要が生じる．この手法は自動車用の高出力モータや発電機，産業用サーボモータ等に用いられる Nd-Fe-B 磁石で広く用いられており，これらの用途の市場規模を考えると，原料鉱床が中国等に偏在し希少元素である Tb や Dy の使用量を削減しても高保磁力が得られる技術の開発が重要な課題である．また，これら重希土類元素の含有量を減らすことにより磁化の目減り分が減るので，高性能化が可能になる．

表 12・2・2-1 に主な磁石材料の磁気特性とそれらの温度係数の典型的数値を示す．

表 12・2・2-1 主な磁石材料の典型的な磁気特性とそれらの温度係数の典型的数値

分類	材料名	B_r (T)	H_{cJ} (MA/m)	$(BH)_{max}$ (kJ/m³)	$\alpha(B_r)$ (%/℃)	$\alpha(H_{cJ})$ (%/℃)
希土類磁石	Nd-Fe-B 系焼結磁石	1.5	0.9	430	−0.11	−0.60
		1.3	1.7	360	−0.1	−0.55
		1.2	2.4	290	−0.09	−0.47
	2-17 系 Sm-Co 磁石	1.1	1.6	240	−0.03	−0.02
	1-5 系 Sm-Co 磁石	0.9	1.2	170	−0.04	−0.28
フェライト磁石	Sr-フェライト磁石	0.45	0.33	38	−0.19	0.2
	La-Co 置換フェライト磁石	0.47	0.34	41	−0.20	0.15
金属磁石	柱状晶アルニコ 8	1.09	0.12	80	−0.02	—
	異方性焼結 Fe-Cr-Co 磁石	1.4	0.05	50	−0.03	—

b. Nd-Fe-B 焼結磁石の製造工程

Nd-Fe-B 系焼結磁石の製造工程は以下のとおりである．まず鋳造合金を微粉砕して得た粉末を磁界中で配向成形し，焼結した後，砥石で研削加工し，防錆処理を施すことにより製造される．基本的な組成は希土類約 13〜14 原子 %，ホウ素約 6 原子 %，残部鉄で，磁気特性を調整するための元素としてジスプロシウム (Dy)，コバルト，ニオブ，銅等が適宜添加される．

粉砕工程では合金鋳造時に生成した種々の非平衡相を含む多相合金を微粒子に粉砕する．その主成分は $Nd_2Fe_{14}B$ 化合物の単結晶粒子である．この粉体を金型に入れて磁界を印加することにより $Nd_2Fe_{14}B$ 化合物単結晶微粒子を配向させ，さらに圧粉成形してグリーンと呼ばれる粉末成形体を得る．焼結工程では液相焼結のメカニズムにより緻密化が進行し，非平衡相はおおむね消失して平衡状態に近い固液共存状態となる．これを冷却して液相成分を凝固させ，さらに必要に応じて熱処理を加えて磁気特性を調整したものが異方性の Nd-Fe-B 系焼結磁石である．Nd-Fe-B 系焼結磁石の断面組織写真と模式図を図 12・2・2-3 に示す．

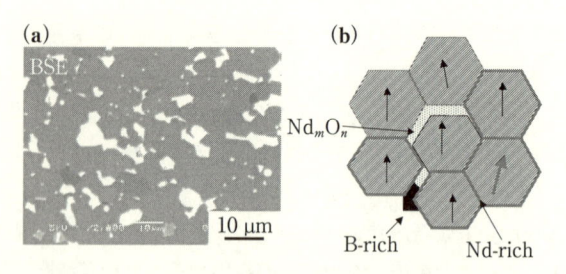

図12・2・2-3 Nd-Fe-B焼結磁石の断面SEM反射電子線像(a)と組織の模式図(b)(図(b)中の矢印は磁化容易軸の方向を示す)

c. その他の異方性Nd-Fe-B系磁石の製造工程

熱間塑性加工による方法：これは，超急冷凝固で得た超微細結晶の等方性磁石合金粉末をホットプレスにより固化成形して稠密な等方性の前駆体を得た後，これを約800℃前後の高温で後方押出成形法により塑性変形すると同時に異方的な結晶粒成長を促して，異方性磁石とする方法である[10]．工業的にはリング形状の磁石を製造する熱間後方押出成形法が実用化されている[11]．後方押出法では異方性はリングの径方向につく．熱間塑性加工を可能にするためには，等方性前駆体が良好な熱間塑性変形能を有していることが必要で，$Nd_2Fe_{14}B$化合物よりもNdリッチな組成としなければならない．塑性変形温度で生成するNdリッチな液相を介した物質移動を伴う方位選択的結晶成長と，塑性変形に伴う粒界すべりによる結晶の回転が，異方化のメカニズムであると考えられる．

超急冷Nd-Fe-B系磁石材料の結晶粒径は数十nmであるが，熱間塑性加工工程では印加された圧力と垂直方向に生じる塑性流動に沿って$Nd_2Fe_{14}B$系化合物のc面が優先成長し，磁化容易方向（c軸方向）に対して垂直方向に扁平な形状をした粒子が並んだ特異な組織が形成される．生成した磁石の保磁力発現機構は磁壁ピニング型に分類される．

HDDR法：HDDR法は水素化・不均化・脱水素・再結合を意味するHydrogenation-Disproportionation-Desorption-Recombinationから頭文字をとって命名されたプロセスである．$Nd_2Fe_{14}B$系化合物相を若干のNdリッチ相とともに約750℃から850℃の高温で水素ガスと反応させ，Fe，Nd水素化物（NdH_2），ホウ化鉄化合物（Fe_2B）相に分解させた後，ほぼ同じ温度領域で水素ガス分圧を下げることによって逆反応を起こさせ，水素ガスを系外に取り除いて$Nd_2Fe_{14}B$系化合物相に戻す[12]．この反応過程で，金属組織が数百nmの程度に微細化され，保磁力が発現する．等方性の材料も得られるが，反応条件を適切に制御することにより，再結合した$Nd_2Fe_{14}B$系化合物結晶粒子の磁化容易方向が原料合金における元の結晶方位に配向した異方性磁石の製造が可能である．この方位メモリのメカニズムには現時点で未解明の部分が多く，その解明に興味がもたれている．

d. Nd-Fe-B焼結磁石の防錆および耐食性評価方法

Nd-Fe-B系異方性磁石は主相のほかにNdリッチな粒界部分を含んでいるので，電解質水溶液の中では局部電池反応により，Ndリッチ粒界相が溶出し主相の$Nd_2Fe_{14}B$粒子が脱落するような腐食が進行する．また，酸化還元反応に伴い発生する水素はNdリッチ相および$Nd_2Fe_{14}B$主相中に取り込まれる（水素発生量がきわめて多い場合には気体水素も発生する）．焼結磁石の腐食挙動は磁石に含まれるNdの濃度により変化し，Ndが多い（Ndリッチ相の体積比が大きい）素材ほど腐食されやすい．したがって，種々の防錆手段がとられる．表面処理方法には湿式法（電気めっき，無電解めっき），乾式法（蒸着，化学イオン蒸着等），および塗装等があり，目的に応じて適用される．めっき層は要求される機能（表面清浄性，耐食性等）

を満たすために多層とする場合が多い.

e. 機械的およびその他の性質

希土類焼結磁石は基本となる金属間化合物がほとんど塑性変形しないので,外力に対する機械的振る舞いはセラミックスに似ている.すなわち,圧縮応力には比較的大きな強度を示すが,引張応力や衝撃せん断応力に対しての強度は比較的低い.

表 12・2・2-2 に Nd-Fe-B 系焼結磁石の機械的性質の典型的数値を示す.Nd-Fe-B 焼結磁石は Sm-Co 系焼結磁石と比較すると靭性が優れている.特に注意すべき点は,Nd-Fe-B 系異方性磁石の熱膨張係数の大きな異方性である.これは金属間化合物 $Nd_2Fe_{14}B$ の磁性に起源を有するものであり,Nd-Fe-B 系異方性磁石で共通に見られる特徴である.一般の電磁材料との接着,勘合等により磁石を使用する際に,熱膨張係数の違いにより発生する熱応力を考慮することが必要になる場合がある.

希土類磁石材料は金属間化合物により構成されているので,その電気伝導は金属的である.モータにおいて磁石材料に交流磁界が加われば渦電流が流れ,ジュール熱により磁石が発熱する.このような問題は電気抵抗率が高い酸化物のフェライト磁石では見られない.希土類磁石の比抵抗値と熱伝導率および比熱を表 12・2・2-3 に示す.磁石に流れる渦電流はモータ効率の低下要因であるばかりでなく,温度上昇による磁石材料の不可逆熱減磁の原因となり,磁束密度と保磁力の温度係数が大きい Nd-Fe-B 系異方性磁石材料では注意が必要である.磁石を分割して絶縁樹脂層をはさみ,環状電流路を遮断して渦電流損を低減させ磁石の発熱を抑制する方法をとることにより,いたずらに高保磁力材を用いずに磁気特性の高い材料を選択することが可能になる.

f. サマリウムコバルト磁石

サマリウムバルト磁石は希土類磁石の1つであり,希土類元素としてサマリウムを主として用い,遷移金属元素としてコバルトを主として用いている.キュリー温度が高く磁束密度の温度係数が小さい,耐食性が鉄系希土類磁石より優れている,等の特徴を有する.$SmCo_5$ を基本形とする 1:5 タイプと,Sm_2Co_{17} を基本形とする 2:17 タイプがある.前者は核発生型,後者はピニング型保磁力発生機構を有する.いずれも粉末冶金法で焼結磁石として製造される.微粉砕粉を樹脂バインダにより結合したボンド磁石として使用されることもある.また,スパッタ法で薄膜として作製することも可能である.2:17 タイプは Cu, Fe, Zr 等の添加元素を含み,高温相の不規則菱面体構造の均質固溶体である Th_2Zn_{17} 型化合物結晶内に,格子整合

表 12・2・2-2 Nd-Fe-B 系焼結磁石の機械的性質の典型的数値

ビッカース硬度	引張強さ (MPa)	圧縮強さ (GPa)	曲げ強さ (MPa)	圧縮率 (m²/N)	ヤング率 (GPa)	ポアソン比	剛性率 (GPa)	線膨張係数 (10^{-6}/K)	
								配向方向	直角方向
600	80	1.1	240	1×10^{-11}	160	0.2	60	6.3〜6.5	-1.9〜-1.5

表 12・2・2-3 希土類磁石の比抵抗値と熱伝導率および比熱の典型的数値

磁石材料		比抵抗値($\mu\Omega$m)	熱伝導度(W/m・K)	比熱(J/kg・K)
Nd-Fe-B 系焼結磁石	磁化容易方向に平行	1.6	6.5	410
	磁化容易方向に垂直	1.3	7.5	
2-17 系 Sm-Co 磁石		0.8	10	380
1-5 系 Sm-Co 磁石		0.5	10	420

しつつ析出した $Sm(Co-Cu)_5$ 相の隔壁により $Sm_2(Co-Fe)_{17}$ 相が微細なセル構造に分割された微細組織が生成する[13]．磁壁のピニングはこの微細なセル組織の生成と密接な関係にあり，Cu のセル隔壁への集積が保磁力の発現と密接に関係していることが明らかになっている．また，航空宇宙分野での応用のために，隔壁部分とセル内部との組成を調整することにより，保磁力の温度依存性が大変小さい，または使用が想定される温度で保磁力が最大値になる等，特異な温度変化を示す材料も開発されている[14]．

12・2・3 ボンド磁石材料

（1） はじめに

図 12・2・3-1 にボンド磁石の製造条件を示す．磁石粉，バインダ，成形方法，磁気的な異方性付与の有無の組み合わせがある．射出成形は複雑形状の成形が可能である．圧縮成形は，単純形状ではあるが高エネルギー積という特徴がある．また，ロールによる圧延成形または金型からの押出成形等で製造される磁石は，磁気特性は低いがフレキシビリティに富むという特徴を有する．後加工なしで任意の形状を得ることがボンド磁石の大きな特徴である．

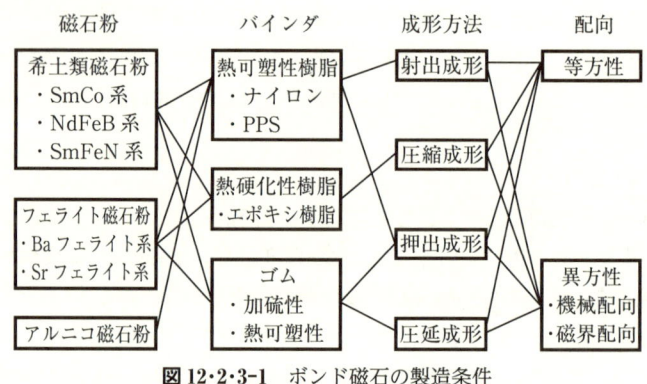

図 12・2・3-1 ボンド磁石の製造条件

（2） フェライトボンド磁石

現在，ボンド磁石用フェライト粉には $BaO \cdot 6Fe_2O_3$ 系と $SrO \cdot 6Fe_2O_3$ 系がある．Fe_2O_3 と $SrCO_3$ または $BaCO_3$ と添加剤を秤量して混合した後，造粒して 1000 から 1300 ℃ の温度で焼成し，その後粉砕し，600 から 1100 ℃ で熱処理して作製する[1]．磁石粉として重要な粒子の大きさ，形状，飽和磁化等は秤量から焼成の条件でほぼ決まる．粉砕で単結晶粒子にするが，その度合が進むほど磁石成形時の c 軸の配向度は高まる．高保磁力化のためには粉砕で生じたひずみを除去する熱処理が必要である．フェライト磁石粉はマグネトプランバイト型であり粉末の形状は c 面に平行な板状となる．この粉末をエラストマーで圧延シートにするとシート面に平行に c 面が並ぶ異方性磁石となる．また，ナイロン等と複合化して射出成形時に磁界を印加することで c 軸をそろえた異方性磁石が得られる．機械配向の場合には粉末の形状が板状であることは有利だが，磁界配向時には磁界で粒子を回転させるため板状よりは少し丸みを帯びた形状とする．

表 12・2・3-1 は等方性フェライトボンド磁石の磁気特性である．いずれの試料も結晶軸の配向が起こらないよう無磁界で成形されている．PA-12 をバインダに用いたものは射出成形で作られており，NBR を用いたものは押出成形で作られている．

表 12・2・3-2 は異方性フレキシブルフェライトボンド磁石の磁気特性である．

表 12・2・3-3 は異方性リジッドフェライトボンド磁石の磁気特性である．一般に磁界を印加しながら射出

12・2 永久磁石材料

成形する方法がとられる.

　フレキシブルボンド磁石の約60％は吸着健康雑貨，リジッドボンド磁石の約90％はOA機器，特にコピー機やプリンタのマグネットロールに用いられている[3]．エンコーダとしても使われるが，最近では最小

表12・2・3-1 等方性フェライトボンド磁石の磁気特性

磁気特性	メーカ名 バインダ		Toda PA-12			Mate PA-12	MagX NBR	
			PE-501	PE-521	PE-551	HM-2203B	NT-5S	NT-8S
B_r	mT		104	117	135	135	170	148
$(BH)_{max}$	kJ/m^3		2.1	2.5	3.2	3	5.2	4
H_{cB}	kA/m		73	82	92	92	111	109
H_{cJ}	kA/m		175	170	167	162	—	—
平均粒子径	μm		—	—	—	—	—	—
密度	Mg/m^3		2.84	2.96	3.23	3.36	—	—

表12・2・3-2 異方性フレキシブルフェライトボンド磁石の磁気特性

磁気特性	メーカ名 配向方法 バインダ		Toda 機械配向 NBR/CPE		DOWA 機械配向 NBR/CPE			MagX 磁場配向 NBR	
			FH-800	FX-7	OP-56	NF-56	OP-21	NT-5M	8E-230
B_r	mT		260	270	249	241	253	230	315
$(BH)_{max}$	kJ/m^3		12.7	13.5	11.7	11.0	12.2	9.8	17.9
H_{cB}	kA/m		179	173	181	177	177	166	199
H_{cJ}	kA/m		223	203	264	267	205	—	—
平均粒子径	μm		1.2	1.2	1.05	1.05	1.00	—	—
密度	Mg/m^3		3.8	3.9	3.54	3.55	3.55	—	—

表12・2・3-3 異方性リジッドフェライトボンド磁石の磁気特性

磁気特性	メーカ名 バインダ		Toda					Mate			
			PA-6 FA-700	PA-12 TP-A27N	PPS TP-F76	EEA TP-F97	EVA FAN-800	PA-6 HM-1122	PA-12 HM-1222H	PPS HM-1618	EEA HM-1917
B_r	mT		292	291	265	290	292	297	310	268	268
$(BH)_{max}$	kJ/m^3		16.7	16.7	13.5	16.2	17	17.5	18.8	14.2	14.1
H_{cB}	kA/m		189	181	191	191	189	183	171	159	199
H_{cJ}	kA/m		226	213	226	237	226	203	183	177	275
平均粒子径	μm		1.25	—	—	—	1.21	—	—	—	—
密度	Mg/m^3		3.8	3.75	3.65	3.7	—	3.81	3.86	3.65	3.52

磁気特性	メーカ名 バインダ		DOWA								
			PA-6 OP-71	PA-6 NF-350	PA-6 SF-500	PA-6 SF-101	PA-6 SF-200	PA-6 SF-B320	PA-6 SF-H270	PA-6 SF-H470	PA-6 SF-D360
B_r	mT		293	298	298	299	300	300	298	298	300
$(BH)_{max}$	kJ/m^3		16.7	17.4	17.4	17.5	17.6	17.5	17.3	17.3	17.5
H_{cB}	kA/m		196	188	188	193	178	175	205	205	185
H_{cJ}	kA/m		224	208	208	217	195	191	255	255	215
平均粒子径	μm		1.25	1.40	1.40	1.50	1.70	1.55	1.20	1.20	1.30
密度	Mg/m^3		3.75	3.75	3.75	3.75	3.75	3.75	3.75	3.75	3.75

着磁ピッチ 40 μm という微細着磁の報告例がある[4].

(3) 希土類ボンド磁石

a. 等方性磁石粉

等方性磁石粉の特性を表 12·2·3-4 に示す．MQP-A は，最初に開発された NdFeB 系磁石粉である．高保磁力であり自動車用の発電機またはモータとして期待されたが実用化に至らなかった．MQP-B は，MQP-A に比べて，低保磁力，高キュリー温度，高残留磁束密度の NdFeCoB 系磁石粉である．小型のモータでは，小型の磁石を多極着磁する必要があり開発された．エポキシ樹脂で固めたリング磁石は，FDD, HDD および CD-ROM 等のスピンドルモータとして大きな市場を作った．なお，このタイプの磁石粉の残留磁束密度や角形性を高める試みがその後も続き，結晶粒の微細化と均一化等工夫され，MQP-B$^+$ 等が生まれた[5]．MQP-14-12 は，Nb を添加することで高耐熱性を狙った磁石粉（MQP-O）をベースにして残留磁束密度を高める試みで生まれた．150℃程度で保持した場合の減磁率が改善され，樹脂を選ぶことで，180℃で使用可能な磁石である．MQP-16-7 は，Nd の Pr 置換や Fe リッチな組成にすることで，保磁力はやや低いが，MQP 系で最高の残留磁束密度を有する PrFeCoNbB 系磁石粉である．MQP-13-9R1 は，残留磁束密度を少し下げても価格優先をターゲットとして，Co なしで，かつ Didymium（Pr と Nd の混合物）を用いた NdPrFeB 系磁石粉である．

SPRAX[6]は，NdFeB 系三元合金で Nd を 4 ％付近にした $Fe_3B/Nd_2Fe_{14}B$ 系ナノコンポジット磁石粉であ

表 12·2·3-4 等方性希土類磁石粉の磁気特性

磁気特性	商品名		MQP						
			MQP-A	MQP-B	MQP-B3	MQP-B+	MQP-14-12	MQP-16-7	MQP-13-9R1
B_r	mT		780〜820	860〜895	865〜885	895〜915	820〜850	940〜980	790〜820
$(BH)_{max}$	kJ/m³		97〜111	111〜126	116〜124	126〜134	107〜120	124〜140	99〜107
H_{cJ}	kA/m		1030〜1350	640〜800	800〜860	716〜836	940〜1050	520〜600	640〜800
飽和磁界[†]	kA/m		>2000	≧1600	≧1600	≧1600	≧1600	≧1600	≧1600
$\alpha(B_r)$	%/℃		−0.12	−0.11	−0.13	−0.11	−0.13	−0.08	−0.12
$\alpha(H_{cJ})$	%/℃		−0.4	−0.4	−0.4	−0.4	−0.4	−0.5	−0.4
T_c	℃		305	360	315	360	305	345	293
可逆透磁率	—		1.15	1.22	—	1.17	1.12	1.31	1.18
密度	Mg/m³		7.60	7.64	7.60	7.64	7.62	7.61	7.47

磁気特性	商品名		SPRAX-I			SPRAX-II			$(Sm_{0.7}Zr_{0.3})$
			C	F	XA	XB	XC	XD	$(Fe_{0.8}Co_{0.2})_9B_{0.1}N_x$
B_r	mT		940〜1000	840〜880	790〜840	820〜860	790〜820	870〜914	1070
$(BH)_{max}$	kJ/m³		74〜86	95〜105	95〜105	103〜113	98〜108	117〜124	180
H_{cJ}	kA/m		355〜400	450〜530	700〜800	580〜680	980〜1100	730〜800	780
飽和磁界[†]	kA/m		>1800	>1800	>2000	>1900	>2200	>2000*	>2700*
$\alpha(B_r)$	%/℃		−0.05*	−0.05*	−0.05*	−0.05*	−0.05*	−0.05*	−0.034
$\alpha(H_{cJ})$	%/℃		−0.34*	−0.34*	−0.34*	−0.34*	−0.34〜−0.39	−0.34*	−0.4
T_c	℃				2相（硬磁性相は 310〜350）*				>600
可逆透磁率	—		1.6*	1.3*	1.3*	1.3*	1.3*	1.3*	1.2*
密度	Mg/m³		7.5*	7.5*	7.5*	7.5*	7.5*	7.5*	7.7

[†] 95 ％以上の飽和磁化を得るための印加磁界
* 推定値

MQP は Neo Material Technologies 社，SPRAX は日立金属，それぞれの商品名で，$(Sm_{0.7}Zr_{0.3})(Fe_{0.8}Co_{0.2})_9B_{0.1}N_x$ は参考文献 8)から引用した

る．高保磁力化のために Nd を増加させると，Nd$_2$Fe$_{23}$B$_6$ 組成相の生成が優勢となって，Nd$_2$Fe$_{14}$B 組成相が生成しなくなる領域がある．ところが，Ti を添加することで過冷却液体相から包晶反応を介さないで Nd$_2$Fe$_{14}$B 相の生成が可能であること，C を添加することで均一微細化が可能であることなどが見出されて高保磁力化が可能になった．開発当初は液体急冷法が使われていたが，Ti，C を同時添加することで，ストリップキャスト法での製造が可能になった．厚板を粉砕して使うため，粉末形状も扁平ではない．SPRAX-I (Nd-Fe-Co-Cr-B 系高飽和磁化タイプ)，SPRAX-II (Nd-Fe-B-Ti-C 系高保磁力タイプ) が生産されている．

NITROQUENCH は，高 Fe 濃度 TbCu$_7$ 型の Sm-Fe-N 系ナノコンポジット磁石粉である．開発当初は，急冷速度を 70 m/sec 程度まで高める必要があり，できた薄片の厚さは 10 μm 以下の薄いものであった[7,8]．Zr，Co，B を添加することで 40 m/sec 程度の低速度でも高保磁力化を可能にし[9]，ボンド磁石化して市場へ投入することが検討されている[10]．等方性磁石ではあるが，従来の MQP に比べて高エネルギー積が得られ，耐食性に優れ，高温での磁力低下が少ないことが特徴である．

表 12·2·3-5 に等方性圧縮成形磁石の磁気特性を示す．粒子の分布を最適化することで密度を高めることが可能である．また，液状樹脂は磁石粉間のすべり性を高め高密度化に効果的であるが，金型に安定した量を短時間で給粉するためにはコンパウンドの流れ性を高めるためコンパウンド表面は乾いていることが重要である[11]．磁石粉含有量は，重量換算で 98 % 程度，空孔等のため体積換算で 80 % 程度となる．

表 12·2·3-6 に等方性射出成形磁石の磁気特性を示す．磁石粉と樹脂を複合化したコンパウンドを加熱溶融させてシリンダ内から金型内に射出して成形する．樹脂の粘度が低すぎると磁石粉との分離が生じ，また，樹脂の粘度が高すぎると射出そのものができなくなる．磁石粉の量は重量換算で 93 % 程度，体積換算で 60 から 70 % となる．

b. 異方性磁石粉

表 12·2·3-7 に異方性磁石粉の磁気特性を示す．SmCo 系の磁石粉は異方性粉として長い歴史を有する．現在でも使われているが，Co ベースであるため高価格であり，かつ価格変動が大きいため，高耐熱性や磁束の安定性が必要とされる用途に限定される．

SFN は，Sm$_2$Fe$_{17}$N$_3$ 系磁石である．大きな異方性磁界 (20.8 MA/m) を有するため数ミクロンの結晶粒径にすることで高保磁力化が可能である．Sm$_2$Fe$_{17}$ の母合金粉を作製した後，窒素と反応させて Sm$_2$Fe$_{17}$N$_3$

表 12·2·3-5 等方性圧縮成形ボンド磁石の磁気特性

磁気特性	商品名	MQP MQP-B	MQP-13-9R1	SPRAX-I C	SPRAX-II F	XB	XC	XD	NITROQUENCH SP-14	SP-14L
B_r	mT	620〜710	580〜660	830〜840	700〜720	670〜710	660	768	750〜820	750〜830
$(BH)_{max}$	kJ/m^3	68〜96	59〜88	63〜66	69〜74	72〜80	74	90	98〜112	98〜112
H_{cJ}	kA/m	636〜796	636〜796	355〜370	500〜530	725〜620	980	470	670〜800	550〜670
H_{cB}	kA/m	398〜478	382〜461	255	370	440	470	434	450〜520	430〜510
飽和磁界[†]	kA/m	>1900	>1600	>1800	>1800	>1900	>2200	>2000*	>2700	>2000
$\alpha(B_r)$	%/℃	−0.11	−0.12	−0.05*	−0.05*	−0.05*	−0.05*	−0.05*	−0.05〜−0.07	−0.05〜−0.07
$\alpha(H_{cJ})$	%/℃	−0.4	−0.4	−0.34*	−0.34*	−0.34*	−0.34〜−0.39	−0.34*	−0.4	−0.4
T_c	℃	360	293	2 相(硬磁性相は 310〜350)*					520	520
可逆透磁率	—	1.22	1.18	1.6*	1.3*	1.3*	1.3*	1.3*	1.2*	1.2*
密度	Mg/m^3	5.6〜6.1	5.6〜6.0	6.1〜6.2	6.1〜6.12	6.1〜6.15	6.1	6.26	5.8〜6.4	5.8〜6.4

[†] 95 % 以上の飽和磁化を得るための印加磁界
* 推定値
MQP は Neo Materials Technologies 社，SPRAX は日立金属，NITROQUENCH はダイドー電子，それぞれの商品名

表12・2・3-6　等方性射出成形ボンド磁石の磁気特性

磁気特性	商品名	MQP MQP-B	MQP MQP-13-9R1	SPRAX-I C	SPRAX-II F	SPRAX-II XB	SPRAX-II XC	SPRAX-II XD
B_r	mT	540〜640	500〜560	640	620	610	570	629
$(BH)_{max}$	kJ/m^3	51〜59	44〜52	42	48	54	54	61
H_{cJ}	kA/m	636〜796	636〜796	330	430	560	900	655
H_{cB}	kA/m	318〜398	310〜390	230	300	340	390	370
飽和磁界[†]	kA/m	>1900	>1600	>1800	>1800	>1900	>2200	>2000*
$\alpha(B_r)$	%/℃	−0.11	−0.12	−0.05*	−0.05*	−0.05*	−0.05*	−0.05*
$\alpha(H_{cJ})$	%/℃	−0.4	−0.4	−0.34*	−0.34*	−0.34*	−0.34〜−0.39	−0.34*
T_c	℃	360	293	2相(硬磁性相は310〜350)*				
可逆透磁率	—	1.22	1.18	1.6*	1.3*	1.3*	1.3*	1.3*
密度	Mg/m^3	5.1〜5.5	5.0〜5.4	5.5*	5.8*	5.7*	5.7	5.7*

[†] 95％以上の飽和磁化を得るための印加磁界
* 推定値
MQP は Neo Materials Technologies 社，SPRAX は日立金属，それぞれの商品名

表12・2・3-7　異方性希土類磁石粉の磁気特性

磁気特性	商品名	WELLMAX SFN	MAGFINE MFP12	MAGFINE MFP13	MAGFINE MFP18	NEOMAX High B	NEOMAX High H
B_r	mT	1300〜1410	1290〜1350	1250〜1310	1120〜1200	1340	1180
$(BH)_{max}$	kJ/m^3	268〜304	279〜310	279〜310	231〜263	295	240
H_{cJ}	kA/m	796〜883	875〜1035	955〜1114	1353〜1512	>1000	>1200
飽和磁界[†]	kA/m	>1350	>1900*	>2000*	>2000*	>2000*	>2000*
$\alpha(B_r)$	%/℃	−0.07	−0.13	−0.13	−0.13	−0.1*	−0.09*
$\alpha(H_{cJ})$	%/℃	−0.52	−0.5	−0.5	−0.5	−0.48*	−0.44*
T_c	℃	478	310	310	310	310〜350*	310〜350*
可逆透磁率	—	1.1	1.1〜1.2	1.1〜1.2	1.1〜1.2	1.1〜1.2*	1.1〜1.2*
密度	Mg/m^3	7.67	7.6*	7.6*	7.6*	7.6*	7.6*

[†] 95％以上の飽和磁化を得るための印加磁界
* 推定値
WELLMAX は住友金属鉱山，MAGFINE は愛知製鋼，NEOMAX は日立金属，それぞれの商品名

の合金粉とし，その後，数 µm の大きさに粉砕または解砕する方法が用いられている[12,13]．微粉砕後の粒径が細かいため，粒子表面を各種方法で不活性化する処理がなされている．

MAGFINE と NEOMAX はいずれも，HDDR 法で製造される異方性 NdFeB 系磁石である．NdFeB 合金を水素中で加熱処理して一度化合物を分解した後，水素を放出させながら再度微結晶化する．方向の揃った微細な単結晶を含む 100 µm 程度の粉末である．異方化のメカニズムについては諸説ある[14,15]．

異方性磁石粉を用いてボンド磁石製造する場合には，成形時に粒子の結晶軸を目的とする方向に配向させて密度を高める技術が必要である．用途によっては等方性の磁石では満足できないため，Nd 系，Sm 系いずれも実用化が始まっている．

表 12・2・3-8 に異方性圧縮成形磁石の磁気特性を示す．一般にエポキシ樹脂を用いて製造される．成形に用いる樹脂は重要なノウハウである．金型内にコンパウンドを投入する際は固形であり，磁界印加時には金型加熱をすることでエポキシ樹脂を溶融した状態にする方法が考案された[16]．現在，電動工具等に実用化が進められている．大きな目標は自動車用途であり，シートモータ等への実用化が始まっている．

12・2 永久磁石材料

表 12・2・3-8 異方性圧縮成形希土類ボンド磁石の磁気特性

磁気特性		商品名 MAGFINE				NEOMAX		SAM(Sm-Co)	
		MF19E	MF25L	MF25	MF23H	HB	HT	15	15R
B_r	mT	910〜990	1020〜1100	1010〜1090	960〜1040	870〜1010	820〜920	780〜810	730〜810
$(BH)_{max}$	kJ/m^3	144〜168	176〜200	176〜200	160〜184	130〜175	110〜140	103〜120	88〜120
H_{cJ}	kA/m	880〜1040	880〜1040	1040〜1200	1200〜1400	870〜1070	1110〜1350	720〜950	720〜950
H_{cB}	kA/m	530〜620	570〜660	590〜690	580〜700	530〜630	520〜620	460〜510	448〜520
飽和磁界[†]	kA/m	>2200	>2000	>2000	>1900	>2000	>2000*	>1600	>1600
$\alpha(B_r)$	%/℃	−0.12	−0.12	−0.12	−0.14	−0.1	−0.08	−0.035	−0.035
$\alpha(H_{cJ})$	%/℃	−0.54	−0.61	−0.58	−0.44	−0.56	−0.47	−0.23*	−0.23*
T_c	℃	360	310	340	310	310〜350*	310〜350*	>973*	>973*
可逆透磁率	—	1.1〜1.2	1.1〜1.2	1.1〜1.2	1.05〜1.15	1.1〜1.2*	1.1〜1.2*	1.05	1.05
密度	Mg/m^3	5.7〜6.2*	5.7〜6.2*	5.7〜6.2*	5.7〜6.2*	5.2〜6.1*	5.4〜6.1*	6.6〜7.2	6.6〜7.2

[†] 95% 以上の飽和磁化を得るための印加磁界
* 推定値
MAGFINE は愛知製鋼, NEOMAX は日立金属, SAM は NAPAC 社, それぞれの商品名

表 12・2・3-9 異方性射出成形希土類磁石の磁気特性

磁気特性		商品名 Wellmax-S3A		SAMLET		MAGFINE		NEOMAX	
		13M-H	14M-H	10A	9R	MF15	MF13H	HB	HT
B_r	mT	730〜780	760〜810	620〜680	600〜660	750〜830	670〜750	800〜880	700〜780
$(BH)_{max}$	kJ/m^3	99〜107	107〜115	68〜84	60〜76	103〜119	100〜116	120〜135	100〜120
H_{cJ}	kA/m	676〜772	660〜756	720〜950	720〜950	880〜1040	1350〜1520	800〜1000	950〜1200
H_{cB}	kA/m	447〜517	485〜533	400〜490	370〜450	470〜540	500〜580	500〜600	490〜590
飽和磁界[†]	kA/m	>1350	>1350	>1600	>1600	>1600	>2000	>2000	>2000*
$\alpha(B_r)$	%/℃	−0.07	−0.07	−0.035	−0.035	−0.13	−0.13	−0.1	−0.08
$\alpha(H_{cJ})$	%/℃	−0.52	−0.52	−0.23*	−0.23*	−0.5	−0.45	−0.6	−0.52
T_c	℃	478	478	>973*	>973*	310	310	310〜350*	310〜350*
可逆透磁率	—	1.1	1.1	1.05	1.05	1.1〜1.2	1.05〜1.15	1.1〜1.2*	1.1〜1.2*
密度	Mg/m^3	4.6〜4.8	4.7〜4.9	5.7〜6.1	5.7〜6.1	4.7〜5.1*	4.7〜5.1*	4.8〜5.3*	4.7〜5.2*

[†] 95% 以上の飽和磁化を得るための印加磁界
* 推定値
Wellmax-S3A は住友金属鉱山, SAMLET は NAPAC 社, MAGFINE は愛知製鋼, NEOMAX は日立金属, それぞれの商品名

表 12・2・3-9 に異方性射出成形磁石の磁気特性を示す. 一般にナイロンを用いて製造される. コンパウンドをシリンダ内で加熱溶融して金型内に射出する方法であり, 必要な磁気回路を金型に組み込むことで磁石粉の配向が可能となる. 高性能磁石を製造するためには, 溶融したコンパウンドを金型内に射出しながら磁石粉を十分配向させる必要がある. そのためにはコンパウンドの流動性がよく, 配向磁界を大きくすることが必要である. 希土類磁石粉の保磁力はフェライト粉に比べて大きいため, 配向には大きな磁界が必要であり, 金型の磁界解析がきわめて重要な要素となる. また, 異方性射出成形の場合には, 溶融したコンパウンドが金型内で急速に冷却されるため, 流動性が低下し, 配向しにくくなる傾向がある. これは磁石が小型薄肉形状になるほど顕著である. 十分な配向を前提にすれば, 磁石粉含有率が高いほど磁気特性は向上するが, 現実には, 含有率が高いと流動性が低下し, 配向度が悪化するため, 磁気特性が逆に低下する場合も見られる.

希土類ボンド磁石市場は, 異方性磁石の動きはあるものの, まだ MQP が主である. 主な用途は, HDD

またはODD等のスピンドルモータである．自動車用各種センサ，カメラ，携帯電話，PCゲーム機，エアコン，掃除機，電動工具等にも使われる．また，HDDは自動車，航空機，家庭用品にも使われる動きになっている．

（4）おわりに

永久磁石市場に占めるボンド磁石の割合は16％に達している．ただし，日本企業の中国移転や中国国内の新規企業で生産が進められているため，日本国内での生産量は激減している．しかしながらこのような環境だからこそ，フェライトボンド磁石を用いることで，微細で精密な着磁パターンの形成技術をさらに高めることや，高保磁力化が進んだために成形時の磁石粉の配向が難しい希土類異方性ボンド磁石の高性能化技術をさらに進展させること等が，新しい市場に対応するために今後必要であり，それらの技術を先導することが長年先端を走り続けてきた日本企業の役目である．

第12章 文献

12・1・1の文献
1) 平賀貞太郎，奥谷克伸，尾島輝彦：フェライト，丸善（1986）45-48．
2) 千葉明，木村修："Mn-Znフェライトの生成反応に関する研究"，粉体および粉末冶金，**31**（1981）75-79．
3) 山口喬：フェライトの基礎と磁石材料，エレセラ出版委員会編（1979）22-24．
4) 近角聡信，太田恵造，安達健五，津屋昇，石川義和：磁性体ハンドブック，朝倉書店（1979）612．
5) M. Paulus: Preparative Methods in Solid State Chemistry, ed. by P. Habenmuller, Academic Press, New York (1972) 487-531.
6) 青木卓也，村瀬琢，野村武史："フェライトの曲げ応力に及ぼす残留カーボンの影響"，粉体粉末冶金協会平成12年度春季大会講演概要集（2000）244．
7) Y. Matsuo: "EMI Material and Chip Inductor", Ceramics Japan, **39** (2004) 590-594.
8) 田口信雄，山口隆志，沖野喜和，岸弘志："NiZnCuフェライトの焼結過程に与えるClイオンの影響"，粉体粉末冶金協会平成12年度春季大会講演概要集（2000）246．
9) 中村彰宏，児玉高志，鴻池健弘，伴野国三郎："Mn添加によるNiCuZnフェライトの信頼性向上"，粉体粉末冶金協会平成12年度春季大会講演概要集（2000）250．
10) A. Nakano, H. Momoi and T. Nomura: "Effect of Ag on the microstructure of the low temperature sintered NiCuZn ferrite", Proc., ICF-6 (1992) 1225-1228.
11) 中畑功，中野敦之，村瀬琢，野村武史："MgCuZnフェライトの低温焼結化"，粉体粉末冶金協会平成12年度春季大会講演概要集（2000）238．
12) 福田泰隆，舘義仁，溝口徹彦，井上哲夫，谷田部茂："フェライト厚膜を用いたDC-DCコンバータ用プレーナインダクタ"，川崎製鉄技報，**34**（2002）125-128．
13) 藤丸琢也，西村弘治，藤本秀次，安村浩治，椎葉健吾："携帯電話用RFID（13.56MHz）フェライトシート"，Matsushita Technical Journal, Vol. 51, No. 5 (2005) 86-90.
14) 阿部正紀："低温（3〜90℃）水溶液プロセスによるフェライト薄膜・超微粒子の作製"，科学と工業，**75**（2001）342-349．
15) 阿部正紀，松下伸広："水溶液中で作製したフェライト薄膜・超微粒子のマイクロ波/ナノバイオ応用"，日本応用磁気学会誌，**27**（2003）721-728．
16) S. Yoshida, K. Kondo and T. Kubodera: "Suppression of GHz noise emitted from a four-layered PWB with a ferrite-plated inner ground layer", IEEE Trans. Magn., **44** (2009) 2982-2984.

12・1・2の文献
1) R. M. Bozorth: Ferromagnetism, D. Van Nostrand, Co. Inc., N. J. (1951) 779.
2) Y. Takada, M. Abe, S. Masuda and J. Inagaki: "Commercial scale production of Fe-6.5 wt% Si sheet and its magnetic properties", J. Appl. Phys., **64** (1988) 5367-5369.
3) JFEスチール(株)：JFEスパーコアカタログ，Cat. No. F1J-002-04.

4) 増本量，山本達治："新合金「センダスト」及び Fe-Si-Al 系合金の磁氣的並びに電氣的性質に就いて"，日本金属学会誌，**1**（1937）127-135.
5) Y. Yoshizawa, S. Oguma and K. Yamauchi: "New Fe-based soft magnetic alloys composed of ultrafine grain structure", J. Appl. Phys., **64** (1988) 6044-6046.
6) G. Herzer: "Grain size dependence of coercivity and permeability in nanocrystalline ferromagnets", IEEE Trans. Magn., **26** (1990) 1397-1402.
7) G. Herzer: "Grain structure and magnetism of nanocrystalline ferromagnets", IEEE Trans. Magn., **25** (1989) 3327-3329.
8) 吉沢克仁："ナノ結晶軟磁性材料とその応用"，まぐね，**2**（2007）137-142.
9) H. Karamon, T. Masumoto and Y. Makino: "Magnetic and electrical properties of Fe-B-N amorphous films", J. Appl. Phys., **57** (1985) 3527-3532.
10) 大沼繁弘，三谷誠司，藤森啓安，増本健："Co-Al-O 系グラニュラー構造膜の高周波軟磁気特性"，日本応用磁気学会誌，**20**（1996）489-492.
11) 小林薫平："焼結磁性材の材料特性"，機械設計，**36**（1992）39-43.
12) 高城重彰，清田禎公："鉄粉製圧粉磁心の高周波磁気特性の解析"，粉体および粉末冶金，**32**（1985）259-263.
13) 高城重彰，清田禎公："鉄系粉末を用いた圧粉磁心の磁気特性の解析"，日本金属学会会報，**29**（1990）141-146.

12・2・1 の文献

1) 加藤与五郎，武井 武："酸化金属磁石の特性"，電気学会雑誌，**53**（1933）408-412.
2) J. J. Went, G. W. Rathenau, E. W. Gorter and G. W. van Oosterhout: "Ferroxdure, A Class of New Permanent Magnet Materials", Philips Tech. Rev., **13** (1952) 194-208.
3) A. Cochardt: "Modified Strontium Ferrite, a New Permanent Magnet Material", J. Appl. Phys., **34** (1963) 1273-1274.
4) F. K. Lotgering, P. H. G. M. Vromans and M. A. H. Huyberts: "Permanent-Magnet material obtained by sintering the hexagonal ferrite W=BaFe$_{18}$O$_{27}$", J. Appl. Phys., **51** (1980) 5913-5918.
5) V. Adelskold: "X-ray Studies on Magneto-Plumbite, PbO・6Fe$_2$O$_3$, and other Substances resembling "Beta-Alumina", Na$_2$O・11Al$_2$O$_3$", Arkiv for Kemi, Mineralogi och Geologi, **12A** (1937) 1-9.
6) H. Kojima, C. Miyakawa, T. Sato and K. Goto: "Magnetic Properties of W-Type Hexaferrite Powders", Jpn. J. Appl. Phys., **24** (1985) 51-56.
7) T. Nomura, et al.: "Ferrite Materials", Fine Ceramics, Ohmsha (1987) 254-269.
8) L. J. Brad: "The constituents of BaO・5.5Fe$_2$O$_3$", Mater. Sci., **8** (1973) 993-999.
9) J. S. Reed and R. M. Fulrath: "Characterization and Sintering Behavior of Ba and Sr Ferrites", J. Amer. Ceram. Soc., **56** (1973) 207-211.
10) F. Harberey and F. Kools: "The Effect of Silica Addition in M-Type Ferrites", FERRITES: Proc. Intnl. Conf. Ferrites, (1980) 356-361.
11) G. Albanese, et al.: "Magnetic Properties of Aluminium Substituted Zn$_2$-W Hexagonal Ferrites", Physica BC, **86/88** (1977) 941-942.
12) S. Dey and R. Valenzuela: "Magnetic properties of substituted W and X hexaferrites", J. Appl. Phys., **55 Pt 2B** (1984) 2340-2342.
13) T. Besagani, A. Deriu, F. Licci, I. Pareti and S. Rinaldi: "Nickel and Copper Substitution in Zn$_2$-W", IEEE Trans. Magn., **MAG 17** (1981) 2636-2638.
14) R. H. Arendt: "Liquid-phase sintering of magnetically isotropic and anisotropic compacts of BaFe$_{12}$O$_{19}$ and SrFe$_{12}$O$_{19}$", J. Appl. Phys., **44** (1973) 3300-3305.
15) L. G. van Uitert and F. W. Swanekamp: "Permanent Magnet Oxides Containing Divalent Metal Ions. II", J. Appl. Phys., **28** (1957) 482-485.
16) K. Haneda and H. Kojima: "Intrinsic Coercivity of Susbituted BaFe$_{12}$O$_{19}$", Jpn. J. Appl. Phys., **12** (1973) 355-360.
17) 岡本重夫，野村武史，奥谷克伸："フェライトの評価法"，エレクトロセラミクス，**1**（1986）41-49.
18) S. Suwa, H. Taguchi, T. Takeishi, K. Masuzawa and Y. Minachi: "High Energy Ferrite Magnets", Proc. 7th Intnl. Conf. Ferrites (1996) 311-314.
19) A. Deschamps and F. Bertaut: "Sur la substitution de baryum par une terre rare dans l'hexaferrite", Academie des Sciences, **17** (1958) 3069-3072.

20) A. H. Mones and E. Banks : "Cation Substitutions in BaFe$_{12}$O$_{19}$", J. Phys. Chem. Solids, **4** (1958) 217-222.
21) 田口　仁："高性能フェライト磁石の開発と応用"，第18回武井セミナー予稿集（1998）1-9.

12・2・2 の文献
1) 木村康夫："永久磁石の製造技術"，金属学会会報，**7** (1968) 680-689.
2) Shi Ming Hao, T. Takayama, K. Ishida and T. Nishizawa : "Miscibility Gap in Fe-Ni-Al and Fe-Ni-Al-Co Systems", Metall. Mater. Trans. A, **15A** (1984) 1819-1828.
3) H. Cottrell : "An Introduction to Metallurgy," Edward Arnold Ltd. London (1968).
4) H. Kaneko, M. Homma and K. Nakamura : "New Ductile Permanent Magnet of Fe-Cr-Co System", AIP Conf. Proc., **5** (1972) 1088-1092.
5) S. Jin, N. V. Gayle and J. E. Bernardini : "Deformation-aged Cr-Co-Cu-Fe Permanent Magnet Alloys", IEEE Trans. Magn., **MAG-16** (1980) 1050-1052.
6) M. Homma, E. Horikoshi, T. Minowa and M. Okada : "High-energy Fe-Cr-Co Permanent Magnets with $(BH)_{max}$ ≃8-10 MG Oe", Appl. Phys. Lett., **37** (1980) 92-93.
7) S. Jin : "Deformation Induced Anisotropic Cr-Co-Fe Permanent Magnet Alloys", IEEE Trans. Magn. MAG-15 (1979) 1748-1750.
8) M. Sagawa, S. Fujimura, N. Togawa, H. Yamamoto and Y. Matsuura : "New Material for Permanent Magnets on a Base of Nd and Fe (invited) ", J. Appl. Phys., **55** (1984) 2083-2087.
9) 播本大祐，松浦裕："Nd-Fe-B 焼結磁石における結晶配向と磁石特性の関係"，平成17年度粉体粉末冶金協会秋季大会概要集（2005）145.
10) R. W. Lee : "Hot-pressed Neodymium-Iron-Boron Magnets", Appl. Phys. Lett., **46** (1985) 790-791.
11) 小嶋清司，井端昭彦，小嶋滋："押出加工法による Nd-Fe-B 磁石の磁気特性と配向性"，日本応用磁気学会誌，**12** (1988) 219-222.
12) T. Takeshita and R. Nakayama : "Magnetic Properties and Microstructures of the Nd-Fe-B Magnet Powders Produced by HDDR Process (IV)", Proc. 12th Int. Workshop on Rare Earth Magnets and Their Applications, Canberra (1992) 670-681.
13) H. Kronmüller : "Nucleation and Propagation of Reversed Domains in RE-Co-Magnets", Proc. Sixth International Workshop on Rare Earth-Cobalt Permanent Magnets and Their Applications (1982) 555-565.
14) M. Ito, K. Majima, T. Shimuta, S. Katsuyama and H. Nagai : "Magnetic Properties of Sm$_2$ (Fe$_{0.95}$M$_{0.05}$)$_{17}$N$_x$ (M=Cr and Mn) Anisotropic Coarse Powders with High Coercivity", J. Appl. Phys., **92** (2002) 2641-2643.

12・2・3 の文献
1) 戸田俊行：ボンデッドマグネット，日本ボンデッドマグネット工業協会編，（株）合成樹脂工業新聞社（1990）106.
2) W. C. Goodwin : " The World Bonded Ferrite Market-1993 an American's Perspective", BM News, **10** (1993) 15-18.
3) 伊藤登："ボンド磁石の生産・需要動向"，BM News, **36** (2006) 12-20.
4) 吉田洋一："センサー及び小型モータ用ボンド磁石"，BM News, **31** (2004) 82-94.
5) V. Panchanathan : "Current Status in Bonded Nd-Fe-B Magnets", Proc. 16th International Workshop on Rare-Earth Magnets and Their Applications, H. Kaneko, M. Homma and M. Okada, ed., Sendai, Japan, The Japan Institute of Metals (2000) 431-447.
6) 広沢哲，金清裕和，三次敏夫："Fe$_3$B/Nd$_2$Fe$_{14}$B 系ナノコンポジット合金におけるナノ組織形成と磁気特性に関する研究に基づく高保磁力型ナノコンポジット磁石の開発"，粉体および粉末冶金，**52** (2005) 182-186, /金清裕和："Fe-B/Nd$_2$Fe$_{14}$B ナノコンポジット磁石粉"SPRAX-II"の諸特性"，BM News, **31** (2004) 60-71.
7) 福野亮："Sm-Fe-N+αFe 系ナノコンポジット等方性磁石"，工業材料，**46** (12) (1998) 41-44.
8) S. Sakurada, A Tsutai, T. Hirai, Y. Yanagida and M. Sahashi : "Structural and Magnetic Properties of Rapidly Quenched (R, Zr) (Fe, Co)$_{10}$Nx(R=Nd, Sm)", J. Appl. Phys., **79** (1996) 4611-4613.
9) 桜田新哉，津田井昭彦，新井智久："120 (kJ/m^3) 等方性ボンド磁石の開発" 粉体および粉末冶金，**50** (2003) 626-632.
10) R. Omatsuzawa, K. Murashige and T. Iriyama : "Magnetic Properties of TbCu$_7$-Type Sm-Fe-N Melt-Spun Ribbons", Trans. Magn. Soc. Japan, **4** (2004) 113-116.
11) 大森賢次，吉沢昌一："圧縮成形希土類ボンド磁石用コンパウンド"，BM News, **11** (1994) 26-29.
12) A. Kawamoto, T. Ishikawa, S. Yasuda, K. Takeya, K. Ishizaka, T. Iseki and K. Ohmori : "Sm$_2$Fe$_{17}$N$_3$ Magnet

Powder Made by Reduction and Diffusion Method", IEEE Trans Magn., **35** (1999) 3322-3324.
13) 久米道也："SmFeN ボンド磁石", BM News, **23**（2001）34-37.
14) 森本耕一郎："Nd-Fe-B 系 HDDR 磁石材料の高性能化と実用化に関する研究", 粉体および粉末冶金, **52** (2005) 171-181.
15) O. Gutfleisch, K. Khlopkov, A. Teresak, K.-H. Muller, G. Drazic, C. Mishima and Y. Honkura : "Memory of Texture during HDDR Processing of NdFeB", IEEE Trans. Magn., **39** (2003) 2926-2931.
16) 本蔵義信，御手洗浩成："NdFeB 系異方性プラスチック磁石の商品化", BM News, **15**（1996）49-52.

第 13 章 高融点金属材料

　高融点金属の定義は明確ではないが，融点が 2500 K 以上の元素を表 13-1 に示す．これら高融点金属の中で工業的に粉末冶金法を用いて製造されるのは，主にタングステンとモリブデンおよびそれらの合金である．タングステンとモリブデンは融点が高いうえに，塑性加工が難しいため，粉末冶金による製造が好適である．タングステンとモリブデンを主とする材料は，低融点の金属を含まない，いわゆるタングステン・モリブデン材料と，銅・銀・鉄・ニッケル等，ほかの金属と複合化した合金に大別される．そのうち Ag-W 合金および Cu-W 合金は電気材料としての応用が主であるので，第 14 章にゆずる．

表 13-1　高融点元素の諸特性[1]

元素記号	融点 (K)	融解熱 (kJ/mol)	沸点 (K)	蒸発熱 (kJ/mol)	原子番号	周期律表 族	周期律表 周期	原子量	比重	結晶構造
C	3823	—	5073	355.8	6	4B	2	12.011	2.25*	六方晶*
W	3653	35	5800	799.4	74	6A	6	183.84	19.3	体心立方
Re	3453	33	5900	707.4	75	7A	6	186.207	21.03	六方晶
Os	3318	29.3	5300	—	76	8A	6	190.2	22.5	六方晶
Ta	3263	31.4	5773	753.4	73	5A	6	180.948	16.6	体心立方
Mo	2903	27.8	5100	594.3	42	6A	5	95.94	10.22	体心立方
Ir	2716	26.5	4800	563.8	77	8A	6	192.22	22.4	面心立方
Ru	2523	26	4150	568.4	44	8A	5	101.07	12.2	六方晶
Hf	2503	24.23	4575	—	72	4A	6	178.49	13.28	六方晶

*　グラファイトの場合

13・1　タングステン・モリブデン材料

13・1・1　タングステン

　タングステン（tungsten）という元素名はスウェーデン語の「重い石」が語源とされる．一方，元素記号の W はドイツ語の wolfram の頭文字をとっており，タングステンの鉱石の一種である鉄マンガン重石（wolfarmite，狼鉄鉱，(Fe, Mn)WO$_4$）が語源とされている．タングステンの鉱石としてはその他にも灰重石（scheelite，CaWO$_4$）等が知られているが，いずれも産地が偏在しており，世界の鉱石の埋蔵量の半分以上が中国に集中しているといわれている．

　タングステンは金属元素中で最も融点が高い．タングステンの物理的性質を表 13・1・1-1 に示すが，熱膨張係数が小さく，熱伝導率は比較的高い等の特徴も有するため，工業的に広く応用されている．

　タングステンの酸化物は 4 価から 6 価のいくつかの酸化状態をとるが，最も安定な 6 価の WO$_3$ はアルカリに可溶である．したがって，タングステン鉱石はアルカリ水溶液で抽出され，精製を繰り返した後，

表 13・1・1-1　タングステンの物理的性質[1]

格子定数	0.3165 nm	ヤング率	4.027×10^{11} Pa(25℃)
比熱	138 J/kgK(0-100℃)	剛性率	1.554×10^{11} Pa(25℃)
線膨張係数	4.5×10^{-6} K^{-1}(0-100℃)	圧縮率	0.31×10^{-12} Pa^{-1}(常温)
熱伝導率	167 W/m・K(0-100℃)	ポアソン比	0.284(20℃)
比抵抗	5.5×10^{-8} Ω・m(20℃)		

APT（パラタングステン酸アンモニウム，$5(NH_4)_2O \cdot 12WO_3 \cdot (5 \text{ or } 11)H_2O$）の結晶とするのが一般的である．APT を熱分解すると WO_3 になり，水素中で還元すれば，最終的には金属タングステン粉末が得られる．

タングステン粉末は通常水素中で焼結されるが，2000 K 以上の焼結温度を必要とするため，棒状の焼結体を得る場合は直接通電焼結することも多い．得られたタングステンの焼結体は脆く，室温では塑性加工をすることができないので，タングステンの棒や線を得る場合には，まず1300 K 以上の高温でスウェージング加工を行う．焼結体の径が細くなるに従い，結晶組織は細長く繊維状になり，内部のポアも減少する．この過程で，タングステンの塑性加工性は次第に向上し，直径数 mm 以下になると，1300 K 以下の低温でダイスによるドローイング加工が可能となる．加工が進むにつれ，タングステン線の硬度と引張強さは上昇し，$\phi 0.1$ mm 以下のワイヤでは硬度 HV 500 以上，引張強さ 3 GPa 近くに達する．なお，純タングステン線をおおむね1800 K 以上に加熱すると組織が再結晶するため，強度が極端に低下する．これでは高温で使用されるフィラメント等には不都合なので，タングステン中に数 10 ppm のカリウムをドープすることが行われる．カリウムは原料粉末に酸化物の形で添加され，加工の途中で適宜熱処理を加えることで，長さ方向に整列したバブルの列を形成する．このバブルの列が，結晶粒界の移動を阻害し，再結晶開始温度を上昇させるとともに，再結晶後の組織のアスペクト比も増大させるので，高温に加熱しても高強度で変形の少ない線となる[2]．

タングステンは切削加工・研削加工・放電加工等いずれも可能である．しかし，難加工性であるので，工具や加工条件の選定等には注意を要する．

タングステンを基に他の金属との固溶体を用いた実用合金として，W-Re 合金が知られている．W-Re 合金は W-5％Re と W-26％Re のペアが高温用の熱電対として用いられるほかにも，タングステンと比較して比抵抗・弾性率・強度・延性・耐熱性が高いことを利用した用途に用いられるが，Re が高価なため応用範囲は限られている．

タングステンを基にした分散強化型合金としては，W-ThO_2 合金が知られている．ThO_2 は分散強化粒子としての役割以外に，高温で電極として用いられる場合にはタングステンによって還元されたトリウムが表面に拡散し，仕事関数を下げ電子放出特性を向上させる効果もある．トリウムは放射性元素であるが，2.0％ 以下の含有量の場合核原料物質および核燃料物質の規制対象とはなっていない．しかし，最近では製造・使用を避ける動きもあり，代替材料の開発が求められている．

13・1・2　モリブデン

モリブデン（molybdenum）という元素名および元素記号 Mo はギリシャ語の鉛（molybdos）に由来するといわれている．主な鉱石は輝水鉛鉱（molybdenite, MoS_2）や黄鉛鉱（wulfenite, $PbMoO_4$）で，米国・チリをはじめ南北米大陸および中国等に産出する．モリブデンの酸化物は比較的低温で昇華するため，鉱石を焙焼することで抽出することが可能である．化学的性質はタングステンに類似しているので，以下の精製

表 13·1·2-1 モリブデンの物理的性質[1]

格子定数	31.468 nm	ヤング率	3.27×10^{11} Pa (25 ℃)
比熱	259 J/kgK (0-100 ℃)	剛性率	1.206×10^{11} Pa (25 ℃)
線膨張係数	5.1×10^{-6} K^{-1} (0-100 ℃)	圧縮率	0.36×10^{-12} Pa^{-1} (常温)
熱伝導率	142 W/m·K (0-100 ℃)	ポアソン比	0.324 (20 ℃)
比抵抗	5.7×10^{-8} Ω·m (20 ℃)		

工程はタングステンとほぼ同様となる．焼結以降の工程についてもタングステンと似ているが，融点が低いので，アーク溶解等によってもインゴットの形成は可能である．

モリブデンの物理的性質を表 13·1·2-1 に示す．融点や比重等はタングステンより低いが，その他の物理的性質はタングステンに近い性質を有している．タングステンよりも塑性加工性がよいため，薄板材等での使用例も多い．

高融点金属であるモリブデンは耐熱材料としての用途もあり，さらにその耐熱性を改善するために合金化も検討されており，セリウム等の酸化物を分散した材料が実用化されている．また，チタンやジルコニウムを添加した析出硬化型合金である TZM 合金（Tungsten-Zirconium-Molybdenum alloy）や Mo-TZC 合金も知られている．

13·1·3　ヘビーアロイ

タングステンにニッケル・銅・鉄等を数 % 添加した合金をヘビーアロイという[1]．焼結性が改善され，1300〜1800 K で焼結が可能となり，靭性・被加工性・耐酸化性・耐食性もタングステンに比べ優れる．比重は 18 前後とタングステンより若干低くなり，添加金属の融点以上の高温では使用できないという欠点はあるが，ウェイト材や型材として広く用いられる．

13·2　応用事例

タングステンといえば電球のフィラメントが思い浮かぶが，これは 1908 年の GE 社のウィリアム・クーリッジの発明によるものである[1]．照明用以外にもタングステン・モリブデンは①耐熱性，②耐アーク・耐プラズマ性，③高強度・高剛性，④高比重，⑤低熱膨張，⑥高熱伝導等の特徴を活かした用途に用いられる．

一方タングステン・モリブデンは耐酸化性や耐食性に劣ることが知られている．したがって高温で使用する場合は還元性または不活性雰囲気にすることが必要となる．また，保管する場合は乾燥雰囲気が望ましい．

以下，用途を紹介するが，照明用以外の電気材料は第 14 章にゆずる．

13·2·1　照明用線・棒

いわゆる白熱電球のフィラメントは 2200 K 以上の高温になるため，タングステン線が用いられる．また，フィラメントの周辺のウェルズ・アンカー・サポートといった部品にもタングステンやモリブデンが使われている．

フィラメントの温度を高くするほど効率はよくなるが，タングステンが蒸発しやすくなるため，電球の黒化や線が細くなることで寿命が短くなる．そこで，電球内に不活性ガスを封入して蒸発を抑えた電球もあ

る．さらにハロゲンガスを封入すると，いわゆるハロゲンサイクルにより，蒸発したタングステンが再びフィラメント上に析出する．このようなランプはハロゲンランプ（halogen lump）と呼ばれ，フィラメント温度を 2400 K 以上にすることが可能となり，高輝度・高効率なランプとして，自動車用・コピー機用・集魚灯等に用いられる．また，放射熱により均一・高速な加熱ができるので，暖房用やコピー機等，機械部品の加熱にもハロゲンランプが用いられる．

このようにタングステン・モリブデンは約 1 世紀に渡り，世界を照らしてきたわけであるが，近年では白熱電球の効率の悪さから，その製造を禁止・自粛する動きが広まっている．エネルギー問題の観点からは仕方のないことであるが，白熱電球のもつ幅広いスペクトル分布は，自然光に近い優れた演色性を産み出し，放電灯や LED（発光ダイオード，light emitting diode）とは異なる照明としての魅力がある．

白熱電球以外の照明として，蛍光灯に代表される放電灯の一群がある．放電灯内部に封入され発光する物質の種類によって，水銀灯・キセノンランプ・ナトリウムランプ・メタルハライドランプ等に分類され，一般照明用から半導体製造用の光源まで幅広く用いられている．放電灯の電極は高温とアークやプラズマにさらされるので，タングステンやモリブデンが使用されることが多い．特に陰極には電子放出特性が要求されるので，仕事関数の低い薬剤を塗布したり，前述の W-ThO$_2$ 合金が用いられることがある．

最近では液晶用のバックライトとして冷陰極蛍光管（CCFL）が用いられ，ニッケル電極よりモリブデン電極を用いた方が高効率となるため，モリブデンの需要を伸ばした．しかし，この分野もいずれは LED に替わるといわれており，LED 以外でも有機エレクトロルミネッセンス（organic electro-luminescence）やレーザ等他の光源の進歩も著しい．このような分野の照明用タングステン・モリブデンの需要は今後縮小していくと考えられる．

13・2・2 耐熱部材

タングステン・モリブデンは高融点金属としての特徴をそのまま活かし，各種耐熱部材の用途がある．線としては電気炉や蒸着用のヒータに用いられるほか，カップ状に成形し蒸着用のハースライナや溶解用るつぼに用いられる．特にモリブデンは板材に加工しやすいので，各種の炉においてトレイや断熱材としても使用される．ヘビーアロイはその靱性・耐酸化性を活かして，高温で使用される型材として応用されている．

半導体製造の分野ではイオンプレーティング装置等，プラズマを利用する装置が多いため耐プラズマ性を要する部品にはタングステンやモリブデンが用いられることが多い．また，核融合の実証試験が進められつつあるが，プラズマにさらされるダイバータにタングステンの使用が検討されている．

また，タングステンやモリブデンは LSI 微細化に伴い配線材料としても検討されており，スパッタリングターゲットとして供給される．電気抵抗が比較的低いことに加え，原子の拡散が遅くマイグレーションを起こしにくいことが検討されている理由であり，一般的な意味での耐熱とは異なるが，融点が高いことの 1 つの効果と考えられる．

13・2・3 その他タングステン線

タングステンの高強度・高剛性を活かせば他の材質よりも細い線とすることができる．用途としては，①チャージワイヤ，②プローブピン，③ワイヤカット用ワイヤ，④カテーテル用ガイドワイヤ，⑤ミニロープ，⑥ボロン繊維，⑦釣り糸，等がある．

チャージワイヤはコピー機や空気清浄機の部品で，コロナ放電を起こしトナーやほこりに電荷を与える役目をもつ．線径が細いほど表面の電界が強くなるが，振動や変形を抑えるために強度と剛性が必要となる．表面が酸化すると電界が不均一になるため，あらかじめ均一に酸化させた線や貴金属をめっきした線が用い

られることもある[1].

　半導体回路の集積度が高まるにつれて，パッケージのピン間隔も狭まり，それを検査するためのプローブピンもより細く，かつ一定の接触圧を確保することが要求され，タングステンが使用されている．タングステンよりさらに剛性が要求される場合にはW–Re合金を用いる場合もある．

　通常ワイヤカットには銅や黄銅のワイヤが用いられるが，おおむねϕ100 μmより細い線を用いたい場合はタングステン線が用いられ，最小ϕ30 μm程度までが使用されている．

　血管内にカテーテルを挿入して行う治療は，手術に比べ患者の負担が軽く，需要が増加している．治療を行うカテーテルを必要な場所まで誘導するには，血管の分岐点でガイドワイヤと呼ばれる線により進行方向を選択していく．最長1m以上になるガイドワイヤを手元で操作するためには剛性が必要で，なおかつカテーテル全体が血管内に収まるためには細さも要求されるため，タングステン線が好適である．

　タングステン線を複数より合わせてロープにすることも可能である．高強度で柔軟なため，Siの単結晶引上げ用等に使用される．

　FRP等に使用するボロン繊維は，タングステンの芯線の上にボロンをCVDコーティングしたものである．タングステン自体の強度もボロン繊維の高強度に寄与していると考えられる．

　変わったところでは，鮎釣り用のテグスに金めっきタングステン線が用いられている．鮎に見えない細さが上級者には好評のようだ．

13・2・4　ウェイト材・遮蔽材

　タングステンおよびその合金の高い比重を活かし，航空機のバランスウェイトや精密機器・音響機器の制振材としての用途もある．逆に携帯電話のバイブレータや自動巻時計等では，振動子として振動を発生させる用途にも用いられる．

　また，γ線の吸収率は材料の比重にほぼ比例するので，タングステンおよびその合金はγ線の遮蔽材としても有効である．X線に関しては吸収端の関係で，波長により吸収率は変動するが，全般的に良好な吸収を示すので，X線の遮蔽材としても使用される[1]．従来このような遮蔽材としては鉛が用いられることが多かったが，環境面から鉛代替の動きが進みつつある．

第13章　文献

13・1の文献
1)　日本金属学会編：金属データブック，丸善（2004）．

13・1・1の文献
1)　日本金属学会編：金属データブック，丸善（2004）．
2)　Kouji Fujii and Kouji Tanoue : "Some Factors Deciding the Non-Sag Grain Structure of Doped Tungsten Fine Wires", Nippon Tungsten Review, **36** (2004) 1-8.

13・1・2の文献
1)　日本金属学会編：金属データブック，丸善（2004）．

13・1・3の文献
1)　Y. Uchida and S. Mukae : "High-Density Sintered Tungsten-based Material Heavy Alloy", Nippon Tungsten Review, **39** (2007) 13-17.

13・2の文献
1)　照明学会：光源（改訂版），照明学会（2004）．

第13章 文献

13・2・3 の文献
1) Y. Ito, K. Fujii and K. Hara : "Corona Discharge Electrode for Air Cleaners", Nippon Tungsten Review, **31** (1999) 29-35.

13・2・4 の文献
1) 日本非破壊検査協会:放射線透過試験Ⅱ,日本非破壊検査協会(2006).

第14章 電気材料

14·1 電気材料に用いられる合金

　電気材料に用いられる合金は，電気接点材料・集電材料・高融点金属（第13章参照）に大別される．原料としてはAg, Cu, WC, W等がよく用いられるが，単一金属では要求される特性を満足することができない場合，それぞれの特徴を活かすために合金あるいは粉末冶金法で製造された複合体が使用される．
　Agは電気伝導度と熱伝導度が金属元素中最高で，加工性に富む．化学的性質としては，酸化しにくいこと，窒素・水素・炭素と高温で反応しないこと，塩酸のような非酸化性の酸には侵されないこと等があげられる．しかし，硫黄との親和力が強く，硫化水素とは常温で反応し硫化銀となり導電性が著しく阻害される等の欠点もある．
　Cuは電気伝導度と熱伝導度がAgの次に高く，加工性も良好である．また，銅は加工硬化を生じるので，かなりの摩耗変形にも耐えられる．銅は酸化力のある酸以外のものには侵されないが，酸素，硫黄との親和力が強く，酸化物，硫化物を作りやすい欠点がある．一酸化炭素，窒素，炭素とはほとんど化合しない．
　WC, Wについてはそれぞれ第11, 13章を参照されたい．

14·1·1 電気接点用材料

　電気接点には次の3つの機能が要求される．
　①完全に接触して回路を閉成すること．
　②通電時の抵抗が小さいこと．
　③完全に離れて電流を遮断すること．
　この投入−通電−遮断のサイクルをそれぞれの用途に応じて必要な頻度と回数を完全に遂行しなければならない．たとえば，マグネットスイッチの接点では多数の開閉を行わなければならないので，消耗が少ないことが第一となる．遮断器類では異常電流によるアークに耐えて溶着することがなく，確実に遮断できることがまず要求される．このように電気接点にはその用途によって耐消耗特性，耐アーク性，耐溶着性に優れた材料が要求される．以下に主な合金系の材料について述べる．

（1） Ag-W系

　Agは接点材料として優れたものであるが，融点が低いために大電流で消耗が大きく溶着しやすく，また軟らかいので機械的消耗が大きい．この欠点を補うために金属中で最も融点が高く硬度も高いWを配合することにより，AgとWの特徴を活かしたAg-W合金接点材料としている．Ag-Wは溶着しにくいこと，機械的に強いこと，アークによる消耗が小さいことから一般に，遮断器等の大電力接点として使用される．
　この合金はWの配合量が少ない場合には普通焼結法，Wの配合量が多い場合にはAgを溶浸する溶浸法で製造される．

(2) Cu-W系

電気伝導度，熱伝導度のよい Cu とアークに強く消耗の少ない W との合金であり，Ag-W と同じように W の配合量が少ない場合には普通焼結法，W の配合量が多い場合には Cu を溶浸する溶浸法で製造される．Cu-W は W の配合量が増すにつれて耐溶着性がよくなるが，空気中で高温にさらすと酸化被膜を生成し接触抵抗が高くなるので，空気中で使用する接点としては不向きである．ただし，接触圧力が高く瞬時通電する場合や，摺動作用を有する接点には，その機械的強度の点から空気中でも使用される．油中や SF_6 ガス中では Cu および W は酸化しないので，油中や SF_6 ガス中で使用される接点としては最も適している．なお，この材料は接点以外に放電加工用電極やスポット溶接用電極としても使われている．

(3) Ag-WC系

Ag-WC は Ag-W に比べて，耐溶着性に優れること，機械的に強いこと，接触抵抗が小さく安定している等の優れた性質があるため，配線用遮断器の接点の使用において高い信頼性を得ている．また，これにGr（グラファイト）あるいは Co 等も配合してさらに改良された材料もある．製法は Ag-W とほぼ同じであるが，Ag-W に比べて焼結が難しく，再圧プレス等の処理を必要とする場合がある．

(4) Ag-Ni系

Ag-Ni は耐アーク性，耐溶着性は Ag-W に劣るが，接触抵抗が低くて安定であり，機械的性質も優れるため，用途が広く，継電器，電磁開閉器，遮断器等接点に利用される．また，ヘッダ加工等により種々の形状に加工もできる．Ag-Ni は Ag が主成分になるため，一般に固相焼結法で製造される．

(5) Ag-Gr系

Ag-Gr は Ag-Ni と同じく固相焼結法で製造される．Gr は金属との濡れ性が悪いため，耐溶着性は増すが，消耗が大きくなる．一方，自己潤滑性に富んでいるので，断路器の摺動接点や配線用遮断器に利用される．

(6) Ag-CdO系および Ag-金属酸化物系

Ag-CdO は内部酸化法によって製造される．内部酸化法は，Ag-Cd 合金粉末の焼結体，あるいは溶解した圧延 Ag-Cd 合金板を所定の接点形状に打ち抜いたものを，酸素雰囲気で加熱して Cd のみを酸化させることによって Ag-CdO 合金とする方法である．一般に焼結材と比べると溶解圧延材の方が Cd の分散が微細で均一であるため，溶解圧延材を用いて内部酸化させた接点が多く用いられている．Ag-CdO は，主に中負荷領域の使用において耐溶着性，耐消耗性に優れている．小型遮断器，電磁開閉器，ブレーカー等に利用されている．

最近は環境保護の観点からカドミウムを用いない接点に移行しており，CdO 以外の金属酸化物として SnO_2, InO_2, Sb_2O_4, ZnO 等が使用されている．

14・1・2 集電材料

集電材料はパンタグラフのすり板，電動機や発電機のブラシとして用いられ，熱伝導性がよく，固有抵抗と接触抵抗が低いこと等，接点とほぼ同じ性質が要求される．またその使用環境から高い摺動特性も必要とされ，Cu 系，Fe 系，C-Cu 系材料が主に使用されている．

Cu 系焼結合金は Cu マトリックスを強化する Fe や Cr 等の元素や潤滑性を上げる C, Pb, MoS_2 等を組

第14章 電気材料

表14・1・2-1 主な金属すり板の成分[1)]

成分系	商品名	製造法	主成分(質量%) Cu	Fe	硬質成分(質量%) Ni	Cr	その他	潤滑成分(質量%) Sn	Pb	MoS$_2$	C(黒鉛)
鉄	ダイヤメット M39	焼結	0.1~3	残	0.1~3	≦5	Mo=0.1~5	—	17~27	—	≦0.2
鉄	ダイヤメット M54X	焼結	0.4~1.5	残	0.5~2	0.5~2.5	Mo=3.5~7.5	—	10~20	—	≦0.2
鉄	プロイメット BF31	焼結	—	残	1~3	—	Ti=1~4, W=0.5~4, Mo=1~5	—	5~15	—	—
鉄	テコライザ TF5A	焼結	—	残	—	10~16	P≦0.2	—	2~10	2~7	—
鉄	ダイヤメット DM	焼結	8~10	残	—	—	—	1~2	4~7	—	5~7
銅	プロイメット BC30	焼結	残	17~25	—	—	Mo=9~15	2~5	2~6	—	—
銅	プロイメット BC16	焼結	残	—	—	10~13	P≦0.5	7~10	2.5~5	—	≦1
銅	テコライザ K16	焼結	残	—	—	10~13	P≦0.5	7~10	2.5~5	—	≦1
銅	プロイメット BB	焼結	残	3~6	—	—	—	9~12	—	—	2~5
銅	テコライザ TCS103	焼結	残	—	—	3~5	P=0.3~0.6	8~11	—	—	2~4
銅	プロイメット BC	焼結	残	10~15	2~4	—	—	8~10	—	—	3~5
銅	プロイメット CR1	焼結	残	4~7	—	—	Mo=6~7	4~6	—	1~3	—
銅	テコライザ CR2	焼結	残	—	—	8~11	P≦0.2	5~7	—	3~7.5	—
銅	プロイメット BEM	焼結	93	—	—	—	Cu-FeS, 5	—	—	—	2
銅	プロイメット BE11	焼結	90	—	—	—	Cu-FeS, 5	5	—	—	—
銅	IH合金(1)	鋳造	57~63	—	—	—	Zn=33~37, Al=0.3~0.6	—	4~6	—	—
銅	IH合金(2)	鋳造	62~66	—	—	—	Zn=残	≦1.0	1.5~4	—	—
銅	NG10合金	鋳造	75	—	—	—	—	3	22	—	—
銅	NK-3	鋳造	83	—	1	—	—	5	10	—	—

み合わせた合金が主である．各成分の混合粉末を圧縮成形後，固相焼結し，サイジング，含油処理を経て製造される．

　Fe系焼結合金もCu系と同様にマトリックス強化と潤滑性を上げる元素を組み合わせた材料で構成される．製造方法はCu系とほぼ同様である．Cu系およびFe系焼結合金すり板の主な組成を表14・1・2-1に示した．

　C-Cu系材料はC母材に導電性を改善するCuと潤滑性を改善するPbまたはSnを組み合わせた材料である．

　C-Cu系材料の場合は混合粉末を固相または液相焼結で製造する方法や，C多孔質にCuを溶浸する溶浸法による方法がある．金属黒鉛ブラシはAg-黒鉛系もあるが，Cu-黒鉛系およびCu合金-黒鉛系が主である．Cu配合量が重量で50%以上のものを高金属黒鉛ブラシ，50%以下のものを低金属黒鉛ブラシと呼んでいる．高金属黒鉛ブラシはCu粉に黒鉛粉，またSn, Zn, Pb, Ni, Cd等の粉末を添加し，これを真空ホットプレスあるいは非酸化性または還元性雰囲気で焼結する方法で製造される．低金属黒鉛ブラシの場合も同様であるが，粘着材としてタールやピッチを添加する．最近ではC母材にC/C複合材料を応用したものもある．

14・2 応用事例

　電気材料の応用事例として，電気接点・集電材料・その他電極について紹介する．このうち集電材料の用途は主に集電用すり板，電気機械用ブラシに分けられる．

14・2・1 電気接点

電気接点材料は使用される電圧，電流条件により表14・2・1-1のように分類される．粉末冶金法による接点材料は中負荷領域以上で中電流以上の領域に優位な材料である．日本粉末冶金工業会規格では焼結電気接点材料は表14・2・1-2のようにAg-W，Cu-W，Ag-WC，Ag-Niの4種類に大別されている．これ以外にAg-CやAg-CdO（Ag-金属酸化物），第13章で述べたWやMoも粉末冶金法を用いて製造されている．

14・2・2 集電用すり板[1~3]

集電用すり板は電車のパンタグラフに用いられ，架線と接触，摺動して電力を受け取る部材である．集電用すり板は耐アーク，耐摩耗，通電性が優れ，接触抵抗が小さく，架線を摩耗させにくく，軽量であること

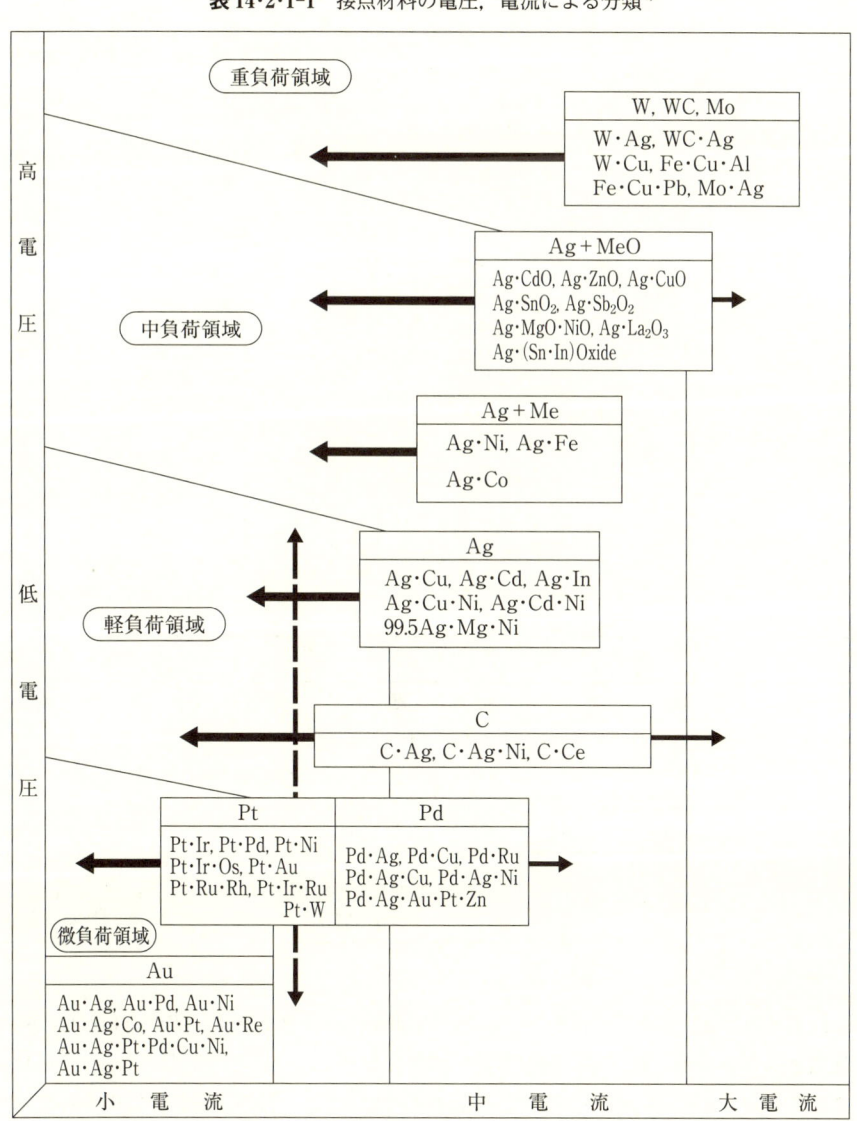

表14・2・1-1 接点材料の電圧，電流による分類[2]

第14章 電気材料

表14・2・1-2 焼結電気接点材料の種類[2]

種類		記号	合金	特徴	電気的性能[注(1)]			用途例[注(2)]
					接触抵抗	耐溶着性	耐アーク性	
SEC 1種	1	SEC120	銀-タングステン Ag-W	硬さが高く, 耐摩耗性良好 耐溶着性, 耐アーク性が良好で, しゃ断特性にすぐれる	●	◎	◎	ACB(A)
	2	SEC125			●	◎	◎	ACB(A), EDM
	3	SEC130			●	◎	◎	ACB(A), HC(A), EDM
	4	SEC135			○	◎	◎	ACB(A), OCB(A), NFB(A), EC, HC, EDM
	5	SEC140			○	○	○	HC
	6	SEC145			○	○	○	HC, EC
	7	SEC150			○	○	○	NFB, HC
SEC 2種	1	SEC220	銀-タングステン Cu-W	1種とほぼ同様な特性を示す 一般には油中で用いられることが多い	●	◎	◎	OCB(A), ACB(A), VCB
	2	SEC225			●	◎	◎	OCB(A), TC, VCB
	3	SEC230			●	◎	◎	OCB(A), VCB, AE, LC, EDM
	4	SEC235			○	○	○	EDM
	5	SEC240			○	○	○	OCB(A), TC, AE
	6	SEC250			○	○	○	AE
SEC 3種	1	SEC330	銀-炭化タングステン Ag-WC	耐食性良好. Ag量の多いものは通電性にすぐれる WC量の多いものには硬さが高く, 耐摩耗性にすぐれる	○	◎	◎	HC(A), VCB
	2	SEC340			○	◎	◎	HC(A), VCB, LC
	3	SEC350			◎	○	◎	NFB, EC
	4	SEC360			◎	○	○	NFB, HC, EC
SEC 4種	1	SEC405	銀-ニッケル Ag-Ni	通電性良好 Ag量の多いものは, 塑性変形性あり	◎	○[注(1)]	○	R
	2	SEC410			◎	○	○	LC, R
	3	SEC415			◎	○	○	ACB(M), LC, ThC
	4	SEC420			◎	◎	○	NFB
	5	SEC430			○	◎	○	NFB
	6	SEC440			○	◎	○	NFB

注(1) 電気的性能に用いられている記号の意味

記号	意味	備考
◎○	特にすぐれる	大記号は大電流用接点材料としての評価 小記号は中電流としてのAgを基準としての評価
○○	良好	
●	好ましくない	

注(2) 用途例に用いられている略記号の意味

略記号	意味	略記号	意味	略記号	意味
(M)	通電	C	開閉器	TC	タップチェンジャ
(A)	アーキング	HC	高圧開閉器	ThC	サーモスタット
B	しゃ断器	LC	低圧開閉器	EDM	放電加工電極
OCB	油しゃ断器	VC	真空開閉器	R	継電器
NFB	NFB	EC	電車用開閉器	RD	直流継電器
VCB	真空しゃ断器			RA	交流継電器
ACB	気中しゃ断器			AE	電装品

が要求される. すり板は電車の集電装置がトロリーポールからパンタグラフに切り替わった当初は純銅（硬銅）が主に使用されていたが, 架線への摺動摩耗が問題になっていた. この問題は戦後, Cu系焼結合金が開発されたことで改善が進んでいる. 一時はCu系焼結合金がほとんどの在来線に使用されていたが, 現在

は一部の直流，交直流電車に使用されている．Fe系焼結合金はCu系焼結合金と比べ耐摩耗性も優れることから，新幹線のパンタグラフのすり板に使用されている．

14・2・3 電気機械用ブラシ[1~3]

電気機械用ブラシは，電動機等の整流子やスリップリングに取り付けられ，整流および集電作用を行うもので，回転機にとってきわめて重要な役割をはたしている．電気機械用ブラシの材質としてはカーボンブラシと金属黒鉛ブラシとがあり，導電性，耐摩耗性，機械的性質において，金属黒鉛ブラシが優れている．高金属黒鉛ブラシと低金属黒鉛ブラシの用途の明確な区別はなく，いずれも低電圧直流電動機・誘導電動機に使用される．なお，電気機械用ブラシは日本工業規格[3]に用語および寸法等が規定されている．

14・2・4 その他電極等

放電灯用電極は第13章で紹介したが，それ以外にも電極としての用途は数多く，① TIG 溶接（Tungsten Inert Gas welding），②抵抗溶接，③プラズマ電極，④放電加工電極，等があげられる．ヒートシンク用 Cu-W は第17章を参照されたい．

TIG 溶接は不活性ガスを流しながらアーク放電の熱により溶接を行う．溶接材等の条件により，電極の材質や極性が使い分けられている．電極の材質としては，純 W または W-ThO_2 合金が一般的であるが，La_2O_3，Ce_2O_3，ZrO_2 を添加した材料[1]も同様な用途に使用されている．

スポット溶接やシーム溶接等抵抗溶接の電極にも W や Mo またはそれらの合金が使用される場合がある．耐熱性が高いうえに電気伝導度や熱伝導度が比較的高いことが特徴となる．

プラズマ切断やプラズマ溶射等のプラズマを発生させる電極にも W が用いられている．

また，放電加工用電極として Cu-W 合金や Ag-W 合金が用いられる場合があり，特に超硬合金や鋼の放電加工によいとされている．

第14章 文献

14・1・2 の文献
1) 粉末冶金技術協会編：粉末冶金技術講座，粉末冶金応用製品（Ⅲ），日刊工業新聞社（1964）220-224．

14・2・1 の文献
1) 松山晋作："パンタグラフすり板とトロリー線"，金属，**70**（2000）47．
2) 佐藤充典：電気接点，日刊工業新聞社（1984）92．
3) JPMA5-1972，焼結接点材料．

14・2・2 の文献
1) 小野寺正之，新井博之："日本におけるパンタグラフの歴史と東洋電機Ⅰ"，東洋電機技報，**108**（2001）4-5．
2) 寺岡利雄："新幹線パンタグラフすり板の開発"，精密工学会誌，**56**（1990）1812-1813．
3) 久保俊一："パンタグラフ用カーボンすり板"，セラミックス，**42**（2007）970-927．

14・2・3 の文献
1) 粉末冶金技術協会編：粉末冶金技術講座，粉末冶金応用製品（Ⅲ），日刊工業新聞社（1964）220-224．
2) 日本金属学会編：金属便覧，改定4版，丸善（1982）1416．
3) JIS C 2802：2003，電気機械用ブラシの寸法．

14・2・4 の文献
1) JIS Z 3233：2001，イナートガスアーク溶接並びにプラズマ切断及び溶接用タングステン電極．

第 15 章 光・電子通信材料

15・1 焼結半導体

15・1・1 はじめに

焼結体で半導体的特性を示す材料にはサーミスタ，バリスタ等が代表的なものである．これらは酸化物を焼結したいわゆるセラミック半導体であるが，酸化物系以外でも SiC や AlN 等の炭化物，窒化物でも半導体的特性を示すものも知られている．ここでは，代表的な焼結半導体として NTC（Negative Temperature Coefficient）サーミスタ，PTC（Positive Temperature Coefficient）サーミスタ，バリスタを取り上げる．最近，これらの分野では日本が得意とするイノベイティブな積層プロセス技術[1]が導入されて高性能化が計られている．

15・1・2 サーミスタ材料

（1） NTC サーミスタ

温度変化によって素子の電気抵抗が大きく変化する半導体感温素子が，サーミスタ（thermistor）である．サーミスタは熱に敏感な抵抗体（thermally sensitive resistor）という意味であるが，温度センサとしては比較的古くから実用化され，現在もっともよく使われている．

負の温度係数をもつ NTC 特性の代表的なサーミスタは，NiO，CoO，MnO 等の遷移金属酸化物を主成分とし，それを 2 種以上混合して成形し，焼結すると得られる．結晶構造はスピネル構造に近いものである．一般に，それらの抵抗値は酸素の影響をあまり受けず空気中で安定であり，不純物の影響もほかの場合ほど大きくないのでサーミスタとしてはきわめて適当である．

サーミスタとして利用されている Mn-Co-Ni 三成分系酸化物は，一般に 1200～1400 ℃で焼結を行った後，アニール工程を経て製品化されているが，単純な焼成パターンを経ると，結晶相は，立方晶スピネル，正方晶スピネルおよび岩塩型結晶の混在となり，これらの結晶相の存在割合によって電気的特性が変化することが知られている．このような相分離は，所望の電気的特性をもつサーミスタ材料を設計する場合，好ま

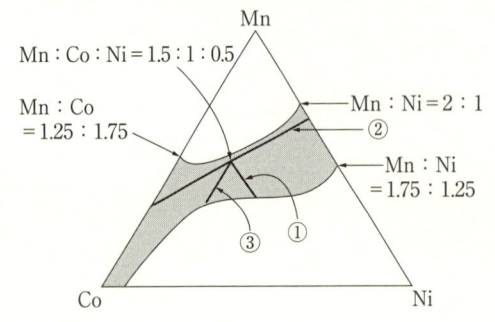

図 15・1・2-1 Mn-Co-Ni 酸化物の相図（斜線内が立方晶単相）
① $Mn_{(1.5-0.25x)}CoNi_{(0.5+0.25x)}O_4$，② $Mn_{(2-x)}Co_{2x}Ni_{(1-x)}O_4$，
③ $Mn_{(1.5-0.5x)}Co_{(1+0.5x)}Ni_{0.5}O_4$

しいとはいえない．これら3成分系酸化物において電気伝導に最も重要な立方晶スピネル単一相が最近調べられ，図15・1・2-1の領域として示された[1]．

NTCサーミスタの温度と電気抵抗の関係は，次式で与えられる．

$$R = R_0 \exp(B/T - B/T_0) \qquad 式(15・1・2-1)$$

ここで，R, R_0 は各々サーミスタの任意の温度 $T(K)$ および基準温度 $T_0(K)$ のときの値である．B はサーミスタ定数と呼ばれており，サーミスタの材料組成や焼結条件によって決まり，個々のサーミスタに固有な値である．

現在，多く使用されているサーミスタは，定数 B が 2000～5000 K 程度であり，使用できる温度範囲は 300 ℃ 程度までである．サーミスタは，おもに工業計測用として使用されていたが，最近では民生関連機器にも多く使用され，その用途に通信機，計測機器，家電製品，自動車，事務機，医用機器等がある．今後，マイクロコンピュータの利用が拡大するに伴い，サーミスタの需要は増大するものと思われる．

NTCサーミスタは，用途により様々な種類がある．おもな種類として，ビード型，ディスク型，チップ型等がある．昨今の携帯機器（携帯電話，PDA，DVC等）が普及するにつれて，さらに携帯性を高めるために小型化が進み，搭載されるモジュール部品も小型化の要求が強くなり，積層コンデンサ等と同様，サーミスタにもさらなる小型化への対応としてチップ化が進んでいる．

（2） PTCサーミスタ

正の温度係数をもつPTCサーミスタは $BaTiO_3$ 系の焼結体を基本として，これに微量の希土類元素を添加して原子価制御を行い，半導体化している．

図 15・1・2-2 のPTCの温度特性から分かるように，Ba を Sr または Pb で置換すると，抵抗率が急に高くなる温度（キュリー温度）が変化する．このように，PTCの抵抗値が急激に変化する温度は，$BaTiO_3$ 結晶のキュリー点付近に現れることから，結晶の相転移（正方晶系⇔立方晶系）と密接に関係していると考えられる．しかしながら，同じ材料組成でも単結晶の場合は，このような抵抗値の変化は認められない．このことは，多結晶状態であること，すなわち結晶粒界の存在がPTCの動作性能を支配することを意味している[2]．

現在，PTCサーミスタは，温度センサ，電流制御素子および発熱体として多方面で使用されている．従来，テレビ消磁回路用としての用途が多かったが，数年前からハニカムヒータが脚光を浴びている．これは，布団乾燥機や温風機等に盛んに用いられており，自己温度制御機能により，ヒータ自体が加熱しないた

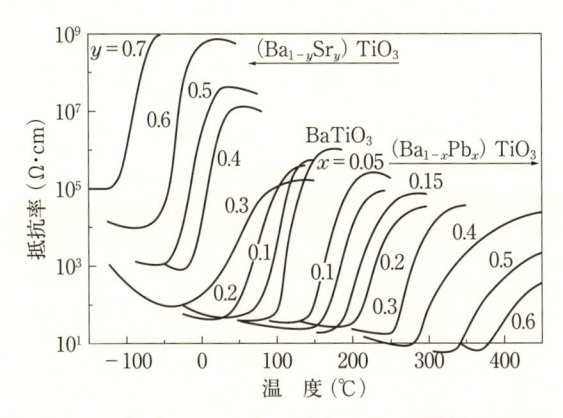

図15・1・2-2 $BaTiO_3$ 系において Ba を Sr または Pb で置換した PTC の温度特性

め,安全面でのメリットが評価され,急速に普及している.家電製品だけでなく,車両用ヒータとして,また,複写機や各種情報端末装置における保温あるいは動作の安定化を図るためのヒータとして利用が広がりつつある.今後の課題としては,高温度発熱体についてのニーズに対応して,キュリー温度の高い低抵抗PTCサーミスタ材料と安定性に優れた電極材料の開発が重要になってくるものと思われる.

低抵抗化にあたっては,従来の単層型から,数10μmの薄いシートにNiペーストを塗布し,積層一体化させて還元性雰囲気中で焼成したもので,2012形状で0.1Ωのものが得られている[3].

(3) バリスタ[4]

バリスタ(varistor)というのは,電圧の変化に敏感な非線形抵抗体で,電圧に対してvariableなresistorという意味である.すなわち,ある臨界電圧以下では非常に抵抗が高く,ほとんど電流は流れないが,その臨界電圧(バリスタ電圧)を越えると,急激に抵抗が低くなり電流を流すような素子である.

従来,バリスタにはSeバリスタ,$BaTiO_3$系バリスタ,Siバリスタ,SiCバリスタ等があったが,サージ(異常電圧)吸収用として用いられたのはSiCバリスタであった.しかし,SiCバリスタは電圧非直線係数があまりよくなく,サージ吸収用として使用する場合には,制限電圧が高くなりすぎ,過電圧の保護という役目を十分に果たすことができない.そのほかに,電圧非直線性の優れたものとして,ツェナーダイオードがあるが,これはサージに弱く,耐圧の高いものが得られない等の欠点があった.

一方,最近の電子技術の進歩により,半導体(IC,トランジスタ等)が多くの応用製品に使用されるようになり,これらをサージから保護することが重大な問題となっている.これらの要請に対してZnOを主成分にBi_2O_3,CoO,MnO,Sb_2O_3,MgO,Pr_6O_{11}等の副成分を加えたZnO系バリスタが開発され幅広く利用されている.

ZnO系バリスタのサージに対する安定性は,添加物や製造条件に依存するが,一般にサージに対してきわめて安定な性質を有しており,8×20μsの衝撃電流で,約3000 A/cm²のサージ耐量を有している.

積層バリスタの製法は,積層コンデンサの場合と共通で,ドクターブレード法を用いて,30～100μm程度の膜厚でピンホールや厚み変動の少ない均一なバリスタグリーンシートを製造する部分が技術の根幹である.原料組成は,製品の電気的特性すなわちV_{1mA},α等の特性を考慮して決定される.ここでV_{1mA}は電流1 mAのときの立上り電圧であり,αは電流I,電圧Vが$I=V^α$で示されるときの非直線係数である.

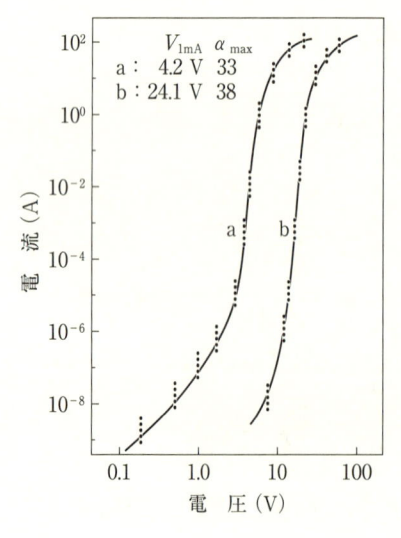

図15・1・2-3 積層チップバリスタの電圧-電流特性

図15·1·2-3には，代表的な積層バリスタの電圧-電流特性を示した．現在のところ，得られた最大のαは，V_{lmA}=4.2 V で $α_{max}$=33，V_{lmA}=24.1 V で $α_{max}$=38 程度である．サージ耐量は 200 μs 幅の方形波の電圧パルスを印加した場合，試料の大きさ約 2 mm 角，厚さ 1.5 mm で，ほぼ 100 A のサージ耐量がある．ほぼ同等のディスク素子と比較すると，面積で約 1/3 程度の大きさで同じ耐サージ特性になるようである．この素子は，チップコンデンサと同様に，ハイブリッド IC やプリント基板上に直接はんだ付けが可能であり，多くの用途が期待されている．

15·2 焼結コンデンサ

15·2·1 はじめに

代表的な焼結コンデンサとしてセラミックコンデンサがある．近年の電子機器の小型軽量化，多機能化に伴ってセラミックコンデンサは小型化，大容量化が可能な積層型が主流になっている．積層型のセラミックコンデンサは図 15·2·1-1 のような形状および内部構造をしており，内部電極と誘電体が交互に積層され，焼結により一体化した構造となっている．断面写真の例を図 15·2·1-2 に示す．静電容量 C は式(15·2·1-1)で表される．下記の式(15·2·1-1)より，小型でかつ大容量化を達成するためには材料の比誘電率を大きく，誘電体層厚みを薄く，一定形状内で誘電体層を多く積層することが必要とされる．現在では 1.6 mm×0.8 mm×0.8 mm の形状で比誘電率が 2000〜4000，誘電体厚みが約 1 μm，積層数が 300〜400 層で静電容量が 10 μF の積層セラミックコンデンサが実用化されている．

$$C = (\varepsilon_0 \cdot \varepsilon_r \cdot S/d) \cdot n \qquad 式(15·2·1-1)$$

ここで，ε_0 は真空の誘電率（F/m），ε_r は誘電体セラミックの比誘電率，d は誘電体層厚み(m)，n は積層数，S は内部電極重なり面積（m²）である．

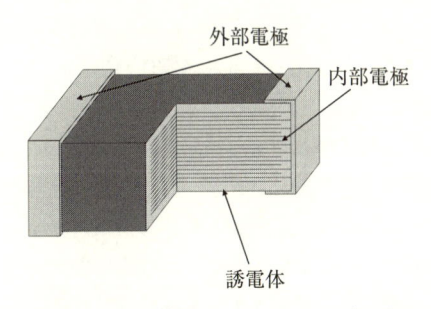

図 15·2·1-1 積層セラミックコンデンサの切り欠き断面図

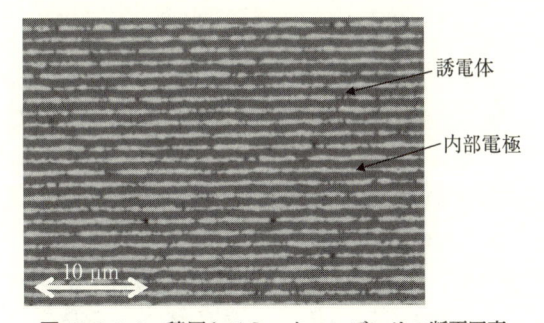

図 15·2·1-2 積層セラミックコンデンサの断面写真

15·2·2 積層セラミックコンデンサの製造工程

大容量積層セラミックコンデンサの製造工程の概略を図 15·2·2-1 に示す．誘電体材料は平均粒径 0.2 μm 程度のチタン酸バリウムとマンガンや希土類，ガラス等の副成分からなる．溶剤中に誘電体材料，有機バインダと可塑剤を加え，ボールミル等で混合し，スラリー化した後に 1〜2 μm の厚みにシート成形を行う．シート上に平均粒径 0.2 μm 程度のニッケル粉を主成分とするペーストを所望の電極形状に印刷する．このシートを複数枚積み重ね，所望寸法に切断後，1200〜1300℃で焼成する．焼結体の両端面に銅外部電極を

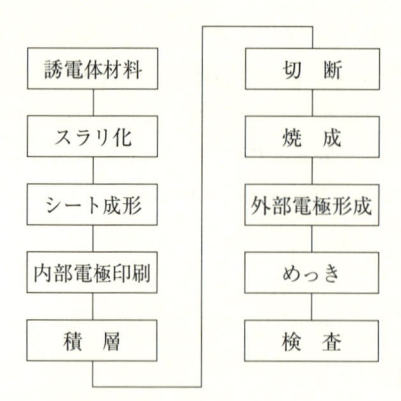

図 15・2・2-1　積層セラミックコンデンサの製造工程

塗布し，焼き付けてニッケル，スズめっきを行い，積層セラミックコンデンサが製造されている．

15・2・3　誘電体材料設計

（1）従来の誘電体材料設計

現在の大容量積層セラミックコンデンサの内部電極にはニッケルが用いられており，そのために焼成はニッケルが酸化しないように還元雰囲気中で行われている．ところが，誘電体材料の主成分であるチタン酸バリウムは還元雰囲気中で焼成すると還元され，半導体化し，寿命試験（高温電圧負荷試験）において絶縁劣化してしまうことが課題であった．この半導体化をいかに抑制するかが，誘電体材料設計の重要なポイントであり，チタン酸バリウムに加える副成分の検討が行われてきた．その結果，現在ではマンガンや種々の希土類添加によって半導体化を抑制し，高寿命化が可能となっている．また，希土類については単に添加するだけでなく，十分に分散させることで，さらなる高寿命化となることを見出している[1]．

（2）今後の誘電体設計

誘電体層 1 μm 以下の積層セラミックコンデンサの開発が進んでいる．薄層化とともに誘電体が受ける電界強度が強くなり，絶縁劣化，静電容量の不安定化等の問題が生じている．この解決には図 15・2・3-1(a) に示すように 1 層の誘電体に厚み方向平均 4〜6 個のチタン酸バリウム粒子が存在する結晶組織を実現することが重要である．すなわち，平均粒径 0.1〜0.3 μm の出発原料を用い，粒成長をさせず，かつ緻密に焼結する必要がある．技術的には，チタン酸バリウムは平均粒径が 0.1〜0.3 μm の粒度分布を有する粉末の開発が必要である．しかしながら，チタン酸バリウム粒子の微粒子は焼結で粒成長をしやすい．粒成長を抑制し，緻密な焼結体を得るには副成分でチタン酸バリウム粒子を均質被覆して粒成長を抑制し，粒界の緻密化

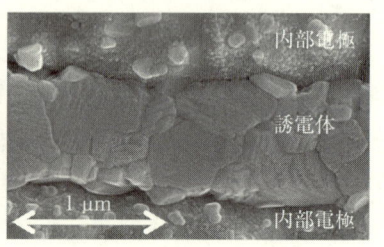

(a) 均一粒径を有する誘電体　　(b) 不均一粒径を有する誘電体

図 15・2・3-1　積層セラミックコンデンサの断面 SEM 写真

を同時実現する技術開発が進められている．このためには粉の高分散化技術の開発が重要となる．

既存の媒体攪拌ミルに小径のジルコニアボール（0.1～0.3 mmφ）を用い，機械的にチタン酸バリウムを分散させると，粉砕されて平均粒径よりはるかに小さい超微粒子（0.01 μm 程度）が発生する．この場合，超微粒子は焼結開始温度が低く，誘電体内に不均一に存在すると焼結温度を局所的に低下させ，図 15·2·3-1 (b)のような構造を助長することになる．したがって，分散剤等を用いた化学的分散を併用することが望ましいと考える．このようにチタン酸バリウムの粉体性状が焼結体粒径に及ぼす影響は大きく，分散後においても 0.1～0.3 μm でかつ粒度分布の整った粉末性状が要求される．

15·2·4 まとめ

今後も積層セラミックコンデンサはますます形状が小さく，大容量化が加速することが予想される．近年中には誘電体厚みがさらに薄層化し，0.5 μm 程度を有する積層セラミックコンデンサが実用化されることは間違いない．誘電体層の粒子を小さく均一に焼結させるためには誘電体組成のみならず，粒度分布が整った 0.1～0.3 μm のチタン酸バリウムの開発，副成分の分散制御が大きなポイントとなると予想する．

15·3 光触媒

15·3·1 はじめに

二酸化チタン（TiO_2）光触媒は，紫外光照射でホールを生成し，ホールあるいは水分子と反応する．その結果，TiO_2 光触媒は OH ラジカルが生成する物質で，その高い酸化能力が利用でき，大気ならびに水質浄化を行うための製品に用いられ，応用技術の開発も活発に行われている[1]．しかし，TiO_2 は 3.2 eV（アナターゼ型）の比較的大きなバンドエネルギーを有しているため，波長 400 nm 以下の紫外光しか利用できない．一方，室内光のほとんどが可視光であることを考えると，可視光応答型光触媒の開発が急がれる．ここでは光触媒反応の原理について述べた後，TiO_2 光触媒の最近の研究動向を紹介する．

15·3·2 光触媒反応の原理[1]

半導体にそのバンドギャップ以上のエネルギーをもつ光を照射すると，伝導帯に電子が，価電子帯に電子の抜け殻である正孔が生じる．この電子を外部回路に取り出すことができれば，光で電流を得ることができる（太陽電池の原理）．一方，半導体を電極として用いて電解質溶液と接触させた光電極反応では，伝導帯の電子が白金等の対極に到達し水を還元すると，水素が半導体電極に残った正孔により水が酸化される．そして，酸素が発生して，光で水を分解でき，水素を生成する（太陽エネルギーから化学エネルギーへの変換）（図 15·3·2-1）．この半導体光電極反応装置における配線を取り払い，直接，電極同志を接合させて微粒子化する．この場合も効率は低下するが，やはり水を分解することができる．さらに，この電子，正孔を半導体表面に取り出し，その表面に吸着している物質と反応させれば，白金等の金属がなくても，半導体である酸化チタン粒子上で，酸化と還元の両反応が進行する．これが，いわゆる光触媒反応である．この酸化チタン表面での酸化，還元反応は吸着物質を水や酸素としたとき，次のように考えられている．

$$酸化；OH^- + hh^+ \rightarrow \cdot OH$$
$$還元；O_2 + e^- \rightarrow O_2^-$$

式(15·3·2-1)

上記の・OH（ヒドロキシルラジカル）や O_2^-（スーパーオキシドイオン）等のいわゆる活性酸素や正孔そのものが，表面にある有機物と反応する．酸化チタンの正孔の酸化力は，著しく大きい（水素基準電位で

図 15·3·2-1　半導体光電極反応の模式図

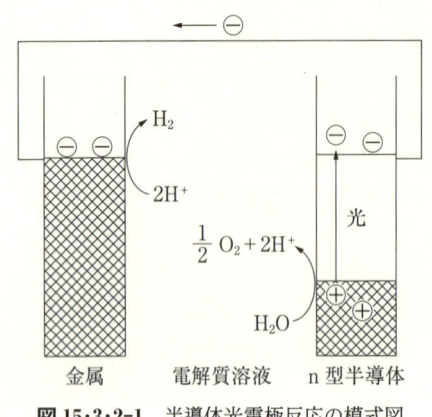

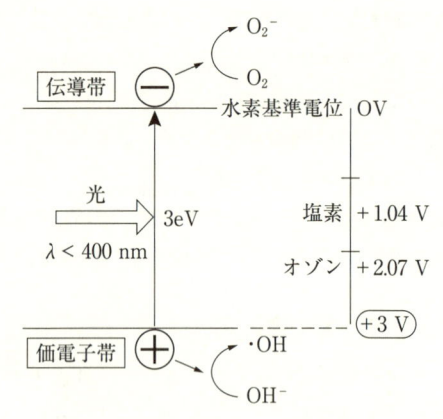

図 15·3·2-2　TiO₂ のもつ強い反応力

約 +3 V,水；+1.23 V,塩素；+1.40 V,オゾン；+2.07 V と比較するとその大きさが分かる）ので,あらゆる有機物は,二酸化炭素や水にまで酸化分解される．また,空気中でも酸化チタンの表面に吸着した吸着水を利用して,水中と同様の反応が進行する．酸化チタンのうち,アナターゼ型のバンドギャップは約 3.2 eV であり波長に直すと約 380 nm であるから 380 nm 以下の紫外光を照射すると上記の反応は進行することになる（図 15·3·2-2）.

15·3·3　TiO₂ 光触媒の最近の研究開発動向[1]

TiO₂ が光触媒として有用であることが分かって以来,TiO₂ 以外に Nb_2O_5 系やアパタイト系など各種のものが検討されているが,ここでは TiO₂ 系に限定し,薄膜系,シリカゲル系,ハイブリッド系,可視光応答型系について述べることにする．

（1）　TiO₂ 透明薄膜光触媒

チタンのアルコキシドからチタニアゾルを作り,ディップコーティング法によってガラス基板上にコーティングした後,乾燥,焼成し,これを繰り返すことにより,透明で耐久性に優れた高性能の TiO₂ 薄膜光触媒が開発された．透明なガラス基板の上に固定化された TiO₂ 透明薄膜触媒は,基板を透過してくる光を利用することができ,水処理等を連続的かつメンテナンスフリーで行うことができる．

（2）　光触媒シリカゲル

透明で多孔質の担体（シリカゲル）に TiO₂ 膜をコートした光触媒シリカゲルが開発されている．この触媒はシリカゲル内部の細孔の表面にも TiO₂ 透明薄膜がコートされており,450 m²/g もの比表面をもっている．そのため,悪臭や水質汚染物質を吸着して効率よく分解処理することができる．

（3）　TiO₂ ハイブリッド光触媒

TiO₂ 光触媒を繊維やプラスティクスに練り込むと繊維やプラスティクスが光触媒作用で分解されてしまうため,これまで適用が不可能であった．そこで,これらを可能にするため,マスクメロン型や金平糖型の TiO₂ ハイブリッド光触媒粒子が開発された．これらの光触媒粒子は TiO₂ の表面が光触媒活性をもたないセラミックスによって部分的に被覆されたもので,繊維やプラスティクスに練り込んでも,表面にある光触

媒作用をもたないセラミックスによってTiO₂が繊維やプラスティクスと接触せず，分解が抑制される．これを用いることによって光触媒繊維や光触媒プラスティクス製品が実用化されている．

（4）可視光応答型光触媒

室内用途で光触媒を効率よく利用するためには，可視光で働く光触媒が望ましいことはいうまでもないことである．現在，可視光で働く光触媒として酸素欠陥型や金属イオンドープ型，窒素ドープ型等のTiO₂系光触媒が開発されている．

15・3・4 おわりに

経済産業省によると，光触媒は図15・3・4-1のように3兆円近い市場が期待される有望な技術である[1]．しかし，そのためにはニーズの大きい室内用途に適用可能な大幅に性能を向上した可視光型光触媒の開発が必要不可欠である．光触媒の性能は，光の強度と吸収度，反応効率の積で決定される．これまでは吸収度を高くすることを目的とした研究が多かったが，触媒設計技術の高度化により，反応効率を上げるための基礎的な知見が得られつつある．今後，室内での大部分を占める可視光対応の光触媒の大幅な性能向上が期待される．

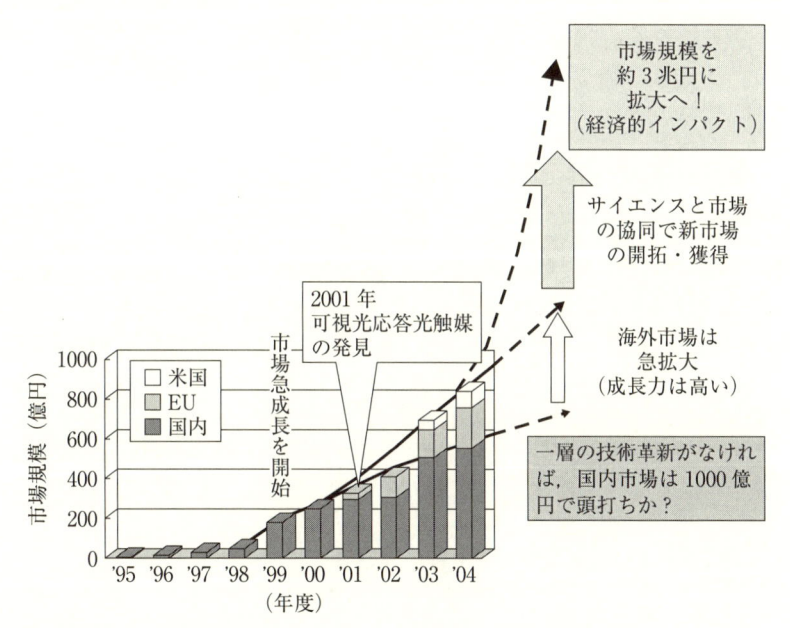

図15・3・4-1 光触媒関連市場の現状と将来見通し（光触媒製品フォーラム資料（2004年実績）より）

第15章 文献

15・1・1の文献
1) 一ノ瀬昇，山本孝 編著：積層セラミックス技術のすべて，日刊工業新聞社（2008）1-4.

15・1・2の文献
1) 木村忠正，八百隆文，奥村次徳，豊田太郎 編集：電子材料ハンドブック，朝倉書店（2006）601.

2) W. Heywang and H. Braner : Zum Aufbau der Sperrschiten in Kaltleitendem Bariumtitanat, Solid-State Electronics, **8** (1965) 129-135.
3) 坂部行雄：" チタン酸バリウムの多彩な性能研究と実用化 "，粉体粉末冶金協会，平成 17 年度春季大会講演概要集（2005）87.
4) 日本セラミックス協会編：セラミック工学ハンドブック（応用），技報堂出版（2002）944-948.

15・2・3 の文献
1) 長井淳夫他：" 薄層大容量積層セラミックコンデンサ "，マテリアルインテグレーション，**11**（2002）31-34.

15・3・1 の文献
1) 照明学会光関連機能性薄膜材料研究調査委員会編：研究調査報告書 " 光関連機能性薄膜材料 "，照明学会（2000）60-69.

15・3・2 の文献
1) 垰田博史：" 光触媒 "，工業材料，**54**（2006）78-79.

15・3・3 の文献
1) 垰田博史：" 光触媒 "，工業材料，**54**（2006）78-79.

15・3・4 の文献
1) 安居徹：" 光触媒の市場・応用展開への期待と課題 "，工業材料，**55**（2007）18-21.

第16章 高機能性材料

16·1 超電導材料

16·1·1 はじめに

　超電導体は，①完全導電性，②完全反磁性，ならびに③ジョセフソン効果（Josephson effect）と呼ばれる特異な性質を併せもつ物質である[1]．なかでも最も単純で分かりやすく，しかも生活・産業利用上の価値が一番高いのが完全導電性，すなわち"直流電流を抵抗なしに流せる"ことである．環境・エネルギー・資源問題に直面する現在，最低でも5％といわれる送電損失がなくなると想像するだけでもその価値の大きさが納得できる[2]．その実現を妨げている最大の理由は，超電導体は組成と結晶構造のいずれについても多種多様で数千種類もあるのに，超電導状態に入る温度（超電導転移温度，T_c）がいずれも低すぎることにある．

　超電導の歴史は，世界で初めてヘリウムの液化に成功したオランダのカマリング・オンネスが，水銀の電気抵抗を極低温まで測定するうちに，それが4K付近で急激に測定限界内まで減少することに気づいたことに端を発している（1911年）．しかし，その物理的メカニズムの解明は，その後の量子力学の誕生を待たねばならず，最終的な決着がついたのは46年を経てからであった（BCS（Bardeen-Cooper-Schrieffer）理論，1957年）．小規模ながら成功している応用例としては，Ni-Ti合金（$T_c=9.6$ K）や Nb_3Sn（$T_c=18$ K）を用いた強力な電磁石がある．これは，液体ヘリウムで冷却した超電導コイルに大きな直流電流を流して，強磁場を発生させるものである．MRI（Magnetic Resonance Imaging）や NMR（Nuclear Magnetic Resonance）に用いられている．

16·1·2 高温超電導

　比較的近年の特筆すべき進展として，スイス IBM 研究所のベドノルツとミュラーによる銅酸化物高温超電導体の発見がある（1986年）[1]．彼らの扱った物質は $La_{2-x}Ba_xCuO_4$（$x \sim 0.15$）と表される複雑な組成をもつ酸化物で，その T_c は 30 K 程度であった．それまでの 23 K という記録をかなり大幅に，しかも約10年ぶりに破るものであったことと，それまで銅酸化物に超電導を期待する研究者など他には誰もいなかったという意外さには，さらなる高 T_c 化と実用化を目指す開発研究を急発進させるに足るインパクトがあった．特に，間もなくアメリカから報じられた $YBa_2Cu_3O_{7-\delta}$（$\delta \sim 0.1$）の発見（1987年）がそのフィーバーを沸騰させた．T_c が，歴史上初めて液体窒素温度（77.3 K）を超えて 90 K にも達したからである．液体窒素は液体ヘリウムに比べてはるかに入手しやすく安価で，しかも熱容量が大きい有利な寒材である．液体ヘリウムを使わなければならないことが障壁となって抑え込まれてきた超電導の利用が，大きく解き放たれる可能性が感じられた．また学術的にも，この T_c の高さを説明するために，BCS理論を部分的あるいは本質的に超える新しい理論が数多く提案された．しかしフィーバーは10年も経たないうちに一段落し，現在のところ T_c の記録は 135 K（1993年．高圧を付与すると 160 K まで上昇する）で長らく留まっている[2]．実用化に

ついては後述する．

16・1・3 超電導の利用

　超電導の利用分野は，原理的には，電気伝導および磁場の発生・検出に関わるものであれば何でもといえるほど広い[1])．ただし，超電導状態が保たれるのは，温度–磁場–電流密度を3軸とする限られた空間領域だけであるという原理的制限がある．つまり，流せる電流は無限大ではないし，また，臨界値以上の磁場は超電導状態を破壊してしまう．そして，これら3変数の間には，いずれが高くなっても他の2つの臨界値が小さくなるという関係がある．

　もう1つ応用上の大きな問題がある[1,2])．"完全反磁性"とは超電導体内には磁束が侵入しないことを意味するが，実際にはそれは低磁場に限られる．材料固有の一定値以上の大きさの磁場がかかると，量子化された磁束がいわば串状に内部に侵入して，数～数10 nm径にわたる周辺部分の超電導性を壊す．量子化磁束が静止していれば，それにより非超電導化された領域を避けて電流は抵抗なしに流れるが，量子化磁束が熱やローレンツ力により超電導体内を動くと全域に電気抵抗が生じてしまうという問題である．その移動を抑え込む材料技術（格子欠陥や微細な非超電導不純物等の意図的な導入により磁束を"ピン止め"する技術）が必要となる．さらにもう1つの本質的な問題は，交流電流については小さいながらもゼロではない抵抗が生じることである．超電導体の利用は，直流送電の場合により価値の高いものとなる．

　臨界電流密度（～10^6 A/cm^2），臨界磁場（～100 T），T_c（～100 K）のすべてが高いという大変優れた特徴をもつ銅酸化物超電導体は，実用化に大きな期待が寄せられる材料であるが，残念ながらその進展は遅れがちである．ここでは，なかでも最も進んでいると思われる(Bi, Pb)$_2$Sr$_2$Ca$_2$Cu$_3$O$_{10}$（略称：Bi2223．T_c～110 K)[3]）を用いた線材を紹介する[3~6])．銅酸化物高温超電導体はすべて層状構造をもっており，Bi2223の場合は，/BiO/SrO/CuO$_2$/Ca/CuO$_2$/Ca/CuO$_2$/SrO/BiO/と表されるように4種類の原子層が積み重ねられる（PbはBiを一部置換）．超電導電流が流れるのはそのCuO$_2$層内にほぼ限られてしまうことが原因となって，超電導特性には著しい二次元的異方性がある．もう1つ，超電導コヒーレンス長がきわめて短いことによる問題もある．すなわち，粒子間の電流の受け渡しが，わずか1 nm程度の隙間や不純物があっても遮断

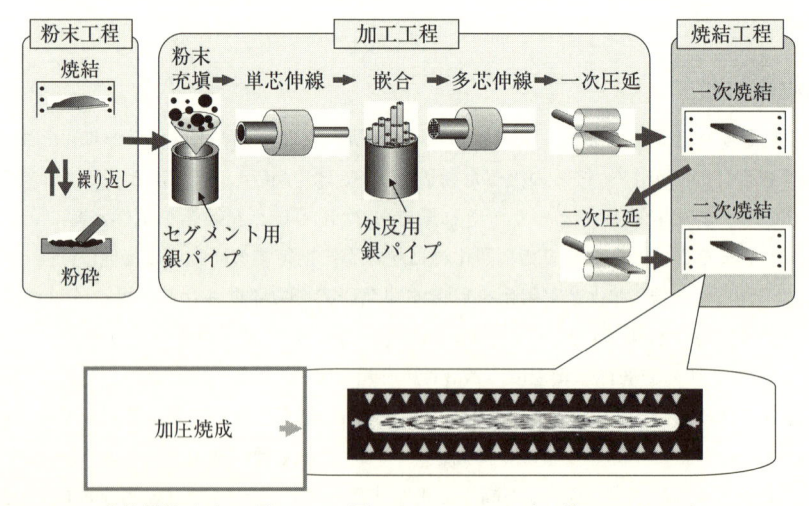

図 16・1・3-1　多芯構造をもつ幅4 mm，厚み0.2 mmのリボン状Bi2223ワイヤのPowder in Tube法による製作過程の模式図と内部構造．最終工程は，純度と配向度をよくするための300気圧・900℃程度での加圧焼成である（住友電気工業(株)佐藤謙一氏提供）

されてしまうことである．であるから，理想的な線材材料は，CuO_2層を含む方向に優先的に成長した，しかも適当なピニングセンターを含ませた長尺単結晶ということになるが，これはおよそ無理である．現実的な解は，方位のそろった平板状微結晶の密な焼結体である．図16・1・3-1は，その線材の製作過程と長尺リボン状ワイヤの断面図，および内部組織を示す．幅4 mm，厚み0.2 mmのリボン状ワイヤが，液体窒素温度・ゼロ磁場中で200 Aもの直流電流を運ぶ[5,6]．同じ電流を金属銅で運ぶには約200倍の断面積を要することを考えると非常に優れた材料が得られたように思われるが，これでも本来の10^6 A/cm^{2}もの臨界電流密度から期待されるところの1/10程度の達成にすぎない．今後，著しい二次元性とコヒーレンス長の短さによる問題への対応が進められ，上記のワイヤで運べる電流を400 A程度まで上げることができれば，大規模な実用化技術として期待することができる．

16・1・4 材料比較

表16・1・4-1に，いくつかの材料の特性と用途を示す．すでに実用化されている超電導体は，Nb-Ti合金とNb$_3$Snの2種類しかない．幸いこれらの特性は三次元的で，しかもコヒーレンス長も〜10 nm程度まで長い．用途はMRIやNMR用のマグネットが中心である．多数の超電導体の細いフィラメントを金属基体内に保持した構造をもたせて，特性の向上と安定化が図られている[1]．寒材として安価な液体窒素が使える銅酸化物材料については，それまでの超電導体にはおよそ考えられなかった長距離送電応用の可能性が浮上した．実際，2006年より，Bi2223を用いた3芯一括型ケーブルを実送電系統に組み込む世界初の実証試験が米国で行われて好成績を収めているし，2007年からは日本でも経済産業省のケーブル実証プロジェクトが進行している[2,3]．

表16・1・4-1 超電導材料

材料	転移温度 T_c(K)	臨界磁場 B_{c2}(T)	用途
Nb-Ti合金	9.6	11.5	MRI, NMR, 磁気浮上列車等
Nb$_3$Sn	18	27	MRI, NMR, 加速器等
MgB$_2$	39	30	開発中：液体水素温度でのMRI等
Bi2223	110	〜100	開発中：液体窒素温度での電力ケーブルや船舶駆動用モータ等
YBa$_2$Cu$_3$O$_{6.9}$	90	〜100	開発中：液体窒素温度での電力ケーブルや高周波フィルタ等

超電導体の直流電気抵抗がゼロであるという究極的な特性は，なお冷却を要するという弱点と既設電力設備の大部分が交流を利用しているという問題はあるが，その利用拡大を試み続ける価値を十分もつ．文献4)に展開されている砂漠での太陽光発電と超電導グリッドによる送電を組み合わせる壮大な構想は，目指すべき目標を設定してくれている．

16・2 金属ガラス

16・2・1 金属ガラスの開発の経緯

有史以来の数千年間，金属は人類に恩恵をもたらしてきたが，これらの金属材料は結晶構造のみから構成

されていた．結晶構造の対極にある非結晶（非晶質，アモルファス）構造金属への関心が始まったのは，1960年にカリフォルニア工科大学のDuwez教授らがAu-Si系の共晶組成液体を1秒間に約10^7Kの超急冷速度で冷却することにより，液体構造を室温まで固化凍結できることを見出したことに端を発している．その後，1980年代後半までの約30年間，アモルファス合金の新組成，基礎物性，作製プロセス，応用等に関する多くの研究が行われた．その成果に基づいて，プラナー鋳造法により作製されたFe-B-Si系のアモルファス合金薄帯がケイ素鋼板に比べて低い鉄損を示す等の利点によりトランス用鉄心等の軟磁性材料として使用されている．この材料と製造技術の特許は米国のアライドケミカル社により独占され，この状態が2005年頃まで続いたが，特許切れを待って，この関連技術は日本の日立金属(株)に売却され，現在日本とドイツならびに独自技術開発した中国等で製造されている．

ところでアモルファス金属の作製には約10^5K/s以上の冷却速度が必要であり，得られる材料は約0.05 mm厚さ以下の薄帯，約0.02 mm直径以下の粉末，約0.1 mm直径の細線等の薄肉・小物形状に制約されており，約30年間の活発な研究開発においてもその制約を払拭することはできず，応用分野の拡大に大きな障害となっていた．

このような状況下において，1980年代後半に，Mg基，La基，Zr基の多成分系アモルファス合金が結晶化前に明瞭なガラス遷移とそれに続いて50～130Kの大きな過冷却液体域を示すことが発見された．続いて，その過冷却液体の結晶化に対する安定化現象を利用することにより，金型鋳造等の徐冷却凝固法により臨界直径が数mm以上のバルク金属ガラスを創製できることが見出された．現在，ガラス形成のための最小冷却速度は0.033 K/sであり，通常のアモルファス合金に比べて約一億倍も小さくなっている．このような劇的な過冷却液体の安定性の向上により，様々な形状，たとえば，直径72 mmの塊状ガラス金属がPd基合金で，直径25 mmの金属ガラス丸棒がPd基やZr基で，また均一な厚さと大きな比表面積をもった金属ガラス板材や直径10 mm以上の金属ガラス球等がZr基合金で作り出されている．さらに最近では，実用上重要な合金系であるZr-Cu, Ni, Cu系においても数cm以上の臨界直径をもつ金属ガラスが創出されている．これらの結果，1990年代中頃より，バルク実用金属材料として，結晶金属材料の他に金属ガラスも使用できるようになったことが特筆される．

16・2・2　バルク金属ガラス合金系と成分の特徴

表16・2・2-1は，今日までに開発されたバルク金属ガラスの合金系と開発された年代をまとめている．合金系は非鉄族系と鉄族系に分類される．希土類元素として15種類以上が利用できることから，バルク金属ガラスの合金系の総数は500種類以上にのぼる．表に見るように，1988～1992年までの本研究の黎明期では，Inoueらのグループのみがバルク金属ガラスの研究を行っていたことが分かる．その初期の5～6年間にInoueらが見出した数百種類のバルク金属ガラスの合金成分に基づいて，1994年にInoueは金属過冷却液体が安定化してバルク金属ガラスを生成するための成分の経験則を提唱している．それらは，①三成分以上の多元系であり，②主要三元素の原子寸法が互いに12％以上異なっており，③主要三元素は互いに負の混合熱をもち，引力相互作用を有している．この三成分則に基づいた合金開発の結果，表16・2・2-1に見るように1994年以降，きわめて多くのバルク金属ガラス合金が創出されている．

16・2・3　バルク金属ガラス構造の特徴

2002年以前の数年間にInoueらは，図16・2・3-1にまとめているように，三成分則を満たした合金が以下に示すような特徴あるガラス構造を有していることを突き止めている．すなわち，①高稠密無秩序充塡原子配列，②対応する結晶構造とは異なる新しい局所原子配列，③引力相互作用をもった長範囲均質な原子配列

表 16・2・2-1 典型的なバルク金属ガラスの合金系

1. 非鉄族系	年	2. 鉄族系	年
Mg-Ln-M(Ln＝Lanthanide Metal) **M＝Ni, Cu, Zn**	1988	Fe-(Al, Ga)-(P, C, B, Si, Ge)	1995
		Fe-(Nb, Mo)-(Al, Ga)-(P, B, Si)	1995
Ln-Al-TM(TM＝Fe, Co, Ni, Cu)	1989	Co-(Al, Ga)-(P, B, Si)	1996
Ln-Ga-TM	1989	**Fe-(Zr, Hf, Nb)-B**	1996
Zr-Al-TM	1990	**Co-(Zr, Hf, Nb)-B**	1996
Zr-Ln-Al-TM	1992	Fe-Co-Ln-B	1998
Ti-Zr-TM	1993	Fe-Ga-(Cr, Mo)-(P, C, B)	1999
Zr-Ti-TM-Be	1993	**Fe-(Cr, Mo)-(C, B)**	1999
〜Guiding Rule in 1994〜		**Ni-(Nb, Cr, Mo)-(P, B)**	1999
Zr-(Ti, Nb, Pd)-Al-TM	1995	Co-Ta-B	1999
Pd-Cu-Ni-P	1996	**Fe-Ga-(P, B)**	2000
Pd-Ni-Fe-P	1996	Ni-Zr-Ti-Sn-Si	2001
Ti-Ni-Cu-Sn	1998	**Ni-(Nb, Ta)-Zr-Ti**	2002
Ca-Cu-Ag-Mg	2000	Fe-Si-B-Nb	2002
Cu-Zr, Cu-Hf	2001	C-Fe-Si-B-Nb	2002
Cu-(Zr, Hf)-Ti	2001	Ni-Nb-Sn	2003
Cu-(Zr, Hf)-Al	2003	**Co-Fe-Ta-B-Si**	2003
Cu-(Zr, Hf)-Al-(Ag, Pd)	2004	Ni-Pd-P	2004
Pt-Cu-Ni-P	2004	Fe-(Cr, Mo)-(C, B)-Ln(Ln＝Y, Er, **Tm**)	2004
Ti-Cu-(Zr, Hf)-Co, Ni	2004	Co-(Cr, Mo)-(C, B)-Ln(Ln＝Y, **Tm**)	2005
Au-Ag-Pd-Cu-Si	2005	Ni-(Nb, Ta)-Ti-Zr-Pd	2006
Ce-Cu-Al-Si-Fe	2005		
Cu-(Zr, Hf)-Ag	2005		
Pd-Pt-Cu-P	2007		
Zr-Cu-Al-Ag-Pd	2007		

太文字は，仙台グループによって見出された合金系

である．より詳細に原子配列の特徴を見るとき，図 16・2・3-2 に模式的に示すように，Zr-Al-Ni-Cu 系で代表される金属-金属系バルク金属ガラスでは 20 面体的局所原子配列に，Pd-Cu-Ni-P 系のような Pd-半金属系では Pd, Cu, P および Pd, Ni, P 原子対からなる 2 種類の多面体の稠密充填配列に，また Fe-M-B (M＝Ln, Zr, Hf, Nb) の三元系では Fe と B からなる三角プリズムが M 原子を糊付け元素として辺や面共有をとりながら長範囲につながったネットワーク配列になっている．これらの 20 面体的およびネットワーク的原子配列は結晶化に必要な長範囲な原子再配列を効果的に抑制し，その結果過冷却液体の結晶化に対する安定性は増大し，バルク金属ガラスが形成される．ごく最近，20 面体的原子配列のより長範囲なスケールでの連結様式が過冷却液体の異常安定性の原因究明を果たすうえで重要であるとの視点に基づいて，中・長距離秩序原子配列の解明を目指した研究が活発化している．

16・2・4 バルク金属ガラスの特性と応用

（1） 非鉄族合金系

これまでの膨大な学術研究の結果，現在では Pd, Zr, Ni, Cu, Mg, La 基等の様々な合金系において臨界直径が 20 mm を上回るバルク金属ガラスが作製されており，これらの大形状材料の利用により，新しい材料科学・工学分野が開拓されている．現在日本で進められているバルク金属ガラスを用いた工業材料は，構造材料，センサ材料，ばね材料，スポーツ用具材料，耐摩耗被覆材料，耐食性被覆材料，磁性材料，マイ

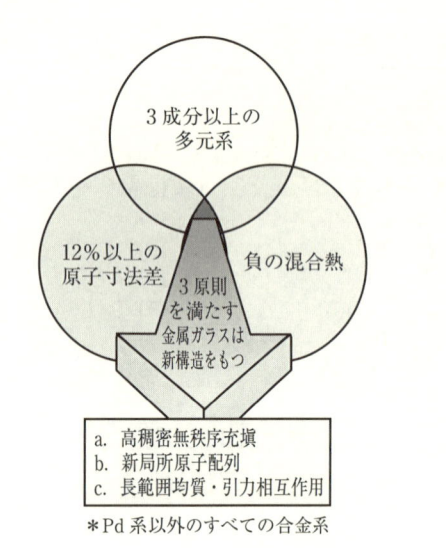

図16・2・3-1 過冷却金属液体の安定化および大きなガラス形成能をもつための合金成分の特徴

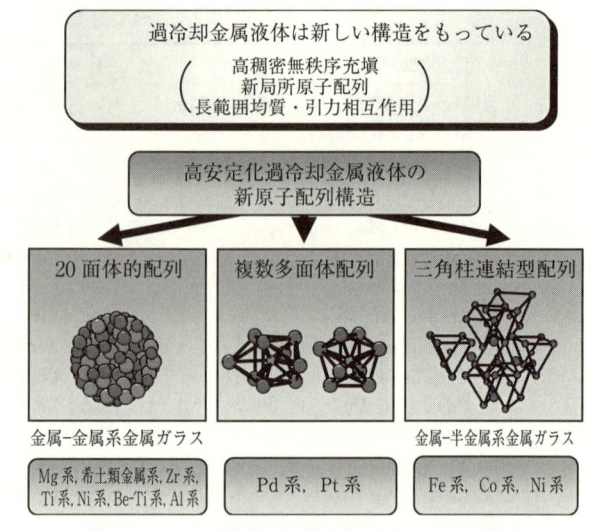

図16・2・3-2 過冷却金属液体の新原子配列構造

クロ・ナノスケール加工材料，情報記録材料，生体材料，燃料電池材料等の多岐に渡っており，これらの材料はネット形状への鋳造加工技術や粘性流動成形技術との併用により一部では商用化されている．

実用金属ガラスは，1) 主成分元素を 50at% 以上含んでいる Zr-Al-Ni-Cu, Fe-Cr-半金属，Fe-Nb-半金属，Fe-Ni-Cr-Mo-半金属系，および 2) 主成分元素量が 50% 以下である Zr-Be-Ti-Ni-Cu と Ti-Zr-Ni-Cu-Sn 系であり，Zr 系および Fe 系合金が最も重要な工業材料となっている．工業材料として発展するためには，合金組成，材料寸法，特性等を標準化する必要がある．表 16・2・4-1 は Inoue らグループが現在世界の研究者に試料提供を行っている Zr 系と Zr-Cu 系バルク金属ガラスのデータをまとめている．標準化を進めている Zr-Al-Ni-Cu および Zr-Cu-Al-Ag 系バルク金属ガラスは 10 mm 以上の大きな寸法域まで信頼性の高い熱的安定性，静的機械的性質および動的機械的性質を有している．

上記した典型的な Zr 系金属ガラスである Zr-Al-Ni-Cu，Zr-Be-Ti-Ni-Cu および Zr-Cu-Al-Ag 系合金は，それぞれ 1990 年，1993 年および 2004 年に開発され，最大直径はいずれの合金系においても 30 mm を上回っている．これらの中で，Zr-Al-Ni-Cu 系合金のみが 50～70%Zr の広い組成領域，すなわち共晶および亜共晶点を含む領域でガラス相を形成できる特徴をもっている．

その後の研究により，Zr-Al-Ni-Cu 系の亜共晶バルク金属ガラスが優れた動的機械的性質を示すことが明らかにされている．図 16・2・4-1 は Zr-Al-Ni-Cu 系金属ガラスのポアソン比の組成依存性を示している．50～70%Zr の組成範囲内において，ポアソン比は Zr 量の増加に伴い増大し，70%Zr 合金で 0.387 の高い値を示す．その高ポアソン合金は圧縮応力下で 40% 以上の塑性ひずみを示し，最終破壊を起こさない．試料側面には多数のせん断帯が観察されるが，変形誘起結晶化は高分解能電顕観察法においても認められない．また，70%Zr 合金は，図 16・2・4-2 に示すように，引張応力下においても室温で 2.8% の塑性伸びを示す．この引張伸びはガラス単相合金中最大である．引張破壊は，最大せん断応力面に沿ったすべり変形後，せん断面に沿って最終破断に至る様式で生じる．高延性を示す亜共晶合金においても，金型鋳造法により 60%Zr 合金では直径 20 mm 以上，65%Zr 合金では 16 mm の大形状バルク金属ガラスが作製されており，高いガラス形成能を有している．なお，Zr-Al-Ni-Cu 系バルク金属ガラスの熱的安定性，機械的性質およ

表 16·2·4-1 標準化バルク金属ガラスの諸物性(2008年2月7日版)

合金系シリーズ		合金組成 (合金の特徴)	臨界直径 (mm)	標準直径 (mm)	T_g (K)	T_x (K)	T_l (K)	E (GPa)	ε_y (%)	σ_y (GPa)	CUE (kJ/m²)
Z合金	Z1	$Zr_{50}Cu_{40}Al_{10}$ (三元共晶合金)	14	10	706	792	1092	88*	2.1*	1860*	104
	Z2	$Zr_{55}Cu_{30}Ni_5Al_{10}$ (高ガラス形成能合金)	30	10	683	767	1163	90*	2.0*	1830*	125
	Z3	$Zr_{60}Cu_{20}Ni_{10}Al_{10}$ (耐構造緩和脆性合金)	20	10	662	754	1164	80*	2.2*	1750*	87
	Z4	$Zr_{65}Cu_{17.5}Ni_{10}Al_{7.5}$ (過冷却液体安定合金)	16	10	625	750	1164	82	1.9	1528	85
C合金	C1	$Cu_{36}Zr_{48}Al_8Ag_8$ (高ガラス形成能合金)	25	10	683	792	1142	102	1.8	1850	―
	C2	$Cu_{42}Zr_{42}Al_8Ag_8$ (高強度合金)	15	10	705	780	1213	108	1.8	1986	―

* は引張試験のデータ．それ以外の E(ヤング率)，ε_y(降伏ひずみ)，σ_y(降伏応力)は圧縮試験のデータ．
なお，CUE はUノッチシャルピー衝撃値．T_g, T_x, T_l は，ガラス遷移温度，結晶化温度，液相面温度を示す．

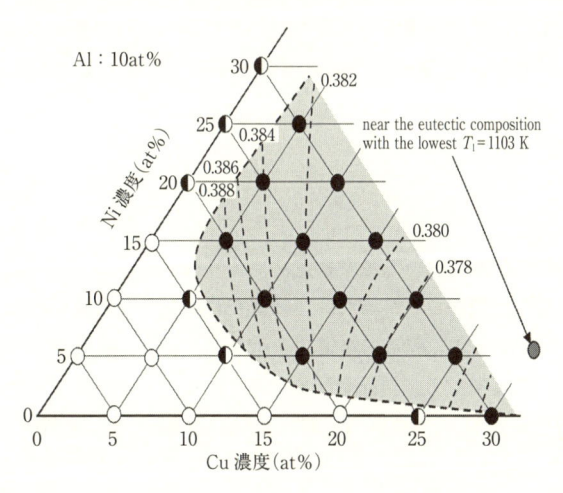

図 16·2·4-1 Zr-Al-Ni-Cu系金属ガラスのポアソン比の組成依存性

び変形破壊様式は直径20mm以内で材料寸法が変化しても，また試験片の採取場所や採取角度を変えてもほぼ同じ値を示し，明瞭な寸法・方位依存性は認められない．

　ネット形状鋳造法により作製されたZr-Al-Ni-Cu金属ガラスダイヤフラムは，商用のステンレス鋼では得られない微小化，高感度化および高耐圧力化の特徴をもった圧力センサに適用されている．また，Zr-Al-Ni-Cu金属ガラス微小ギヤードモータ部材がネット形状鋳造法により作製され，これらの部材を用いて，直径1.5mm，長さ9.9mmの世界最小のギヤードモータが作製され，市販されている．金属ガラス部材を用いたギヤードモータは高トルクを示す特徴をもっている．たとえば，3段ギヤードモータは商用の携帯電話中に組み込まれている直径4mmの振動モータに比べて20倍も高いトルクを有すると共に，耐久期間も約30倍長くなっている．さらに，ネット形状鋳造法により様々な精密機器用アダプタも作製されている．これらの微小ギヤードモータおよびアダプタは内視鏡や手術用等の先端医療機器，精密光学機器，微小機械等に展開され，その耐久性能が精力的に調べられている．

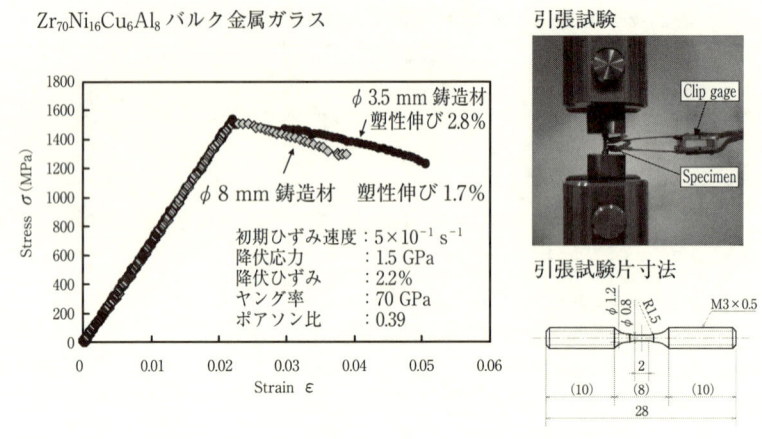

図 16・2・4-2　合金組成の亜共晶化による延性の改善

　Ti 基金属ガラスパイプ（たとえば，外径 2 mm，肉厚 0.2 mm，長さ 300 mm）が吸引鋳造法により作製され，そのパイプ材が 2000 MPa の高引張強さと 2 % の大きな弾性伸びを示す．これらの特性は商用の Ti 基合金では得られないユニークなものである．この特性を利用して，強制振動させているパイプ中を流れる液体や気体のパイプ内壁での衝突力を測定することにより流量を高精度で計測するコリオリ流量計に適用されている．Ti 基金属ガラスパイプを用いた場合の感度は，商用の SUS316 製パイプ材に比べて，2003 年時で 28 倍，2006 年時で 53 倍も増大しており，金属ガラスパイプを用いたコリオリ流量計は，化学，環境，半導体および医薬等の様々な分野への適用が進められている．

（2）　鉄族合金系

　Inoue らにより 1995 年に鉄基の Fe-Al-Ga-P-C-B 系において金型鋳造法により初めてバルク金属ガラスが作製されて以来，様々な鉄基バルクガラス合金系が開発されてきた．今日までに開発された鉄基バルクガラス合金系は表 16・2・4-2 にまとめられている．合金系は，室温で強磁性を示すタイプと非磁性タイプに分類される．鉄基強磁性合金は，強磁性アモルファス金属やナノ結晶金属では得られないユニークな特性，すなわち数 A/m 以下の低保磁力，1.3 T 以上の相当に高い飽和磁束密度，2.5 μΩm 以上の高電気抵抗値，3000～4000 MPa の高降伏応力，2 % の大きな弾性伸び，10^7 サイクル後に 2000 MPa を上回る高疲労耐久応力，商用ステンレス鋼を上回る高耐食性等を示し，鉄基金属ガラスは強磁性，非磁性両タイプで複数の企業において工業化されている．

　Fe-Cr-P-C-B-Si 系の軟磁性金属ガラスは商品名"リカロイ"として市販されている．リカロイ磁性コアは水噴霧金属ガラス粉末の冷間固化成形プロセスにより大量生産されている．リカロイ粉末固化コアは優れた軟磁性，たとえば，数 MHz までほぼ一定の相対透磁率，透磁率と直流電流バイアス磁場との間での良好な直線関係，広い直流バイアス磁場域での透磁率の小さな変化，およびパーマロイやセンダストに比べてはるかに低い鉄損を示す．これらの優れた特性は，リカロイコアがパーマロイやセンダストに比べてきわめて高い電気抵抗を有しているために渦電流損失が抑えられることに起因している．また，リカロイコアをさらに高い電気抵抗をもつ Mn-Zn フェライトコアと比較するとき，Mn-Zn フェライトはリカロイとほぼ同じ低い鉄損を示すが，低い直流バイアス磁場で透磁率が大きくかつ不連続に低下し，大電流・低電圧・高周波指向にある最新の高性能デバイス機器への使用に適していない．このような評価結果に基づいて，リカロイコアは，高効率と低熱発生のために，パーソナルコンピュータの電源用インダクタ等に使用されている．

表 16·2·4-2 今日までに開発された鉄基バルク金属ガラスの合金系

強磁性型
1. Fe-(Al, Ga)-(P, C, B)
2. 鋳鉄(Fe-C-Si-P)＋(Fe-B)
3. Fe-Ga-(P, C, B, Si)
4. Fe-(Cr, Mo)-(P, C, B, Si)
5. Fe-(Zr, Hf, Nb)-B
6. Fe-Co-Ln-B
7. Fe-(Nb, Cr)-(B, Si)
8. Fe-(Nb, Cr)-(P, B, Si)
9. Fe-(P, Si)-(B, C)

非磁性型
1. Fe-(Cr, Mo)-(C, B)
2. (Fe, Ni)-(Cr, Mo)-(B, Si)
3. Fe-(Cr, Mo)-(C, B)-Ln

　水噴霧法により作製されたリカロイ粉末は，その後の塑性加工で厚さ2～3 μm，アスペクト比10～30の扁平状粉末に形状を変化させることができる．この扁平粉末を樹脂中に積層させることにより作り出されたリカロイシートは，電磁ノイズを熱に高効率で変換でき，高性能ノイズ抑制シートとして市販され，様々な電磁機器に使用されている．また，最近，リカロイシートは電磁波-周波数（RF）認証システムに適用されている．リカロイシートの使用により，磁束線の伝達距離を大きく増大することができ，その結果，13.56 MHzの商用伝送周波数でのアンテナ感度を増大できる．リカロイシートを使用したこのRF認証システムはNTTドコモ携帯電話の高付加機能として採用されている．

　さらに最近，他の軟磁性粉末コアがFe-Nb-Cr-P-B-Si合金を用いて，Inoueらのグループと NECトーキン（株）との共同研究により開発され，市販が開始されている．この新しい軟磁性粉末コアは商品名"センティックス"と名付けられ，今日までに開発されたすべての軟磁性粉末コア中最小のコアロスを示す．このため，センティックスを用いることにより，現用の金属粉末コアに比べて約50％のコアロスの低下によりパーソナルコンピュータの熱放出を大きく抑制でき，ノート型パーソナルコンピュータの電池寿命を約10％長寿命化できる．この特性のために，センティックスは，"次世代2009年および2010年型標準仕様"として国際主要企業数社の支持を得ており，月産数百万個の規模で生産が始まっている．

　水噴霧法により作製されたFe-Ni-Cr-Mo-B-Si粉末は商品名"アモビーズ"として市販され，投射材や精密研磨材として使用されている．このアモビーズは商用の鋳鋼投射材や高速度鋼投射材に比べて7～9倍の長寿命時間をもち，さらに高残留応力をより広い領域に発生できる利点を有している．

　高速粉末スプレー被覆技術を用いることにより，鉄基ガラス合金被覆層が様々な結晶金属・合金の板やパイプ上に形成されている．Fe-Cr-Mo-C-Bガラス合金被覆層は，SUS304材よりも優れた高耐食性，硬クロムめっき材よりも高い硬度，SKD工具鋼やFC鋳鉄よりも優れた耐摩耗性を示す．このような様々な利点により，鉄基金属ガラス被覆材は厳しい動的腐食環境に曝される容器の内面被覆等に応用されている．

16·3　ファインセラミックス

　わが国の工業材料の分野において，「セラミックス」という材料種の呼び名はいまだに「魅力的な材料」という意味合いを持ち続けている．英語"ceramics"の一般的意味は「陶磁器」（伝統的セラミックス）で

あるので，近代セラミックスのことを英語でいいたい場合には，"advanced ceramics"等という必要がある．わが国で使われ始めた「ファインセラミックス」"fine ceramics"という単語は，最近では海外でも十分に通用するようになった．これは，近代セラミックス技術発展に対して，わが国の貢献度がきわめて大きいことの証といえよう．コンピュータ，携帯電話，自動車，飛行機，家庭電器等に，多くのセラミックス製品が使われるようになり，これら製品に関する用途あるいは産業分野において，わが国のセラミックスの技術開発が世界をリードしているといってよい．

ファインセラミックスの成功事例として，電子回路用の絶縁基板等に使われるアルミナ，電波フィルタ，コンデンサ，圧電素子等に使われるチタン酸バリウム（鉛），酸素センサや熱遮蔽膜に使われるジルコニア等といった多くのセラミックス製品を上げることができる．かといって，これまで研究されたセラミックスのすべてが期待通りの成功を収めているのかというと，決してそうではない．成功例には上述のような機能性セラミックスが多いのに対して，構造用セラミックス（structural ceramics）は苦戦している．セラミックスのエンジン，ターボチャージャ，タービンブレード等が研究・試作（一部は製品化）されたが本格的な実用にはいまだ至っていない．しかし，構造用セラミックスの中でも耐摩耗，耐熱部品でいくつか善戦しているものがある．また，機能性セラミックス（functional ceramics）の中にも，強度，硬さ，耐熱性等が要求される場合が多く，最近では機能性/構造用という枠を取り外す傾向にある．そもそも工業材料（部材）としての総合的な性能が必要な以上，そのような考え方は当然な傾向であろう．

まず，ファインセラミックスの最近の発展経緯を，生産高や応用分野・特性を通して概観してみたい[2,3]．図16・3-1には，わが国のファインセラミックス部材の1993～2007年における年間生産高の推移を示す．2000年までは順調な成長を遂げ，約2兆円の市場を有するまでに至った．2001年，2002年の生産高は，昨今の不況傾向を反映する形になっているが，2004年以降は成長軌道に復帰している．

図16・3-2には，2006年度におけるファインセラミックス部材生産高に占める各分野別の割合を示す．電磁気・光学用部材，すなわち機能性セラミックスが約64％を占め，他を圧倒的に上回っている．次いで，機械的部材，化学・生体用部材，熱的・半導体関連部材の順番となっている．

上記4つの部材（分野）の生産高（2006年）について，さらに詳細な特性・機能別の割合を図16・3-3に示す．(a)電磁気・光学用部材では，最も実績のある領域だけあって，その用途種類も豊富である．生産量は，特性別に分類すると，誘電・圧電，磁性，光，絶縁という順になっている．誘電・圧電関係は，電子回路を支えるコンデンサ，携帯電話の電波フィルタ等といったファインセラミックスのスター的な応用分野と

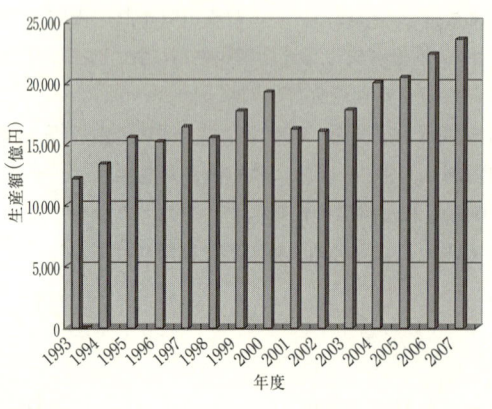

図16・3-1 ファインセラミックス部材の生産総額推移

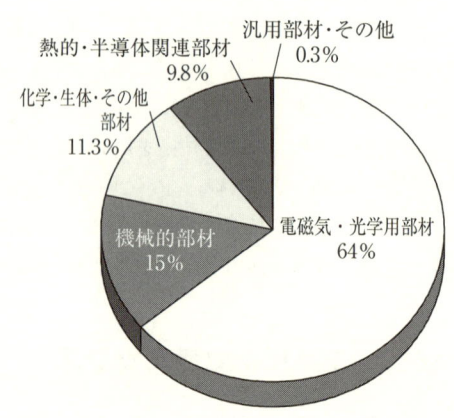

図16・3-2 ファインセラミックス部材生産高に占める各分野別の割合（2006年）

いえよう．(b)機械的部材では，工具と耐摩耗部材がほとんどを占めている．(c)化学・生体用部材では化学関係が最も多い．(d)熱的・半導体関連部材では高温高強度，高温耐食部材が多いが，原子力関係は割合としてはわずかである．

次に，具体的なファインセラミックスの実用材種と材料特性についてのあらましを述べてみたい[1~9]．表16・3-1には，実用材種（例）を，分野・特性別に分類し，さらに製品名（例）を示した．製品名は，いい換えればファインセラミックスの成功例といえる．この表からも，一見して，電磁気的性質を活かした機能性セラミックスの製品例が多いことが分かる．IC基板用のアルミナ，コンデンサ用のチタン酸バリウム等は，わが国におけるファインセラミックス専業の起業化に至った大成功事例ともいってよい．アルミナは，スパークプラグ，工具，高温耐食部材等，他の分野でも広く実用され，「ミスターファインセラミックス」ともいわれる[1]．チタン酸バリウムも，他にもサーミスタ等の豊富な機能を有する電子セラミックスの代表選手であると同時に，もともとペロブスカイト型酸化物という基礎研究の宝庫として，「驚異のチタバリ」とも呼ばれる[10]．バリスタ（Variable resister，電圧によって抵抗が急変する素子），センサ等に使われる酸化亜鉛も，やや地味ではあるが，事業化に成功した好例である．圧電性という電気的性質と機械的性質を融合した製品として，振動発信素子，インクジェットチップ，アクチュエータ等に応用されるチタン酸鉛は，その重要性を年々増加させている．一方では脱鉛という別の環境問題からの研究課題も持ち上がっている．最近では，光触媒という新しい機能を引き提げて，酸化チタンが生活・環境分野での新たな商品，「抗菌セラミックス」といったヒット商品を産みつつある[11]．

表16・3-2には主なファインセラミックスの材種について，焼結体（粉末を焼き固めたバルク材）の特性値をまとめた．強度，靭性が優れるジルコニア，窒化ケイ素，硬さが高いアルミナ，炭化ケイ素，熱伝導率が高い窒化アルミニウム，熱膨張係数の小さなコーディエライト等が，熱・機械的性質に特徴があるセラ

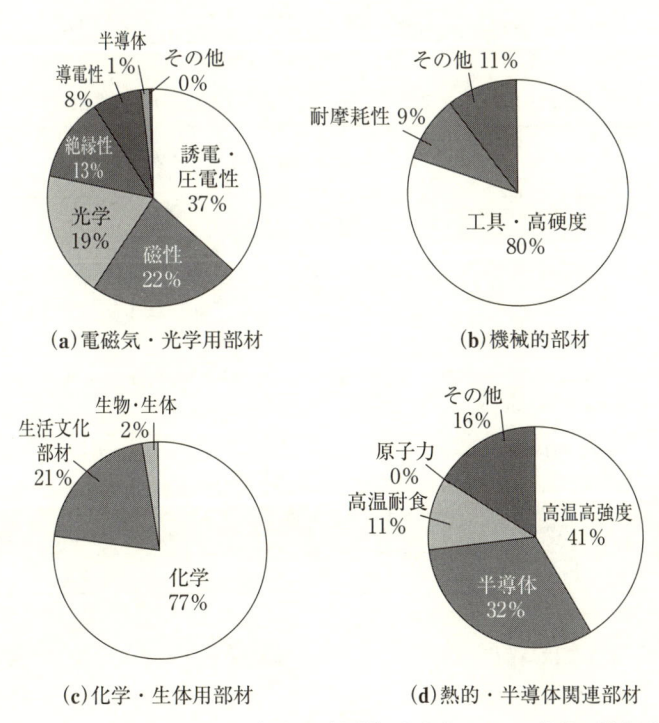

図16・3-3 ファインセラミックス各分野（部材）生産高における特性・機能別の割合

表 16·3-1　主なファインセラミックの特性，製品名(例)と材種

分野	特性	製品名(例)	材種(例)
電磁気・光学用部材	絶縁性	IC 回路基板	アルミナ(Al_2O_3) 窒化アルミニウム(AlN)
	半導体	センサ 化合物半導体	酸化亜鉛(ZnO-CuO)
	導電性	バリスタ サーミスタ	酸化亜鉛(ZnO) チタン酸バリウム($BaTiO_3$)
	磁性	トランス磁石 電波吸収材	Ni-Zn フェライト($NiZnFe_2O_4$)
	誘電・圧電性	コンデンサ 圧電素子	チタン酸バリウム($BaTiO_3$) チタン酸鉛($PbTiO_3$)
	光学	光変換素子	YAG($Y_2Al_5O_{12}$)
機械的部材	工具・高硬度	超硬工具 セラミックス工具	超硬合金(WC-Co, TiC-Ni) アルミナ(Al_2O_3-TiC)
	耐摩耗性	ボールベアリング	窒化ケイ素(Si_3N_4)
熱的部材	高温高強度	スパークプラグ 高温炉部材	アルミナ(Al_2O_3) 炭化ケイ素(SiC)
	高温耐食	半導体装置治具	アルミナ(Al_2O_3)
化学・生体部材	化学	酸素センサ セラミックスフィルタ	ジルコニア(ZrO_2) コーディエライト ($2MgO \cdot 2Al_2O_3 \cdot 5SiO_2$)
	生体	生体部品	アパタイト($Ca_{10}(PO_4)_6(OH)_2$)
	生活	抗菌性セラミックス	酸化チタン(TiO_2)

表 16·3-2　主なファインセラミックス(焼結体)の特性値

特性 \ 材種 単位	アルミナ	ジルコニア	窒化ケイ素	炭化ケイ素	窒化アルミニウム	コーディエライト	チタン酸バリウム
密度　$10^3 kg/m^3$	3.9〜4.0	5.5〜6.1	3.25	3.13〜3.15	3.3	2.47〜2.53	5.6
硬さ　HV	1900	1270〜1440	1700	2400〜2800	1100	—	—
曲げ強さ　MPa	380〜440	1200〜2400	1000	441〜588	300〜500	18〜196	100
ヤング率　GPa	350〜400	196〜255	305	397〜450	310	17〜132	—
ポアソン比　—	0.25	0.31	0.28	0.14〜0.18	0.24	0.3	—
破壊靭性値　$MPam^{1/2}$	3.5〜4.6	6〜7	6.2〜7.5	3.0〜4.6	—	—	—
熱伝導率　W/mK	25〜31	2.9〜5.9	45	43〜125	180〜320	1.9〜4.7	—
熱膨張係数　$K^{-1} \times 10^{-6}$	7.7〜8.1	8.5〜9.0	3.0	4.0〜4.5	4.4	2.4	—
電気抵抗　$\Omega \cdot cm$	$>10^{14}$	$>10^{10}$	$>10^{14}$	10^4〜10^7	$>10^{14}$	10^{12}〜10^{14}	10^{11}
誘電率　—	10	6.6	9	—	9	5	2〜6×10^3

ミックスである．図 16·3-4 には，耐摩耗性に優れ，かつ導電性を有する Al_2O_3-TiC が，ハードディスクの磁気ヘッドスライダ（基板部）に使われている例を示すが，最近の構造用セラミックスの成功例の 1 つともいえる．

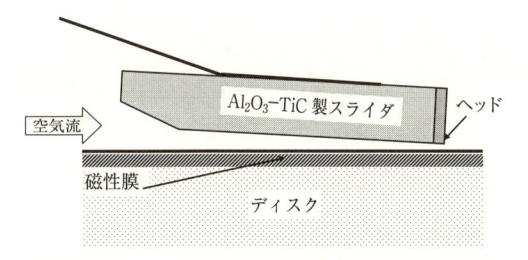

図16・3-4 ハードディスクの磁気ヘッドのスライダ（基板部）の模式図

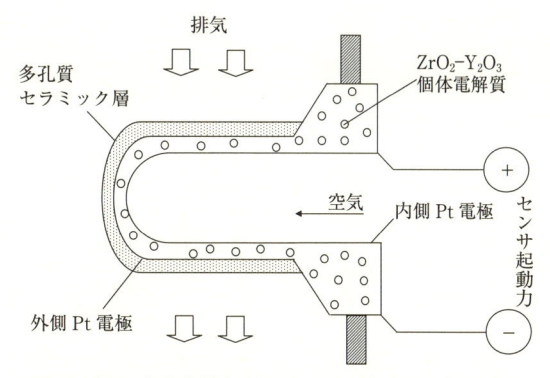

図16・3-5 自動車排気ガス用センサ素子部の基本構造

電磁気特性に特徴のあるチタン酸バリウム等の熱・機械的性質は，他のセラミックスに劣っている．図16・3-5 には，イオン導電性を有する ZrO_2-Y_2O_3 が，自動車排気ガス用の酸素センサの電解質に使われている例を示すが，最近の機能性セラミックスの成功例の1つということができる．ジルコニアは機械特性にも優れるセラミックスであるので，それを活かした用途も広がりつつある．

セラミックスの最近の技術は，確実に我々の生活の中に息づいており，今後もますますその重要性は増していくことが期待される．材料技術は，やはり開発材料が実際に使われていく段階で磨きがかかっていくものであり，この点において応用技術はもちろんのこと方向付けのしっかりした基礎研究も重要となる．セラミックスの開発材料が成功する要因としては，まず第一に特徴ある機能が安定して発現することがクリアになったうえで，部品（製品）としての他のいくつかの性質のバランスが満たされることであろう．もちろんコストの要素も重要となるが，性能重視の研究開発方向は，セラミックスでは今後も続くのではないかと思われる．

16・4 合成ダイヤモンド

16・4・1 合成ダイヤモンドの製造方法

合成ダイヤモンドの製造方法としては，図16・4・1-1 のように超高圧法（HPHT法）と気相法（CVD法）に大きく分けることができる．超高圧法には，金属溶媒（触媒）を用いた溶解度差法と温度差法，無触媒（直接変換）法，衝撃圧縮（爆縮）法がある．気相法としては，熱フィラメントCVD法，マイクロ波プラズマCVD法，燃焼法等が知られている．得られるダイヤモンドの形態や品質は合成方法によって大きく異なる（図16・4・1-1）．次に，各種合成ダイヤモンドの合成法と特性の概要および応用について述べる．

16・4・2 粉末状合成ダイヤモンド

原料となる黒鉛と，Fe，Ni，Co などの溶媒（触媒）金属を接触させ，黒鉛が溶媒金属に溶解する温度以上で，かつダイヤモンドが熱力学的に安定な圧力条件（およそ 5.5 GPa 以上，1400℃以上）で処理すると，黒鉛が溶媒金属に溶解してダイヤモンドとして析出する．この方法では，数分から数十分の処理で 1 mm 以下の粉末あるいは小さな粒状のダイヤモンドを多量に合成することができる．超高圧発生には工業的には通常，図16・4・2-1 に示すようなベルト型と呼ばれる装置が用いられ，図16・4・2-2 のような試料室の構成で粉末状ダイヤモンドが合成される．こうして合成される粉末状ダイヤモンドの生産量は現在では年間20億カ

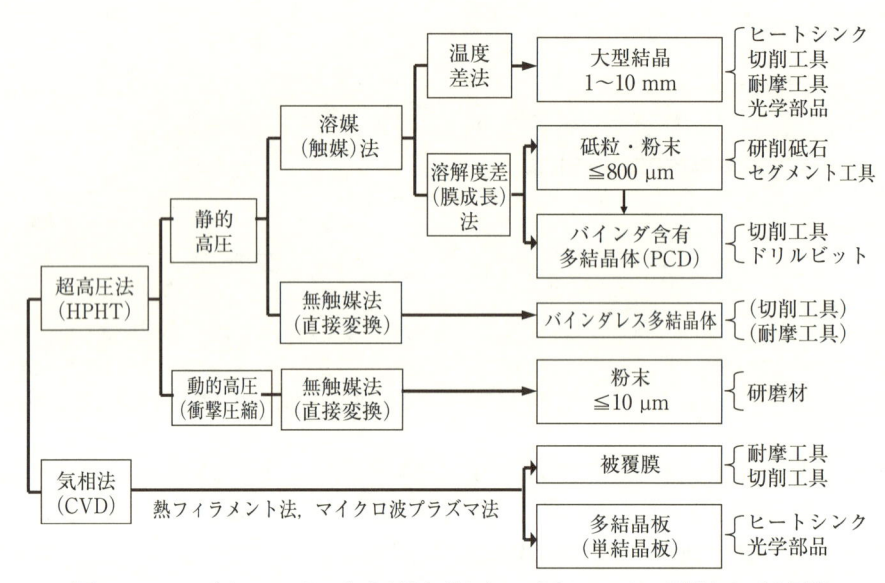

図16・4・1-1 ダイヤモンドの合成方法と得られるダイヤモンドの形態および応用例

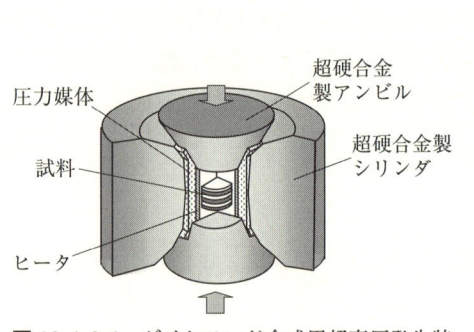

図16・4・2-1 ダイヤモンド合成用超高圧発生装置（ベルト型）

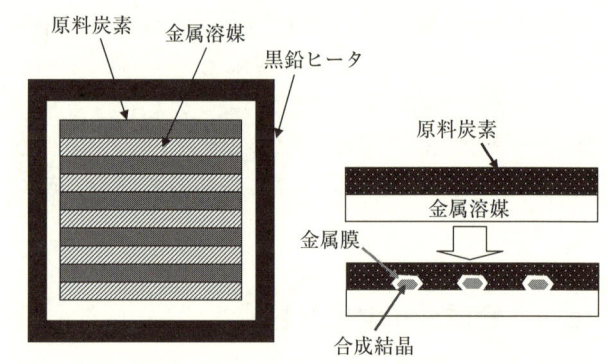

図16・4・2-2 粉末状ダイヤモンドの合成方法（溶解度差法）の一例

ラットを越えていると予想され，その70％以上は中国製といわれている．この粉末状合成ダイヤモンドは，研磨材あるいは研削ホイールやカッティングソー，セグメント工具等の砥粒として多量に使用されている．

16・4・3　焼結ダイヤモンド

前項の粉末状合成ダイヤモンドを，焼結助剤や結合材（バインダ）を用いて高圧高温下で焼き固めた焼結ダイヤモンドが，切削工具（図16・4・3-1）やドリルビットとして広く利用されている．高圧高温発生には図16・4・2-1と同様の装置が用いられている．現在市販されている焼結ダイヤモンドの多くは，Co等の触媒金属を焼結助剤とした液相焼結法[1]により製造されている．粒径や焼結助剤量の異なるいくつかの材質があり，粗粒系，中粒系，微粒系に大きく分類できる．それぞれ刃先強度や耐摩耗性に特徴があり，用途によって使い分けられている．最近では製造装置の大型化により，直径100 mmを越える大径の焼結ダイヤモンドが製造可能となっている．また，SiCを結合材としてダイヤモンド粒子を固相焼結で固めた焼結体も製造さ

図 16·4·3-1 焼結ダイヤモンドの切削工具としての応用例

れている．この焼結体は，金属触媒を用いて液相焼結した焼結体に比べて硬度や強度は劣るが，耐熱性が高いことが特徴である．

16·4·4 大型単結晶ダイヤモンド

大型で良質な単結晶ダイヤモンドの合成には，図 16·4·4-1 に示すような高圧下での温度差法が用いられる．合成室に温度勾配を設け，高温部に炭素源，低温部に種結晶，その間に Fe，Ni，Co 等の溶媒金属を配して，5.5 GPa 以上，1400 ℃ 以上の圧力・温度条件を与える．高温部で溶媒金属に溶解した炭素が，溶媒下方の低温部に拡散輸送されて過飽和となり，種結晶上にダイヤモンドがエピタキシャルに成長する．この方法で，現在，1～2 カラット（大きさ 5～6 mm 程度）の単結晶ダイヤモンド（Ib 型，窒素不純物を含んだ黄色の結晶，図 16·4·4-2）が工業生産されており，超精密バイト（図 16·4·4-3）や線引きダイス，ドレッサー，医療用ナイフ等の加工工具や耐摩工具に用いられている．また，窒素不純物を制御して，高純度な無色透明のダイヤモンド単結晶（IIa 型）も製造されている．この IIa 型合成結晶は，天然ダイヤモンドや従来の Ib 型ダイヤモンドに比べてはるかに結晶性に優れている．現在では 1 cm（約 10 カラット）の，大型で高品質な単結晶ダイヤモンドも得られるようになっている（図 16·4·4-4）[2]．この高品質な大型単結晶は，赤外光学部品やレーザ窓材の他，超高圧アンビルや大型放射光用の分光結晶等，工業から科学の広範な分野で利用されている．

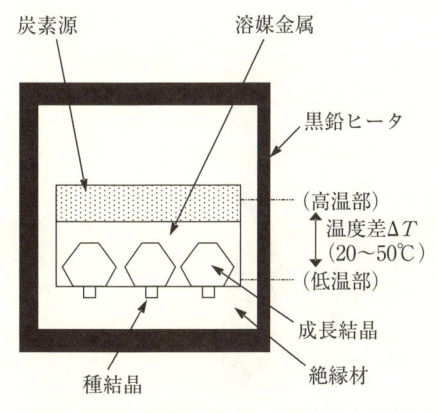

図 16·4·4-1 単結晶ダイヤモンドの合成方法（温度差法）の一例

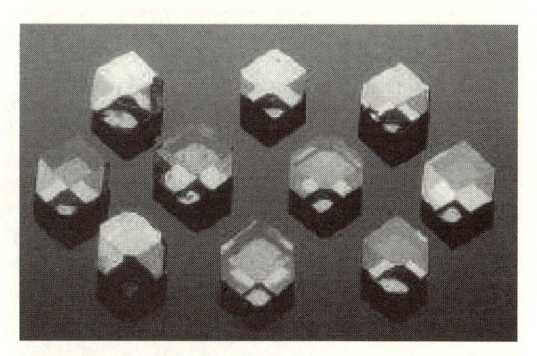

図 16·4·4-2 高圧合成された 1～2 カラット（5～6 mm）の単結晶ダイヤモンド（合成 Ib 型）

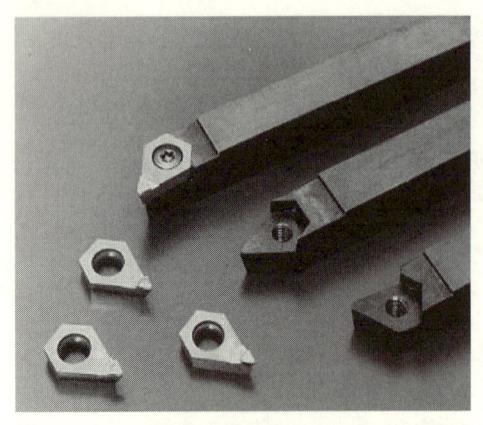

図16・4・4-3 高圧合成単結晶ダイヤモンドの超精密バイトへの応用例
((株)アライドマテリアル　ホームページより)

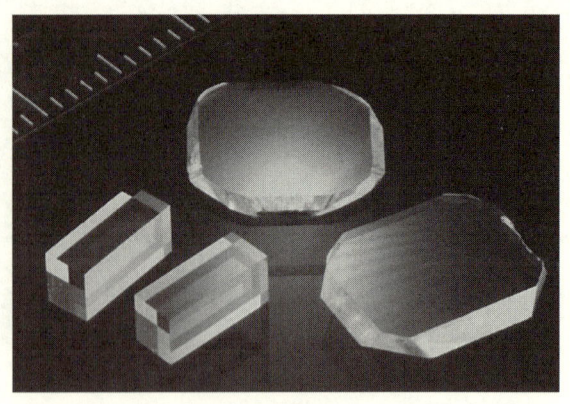

図16・4・4-4 高圧合成された高純度大型単結晶ダイヤモンド（合成IIa型）

16・4・5　直接変換合成ダイヤモンド

現在，工業生産されている合成ダイヤモンドのほとんどは，これまでに述べた触媒や溶媒を用いた方法で，5〜6 GPa, 1300〜1400℃程度の高圧高温条件で製造されているが，触媒を用いずに，黒鉛を高圧・高温下で直接ダイヤモンドに変換させることもできる．これには，触媒を用いる方法に比べてかなり高い圧力・温度条件（15 GPa 以上，2300℃以上）が必要とされるが，微細な粒子が強固に結合したダイヤモンド単相の透光性の多結晶体が得られる（図16・4・5-1)[3]．この多結晶ダイヤモンドは，10〜30 nm の非常に微細な粒子からなること，合成条件によっては，単結晶ダイヤモンドを凌駕する硬さのものが得られることから，非常に高い硬度を有するものが得られ，単結晶のようなへき開性がなく，耐熱性にも優れている．このため，切削工具や耐摩工具として高いポテンシャルを有すると考えられ，次世代の硬質材料として今後の展開が期待される．また，黒鉛からの直接変換法としては，衝撃波や爆縮による動的加圧合成も知られている．この方法で，黒鉛から数μm以下の微細なダイヤモンド粉末が合成され，研磨材として市販されている．

16・4・6　気相合成（CVD）ダイヤモンド

炭素を含むガスを原料として，準安定状態で気相からダイヤモンドを合成することができる（CVD法）．

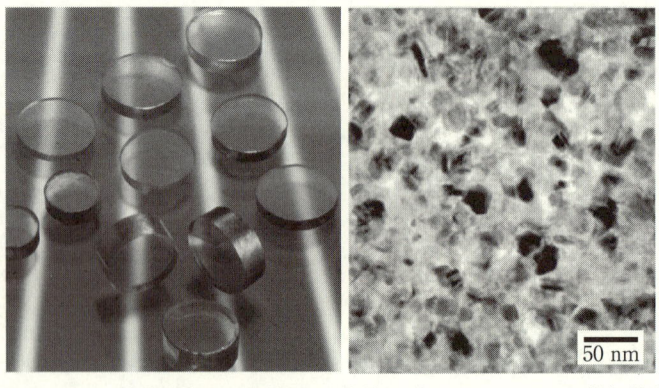

図16・4・5-1 直接変換により得られた多結晶ダイヤモンドとその微細構造

(a) 熱フィラメント CVD 法　　(b) マイクロ波プラズマ CVD 法

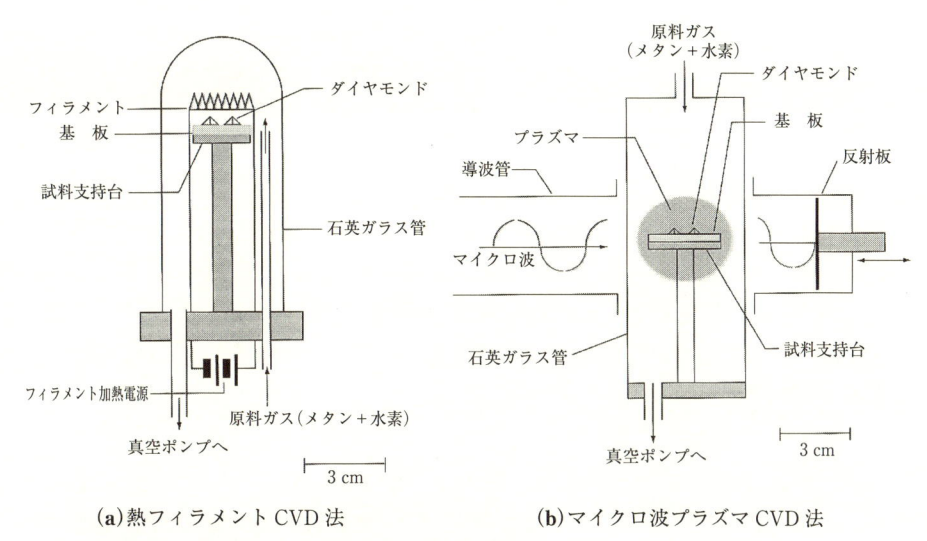

図 16・4・6-1　ダイヤモンド気相合成（CVD）法の主な例

図 16・4・6-2　CVD 法により得られた光学窓用多結晶ダイヤモンド

図 16・4・6-1 に示すような，熱フィラメント CVD 法，マイクロ波プラズマ CVD 法のほか，直流放電や高周波放電によるプラズマ CVD 法，プラズマジェット法，燃焼炎法等が知られている．これらの方法では，メタンやアセチレン等の炭化水素，一酸化炭素，メタノール等の炭素が原料となる．この原料ガスの C，H，O の組成のバランスが重要で，基板の温度とガス圧力の適切な選択と高度な制御が必要である．熱フィラメント CVD 法やマイクロ波プラズマ CVD 法は，ダイヤモンドの大面積化が可能で，ダイヤモンド被覆工具や光学窓（図 16・4・6-2），耐摩工具として実用化されている．また最近，CVD 法による単結晶成長（エピタキシャル成長）により，板状の良質な単結晶ダイヤモンドの合成も可能となっている．

16・5　生体材料

16・5・1　生体に埋植される材料に求められる性能

　病気やけがで損傷を受けた骨や歯を修復するために，金属材料や無機材料（セラミックス）が使用されている．生体の機能を修復または支援することを目的として，身体の組織，あるいは体液と接して用いられる

材料が，生体材料である．生体材料のなかでも，体内に埋植して長期間使用される材料は，インプラントと呼ばれている．金属材料やセラミックスがインプラントとして利用されている代表例として，整形外科での人工関節（図 16·5·1-1）や人工骨（図 16·5·1-2），歯科での人工歯根がある．これらは，硬組織に触れる部位で使用されている．さらに循環器外科・内科では，ステントとして血液や血管に触れる部位に使用される金属材料もある．

これらの生体材料には，次の 3 つの性能が求められる．

① 生物学的な適合性：毒性がなく，生体組織による拒絶反応が小さいこと．組織への固定が必要とされる部位では，高い接着性が得られること．血液と接する場合には血栓の生成を起こさないこと．

② 機械的な適合性：修復する部位に適合した機械的特性を有すること．骨や歯の場合であれば，修復部位と同じ機械的特性を長期にわたって維持すること．

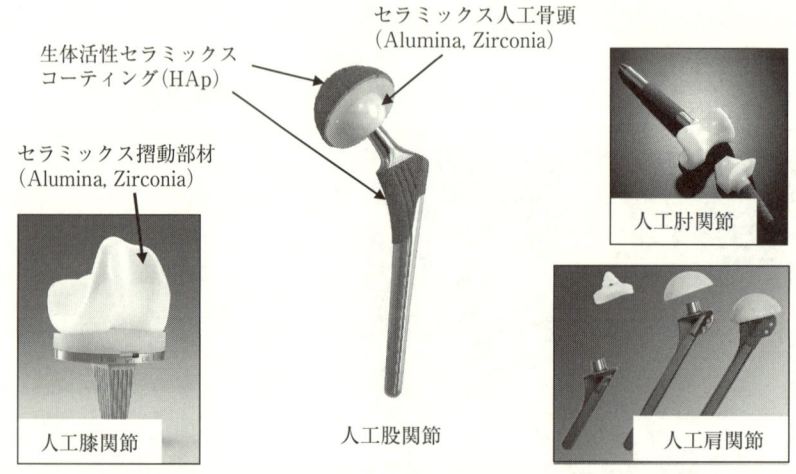

図 16·5·1-1　人工関節の例（日本メディカルマテリアル(株)提供）
（HAp：水酸アパタイトの略，Alumina：酸化アルミニウム，Zirconia：酸化ジルコニウム）

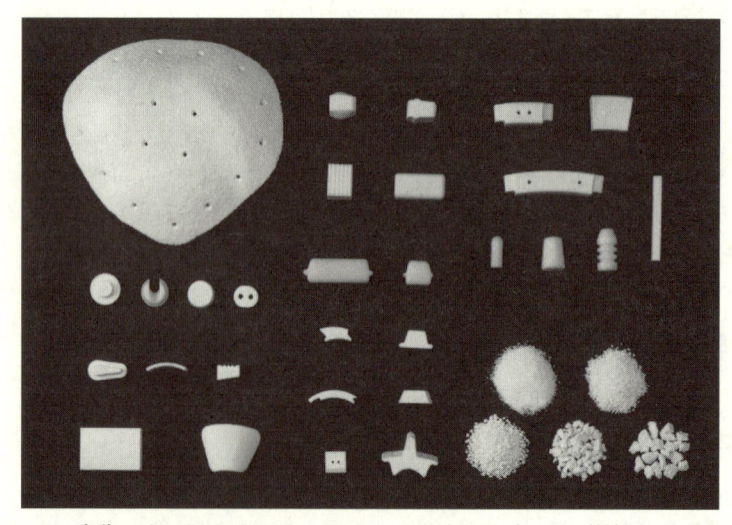

図 16·5·1-2　水酸アパタイトのセラミックスでできた人工骨（HOYA(株)　PENTAX 提供）

③使用上の機能性：製造や滅菌，保管時の制約が少なく，臨床使用においても簡便であること．

一般に，金属材料は有機高分子やセラミックスに比べて，機械的強度に優れており，延性や展性を示すので，荷重のかかる部位である骨や関節，歯の形態と機能の回復に利用されている．ただし，金属材料の場合には，腐食が懸念される．生体内に埋植される金属材料の場合，生体内でイオンの溶出を起こさないように設計され，金属イオンの溶出による刺激やアレルギーが起こらない組成にするために多大な努力が払われている．インプラント用の金属としては，チタンやチタン合金，Co-Cr-Mo 合金などが利用されている．特にチタン合金は，高い機械的強度に加えて，生物学的な組織親和性の高い材料であり，人工関節のステム部（図 16·5·1-1 参照）に使用されている．これに対してセラミックスには，生体組織に高い親和性を示す材料や，金属材料に比べて耐摩耗性に優れる材料がある．それぞれの特徴を活かして，骨組織に接する部分や人工関節の摺動部分に利用されている．しかし，セラミックスは，金属材料や有機高分子材料に比べて，硬くて脆い．そのため，使用に制限がある．

16·5·2　材料に対する生体の挙動に基づく応用例

金属材料やセラミックスは，骨や関節，歯を修復するためのインプラントとして広く利用されている．金属材料やセラミックスの生体材料を生物学的挙動に基づいて分類すると表 16·5·2-1 のようになる．

生体内で化学的に安定で，拒絶反応が小さい材料は，生体不活性（バイオイナート）材料に分類される．金属材料を生体材料として用いる場合，多くは生体に対して安定な材料を目指しており，生体不活性材料となるように設計されている．アルミナ（酸化アルミニウム）やジルコニア（酸化ジルコニウム）のセラミックスは，生体不活性材料に分類される．これらはその耐摩耗性の高さを利用して，関節の摺動面に使用されている．

一方で，セラミックスの中には生体内で骨と直接接し，強固な結合を作る材料がある．それらは生体活性材料と呼ばれている．人工材料を骨の欠損部に埋植した場合，生体はこれを異物として認識し，骨組織から隔離するため，コラーゲンでできた線維性被膜で材料を取り囲んでしまう．これに対して，生体活性材料では，この線維性被膜の形成が起こらず，骨と直接結合できる．すなわち，生体に対して特異な生理学的な活性がある材料と見なされる．特に人工骨を扱う研究分野では，骨と直接接し結合する性質を生体活性と呼ぶ場合が多い．生体活性材料の表面を足場にして骨が新しくできる現象を，骨伝導性と呼んでいる．骨と結合

表 16·5·2-1　骨や関節を修復する金属材料やセラミックスの分類と代表例

分類	応用例	代表的な材料
生体に対して化学的に安定な素材（生体不活性材料）	高強度を利用したステム材や骨折固定材，人工歯根用材料	チタン(Ti-6Al-4V)合金，SUS316L 鋼
	耐摩耗性を活かした人工関節摺動面の材料	Co-Cr-Mo 合金，アルミナ(Al_2O_3)焼結体，ジルコニア(ZrO_2)焼結体
生体骨と直接接し結合を作る素材（生体活性材料）	人工椎体，人工腸骨等の骨充填材	Bioglass®(Na_2O-CaO-SiO_2-P_2O_5系ガラス)，Cerabone®A-W(MgO-CaO-SiO_2-P_2O_5-CaF_2系結晶化ガラス)，水酸アパタイト($Ca_{10}(PO_4)_6(OH)_2$)焼結体
骨欠損部で次第に吸収される素材（生体吸収性材料）	骨充填材，再生医療用 Scaffold 材料	β-リン酸三カルシウム($Ca_3(PO_4)_2$)焼結体，炭酸カルシウム($CaCO_3$)

する生体活性材料として，現在のところ臨床で最も広く利用されているものは，水酸アパタイト焼結体で，種々の形態の人工骨が製品として販売されている（図16·5·1-2参照）．水酸アパタイトの人工骨は，$Ca_{10}(PO_4)_6(OH)_2$の化学量論組成の材料である．骨の欠損部に埋植された場合，その表面がわずかに反応し，骨を構成する水酸アパタイトに類似した組成や結晶構造をもつアパタイト（類似アパタイト）を形成し，これにより骨との結合が達成される．材料自体に水酸アパタイトが含有されていなくても，骨の部分に埋植された後に，表面に骨類似アパタイトを形成する材料であれば，骨と結合する．ガラスの中にも生体活性材料が報告されているのは，このためである．近年では，チタン合金を，アルカリ水溶液により化学処理した後に加熱処理するプロセスによって，体内で骨類似アパタイトを形成する表面に改質することで，骨と結合する機能を付与する技術も報告されている．

セラミックスには，生体内で分解吸収される機能を特徴とする生体吸収性材料もある．β型リン酸三カルシウム（β-TCP）がその代表であり，骨と直接接しながら，新陳代謝に伴って，次第に骨に置き換わる機能をもつ．生体吸収性材料であれば，長期に残存した際に懸念される問題，すなわち機械的特性の不適合や機械的強度の低下に関する課題が克服できる．ただし，分解吸収にともなって機械的強度は低下するので，大きな荷重に耐える機械的強度を維持したい場合には使用できず，吸収速度の制御も課題として残っている．

手術室での使いやすさに重点を置いた場合，手術室で成形可能な人工骨への要求が高くなる．リン酸カルシウムの粉末を用いることで，しばらくはペースト状で成形可能であり，数分後に固化し，しかも骨と結合する生体活性な自己硬化型材料も開発され，臨床で使用されている．この種の人工骨は，リン酸カルシウム粉末を水と混合する方法で得られる．具体的には，水と反応しやすいα型リン酸三カルシウム（α-TCP），リン酸水素カルシウム，リン酸四カルシウムの混合粉末を硬化用の水溶液と混ぜる．この混合物は数分間流動性を示し，10分以内に水酸アパタイトへ転化しながら固まる．固化体の大部分は12時間以内に骨類似アパタイトに転化するので，周囲の骨と結合する．ただし，硬化体の機械的強度は人工関節を固定できるほどは高くない．より高い機械的強度を示し，骨と結合する自己硬化型材料の開発が課題となっている．

第16章 文献

16·1·1の文献
1) M. Tinkham：超伝導入門（上下）原著第2版，青木亮三，門脇和男共訳，吉岡書店（2006）．
2) 北口仁："超伝導材料――エネルギー・環境のための将来技術へ向けて"，環境管理，**44**（2008）1004-1011．

16·1·2の文献
1) J. G. Bednorz and K. A. Müller : "Possible high T_c superconductivity in the Ba-La-Cu-O system", Z. Physik, **B64** (1986) 189-193.
2) SUPERCOM on www http://semrl.t.u-tokyo.ac.jp/supercom/95/S-Com_95.html に1992年12月以降の学術・応用研究の進展が紹介されている．

16·1·3の文献
1) 北口仁："超伝導材料――エネルギー・環境のための将来技術へ向けて"，環境管理，**44**（2008）1004-1011．
2) M. Tinkham：超伝導入門（上下）原著第2版，青木亮三，門脇和男共訳，吉岡書店（2006）．
3) H. Maeda and K. Togano, ed. : Bismuth-Based High-Temperature Superconductors, Marcel Dekker (1996).
4) 竹内孝夫，北口仁："実用超伝導線材"，物質材料研究アウトルック2006年版，物質・材料研究機構刊（2006）310-319．
5) 佐藤謙一："ビスマス系（Bi2223）高温超電導線と応用製品の最近の進歩"，低温工学，**42**（2007）338-345．
6) Ken-ichi Sato : "Present Status and Future Perspective of High-Temperature Superconductors", SEI Technical Review, **88** (2008) 55-67.

16・1・4 の文献

1) 竹内孝夫, 北口仁: "実用超伝導線材", 物質材料研究アウトルック 2006 年版, 物質・材料研究機構刊 (2006) 310-319.
2) 佐藤謙一: "ビスマス系 (Bi2223) 高温超電導線と応用製品の最近の進歩", 低温工学, **42** (2007) 338-345.
3) Ken-ichi Sato: "Present Status and Future Perspective of High-Temperature Superconductors", SEI Technical Review, **88** (2008) 55-67.
4) 畑良輔: "GENESIS 計画と高温超伝導ケーブル～究極の持続可能な『新エネルギー』の活用について～", SEI テクニカルレビュー, **172** (2008) 10-25.

16・2 の文献 (書籍, 集録, 解説に限定)

1) A. Inoue: "High Strength Bulk Amorphous Alloys with Low Critical Cooling Rates (Overview)", JIM, **36** (1995) 866-875.
2) A. Inoue: "Stabilization of Metallic Supercooled Liquid and Bulk Amorphous Alloys", Acta Mater., **48** (2000) 279-306.
3) A. Inoue and A. Takeuchi: "Recent progress in bulk glassy alloys", Mater. Trans., **43** (2002) 1892-1906.
4) MRS Bulletin (2007).
5) 井上明久, 今福宗行, 才田淳治, 西山信行: バルク金属ガラスの材料科学と工学, シーエムシー出版 (2008) 1-347.

16・3 の文献

1) 例えば, 柳田博明: "ファインセラミックス「魔法の陶磁」を科学する", 講談社 (1982).
2) 日本セラミックス協会: "セラミックス産業界の動き", セラミックス, 毎年の 9 月号 (1992-2003).
3) 井川博行: "ファインセラミックス市場の現状と今後―産業動向調査を通じて―", セラミックス, **36** (2001) 752.
4) 日本セラミックス協会: セラミック工学ハンドブック, 技報堂出版 (2003).
5) 岡崎清: セラミック誘電体工学, 学献社 (1978).
6) 柳田博明: セラミックスの科学, 技報堂出版 (1981).
7) 水田進, 河本邦仁 (堂山昌男, 山本良一編): 材料テクノロジー 13 セラミック材料, 東京大学出版会 (1986).
8) 浜野健也, 木村脩七: ファインセラミックス基礎科学, 朝倉書店 (1990).
9) 野村武史: "大容量積層セラミックコンデンサーの概論と課題", セラミックス, **36** (2001) 394.
10) 高木豊, 田中哲郎 (村田製作所編): 驚異のチタバリ 世紀の新材料・新技術, 丸善 (1990).
11) 渡部俊也: "光触媒", セラミックス, **35** (2000) 52.

16・4 の文献

1) 例えば, 「ダイヤモンド技術総覧」, ダイヤモンド工業協会 (編), エヌジーティー (2007) 39-45.
2) 角谷均, 戸田直大, 佐藤周一: "高品質大型ダイヤモンド単結晶の開発", SEI テクニカルレビュー, **166** (2005) 7-13.
3) 角谷均, 入舩徹男: "高硬度ナノ多結晶ダイヤモンドの合成と特徴", NEW DIAMOND, **22**[3] (2006) 6-11.
4) 「ダイヤモンド展」"The Nature of Diamond", 国立科学博物館, 読売新聞社 (編) (2000) 146.

16・5 の文献 (書籍に限定)

1) 古薗勉, 岡田正弘: ヴィジュアルでわかるバイオマテリアル, 秀潤社 (2006).
2) 名古屋大学 21 世紀 COE「自然に学ぶ材料プロセシングの創成」教科書編集委員会編: 自然に学ぶ材料プロセシング, 三共出版 (2007).
3) 田中順三, 角田方衛, 立石哲也編: 材料学シリーズ バイオマテリアル, 内田老鶴圃 (2008).

第17章 熱・エネルギー関連材料

17・1 原子炉材料

17・1・1 原子力発電の現状

2006年末における世界中で運転されている発電所は429基，日本は55基であり，原子力発電出力で比較すると，アメリカ，フランスに次いで日本は第3位である[1]．また，日本国内の総発電出力に占める原子力の割合は，2006年では約30％が原子力であり，基幹エネルギー源として重要な役割を担っている．原子力発電は，化石燃料の消費を抑制し，CO_2排出量を抑制するという点で大きな役割を果たすと共に，エネルギー安全保障の面からも重要である．世界で最も多く運転されている原子炉は軽水を減速材とする軽水炉である．軽水炉には加圧水型原子炉（PWR：Pressurized Water Reactor）と沸騰水型原子炉（BWR：Boiling Water Reactor）があり，日本では両方の炉が運転されている．

17・1・2 主要構成材料

原子炉を構成する主要材料をその機能から分類すると，核燃料，燃料被覆管材，減速材・反射材，冷却材，制御材，構造材，原子炉容器材料等に分類される．原子炉内の材料は，機械的特性と共に核特性の観点からも構成元素が選択される．たとえば，燃料被覆管は，中性子吸収能が比較的小さく機械的特性，耐食性に優れるジルコニウム合金が使用されている．制御材は，中性子吸収能が大きな元素としてたとえばホウ素が選択され，制御棒等に使用されている．PWRでは，炉水中にホウ素を添加する方法でも反応度が制御されている．原子炉の構造材料は，機械的特性，耐食性等の特性と共に被曝低減という観点も重要となる．このため炉内構成材料では放射化しやすいコバルト等の元素が制限されている．炉心構造物に関していえば，基本的にはステンレス鋼，ニッケル合金，ジルコニウム合金が使用される（表17・1・2-1）．

表17・1・2-1 実用原子炉の主要構成要素と主な材料

構成要素	主な材料	構成要素	主な材料
核燃料	二酸化ウラン	制御材	Ag-In-Cd合金，Hf，B_4C，ホウケイ酸ガラス，Gd_2O_3
燃料集合体	ジルコニウム合金，ニッケル合金，ステンレス鋼	遮蔽材	コンクリート，鉄鋼材料
減速材	軽水（H_2O）	原子炉容器炉心構造物	鉄鋼材料，ステンレス鋼，ニッケル合金，ジルコニウム合金
冷却材	軽水（H_2O）		
反射材	軽水（H_2O）		

17・1・3 核燃料

原子炉では^{235}U等が核分裂することにより熱を発生し，冷却材により熱エネルギーを回収し発電を行っ

ている．現在の実用炉では核分裂を起こす ^{235}U を含む酸化物が燃料として装荷される．燃料として使用されるウランは，^{235}U の同位体比が高められた，いわゆる濃縮ウランである．天然に存在するウランは，そのほとんどが ^{235}U および ^{238}U であり，^{235}U の存在比は約 0.7 ％ である．濃縮工程を経て，核分裂する ^{235}U を濃縮した U からなる二酸化ウラン（UO_2）が発電用原子炉の核燃料として使用される．日本国内で使用されている燃料の濃縮度は，経済性，臨界安全管理の点から 5 ％ 以下となっている．核燃料の設計は原子炉の型に依存しており，PWR と BWR で燃料集合体の設計は異なるが[1,2]，そこで使用される燃料は PWR と BWR 共に UO_2 である．

UO_2 燃料は粉末冶金法によって製造される．図 17・1・3-1 に示されるように UO_2 粉末をプレス成形することにより円筒状の成形体とし，その後焼結工程を経て焼結体となる（このように円筒状に加工された UO_2 は "燃料ペレット" と呼ばれる）．その後，燃料ペレットの外周を研磨して直径をそろえた後，スプリング等と共に被覆管に詰められ，所定の圧力の He ガスで封入され燃料棒となる．燃料ペレットは直径・高さがそれぞれ 1 cm 程度であるが，そのサイズは被覆管直径と共に，燃料集合体の仕様によってそれぞれ異なる．燃料ペレットは燃料性能の観点から，数 ％ 程度の気孔を含むよう設計されている．

燃料として用いる UO_2 は蛍石型結晶構造をもつが，ウランが多様な原子価をとることができるため，雰囲気の影響をうけて UO_{2+x} で示される不定比組成をとる[3]．定比組成より酸素が過剰な UO_{2+x} では過剰酸素がフォノンの散乱源となり熱伝導率を低下させる．さらに，定比組成からのずれは溶融温度を低下させる．このため，燃料ペレットの製品では酸素量が定比組成に近くなるよう管理されている．現在の軽水利用燃料では，UO_2 の他に，UO_2 に可燃性毒物である Gd_2O_3 を添加した燃料が使用されている．Gd は中性子吸収能が大きく，原子炉内での反応度を制御するために用いられている．また，UO_2 に PuO_2 を混合した混合酸化物（MOX：Mixed Oxide）燃料を既存軽水炉へ導入することも計画されている．これら燃料も UO_2 燃料と同様の成形・焼結工程を経て燃料ペレットが製造される（図 17・1・3-1）．

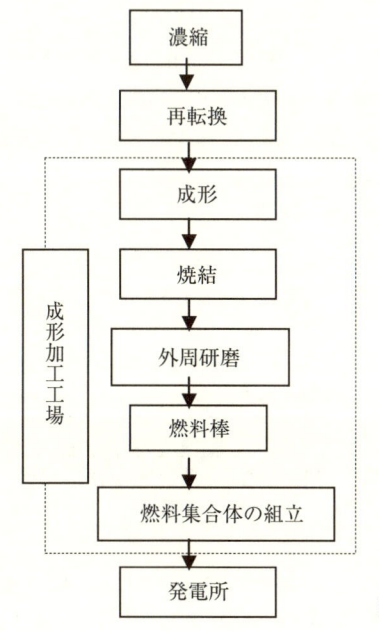

図 17・1・3-1 燃料成形加工工程

17・1・4 その他の材料

実用炉ではないが，開発が進められている高速増殖炉の制御棒には B_4C 焼結体が使用されている．高速中性子領域での中性子吸収能の高さからホウ素が使用されている．原子炉固有の部材ではないが，原子力にとって欠かすことができない重要な部品として，ポンプ用のメカニカルシールがある．原子炉に関わる機器では高い信頼性が要求されるが，ポンプ用のメカニカルシールも同様に高い信頼性が要求される．このようなメカニカルシール材料として超硬合金が使用されている．

17・2 電 池

電池とは，酸化されやすい（電子親和力が小さい）材料からなる負極，還元されやすい（電子親和力が大きい）材料からなる正極，イオンだけを通す電解質といわれる材料の3つからなるシステムである．この三種を組み合わせることで，電極反応物質の化学エネルギーを電気エネルギーに定常的に直接変換するという，ほかに真似のできない機能を有する装置ができ上がる．電池の開発の歴史は，この3種の材料の発見と改良の歴史でもある．広義の定義では，太陽エネルギーや熱エネルギーを電気エネルギーに変換する光電池（太陽電池）や熱電池等も「物理電池」として電池の仲間に入れられることがある．この場合，前者を「化学電池」と呼ぶ．ここでは「化学電池」について記述する．

電池内の電極反応物質を活物質といい，通常乾電池のようにパッケージに保持されている．この際，エネルギーサイクルを再生できるものが二次電池であり，再生できないものが一次電池である．活物質を発電中供給する形式もあるが，燃料電池はこれに該当する（表17・2-1）．

こうした電池が示す電圧は正極と負極のもつ電位の差である．この正極と負極との間に負荷をかけると，負極の活物質から遊離した電子が外部負荷を通り，正極の活物質に電子が与えられ，電池として作用する．表17・2-2に電池活物質として使われる主な元素または化合物の酸化還元電位を示す．この表から，電池の標準起電力が求められる．

実際の電池としては，①起電力を大きくする組み合わせの選択，②用いる電極活物質ができる限り大容量のエネルギーをもつもの，すなわち軽量で電子数の大きいものの使用，③自己放電を押さえるため，活物質が電解液に対して化学的に安定であること，④大きな電流をとるために電池の内部抵抗が小さくなる構造にすること，⑤構成材料が安価であること等の諸条件が必要となる．

電池のエネルギー密度は電池反応をもとに計算できる．インターカレーション反応が特徴のリチウムイオン電池を例に見てみよう．概略，負極の反応は，$6C+Li+e^- \leftrightarrow C_6Li$，正極の反応は，リチウムに対して4.2V程度でリチウム脱離を止めるとすれば，$LiCoO_2 \leftrightarrow Li_{0.5}CoO_2+0.5Li^+ +0.5e^-$ となり，全電池反応は，

表17・2-1 電池の種類

活物質保持型
一次電池：マンガン乾電池，アルカリ乾電池，酸化銀電池，亜鉛空気電池，リチウム一次電池
二次電池：鉛蓄電池，Ni-Cd電池，Ni-MH電池(ニッケル水素電池)，リチウムイオン電池
活物質供給型
一次電池：燃料電池［アルカリ電解液型(AFC)，固体高分子型(PEFC)，リン酸型(PAFC)，溶融炭酸塩型(MCFC)，固体酸化物型(SOFC)］
二次電池：レドックスフロー電池

表 17·2-2 電池活物質として使われる主な元素または化合物の酸化還元電位

電極反応式	電極電位(V)	備考
$Li^+ + e^- \longleftrightarrow Li$	−3.045	
$6C + xLi^+ + xe^- \longleftrightarrow C_6Li_x$	−2.9	リチウムイオン電池負極
$Na^+ + e^- \longleftrightarrow Na$	−2.714	NaS 電池負極
$Mg^{2+} + 2e^- \longleftrightarrow Mg$	−2.363	
$Al^{3+} + 3e^- \longleftrightarrow Al$	−1.68	
$ZnO_2^{2-} + 2H_2O + 2e^- \longleftrightarrow Zn + 4OH^-$	−1.22	
$2H_2O + 2e^- \longleftrightarrow H_2 + 2OH^-$	−0.828	ニッケル水素電池負極
$Cd(OH)_2 + 2e^- \longleftrightarrow Cd + 2OH^-$	−0.825	
$Zn^{2+} + 2e^- \longleftrightarrow Zn$	−0.763	
$S + 2e^- \longleftrightarrow S^{2-}$	−0.447	NaS 電池正極
$PbSO_4 + 2e^- \longleftrightarrow Pb$	−0.355	鉛蓄電池負極
$2H^+ + 2e^- \longleftrightarrow H_2$	0	燃料電池負極(燃料極)
$Cu^{2+} + 2e^- \longleftrightarrow Cu$	0.337	
$NiOOH + H_2O + e^- \longleftrightarrow Ni(OH)_2 + OH^-$	0.480	ニッケル水素電池正極
$I_2 + 2e^- \longleftrightarrow 2I^-$	0.536	
$Ag^+ + e^- \longleftrightarrow Ag$	0.799	
$Li_{1-x}NiO_2 + xLi^+ + xe^- \longleftrightarrow LiNiO_2$	0.8	リチウムイオン電池正極
$Li_{1-x}CoO_2 + xLi^+ + xe^- \longleftrightarrow LiCoO_2$	0.9	リチウムイオン電池正極
$Li_{1-x}Mn_2O_4 + xLi^+ + xe^- \longleftrightarrow LiMn_2O_4$	1.0	リチウムイオン電池正極
$Br_2 + 2e^- \longleftrightarrow 2Br^-$	1.065	
$O_2 + 4H^+ + 2e^- \longleftrightarrow 2H_2O$	1.23	燃料電池正極(空気極)
$Cl_2 + 2e^- \longleftrightarrow 2Cl^-$	1.36	
$PbO_2 + 2e^- \longleftrightarrow PbSO_4$	1.685	鉛蓄電池正極
$F_2 + 2e^- \longleftrightarrow 2F^-$	2.87	

$6C + 2LiCoO_2 \longleftrightarrow C_6Li + 2 Li_{0.5}CoO_2$ と表される．電池内に含まれる活物質の総量は $12.01 \times 6 + 113.87 \times 2 = 299.8$（g）となり，この反応の完結には1F（ファラデー）が必要であるため 96,500/3,600 = 26.8 Ah の電気量が費やされる．電池反応に関係する総エネルギーはこの容量と電圧の積となる．この電池の平均電圧を 3.6V とするとエネルギーは 96.5 Wh となり，kg 重量当たりのエネルギー密度は $96.5 \times 1000/300 = 322$ Wh/kg と計算される．実際は，ケース，セパレータ，添加剤の重さ等も加味されるので市販のリチウムイオン電池では 150 Wh/kg 程度となっている．また，それぞれの比重から体積を求める事により体積当たりのエネルギー密度を計算できる．電池ではこうした2つの観点からのエネルギー密度が重要となる．

電池に関する詳しいデータ，解説等は，「電池ハンドブック」[1]「電気化学便覧」[2]を参照されたい．また，社団法人電池工業会のホームページも参考になる[3]．

17·3 ヒートシンク

17·3·1 はじめに

近年，コンピュータの CPU やチップセット等のマイクロエレクトロニクスの分野のみならず，ダイオード，サイリスタ，IGBT（絶縁ゲートバイポーラトランジスタ）素子等パワーエレクトロニクスの分野においても高密度化，大容量化に伴う発生熱量は増加の一途をたどっている．発生した熱により素子の温度が上昇すれば，その性能が低下するだけではなく，最悪の場合は素子の破損へとつながる．また，熱が機器の筐体内に籠れば，他の素子や電気部品にもダメージを及ぼす可能性がある．したがってこれら素子の冷却を効率よく，効果的に行うことは機器の高性能化，小型化，高信頼性化の面から非常に重要な技術課題となっている．発熱する素子や電気部品の冷却を目的として，これら素子や電気部品に装着し，熱の放散によって温度を下げるように設計された部品のことをヒートシンク（放熱器）と呼ぶ．

17·3·2 ヒートシンクの基本構造

ヒートシンクは（素子の）固体表面と大気間の熱交換を目的とする一種の熱交換器である．ヒートシンクの性能は，以下の熱抵抗 R（単位℃/W）によって決定される．

$$R=(T_1-T_2)/Q \qquad 式(17·3·2-1)$$

ここで，T_1 はヒートシンク基板温度，T_2 は雰囲気温度，Q はヒートシンクへの単位時間当たりの流入熱量である．

熱抵抗の値が小さいほどヒートシンクの冷却能力は高いということになる．熱抵抗はヒートシンクの面積に反比例するため，一般にはヒートシンクの面積が大きいほど冷却能力は高くなる．通常，図17·3·2-1 に

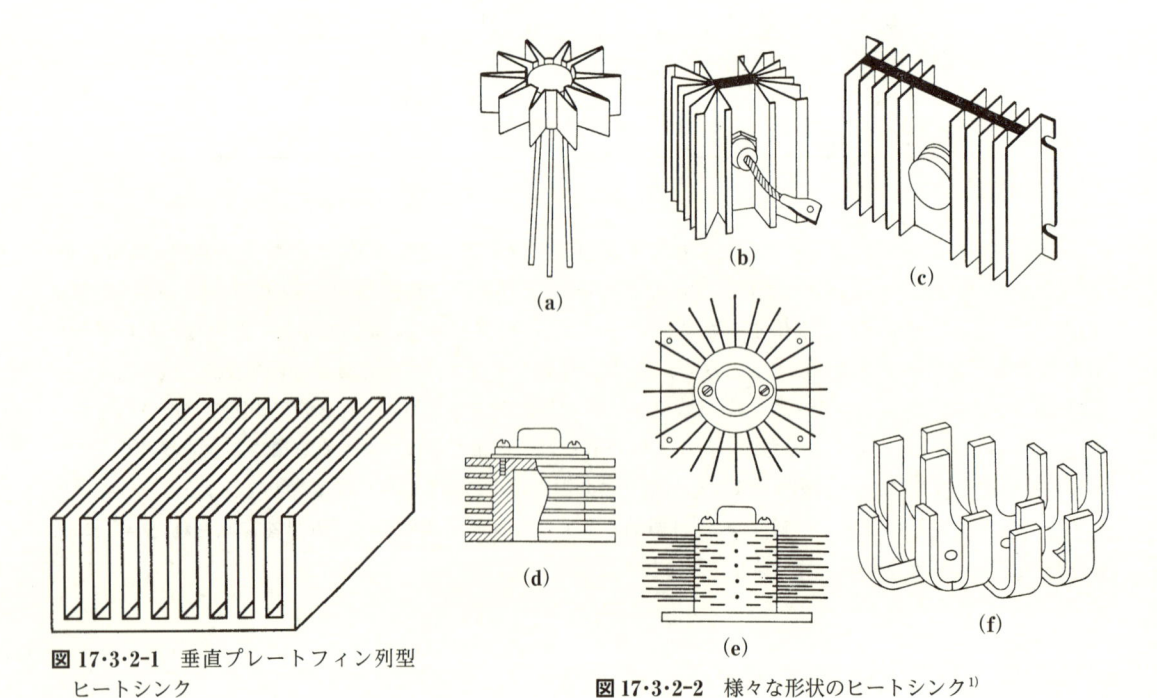

図17·3·2-1 垂直プレートフィン列型ヒートシンク

図17·3·2-2 様々な形状のヒートシンク[1]

示したような板状の部品を組み合わせた垂直プレートフィン列型のものが最も多く見受けられるが，トランジスタ冷却用等では，図 17·3·2-2 に示したような様々な形状のものが用いられている[1]．ヒートシンク用の素材としては，①熱伝導率が高い，②加工性が良い，③コストが低いこと等が求められ，アルミニウム，銅，鉄等の金属およびそれらの合金が用いられている．フィンの表面には，輻射伝熱量増加の目的のため，塗装を施したり，表面処理によって酸化膜を形成させたり等しているものがある．フィンと基板の接合は，効率よく熱を伝達できるように，かしめ等の機械的圧着，ろう付，はんだ，溶接によって行われている．

17·3·3 ヒートシンクの発展型

ヒートシンクから大気への熱の放散は自然空冷が基本であるが，より効率よく冷却を行うためにマイクロファンを取り付けたものがあり，パソコンのCPUの冷却に多く用いられている．ファンを用いた場合は，ファンの風量，静圧特性等，冷却能力に関する性能はもちろんであるが，騒音についての考慮も必要である．

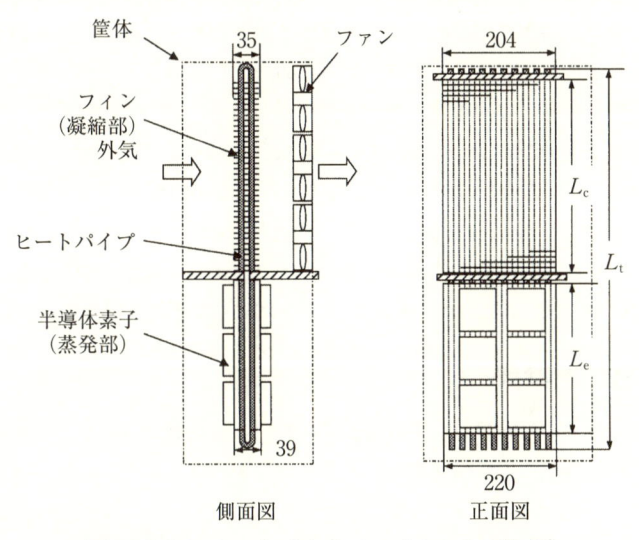

図 17·3·3-1 ヒートパイプ・ヒートシンクの構成[1]

近年，IGB（Insulated Gate Bipolar Transistor）素子等の発生熱量の多いものでは，ヒートパイプを使用したものが用いられるようになってきている．図 17·3·3-1 にヒートパイプ・ヒートシンクの構成を示す[1]．ヒートシンクの上部（凝縮部）は多数本の銅パイプと薄いアルミニウムフィンからなる熱交換器からなり外気で強制冷却される．下部（蒸発部）はアルミニウムブロックからなっており，その表面に半導体素子が搭載されている．アルミニウムブロック内には上部からの銅パイプが挿入され，銅パイプ内には水が封入されており，ヒートパイプとして動作する構成となっている．ヒートパイプ・ヒートシンクは，プレートフィン列型ヒートシンク等と比べて体積当たりの冷却能力ははるかに大きく，コンパクト性能に優れている．

17・4 熱電変換材料

17・4・1 はじめに

棒状の金属または半導体の一端を高温 T_H に，別の一端を低温 T_L に保ったとき，両端に電位差が生じる現象をゼーベック効果という．$\Delta T = T_H - T_L$ としたとき，生じる電位 V は $V = S \cdot \Delta T$ と表され，ここで S は1℃の温度差に対する起電力であり，ゼーベック係数または熱電能と呼ばれる．一方，2種類の金属または半導体を接合し，その接合界面（温度 T_j）を通して電流 I を流すと，電流の向きに応じて $Q = S \cdot T_j \cdot I$ に相当する熱の放出または吸収が起こるが，この現象をペルチェ効果と呼ぶ．このようなゼーベック効果やペルチェ効果を利用して熱と電気を相互に直接変換する材料が熱電変換材料である．この材料を利用した熱電変換システムはこれまで，僻地に設置された機器（気象観測機器や電波中継機器等）への電力供給システム，深宇宙探査機の電源，エレクトロニクス素子の恒温制御システム，小型冷蔵庫等に用いられてきた．他のシステムと比較した場合，動作時における排気ガスの放出等がなく，環境への負荷が小さいという特徴がある一方，コスト面やエネルギー変換効率の点で劣るためその幅広い普及が妨げられていたが，近年のエネルギー・環境問題への関心の高まりから注目度が上がりつつある．

熱電変換材料の性能は性能指数 $Z(=S^2/\rho\kappa)$ または無次元性能指数 ZT によって評価される．ここで，S は既出のゼーベック係数，ρ は電気抵抗率，κ は熱伝導率，T は動作温度（絶対温度）である．この Z および ZT が大きいほど熱電変換材料としての性能が高いことになるが，そのためには S を大きく，ρ および κ を小さくする必要がある．これらの物性値は材料中のキャリア密度のほか，結晶粒径，添加物分散状態などの微細組織の影響を受ける．また，ZT が1を超えることが実用水準の目安とされている．

17・4・2 代表的な熱電変換材料

ゼーベック効果やペルチェ効果等の熱電現象は金属においても観測されるが，金属の熱電能は一般に非常に小さいため，熱電変換材料として使用できるのは実質的に半導体に限られる．半導体はその伝導キャリア

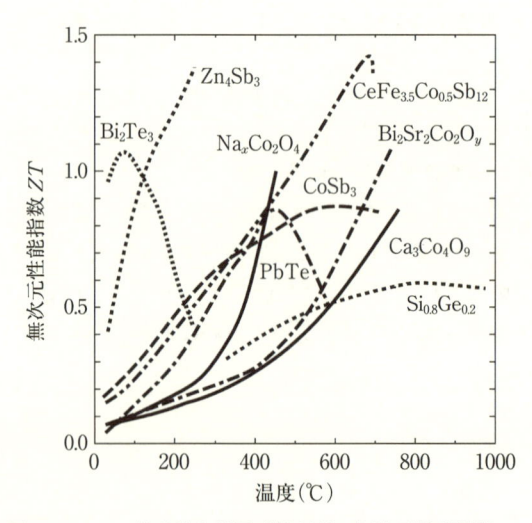

図17・4・2-1 代表的な熱電変換材料の無次元性能指数 ZT

の符号によりp型とn型に分類されるが,熱電変換材料も同様にp型およびn型熱電変換材料に分類される.1950年代より知られている熱電変換材料としてはBi$_2$Te$_3$, PbTe, SiGe, β-FeSi$_2$等の金属間化合物がある.Bi$_2$Te$_3$[1)]系化合物は,室温から450K付近までの比較的低い温度域で使用できる材料であり,ペルチェ素子材料として現在最もよく使用されている.PbTe[2)]は600〜800Kの中温度域で,SiGe[3)]およびβ-FeSi$_2$[4)]は約1200Kの高温度で熱発電材料として使用できる.1990年代に入ってスクッテルダイト化合物と呼ばれるMSb$_3$(M=Co, Rh, Ir)系,および希土類元素を含んだCeFe$_3$CoSb$_{12}$, LaFe$_3$CoSb$_{12}$等の希土類充塡スクッテルダイト化合物が高い熱発電性能を示すことが見出され,CeFe$_3$CoSb$_{12}$で$ZT=1.2$(800K)が報告されている[5)].さらに1990年代終わり頃には層状酸化物Na$_x$Co$_2$O$_4$[6)]やCa$_3$Co$_4$O$_9$[7)]についてZTが1を超えることが示された.酸化物系は金属系に比べて高温での耐熱性が優れており,また材料の原料コストも一般に低く,その実用化が期待されている.図17・4・2-1に代表的な熱電変換材料のZTを示す.

17・4・3 熱電変換システム

熱電変換システムの心臓部は,ある寸法に切断加工された複数個の熱電変換材料(素子)の集合体であるモジュールである.図17・4・3-1に熱電変換モジュールの模式図を示す.モジュールはp型熱電変換素子-電極-n型熱電変換素子という直列接続されたΠ(パイ)型構成を基本とした一対を多数直列接続された構造となっている.熱電発電の場合,モジュールの性能の向上には熱源からの熱流を効率よく受け取り,電極を介して発電した電力を負荷に低損失で引き渡すことが必要である.熱電変換モジュールでは,モジュール側面からの熱の放出,モジュール内の素子の設置されていない部分の放射等による伝熱,熱電素子と電極との接合部の電気抵抗等が存在するため,材料の性能から予測される効率よりも実際の効率は一般に低くなる.熱電変換システムの用途としては,自動車廃熱,中小規模のごみ焼却炉からの廃熱や産業排熱,燃料電池の反応熱等の利用による熱電発電が考えられている.自動車廃熱利用では,1994年に300馬力のディーゼルトラックに搭載して出力1kWの発電に成功している[1)].

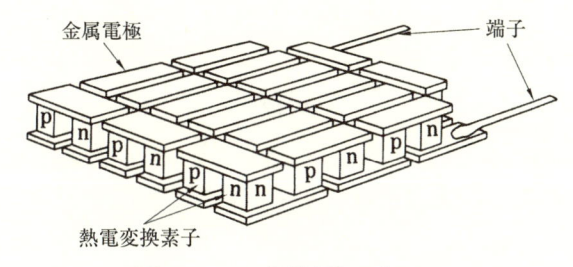

図17・4・3-1 熱電変換モジュール

第17章 文献

17・1・1の文献
1) 電気事業連合会:"「原子力・エネルギー」図面集2008",電気事業連合会(2008).

17・1・3の文献
1) 森一麻:"核燃料工学の基礎―軽水炉を中心に 第1回核燃料の概要",日本原子力学会誌,**46**(2004) 339-345.
2) 広瀬勉,土井荘一:"核燃料工学の基礎―軽水炉を中心に 第2回軽水炉燃料(1)",日本原子力学会誌,**46**(2004) 410-417.
3) 長谷川正義,三島良績:"原子炉材料ハンドブック",日刊工業新聞社(1977).

17・2 の文献
1) 電池化学会電池技術委員会編：電池ハンドブック，オーム社（2010）．
2) 電気化学会編：電気化学便覧　第5版，丸善（2000）．
3) http://www.baj.or.jp/

17・3・2 の文献
1) 坪内為雄編：熱交換器，朝倉書店（1968）169．

17・3・3 の文献
1) 日本機械学会編：機械工学便覧　応用システム編 γ3 熱機器，丸善（2005）117．

17・4・2 の文献
1) H. J. Goldsmid : "The Electrical Conductivity and Thermoelectric Power of Bismus Telluride", Proceedings of the Physical Society, 71 (1958) 633-646.
2) B. Houston, R. E. Strakna and H. S. Belson : "Elastic Constants, Thermal Expansion and Debye Temperature of Lead Telluride", J. Appl. Phys., **39** (1968) 3913-3916.
3) D. M. Rowe and V. S. Shukla : "The Effect of Phonon-grain Boundary Scattering on the Lattice Thermal Conductivity and Thermoelectric Conversion Efficiency of Heavily Doped Fine-grained, Hot-pressed Silicon Germanium Alloy", J. Appl. Phys., **52** (1981) 7421-7426.
4) U. Birkholy and J. Schelm : "Mechanism of Electrical Conduction in β-$FeSi_2$", Physica Status Solidi (b), **27** (1968) 413-425.
5) J. W. Sharp, E. C. Jones, R. K. Williams, P. M. Martin and B. C. Sales : "Thermoelectric Properties of $CoSb_3$ and Related Alloys", J. Appl. Phys., **78** (1995) 1013-1018.
6) I. Terasaki, Y. Sasago and K. Uchinokura : "Large Thermoelectric Power in $Na_xCo_2O_4$ Single Crystals", Phys. Rev., **B56** (1997) R12685-R12687.
7) R. Funahashi, I. Matsubara, H. Ikuta, T. Takeuchi, U. Misutani and S. Sodeoka : "An Oxide Single Crystal with High Thermoelectric Performance in Air", Jpn. J. Appl. Phys., **39** (2000) 1127-1129.

17・4・3 の文献
1) J. C. Bass, N. B. Elsner and F. A. Leavitt : "Performance of the 1 kW Thermoelectric Generator for Diesel Engines", Proceedings of the 13th International Conference on Thermoelectrics, Kansas City (1994) 295-298.

第18章 粉末冶金に関連する規格(2008年9月現在)[1]

　日本における粉末冶金関係の諸規格は，共通の用語のほか，機械部品・含油軸受分野，超硬合金分野，タングステン・モリブデン製品分野等の分野別にそれぞれ独自に制定されており，原料粉についても共通の試験方法だけでなく分野別に独自に制定されている場合もある．

　本章では，本書の主題に沿って，機械部品・含油軸受分野に関係する諸規格とその原料粉関係の諸規格に焦点をあて，日本の規格に加え国外の規格についても併せて簡単な紹介をする．

　とりあげる規格は，日本の JIS（日本工業規格），JPMA（日本粉末冶金工業会団体規格），および ISO（国際規格），MPIF（Metal Powder Industries Federation 規格・USA）の4規格とした．これらの規格に限定した理由は，ヨーロッパでは ISO が進んでいること，アメリカは粉末冶金製品生産国としてトップクラスであることからで，それに日本国内規格を併せて紹介すれば利用上十分であると考えたからである．

　以下，各々の規格の紹介に入るが，紹介にあたっては"共通"，"原料粉"，"材料・製品"の3分類に規格を分類したうえ，その後に規格の比較を主体とした紹介を行う形式とした．

18・1 共通する規格

18・1・1 粉末や（冶）金用語[2,3]

規格名称	番号	粉末や（冶）金用語
ISO	3252	Powder metallurgy—Vocabulary
MPIF	09	Definition of Terms Used in Powder Metallurgy
JIS	Z 2500	粉末や（冶）金用語

　ISO，MPIF および JIS に規定されており，用語数は ISO が266語，MPIF が192語，JIS が289語となっている．JIS の用語数が他の規格に比較して多くなっているのは，ISO に整合させながら用語の体系化を行い，不足語を順次取り入れたこと等の理由による．

　規格の内容については各規格間で問題となるような相違は見られないが，それぞれの規格の歴史的背景もあり，細部では若干の違いがある．

　規格利用面からは，ISO および JIS が用語を数種類に分類し，分類内で体系的に配列してある．ISO は別途アルファベット順に索引できる付属書の記載があり，JIS は五十音・アルファベット順に索引できる記載がある．MPIF は全用語がアルファベット順に配列されており，分類分けはされていない．

18・1・2 MIM 用語[4]

規格名称	番号	MIM 用語
JPMA	G02	MIM 用語

　JPMA のみに規定されており，用語数は142語となっている．

利用面からは用語を数種類に分類し体系的に配列してある．また JIS Z 2500「粉末や（冶）金用語」から引用している用語がある．

18・1・3　プレス用語[2,5]

規格名称	番号	プレス用語
MPIF	31	Definition of Terms for Metal Powder Compacting Presses and Tooling
JPMA	G01	粉末冶金用プレス用語

MPIF と JPMA に規定されており，MPIF の用語数は 19 語，JPMA が 224 語となっている．これは MPIF がツールセット関係の用語に限定しているのに対し，JPMA は成形法，単軸プレスの種類・操作・使用・ツールセット，成形技術等幅広い内容となっているためである．

利用面からは図を主体に構成されており，理解しやすいようにまとめられている．また，JPMA 規格は JIS B 0111「プレス機械用語」，JIS Z 2500「粉末や（冶）金用語」から引用している用語がある．

18・1・4　焼結金属摩擦材料用語[6]

規格名称	番号	焼結金属摩擦材料用語
JPMA	G03	焼結金属摩擦材料用語

JPMA のみ規定されており，用語数は 192 語となっている．

利用面からは用語を製品，摩擦・潤滑，摩耗・損傷，試験法等，数種類に分類し体系的に配列してある．

18・2　原料粉関係の規格

18・2・1　サンプリング[2,3]

規格名称	番号	サンプリング
ISO	3954	Powders for powder metallurgical purposes—Sampling
MPIF	01	Method for Sampling Metal Powders
JIS	Z 2503	粉末や（冶）金用金属粉―試料採取方法

ISO，MPIF および JIS に規定されており，規定内容はほぼ同一となっている．MPIF 規格のみ試料抜取器，試料分離器の例示が一部異なっている．

18・2・2　粒度，平均粒径

18・2・2・1　粒度分布（ふるい）[2,3]

規格名称	番号	粒度分布（ふるい）
ISO	4497	Metallic powders—Determination of particle size by dry sieving
MPIF	05	Method for Determination of Sieve Analysis of Metal Powders
JIS	Z 2510	金属粉―乾式ふるい分けによる粒度試験方法

ISO，MPIF および JIS に規定されており，規定内容はほぼ同一となっている．JIS 規格のみ"ふるいのサイズ""公称目開きの選び方"について規定しているが，引用規格の違いによるもので試験結果に影響は

ない．

18・2・2・2 粒度分布（沈降）

規格名称	番号	粒度分布（沈降）
ISO	10076	Metallic powders—Determination of particle size distribution by gravitational sedimentation in a liquid and attenuation measurement

ISO のみに規定されており，沈降法による測定は専用の装置と検出器を使用して測定する．

18・2・2・3 平均粒径[2]

規格名称	番号	平均粒径
MPIF	32	Method for Determination of Average Particle Size of Metal Powders Using the Fisher Subsieve Sizer

MPIF のみに規定されており，フィッシャーサブシーブサイザを用いて測定する．

18・2・2・4 比表面積

規格名称	番号	比表面積
ISO	10070	Metallic powders—Determination of envelope-specific surface area from measurements of the permeability to air of a powder bed under steady-state flow conditions

ISO のみに規定されており，試料は ISO3954 によって採取され，Carman-Arnell, Kozeny-Carman 方程式により面積を算出する．

18・2・3 成 分 分 析

18・2・3・1 還元減量[2,7]

規格名称	番号	還元減量
ISO	4491-2	Metallic powders—Determination of oxygen content by reduction methods—Part 2: Loss of mass on hydrogen reduction (hydrogen loss)
MPIF	02	Method for Determination of Loss of Mass in a Reducing Atmosphere for Metal Powders (Hydrogen Loss)
JPMA	P03	金属粉の還元減量試験方法

ISO，MPIF および JPMA に規定されており，対象とする粉末は，ISO が 12 種類，MPIF は 9 種類，JPMA は 14 種類となっており，それぞれ対象とする粉末ごとに還元温度と時間が規定されている．

試験方法については各規格ともほぼ同一となっているが，条件となる還元温度と時間の組み合わせでは同一条件がない．

18・2・3・2 水 素 還 元

規格名称	番号	水素還元
ISO	4491-3	Metallic powders—Determination of oxygen content by reduction methods—Part 3: Hydrogen-reducible oxygen

ISO のみに規定されており，測定方法は水素還元法により酸素含有量を測定する．

対象とする粉末は 14 種類となっており，それぞれ対象とする粉末ごとに還元温度が規定されている．

18・2・3・3　全酸素量[8]

規格名称	番号	全酸素量
ISO	4491-4	Metallic powders—Determination of oxygen content by reduction methods—Part 4: Total oxygen by reduction-extraction
JPMA	P05	還元抽出法による金属粉の全酸素量定量方法

　ISOとJPMAに規定されており，約2％までの濃度の金属粉の全酸素量を，高温還元抽出することにより定量する規定となっている．両規格とも規定内容はほぼ同一となっている．

18・2・3・4　酸不溶解分[2,9]

規格名称	番号	酸不溶解分
ISO	4496	Metallic powders—Determination of acid insoluble content in iron, copper, tin and bronze powders
MPIF	06	Method for Determination of Acid Insoluble Matter in Iron and Copper Powders
JPMA	P04	金属粉の酸不溶解分定量方法

　ISO，MPIFおよびJPMAに規定されており，対象となる粉末は，ISOが4種類，MPIFが2種類およびJPMAが3種類となっているが，測定方法のうえでは3規格とも2区分で，鉄粉の場合と銅系粉の場合に分けられており，3規格ともほぼ同一の規定内容となっている．

18・2・3・5　潤滑剤含有量

規格名称	番号	潤滑剤含有量
ISO	13944	Lubricated metal-powder mixes—Determination of lubricant content—Modified Soxhlet extraction method

　ISOのみに規定されており，ソックスレー抽出器を使用して，試料の質量減少から百分率で表す規定となっている．

18・2・4　粉末特性

18・2・4・1　フィルタ用粉末特性[2]

規格名称	番号	フィルタ用粉末特性
MPIF	39	Method for Properties of Sintered Bronze P/M Filter Powders

　MPIFのみに規定されており，規定された金型と銅系焼結フィルタの径寸法変化率で収縮率を表す規定となっている．また銅系フィルタ最大空孔寸法・破壊強度測定方法等も規定している．

18・2・4・2　溶浸用粉末特性[2]

規格名称	番号	溶浸用粉末特性
ISO	14168	Metallic powders, excluding hardmetals—Method for testing copper-base infiltrating powders
MPIF	49	Method for Testing Copper-Base Infiltrating Powders

　ISOとMPIFに規定されており，テストピースによる溶浸率と残渣損失率を表す規定となっている．両規格ともほぼ同一の規定内容となっている．

18・2・5 見掛密度，流動度，タップ密度

18・2・5・1 見 掛 密 度（オリフィス径 2.5 mm, 5.0 mm）[2,3]

規格名称	番号	見掛密度
ISO	3923-1	Metallic powders—Determination of apparent density—Part 1: Funnel method
MPIF	04	Method for Determination of Apparent Density of Free-Flowing Metal Powders Using the Hall Apparatus
	28	Method for Determination of Apparent Density of Non-Free-Flowing Metal Powders Using the Carney Apparatus
	53	Method for Measuring the Volume of the Apparent Density Cup Used with the Hall and Carney Apparatus (Standards 04 and 28)
JIS	Z 2504	金属粉―見掛密度試験方法

漏斗を使用する一般的な方法が ISO, MPIF（2規格）および JIS に規定されており，ISO および JIS は MPIF の2規格（漏斗のオリフィス径の大小で別規格になっている）を1つの規格にまとめた形式となっている．

規定内容は各規格ともほぼ同一で，漏斗のオリフィス部の寸法が ISO と JIS が同一で MPIF 寸法とわずかに異なる（今後漏斗寸法統一化の予定）．また MPIF のみにカップ容積の測定方法の規定がある．

なお，現在 ISO にて温間での見掛密度測定規格（ISO18549-1）の制定を行っている．

18・2・5・2 見 掛 密 度（Scott）

規格名称	番号	見掛密度(Scott)
ISO	3923-2	Metallic powders—Determination of apparent density—Part 2: Scott volumeter method

ISO のみに規定されており，通常の漏斗法で流れにくい粉末用としてスコット容積計による方法を規定している．

18・2・5・3 見 掛 密 度（Arnold）[2]

規格名称	番号	見掛密度(Arnold)
MPIF	48	Method for Determination of Apparent Density of Metal Powders Using the Arnold Meter

MPIF のみに規定されており，プレミックス粉を含めた粉末製造上の評価，品質管理および出荷時の承認のために用いられる規格である．

18・2・5・4 流 動 度[2,3]

規格名称	番号	流動度
ISO	4490	Metallic powders—Determination of flow rate by means of a calibrated funnel (Hall flowmeter)
MPIF	03	Method for Determination of Flow Rate of Free-Flowing Metal Powders Using the Hall Apparatus
JIS	Z 2502	金属粉―流動性試験方法

ISO, MPIF および JIS に規定されており，JIS のみが使用する標準試料が異なる．測定方法は3規格とも同一となっているが，漏斗のオリフィス径寸法がわずかな相違がある．ただし，この相違も許容差の範囲内となっている．

なお，現在 ISO にて温間での流動度測定規格（ISO18549-2）の制定を行っている．

18・2・5・5　タップ密度[2,3)]

規格名称	番号	タップ密度
ISO	3953	Metallic powders—Determination of tap density
MPIF	46	Method for Determination of Tap Density of Metal Powders
JIS	Z 2512	金属粉—タップ密度測定方法

ISO，MPIF および JIS に規定されており，3規格ともタップ装置を用いる方法がほぼ同一内容で規定されている．しかし MPIF のみ試料の量区分が異なっている．

18・2・6　圧　縮　性[2,3)]

規格名称	番号	圧縮性
ISO	3927	Metallic powders, excluding powders for hardmetals—Determination of compressibililty in uniaxial compression
MPIF	45	Method for Determination of Compressibility of Metal Powders
JIS	Z 2508	金属粉(超硬合金用を除く)—単軸圧縮による圧縮性試験方法

ISO，MPIF および JIS に規定されており，ISO，MPIF および JIS の規定はほぼ同一であるが，MPIF の圧粉体製作用の金型寸法がインチサイズであるため，寸法の相違がある．

18・2・7　非金属成分含有量

規格名称	番号	非金属成分含有量
ISO	13947	Metallic powders—Test method for the determination of non-metallic inclusions in metal powders using a powder-forged specimen

ISO のみに規定されており，溶粉見本に使用される金属粉の 100 mm^2 内に含まれる非金属成分含有測定方法が規定されている．

18・2・8　圧粉体強さ，先端安定性

18・2・8・1　圧粉体強さ[2,3)]

規格名称	番号	圧粉体強さ
ISO	3995	Metallic powders—Determination of green strength by transverse rupture of rectangular compact
MPIF	15	Method for Determination of Green Strength of Unsintered Compacted Powder Metallurgy Materials
JIS	Z 2511	金属粉—抗折試験による圧粉体強さ測定方法

ISO，MPIF および JIS に規定されており，使用される試験片は MPIF のみインチサイズであるため，寸法が異なるが，試験片製作方法は3規格とも同一の規定内容となっている．

強度試験は，3規格とも圧縮試験機の場合とはり荷重装置を用いる場合の2種類の規定がある．

18・2・8・2　先端安定性[10)]

規格名称	番号	先端安定性
JPMA	P11	金属圧粉体のラトラ値測定方法

JPMA のみに規定されており，日本では圧粉体強さをラトラ値測定にて実施する方法が一般的となっている．

試験方法は圧粉体を円筒形の金網のかごのなかに入れ，かごを回転させた後の圧粉体の質量減少率で評価するもので，成形性の評価方法としても利用されている．

18・2・9　寸法変化[2,3]

規格名称	番号	寸法変化
ISO	4492	Metallic powders, excluding powders for hardmetals—Determination of dimensional changes associated with compacting and sintering
MPIF	44	Method for Determination of Dimensional Change from Die Size of Sintered Powder Metallurgy Specimens
JIS	Z 2509	金属粉(超硬合金用を除く)―圧縮成形及び焼結後の寸法変化試験方法

ISO，MPIF および JIS に規定されており，金属粉の圧縮成形性および焼結後の寸法変化を，同一の条件で処理した標準粉末の寸法変化と比較する方法について規定している．

試験片は MPIF が圧粉体強さ試験で使用するものと同一の金型のみを規定しているのに対し，ISO, JIS は円柱状，直方体の試験片または引張試験片，もしくは実部品に近い形状の試験片を使用してもよいとしている．

18・2・10　抜　出　力[11]

規格名称	番号	抜出力
JPMA	P13	金属圧粉体の抜出力測定方法

JPMA のみに規定されており，金属粉を成形して製作した圧粉体の抜出力を測定する方法について規定している．

試験方法は加圧成形した圧粉体を金型から一定速度で抜出すときの最大抜出力で評価する規定となっている．

18・3　材料・製品関係規格

18・3・1　含油軸受・機械部品

18・3・1・1　焼結金属材料[3,12〜14]

規格名称	番号	焼結金属材料
ISO	5755	Sintered metal materials, excluding hardmetals—Specifications
MPIF	35	P/M STRUCTURAL PARTS P/M SELF-LUBRICATING BEARINGS P/F STEEL PARTS
JIS	Z 2550	焼結金属材料―仕様

ISO，MPIF および JIS に規定されており，ISO，JIS は同一規定となっており，31 種類の材種を規定している．MPIF は P/M STRUCTURAL PARTS，P/M SELF-LUBRICATING BEARINGS および P/F

STEEL PARTS の 3 冊子（実際は MIM 材料もあるため 4 冊子，MIM 材料は別記載）に分けて 21 種類（MIM 材料は除く）の材種を規定している．

日本においては規格利用上，JIS の付属書にて規定している旧 JIS を併用して利用している．なお，現在 ISO にて大幅に規格改定の予定である．

18・3・1・2 MIM 材料[15,16)]

規格名称	番号	MIM 材料
MPIF	35	Metal Injection Molded Parts
JPMA	S01	金属粉末射出成形材料—仕様

MPIF，JPMA に規定されており，MPIF は 13 種類，JPMA は 20 種類の材種が規定されている．ISO は検討中で 33 種類の材種の規格化を予定している．

18・3・2 密度，含油率，開放気孔率

18・3・2・1 密度，含油率，開放気孔率[2,3)]

規格名称	番号	密度，含油率，開放気孔率
ISO	2738	Sintered metal materials, excluding hardmetals—Permeable sintered metal materials—Determination of density, oil content and open porosity
MPIF	42	Method for Density of Compacted or Sintered Powder Metallurgy Products
	57	Method for Determination of Oil Content and Interconnected Porosity of Sintered Powder Metallurgy Products
JIS	Z 2501	焼結金属材料—密度，含油率および開放気孔率試験方法

ISO，MPIF および JIS に規定されており，MPIF は密度測定と含油率・開放気孔率を別規格として区分している．

密度測定方法は各規格とも水中重量法が規定され，規格はほぼ同一である．なお，ISO，JIS が焼結密度に限定しているのに対し，MPIF は圧粉体密度も対象としている．

含油率は体積に対する含油率，開放気孔体積に対する含油率の 2 種類があり，各規格はほぼ同一である．

開放気孔率は体積に対する百分率で表し，試験片の完全含浸後の油の体積を試験片の体積で除し，100 を乗じて求める．各規格はほぼ同一である．

18・3・2・2 密　　度 (通気性のない材料)[2)]

規格名称	番号	密度(通気性のない材料)
ISO	3369	Impermeable sintered metal materials and hardmetals—Determination of density
MPIF	54	Method for Determination of Density Impermeable Powder Metallurgy (PM) Materials

ISO，MPIF に規定されており，両規格とも水中重量法が規定されている．MPIF は密度と重量区分による精度規定があるのに対し，ISO には区分がない．また，水の密度規定が MPIF は 0.5 ℃ ごとに対し，ISO は 1 ℃ ごとの規定となっている．

18・3・2・3 密　　度 (MIM)[2)]

規格名称	番号	密度(MIM)
MPIF	63	Method for Density Determination of MIM Components (Gas Pycnometer)

MPIF のみに規定されており，MIM の圧粉体，脱脂体，焼結体の密度について，ヘリウムガスを使用し

たガス比重法にて測定する規定となっている．

18・3・3　気孔寸法，通気度

18・3・3・1　気孔寸法

規格名称	番号	気孔寸法
ISO	4003	Permeable sintered metal materials—Determination of bubble test pore size

ISO のみに規定されており，気泡テストにより示される気孔寸法を規定している．

この気孔寸法は液体に浸した試験片を通して最初のガスの気泡が出るときに必要な最小ガス圧を測定し，計算式によって求められる．

18・3・3・2　通気度

規格名称	番号	通気度
ISO	4022	Permeable sintered metal materials—Determination of fluid permeability

ISO のみに規定されており，粘度と密度の分かっている流体が試験片を通過する際の圧力損失と体積流量を測定し，計算によって求める規定となっており，結果は通気度係数で表示される．

18・3・4　金属組織

規格名称	番号	金属組織
ISO	TR14321	Sintered metal materials, excluding hardmetals—Metallographic preparation and examination

ISO のみに規定されており，顕微鏡により金属組織を確認するための試験片作製方法と組織例について規定している技術報告書である．

18・3・5　試験片

18・3・5・1　引張試験片[2,3,17)]

規格名称	番号	引張試験片
ISO	2740	Sintered metal materials, excluding hardmetals—Tensile test pieces
MPIF	10	Method for Determination of the Tensile Properties of Powder Metallurgy Materials
	50	Method for Preparing and Evaluating Metal Injection Molded Sintered/Heat Treated Tension Test Specimens
JIS	Z 2550	焼結金属材料—仕様
JPMA	M04	焼結金属材料引張試験片

ISO，MPIF および JPMA に規定されているほか，JIS Z 2550 の規格内の一部にとりあげられている．

形状は，ISO，MPIF が成形-焼結によって製作する平板状のもの2種類，成形-焼結後機械加工して製作する円柱状のもの2種類および MIM 用のもの2種類があるが，MPIF は平板状のものはインチサイズによる若干の相違，円柱状の必要部径の相違，MIM 用のもの1種類に形状の相違がある．JIS は ISO と同一であるが，成形-焼結によって製作する平板状のもののみ従来国内にて使用している規定を1種類追加し，MIM 用のものは規定していない．JPMA は成形-焼結によって製作する平板状のものの2種類を規定しており，JIS と同一となっている．

18・3・5・2 衝撃試験片[2,3,18]

規格名称	番号	衝撃試験片
ISO	5754	Sintered metal materials, excluding hardmetals—Unnotched impact test piece
MPIF	40	Method for Determination of Impact Energy of Unnotched Powder Metallurgy Test Specimens
	59	Method for Determination of Charpy Impact Energy of Unnotched Metal Injection Molded Test Specimens
JIS	Z 2550	焼結金属材料—仕様
JPMA	M05	焼結金属材料衝撃試験片

ISO，MPIF および JPMA に規定されているほか，JIS Z 2550 の規格内の一部にとりあげられている．

形状は，ISO，JIS および JPMA が切欠きなしのシャルピータイプ 1 種類，MPIF はシャルピータイプとアイゾットタイプについて規定している．また MPIF は MIM 用で切欠きなしのシャルピータイプ 1 種類を規定している．

18・3・5・3 疲労試験片[19]

規格名称	番号	疲労試験片
ISO	3928	Sintered metal materials, excluding hardmetals—Fatigue test pieces
JPMA	M06	焼結金属材料疲れ試験片

ISO，JPMA に規定されており，ISO は成形-焼結によって製作する平板状のもの 2 種類と，成形-焼結後機械加工する円柱状のもの 2 種類を規定している．JPMA は引張試験片（JPMA M04）と同タイプとしている．また機械加工による円柱状のものは 2 種類を規定（ISO と寸法規定が異なる）と JIS Z 2274 の 1 号試験片に準ずるものを追加規定している．

18・3・6 カーボン含有量測定サンプルの調整

規格名称	番号	カーボン含有量測定サンプルの調整
ISO	7625	Sintered metal materials, excluding hardmetals—Preparation of samples for chemical analysis for determination of carbon content

ISO のみに規定されており，焼結材料の特性に与える影響度の高いカーボンについて，化学分析用試料の調整方法を規定している．この試料を使用して分析されるカーボンは，結合炭素，遊離炭素，トータルカーボンの 3 項目となっている．

18・3・7 単軸圧縮試験片の調整[2]

規格名称	番号	単軸圧縮試験片の調整
MPIF	60	Method for Preparation of Uniaxially Compacted Powder Metallurgy Test Specimens

MPIF のみに規定されており，単軸圧縮による試験片の調整方法について規定している．

18・3・8 回転曲げ疲れ[2,20]

規格名称	番号	回転曲げ疲れ
MPIF	56	Method for Determination of Rotating Beam Fatigue Endurance Limit in Powder Metallurgy Materials

| JPMA | M12 | 焼結金属材料(超硬合金を除く)—回転曲げ疲れ試験方法 |

MPIF, JPMA に規定されており, 測定方法は MPIF が繰り返し数 10^7 回を疲れ上限とし, 回転速度を 10,000 rpm と規定している. JPMA は繰り返し数が 10^4 回以上の疲れ寿命を対象とし, 回転速度が 2,500〜5,000 rpm と相違がある.

18・3・9 三球式転動疲れ[21]

規格名称	番号	三球式転動疲れ
JPMA	TR13	焼結金属材料(超硬合金を除く)—三球式転動疲れ試験方法

JPMA のみに規定されており, 国内において最も採用されている面圧疲れ強さの技術指針となっている.

18・3・10 抗 折 力[2,22]

規格名称	番号	抗折力
ISO	3325	Sintered metal materials, excluding hardmetals—Determination of transverse rupture strength
MPIF	41	Method for Determination of Transverse Rupture Strength of Powder Metallurgy Materials
JPMA	M09	焼結金属材料の抗折力試験方法

ISO, MPIF および JPMA に規定されており 3 規格ともほぼ同一の試験片, 試験装置が規定されているが, MPIF はインチサイズを基本としているため ISO, JPMA とは若干の相違がある.

MPIF のみ製作用のダイ寸法を規定してある.

18・3・11 ヤング率[23]

規格名称	番号	ヤング率
ISO	3312	Sintered metal materials, excluding hardmetals—Determination of Young modulus
JPMA	M10	焼結金属材料のヤング率試験方法

ISO, JPMA に規定されており, ほぼ同一規格となっている.

試験方法は試験片に縦振動を与え, その固有振動数に対する共振周波数を測定し, 計算によって結果を求める規定となっている.

18・3・12 圧環強さ[2,3]

規格名称	番号	圧環強さ
ISO	2739	Sintered metal bushes—Determination of radial crushing strength
MPIF	55	Method for Determination of Radial Crush Strength (K) of Powder Metallurgy Test Specimens
JIS	Z 2507	焼結金属材料の抗折力試験方法

ISO, MPIF および JIS に規定されており, 3 規格ともほぼ同一の規定内容であるが, MPIF が試験片のみ寸法範囲に幅がある規定となっている.

18·3·13　見掛硬さ・微小硬さ[2,24]

規格名称	番号	見掛硬さ・微小硬さ
ISO	4498	Sintered metal materials, excluding hardmetals—Determination of apparent hardness and microhardness
MPIF	43	Method for Determination of the Apparent Hardness of Powder Metallurgy Products
	51	Method for Determination of Microindentation Hardness of Powder Metallurgy Materials
JPMA	M07	焼結金属材料(超硬合金を除く)―見掛硬さおよび微小硬さ試験方法

　ISO，MPIF（2規格）およびJPMAに規定されており，MPIFは見掛硬さ・微小硬さを分けて規定している．ISO，JPMAはほぼ同一規定となっており，MPIFのみ焼結品の微小硬さの繰り返し性に関する例が示されている．

18·3·14　有効硬化層深さ[2,25]

規格名称	番号	有効硬化層深さ
ISO	4507	Sintered ferrous materials, carburized or carbonitrided—Determination and verification of case-hardening depth by a microhardness test
MPIF	52	Method for Determination of Effective Case Depth of Ferrous Powder Metallurgy Products
JPMA	M08	浸炭または浸炭窒化された鉄系焼結材料―微小硬さ試験による有効硬化層深さ試験方法および検証

　ISO，MPIFおよびJPMAに規定されており，ISO，JPMAが有効硬化層深さに限定しているのに対し，MPIFはそれ以外に硬化層深さ，硬化層硬さを測定する規定となっている．

18·3·15　表面粗さ[2,26]

規格名称	番号	表面粗さ
MPIF	58	Method for Determination of Surface Finish of Powder Metallurgy Products
JPMA	TR11	焼結機械部品―表面粗さ測定条件および結果の表示

　MPIF，JPMAに規定されており，JPMAは技術指針となっている．
　MPIFは算術平均粗さ（R_a）および最大高さ（R_y），十点平均粗さ規定（R_z）に対し，JPMAは凹凸の間隔（Sm），局部山頂の平均間隔（S）および負荷長さ率（t_p）の定義・表示が規定されている．また測定条件の規定が詳細に設定されている．
　なお，MPIFは測定スタイラスの規定があるのに対し，JPMAは特に規定はない．
　ISOは現在検討中でコア部の上側のレベルの差（R_k），突出山部高さ（R_{pk}）にて測定する規定となっている．

18·3·16　耐　食　性[2]

規格名称	番号	耐食性
MPIF	62	Method for Determination of the Corrosion Resistance of MIM Grades of Stainless Steel Immersed in 2% Sulfuric Acid Solution

　MPIFのみに規定されており，ステンレス系MIM用衝撃試験片を用いて，2％の硫酸溶液に浸した場合

の耐食性の測定方法について規定している．

18・3・17 圧縮降伏強さ

規格名称	番号	圧縮降伏強さ
ISO	14317	Sintered metal materials excluding hardmetals—Determination of compressive yield strength

ISOのみに規定されており，焼結品の圧縮降伏応力の測定方法について規定している．

18・3・18 その他

ISOでは清浄度規定について検討中．

18・4 規格の入手先

本章で紹介した規格の入手を希望される場合は下記に問合せのこと．
なお，日本粉末冶金工業会では会員に限り全規格の閲覧が可能．
ISO, JIS：財団法人日本規格協会　〒107-8440　東京都港区赤坂4-1-24, TEL03-3583-8002
JPMA：日本粉末冶金工業会　〒101-0032　東京都千代田区岩本町2-2-16, TEL03-3862-6646
MPIF：Metal Powder Industries Federation　105 College Road East, Princeton, N. J. 08540-6692 U.S.A

18・5　日本工業規格　粉末や(冶)金用語（Powder metallurgy—Vocabulary）

序文　この規格は，1998年に第3版として発行されたISO/DIS 3252, Powder metallurgy—Vocabularyを元に作成した日本工業規格である．定義は原国際規格に基づいて，JIS Z 2500：1987と対比させ分かりやすい表現に意訳し，分類および配列は原則として原国際規格の構成とした．

なお，この規格で点線の下線を施してある"用語"は，原国際規格にはない用語である．また，原国際規格の用語で採用しなかった用語（プレス機械の部分名称）は，解説に示している．

1. 適用範囲

この規格は粉末や(冶)金（注1）に関する用語の定義について規定する．粉末や金とは金属粉の製造，または金属粉からフォーミングと焼結工程によって製品を製造するや金技術の部門であり，非金属粉の添加の有無は問わない．製品には，金属と非金属粉の組み合わせで製造されるものを含む．

（注1）PMおよびP/Mがしばしば"粉末や金（powder metallurgy）"の省略形として使われ，"PM部品"，"P/M製品"，"PM法"等と表される．

備考　この規格の対応国際規格を，次に示す．
　　　ISO/DIS 3252：1998 Powder metallurgy—Vocabulary

2. 引用規格

次に掲げる規格は，この規格に引用されることによって，この規格の規定の一部を構成する．これらの引用規格は，その最新版を適用する．

JIS Z 2501　焼結金属材料—密度，含油率および開放気孔率試験方法
JIS Z 2502　金属粉—流動性試験方法
JIS Z 2503　粉末や(冶)金用金属粉—試料採取方法
JIS Z 2504　金属粉—見掛密度試験方法
JIS Z 2507　焼結軸受—圧環強さ試験方法

3. 用語の分類

用語は，次の項目に分類する．
（a）粉末
（b）フォーミング
（c）焼結
（d）焼結後の処理（後処理）
（e）粉末や(冶)金材料

4. 用語および定義

（a）粉　　末

番号	用語	定義	対応英語(参考)
1001	粉末	最大寸法1mm以下の粒子の集合体．	powder
1002	粒子	通常の分離操作によってこれ以上細分できない粉末の単位． 備考：結晶粒(grain)は粒子とは同義語ではなく，金属学術用語として用いられるべきである．	particle
1003	凝集粉	複数の粒子が互いにくっついた粉末．	agglomerate
1004	スラリ	液体中に粉末が分散した粘性流体．	slurry
1005	ケーキ	無加圧状態での金属粉の凝集塊．	cake
1006	フィードストック	射出成形または粉末押出し用の原料として用いられる可塑性の粉末．	feedstock

（1）粉末の種類

番号	用語	定義	対応英語(参考)
1101	<u>金属粉</u>	金属の粉末．広義には合金粉を含む．	metal powder
1102	アトマイズ粉	溶融金属を分散し凝固させて単一の粒子に造られた粉末．噴霧粉ともいう． 備考：分散媒体は通常，高速のガスまたは液体流による．	atomized powder
1103	カーボニル粉	金属カーボニルの熱分解によって造られた粉末．	carbonyl powder
1104	粉砕粉	粉砕して造られた粉末．	comminuted powder, pulverized powder
1105	電解粉	電解析出して造られた粉末．	electrolytic powder
1106	沈殿粉	溶液から化学的に沈殿させることによって造られた粉末．	precipitated powder
1107	還元粉	金属化合物の化学還元によって造られた粉末．	reduced powder
1108	海綿状粉	極めて多孔質で凝集した金属塊を粉砕することによって造られた多孔質な還元粉．	sponge powder

番号	用語	定義	対応英語(参考)
1109	合金粉	合金化した粒子からなる粉末.	alloyed powder
1110	完全合金粉	各粉末粒子がその粉末全体と同一で，かつ均質な化学成分をもっている合金粉.	completely alloyed powder
1111	プレアロイ粉	溶融金属を噴霧することによって造られた完全合金粉.	pre-alloyed powder
1112	部分合金化粉	粉末粒子が完全合金粉の状態になっていない合金粉.	partially alloyed powder
1113	拡散合金粉	熱拡散によって造られた部分合金化粉.	diffusion-alloyed powder
1114	メカニカルアロイ粉	変形できる基地金属粒子に，通常固溶しない添加物を機械的に合金化することによって造られた複合粉.	mechanically alloyed powder
1115	母合金粉	所要の最終組成を得るために他の粉末とともに混合するもので，1つ以上の添加成分を比較的多量に含有している合金粉.	master alloy powder
1116	複合粉	各粒子が2つ以上の異なる構成物からなる粉末.	composite powder
1117	被覆粉	内部と表面層の組成が異なる粒子で構成される粉末.	coated powder
1118	ブレンド粉	同一の組成の粉末同士を混ぜ合わせることによって得られた粉末.	blended powder
1119	混合粉	組成の異なる粉末を混合することによって得られた粉末.	mixed powder
1120	プレミックス粉	そのまま成形できるように設計された混合粉.	press-ready mix, pre-mix, pre-mixed powder
1121	脱水素粉	金属水素化合物から水素を取り除くことによって得られた粉末.	dehydrided powder
1122	急冷凝固粉	速い凝固速度で造られた粉末で，微細または準安定な組織をもつ粉末.	rapidly solidified powder
1123	チップ粉	シート，リボン，繊維，フィラメントのような素材を切断することによって造られた粉末.	chopped powder
1124	超音波ガスアトマイズ粉	ガスジェットに超音波の振動を与えたガスアトマイズ法で造られた粉末.	ultrasonically gas-atomized powder

(2) 粉末への添加物

番号	用語	定義	対応英語(参考)
1201	結合剤	圧粉体の強度を増すため，粉末の分離や飛散を防止するため，または粉末に可塑性を与えるために加える物質. 結合剤は，焼結前または焼結時に除去される.	binder
1202	ドープ剤	焼結中または使用中に生じる焼結体の再結晶もしくは粒成長を防止または制御するために金属粉に微量添加される物質. 備考：この用語はタングステンの粉末や(冶)金に特に用いられる.	dope, dopant
1203	潤滑剤	粒子同士および圧粉体とダイ表面との摩擦を少なくするために粉末に加える物質.	lubricant
1204	可塑剤	粉末の可塑性を改善するために結合剤として使われる熱的に可塑性のある物質.	plasticizer

(3) 粉末の製法および処理

番号	用語	定義	対応英語(参考)
1301	粉砕	機械的手段によって原料を砕いて粉末にする操作.	pulverization

1302	スタンピング	落下するきねの衝撃を利用して粉末にする操作.	stamping
1303	噴霧	溶融金属を分散させて粉末にする操作.	atomization
1304	超音波ガスアトマイズ	ガスジェットに超音波振動を与えてガスアトマイズする操作.	ultrasonic gas-atomizing
1305	冷却ブロック法	固体上に薄膜状の溶融金属を落下，冷却することにより急冷凝固粉を造る方法.	chill-block cooling
1306	反応ミリング法	添加剤や雰囲気またはその両方と金属粉との間で反応を起こさせるメカニカルアロイ法.	reaction milling
1307	メカニカルアロイ法	高エネルギーアトライタやボールミルによる固相状態での合金化の方法.	mechanical alloying
1308	ブレンディング	同一組成の粉末を混ぜ合わせる操作.	blending
1309	混合	組成の異なる2種類以上の粉末または粉末と他の物質を混ぜ合わせる操作.	mixing
1310	ミリング	粉末の機械的処理に対する一般用語. 例：1. 粒子径または形状の修正(砕く，固めるなど). 　　 2. よりよく混合する. 　　 3. 他の成分で1つの成分粒子を被覆する.	milling
1311	造粒	流動性の改善を伴った粗い粉末を得るために微粉を凝集させる操作.	granulation
1312	スプレードライ	スラリの液滴から液相を急激に蒸発させることによって粉末を造粒する操作.	spray drying

(4) 粉末の粒子形状

番号	用語	定義	対応英語(参考)
1401	粒形	粉末粒子の外面的な幾何学的形態.	particle shape
1402	針状	針のような形状.	acicular
1403	角状	角張った形状または粗い多面体の形状.	angular
1404	樹枝状	枝葉に分かれた形状.	dendritic
1405	繊維状	規則的または不規則的に糸状になっている形状.	fibrous
1406	片状	板のような形状.	flaky, flaked
1407	粒状	不規則形状のものでなくほぼ等しい寸法をもつ形状.	granular
1408	不規則形状	対称性がない形状.	irregular
1409	涙滴状	丸みを帯びた不規則形状.	nodular
1410	球状	ほぼ球に近い形状.	spheroidal

(5) 粉末の特性，試験方法，試験装置および結果

番号	用語	定義	対応英語(参考)
1501	安息角	水平面に自由に注いだときに粉末によって形成される山の底角.	angle of repose
1502	見掛密度	定められた条件下で得られた粉末の単位体積当たりの質量(JIS Z 2504参照).	apparent density
1503	バルク密度	定められていない条件下での粉末の単位体積当たりの質量.	bulk density
1504	タップ密度	振動させた容器内の粉末の単位体積当たりの質量.	tap density

番号	用語	定義	英語
1505	圧縮性	加えられた圧力下での粉末の緻密化されやすさ．通常ダイ内で単一軸に沿って加圧される．圧縮性は要求された密度に必要な圧力または所定の圧力で得られた密度で表される．	compressibility
1506	成形性	粉末がある形状に成形され，その形状を保持する能力．成形性は流動性，圧縮性，圧粉体強さとの関係として表される．	compactibility
1507	ラトラ値	圧粉体をかごの中で繰り返し回転落下させ，その質量減少率で表す圧粉体のエッジ強さ．	rattler value
1508	圧縮比	充填された粉末の体積を圧粉体の体積で除した値．	compression ratio
1509	充填比	充填された粉末の高さを圧粉体の高さで除した値．	fill factor
1510	流動性	空隙を通して流れる場合の粉末の挙動を表す用語（JIS Z 2502 参照）．	flowability
1511	流動時間	ある一定の条件下で，決められた質量の粉末が規定のオリフィスから流出するのに要する時間（JIS Z 2502 参照）．	flow time, flow rate
1512	還元減量	水素気流中で粉末または圧粉体を加熱したときの質量減少の百分率．	hydrogen loss
1513	酸素量（水素還元による）	定められた条件下で水素還元によって放出された粉末中の酸素量．	hydrogen-reducible oxygen
1514	偏析	混合物の1つ以上の構成部分の不具合な分離．	segregation, demixing
1515	粒径	単独の粒子の大きさ．粒形が球状のときはその直径で示すが，非球形のときは測定法によって決められ，方法ごとに異なる値となる．粒子径ともいう．	particle diameter
1516	平均粒径	粒径が異なる多数の粒子で構成される粒子群を代表する粒径．	mean particle diameter
1517	比表面積	粉末の単位質量当たりの表面積．	specific surface area
1518	分級	粒度に従って行う粉末の分別．	classification
1519	粒度	ふるいまたは他の適切な方法で測定した個々の粒子の直線的な大きさ．	particle size
1520	粒度分布	試料粉末を分級し，それぞれの分級物の占める割合をその質量，個数または体積の百分率で表したもの．	particle size distribution
1521	流体分級	流体を媒体として粒子の動きによって行う粉末の分級．例：空気分級および液体分級．	elutriation
1522	空気分級	空気流を用いる分級．	air classification
1523	分級物	分級された粉末の個々の部分．	cut, fraction
1524	ふるい分析	ふるいによる粒度分布測定方法．	sieve analysis, sieve classification, screen analysis, screen classification
1525	沈降	重力，遠心力等の外力を用いて液体に懸濁した粒子を自然落下させること．	sedimentation
1526	試料抜取器	容器内の粉末から代表するような試料を採取するための器具（JIS Z 2503 参照）．	sample thief
1527	試料分離器	採取した試料を特性を変えずに分割する器具（JIS Z 2503 参照）．	sample splitter

1528	ふるいセット	校正された非磁性金網のセット.	sieve set
1529	流動計	見掛密度および流動性を測定するために標準化された漏斗と円筒形コップ(JIS Z 2504 および JIS Z 2502 参照).	flowmeter
1530	タッピング装置	タップ密度を測定する器具.	tapping apparatus
1531	オーバサイズ	ある定められた粒径より大きい粒子の粉末.	oversize
1532	アンダサイズ	ある定められた粒径より小さい粒子の粉末.	undersize
1533	微粉	ふるい分析で用いられる最小寸法(45 μm)のふるいを通過する粉末. サブシーブ粉(sub-sieve powder)ともいう.	fine powder, fines
1534	超微粉	最大寸法 1 μm 以下の粒子からなる粉末.	ultra fine powder
1535	オーバサイズ粒子	定められた粒度より大きい粒子.	oversize particle
1536	アンダサイズ粒子	定められた粒度より小さい粒子.	undersize particle

(b) フォーミング

番号	用語	定義	対応英語(参考)
2001	フォーミング	粉末に所定の形状および寸法を与える作業の総称.	forming
2002	緻密化	粉末または圧粉体の密度を上げる方法.	consolidation, densification
2003	成形	粉末を圧縮することによって所定の形状および寸法を与える方法.	pressing, compacting
2004	圧粉体	粉末を成形したままのもの.	compact, green, green compact
2005	ブランク	後加工を受ける前の圧粉体,予備焼結体または焼結体.	blank
2006	複合圧粉体	異種金属や合金の二層以上密着した圧粉体.	composite compact, compund compact
2007	プリフォーム	塑性加工または形状変更を伴う高密度化加工のためのブランク. プレフォームともいう.	preform
2008	スケルトン	溶浸前の圧粉体または焼結体.	skeleton

(1) 粉末の成形方法

番号	用語	定義	対応英語(参考)
2101	冷間成形	室温において,一般に単軸で粉末を成形する方法.	cold pressing
2102	温間成形	室温と密度上昇が認められるような拡散を生じる温度の間で,一般に単軸で粉末を成形する方法.	warm pressing
2103	ホットプレス法	拡散や塑性変形が活性化する程度の高い温度で,粉末または圧粉体を圧縮する方法.	hot pressing
2104	単軸成形	粉末を単一軸に沿った加圧力によって成形する方法.	uniaxial pressing
2105	片押成形	一方向から単軸成形する方法.	single-action pressing
2106	両押成形	向かい合う二方向から単軸成形する方法.	double-action pressing

番号	用語	定義	対応英語(参考)
2107	多数個成形	別々のダイキャビティで，2つ以上の圧粉体を同時に成形する方法．	multiple pressing
2108	アイソスタティック成形	粉末を全方向からほぼ等しい圧力で成形する方法．圧粉体または焼結体に適用する場合を含む．静水圧成形ともいう．	isostatic pressing, I. P.
2109	コールドアイソスタティック成形	冷間で行うアイソスタティック成形．冷間静水圧成形またはシップともいう．	cold isostatic pressing, CIP
2010	ウエットバッグ成形	粉末または圧粉体を入れた柔軟性のある型を，圧力を伝達する媒体に浸漬するコールドアイソスタティック成形．	wet-bag isostatic pressing
2111	ドライバッグ成形	圧力容器の中に強固に据えつけられた柔軟性のある型に，粉末または圧粉体を入れるコールドアイソスタティック成形．	dry-bag isostatic pressing
2112	ホットアイソスタティック成形	熱間で行うアイソスタティック成形．熱間静水圧成形またはヒップともいう．	hot isostatic pressing, HIP
2113	カプセル充填	粉末，圧粉体または予備焼結体の薄肉容器の中への封入．	encapsulation
2114	キャニング	熱間加工のための金属容器に行うカプセル充填．キャニングともいう．	canning
2115	MIM(ミム)	バインダと金属粉末の混合物をモールド内に射出して成形する方法．金属粉末射出成形，金属射出成形ともいう．	metal injection moulding (molding), MIM
2116	粉末圧延	粉末を一対の回転しているロール間に入れ，連続した圧延材にする方法．	powder rolling
2117	振動成形	振動する1つまたは複数のパンチを用いて，粉末を成形する方法．	vibration-assisted compaction
2118	爆発成形	爆発波による高エネルギー成形．	explosive compaction
2119	スプレーフォーミング	溶解または半凝固の流れを噴霧し，凝固する前にベース材に衝突させ，固形物を製造する方法．	continuous-spray deposition, spray forming
2120	シェーピング	超硬合金工業において，本焼結前に最終形状を形成する方法．	shaping
2121	押出し成形	押出しによって粉末と結合材とを混合したものをフォーミングする方法．	plasticized-powder extrusion

(2) 成形条件

番号	用語	定義	対応英語(参考)
2201	充填量	ダイに入れる粉末の量．体積または質量で定める．	fill
2202	充填	ダイに粉末を入れる工程．	filling
2203	体積充填	充填深さを設定して行う充填．	volume filling
2204	重量充填	質量を設定して行う充填．	weight filling
2205	振動充填	振動させてモールドまたはダイに粉末を充填する方法．	vibration-assisted filling
2206	オーバフィルシステム	あらかじめ充填深さを大きくとって充填し，フィーダの後退前に所定の充填深さになるようにダイまたは下パンチを移動して余分な粉末をフィーダ内に押し戻す充填方法．	overfill system

2207	アンダフィルシステム	所定の充塡とフイーダの移動終了後，ダイを上昇または下パンチを下降させ，ダイ上面から粉末を沈める充塡方法.	underfill system
2008	充塡位置	ダイキャビティに必要な量の粉末を取り入れられるツールセットの位置.	fill position
2209	充塡深さ	ツールセットへの充塡位置での，下パンチ表面とダイ上面との間の距離.	fill height
2210	充塡体積	充塡位置での，ダイキャビティの体積.	fill volume
2211	ブリッジング	粒子の押し合いや絡み合いによって，粉末中に異常に大きな空隙が形成された状態.	bridging
2212	成形圧力	パンチと接触する投影面積で定まる単位面積当たりの加圧力.	compacting pressure
2213	加圧保持時間	圧粉体に一定の圧力を加える時間.	dwell time
2214	抜出し	成形または再圧縮終了後，圧粉体または再圧体をダイから抜き出す工程．押出しともいう.	ejection process, ejection
2215	ウィズドロアル法	圧粉体を解放するまで，固定された下パンチを越えてダイが下降する方法. 備考：従来日本では“下パンチを固定し，加圧時を含めてダイを強制的に下降させて行う両押し成形法の総称”とされていた.	withdrawal process
2216	ウィズドロアルポジション	ウィズドロアル法の終了したときのツールセットの位置.	withdrawal position
2217	ホールドダウン圧力	ウィズドロアルまたは抜出しの間，上下パンチ間に圧粉体を保持する圧力.	counter-pressure, top-punch hold-down pressure

（3）　ツールおよびアダプタ

番号	用語	定義	対応英語(参考)
2301	ツールセット	成形または再圧縮の工程で，所定の粉末製品を製造するために使用される加工工具の総称. 備考：ダイセットは，ダイ，パンチ，コアロッドを含むが，複数の製品に共通して使用されるプレスの付附属品は含まない.	tool set
2302	アダプタ	ツールセットの一部で，金型をツールホルダの適切な位置に保持するための工具の総称．金型の押さえ，受け板などがある.	adaptor
2303	金型	ツールセットの一部で，ダイ，パンチおよびコアロッドの一式.	die assembly, die ass'y, tooling
2304	ダイ	金型の構成要素の１つで，その中で粉末を圧縮または焼結体を再圧縮するもの.	die
2305	コアロッド	金型の構成要素の１つで，圧粉体または焼結体の成形方向の内側形状を形造るもの.	core rod
2306	モールド	金型以外のフォーミング用の型の総称．ルース粉焼結，MIM，アイソスタティック成形等に用いる.	mould, mold
2307	フィーダ	プレスサイクルと連動して，自動的に粉末をダイキャビティに供給する容器.	feeder, feed shoe
2308	下部ラム	下方にあるラム．下パンチまたはツールホルダを往復運動させ，加圧または抜き出しするもの.	lower ram
2309	上部ラム	上方にあるラム．上パンチを往復運動させ，加圧するもの.	upper ram

番号	用語	定義	対応英語(参考)
2310	パンチ	金型の構成要素の1つで，粉末または焼結体に直接圧力を加えるための工具．	punch
2311	分割パンチ	2段以上の成形をするときに，異なる充塡深さと成形高さを与えるために用いられるパンチセット．	segmented punch
2312	エジェクタ	圧粉体をダイから抜き出すために使用するプレスの構成部品．	ejector
2313	複式ツールアダプタ	分割した下パンチを調整できるプレートを保持するためのツールアダプタ．	multiple-tool adaptor
2314	バックリリーフ	抜出し方向にダイが寸法上変形する動き．	back relief
2315	多数個取り金型	1回の圧縮操作で2個以上の圧粉体を造るツールセット．	multiple-die set
2316	フローティングダイ	両押成形のために，圧縮方向に自由に動くことができるダイ． 備考：一般に，ダイはばね，空気圧などで保持されている．	floating die
2317	スプリットダイ	圧粉体を取り出すために2つ以上に分割してあるダイ．	split die
2318	サンドイッチダイ	圧縮方向に対して垂直な平円板からなるスプリットダイ．	sandwich die
2319	セグメントダイ	数個に区分したものをボルスタまたは焼きばめリングによって組み合わせて造ったダイ．	segmented die

(4) 圧粉体の特性

番号	用語	定義	対応英語(参考)
2401	圧粉密度	圧粉体の単位体積当たりの質量．	green density
2402	圧粉体強さ	圧粉体の機械的強さ． 備考：圧環強さまたは抵抗強さで評価される．	green strength
2403	エッジ強さ	圧粉体のエッジにおける破壊に対する強さ． 備考：日本ではラトラ値で評価される．	edge strength
2404	ニュートラルゾーン	相対するパンチから伝達される圧力が圧粉体の内部で平衡する区域で，密度分布上最も低い値となる層．	neutral zone
2405	圧縮割れ	成形工程中に圧粉体に発生した割れ．	pressing crack
2406	ラミネーション	圧粉体または焼結体内に生じた層状の欠陥．	lamination
2407	スプリングバック	ダイから抜き出した後の圧粉体の寸法の増加．	spring back

(c) 焼　結

番号	用語	定義	対応英語(参考)
3001	焼結	粉末または圧粉体の粒子をや(冶)金学的に結合させ強度を増すために，主成分の融点より低い温度で粉末または圧粉体を加熱処理する工程．	sintering
3002	パッキング材	予備焼結または焼結の際，圧粉体の周囲に詰め込む材料．	packing material
3003	ゲッタ	焼結雰囲気中の，製品に有害な元素や化合物を吸収または化学的に変化させる材料．	getter
3004	ボート	焼結の際，圧粉体などを入れる箱形の容器．	boat
3005	トレイ	焼結の際，圧粉体などを載せる皿形の容器．	tray
3006	造孔材	混合粉に含まれる添加剤で，焼結時に揮発し，最終部品に所定の気孔を生じさせるもの．	pore-forming material

（1） 焼結工程

番号	用語	定義	対応英語(参考)
3101	予備焼結	最終の焼結をする前に，圧粉体の取り扱いおよび加工を容易にするために低い温度で行う予備的焼結.	presintering
3102	再焼結	焼結体の性質を改善する目的または所定の寸法を得るために焼結体を再度焼結する工程．ただし，予備焼結体の焼結は再焼結とはいわない.	resintering
3103	連続焼結	脱ろう・予熱部，加熱部および冷却部をもつ焼結炉を用いて，材料を連続的に焼結する方法.	continuous sintering
3104	バッチ焼結	バッチ固定で，所定の予熱，加熱および冷却サイクルの温度制御されている炉を用いて，1回分の材料を焼結する方法.	batch sintering
3105	活性化焼結	粉末または焼結雰囲気に焼結を促進させる成分を添加して行う焼結.	activated sintering
3106	加圧焼結	粉末または圧粉体を加圧しながら行う焼結.	pressure sintering
3107	ガス圧焼結	粉末や(冶)金部品の残留気孔を減少させるために，ホットアイソスタティック法でガスを用いて加圧焼結する方法.	gas pressure sintering
3108	ルース粉焼結	成形されていない粉末の焼結.	loose-powder sintering, gravity sintering
3109	反応焼結	二種類以上の成分粉末を焼結過程中に反応させる焼結．焼結雰囲気と粉末を反応させる焼結を含む.	reaction sintering
3110	液相焼結	二種類以上の成分を含む混合粉または圧粉体の焼結過程中に液相を発生させる焼結.	liquid-phase sintering
3111	固相焼結	液相を発生させずに行う粉末または圧粉体の焼結.	solid-phase sintering
3112	直接焼結	誘導加熱，通電加熱等によって，焼結に必要な熱を直接被焼結体に発生させて行う焼結.	direct sintering
3113	オーバシンタリング	特性が低下するような極端な高温，長時間の焼結.	oversintering
3114	アンダシンタリング	特性が得られないような極端な低温，短時間の焼結.	undersintering
3115	溶浸	焼結体または圧粉体の気孔を融点の低い金属または合金で満たす方法. 備考：溶浸は，焼結と組み合わせたり，または別の工程としても実施できる.	infiltration
3116	バインダ除去	金属射出成形部品から熱的または化学的手段でバインダを除去する方法.	binder removal
3117	脱ろう	圧粉体に含まれる結合剤またはワックスその他の潤滑剤を溶剤で溶出するかもしくは加熱によって除去する方法.	dewaxing
3118	バーンオフ	加熱によって行う脱ろう.	burn-off
3119	急速バーンオフ	焼結炉において，独立したゾーンで急速に有機添加物を脱ろうする方法．通常は，酸化性雰囲気で行われる.	rapid burn-off
3120	炭化	超硬合金において，炭素と金属または炭素と金属酸化物との反応によって炭化物を生成させる方法.	carburizing

(2) 焼結条件および焼結炉

番号	用語	定義	対応英語(参考)
3201	焼結温度	焼結が行われる温度.	sintering temperature
3202	焼結時間	粉末または圧粉体が焼結温度に保持されている時間.	sintering time
3203	焼結雰囲気	焼結の際に用いる炉内の雰囲気.	sintering atmosphere
3204	焼結炉	粉末や(冶)金部品を焼結するための炉の総称.	sintering furnace
3205	真空炉	焼結雰囲気として部分真空または高真空で操作できる炉.	vacum furnace
3206	連続炉	炉内で圧粉体を連続的に搬送できる炉.	continuous furnace
3207	バッチ炉	連続搬送部分がなく,独立したバッチで焼結するように設計された炉.	batch furnace
3208	メッシュベルト炉	メッシュベルトによって連続搬送できる,通常マッフルで保護された炉.	mesh belt furnace
3209	ウォーキングビーム炉	ウォーキングビームによって,焼結トレイを送りながら連続焼結できる炉.	walking-beam furnace
3210	プッシャ炉	プッシャによって,焼結トレイを送りながら連続焼結できる炉.	pusher furnace

(3) 焼結現象

番号	用語	定義	対応英語(参考)
3301	ネック形成	焼結中に粒子間の結合が進みネック状のくびれた結合部を形成する現象.	neck formation
3302	膨れ	ガスの発生によって焼結体の表面に水泡状の盛り上がりが生じた状態.	blistering
3303	焼結肌あれ	膨れの破裂や化学反応によって焼結体の表面にざらつきが生じた状態.	popcorning
3304	スウェッティング	焼結または熱処理中に液相成分が焼結体の表面にしみ出る状態.しみ出しともいう.	sweating
3305	焼結ひずみ	焼結によって生じる焼結体のゆがみ.	warpage
3306	焼結割れ	焼結によって生じた焼結体の割れ.	sintering crack
3307	膨張	焼結によって生じる圧粉体の寸法の増加.焼結膨らみともいう.	growth
3308	収縮	焼結によって生じる圧粉体の寸法の減少.焼結縮みともいう.	shrinkage
3309	焼結肌	焼結によって生じる内部と異なる特性をもつ焼結体の表面層.	sintered skin

(4) 焼結部品の特性

番号	用語	定義	対応英語(参考)
3401	焼結体	粉末または圧粉体を焼結したもの.	sintered object, sintered body
3402	結合相	多元系焼結材料において,他の相を結合している相.	binder phase
3403	結合金属	多元系焼結材料において,他の相よりも融点が低い結合金属相.	binder metal
3404	マトリックス金属相	焼結材料において,気孔または他の成分粒子をその中に包含して基盤となる連続金属相.マトリックスともいう.	metallic matrix phase

3405	密度	質量を体積で除した値．通常，その体積には材料内部の空隙の体積を含める（JIS Z 2501 参照）．	density
3406	焼結密度	焼結体の単位体積当たりの質量．	sintered density
3407	相対密度	多孔質体の密度とそれと同一組成の材料の気孔のない状態における密度との比．通常百分率で表す．密度比ともいう．	relative density
3408	固相密度	多孔質材料の気孔を除いた部分の密度．理論密度ともいう．	solid density
3409	密度分布	圧粉体または焼結体の内部における部分的な密度の違いを数値で示したもの．	density distribution
3410	圧環強さ	圧環荷重から一定の方法で求められる円筒状焼結体または圧粉体の強さ（JIS Z 2507 参照）．	radial crushing strength
3411	圧環荷重	円筒形の焼結体または圧粉体を軸に平行な二面で圧縮して割れが生じ始めたときの荷重．	radial crushing load
3412	気孔	粒子の内部もしくは材料の内部に本来存在する空隙，または後で生じた空隙．	pore
3413	開放気孔	表面に通じている気孔．	open pore
3414	表面多孔性	焼結体の表面に露出している気孔の多さ．	surface porosity
3415	閉鎖気孔	表面に通じていない気孔．	closed pore
3416	通気孔	流体が透過することができる多孔質体の気孔．	permeable pore
3417	通気性	焼結体中の通気孔を通じて流体が流れるときの流体の流れやすさ．	permeability
3418	連結孔	互いに連結している気孔．	communicating pore, interconnected porosity
3419	気孔率	多孔質体の総体積に対するすべての気孔の体積の割合．通常百分率で表す．多孔率ともいう．	porosity
3420	開放気孔率	多孔質体の総体積に対する開放気孔の体積の割合．通常百分率で表す（JIS Z 2501 参照）．	open porosity
3421	閉鎖気孔率	多孔質体の総体積に対する閉鎖気孔の体積の割合．通常百分率で表す．	closed porosity
3422	拡散気孔	拡散現象が作用して構成された気孔（カーケンドール効果：Kirkendall effect）．	diffusion porosity
3423	流出孔	焼結中に低融点成分の粒子が溶融し周囲に流出することによって生じる気孔．	melt-off pore
3424	気孔組織	気孔形状，寸法および気孔分布によって特徴が示される材料内の気孔構造．	porosity structure
3425	気孔寸法	幾何学的分析または物理試験によって決定された気孔の寸法．	pore size
3426	気孔寸法分布	材料内部にある気孔の大きさを区分された寸法ごとの個数または体積の百分率で表したもの．	pore size distribution
3427	A-気孔	超硬合金で 10 μm より小さい気孔．	A-pores
3428	B-気孔	超硬合金で 10 μm から 25 μm の気孔．	B-pores
3429	C-遊離炭素	超硬合金において，材料の金属組織観察のための前処理中に黒鉛が脱落して気孔が固まった形になったもの．	C-uncombined carbon

18·5 日本工業規格 粉末や（冶）金用語

番号	用語	定義	対応英語（参考）
3430	気泡点圧力	初期気泡が液相飽和域を通り過ぎるために必要な最小圧力．備考：主に最大気孔に作用するものである．	bubble-point pressure
3431	含油率	含油した焼結体中に含まれる油量を容積百分率で表したもの（JIS Z 2501 参照）．	oil content
3432	通気度	規定の条件下で測定した，単位時間当たりに多孔質体を通過する液体またはガスの量．	fluid permeability
3433	見掛硬さ	気孔の影響を含んだ焼結材料の硬さ．	apparent hardness
3434	固相硬さ	気孔の影響を受けないような条件下で測定した焼結材料の固相部分の硬さ．マトリックス硬さともいう．	solid hardness
3435	寸法変化	焼結によって生じる圧粉体寸法の増減．	dimensional change
3436	酸化物ネットワーク	旧粉末粒界に沿った連続または不連続な酸化物．	oxide network
3437	表面指状酸化物	部品の表面から内部に向かって旧粉末粒界に沿っている酸化物．回転タンブリングのような物理的方法でしか除去できない．	surface finger oxide

（d） 焼結後の処理（後処理）

番号	用語	定義	対応英語（参考）
4001	再圧縮	主として物理的性質を改善する目的で焼結体を再び圧縮する工程．広義には，サイジングおよびコイニングを含む．	re-pressing
4002	サイジング	所定の寸法を得るために行う再圧縮．	sizing
4003	コイニング	所定の表面形状を得るために行う再圧縮．	coining
4004	再圧体	焼結体を再圧縮したもの．	repressed compact
4005	粉末鍛造	鍛造によってプリフォームに形状の変化を伴う高密度化加工を行う方法．	powder forging
4006	焼結鍛造	焼結体をプリフォームとして用いる粉末鍛造．	sinter forging
4007	熱間再圧縮	熱間で所定の寸法を得るために行う再圧縮．主に加圧方向の寸法が変わる．	hot re-pressing
4008	含浸	焼結体の気孔の中に油，ワックス，樹脂などを満たす方法．	impregnation
4009	含油	焼結体の気孔の中に油を含浸する方法．	oil impregnation
4010	水蒸気処理	鉄系焼結材料を過熱水蒸気中で加熱し，開放気孔を含む全表面に四三酸化鉄の被膜を形成させる方法．	steam treatment
4011	溶浸体	溶浸された焼結体．	infiltrated body
4012	溶浸材	スケルトンの気孔に溶浸される金属または合金．	infiltrant

（e） 粉末や（冶）金材料
（1） 材料関連用語

番号	用語	定義	対応英語（参考）
5101	焼結材料	製造する過程で粉末または圧粉体の焼結を行った材料．	sintered material
5102	粉末や（冶）金材料	金属粉（非金属粉を配合する場合を含む）を用いた焼結材料．焼結金属材料または焼結合金材料ともいう．	powder metallurgical material, PM(P/M)material

番号	用語	定義	対応英語(参考)
5103	焼結鉄	合金元素を加えない鉄の粉末や(冶)金材料.	sintered iron
5104	焼結鉄合金	鉄に炭素以外の合金元素を加えた粉末冶金材料.	sintered iron alloy
5105	焼結鋼	鉄に炭素または炭素とそれ以外の合金元素を加えた粉末や金材料. 前者を焼結炭素鋼, 後者を焼結合金鋼という.	sintered steel
5106	超硬合金	高融点金属の炭化物を主成分とする耐摩耗性の優れた高い硬さの粉末や金材料.	hardmetal, cemented carbide
5107	重合金	密度が 16.5 g/cm³ 以上の粉末や金材料. たとえば, ニッケル, 銅を含むタングステン合金.	heavy metal
5108	分散強化合金	金属マトリックス相に微細な他の金属相または非金属相が分散している熱間強度の優れた粉末や金材料.	dispersion-strengthened material
5109	サーメット	セラミック質の非金属を金属相で結合した耐摩耗性, 耐酸化性の優れた粉末や金材料.	cermet
5110	焼結金属マトリックス複合材料	金属のマトリックスとマトリックスに溶解しない分散第2相および他の分散相からなる焼結材料.	sintered metal-matrix composite, MMC
5111	焼結高融点金属	粉末や金法で造ったタングステン, モリブデン, タンタル, レニウムなどの高融点金属およびその合金の総称.	sintered refractory metal
5112	焼結多層材料	成分を異にする2つ以上の層からなる粉末や金材料.	sintered multi-layer material
5113	焼結複合材料	焼結によって相互にほとんど化学的変化を生じない成分粉末を用いた粉末冶金材料.	sintered composite material

(2) 応用製品関連用語

番号	用語	定義	対応英語(参考)
5201	焼結部品	圧粉体が寸法精度を維持した状態で焼結された部品.	sintered part
5202	焼結製品	焼結材料からなる製品.	sintered product
5203	粉末や(冶)金製品	粉末や(冶)金材料からなる製品. 焼結金属製品または焼結合金製品ともいう.	powder metallurgical product, PM(P/M)product
5204	焼結機械部品	機械の構成部品として用いる粉末や金製品.	sintered structural part, sintered machine part
5205	焼結含油軸受	軸受として用いる開放気孔に潤滑油を満たした粉末や金製品.	oil-impregnated sintered bearing oil-retaining bearing
5206	焼結フィルタ	ろ過材として用いる多孔質な粉末や金製品.	sintered filter, sintered metal filter
5207	焼結磁性部品	磁気的特性を満たした焼結部品.	sintered magnetic part
5208	焼結磁石	永久磁石として用いる硬質磁性の粉末や金製品.	sintered(hard) magnet

5209	焼結軟磁性部品	磁心等に用いる軟質磁性の粉末や金製品.	sintered soft magnetic part
5210	圧粉磁心	軟質磁性の金属または合金の粉末表面に電気絶縁被膜を施し, これを成形して造った磁心.	powder magnetic core
5211	焼結摩擦材	摩擦材として用いる摩擦係数の高い粉末や金製品.	sintered friction material
5212	焼結電気接点	電気接点として用いる耐アーク消耗性および耐溶着性の優れた粉末や金製品.	sintered electric contact
5213	焼結すり板	パンタグラフ集電子用すり板として用いる導電性および摩耗特性の優れた粉末や金製品.	sintered contact strip
5214	焼結集電ブラシ	電気機器用ブラシとして用いる銅および炭素を主成分とする粉末や金製品.	sintered electric brush
5215	超硬工具	超硬合金を用いた工具の総称.	hardmetal tool, cemented carbide tool
5216	サーメット工具	サーメットを用いた工具の総称.	cermet tool
5217	焼結高速度鋼工具	高速度工具鋼に相当する組成の合金粉を原料とする緻密な焼結鋼を用いた工具の総称. 粉末ハイス工具ともいう.	sintered high speed steel tool
5218	金属複合ダイヤモンド工具	マトリックス金属中にダイヤモンド粉末粒子を分散させた工具.	metal bonded diamond tool

第18章 文献

1) 日本粉末冶金工業会:焼結機械部品—その設計と製造—(1987) 395-408.
2) MPIF: Standard Test Methods for Metal Powders and Powder Metallurgy Products (2006).
3) 日本規格協会:JIS ハンドブック3 非鉄 (2008) 965-1051.
4) 日本粉末冶金工業会:MIM 用語 JPMA G02 (1996).
5) 日本粉末冶金工業会:粉末冶金用プレス用語 JPMA G01 (1995).
6) 日本粉末冶金工業会:焼結金属摩擦材料用語 JPMA G03 (2002).
7) 日本粉末冶金工業会:金属粉の還元減量試験方法 JPMA P03 (1992).
8) 日本粉末冶金工業会:還元抽出法による金属粉の全酸素量定量方法 JPMA P05 (1992).
9) 日本粉末冶金工業会:金属粉の酸不溶解分定量試験方法 JPMA P04 (1992).
10) 日本粉末冶金工業会:金属圧粉体のラトラ値測定方法 JPMA P11 (1992).
11) 日本粉末冶金工業会:金属圧粉体の抜出力測定方法 JPMA P13 (1992).
12) MPIF: Materials Standards for P/M STRUCTURAL PARTS (2007).
13) MPIF: Materials Standards for P/M SELF-LUBRICATING BEARINGS (1998).
14) MPIF: Materials Standards for P/F STEEL PARTS (2000).
15) MPIF: Materials Standards for Metal Injection Molded Parts (2007).
16) 日本粉末冶金工業会:金属粉末射出成形材料—仕様 JPMA S01 (2005).
17) 日本粉末冶金工業会:焼結金属材料引張試験片 JPMA M04 (1992).
18) 日本粉末冶金工業会:焼結金属材料衝撃試験片 JPMA M05 (1992).
19) 日本粉末冶金工業会:焼結金属材料疲れ試験片 JPMA M06 (1992).
20) 日本粉末冶金工業会:焼結金属材料(超硬合金を除く)—回転曲げ疲れ試験方法 JPMA TR 12 (2008).
21) 日本粉末冶金工業会:焼結金属材料(超硬合金を除く)—三球式転動疲れ試験方法 JPMA TR 13 (2008).
22) 日本粉末冶金工業会:焼結金属材料の抗折力試験方法 JPMA M09 (1992).
23) 日本粉末冶金工業会:焼結金属材料のヤング率試験方法 JPMA M10 (1997).
24) 日本粉末冶金工業会:焼結金属材料(超硬合金を除く)—見掛硬さ及び微小硬さ試験方法 JPMA M07 (2003).
25) 日本粉末冶金工業会:浸炭又は浸炭窒化された鉄系焼結材料—微小硬さ試験による有効硬化層深さ試験方法及

び検証 JPMA M08 (2003).
26) 日本粉末冶金工業会：焼結機械部品―表面粗さ測定条件及び結果の表示 JPMA TR11 (2001).

参考資料

機械部品に関する設計事例集

設計事例 1 　サーボモータ用ステータコア
設計事例 2 　スミアルタフ二輪自動車エンジン用スリーブ
設計事例 3 　全自動洗濯機ギヤボックス用遊星歯車
設計事例 4 　リング，シンクロナイザー
設計事例 5 　小型減速機用小モジュール歯車
設計事例 6 　汎用エンジン用カム + スプロケット
設計事例 7 　自動車用クランクシャフト + バランサースプロケット
設計事例 8 　自動車エンジン可変動弁のスプロケット付ハウジング
設計事例 9 　4WDトランスファー用部品
設計事例 10 　CVT用プラネタリーキャリア
設計事例 11 　マニュアルトランスミッション用クラッチハブ
設計事例 12 　ろう付け接合キャリア
設計事例 13 　オイルポンプ部品
設計事例 14 　ハンマードリル用過負荷クラッチ部品
設計事例 15 　ABS用モータコア
設計事例 16 　ダンパ用ピストン
設計事例 17 　クランクシャフトベアリングキャップ
設計事例 18 　自動車パワースライドドア用クラッチ部品
設計事例 19 　自動車用ステアリングチルト部品
設計事例 20 　リング，リバースシンクロ

設計事例 1

会社名	株式会社ダイヤメット	
部品名	サーボモータ用ステータコア	特許取得の有無：有 無
材質	純鉄（絶縁被覆付き鉄粉の圧粉材）	
密度	7.1 g/cm³	
型構成	上1段、下1段（薄肉形状）、コア	
成形-焼結後の後処理	内外径の機械加工（要求寸法精度高い）	

特化事項
- ☐ 製法 ☐ 工程 ☑ 形状 ☑ 軽量化
- ☑ 材質 ☐ 環境 ☐ その他（　　）
- 写真、他

特徴

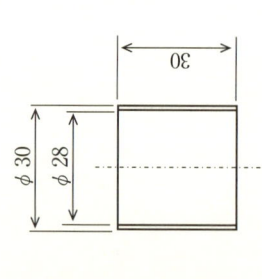

電磁鋼板では特性劣化、製造コスト上昇を招く薄肉長尺形状の高性能圧粉磁心である。本製品は薄肉長尺で、かつ機械加工を必要とする高い寸法精度が要求されたため、内部潤滑を用いた高強度圧粉磁心を開発、適用した。

一般に、焼結を行わない圧粉磁心材の強度確保は磁性粉末同士を阻害しく阻害するバインダの添加によりなされるが、内部潤滑剤の添加により圧粉磁心の強度が増すもののバインダ性能を阻害しない内部添加剤の工夫により耐える強度を確保した。一方、金型潤滑は高強度で機械加工が可能であるものの、薄肉キャビティへの潤滑剤塗布が難しく、薄肉長尺部品への適用が困難であった。この内部潤滑を用いた高強度圧粉磁心により、高強度/加工性と薄肉長尺形状付与の両立が可能となった。

設計事例 2

会社名	住友電工焼結合金株式会社	
部品名	スミアルタフ二輪自動車エンジン用スリーブ	特許取得の有無：有 無
材質	Al-17Si-5Fe-3.5Cu-1Mg-0.5Mn+5アルミナ+0.5グラファイト	
密度	2.86 g/cm³	
型構成	熱間円筒押出し（ダイス+マンドレル）	
成形-焼結後の後処理	冷間静水圧成形+熱間押出し+加工	

特化事項
- ☑ 製法 ☐ 工程 ☐ 形状 ☑ 軽量化
- ☑ 材質 ☑ 環境 ☐ その他（　　）
- 写真、他

特徴

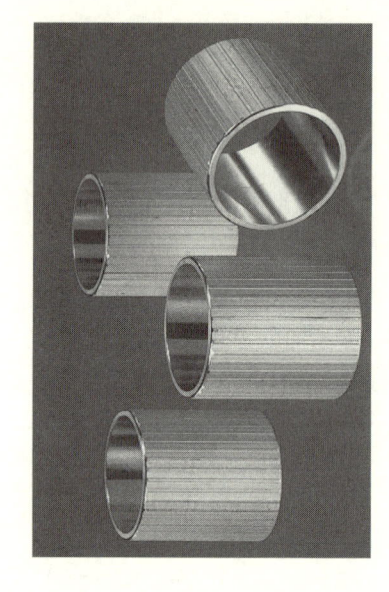

高純度Siを固溶した高耐凝着アルミ合金粉末を主原料とし、アルミナとグラファイトを添加して耐摩耗性および耐肌付き性を向上させることによってスリーブのアルミ合金化に成功。従来の鋳鉄製スリーブを粉末冶金法によるアルミ合金スリーブにすることによって以下の効果を発揮。
(1) エンジンの軽量化（スリーブ本体軽量化+シリンダブロックとのボア間ピッチ低減）
(2) 自動車の燃費向上（*）によるピストンリング張力減→フリクション低減）
(3) エンジンの出力向上（精度向上+熱伝導度が高い熱引きアップ→高圧縮率エンジン）
(4) 排気ガスのクリーン化（精度向上（*）によるエンジン燃焼室の残留オイル低減→燃焼率の低減）

(*)アルミ合金スリーブは鋳鉄製に比べブロック本体を構成する溶製アルミ合金との熱膨張率の差がわずかであり、ブロック鋳込み後のスリーブと本体との熱膨張率の差によって生じる冷却ずみが小さい。このため、真円度、円筒度等の精度が向上する。

設計事例 3

会社名	ポーライト株式会社		
部品名	全自動洗濯機ギヤボックス用遊星歯車	特許取得の有無：有・無	
材質	Fe-1.5Cu-4Ni-0.5Mo-0.5C		
密度	6.8 g/cm³		
型構成	上1段、下2段、段付きコア		
成形・焼結後の後処理	サイジング、スチーム処理		
特化事項	□製法 □工程 ☑形状 □軽量化		
	□材質 □環境 □その他（　）		
写真、他			

特徴

内径セレーション形状の肉薄（最小肉厚：2.8 mm）、長尺（全長 22 mm）ハスバ歯車。内外径形状とも型出しで後加工レスにて焼結化を図り、静音性のためのギヤ精度および耐摩耗性を確保。溶製材の機械加工品（外径：歯切り加工、内径：ブローチ加工）と比較して低コスト化を実現。

設計事例 4

会社名	株式会社ファインシンター		
部品名	リング、シンクロナイザー	特許取得の有無：有・無	
材質	①外周部 Fe-Ni-Cu-Mo-C　②内周部 Cu系摩擦材		
密度	6.9 g/cm³ 以上（全体）		
型構成	①：上1段、下1段、段付きダイ　②：上1段、下2段、段付きダイ		
成形・焼結後の後処理	成形②→焼結②→サイジング		
特化事項	☑製法 □工程 □形状 □軽量化		
	☑材質 □環境 □その他（　）		
写真、他			

特徴

①外周部は高強度と耐摩耗性を兼ね備えた鉄系材料。
②内径テーパ部は摩擦特性の優れた溝肉の銅系摩擦材。融点の違いから鉄系母材に銅系摩擦材を内周に一体化成形し、焼結により強固に結合させたもので摩擦係数の安定と耐摩耗性に優れる。

設計事例 5

会社名	ポーライト株式会社		特許取得の有無：有 （無）
部品名	小型減速機用小モジュール歯車		
材質	Fe-1.75Ni-1.5Cu-0.5Mo-0.5C		
密度	6.8 g/cm³		
型構成	上1段、下2段、コア		
成形-焼結後の後処理	サイジング		
特化事項	□ 製法	☑ 形状	□ 軽量化
	☑ 材質	□ 環境	□ その他（　　）
	□ 工程		
写真、他			

特徴：原料粉と金型の改善により、モジュール0.15～0.20の小モジュール歯車を焼結化。歯切加工品と比較し、低コスト化を、樹脂製歯車に比較し、高強度化を実現。上2段、下3段の金型構成まで作製可能。

設計事例 6

会社名	日立粉末冶金株式会社		特許取得の有無：有 （無）
部品名	汎用エンジン用カム＋スプロケット		
材質	Fe-Cu-C		
密度	6.6 g/cm³		
型構成	上2段、下2段、コア		
成形-焼結後の後処理	機械加工－PIN圧入－高周波焼入れ		
特化事項	□ 製法	☑ 形状	□ 軽量化
	□ 材質	□ 環境	☑ その他（機能集約）
	□ 工程		
写真、他	カム部：高周波焼入れ摘要		

特徴：カムシャフトとスプロケットを一体成形し、コストダウンを図った。

設計事例 7

会社名	日立粉末冶金株式会社		
部品名	自動車用クランクシャフト+バランサースプロケット	特許取得の有無：	有 無
材質	Fe-C-Ni-Mo		
密度	$7.0\,g/cm^3$、歯面 $7.6\,g/cm^3$		
型構成	上1段、下2段、コア		
成形・焼結後の後処理	歯面転造－機械加工－高濃度浸炭焼入れ－バレル－機械加工		
特化事項			
☑ 製法	☑ 工程	☐ 形状	☐ 軽量化
☑ 材質	☐ 環境	☐ その他（　）	
写真、他			

特徴

高面圧サイレントチェーンに対応できる材質を選定し、歯面に転造を加えることで、歯面密度 $7.6\,g/cm^3$ を達成した。さらに、高濃度浸炭焼入れを加えて炭化物を析出させ、さらなる耐面圧強度を確保した。

設計事例 8

会社名	株式会社ダイヤメット		
部品名	自動車エンジン可変動弁のスプロケット付ハウジング	特許取得の有無：	有 無
材質	Fe-0.85Mo-0.6C		
密度	歯部：$7.3\,g/cm^3$、その他：$7.1\,g/cm^3$		
型構成	上1段、下1段、段付きダイ、多本コア		
成形・焼結後の後処理	サイジング－機械加工－高周波焼入れ		
特化事項			
☑ 製法	☐ 工程	☐ 形状	☐ 軽量化
☑ 材質	☑ 環境	☐ その他（　）	
写真、他			

①スプロケット歯部　耐摩耗性必要部位
②ハウジング部　高精度必要部位

特徴

焼入れ性に優れる原料の使用、高密度成形および高周波焼入れを行うことにより、スプロケット歯部の高密度化および高強度化を実現した。その結果、当該部の耐摩耗性を向上させた。均一焼入れと高周波焼入れの精密制御により、ハウジング部の高精度を維持した。

これらの高品質をコンベンショナルな粉末冶金プロセスで実施することにより、高いコストパフォーマンスを実現している。

参考資料

設計事例 9

会社名	住友電工焼結合金株式会社		
部品名	4WDトランスファー用部品	特許取得の有無：	有 ☒無
材質	Fe-2Cu-0.8C		
密度	$6.9\,g/cm^3$ 以上		
型構成	上2段(内1段はコア一体)、下3段、浮動コア		
成形-焼結後の後処理	サイジング―高周波焼入れ		
特化事項	☒製法 □工程 ☒形状 □軽量化
	□材質 □環境 □その他( )
	写真、他

特徴
(1) 内スプライン部にバックテーパーを付与した高強度・高面圧を有する製品。
(2) 製品の精度劣化を抑えるため内スプラインのみに高周波焼入れを実施。

設計事例 10

会社名	日立粉末冶金株式会社		
部品名	CVT用プラネタリーキャリア	特許取得の有無：☒有 □無
材質	Fe-Cu-C		
密度	$6.6\,g/cm^3$		
型構成	部品A：上2段、下3段、段付きコア 部品B：上1段、下2段、コア
成形-焼結後の後処理		
特化事項	☒製法 ☒工程 ☒形状 □軽量化
	□材質 □環境 □その他( )
	写真、他

〈接合部〉
焼結拡散接合により
2部品(圧粉体)を組合せ
焼結工程にて接合

特徴
焼結拡散接合法を用いることにより複雑形状品を焼結化した。
従来の"板金→鍛造→溶接"製法に対し、約30％のコストダウンを達成した。

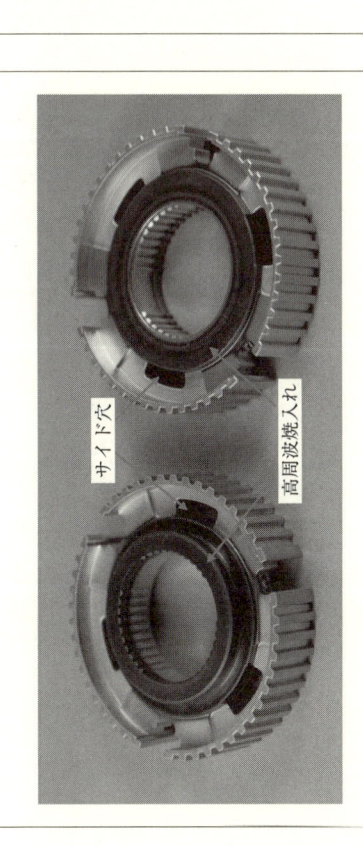

設計事例 11

会社名	住友電工焼結合金株式会社		
部品名	マニュアルトランスミッション用クラッチハブ	特許取得の有無：有・(無)	
材質	Fe-4Ni-2Cu-1.5Mo-0.5C		
密度	6.9 g/cm³ 以上		
型構成	上3段、下4段、サイドコア、コア		
成形・焼結後の後処理	サイジング→機械加工→高周波焼入れ		
特化事項	□ 製法　□ 工程　☑ 形状　□ 軽量化 ☑ 材質　□ 環境　□ その他（　）		
写真、他			

特徴
(1) 高トルク負荷に対応するため鋼材に匹敵する高強度材料を適用。耐摩耗性が要求されるボス両端面には高周波焼入れを実施した。
(2) 完成品は油の通路となる3箇所のサイド穴付きで多段の複雑形状である。プレスおよびダイセット、金型構造を工夫することによってニアネットシェイプ成形を実現。鍛造品から焼結品に切替えることで、コスト低減を実現。

設計事例 12

会社名	住友電工焼結合金株式会社		
部品名	ろう付け接合キャリア	特許取得の有無：(有)・無	
材質	Fe-2Cu-0.8C		
密度	6.8 g/cm³		
型構成	上1段、下3段、コア および 上1段、下2段、コア、段付きダイ、および 上1段、下1段（ろう材）		
成形・焼結後の後処理	サイジング		
特化事項	☑ 製法　□ 工程　☑ 形状　□ 軽量化 □ 材質　□ 環境　□ その他（　）		
写真、他			

特徴
(1) 2部品の成形体を組み合わせ、ろう材を用いて焼結工程において接合する。
(2) 寸法精度向上のため、製品上部、下部にあるギヤ2箇所に対してサイジングを実施。

設計事例 13

会社名	株式会社ダイヤメット	特許取得の有無：有(無)
部品名	オイルポンプ部品	
材質	①② Fe-2Cu-0.7C	
密度	①② 6.8 g/cm³	
型構成	①②上1段、下1段、コア	
成形・焼結後の後処理	①②サイジング・両端面研削	

特化事項
- □ 製法　☑ 形状　□ 軽量化
- □ 工程　□ 環境
- □ 材質、他　☑ その他(歯形)
- 写真、他

特徴

本品は①と②との間にできるセルの容積変化により、オイルを吸入、吐出する構造部品である。その歯形は(必要吐出量、偏心量(①と②の中心間距離)、歯数、ロータサイズ(幅、内径、外径等)に応じて、独自設計により提案している。
従来の歯形設計は、低騒音(噛合い隙間の低減)を図ったサイクロイド曲線、もしくは低フリクション(噛合い隙間の低減)を図った2曲線を活かしたトロコイド曲線で構成する2通りの特徴があった。独自設計は、上記の2曲線のピーク値を活かした新歯形である。以下の特徴がある。
○低フリクション(トルク伝達方向の最適化により、歯形間フリクションの抑制)
○低騒音(噛み合いクリアランスの改良、脈動の抑制による、脈動の抑制を実現)
○高吐出効率(流速ピーク値の低減により、流量の安定化を実現)
○低騒音(噛合い隙間の低減)、静粛性を実現)

設計事例 14

会社名	ポーライト株式会社	特許取得の有無：有・(無)
部品名	ハンマードリル用過負荷角クラッチ品	
材質	Fe-1.5Cu-4Ni-0.5Mo-0.5C	
密度	7.0 g/cm³	
型構成	上1段、下3段、コア	
成形・焼結後の後処理	浸炭焼入れ-切削	

特化事項
- □ 製法　☑ 形状　□ 軽量化
- □ 工程　□ 環境
- ☑ 材質、他　□ その他(　)
- 写真、他

特徴

粉末冶金法の特徴を活かした最適形状の検討を行い、溶製材と同等の溝部角度精度、溝部強度を確保、焼結化により大幅なコストダウン。
開発初期に懸念された設計では溝部がそれぞれ独立しており、金型分割による角度ばらつきをおよび、金型破損が懸念されたので、溝の一部を管状にすることで金型を一体の金型とすることで角度精度を安定させ、型出しにて要求精度を確保した。
溝部の強度については、溝数を増やす(8→10)ことで各部に掛かる負荷を分散させ、要求特性を満足させた。

設計事例 15

会社名	株式会社ファインシンター		特許取得の有無：有 (無)
部品名	ABS用モータコア		
材質	絶縁披覆鉄粉		
密度	7.0 g/cm³		
型構成	上3段、下3段、コア		
成形-焼結後の後処理	成形後キュアのみ		
特化事項	☑ 製法	☐ 工程	☐ 形状	☐ 軽量化
	☑ 材質	☐ 環境	☐ その他（　）	
写真、他			

図1 モータ用コア

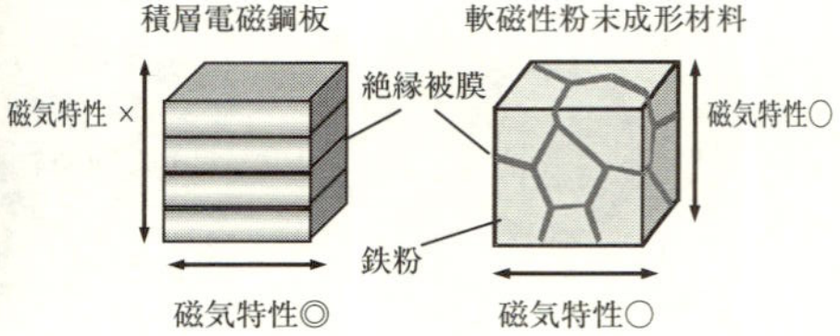

図2 軟磁性鉄粉の特徴

特徴

高純度鉄粉の周りを絶縁被膜で覆った軟磁性粉末を使用することで、コアの磁気異方性が積層電磁鋼板よりも小さくなりコア形状設計自由度が大きくなった（図2）。これによりモータコアを三次元形状に設計することができるようになった。CNC成形プレスを使い、三次元ネットシェイプに作製することで、従来のモータと比較して36%減、体積比で17%減と大幅に小型化された。

設計事例 16

会社名	株式会社ファインシンター		特許取得の有無：(有) 無
部品名	ダンパ用ピストン		
材質	Fe-C		
密度	6.6 g/cm³		
型構成	上1段、下2段、コア		
成形-焼結後の後処理	表裏組みつけ→サイジング加工→水蒸気処理→樹脂圧着		
特化事項	☐ 製法	☑ 工程	☑ 形状	☐ 軽量化
	☐ 材質	☐ 環境	☐ その他（　）	
写真、他			

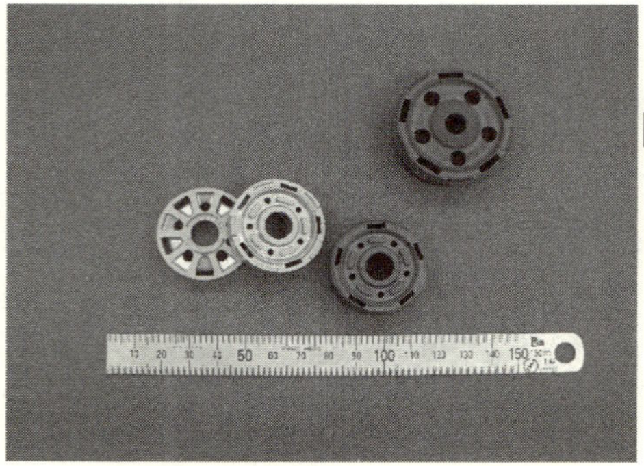

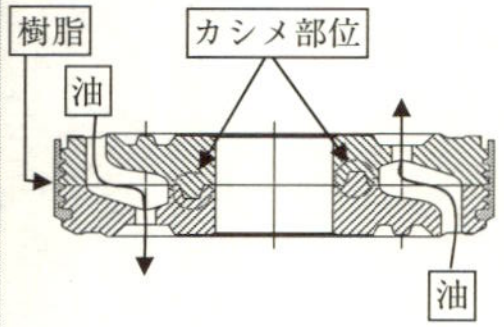

特徴

本品は自動車用ショックアブソーバーのピストンであり、2ピースの焼結体を裏り合わずメ）ことにより、単体では製作不可能な斜め穴形状を2分割、これを接合することでネットシェイプ化を実現した。また、2ピースは同一素材を使用し、位相を合わすことで対応している。両端横断面はミクロン単位での精度が必要で、外周はシール性と潤動性を得るために樹脂圧着処理（外周に樹脂と焼結付け）を行っている。
断面図は2ピース接合状態と油の流れを示す（右図）。
圧入強度はシャフトに締結後ナットで締めつけて保証する。

設計事例 17

会社名	日立粉末冶金株式会社		
部品名	クランクシャフトベアリングキャップ		特許取得の有無：(有) 無
材質	Fe-Cu-C-B		
密度	6.6 g/cm^3		
型構成	上1段，下3段，コア		
成形-焼結後の後処理	機械加工		
特化事項			
□ 製法	□ 工程	□ 形状	□ 軽量化
☑ 材質	□ 環境	□ その他（　　）	
写真，他			

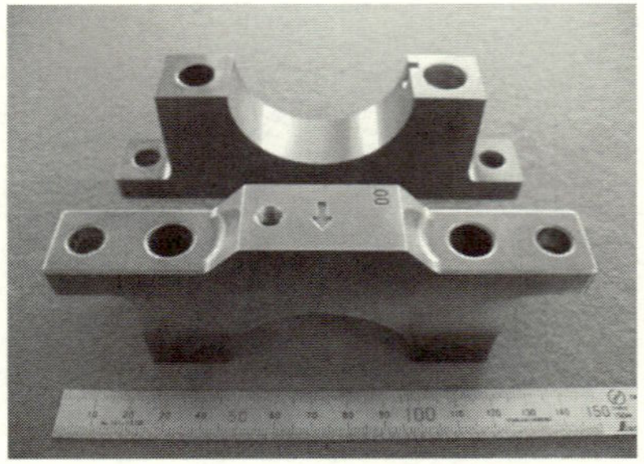

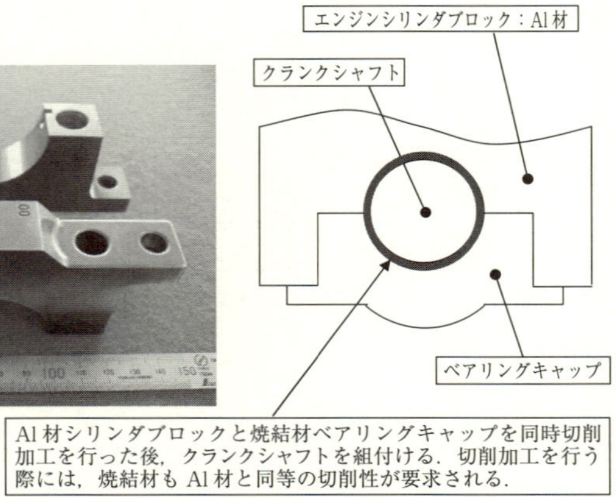
エンジンシリンダブロック：Al 材
クランクシャフト
ベアリングキャップ
Al 材シリンダブロックと焼結材ベアリングキャップを同時切削加工を行った後，クランクシャフトを組付ける．切削加工を行う際には，焼結材も Al 材と同等の切削性が要求される．

特徴

切削性と強度を両立させて，焼結化を果たした製品例．

材料設計により，気孔内に遊離 Gr が残るようにした．そのため組付け相手であり，共加工される Al シリンダブロック材と同等の切削性が達成でき，クランクシャフトベアリングキャップとしての強度と，納入先における加工効率を両立することができた．

設計事例 18

会社名	ポーライト株式会社		
部品名	自動車パワースライドドア用クラッチ部品		特許取得の有無：有 (無)
材質	Fe-1.5Cu-4Ni-0.5Mo-0.5C		
密度	7.0 g/cm^3		
型構成	上2段，下3段，段付きコア		
成形-焼結後の後処理	切削，スチーム処理		
特化事項			
□ 製法	□ 工程	☑ 形状	☑ 軽量化
□ 材質	□ 環境	□ その他（　　）	
写真，他			

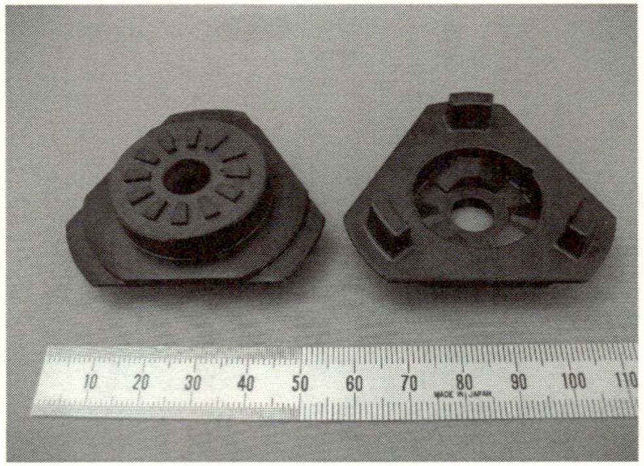

特徴

高精度，複雑形状という粉末冶金の特徴を活かし，クラッチ機構として要求される寸法精度，クラッチ部の形状・強度，カム部の摺動性を確保して焼結化．

従来は，電磁クラッチが多く使用されていて，必要なトルクを満足するためには電磁コイルが大きく，高価である．メカ式クラッチの採用により，トルクはメカ式クラッチで伝達するため，電磁コイルは，クラッチの勘合に必要な力だけとなり，カム機構により勘合ストロークも短くなり，小型化が可能となった．そのため，クラッチユニットの低コスト，軽量化を実現．

機械部品に関する設計事例集　463

設計事例 19

会社名	株式会社ダイヤメット		特許取得の有無：有・無
部品名	自動車用ステアリングチルト部品		
材質	Fe-4Ni-1.5Cu-0.5Mo-0.5C		
密度	7.0 g/cm³		
型構成	A：上2段（内1段はコア一体）、下1段、浮動コア		
成形・焼結後の後処理	浸炭焼入れ処理		

特化事項

□ 製法	□ 工程		□ 軽量化
□ 材質	□ 環境	☑ 形状	
写真、他		□ その他（　　）	

特徴
(1) 本焼結結品 (Tooth Lock A) は、左上図の箇所に組み込まれて使用される。
(2) 平面形状で多数歯を有していることが形状的な特徴である。
(3) 多数歯箇所には、頻繁なチルト量変更操作に必要な耐摩耗性、高強度が要求されるため、浸炭焼入れ、高強度材を採用。
(4) A印の歯角部欠け防止のためコアー体の上パンチとし、歯角部にR形状を付与した。

設計事例 20

会社名	株式会社ファインシンター		特許取得の有無：有・無
部品名	リング、リバースシンクロ		
材質	Fe-Cu-Ni-Mo-C		
密度	7.0 g/cm³ 以上		
型構成	上2段、下3段、段付ダイ		
成形・焼結後の後処理	サイジング		

特化事項

□ 製法	□ 工程	☑ 形状	□ 軽量化
□ 材質	□ 環境	□ その他（　　）	
写真、他			

特徴
M/T のリバース用シンクロナイザーリングで、薄肉・多段形状であり、上下の段差が大きいことから成形プレスは CNC プレスを使用し、原料粉をトランスファ (*1) 移動することで、密度バランスの均一化と焼結によるひずみ対策を行っている。
強度と耐摩耗性を満足させるために、シンターハードニング材 (*2) を使用して熱処理を省略し、ひずみ対策およびコスト低減を図った。
(*1) 金型成形時に原料粉を充填しやすい位置に原料粉を移動させること
(*2) 焼結時の冷却過程で焼入れを行うことができる材料

欧字先頭語索引

A

ABS：Anti rock Brake System ………… 246
ABS 用モータコア motor core for ABS ………… 251
A/C コンプレッサ用クラッチ用ハブ clutch hub for A/C compressor ………… 251
AFM：Atomic Force Microscopy ………… 62, 86
Ag-CdO silver-cadmium oxide ………… 381
Ag-Gr silver-graphite ………… 381
Ag-Ni silver-nickel ………… 381
Ag-W silver-tungsten ………… 380
Ag-WC silver-tungsten carbide ………… 381
APT：Anmonium Para-Tungstenate ………… 375

B

BET 吸着等温式 BET adsorption isotherm ………… 55

C

C60 フラーレン C60 fullerene ………… 40
Cauchy の定理 Cauchy's theorem ………… 48
cBN 工具 cBN tool ………… 300
cBN 焼結体 polycrystalline cubic boron nitride compact ………… 302
C/C 複合材料 C/C composite ………… 382
CCFL：Cold Cathode Fluorescent Lamp ………… 377
CIP：Cold Isostatic Pressing ………… 109
CN：Chevron Notch ………… 191
CNC：Computerized Numerical Control system ………… 88
CO carbon monoxide ………… 257
Coulomb 力 Coulombic force ………… 47
CSF：Controlled Surface Flaw ………… 191
CTOD：Crack Tip Opening Displacement ………… 190
Cu-W cupper tungsten ………… 381
CVD：Chemical Vapor Deposition ………… 35
CVD ダイヤモンド CVD diamond ………… 410
CVT：Continuous Variable Transmission ………… 245

D

DEM：Distinct Element Method, Discrete Element Method ………… 85
DLC：Diamond Like Carbon ………… 290
DOC：Diesel Oxidation Catalyst ………… 260

DT：Double Torsion ………… 191

E

EBM：Electron Beam Melting ………… 153
EBS：Ethylene Bis Stearamide ………… 79

F

Fe_3O_4 magnetite ………… 173
FEM：Finite Element Method ………… 84
Feret 径 Feret diameter ………… 48

G

Gr graphite ………… 381
Green 径 Green diameter ………… 48

H

Hatch の式 Hatch's equation ………… 49
HC hydrocarbon ………… 257
Heywood 径 Heywood diameter ………… 48
HIP：Hot Isostatic Pressing ………… 137, 139

I

IF：Indentation Fracture ………… 191
IS：Indentation Strength ………… 191
IT：International Tolerance ………… 164

J

J 積分 J-integral ………… 190

K

Kelvin 式 Kelvin's equation ………… 115
Kelvin 半径 Kelvin radius ………… 61
Kozeny-Carman の式 Kozeny-Carman equation ………… 56
Krummbein 径 Krummbein diameter ………… 48

L

LED：Light Emitting Diode ………… 377

M

Martin 径 Martin diameter ································48
MIM：Metal Injection Molding······················104, 260
MIM 用ステンレス鋼粉末 stainless steel powder
　　for MIM ··16
Mn-Zn フェライト Mn-Zn ferrite············338, 339, 341

N

"Nanoval"（ラバール型）ノズル
　　"Nanoval"（Laval type）nozzle ·····················17
Ni-Zn フェライト Ni-Zn ferrite············338, 341, 342
NO_x　nitrogen oxide ···257
NTC サーミスタ NTC thermistor ···························386

O

ODS 合金 Oxide Dispersion Strengthend alloy··········27

P

PAS：Plasma Activated Sintering···························145
PECS：Pulsed Electric Current Sintering ··············145
PTA：Plasma Transferred Arc ·································16
PTC サーミスタ PTC thermistor·····························386
PVD：Physical Vapor Deposition ····························35
PVD 超硬合金 PVD sintered-hard alloy,
　　PVD cemented carvide···287
PV 値 PV value··264, 270

R

Rosin-Rammler 分布 Rosin-Rammler distribution ····49
RIP：Rubber Isostatic Pressing ·······························110
RP：Rapid Prototyping···151

RSP：Rapid Solidification Processing ······················21
RSR：Rapid Solidification Rate ································21

S

S-N 曲線 S-N curve ··189
SAP：Sintered Aluminum Powder··························110
SCR：Selective Catalytic Reduction······················260
SEPB：Single Edge Precracked Beam ···················191
Sn 合金微細球状粉末 tin alloy fine spherical powder
　　··23
SPS：Spark Plasma Sintering································145

T

TIG 溶接 TIG welding···385
TPM：Total Productive Maintenance ····················104

V

VA：Value Analysis···202
van der Waals 力 van der Waals force ·····················47
Vickers 硬度 Vickers hardness························62, 186
VTC：Valve Timing Control···································243
VTEC：Variable Timing and lift Electronic Control
　　··243
VVT：Variable Valve Timing-intelligent ··············243
V 型混合機 V-type mixer··70

W

W-Re tungsten-rhenium ····································375, 378
$W-ThO_2$ thoriated-tungsten ·································377
Weibull 分布 Weibull distribution ·····························49
"WIDEFLOW"ノズル "WIDEFLOW" nozzle ··········17
W 型フェライト W-type ferrite······························354

和 文 索 引

あ

アーク arc ……………………………………… 380
アークプラズマ蒸着法 arc plasma deposition method
　………………………………………………… 37
アーク放電法 arc discharge process …………… 39
アウターリード outer-lead …………………… 329
アクチュエータ actuator ……………………… 247
アジャスタ機構 adjuster system ……………… 247
圧延用ロール roller for rolling mill ………… 307
圧環強さ radial crushing strength …………… 182
圧環強さ試験 radial crushing test …………… 182
圧痕法 indentation method …………………… 62
圧縮成形 compacting, consolidation, pressing,
　forming, molding ………………………… 58, 75
圧縮比 compression ratio ……………………… 77
圧電セラミックス piezoelectric ceramics …… 257
圧粉磁心 powder magnetic core ……………… 348
圧裂破壊法 diametral compression test ……… 62
アトリッションミル法 attrition milling ……… 26
アナターゼ型 anatase type …………………… 391
アマルガム法 amalgamation method ………… 36
アミドワックス EBS : Ethylene Bis Stearamide … 79
アモルファス金属 amorphous metal ……… 27, 398
アモルファス金属粉末 amorphous metal powder … 38
アモルファス軟磁性合金 amorphous soft magnetic
　alloy ………………………………………… 346
粗さ曲線 surface roughness curve …………… 193
アルキメデスの原理 Archimedes' principle …… 178
アルニコ磁石 Alnico magnet ……………… 350, 358
安息角 angle of repose ………………………… 57
アンダーハードニング under hardening ……… 324
アンダフィルシステム underfill system ……… 99
アンチロックブレーキ ABS : Anti rock Brake System
　………………………………………………… 246
アンビル方式プレス anvil type press ………… 94
アンモニア分解ガス decomposed ammonia gas,
　cracked ammonia gas …………………… 262

い

イオン化率 probability of ionization ………… 287
イオン窒化 ion nitride ………………………… 175
異常粒成長 abnormal grain growth …………… 118
一酸化炭素 carbon monoxide ………………… 257

異方性 anisotropy …………………………… 260
異方性磁石 anisotropic magnet ……………… 362

う

ウィスカ whisker ……………………………… 38
ウィスカ強化型セラミックス whisker reinforced
　ceramics …………………………………… 299
ウィズドロアル法 withdrawal process,
　withdrawal pressing …………………… 81, 95
ウェストゲートバルブ waste gate valve ……… 249
ウェストゲートバルブブッシング waste gate
　valve bushing ……………………………… 249
ウォーキングビーム炉 walking beam furnace … 144
渦流ミル法 whirl milling ……………………… 26
打抜き型 blanking die ………………………… 308

え

エアタッピング法 air-tapping ………………… 101
エアブラスト air-blast ………………………… 176
永久磁石 permanent magnet ………………… 356
液圧プレス oil-hydraulic press ………………… 87
液架橋 liquid bridge …………………………… 47
液相焼結 liquid phase sintering
　……………………… 114, 117, 124, 132, 382
液体急冷法 rapid quenching method ………… 38
エネルギー解放率 energy release rate ……… 190
エネルギー密度 energy density ……………… 418
エンジニアリングセラミックス engineering ceramics
　………………………………………………… 312
エンジン engine ……………………………… 243
遠心アトマイズ法 centrifugal atomization … 20, 21
延性-脆性遷移曲線 ductile-brittle transition diagram
　………………………………………………… 184
延性破壊 ductile fracture ……………………… 184

お

オイルポンプ oil pump ………………………… 244
応力拡大係数 stress intensity factor ………… 190
応力ギャップ stress gap ……………………… 285
オートマティックトランスミッション
　automatic transmission ………………… 245
オーバフィルシステム overfill system ……… 99

押出し法 extrusion method ················· 258
オストワルド成長 Ostwald ripening ········· 118, 124
オムニミキサー omni mixer ··················· 70
オリベッティ方式 olivetti method ············· 97
温間成形 warm compaction, warm compacting ······· 247
温度センサ temperature sensor ············· 255

か

カーケンドール効果 Kirkendall effect ············ 128
加圧成形 compacting ························· 4
カーボンナノチューブ carbon nanotube ········ 39
カーボンブラック carbon black ··············· 41
カーボンポテンシャル carbon potential ········ 170
カーマンの形状係数 Carman's shape factor ····· 51
外接直方体 circumscribed parallelopipedon ····· 47
回転円盤アトマイズ法 rotating disk atomization ···· 21
回転電極法 rotating electrode process ········ 20
回転曲げ疲労試験 rotary bending fatigue test ······ 189
開放気孔率 open porosity ·················· 178
化学気相蒸発法 CVD process ················ 39
化学蒸着法 CVD : Chemical Vapor Deposition ······ 35
化学的沈殿法 chemical precipitation method ········· 3
核燃料 nuclear fuel ························ 416
加工硬化 work hardening ··················· 380
かさ指数 bulkiness factor ··················· 52
かさ密度 bulk density ······················ 59
可視光応答型光触媒 visible-light-driven photocatalyst
 ·· 393
ガスアトマイズ法 gas atomization ··············· 16
ガス還元法 gas reduction method ············· 31
ガス窒化法 gas nitriding method ············· 175
ガス軟窒化法 gas soft-nitriding method ········ 175
片押成形法 single-action pressing ············· 80
硬さ hardness ······························ 62
型破損 tool damaging ····················· 230
型ばり burr ··························· 201, 236
活性化焼結 activated sintering ··············· 129
活物質 active material ····················· 418
カテーテル catheter ······················· 378
可動コアロッド movable core rod ·············· 98
金型潤滑 die wall lubrication ················ 247
金型設計 tool design ···················· 224〜226
金型の寿命 life of tooling ··················· 234
金型の変形量 amount of elastic tooling distortion ···· 227
カプセルフリー法 capsule free method ········· 137
カプセル法 capsule method ················· 137
カムシャフト cam shaft ···················· 243
カムロブ cam lobe ························ 244

ガラス遷移 glass transition ·················· 398
カルボニル法 carbonyl method ··············· 34
還元性雰囲気 reducing atmosphere ··········· 141
還元鉄粉 reduced iron powder ··············· 32
乾式CIP法 dry bag CIP process ············· 109
乾式摩擦材料 dry friction material ············ 275
含浸油質量 mass of impregnated oil ·········· 178
含浸油密度 density of impregnated oil ········ 178
乾燥質量 dry mass ························ 178
乾燥密度 dry density ······················ 178
管引きダイス tube drawing die ·············· 306
含油 oil impregnation ··················· 172, 382
含油密度 oil impregnation density ············ 178
含油率 oil content ····················· 178, 265

き

機械構造部品 machinery parts ··············· 249
機械的特性 mechanical properties ············ 236
機械的粉砕法 mechanical comminution or milling
 process ································ 14, 24
機械プレス mechanical press ················· 87
幾何平均径 geometrical mean diameter ········ 49
気相蒸着法 gas vapor deposition method ······· 39
気体ピクノメトリ gas pycnometry ············· 60
希土類 rare earth ························· 389
希土類磁石 rare earth magnet ··············· 350
機能性セラミックス functional ceramics ······· 404
ギヤボックス gear box ····················· 243
吸着等温式 adsorption isotherm ·············· 55
吸着法 adsorption method ·················· 55
給粉装置 feeder ··························· 100
急冷凝固法 RSP : Rapid Solidification Processing ······ 21
境界摩耗 notch wear ······················ 300
強磁性材料 ferromagnetic materials ··········· 11
共振型 resonant type ······················ 256
矯正 straightening, correcting, reforming, leveling
 ·· 183
強度 strength ····························· 62
亀裂先端開口変位 CTOD : Crack Tip Opening
 Displacement ···························· 190
金属ガラス metallic glass ··················· 397
金属カルボニル metal carbonyl ··············· 34
金属系軟磁性材料 metallic soft magnetic material
 ·································· 343, 345
金属粉末射出成形 MIM : Metal Injection Molding
 ·································· 104, 260

く

クイックセットプロセス quickset process……108
空気透過法 air permeation method……62
空隙率 void fraction, porosity……59
空孔構造 pore structure……60
空孔サイズ分布 pore size distribution……61
口金 die……259
駆動力 driving force……114
クラック crack……230
クラッチハブ clutch hub……245
クランクシャフト crank shaft……243
クランクプレス crank press……87
クリアランス clearance……266, 272
グリーン成形体 green compacts……64
繰返し応力 repeated stress……189, 294
クロム chromium……248

け

蛍光灯 fluorescent lamp……377
傾斜構造 graded structure……285
形状係数 shape factor……50
形状指数 shape index……51
軽水炉 water reactor……416
継電器 relay……381
ゲート gate……105
欠陥除去 defect elimination……137
研削加工 grinding……169
研削盤 grinder……169
原子間相互作用 atomic interaction……62
原子間力顕微鏡 AFM: Atomic Force Microscopy……62, 86
原子力発電 nuclear power generation……416

こ

コイニング coining……163
高温ガスアトマイズ法 hot gas atomization……18
高温超電導 high temperature superconduction……395
硬化層深さ hardening depth……188
工具寿命 tool life……166, 168, 310
工具鋼粉末 tool steel powder……16
工具摩耗 tool wear……294
硬磁性材料 hard magnetic materials……11
硬質セラミック薄膜 hard ceramic coating……282
硬質粒子 hard particle……278
高周波焼入れ induction hardening……171
高純度粉末 high purity powder……38

構成刃先 built-up edge……166
抗折強度 transverse rupture strength……185
構造用セラミックス structural ceramics……404
高速度鋼(ハイス) high speed steel……279, 322
高速度鋼粉末 high speed steel powder……16
剛塑性モデル解析 rigid plasticity method……84
降伏応力 yield stress……179
高融点金属 refractory metal……374, 380
コーディエライト cordierite……258
コーティング処理 coating treatment……311
固相焼結 solid state sintering……114, 123, 127
固相焼結法 solid state sintering method……381
固相反応法 solid reaction method……39
コスト低減 cost reduction……251
固体架橋 solid bridge……47
固体潤滑剤 solid lubricant……265
コネクティングロッド connecting rod……244
ゴム等圧成形法 RIP: Rubber Isostatic Pressing……110
コランダム型結晶構造 corundum-type crystal structure……285
コロイド・界面科学 colloid and surface science……46
混合 mixing……262
混合潤滑材 mixed lubricant……70
混合度 degree of mixing……68
コンパクト試験片 compact test pieces……191
コンピュータ数値制御式 CNC: Computerized Numerical Control system……88
コンファイン型ノズル confined nozzle configuration……17

さ

サージ surge……388
サーミスタ thermistor……255
サーミスタ定数 thermistor constant, B constant……255
サーメット cermet……167
再圧縮 repressing……163, 262
再圧プレス prestrike press……381
サイアロン工具 sialon tool……300
最小体積直方体 parallelopipedon of the minimum volume……47
サイジング sizing……163, 262, 382
サイジングプレス sizing press……164
最大引張力 ultimate tensile strength……179
再配列 rearrangement……58
座席電動シート electric sheet adjust system……247
酸化性雰囲気 oxidizing atmosphere……142
酸化物分散型強化合金 ODS: Oxide Dispersion Strengthend alloy……27

三元触媒 three-way catalyst……………………253, 258
三軸径 diameter of three dimensions ……………47
3ステップアトマイズ 3 steps atomization ……………18
酸素センサ oxygen sensor……………………………253

し

シーム溶接 seam welding……………………………385
時間強さ strength at finite life ……………………189
軸荷重疲労試験 axial loading fatigue test……………189
自己燃焼焼結法 self-combustion sintering……………135
持続的液相焼結 persistent liquid phase sintering ……133
湿式CIP法 wet bag CIP process ……………………109
湿式摩擦材料 wet friction material ……………………275
自動車電装部品 electrical parts for automobile ……249
磁壁のピニング pinning of magnetic domain wall ……354
絞り加工 deep drawing…………………………………306
絞り型 deep drawing die ……………………………306
シミュレーション simulation ………………………121
シミュレータ simulator ……………………………102
シャーシ chassis………………………………………243
シャーブレード shear blade…………………………309
遮断器 circuit breaker ………………………………380, 381
遮蔽材 shielding material ……………………………378
シャルピー衝撃試験法 Charpy impact test ……………183
集合組織 texture ……………………………………59
集電 current collecting ………………………………380
集電材料 current collecting material …………………381
充填比 fill factor ………………………………………74
充填深さ fill height……………………………73, 212, 213
充填方法 filling process ………………………………73
集電用すり板 pantograph contact strip …………382, 383
充填率 packing fraction ………………………………46
自由落下型ガス free fall nozzle configuration ………16
樹脂含油処理 impregnation treatment of resin ……173
摺動接点 sliding contact ……………………………381
潤滑 lubrication ………………………………………78
潤滑剤 lubricant ………………………………………78
潤滑作用 lubricating action …………………………263
潤滑成分 lubricat composition ………………………274
潤滑油 lubricanting oil ………………………………269
小規模降伏条件 small-scaled yielding condition ……191
衝撃圧縮 impact compression …………………………58
衝撃値 impact value …………………………………183
焼結 sintering …………………………………4, 114, 262
焼結オーステナイト鋼 sintered austenitic steel ……249
焼結拡散接合 sinter diffusion bonding………………156
焼結化設計の手順 procedure of designing P/M parts
　　　……………………………………………………200

焼結含油軸受 sintered oil-impregnation
　　　bearing ………………………………………3, 267
焼結金属フィルタ sintered metallic filter……………276
焼結金属摩擦材料 sintered metal friction material …274
焼結軸受 sintered bearing ……………………………250
焼結磁石 sintered magnet ……………………………247
焼結磁性部品 sintered magnetic parts ………………251
焼結設備 sintering equipment ………………………142
焼結体 sintered body……………………………………60
焼結鍛造 sinter forging ………………………………153
焼結軟磁性合金 sintered soft magnetic alloy ………347
使用限界 PV 値 PV limit value ……………………264
蒸着・凝着法 vapor deposition method ………………34
触針式表面粗さ測定機 probe type surface
　　　roughness tester ………………………………194
触媒コンバータ catalytic converter …………………258
触媒担体 catalyst support ……………………………258
ショットブラスト shot blast …………………………176
シリカゲル silicagel ……………………………………392
シリンダヘッド cylinder head ………………………248
ジルコニア zirconia ……………………………………253
ジルコニアボール zirconia ball ………………………391
ジルコニウム zirconium …………………………………20
新機能を追求 pursuit of new features ………………252
真空 vacuum …………………………………………142
真空アトマイズ法 vacuum atomization ………………18
真空押出し成形機 de-airing extruder ………………259
真空ホットプレス vacuum hot press …………………382
真空炉 vacuum furnace ………………………………145
シンクロハブ synchronizer hub ………………………245
人工関節 artificial joint ………………………………412
人工骨 artificial bone …………………………………412
人工歯根 dental implant ……………………………412
浸食現象 erosion ……………………………………154
シンターHIP sinter-HIP ………………………………139
シンターハードニング sinter-hardening ……………171
浸炭処理 carburizing …………………………………170
真密度 true density ……………………………………59
親和性 affinity ability ………………………………283

す

水銀圧入法 mercury intrusion method …………………60
吸込み充填 suction filling ……………………………99
水酸アパタイト hydroxyapatite ……………………414
水蒸気処理 steam treatment ………………………173
水素化脱水素化法 hydrogenation-decomposition-
　　　desorption method ………………………………36
水溶液電解法 electrolysis of aqueous solution …………29

和文索引

スウィングバルブブッシング swing valve bushing‥249
スウェージング swaging ………………………… 375
スキュー skew ……………………………………… 329
すくい角 rake angle ……………………………… 166
スケルトン skeleton ……………………………… 154
スタータ用プラネタリギヤ planetary gear for starter
　……………………………………………………… 250
スタンプミル法 stamp milling …………………… 24
ステアリン酸亜鉛粉 zinc stearate powder …… 262
ステダイト steadite ……………………………… 248
ステント stent …………………………………… 412
ステンレス鋼 stainless …………………………… 247
ステンレス鋼粉末 stainless steel powder ……… 36
ストリッピング(せん断)ブレークアップ
　stripping break up ……………………………… 19
スパッタリング法 sputtering method ………… 290
スピネルフェライト spinel ferrite ……………… 340
スプラットクエンチング splat quenching …… 21
スプリングバック spring back ………… 76,225,226
スプルー sprue …………………………………… 106
スプレーフォーミング spray forming ………… 110
スプロケット sprocket ………………………… 243
スポット溶接 spot welding ………………… 381,385
スローアウェイチップ throw away tip ……… 333
寸法精度 dimensional accuracy …………… 217～224

せ

正規分布 normal distribution …………………… 53
成形 compacting, pressing, forming, molding ……… 262
成形加圧面積 pressing area in compaction
　……………………………………………… 200,213,214
成形体 green compacts …………………………… 59
脆性破壊 brittle fracture ………………………… 184
生体活性材料 bioactive material ……………… 413
生体吸収性材料 bioabsorbable material ……… 414
生体材料 biomaterial …………………………… 411
生体不活性(バイオイナート)材料 bioinert material
　……………………………………………………… 413
静的圧縮 static compression …………………… 58
青銅系軸受 bronze bearing …………………… 264
性能指数 figure of merit ………………………… 422
ゼーベック効果 Seebeck effect ………………… 422
積算分布 cumulative frequency ………………… 53
積層セラミックコンデンサ multilayer ceramic
　capacitor ………………………………………… 389
積層バリスタ multilayer varistor ……………… 388
石油系変成ガス …………………………………… 262
切削工具 cutting tool …………………………… 295

切削工具材料 cutting tool material …………… 278
切削速度 cutting speed ………………………… 166
接触角 contact angle ………………………… 61,132
接触抵抗 contact resistance …………………… 381
接触面積 contact area …………………………… 62
接着強度 cohesive strength ……………………… 62
セラミック工具 ceramic tool …………………… 295
セラミックコンデンサ ceramic capacitor …… 389
セラミックス ceramics ……………………… 248,312
遷移温度 transition temperature ……………… 184
遷移的液相焼結 transient liquid phase sintering …… 133
線形破壊力学 linear fracture mechanics ……… 190
センサ sensor …………………………………… 247
センサ部品 sensor parts ………………………… 250
センサロータ sensor rotor ………………… 246,247
選択還元型触媒 SCR : Selective Catalytic
　Reduction ………………………………………… 260
センダスト sendust ……………………………… 346
全伸び total elongation ………………………… 179
線引きダイス wire drawing die ……………… 306
線分 ruler ………………………………………… 54
全領域空燃比センサ air-fuel ratio sensor …… 254

そ

相当球径 equivalent diameter of sphere ……… 47
造粒 granulation ………………………………… 71
塑性変形 plastic deformation …………………… 58
ソフトフェライト soft ferrite ………………… 339
ソレノイド部品 solenoid parts ………………… 250

た

タービンハブ turbine hub ……………………… 245
ターボチャージャ turbo charger ……………… 248
大規模降伏 large-scale yielding ………………… 190
耐酸化性 oxidation resistance ………………… 280
対数正規分布 log-normal distribution ………… 49
対数正規密度関数 log-normal density function …… 49
体積形状係数 volume shape factor ……………… 51
耐熱合金 heat-resistant alloy …………………… 299
耐熱超合金粉末 heat resistant superalloy powder …… 16
耐摩耗工具 wear resistant tool ………………… 305
ダイヤモンド研削工具 diamond-grinding tool …… 317
ダイヤモンド工具 diamond tool ……………… 300
ダイヤモンドコーティング diamond coating … 326
ダイヤモンド焼結体 polycrystalline diamond
　compact, diamond compax …………………… 302
ダイヤモンドの合成法 diamond synthesis …… 407

ダイヤモンドホイール　diamond wheel ………… 319
ダイヤモンドライクカーボン　DLC : Diamond Like
　　Carbon ……………………………………… 290
ダイヤモンドワイヤソー　diamond wire saw ……… 319
耐溶着性　welding resistance ………………………… 281
多孔質体　porous body ………………………………… 178
多孔質マテリアル　porous material ………………… 64
多孔性粒子　porous particles ………………………… 59
多孔体　porous material ……………………………… 259
ダストコア　dust core ………………………………… 348
脱β層　β-free layer …………………………………… 286
脱バインダ　debinding ………………………………… 107
タップ密度　tap density ………………………… 74, 105
ダブルコーン型ミキサー　double cone mixer ……… 70
多分子層吸着　multilayer adsorption ……………… 55
炭化水素　hydrocarbon ……………………………… 257
タングステン　tungsten ……………………………… 374
タングステンカーバイド(WC)　tungsten carbide
　　……………………………………………… 32, 33
タングステン粉　tungsten powder …………………… 32
単軸成形　uniaxial pressing ………………………… 75
単磁区粒子　single domain particle ………………… 355
炭素　carbon …………………………………………… 243
鍛造成形　forging ……………………………………… 58
弾塑性破壊靭性　elastic-plastic fracture toughness … 190
弾塑性破壊力学　elastic-plastic fracture mechanics
　　……………………………………………………… 190
タンデムアトマイズ法　tandem atomization ……… 18
単分子吸着　monolayer adsorption ………………… 55

ち

チタニア　titania ……………………………………… 253
チタン　titanium ………………………………… 20, 35
チタンカーバイド(TiC)　titanium carbide ……… 32, 33
チタン酸バリウム　barium titanate ………………… 389
窒化処理　nitriding …………………………………… 175
窒素酸化物　nitrogen oxide ………………………… 257
チッピング　chipping ………………………………… 166
チャージワイヤ　charge wire ………………………… 377
中央径　median diameter …………………………… 50
中性子吸収能　absorptivity of neutron …………… 416
チューブミル　tube mill ……………………………… 25
超音波ガスアトマイズ法　ultra sonic gas atomization
　　………………………………………………… 17, 21
超音波ガスノズル　ultra sonic gas atomization nozzle
　　………………………………………………………… 17
超硬合金　cemented carbide, sintered hard alloy
　　…………………………………………… 167, 278

超固相線液相焼結　supersolidus sintering ………… 133
超電導材料　superconductive material …………… 395
超電導転移温度　superconductive transition
　　temperature ……………………………………… 395
超微粉　ultrafine powder ……………………………… 37
超微粒超硬合金　ultrafine-grained cemented
　　carbide, fine-grained hardmetal ……………… 281
超臨界ガス　supercritical gas ……………………… 107

つ

通気性　gas permeability …………………………… 178
通気率　gas permeability coefficient ……… 179, 267
ツールセット　tool set ………………………… 77, 94
ツールホルダ　tool holder …………………………… 94
疲れ限度　fatigue limit ……………………………… 189
疲れ強さ　fatigue strength ………………………… 189

て

ディーゼルインジェクタ用ステータコア　stator core
　　for diesel injector ……………………………… 251
ディーゼル用酸化触媒　DOC : Diesel Oxidation
　　Catalyst …………………………………………… 260
抵抗溶接　resistance welding ……………………… 385
ディバイダ法　divider method ……………………… 54
定方向径　uni-directional diameter ………………… 48
定方向最大径　uni-directional maximum diameter … 48
鉄　iron ………………………………………………… 243
鉄-銅系軸受　iron-copper base bearing ……… 264, 269
鉄-モリブデン　iron-molybdenum ………………… 248
鉄系軸受　iron-base bearing ………………………… 269
鉄粉　carbonyl iron powder ………………………… 34
デリーの鉄柱　Iron pillar of Delhi …………………… 3
電解条件　electrolytic process conditions …… 29, 30
電解法　electrolytic method ………………………… 29
電気材料　electrode material ……………………… 380
電気接点　electric contact ……………………… 380, 383
電気伝導度　electric conductivity ……………… 380, 381
電磁開閉器　electromagnet switch ………………… 381
電磁鋼板　electromagnetic steel sheet and strip …… 345
電磁軟鉄　electromagnetic soft iron ……………… 345
電磁波焼結　electromagnetic wave sintering ……… 148
電子ビーム溶融　EBM : Electron Beam Melting …… 153
電池　battery ………………………………………… 418
電着ボンド　electrodeposition bond ……………… 318
電動ドアミラー　retractable power door mirror …… 247
転動ボールミル　tumbling ball mill ………………… 25

と

銅 copper ……… 243
投影円相当径 equivalent diameter of projected area … 48
投影径 diameter of projected figure ……… 47
透過法 permeation method ……… 56
銅系軸受 copper-base bearing ……… 268
統計的平均径 statistical mean diameter ……… 48
銅酸化物高温超電導体 copper-oxide superconductor ……… 395
等体積相当球径 equivalent diameter of equal volume sphere ……… 47
等沈降速度相当球径 equivalent diameter of equal setting velocity sphere ……… 47
銅被覆鉄粉 copper-coated iron powder ……… 264
等表面積相当球径 equivalent diameter of equal surface sphere ……… 47
銅粉 electrolytic copper powder ……… 29
等方性フェライトボンド磁石 isotropic ferrite-bond magnet ……… 364
透明薄膜光触媒 transparent thin film photocatalyst ……… 392
銅溶浸 copper infiltration ……… 154
ドープ doping ……… 375
トグル運動 toggle motion ……… 87
トランスファ powder transfer ……… 100
トランスミッション transmission ……… 243
トランス用材料 material for transformer ……… 341
砥粒層 abrasive layer ……… 318
ドローイング drawing ……… 375

な

内部酸化法 internal oxidation process ……… 381
ナウターミキサー Nauta mixer ……… 70
ナックルプレス knuckle joint press ……… 87
ナノコンポジット磁石 nanocomposite magnet ……… 366
ナノ軟磁性合金 nano-crystallic soft magnetic alloy ……… 346
ナノネットワーク構造 nano-network structure ……… 285
軟磁性 soft magnetic function ……… 247
軟磁性材料 soft magnetic material ……… 11, 338
軟電磁ステンレス鋼 soft magnetic stainless steel ……… 346, 348

に

2回成形2回焼結 double press double sintering ……… 245
肉逃げ cutout ……… 201, 214
逃げ角 clearance angle ……… 166
逃げ面摩耗 flank wear ……… 166
二酸化ウラン UO_2 uranium dioxide ……… 417
二酸化チタン TiO_2 titanium dioxide ……… 391
二次元正規分布関数 two-dimensional normal distribution function ……… 53
ニッケル nickel ……… 243
ニッケル基超合金 nickel base superalloy ……… 20, 36
ニッケル粉 reduced nickel powder ……… 31, 34
2P2S double press double sintering ……… 245
二面角 dihedral angle ……… 128, 132

ぬ

ヌープ硬さ Knoop hardness ……… 186
抜出し能力 ejection capacity ……… 82
濡れ性 wettability ……… 279

ね

ネガティブサイジング negative sizing ……… 164, 226
ねじり疲労試験 twist loading fatigue test ……… 189
熱CVD法 heat-CVD method ……… 282
熱間等方圧プレス HIP : Hot Isostatic Pressing ……… 137
熱亀裂 heat check ……… 294
熱処理 heat treatment ……… 169
熱炭素法 reduction and carburizing process ……… 31
熱電対 thermo-couple ……… 375
熱伝導度 thermal conductivity ……… 380, 381
熱電変換材料 thermoelectric conversion material ……… 422
ネットシェイプ netshape ……… 201, 252
熱分解法 pyrolytic method ……… 34
熱膨張係数 coefficient of thermal expansion ……… 260
ネルンストの式 Nernst's equation ……… 253
燃焼合成 combustion synthesis ……… 135
燃料ペレット nuclear fuel pellet ……… 417

の

濃縮ウラン enriched uranium ……… 417
ノズルの形式 water jet nozzle design ……… 19
ノッキング knocking ……… 256
ノックセンサ knock sensor ……… 256
ノンクラッチ切り替え non-clutch gear change ……… 245

は

バーデルの円形度 Wadell's circularity ……… 52

バーデルの球形度 Wadell's sphericity……………52
バーデルの丸み度 Wadell's roundness……………52
ハードフェライト hard ferrite………………351
パーマロイ permalloy………………346, 348
パーメンジュール permendur………………346
配位数 coordination number, ideal solid……………44
配向 orientation………………260
ハイス high speed steel………………279, 322
配線用遮断器 molded case circuit breaker………381
ハイブリッドカー hybrid vehicle………………247
ハイブリッド式プレス hybrid type press……………89
ハイブリッド光触媒 hybrid type photocatalyst………392
ハイブリッド噴霧法 hybrid atomization……………22
バインダ binder………………104
パウダーコア powder core………………348
破壊強度 fracture strength………………62
破壊靭性 fracture toughness………………190
破壊靭性試験 fracture toughness test……………190
破壊のエネルギー fracture energy………………183
白熱電球 incandescent light bulb………………376
爆発成形 explosive compaction……………58
ハステロイ hastelloy………………316
破断伸び breaking elongation, total elongation………179
バッグブレークアップ bag break up………………19
発光ダイオード LED : Light Emitting Diode………377
ハッチの式 Hatch's equations………………53
ハニカム honeycomb………………258
ハブシンクロ synchronizer hub………………245
ハメターグ・ミル Hametag mill………………26
破面 fracture surface………………184
パラタングステン酸アンモニウム
　APT : Anmonium Para-Tungstenate………375
バリスタ varistor………………386, 388
バルク金属ガラス bulk metallic glass………………399
パルス通電加圧焼結 PECS : Pulsed Electric
　Current Sintering………………145
バルブガイド valve guide………………248
バルブシート valve seat………………248
バルブシートインサート valve seat insert………248
バルブのタイミング valve timing………………243
バレル加工 barrel finishing………………175
バレルホッパ barrel hopper………………105
ハロゲンランプ halogen lamp………………377
パワートレイン powertrain………………247
パンタグラフ pantograph, pantagraph
　………………381, 383
反応焼結 reaction sintering………………135

ひ

ヒートシンク heat sink………………420
ヒートパイプ heat pipe………………421
光触媒 photocatalyst………………391
光分解法 photolysis process………………107
引抜きダイス drawing die………………305, 306
非共振型 non-resonant type………………257
ピクノメトリ pycnometry………………60
非結晶 amorphous………………398
被削性 machinability………………166
微小硬さ micro-hardness………………187
微小硬さ試験 micro-hardness test………………187
非晶質・非平衡組織粉末 amorphous and non
　equilibrium powder………………21
ヒステリシス損失 hysteresis loss………………171
ビッカース硬さ Vickers hardness………………62, 186
引張試験 tensile test………………179
引張試験片 tensile test pieces………………181
引張強さ tensile strength………………63, 179
ビトリファイドボンド vitrified bond………………318
ビトリファイドボンドホイール vitrified bond wheel
　………………321
ピニングサイト pinning site………………354
比表面積 specific surface area………………55
比表面積形状係数 specific surface shape factor………51
比表面積相当球径 equivalent diameter of equal
　specific surface sphere………………47
被覆物質 coated material………………285
表面粗さ surface roughness………………193
表面エネルギー surface energy………………44
表面近傍層 near-surface layer………………45
表面酸化膜 surface oxide film………………190
表面指数 surface index………………52
表面性状 surface property………………193
表面積形状係数 surface shape factor………………51
疲労限度 fatigue limit………………311
疲労寿命 fatigue life………………189
頻度分布 frequency distribution………………53

ふ

ファイナルドライブ final drive………………247
ファインセラミックス fine ceramics………………404
ファインブランキング fine blanking………………246
フィーダホース feeder hose………………100
フィーダボックス feeder box………………73
フィードシュー feed shoe………………100
封孔性 sealing………………173

和文索引

プーリ pulley ... 243
フェライト ferrite ... 338
フェライト磁石 ferrite magnet ... 350, 351
フェライトの損失 loss of ferrite ... 341
不活性ガスアトマイズ法 inert gas atomization ... 16
不活性雰囲気 inert atmosphere ... 142
複合合金 composite alloy ... 278
複合軟磁性材料 soft magnetic composite ... 251
付着 cohesion ... 47
付着強度 adhesive strength ... 285
付着力 cohesive force ... 47
普通焼結 normal sintering ... 380
物質移動機構 mass transfer mechanism ... 114
プッシャ炉 pusher furnace ... 144
物理・化学的手法 physical and chemical process ... 29
物理・化学的粉化法 physical and chemical production ... 14
物理吸着 physical adsorption ... 55
物理蒸着法 PVD: Physical Vapor Deposition ... 35
浮動コアロッド floating core rod ... 98
フラーレン fullerene ... 40
フラクタル次元 fractal dimension ... 54
ブラシ brush ... 381
プラズマ plasma ... 385
プラズマ活性化焼結 PAS: Plasma Activated Sintering ... 145
プラネタリギヤキャリア planetary gear carrier ... 245
ブリネル硬さ Brinell hardness ... 185
プリフォーム preform ... 110
プレス技術 sheet metal press ... 246
プレッシャプレート pressure plate ... 245
ブレンディング blending ... 83
フローティングダイ法 floating die pressing ... 80
プローブピン probe pin ... 377
粉化機構 gas atomization mechanism ... 18
粉末 powder ... 4
粉末圧延 powder rolling ... 111
粉末押出し powder extrusion ... 110
粉末高速度鋼 powder metallurgy high speed steel ... 138
粉末ハイス P/M high speed steel ... 324
粉末冶金 powder metallurgy ... 4, 5
粉末冶金に適した形状 suited shapes as P/M parts ... 216
分離偏析 demixing ... 69

へ

ベアリングキャップ bearing cap ... 244
平均粒径 mean particle diameter ... 17
平面ひずみ破壊靭性 plane-strain fracture toughness ... 190, 192
ヘビーアロイ heavy alloy ... 376
ペルチェ効果 Peltier effect ... 422
ペロブスカイト perovskite ... 255
ヘンシェルミキサー henshel mixer ... 70

ほ

ホウ化物系サーメット boride base cermet ... 315
放電加工 electric discharge machining ... 381, 385
放電灯 discharge lamp ... 377
放電プラズマ焼結 SPS: Spark Plasma Sintering ... 145
ホールドダウン hold down ... 98
ボールミル法 ball milling ... 25, 27
母合金混合法 master alloy mixing method ... 71
ポジティブサイジング positive sizing ... 163, 226
保磁力 coercive force ... 355
ホットプレス hot press ... 139, 298
ホッパ hopper ... 100
補油機構 oil supply mechanism ... 271
ボルトホーマ金型 die for bolt former ... 307
ポンプ作用 pumping ... 263

ま

マイクロ波 microwave ... 148
マグネタイト magnetite ... 173
マグネトプランバイト構造 magnetoplumbite structure ... 350, 351
曲げ強さ bending strength ... 185
曲げ疲労 bending fatigue ... 311
摩擦調整成分 friction control component ... 274
マトリックス成分 matrix component ... 274
マニュアルトランスミッション manual transmission ... 245
摩耗変形 wear deformation ... 380

み

見掛硬さ apparent hardness ... 186, 187
見掛硬さ試験 apparent hardness test ... 187
見掛密度 apparent density ... 74
水アトマイズ鉄粉 water atomized steel (or iron) powder ... 19
水アトマイズ法 water atomization ... 19
密着性 coherency ... 287
密度分布 density distribution ... 208〜212

む

無次元性能指数 dimensionless figure of merit ……… 422
無段変速 CVT : Continuous Variable Transmission
………………………………………………… 245

め

メカニカルアロイング法 mechanical alloying …… 26, 27
メカニカルグライディング mechanical griding ……… 27
メカニカルシールリング mechanical sealing ……… 314
メカニカルミリング mechanical milling …………… 27
めっき metal plating ………………………………… 175
メッシュベルト炉 mesh belt furnace ……………… 143
メルトスピニング melt spinning …………………… 21

も

モード径 mode diameter …………………………… 50
モリブデン molybdenum ……………… 243, 374, 375

や

焼入れ quenching …………………………………… 169
焼入れ性 hardenability ………………………… 170, 172
焼戻し tempering …………………………………… 170
焼き割れ quenching crack ………………………… 171

ゆ

有機エレクトロルミネッセンス organic electro-
   luminescence ……………………………………… 377
有限要素解析 FEM : Finite Element Method ……… 84
有効硬化層厚さ effective hardening thickness ……… 188
有効硬化層深さ effective hardening depth ………… 188
有効多孔率 interconnected porosity ………………… 178
有芯構造 cored structure …………………………… 291

よ

溶解塩電解法 electrolysis of molten salt ……………… 29
溶射 thermal spraying ……………………………… 110
溶射粉末 spray deposition …………………………… 16
溶浸法 infiltration method ………………………… 380
溶着 welding ………………………………………… 380
溶媒抽出乾燥法 solvent extraction drying method … 107
溶湯粉化法 molten metal atomization ………… 14, 15

ら

ラップ加工 lapping ………………………………… 321
ラトラ試験 rattler test ……………………………… 63
ラトラ値 rattler value ……………………………… 81
ラバープレス rubber press ………………………… 110
ラバール型ノズル Laval type nozzle ……………… 17
ラピッドプロトタイピング RP : Rapid Prototyping
………………………………………………………… 151
ランダム充填構造 random packing structure ……… 49
ランナ runner ……………………………………… 106

り

リサイクル recycle …………………………… 252, 253
離散要素モデル DEM : Distinct Element Method,
   Discrete Element Method ………………………… 85
粒界腐食法 intergranular corrosion method ………… 36
粒子間摩擦 interparticle friction …………………… 56
粒子径 particle diameter …………………………… 47
粒子形状 particle morphology, particle shape …… 15, 50
粒子集合体 super particle, particle aggregate ……… 85
粒子分散強化アルミニウム particle reinforced
   aluminum ………………………………………… 111
粒度-形状分散図 size-shape dispersion diagram …… 53
流動性 flowability ………………………………… 46
流動度 flow rate, fluidity ……………………… 57, 74
粒度分布 particle size distribution ……………… 47, 48
両押成形法 double-action pressing ………………… 80
量子サイズ効果 quantum size effect ……………… 46
理論空燃比 stoichiometric air fuel ratio …………… 253
臨界冷却速度 critical cooling rate ………………… 172
リン酸塩被膜処理 phosphate-coating treatment …… 174

れ

冷陰極蛍光管 CCFL : Cold Cathode Fluorescent Lamp
………………………………………………………… 377
冷間型鍛造工具 cold die-forging tool ……………… 306
冷間静水圧成形法 CIP : Cold Isostatic Pressing …… 109
レーザ焼結 laser sintering ………………………… 151
レーザ蒸発法 laser evaporation process …………… 39
レーザ溶融 laser melting …………………………… 152
レオロジー rheology …………………………… 46, 56
レシプロ型スクリュー reciprocating screw ……… 105
レジンボンド resin bond …………………………… 318
連続体力学的解析 continuum solid dynamics analysis
………………………………………………………… 84

ろ

ロータリプレス rotary press……………………93
ロータリスリッタナイフ rotary slitter knife………307
ロールカッタ roll cutter……………………309
ロールクエンチング roll quenching………………21
ロッカアーム rocker arm………………………248
ロックウェル硬さ Rockwell hardness……………186

わ

ワイヤカット wire cut……………………………377

2010 年 11 月 10 日　第 1 版 発行

編者の了解に
より検印を省
略いたします

粉体粉末冶金便覧

編　　者 ⓒ (社) 粉体粉末冶金協会
発 行 者　内　田　　　学
印 刷 者　山　岡　景　仁

発行所　株式会社　内田老鶴圃　〒112-0012 東京都文京区大塚 3 丁目 34-3
電話 (03) 3945-6781(代)・FAX (03) 3945-6782
http://www.rokakuho.co.jp　　　　　　印刷/三美印刷 K.K.・製本/榎本製本 K.K.

Published by UCHIDA ROKAKUHO PUBLISHING CO., LTD.
3-34-3 Otsuka, Bunkyo-ku, Tokyo 112-0012, Japan
U. R. No. 582-1
ISBN 978-4-7536-5096-5 C3057

SiC 系セラミック新材料
日本学術振興会高温セラミック材料第 124 委員会編
A5・372 頁・本体 7000 円

セラミックスの焼結
守吉・笹本・植松・伊熊・門間・池上・丸山著
A5・292 頁・本体 3800 円

セラミックスの基礎科学
守吉佑介・笹本　忠・植松敬三・伊熊泰郎著
A5・228 頁・本体 2500 円

オキシナイトライドガラス 酸化物ガラスのブレークスルー
作花済夫著
A5・192 頁・本体 3000 円

セラミストのための電気物性入門
内野研二編著訳
A5・156 頁・本体 2000 円

セメントの科学 −ポルトランドセメントの製造と硬化−
大門正機著
A5・110 頁・本体 1700 円

材料科学者のための固体物理学入門
志賀正幸著
A5・180 頁・本体 2800 円

材料科学者のための固体電子論入門
志賀正幸著
A5・200 頁・本体 3200 円

新訂　初級金属学
北田正弘著
A5・292 頁・本体 3800 円

稠密六方晶金属の変形双晶 マグネシウムを中心として
吉永日出男著
A5・164 頁・本体 3800 円

単 結 晶 −製造と展望−
堂山昌男編
A5・232 頁・本体 3200 円

材料強度解析学 基礎から複合材料の強度解析まで
東郷敬一郎著
A5・336 頁・本体 6000 円

材料工学入門 正しい材料選択のために
Ashby/Jones 著　堀内　良・金子純一・大塚正久訳
A5・376 頁・本体 4800 円

セル構造体 多孔質材料の活用のために
Gibson/Ashby 著　大塚正久訳
A5・504 頁・本体 8000 円

泡 の 物 理
Weaire/Hutzler 著　大塚正久・佐藤英一・北薗幸一訳
A5・284 頁・本体 6000 円

物質の構造
Allen&Thomas 著　斎藤秀俊・大塚正久訳
A5・548 頁・本体 8800 円

焼結−ケーススタディ
宗宮重行・守吉佑介編
B5・500 頁・本体 8000 円

新素材焼結 HIP 焼結の基礎と応用
田中紘一・石﨑幸三編
B5・272 頁・本体 8000 円

窒化珪素セラミックス
宗宮重行・吉村昌弘・三友　護編
B5・160 頁・本体 6000 円

窒化珪素セラミックス　2
三友　護・宗宮重行編
B5・272 頁・本体 9000 円

炭化珪素セラミックス
宗宮重行・猪股吉三編
B5・478 頁・本体 12000 円

ファインセラミックス技術ハンドブック
日本学術振興会将来加工技術第 136 委員会編
B5・452 頁・本体 18000 円

金属とセラミックスの接合
岩本信也・宗宮重行編
B5・368 頁・本体 12000 円

材料表面機能化工学
岩本信也著
A5・600 頁・本体 12000 円

セラミックスの変態強化
浦部・北野・逆井・西田・堀・正木・宮田訳
A5・336 頁・本体 8000 円

薄膜物性入門
井上泰宣・鎌田喜一郎・濱崎勝義訳
A5・400 頁・本体 6000 円

X 線回折分析
加藤誠軌著
A5・356 頁・本体 3000 円

はじめてガラスを作る人のために
山根正之著
A5・216 頁・本体 2300 円

セラミックス原料鉱物
岡田　清著
A5・160 頁・本体 2000 円

微粒子からつくる光ファイバ用ガラス
柴田修一著
A5・152 頁・本体 3000 円

セラミックスの破壊学
岡田　明著
A5・176 頁・本体 3200 円

やきものから先進セラミックスへ
加藤誠軌著
A5・324 頁・本体 3800 円

表示の価格は税別の本体価格です．　　　　http://www.rokakuho.co.jp

材料学シリーズ

既刊 38 冊，以後続刊　監修　堂山昌男　小川恵一　北田正弘
（各 A5 判ソフトカバー）

No.1　金属電子論　上
水谷宇一郎　著　276 頁・本体 3000 円（税別）

No.2　金属電子論　下
水谷宇一郎　著　272 頁・本体 3500 円（税別）

No.3　結晶・準結晶・アモルファス　改訂新版
竹内　伸・枝川圭一　著　192 頁・本体 3600 円（税別）

No.4　オプトエレクトロニクス ―光デバイス入門―
水野博之　著　264 頁・本体 3500 円（税別）

No.5　結晶電子顕微鏡学 ―材料研究者のための―
坂　公恭　著　248 頁・本体 3600 円（税別）

No.6　X 線構造解析　原子の配列を決める
早稲田嘉夫・松原英一郎　著　308 頁・本体 3800 円（税別）

No.7　セラミックスの物理
上垣外修己・神谷信雄　著　256 頁・本体 3600 円（税別）

No.8　水素と金属　次世代への材料学
深井　有・田中一英・内田裕久　著　272 頁・本体 3800 円（税別）

No.9　バンド理論　物質科学の基礎として
小口多美夫　著　144 頁・本体 2800 円（税別）

No.10　高温超伝導の材料科学 ―応用への礎として―
村上雅人　著　264 頁・本体 3800 円（税別）

No.11　金属物性学の基礎　はじめて学ぶ人のために
沖　憲典・江口鐵男　著　144 頁・本体 2300 円（税別）

No.12　入門　材料電磁プロセッシング
浅井滋生　著　136 頁・本体 3000 円（税別）

No.13　金属の相変態　材料組織の科学 入門
榎本正人　著　304 頁・本体 3800 円（税別）

No.14　再結晶と材料組織　金属の機能性を引きだす
古林英一　著　212 頁・本体 3500 円（税別）

No.15　鉄鋼材料の科学　鉄に凝縮されたテクノロジー
谷野　満・鈴木　茂　著　304 頁・本体 3800 円（税別）

No.16　人工格子入門　新材料創製のための
新庄輝也　著　160 頁・本体 2800 円（税別）

No.17　入門　結晶化学　増補改訂版
庄野安彦・床次正安　著　228 頁・本体 3800 円（税別）

No.18　入門　表面分析　固体表面を理解するための
吉原一紘　著　224 頁・本体 3600 円（税別）

No.19　結晶成長
後藤芳彦　著　208 頁・本体 3200 円（税別）

No.20　金属電子論の基礎　初学者のための
沖　憲典・江口鐵男　著　160 頁・本体 2500 円（税別）

No.21　金属間化合物入門
山口正治・乾　晴行・伊藤和博　著　164 頁・本体 2800 円（税別）

No.22　液晶の物理
折原　宏　著　264 頁・本体 3600 円（税別）

No.23　半導体材料工学 ―材料とデバイスをつなぐ―
大貫　仁　著　280 頁・本体 3800 円（税別）

No.24　強相関物質の基礎　原子，分子から固体へ
藤森　淳　著　268 頁・本体 3800 円（税別）

No.25　燃料電池　熱力学から学ぶ基礎と開発の実際技術
工藤徹一・山本　治・岩原弘育　著　256 頁・本体 3800 円（税別）

No.26　タンパク質入門　その化学構造とライフサイエンスへの招待
高山光男　著　232 頁・本体 2800 円（税別）

No.27　マテリアルの力学的信頼性　安全設計のための弾性力学
榎　学　著　144 頁・本体 2800 円（税別）

No.28　材料物性と波動　コヒーレント波動の数理と現象
石黒　孝・小野浩司・濱崎勝義　著　148 頁・本体 2600 円（税別）

No.29　最適材料の選択と活用　材料データ・知識からリスクを考える
八木晃一　著　228 頁・本体 3600 円（税別）

No.30　磁性入門　スピンから磁石まで
志賀正幸　著　236 頁・本体 3600 円（税別）

No.31　固体表面の濡れ制御
中島　章　著　224 頁・本体 3800 円（税別）

No.32　演習 X 線構造解析の基礎　必修例題とその解き方
早稲田嘉夫・松原英一郎・篠田弘造　著　276 頁・本体 3800 円（税別）

No.33　バイオマテリアル　材料と生体の相互作用
田中順三・角田方衛・立石哲也　編　264 頁・本体 3800 円（税別）

No.34　高分子材料の基礎と応用　重合・複合・加工で用途につなぐ
伊澤槇一　著　312 頁・本体 3800 円（税別）

No.35　金属腐食工学
杉本克久　著　260 頁・本体 3800 円（税別）

No.36　電子線ナノイメージング　高分解 TEM と STEM による可視化
田中信夫　著　264 頁・本体 4000 円（税別）

No.37　材料における拡散　格子上のランダム・ウォーク
小岩昌宏・中嶋英雄　著　328 頁・本体 4000 円（税別）

No.38　リチウムイオン電池の科学
工藤徹一・日比野光宏・本間　格　著　252 頁・本体 3800 円（税別）

表示の価格は税別の本体価格です．　　　http://www.rokakuho.co.jp

R.M.German : POWDER METALLURGY SCIENCE

粉末冶金の科学

三浦秀士監修　三浦秀士・高木研一訳　A5・576頁・本体9000円（税別）

第1章　粉末冶金学序説　第2章　粉末のキャラクタリゼーション　第3章　粉末の製造方法　第4章　粉末組織の制御　第5章　成形および固化のための粉末の調整　第6章　形状付与と成形　第7章　焼結　第8章　完全緻密化プロセス　第9章　仕上げ加工　第10章　焼結体のキャラクタリゼーション　第11章　特性と応用　追補　粉末冶金用語／粉末冶金に適用可能な標準／材料定数および特性／抜粋された練習問題の解答

R.M.German : LIQUID PHASE SINTERING

液相焼結

守吉佑介・笹本　忠・植松敬三・伊熊泰郎・丸山俊夫訳　A5・312頁・本体5800円（税別）

第1章　液相焼結の緒言　第2章　微構造　第3章　熱力学的および速度論的因子　第4章　初期焼結過程：溶解度と再配列　第5章　中期焼結過程：溶解‐析出　第6章　終期焼結過程：微構造の粗大化　第7章　液相を含む特別な取扱い　第8章　製造上の問題　第9章　液相焼結体の特性　第10章　液相焼結の応用

Kingery/Bowen/Uhlmann : Introduction to Ceramics

セラミックス材料科学入門

基礎編・応用編　小松和藏・佐多敏之・守吉佑介・北澤宏一・植松敬三訳

基礎編　A5・622頁・本体8800円（税別）　応用編　A5・480頁・本体7800円（税別）

基礎編　1　セラミックスの製造工程とその製品／2　結晶の構造／3　ガラスの構造／4　構造欠陥／5　表面・界面・粒界／6　原子の移動／7　セラミックスの状態図／8　相転移・ガラス形成・ガラスセラミックス／9　固体の関与する反応と固体反応／10　粒成長・焼結・溶化／11　セラミックスの微構造
応用編　12　熱的性質／13　光学的性質／14　塑性変形・粘性流動・クリープ／15　弾性・粘弾性・強度／16　熱応力と組成応力／17　電気伝導／18　誘電的性質／19　磁気的性質

窒化ケイ素系セラミック新材料

日本学術振興会先進セラミックス第124委員会編　A5・504頁・本体8000円（税別）

1　開発の歴史　窒化ケイ素セラミックス材料開発の歴史　**2　結晶構造**　窒化ケイ素とサイアロン／金属ケイ素酸窒化物と金属ケイ素窒化物／第一原理計算に基づいた窒化ケイ素および関連非酸化物　**3　状態図**　状態図／サイアロンガラス　**4　合成**　直接窒化法／イミド分解法／還元窒化法／CVD法／有機‐無機変換法　**5　製造プロセス**　製造プロセス概論／混合・分散／造粒／成形／焼結／接合／加工　**6　微構造**　微構造制御法／微構造観察方法／粒界構造解析　**7　特性**　室温での機械的特性／高温での機械的特性／耐酸化性／熱的特性／蛍光体／放射線損傷　**8　応用**　グロープラグ／切削工具／金属溶湯部材／ターボチャージャーロータ／ベアリング／半導体素子基板／窯用部材／蛍光体・白色LEDとその他の応用／粉砕機用部材／膜としての応用

高温強度の材料科学　クリープ理論と実用材料への適用

丸山公一編著　中島英治著　A5・352頁・本体6200円（税別）

1　序論　2　変形機構領域図　3　転位の運動様式と純金属の高温変形　4　固溶体の高温変形　5　粒子分散強化合金の高温変形　6　高温変形における結晶粒界の役割　7　非定常クリープとクリープ構成式　8　高温破壊と破壊機構領域図　9　強化法　10　合金設計概念　11　変形機構の遷移　12　クリープ変形の予測　13　クリープ破断時間の推定　14　高温用実用金属材料

ガラス科学の基礎と応用

作花済夫著　A5・372頁・本体6000円（税別）

第1章　ガラスと結晶・ガラスと非晶質　第2章　ガラス転移およびガラスの転移挙動　第3章　ガラスの化学組成　第4章　ガラス材料の新しい合成ならびに加工法　第5章　ガラスの結晶化および結晶化ガラス　第6章　ガラスと水　第7章　ガラス構造研究法I：回折法　第8章　ガラス構造研究法II：分光法および計算機法　第9章　ガラス形成の理論　第10章　新しいガラス：光，電子，化学，生体，力学機能ガラス　第11章　非酸化物ガラス

表示の価格は税別の本体価格です．　　　　　　　　　　　　　　　http://www.rokakuho.co.jp